国家科学技术学术著作出版基金资助出版

预应力混凝土结构设计与施工

（上册）

郑文忠　周　威　王　英　著

科学出版社

北京

内 容 简 介

预应力混凝土结构是土木工程的重要结构形式之一。本书集中体现了哈尔滨工业大学预应力与防护结构研究中心 20 多年来在预应力技术及其应用方面取得的研究成果。全书分上、下两册（共 20 章），上册为理论与方法，下册为工程实践。上册分为 11 章，主要包含绪论、预应力筋张拉控制应力与预应力损失、预应力筋等效荷载计算与线型选择、混凝土梁板中无粘结预应力筋应力增长规律、预应力混凝土结构抗力计算方法、超静定预应力混凝土结构塑性设计、预应力混凝土双向板研究与设计、局部受压承载力计算及端部构造设计、预应力混凝土结构变形与裂缝控制、预应力混凝土结构抗震设计、预应力混凝土结构施工与验收等。下册分为 9 章，主要包括预应力楼盖实例、预应力框架结构实例、预应力板-柱结构实例、预应力转换结构实例、预应力超长结构实例、预应力特种结构与特殊应用实例、预应力双 T 板实例、预应力在结构改造中的应用实例、工程事故处理实例等内容。

本书可供土木工程（含防灾减灾工程）、工程力学、桥梁工程等领域的科研人员、设计人员及工程技术人员参考，也可作为高等院校相关专业高年级本科生、研究生的教材使用。

图书在版编目（CIP）数据

预应力混凝土结构设计与施工/郑文忠，周威，王英著. —北京：科学出版社，2024.9

ISBN 978-7-03-051215-4

Ⅰ. ①预… Ⅱ. ①郑… ②周… ③王… Ⅲ. ①预应力混凝土结构-结构设计-工程施工 Ⅳ. ①TU378

中国版本图书馆 CIP 数据核字（2016）第 321311 号

责任编辑：王 钰 / 责任校对：赵丽杰
责任印制：吕春珉 / 封面设计：东方人华平面设计部

科 学 出 版 社 出版
北京东黄城根北街 16 号
邮政编码：100717
http://www.sciencep.com

北京中科印刷有限公司印刷
科学出版社发行　各地新华书店经销

*

2024 年 9 月第 一 版　　开本：787×1092 1/16
2024 年 9 月第一次印刷　　印张：33 3/4
字数：756 000

定价：338.00 元（上、下册）
（如有印装质量问题，我社负责调换）
销售部电话 010-62136230　编辑部电话 010-62151061

前　言

　　预应力混凝土结构是指采用高强钢筋和高强混凝土通过先进的设计理论和施工工艺建造起来的配筋混凝土结构。其工作原理是在混凝土结构构件中通过合理布置并张锚预应力筋，产生与外荷载效应相反的等效荷载，使结构构件承受的净荷载效应明显减少，加上端部预应力的有利作用，可实现当外部作用荷载和跨度不变时，结构构件的截面尺寸明显减小，而当结构构件的截面尺寸和外部作用荷载不变时，跨度明显增大。改革开放40多年来，预应力混凝土结构在工程建设中发挥了不可替代的重要作用，焕发出了勃勃生机。

　　1997年以来，作者为本科生和研究生讲授预应力混凝土结构课程已20多个年头。作为规范起草编制组成员之一，作者参加了《混凝土结构设计规范（2015年版）》（GB 50010—2010）和《无粘结预应力混凝土结构技术规程》（JGJ 92—2016）的起草工作；作为审查委员会成员之一，作者参加了《预应力混凝土结构设计规范》（JGJ 369—2016）及《预应力混凝土结构抗震设计规程》（JGJ 140—2004）的审查工作。作者一直想写一本对预应力混凝土工程实践有益的著作，因此希望本书的出版能发挥一点作用。

　　在本书即将出版之际，感谢国家科学技术学术著作出版基金的资助；感谢哈尔滨工业大学高水平研究生教材建设项目的支持；感谢培养我的学校和老师，对党和人民忠诚与报效已成为我发自灵魂深处的自觉选择；还要感谢我的助手和研究生们，他们真诚质朴，默默奉献。

　　由于作者水平有限，书中不足之处在所难免，恳请读者批评指正。

郑文忠

2019年5月

目　录

上　册

下　　册

第1章 绪 论

1.1 引 言

1.1.1 预应力的概念

预应力是指为改善结构的工作性能而预先施加的内应力。在我国，预应力的原理应用于生产有悠久的历史，古代很早就利用该原理制造木桶、木工框锯等。

木桶是预加压应力以抵抗拉应力的典型案例（图 1-1）。采用藤、竹或铁箍的木桶，当箍套紧时，对木桶板条拼成的桶壁产生了环向的压应力。当木桶板条之间的环向预压应力大于水侧压产生的环向拉应力时，木桶不至开裂而漏水。相似地，国外将该原理应用于橡木酒桶。预应力混凝土（prestressed concrete，PC）圆形水池的原理与上述套箍木桶的原理类似。

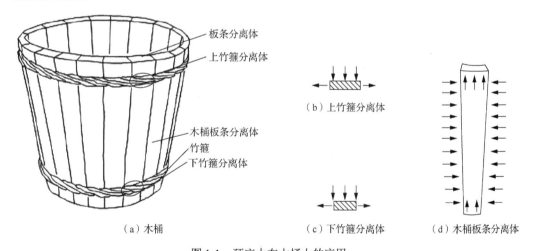

（a）木桶　　　　　（b）上竹箍分离体　　（c）下竹箍分离体　　（d）木桶板条分离体

图 1-1　预应力在木桶上的应用

木工框锯（也称架锯、拐子锯）由"工"字形木框架、绞绳与绞片、锯条及锯包头、锯钮等连接件组成（图 1-2）。锯条两端用锯包头分别固定在木框架一侧，并可用锯包头调整锯的角度；木框架另一侧通过锯钮固定绞绳，旋转绞片绞紧绞绳，锯条被绷紧后的木锯即可使用。从原理上可知，木工框锯是通过对锯条施加预拉应力来避免锯条使用过程中受压失稳破断现象的出现。

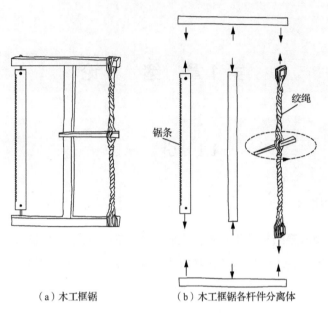

（a）木工框锯　　　　　　　　　　（b）木工框锯各杆件分离体

图 1-2　预应力在木工框锯上的应用

1.1.2　预应力在国外的发展

1886 年，美国的杰克森（Jackson）取得了用低强度钢筋对混凝土拱进行张拉以制作楼板的专利。这是采用预应力筋制作混凝凝土预制构件的首次创意。1888 年，德国的陶林（Dohring）取得了将加有预应力的钢丝放入混凝土中以制作板和梁的专利。

预应力混凝土进入实用阶段要归功于法国工程师弗雷西奈（Freyssinet）。他通过对混凝土和钢材性能进行大量研究，以及总结前人经验，同时考虑混凝土收缩和徐变导致的预应力筋应力损失，于 1928 年分析认为预应力混凝土必须采用高强钢筋和高强混凝土。他率先在预应力混凝土中采用了极限强度达 1725MPa 的高强钢丝。弗雷西奈的这一论断是预应力混凝土理论上的关键性突破。从此，人们对预应力混凝土的认识开始进入了理性阶段。1939 年，奥地利的恩佩格（Emperger）提出对普通钢筋混凝土附加少量预应力高强钢丝以改善裂缝和挠度性能的部分预应力理论。1940 年，英国的埃伯利斯（Abeles）进一步提出预应力混凝土结构中预应力筋与非预应力筋均可采用高强钢丝的建议，但关于预应力混凝土的生产工艺在其研究中并没有得到解决。

预应力混凝土的大量推广，开始于第二次世界大战结束后。欧洲的战争给工业、交通、城市建设带来大量破坏，急待恢复或重建，而钢材供应异常紧张，一些原需采用钢结构的工程，纷纷改用预应力混凝土结构替代，因此几年内欧洲各国的预应力混凝土结构取得了蓬勃的发展。这一时期，预应力混凝土的应用范围从桥梁和工业厂房扩大到土木、建筑工程的各个领域。1950 年，成立了国际预应力混凝土协会，1970 年，第六届国际预应力混凝土会议上肯定了部分预应力混凝土的合理性和经济意义，促进了预应力混凝土技术的积极发展。

1.1.3　预应力在国内的发展

我国应用和发展预应力混凝土技术起始于 20 世纪 50 年代。1956 年以前基本处于学习试制阶段，1950 年在上海等地介绍国外预应力混凝土的经验。1954 年铁道部试制预应力混凝土轨枕。1955 年北京丰台桥梁厂开始试制 12m 跨度的桥梁。1956 年为推广预应力混凝土，建筑工程部北京工业设计院等单位试设计了一些预应力拱形和梯形屋架、屋面板和吊车梁；太原工程局等单位成功试制了跨度为 24m、30m 的桁架，跨度为 6m、吨位30t 的吊车梁，宽 1.5m、跨度为 6m 的大型屋面板和预应力空心板等预应力混凝土构件。铁道部、冶金部和电力部亦先后设计和试制了一些预应力混凝土构件，为推广预应力混凝土做了技术准备。1958 年，中国建筑科学研究院编制了《预应力钢筋混凝土施工及验收规范》（建规 3—60）。1960 年前后，北京工业设计院等单位设计了一批预应力混凝土标准构件和参考图集。

目前，房屋建筑、桥梁建筑等领域颁布涉及预应力混凝土材料、预应力机具、预应力混凝土结构设计、施工方面的技术标准，如《混凝土结构设计规范（2015 年版）》（GB 50010—2010）[1]（主要集中在 "10 预应力混凝土结构构件" "附录 J 后张曲线预应力筋由锚具变形和预应力筋内缩引起的预应力损失" "附录 K 与时间相关的预应力损失"）、《预应力混凝土结构抗震设计标准》（JGJ/T 140—2019）[2]（主要集中在 "3 基本规定" "4 现浇预应力混凝土框架和门架" "5 预应力混凝土板柱结构"）、《预应力混凝土结构设计规范》（JGJ 369—2016）[3]、《无粘结预应力混凝土结构技术规程》（JGJ 92—2016）[4]、《混凝土结构工程施工规范》（GB 50666—2011）[5]（主要集中在 "6 预应力工程" "附录 D 预应力筋张拉伸长值计算和量测方法" "附录 E 张拉阶段摩擦预应力损失测试方法"）、《缓粘结预应力混凝土结构技术规程》（JGJ 387—2017）[6]、《混凝土结构工程施工质量验收规范》（GB 50204—2015）[7]（主要集中在 "6 预应力分项工程"）、《公路钢筋混凝土及预应力混凝土桥涵设计规范》（JTG 3362—2018）[8]（主要集中在 "6.2 钢筋预应力损失" "7.1 持久状况预应力混凝土构件应力计算" "8.2 后张预应力混凝土锚固区" "9.4 预应力混凝土上部结构" "附录 G 预应力曲线钢筋由锚具变形、钢筋回缩和接缝压缩引起的考虑反向摩擦后的预应力损失简化计算" "附录 H 后张法预应力混凝土构件弹性压缩损失的简化计算" "附录 J 允许开裂的 B 类预应力混凝土受弯构件高压区高度计算"）、《铁路桥涵混凝土结构设计规范》（TB 10092—2017）[9]（主要集中在 "6 钢筋混凝土结构" "附录 A 预应力混凝土结构体系转换后弯矩重分布的计算" "附录 C 预应力混凝土受弯构件斜截面强度验算" "附录 D 后张法预应力混凝土梁预应力筋反向摩阻计算" "附录 E 预应力混凝土受弯构件消压后开裂截面应力计算"）等。预应力结构施工方面，还涉及张拉机具、锚夹具以及灌浆材料等，相关标准为《预应力混凝土用金属波纹管》（JG 225—2007）[10]、《预应力用电动油泵》（JG/T 319—2011）[11]、《预应力用液压千斤顶》（JG/T 321—2011）[12]、《预应力筋用锚具、夹具和连接器》（GB/T 14370—2015）[13]等。

在我国建筑工程中，早期主要用预应力混凝土来代替单层工业厂房中的一些钢屋架、木屋架和钢吊车梁，后期逐步扩大到代替多层厂房和民用建筑中的结构构件。常用的预应力预制构件包括 12~18m 的屋面大梁、18~36m 的屋架、6~9m 的槽形屋面板、6~12m 的吊车梁、12~33m 的 T 形梁和双 T 形梁、V 形折板、马鞍形壳板、预应力圆孔空心板和檩条等。

改革开放以来，预应力混凝土的应用已逐步扩展到居住建筑、大跨和大空间公共建筑、高层建筑、高耸结构、地下结构、海洋结构、压力容器、大吨位囤船结构等领域。

1.2　预应力材料与锚固体系

1.2.1　预应力筋

张拉、压缩、摩擦、锚固等短期预应力损失和混凝土收缩、徐变等长期预应力损失会降低预应力值。《混凝土结构设计规范（2015 年版）》（GB 50010—2010）[1]中规定，预应力筋宜采用预应力钢丝、钢绞线和预应力螺纹钢筋，如图 1-3 所示。

（a）预应力钢丝、钢绞线　　（b）预应力螺纹钢筋

图 1-3　预应力筋

采用的高强钢丝、钢绞线均无明显屈服台阶，典型预应力筋的应力-应变关系如图 1-4 所示。

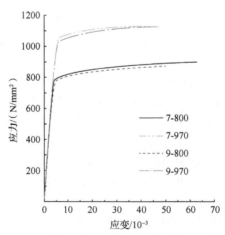

注：编号 7-800 的 7 表示钢丝公称直径，800 表示钢丝强度级别，余同。

图 1-4　中强钢丝受拉应力-应变关系

1. 预应力混凝土用钢丝

预应力混凝土用钢丝是由碳素钢或热轧钢筋经冷加工等工艺制成的钢筋。

需要说明的是，我国以往长期在中小预应力构件（如预制预应力混凝土板）及钢丝网中使用甲级（直径为 4mm 和 5mm，极限强度标准值分别为 700MPa 和 650MPa）、乙级（直径为 3.0～5.0mm，极限强度标准值为 550MPa）冷拔低碳钢丝，其中，甲级钢丝用作预应力钢筋，乙级钢丝则用作非预应力焊接或者绑扎骨架或网片。冷拔低碳钢丝的应用曾对推进中小预应力构件的发展、节约钢材起到重要作用，但由于其强度较低、塑性差，已不能适应使用要求。

预应力混凝土用钢丝按外形可以分为光面钢丝、螺旋肋钢丝、刻痕钢丝，按加工状态可以分为中强度预应力钢丝和消除应力钢丝两种。

（1）中强度预应力钢丝

由低合金钢经冷加工和热处理等工艺制成的中强度预应力钢丝，公称直径有 5.0mm、7.0mm 和 9.0mm 共 3 种，极限强度标准值为 800～1270MPa，可以较好地覆盖以往冷拔低碳钢丝的应用范围。其中，强度级别高的品种还可扩大使用范围，如预应力电杆、混凝土压力管及跨度较大的楼板等，相较冷拔低碳钢丝，可节省 15%左右的用钢量。

中强度预应力钢丝的主要缺点是塑性太小，其以 100mm 标距计算的伸长率 δ_{100} 仅为 1.5%～3.0%。由于没有经过低温回火，其条件屈服强度 $f_{0.2}$ 与抗拉强度 f_u 十分接近，有的甚至达 $1.00f_u$。因此，采用中强度预应力钢丝配筋的预应力构件，破坏前的变形预兆很小，多呈突发性的脆性破坏特征。

（2）消除应力钢丝

消除应力钢丝由热轧钢筋经冷拔或冷轧减径等工艺达到所要求的直径和强度，然后采用低温回火热处理以消除内应力而制成。具体做法是将冷拔钢丝加热到适当温度（一般不超过 500℃），然后冷却到室温。应力消除后，钢丝的比例极限、条件屈服强度和弹性模量均有所提高，塑性也有所改善，极限强度为 1470～1860MPa。

2. 预应力混凝土用钢绞线

钢绞线由若干根直径相同的钢丝捻绕在一起，再经低温回火处理而成，极限强度为 1570～1960MPa。钢绞线有 1×3（三股）和 1×7（七股）两种。用 3 根钢丝捻制的钢绞线，公称直径包括 8.6mm、10.8mm、12.9mm 等。用 7 根钢丝捻制的钢绞线，公称直径为 9.5～21.6mm。钢绞线在后张法预应力混凝土结构中大量应用，也在大跨预制预应力混凝土构件（如双 T 板、SP 板等）中普遍应用。

3. 预应力螺纹钢筋

预应力螺纹钢筋是一种热轧成带有不连续外螺纹的直条钢筋，该钢筋在任意截面处，均可用带有匹配形状的内螺纹的连接器或锚具进行连接或锚固，其极限强度为 980～1230MPa。预应力螺纹钢筋以屈服强度划分级别，其代号为 PSB，加上规定屈服强度最小值表示。P、S、B 分别为 prestressing（预应力）、screw（螺旋）、bars（筋）的英文首字母。钢筋表面无纵肋且钢筋两侧螺纹在同一螺纹线上，钢筋的公称直径为 18～50mm。

　　我国采用的预应力筋的种类、符号、公称直径、屈服强度标准值、极限强度标准值等如表 1-1 所示。其中，当 1960MPa 级的钢绞线作为后张法预应力配筋时，其使用应有可靠的工程经验。

表 1-1　预应力筋强度标准值

种类		符号	公称直径 d/mm	屈服强度标准值 f_{pyk} /(N/mm²)	极限强度标准值 f_{ptk} /(N/mm²)	弹性模量 E_s/(10⁵N/mm²)	最大力下的总伸长率 δ_{gt}/%	应力松弛性能		
								初始应力相当于最大应力的占比/%	1000h 后应力松弛率（%）不大于	
									低松弛（WLR）	普通松弛（WNR）
中强度预应力钢丝	光面螺旋肋	ϕ^{PM} ϕ^{HM}	5、7、9	620	800	2.05	3.5	—		
				780	970	2.05	3.5			
				980	1270	2.05	3.5			
消除应力钢丝	光面螺旋肋	ϕ^{P} ϕ^{H}	5	1380	1570	2.05	3.5	60	1.0	4.5
				1640	1860	2.05	3.5			
			7	1380	1570	2.05	3.5	70	2.0	8
			9	1290	1470	2.05	3.5	80	3.0	12
				1380	1570	2.05	3.5			
钢绞线	1×3（三股）	ϕ^{S}	8.6、10.8、12.9	1410	1570	1.95	3.5	60	1.0	
				1670	1860	1.95	3.5			
				1760	1960	1.95	3.5			
	1×7（七股）		9.5、12.7、15.2、17.8	1540	1720	1.95	3.5	70	2.5	
				1670	1860	1.95	3.5			
				1760	1960	1.95	3.5	80	4.5	
			21.6	1590	1770	1.95	3.5			
				1670	1860	1.95	3.5			
预应力螺纹钢筋	螺纹	ϕ^{T}	18、25、32、40、50	785	980	2.00	3.5	—		
				930	1080	2.00	3.5			
				1080	1230	2.00	3.5			

　　按相关标准对钢盘条进行冷拔并经处理可获得消除应力钢丝，将 3 根或 7 根钢丝按一定的捻距进行捻制并经稳定化处理可获得 1×3（三股）或 1×7（七股）钢绞线。预应力筋强度设计值如表 1-2 所示。

表 1-2　预应力筋强度设计值　　　　　　　　　　（单位：N/mm²）

种类	极限强度标准值 f_{ptk}	抗拉强度设计值 f_{py}	抗压强度设计值 f'_{py}
中强度预应力钢丝	800	510	410
	970	650	
	1270	810	

续表

种类	极限强度标准值 f_{ptk}	抗拉强度设计值 f_{py}	抗压强度设计值 f'_{py}
消除应力钢丝	1470	1040	
	1570	1110	410
	1860	1320	
钢绞线	1570	1110	
	1720	1220	
	1860	1320	390
	1960	1390	
预应力螺纹钢筋	980	650	
	1080	770	435
	1230	900	

1.2.2　非预应力筋

2010 年以来,我国采用了 400MPa 级、500MPa 级两类普通钢筋作为钢筋混凝土结构的主导钢材,并正在逐步发展和应用大于 500MPa 级的普通钢筋。后张法预应力混凝土结构中常采用预应力筋与非预应力筋混合配筋形式,其中,非预应力筋可取与普通钢筋混凝土结构用的主导钢材相同,即采用 400MPa 级及其以上级别的钢筋。需要指出的是,以往 300MPa 级钢筋作为钢筋混凝土结构的主导钢材时,也曾在预应力混凝土结构中大量作为非预应力筋采用。非预应力筋的化学成分及力学性能指标如表 1-3 和表 1-4 所示。

表 1-3　非预应力筋的化学成分　　　　　　　　（单位：%）

牌号	化学成分（质量分数）（小于）				
	C	Si	Mn	P	S
HPB300	0.25	0.55	1.50	0.045	0.045
HRB335	0.25	0.80	1.60	0.040	0.040
HRB400	0.25	0.80	1.60	0.045	0.045
HRB500	0.25	0.80	1.60	0.045	0.045
HRB600	0.28	0.80	1.60	0.045	0.045

表 1-4　非预应力筋的力学性能指标

牌号	屈服强度标准值/MPa	抗拉强度标准值/MPa	抗拉强度设计值/MPa	抗压强度设计值/MPa	弹性模量/(10^5N/mm^2)	最大力下的总伸长率/%
HPB300	300	420	270	270	2.10	10.0
HRB335	335	455	300	300	2.00	7.5
HRB400	400	540	360	360	2.00	7.5
HRB500	500	630	435	435	2.00	7.5
HRB600	600	730	520	520	—	7.5

1.2.3　混凝土

我国《混凝土结构设计规范（2015 年版）》（GB 50010—2010）[1]中第 4.1.2 条规定"预应力混凝土结构的混凝土强度等级不宜低于 C40,且不应低于 C30"。采用高强混凝土的原因如下。

1）预应力筋强度高，对混凝土产生较大的轴压应力，采用低强度混凝土容易产生较大的收缩徐变损失。

2）预应力混凝土构件普遍在截面受拉区配置较多的预应力筋，这将使受弯构件产生较大的相对受压区高度，不利于保证构件延性。

3）预应力构件对开裂较为敏感，较高强度的混凝土抗拉强度相对高，更容易满足规范对裂缝控制要求。

4）高强度钢筋应与高强度混凝土配合方能更好地发挥高强度钢筋的作用。

美国混凝土学会（American Concrete Institute，ACI）的结构混凝土建筑规范（ACI 318-08）[14]规定标准圆柱体的混凝土强度等级范围是 28～83MPa，常用的混凝土一般在 40MPa 的水平，与我国现行常用的混凝土强度等级基本持平。

1.2.4 锚具、夹具及连接器

先张法预应力混凝土结构构件施工时用夹具锚固预应力筋，并使其临时固定于张拉台座（钢模）上，夹具及工具锚可重复使用。后张法预应力混凝土结构则采用锚具张锚预应力筋。

按锚固工作原理，张拉用锚、夹具和连接器分为支承式、夹片式等。

当前，常用的支承式锚具包括镦头锚具和挤压锚具，如图 1-5 和图 1-6 所示。采用镦头锚具，将高强钢丝端头局部冷镦镦粗，使其锚固于锚具的锚孔，镦粗头支承在锚孔端面。锚具与锚垫板一般用螺母进行锚固。

图 1-5 镦头锚具

图 1-6 挤压锚具

单根钢绞线的固定端可采用挤压锚具进行锚固。作业时，将钢绞线穿入内置了异型弹簧的锚环内，通过挤压机具挤压锚环，锚环压缩变形，同时将异型弹簧压碎填充于钢绞线与锚环间隙，锚环、异型弹簧和钢绞线形成一体，如图 1-6 所示。

当前，常用的楔紧式锚具为夹片锚具。预应力筋由夹片握裹在锚环上的锥形锚孔内，通过夹片的楔紧作用实现锚固的目的。夹片锚具分为单孔夹片锚具和多孔夹片锚具，可用于锚固单根或多根钢绞线。单孔夹片锚具由锚环和夹片组成，用专门的小型千斤顶进行张拉。多孔夹片锚具则是在一个锚环（体）上布置若干个锥形孔，各锥形孔内用一组夹片锚固一根预应力筋。多孔夹片锚具如图 1-7 所示。

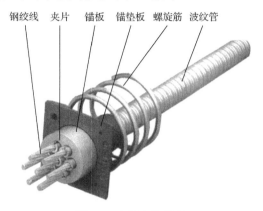

钢绞线　夹片　锚板　锚垫板　螺旋筋　波纹管

图 1-7　多孔夹片锚具

常用的锚固体系、张拉设备的选择及其预应力张拉施工与质量控制等将在本书第 11 章中详细介绍。

1.3　预应力工艺

按预应力张拉工艺划分，预应力混凝土主要分为先张法预应力混凝土与后张法预应力混凝土两类。

1）先张法预应力工艺主要用于在预制构件厂中制作的预应力混凝土结构构件，与以往仅采用冷拉钢丝、冷拔钢丝为预应力筋生产的中小型预制预应力构件相比，现在我国房屋工程中大量生产和应用了包括双 T 板、SP 板、预应力管桩等大型、高效、可实现多功能的先张法预应力混凝土构件。

2）后张法预应力工艺在房屋工程中大量应用于梁、板、柱等现浇结构构件中。按预应力筋与其周围混凝土粘结情况，分为有粘结预应力和无粘结预应力，近年来，我国出现并开始应用了介于有、无粘结之间的缓粘结预应力。

此外，我国还曾发展了介于先张法和后张法之间的中张法预应力工艺，其是通过 U 形套选梁实现的中张法，具体做法如下：首先成型钢筋混凝土 U 形套，然后在其内部布置预应力筋并浇筑混凝土。

1.3.1　先张法

先张法预应力工艺的过程如下：首先，按要求将预应力筋张拉，并锚固于大型台座或钢模上；其次，浇筑混凝土；再次，当混凝土达到要求的强度后，放预应力筋；最后，吊离先张法预应力构件。

为减小预应力损失、提高生产效率，先张法预应力构件常在长线台座上进行，如 SP 板的混凝土台座长度达 150m 或更长，双 T 板的钢模台座长度也超过 100m。SP 板可叠层生产，SP 板张拉台座（150m 长、一侧张拉端）如图 1-8 所示。

图 1-8　SP 板张拉台座

1.3.2　后张法

（1）后张法有粘结预应力工艺

后张法有粘结预应力的工艺过程主要分为两种情况。

1）第一种情况如下：首先，按设计要求完成非预应力筋钢筋骨架及相关间接钢筋布置，按预应力筋线型留设孔道；其次，浇筑混凝土；再次，当混凝土达到要求的强度后，在预留孔道内穿入预应力筋，张拉并锚固预应力筋；最后，进行孔道灌浆及封锚。

2）第二种情况与第一种情况类似，其区别在于该种工艺为孔道与预应力筋布置同步进行。

后张法预应力工艺所用的预应力筋主要有预应力钢绞线、预应力钢丝及预应力螺纹钢筋等，高侵蚀环境下也可采用纤维增强复合材料，其中预应力筋可直接在混凝土构件上进行张拉。后张法有粘结预应力工艺在工程结构中普遍应用，其主要特点是张拉后应进行孔道灌浆，使其既保护了预应力筋免受侵蚀，也传递了预应力，并保证预应力筋与结构构件变形协调。

（2）后张法无粘结预应力工艺

后张法无粘结预应力工艺，指预应力筋在全长范围不与混凝土粘结，即预应力筋与混凝土可发生相对滑动，仅依靠锚具传力，其特点是不需要预留孔道与灌浆，施工简单，张拉时摩阻力小，具有良好的抗腐蚀性，并易布置成多跨曲线状。

后张法有粘结预应力工艺的孔道及其成型方法、孔道灌浆方法，以及后张法无粘结预应力工艺的施工方法与质量控制要求等将在第 11 章中详细介绍。

第 2 章 预应力筋张拉控制应力与预应力损失

预应力筋张拉控制应力是预应力损失计算的起点，也是预应力混凝土结构张拉施工的主要依据。预应力筋张拉控制应力的确定应遵循两个原则：一是张拉控制应力不宜大于预应力筋比例极限，不应超过条件屈服强度，即张拉控制应力值不能过大；二是预应力筋张拉控制应力不宜过小，以避免由裂缝变形控制条件计算确定的预应力筋用量过大。因此，本章将系统介绍国内外关于预应力筋张拉控制应力取值方法。

在张拉及正常使用过程中，锚具回缩、摩擦、松弛、收缩、徐变等引起的预应力筋应力水平降低的现象称为预应力筋的应力损失。较准确地计算预应力损失是合理确定预应力筋有效预应力及张拉引起的等效荷载的前提和基础。国内外学者对混凝土结构中预应力损失进行了大量的研究，许多研究成果已为相关标准所采纳。本章分析总结国内外相关学者关于预应力损失的研究成果，并提出了预应力损失的简化计算方法。

2.1 预应力筋张拉控制应力

2.1.1 国外相关规范的规定

1. CEB/FIP

欧洲模式规范 CEB/FIP[15]建议高强钢丝、钢绞线最大容许张拉应力为 $0.8f_{ptk}$ 或 $0.9f_{0.1}$ 的较小值，应力传递或锚固完毕的瞬间为 $0.75f_{ptk}$ 或 $0.85f_{0.1}$，其中 $f_{0.1}$ 是指残余应变为 0.1%对应的预应力筋的应力。

2. ACI 318

美国结构混凝土建筑规范（ACI 318-14）[16]的 18.5.1 条建议预应力筋的拉应力不应大于下列要求：

1）张拉控制应力 $0.94f_{py}$，且其不应大于 $0.8f_{pu}$ 与预应力筋制造或锚具设备商要求的最大建议值中的较小者。

2）先张法放张后瞬时的预应力 $0.82f_{py}$，且其不应大于 $0.74f_{pu}$。

3）后张法预应力筋张拉后在锚具或连接器处的瞬时应力 $0.7f_{pu}$，其中，f_{py} 为预应力筋特征屈服强度，f_{pu} 为预应力筋特征抗拉强度，分别对应于我国规范的条件屈服强度及抗拉强度标准值。

3. BS 8110

英国混凝土规范（BS 8110-1:1997）[17]的 4.7.1 条规定：
在最大初始预应力中，张拉力一般不应大于预应力筋特征强度的 75%，但若考虑保证安全性等因素，其可以提高到预应力筋特征强度的 80%。传递后的初始预应力一般不应大于预应力筋特征强度的 70%，并且在任何情况下，传递后的初始预应力不应大于预应力筋特征强度的 75%。

2.1.2　我国相关规范的规定

根据我国《混凝土结构设计规范（2015 年版）》（GB 50010—2010）[1]，预应力筋钢绞线极限强度标准值共有 1570N/mm²、1720N/mm²、1860N/mm²、1960N/mm² 几种规格，由于钢绞线属于没有明显塑性流幅的钢筋（硬钢），其强度设计值的确定，则以"条件屈服强度"作为名义屈服强度（指残余应变为 0.2%时所对应的应力，一般取极限抗拉强度的 0.85 倍）为依据。

《混凝土结构设计规范（2015 年版）》（GB 50010—2010）[1]规定，预应力筋的张拉控制应力值 σ_{con} 应符合下列规定：

（1）消除应力钢丝、钢绞线

$$\sigma_{con} \leqslant 0.75 f_{ptk} \tag{2-1}$$

（2）中强度预应力钢丝

$$\sigma_{con} \leqslant 0.70 f_{ptk} \tag{2-2}$$

（3）预应力螺纹钢筋

$$\sigma_{con} \leqslant 0.85 f_{pyk} \tag{2-3}$$

式中：　f_{ptk} ——预应力筋极限强度标准值；

　　　　f_{pyk} ——预应力螺纹钢筋屈服强度标准值。

消除应力钢丝、钢绞线、中强度预应力钢丝的张拉控制应力值不应小于 $0.4 f_{ptk}$ ；预应力螺纹钢筋的张拉应力控制值不宜小于 $0.5 f_{pyk}$ 。

当符合下列情况之一时，上述张拉控制应力限值可相应提高 $0.05 f_{ptk}$ 或 $0.05 f_{pyk}$ ：

1）要求提高构件在施工阶段的抗裂性能而在使用阶段受压区内设置的预应力筋；

2）要求部分抵消由于应力松弛、摩擦、钢筋分批张拉以及预应力筋与张拉台座之间的温差等因素产生的预应力损失。

我国《无粘结预应力混凝土结构技术规程》（JGJ 92—2016）[4]规定，无粘结预应力纤维筋张拉控制应力 σ_{con} 的限值应符合表 2-1 的规定。

表 2-1　粘结预应力纤维筋的张拉控制应力 σ_{con} 限值

纤维筋类型	σ_{con} 下限值	σ_{con} 上限值
碳纤维筋	$0.40 f_{fpk}$	$0.65 f_{fpk}$
芳纶碳纤维筋	$0.35 f_{fpk}$	$0.55 f_{fpk}$

注：f_{fpk} 为无粘结预应力纤维筋的抗拉强度标准值。

需要说明的是，我国《混凝土结构设计规范》（GBJ 10—89）规定，对于采用后张法的钢丝、钢绞线张拉控制应力限值为 $0.7 f_{ptk}$ ，即《混凝土结构设计规范》（GBJ 10—89）

的规定较《混凝土结构设计规范（2015 年版）》（GB 50010—2010）[1]给出的预应力筋张拉控制应力的限值小。提高后张法张拉控制应力限值的主要原因有两个：一是预应力筋锚固后应力水平有一定降低；二是钢丝、钢绞线材质较为稳定。

对国内外的规范进行比较可知，我国《混凝土结构设计规范（2015 年版）》（GB 50010—2010）[1]对于预应力筋张拉控制应力限值的规定较国外规范相对简明、清晰，张拉控制的限值大小与英国 BS 8110-1:1997 规范相当，较美国 ACI 318-14 规范规定仍然偏小。

2.2 预应力损失的组成与分批

2.2.1 组成

（1）锚固损失 σ_{l1}

锚固损失（又称摩擦损失）是指预应力直线钢筋由于锚具变形和预应力钢筋内缩引起的预应力损失。

对于抛物线型预应力钢筋，当其对应的圆心角 $\theta<30°$ 时，由于锚具变形和预应力钢筋内缩，在反向摩擦影响长度范围内产生的预应力损失称为反摩擦损失。

（2）摩擦损失 σ_{l2}

摩擦损失是指预应力钢筋与孔道壁之间的刮碰摩擦引起的预应力损失。

（3）温度损失 σ_{l3}

温度损失是指混凝土加热养护时，受张拉的钢筋与承受拉力的设备之间的温差引起的预应力损失。

（4）松弛损失 σ_{l4}

松弛损失是指由预应力钢筋的应力松弛引起的预应力损失。

（5）收缩、徐变损失 σ_{l5}

收缩、徐变损失是指由预应力构件的混凝土收缩、徐变引起的预应力损失。

（6）环向预应力引起的损失 σ_{l6}

环向预应力引起的损失是指当环形构件采用螺旋式预应力钢筋作为配筋时，混凝土的局部挤压造成的损失。

2.2.2 分批

预应力混凝土在设计计算时不同阶段取用的有效预应力是不同的，有效预应力等于张拉控制应力减去预应力损失。由于预应力损失发生在预应力混凝土的不同阶段，而且是分批产生的，考虑到分析和计算方便，《混凝土结构设计规范（2015 年版）》（GB 50010—2010）[1]规定预应力构件在各阶段的预应力损失值进行组合，即为第一批和第二批（第一批一般指预压前，即传力锚固时的损失；第二批一般指预压后，即传力锚固后的损失）。各阶段预应力损失值的组合如表 2-2 所示。

表 2-2　各阶段预应力损失值的组合

预应力损失值的组合	先张法构件	后张法构件
混凝土预压前（第一批的损失）	$\sigma_{l1} + \sigma_{l2} + \sigma_{l3} + \sigma_{l4}$	$\sigma_{l1} + \sigma_{l2}$
混凝土预压后（第二批的损失）	σ_{l5}	$\sigma_{l4} + \sigma_{l5} + \sigma_{l6}$

2.3　锚具变形和钢筋内缩引起的预应力损失

当预应力直线钢筋张拉到 σ_{con} 后，放松千斤顶，对于后张混凝土构件，预应力筋的拉力通过锚具传递到混凝土中；对于先张混凝土构件，预应力筋的拉力通过锚具传给先张台座的横梁或支墩。在传力过程中，锚具的各个部件都有应力并引起变形，因而预应力筋有所内缩。由锚具变形和预应力筋内缩引起的预应力损失值也称为锚固损失，用 σ_{l1} 表示，计算公式如下：

$$\sigma_{l1} = \frac{a}{l} E_s \tag{2-4}$$

式中：a——张拉端锚具变形和预应力筋内缩值（mm），按表 2-3 取用；

　　　l——张拉端至锚固端之间的距离（mm）；

　　　E_s——预应力钢筋的弹性模量（MPa）。

表 2-3　锚具变形和预应力筋内缩值 a　　　　　　　（单位：mm）

锚具类型		a
支承式锚具	螺母缝隙	1
（钢丝束墩头锚具等）	每块后加垫板的缝隙	1
夹片式锚具	有顶压时	5
	无顶压时	6~8

注：1）表中的锚具变形和预应力筋内缩值也可根据实测数据确定；

　　2）其他类型的锚具变形和预应力筋内缩值应根据实测数据确定。

锚具损失只考虑张拉端，而锚固端在张拉过程中已被挤紧，因此不考虑其引起的应力损失。

对于块体拼成的结构，其预应力损失尚应考虑块体间填缝材料的顶压变形。当采用混凝土或砂浆填缝时，每条填缝的预压变形值应取 1mm。

减少 σ_{l1} 损失有以下措施。

1）选择锚具变形小或使预应力钢筋内缩小的锚具、夹具，并尽量少用垫板，因为每增加一块垫板，a 值对应增加 1mm。

2）增加台座长度。因 σ_{l1} 值与台座长度成反比，采用先张法生产的构件，当台座长度为 100m 以上时，σ_{l1} 可忽略不计。

需要特别指出的是，在后张法构件中，计算锚具变形、预应力筋内缩等引起的应力损失时，可考虑预应力筋反摩擦的作用。这样可以更好地反映由锚具变形等引起的应力损失沿梁轴逐渐变化的实际情况，反摩擦损失详见 2.2.1 节与 2.2.2 节相关内容。

2.4　预应力摩擦损失与反摩擦损失的计算

2.4.1　摩擦损失与反摩擦损失计算的规范方法

1. 摩擦损失的计算

《混凝土结构设计规范（2015 年版）》（GB 50010—2010）[1]结合图 2-1 给出了混凝土结构中预应力筋与孔道壁之间摩擦引起的预应力损失值 σ_{l2} 的计算公式为

$$\sigma_{l2} = \sigma_{con}\left(1 - \frac{1}{\mathrm{e}^{\kappa x + \mu\theta}}\right) \qquad (2\text{-}5)$$

当 $(\kappa x + \mu\theta)$ 不大于 0.3 时，σ_{l2} 可按下列近似公式计算：

$$\sigma_{l2} = (\kappa x + \mu\theta)\sigma_{con} \qquad (2\text{-}6)$$

式中：x ——从张拉端至计算截面的孔道长度，可近似取该段孔道在纵轴上的投影长度（m）；

　　　θ ——从张拉端至计算截面曲线孔道各部分切线的夹角之和（rad）；

　　　κ ——考虑孔道每米长度局部偏差的摩擦系数，按表 2-4 采用；

　　　μ ——预应力筋与孔道壁之间的摩擦系数，按表 2-4 采用。

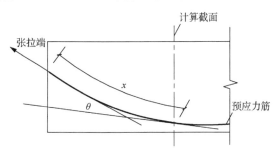

图 2-1　预应力摩擦损失计算简图

表 2-4　摩擦系数

孔道成型方式	κ	μ	
		钢绞线、钢丝束	预应力螺纹钢筋
预埋金属波纹管	0.0015	0.25	0.50
预埋塑料波纹管	0.0015	0.15	—
预埋钢管	0.0010	0.30	—
抽芯成型	0.0014	0.55	0.60
无粘结预应力筋	0.0040	0.09	—

注：摩擦系数也可根据实测数据确定。

体外束的 κ、μ 取值如表 2-5 所示。

表 2-5 体外束的 κ、μ 取值

体外束类别	钢管		高密度聚乙烯管	
	κ	μ	κ	μ
由多根无粘结预应力筋组成的集团束	0.0035	0.09	0.0035	0.09
未经润滑的钢绞线	0	0.25～0.30	0	0.14～0.17
经过润滑的钢绞线	0	0.20～0.25	0	0.12～0.15

2. 反摩擦损失（锚固损失）的计算

（1）按单波抛物线布置预应力筋

按单波抛物线布置的预应力筋及其摩擦损失与反摩擦损失曲线如图 2-2 所示。

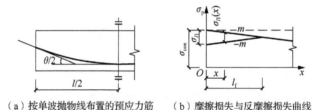

（a）按单波抛物线布置的预应力筋　　（b）摩擦损失与反摩擦损失曲线

图 2-2　按单波抛物线布置的预应力筋及其摩擦损失与反摩擦损失曲线

结合图 2-2（b）可知，按图 2-2（a）中所示线型布置的预应力筋的摩擦损失与反摩擦损失计算公式为

$$\sigma_{l1}(x) = 2m(l_{\mathrm{f}} - x) \tag{2-7}$$

式中：m ——摩擦损失曲线斜率；

l_{f} ——反摩擦影响区。

摩擦损失曲线斜率 m 计算公式为

$$m = \frac{\sigma_{\mathrm{con}}(\kappa l + \mu\theta)}{l} \tag{2-8}$$

预应力筋在反摩擦影响区 l_{f} 范围内的总变形与锚固时预应力筋内缩值 a 相等的协调条件为

$$a = \int_0^{l_{\mathrm{f}}} \frac{\sigma_{l1}(x)}{E_{\mathrm{s}}}\mathrm{d}x$$

由此，可得反摩擦影响区长度 l_{f} 计算公式为

$$l_{\mathrm{f}} = \sqrt{\frac{aE_{\mathrm{s}}}{m}} \tag{2-9}$$

（2）按组合线型布置预应力筋

按组合线型布置的预应力筋及其摩擦损失与反摩擦损失曲线如图 2-3 所示。

按组合线型布置的预应力筋［图 2-3（a）］的摩擦损失 $\sigma_{l2}(x)$ 及反摩擦损失 $\sigma_{l1}(x)$ 的分布如图 2-3（b）所示，其反摩擦损失 $\sigma_{l1}(x)$ 的计算公式为

$$\sigma_{l1}(x) = \begin{cases} 2m_1(l_1 - c) + 2m_2(l_f - l_1) & x \le c \\ 2m_1(l_1 - x) + 2m_2(l_f - l_1) & c \le x \le l_1 \\ 2m_2(l_f - x) & l_1 \le x \le l_f \end{cases} \tag{2-10}$$

同理，结合图 2-3（b）可知，反摩擦影响区长度 l_f 计算公式为

$$l_f = \sqrt{\frac{aE_p}{m_2} - \frac{m_1(l_1^2 - c^2)}{m_2} + l_1^2} \tag{2-11}$$

其中，从张拉端算起的第一、二区段预应力筋摩擦损失曲线斜率 m_1、m_2 为

$$\begin{cases} m_1 = \dfrac{\sigma_a\left[\kappa(l_1 - c) + \mu\theta\right]}{l_1 - c} \\ m_2 = \dfrac{\sigma_b(\kappa l_2 + \mu\theta)}{l_2} \end{cases} \tag{2-12}$$

需要指出的是，为便于计算，同时为与有关规范相协调，式（2-7）～式（2-12）推导时假定了张拉端与抛物线相切的短直线段引起的预应力筋摩擦损失为零，该假定在工程上是可以接受的。

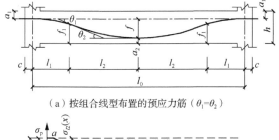

（a）按组合线型布置的预应力筋（$\theta_1 = \theta_2$）

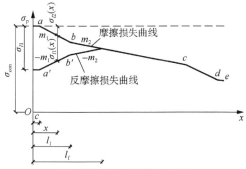

（b）摩擦损失与反摩擦损失曲线

注：l_f 为反摩擦影响区长度；a 为保护层厚度；h 为截面高度；m 为摩擦损失曲线斜率；l_0 为总长度。

图 2-3　按组合线型布置的预应力筋及其摩擦损失与反摩擦损失曲线

2.4.2　摩擦损失与反摩擦损失计算的简化方法

1. 简化方法 I

（1）基本假定

1）孔道摩擦损失的指数曲线简化为直线，正、反摩擦损失曲线斜率相等。

2）将同根（束）预应力筋各段曲线摩擦损失斜率统一取为常值。

（2）统一斜率的确定

根据前述假定，同根（束）预应力筋各段曲线摩擦损失斜率可统一取为

$$m = \frac{\sigma_{con}\left(\kappa\sum_{i=1}^{n}\Delta x_i + \mu\sum_{i=1}^{n}\theta_i\right)}{\sum_{i=1}^{n}\Delta x_i} \tag{2-13}$$

式中：$\sum_{i=1}^{n}\theta_i$ ——从张拉端到锚固端预应力筋各相邻特征点切线夹角之和（rad）；

$\sum_{i=1}^{n}\Delta x_i$ ——预应力筋从张拉端到锚固端在结构构件轴线上的投影长度（m）。

（3）摩擦损失及反摩擦损失的计算

由图 2-4 可得计算截面预应力筋摩擦损失 $\sigma_{l2}(x)$ 为

$$\sigma_{l2}(x) = mx \tag{2-14}$$

式中：x ——预应力筋从张拉端至计算截面在结构构件轴线上的投影长度（m）。

结合图 2-4，可得反摩擦影响区长度 l_f 为

$$l_f = \sqrt{\frac{aE_p}{m}} \tag{2-15}$$

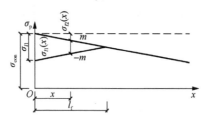

图 2-4　按简化方法 I 计算的反摩擦损失（1）

由图 2-4 可知，预应力筋在计算截面处反摩擦损失 $\sigma_{l1}(x)$ 为

$$\sigma_{l1}(x) = 2m(l_f - x) \tag{2-16}$$

需要指出的是，当反摩擦影响区长度 l_f 的计算点落在结构构件锚固端以外时，摩擦损失及反摩擦损失仍可结合图 2-5 按式（2-14）和式（2-15）进行计算。

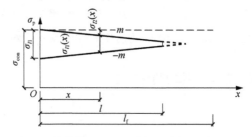

图 2-5　按简化方法 I 计算的反摩擦损失（2）

2. 简化方法 Ⅱ

结构工程师应用简化方法 Ⅰ 开展了大量工程实践，为促进具有优良性能的预应力混凝土结构的推广应用起到了非常积极的作用。但是，我们也应看到，事实上不少预应力混凝土结构构件（特别是多跨连续结构）的 $\left(\kappa\sum\limits_{i=1}^{n}\Delta x_i + \mu\sum\limits_{i=1}^{n}\theta_i\right)$ 是大于 0.2 的，与《混凝土结构设计规范（2015 年版）》（GB 50010—2010）[1]规定有一定偏离，这样常会造成如图 2-6 所示离张拉端较远的控制截面预应力筋摩擦损失计算值偏大，工程造价偏高的现象。因此，探索简化方法 Ⅰ 的修正方法是必要的。

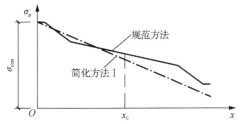

注：规范方法特指指数曲线法，余同；x_0 对应于某工程结构 $\kappa x + \mu\theta = 0.2$ 的点。

图 2-6　规范方法与简化方法 Ⅰ 的摩擦损失分布曲线

以往研究和实践认为，当所考察的第 i 区段的 $\kappa\Delta x_i + \mu\theta_i \leqslant 0.2$ 时，应用 $\Delta\sigma_{l2,i} = \sigma_{\mathrm{p},i}(\kappa\Delta x_i + \mu\theta_i)$ 计算该区段的摩擦损失是可行的，这里 $\sigma_{\mathrm{p},i}$ 为张拉时第 i 区段起点（近张拉端一侧）预应力筋的应力值。若将计算截面到张拉端的预应力筋分成 $\left[\mathrm{INT}\left(\dfrac{\kappa x + \mu\theta}{0.2}\right) + 1\right]$ 个区段（其中，INT 为取整函数），取前 $\mathrm{INT}\left(\dfrac{\kappa x + \mu\theta}{0.2}\right)$ 个区段的 $(\kappa\Delta x_i + \mu\theta_i)$ 均等于 0.2，则前 $\mathrm{INT}\left(\dfrac{\kappa x + \mu\theta}{0.2}\right)$ 个区段预应力筋的摩擦损失之和为

$$\sigma_{l2,1} = 0.2\sigma_{\mathrm{con}}\left[0.8^0 + 0.8^1 + \cdots + 0.8^{\mathrm{INT}\left(\frac{\kappa x + \mu\theta}{0.2}\right)}\right]$$

$$= \sigma_{\mathrm{con}}\left[1 - 0.8^{\mathrm{INT}\left(\frac{\kappa x + \mu\theta}{0.2}\right)}\right] \tag{2-17}$$

最后一个区段 $\left(\text{第}\left[\mathrm{INT}\left(\dfrac{\kappa x + \mu\theta}{0.2}\right) + 1\right]\text{段}\right)$ 预应力筋的摩擦损失为

$$\sigma_{l2,2} = \sigma_{\mathrm{con}}0.8^{\mathrm{INT}\left(\frac{\kappa x + \mu\theta}{0.2}\right)}\left[\kappa x + \mu\theta - 0.2\mathrm{INT}\left(\dfrac{\kappa x + \mu\theta}{0.2}\right)\right] \tag{2-18}$$

则计算截面的摩擦损失为

$$\sigma_{l2} = \sigma_{\mathrm{con}}\left[1 - 0.8^{\mathrm{INT}\left(\frac{\kappa x + \mu\theta}{0.2}\right)}\right] + \sigma_{\mathrm{con}}0.8^{\mathrm{INT}\left(\frac{\kappa x + \mu\theta}{0.2}\right)}\left[\kappa x + \mu\theta - 0.2\mathrm{INT}\left(\dfrac{\kappa x + \mu\theta}{0.2}\right)\right] \tag{2-19}$$

令 $\overline{\sigma}_{l2} = \sigma_{con}(\kappa x + \mu\theta)$，则有

$$\sigma_{l2} = \sigma_{con}\left[1 - 0.8^{\mathrm{INT}\left(\frac{\kappa x + \mu\theta}{0.2}\right)}\right] + 0.8^{\mathrm{INT}\left(\frac{\kappa x + \mu\theta}{0.2}\right)}\overline{\sigma}_{l2} - 0.2\sigma_{con}0.8^{\mathrm{INT}\left(\frac{\kappa x + \mu\theta}{0.2}\right)}\mathrm{INT}\left(\frac{\kappa x + \mu\theta}{0.2}\right) \quad （2\text{-}20）$$

式中：$\overline{\sigma}_{l2}$——计算截面预应力筋摩擦损失代表值（N/mm²）。

令 $y = \mu\theta + \kappa x$，则由张拉端和锚固端 $\Bigg[$ 即点 $(x_1, y_1) = (0, 0)$ 和点 $(x_2, y_2) =$ $\left(\sum\limits_{i=1}^{n}\Delta x_i, \kappa\sum\limits_{i=1}^{n}\Delta x_i + \mu\sum\limits_{i=1}^{n}\Delta\theta_i\right)\Bigg]$ 两点可建立用于计算控制截面 $(\mu\theta + \kappa x)$ 代表值的直线方程 $y = \overline{\kappa}x$，如图 2-7 所示。这样在确定 $y = \overline{\kappa}x$ 方程后便可据控制截面到张拉端的距离 x 直接确定 $(\mu\theta + \kappa x)$ 代表值，将其代入式（2-20）可得到与规范方法相协调的预应力筋摩擦损失 σ_{l2} 的计算值。需要指出的是，尽管式（2-20）较为复杂，但实际应用还是较方便的。

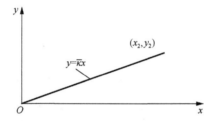

图 2-7　用于计算 $\mu\theta + \kappa x$ 代表值的直线方程计算简图

计算分析表明，尽管为了较准确地计算预应力筋的摩擦损失 σ_{l2} 须对简化方法 I 进行修正，但考虑到预应力筋反摩擦影响区长度 l_f 一般不大，在 l_f 范围内的统一斜率与加权斜率相差不大，因此简化方法 I 用于计算预应力筋的反摩擦损失在工程上是可以接受的，不必进行修正。

3．简化方法 III

当 $\left(\kappa\sum\limits_{i=1}^{n}\Delta x_i + \mu\sum\limits_{i=1}^{n}\theta_i\right) > 0.2$ 时，如不愿分段计算，可按式（2-5）计算摩擦损失，但应用式（2-5）除需要计算从张拉端到所考察截面预应力筋在构件轴线上投影长度 x 外，尚需要计算从张拉端到所考察截面预应力筋各相邻特征点切线夹角之和 θ，过程较为复杂。因而探讨用张拉端和锚固端 $\Bigg[$ 即点 $(x_0, \sigma_{p0}) = (0, \sigma_{con})$ 和点 $(x_2, y_2) =$ $\left(\sum\limits_{i=1}^{n}\Delta x_i, \sigma_{con}\mathrm{e}^{-\left(\kappa\sum\limits_{i=1}^{n}\Delta x_i + \mu\sum\limits_{i=1}^{n}\theta_i\right)}\right)\Bigg]$ 两点所连直线代替指数曲线来计算所考察各截面预应力筋摩擦损失的可行性（图 2-8）是必要的。

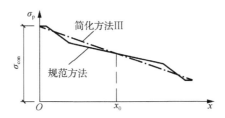

图 2-8　简化方法III的摩擦损失计算

此时，同根（束）预应力筋各段曲线摩擦损失斜率可统一取为

$$m = \frac{\sigma_{con}\left[1 - e^{-\left(\kappa\sum\limits_{i=1}^{n}\Delta x_i + \mu\sum\limits_{i=1}^{n}\theta_i\right)}\right]}{\sum\limits_{i=1}^{n}\Delta x_i} \qquad (2\text{-}21)$$

由式（2-21）得到摩擦损失统一斜率后，所考察的截面预应力筋摩擦损失即可按式（2-15）进行计算。

应用图 2-8 所示的简化方法III得到预应力筋摩擦损失曲线及其统一斜率后，即可按简化方法 I 中式（2-16）计算预应力筋的反摩擦损失。

计算分析表明，对于常规跨度、常规跨高比的预应力混凝土结构构件，采用简化方法 I 、II 及III计算出的预应力筋摩擦损失 σ_{l2} 和反摩擦损失 σ_{l1} 量值与按《混凝土结构设计规范（2015 年版）》（GB 50010—2010）[1]方法计算出的量值绝对误差一般不大，这在工程中是可以接受的。

2.4.3　计算实例与分析

图 2-9 为三跨混凝土梁预应力筋线型图，其预应力筋采用的是 f_{ptk}=1860N/mm² 的 ϕ^S15 钢绞线，一端张拉，张拉控制应力取为 $\sigma_{con} = 0.75 f_{ptk}$。按《混凝土结构设计规范（2015 年版）》（GB 50010—2010）[1]方法及以上 3 种简化方法计算的预应力筋应力分布曲线如图 2-10 所示。按规范方法与 3 种简化方法计算出的各支座和跨中控制截面的摩擦损失及反摩擦损失如表 2-6 所示。

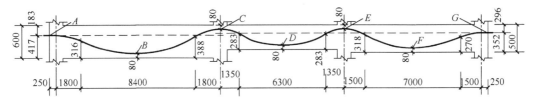

图 2-9　三跨混凝土梁预应力筋线型图

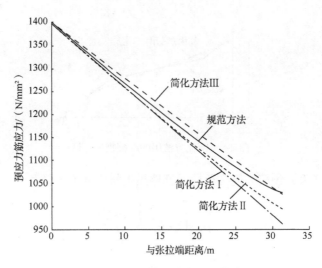

图 2-10　预应力筋应力分布曲线

表 2-6　各种方法计算值的比较

各点及应力	规范方法	简化方法 I		简化方法 II		简化方法III	
		应力值/ (N/mm²)	误差/%	应力值/ (N/mm²)	误差/%	应力值/ (N/mm²)	误差/%
A 点 σ_{l1}	229.5	231.3	0.8	231.3	0.8	214.5	-7.0
B 点 σ_{l2}	81.3	85.8	5.5	85.8	5.5	73.8	-10
C 点 σ_{l2}	153.0	168.4	9.8	168.4	9.8	144.6	-5.8
D 点 σ_{l2}	212.2	229.8	8.3	229.8	8.3	197.6	-7.4
E 点 σ_{l2}	268.6	291.6	8.6	289	7.6	250.8	-7.1
F 点 σ_{l2}	319.3	360.2	12.8	343.9	7.7	309.8	-3.1
G 点 σ_{l2}	368.1	432.2	17.4	401.5	9.1	371.7	1

　　由表 2-6 的计算结果可以看出，预应力筋反摩擦影响区长度 l_f 一般不大，因此在 l_f 范围内的统一斜率与加权斜率相差不大，采用不同的计算方法对反摩擦损失的影响也不大；按简化方法 I 和简化方法 II 计算预应力筋摩擦损失 σ_{l2} 时，与规范方法相比，误差随着计算截面预应力筋 $(\mu\theta + \kappa x)$ 的增大而增大，但简化方法 II 误差增长速度小于简化方法 I，可为工程所接受；按简化方法III计算预应力筋的摩擦损失 σ_{l2} 时，越接近张拉端和锚固端区域的误差越小，存在相对较大误差的区域在中区段，但按简化方法III计算出的 σ_{l2} 的绝对误差和相对误差总体上不大，可为工程设计所接受，因为即使预应力筋摩擦损失相对误差达到 15%，假定摩擦损失占总损失的 30%，采用简化方法所带来的预应力损失的相对误差为 5% 左右。因此，可以认为简化方法 I 可用于工程的初步设计，简化方法 II 和简化方法III可用于常规工程设计。

2.5　混凝土加热养护时预应力筋与张拉台座间温差引起的预应力损失

用先张法生产预应力构件时，为了缩短生产周期，浇筑混凝土后常采用蒸汽养护的办法加速混凝土的凝结。升温时，预应力筋受热膨胀，而张拉台座与大地相接，表面大部分又暴露于空气之中，加热温度对其影响甚小，可认为台座温度基本不变，故预应力筋与张拉台座间形成温差。预应力筋呈张紧状态被锚固在台座上，受热后不能自由膨胀，因此，预应力筋内部张紧状态降低，这就是由于温差引起预应力损失 σ_{l3}。

设混凝土加热养护时，受张拉的预应力钢筋与承受拉力的设备（台座）之间的温差为 Δt（℃），预应力筋的线膨胀系数为 $\alpha=0.0001/℃$，则 σ_{l3} 的计算公式如下：

$$\sigma_{l3} = \varepsilon_s E_s = \frac{\Delta l}{l} E_s = \alpha E_s \Delta t = 0.0001 \times 2.0 \times 10^5 \times \Delta t = 2\Delta t$$

由此可知，当养护方式为蒸汽养护时，如果温度立即增大为 70～80℃，由温差造成的预应力损失将为 140～160MPa。

减小 σ_{l3} 损失的措施有以下两条。

1）采用两次升温养护方式。先在常温下养护，待混凝土强度达到一定强度等级，如 C7.5～C10 时，再逐渐升温至规定的养护温度，这时可认为钢筋与混凝土已结成整体，能够一起膨胀而不引起应力损失。

2）在钢模上张拉预应力筋。由于预应力钢筋锚固在钢模上的，升温时两者温度相同，可以不考虑该项损失。

2.6　预应力筋松弛损失

预应力筋松弛损失与混凝土收缩徐变损失一起组成了混凝土结构中预应力筋的预应力长期损失。从定性方面而言，预应力筋松弛损失可分为预应力筋定长松弛损失和混凝土构件中松弛损失两类。

2.6.1　预应力筋松弛损失的影响因素分析

预应力筋的定长松弛是指在张拉后保持钢筋长度不变，其初始预应力值随时间而不断衰减的现象。当试验温度为 200℃，试件定长，温度差保持在 100℃ 之内的条件下，测得的预应力损失值称为标准温度下的定长松弛损失。东南大学完成的预应力筋定长松弛损失如图 2-11 所示。

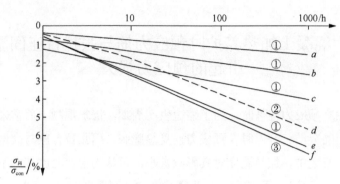

① 一次张拉程序0→σ_{con}；② 张拉程序为0→1.05σ_{con}→持荷2min→σ_{con}；
③ 超长拉0→1.03σ_{con}。

注：曲线 a、b、c 为热处理钢筋，其张拉控制应力分别为 0.8f_{ptk}、0.7f_{ptk} 与 0.8f_{ptk}；
曲线 d、e、f 为碳素钢丝，其张拉控制应力分别为 0.7f_{ptk}、0.7f_{ptk} 与 0.721f_{ptk}。

图 2-11　预应力钢材松弛率试验数据

由图 2-11 可知，影响预应力筋定长松弛损失的主要因素有 4 个方面，具体如下。

1）预应力筋的初始相对应力。初始相对应力 β 是张拉控制应力与钢筋抗拉强度标准值之比。试验表明，钢筋松弛损失与初始相对应力 β 成正比。当 β 小于 0.5 时松弛损失值很小，当 β 接近于 1 时松弛损失剧烈增长，呈非线性关系。

2）预应力筋松弛损失随持续受力时间而逐步增长。试验表明，预应力筋的应力松弛发展较混凝土的松弛快得多，但两者随时间增长的松弛率都逐渐减小，用图 2-11 表示的时间轴采用半对数坐标系时，预应力筋松弛率与时间的常用对数基本为直线关系。

3）应力松弛损失与预应力筋种类有关。一般，冷拉热轧钢筋松弛损失较冷拔低碳钢丝、碳素钢丝和钢绞线低。高强预应力钢丝（消除应力钢丝）及钢绞线按松弛率可分为两类：一类是松弛率在 8% 左右的普通松弛钢材，另一类是松弛率在 2.5% 左右的低松弛钢材。为减小预应力筋长期损失对结构的不利，应大力推广和发展低松弛钢材。目前，低松弛钢绞线和钢丝已成为我国预应力工程的主导受力筋。

4）预应力筋的松弛损失与张拉工艺有关。超张拉可以减少松弛损失。

此外，相关试验表明，温度升高，预应力筋应力松弛损失将明显增大。根据国外试验资料，40℃时 1000h 松弛率约为 20℃时的 1.5 倍。因此，使用环境的温度也是影响预应力筋松弛损失的主要因素。

长期观测表明，混凝土结构中预应力筋的松弛损失可持续十年到数十年。持续到五十年左右时，其松弛损失才趋于稳定。松弛损失终极值约为 1000h 时松弛损失值的 1.4 倍左右。也就是说，1000h 时的松弛损失值为其终极值的 70% 左右。采用 1000h 的终极值作为规范制定的依据，是因为在使用阶段，由于摩擦损失、反摩擦（锚固）损失、收缩徐变损失等，预应力筋的实际应力值较控制应力值小。

实际上，预应力混凝土结构中预应力筋的松弛与混凝土收缩徐变是相互影响的，因此预应力混凝土结构构件中预应力筋的松弛损失较定长松弛损失要小。一般情况下，预应力筋的应力松弛损失不大，不需采用精确的金属徐变理论研究该问题。另外，考虑到混凝土收缩徐变的影响，预应力混凝土结构构件中的预应力筋应力松弛损失在定长预应力筋松弛损失的基础上进行一定的折减。以上研究思路已经为国内外相关标准中给出的预应力筋松弛损失的计算方法所采用。

2.6.2　预应力筋松弛损失的计算

我国《混凝土结构设计规范（2015 年版）》（GB 50010—2010）[1]和《无粘结预应力混凝土结构技术规程》（JGJ 92—2016）[4]中均有关于预应力筋松弛损失的计算规定，并且给出的计算公式是统一的。

1. 预应力钢丝、钢绞线松弛损失计算

（1）普通松弛损失

普通松弛损失（一般松弛值在 $8\% \sigma_{con}$ 左右）的计算公式如下：

$$\sigma_{l4} = 0.4\psi \left(\frac{\sigma_{con}}{f_{ptk}} - 0.5 \right) \sigma_{con} \tag{2-22}$$

式中：ψ ——张拉影响系数。采用一次张拉时，$\psi = 1.0$；采用超张拉时，$\psi = 0.9$。

（2）低松弛损失

低松弛损失（一般松弛值在 $2.5\% \sigma_{con}$ 左右）的计算公式如下：

$$\sigma_{l4} = 0 \qquad\qquad\qquad\qquad \sigma_{con} \leqslant 0.5 f_{ptk} \tag{2-23a}$$

$$\sigma_{l4} = 0.125 \left(\frac{\sigma_{con}}{f_{ptk}} - 0.5 \right) \sigma_{con} \qquad \sigma_{con} \leqslant 0.7 f_{ptk} \tag{2-23b}$$

$$\sigma_{l4} = 0.2 \left(\frac{\sigma_{con}}{f_{ptk}} - 0.575 \right) \sigma_{con} \qquad 0.7 f_{ptk} < \sigma_{con} \leqslant 0.8 f_{ptk} \tag{2-23c}$$

若实际张拉控制应力在上述规定范围以外时，可插值确定预应力筋松弛损失。

2. 热处理钢筋松弛损失计算

一次张拉和超张拉的热处理钢筋松弛损失计算公式分别如下：

$$\sigma_{l4} = 0.05\sigma_{con} \qquad 一次张拉 \tag{2-24a}$$

$$\sigma_{l4} = 0.035\sigma_{con} \qquad 超张拉 \tag{2-24b}$$

热处理钢筋的松弛损失是按冷拉钢筋的松弛损失取值的，其中超张拉包括两种形式：一种是从应力为零开始直接张拉至 $1.03 \sigma_{con}$；另一种是从应力为零开始张拉至 $1.05 \sigma_{con}$，持荷 2min 以后，再卸载至 σ_{con}。

3. 预应力筋松弛损失随时间的变化

如果需要求出预应力筋松弛损失随时间变化的值，则可用式（2-22）～式（2-24）得到的 σ_{l4} 计算值乘以表 2-7 中的收缩徐变损失系数。

表 2-7　随时间变化的收缩徐变损失系数

时间/d	收缩徐变损失系数
2	—
10	0.3
20	0.37
30	0.40
40	0.43
60	0.50
90	0.60
180	0.75
265	0.85
1095	1.00

2.7　混凝土收缩徐变损失的计算

混凝土收缩徐变引起的混凝土结构中预应力筋的预应力损失在总损失中所占比例较大，在曲线配筋构件中可占 30%左右，而在直线配筋构件中则占 60%左右，因此该项损失的合理计算十分重要。

混凝土是一种复合材料，它随时间的推移会发生错综复杂的物理化学变化。其中，混凝土的徐变与收缩是混凝土的主要物理力学性能之一，对预应力长期损失的计算有重大影响。

1）徐变是混凝土在持续荷载作用下应变随时间增长的一种现象。徐变可以延续几十年，而绝大部分的徐变发生在最初的几个月内，此后徐变速率大幅降低，直至最后趋近于零。

2）收缩是指混凝土在不受力的情况下因体积的变化而产生的变形。收缩大体由两种情况引起，一种是干燥失水引起的，混凝土在失水时收缩，浸水时膨胀；另一种是碳化作用引起的。也就是说，收缩实质上是混凝土内水泥浆凝固硬化过程中物理化学作用的结果。收缩同徐变一样，也随时间而增长，开始增长很快，而后逐渐减缓，大部分在3～6 个月内完成。

2.7.1　混凝土收缩徐变损失的影响因素

影响混凝土收缩徐变的因素很多，经研究分析，发现下面 7 个因素对混凝土的收缩徐变影响较大，是混凝土收缩徐变的主要影响因素。

（1）环境相对湿度

环境相对湿度是影响混凝土收缩徐变较主要的环境因素之一。在温度不变的情况下，周围介质的相对湿度越低，混凝土与周围介质的湿交换越剧烈，失水越多，则其收缩与徐变变形越大。

（2）截面尺寸

构件的截面尺寸对混凝土的收缩徐变有很大影响。在同一介质条件下，混凝土的收缩和徐变与试件截面尺寸的大小成反比（以体表比表示）。显然，这与构件内部水分的移动和表面水分的蒸发有关。

（3）养护方法

不同的养护方法不但影响混凝土强度的发展规律，而且对混凝土的收缩徐变也有很大影响。试验结果说明，蒸汽养护使混凝土内部的水分大量挥发，经蒸汽养护的混凝土构件收缩徐变变形值都大大减小，与标准养护相比，收缩值约减少 20%，徐变度和徐变系数约减少 15%。

（4）加荷龄期

加荷龄期主要影响混凝土的徐变性质，试验表明不同品种的混凝土，其徐变系数和徐变度都随加荷龄期的增长而有规律地减小，并且不受持荷龄期的影响。

（5）粉煤灰掺量

采用超量取代法配制成的粉煤灰混凝土与基准混凝土相比，其收缩略有减小。对于含有形状不规则表面粗糙的骨料（如碎石和浮石）的混凝土，掺入粉煤灰后，其徐变显著减小；而对于含有表面较光滑且呈圆球状的骨料（如卵石、陶粒等）的混凝土，掺入粉煤灰后，其徐变与基准混凝土基本相同。

（6）应力水平

混凝土的徐变与作用荷载的大小（即应力水平）有关。试验结果表明，在一定范围内（$\sigma_{pc}/f_{cu} \leqslant 0.5$），混凝土的徐变变形与应力呈线性关系，即徐变度几乎为常数。

（7）混凝土强度等级

混凝土水泥用量、水灰比等材料因素对徐变的影响可以归为混凝土强度等级的影响。试验表明，强度等级对混凝土的收缩徐变有较大的影响，强度等级越高收缩越大，徐变越小。

2.7.2　混凝土收缩徐变损失的计算

《混凝土结构设计规范（2015 年版）》（GB 50010—2010）[1]和《无粘结预应力混凝土结构技术规范》（JGJ 92—2016）[4]中有关混凝土收缩徐变引起的损失的计算公式如下：

先张法拉区纵筋的预应力损失为

$$\sigma_{l5} = \frac{60 + 340\dfrac{\sigma_{pc}}{f_{cu}'}}{1+15\rho} \tag{2-25}$$

先张法压区纵筋的预应力损失为

$$\sigma_{l5}' = \frac{60 + 340\dfrac{\sigma_{pc}'}{f_{cu}'}}{1+15\rho'} \tag{2-26}$$

后张法拉区纵筋的预应力损失为

$$\sigma_{l5} = \frac{55 + 300\dfrac{\sigma_{pc}}{f'_{cu}}}{1 + 15\rho} \tag{2-27}$$

后张法压区纵筋的预应力损失为

$$\sigma'_{l5} = \frac{55 + 300\dfrac{\sigma'_{pc}}{f'_{cu}}}{1 + 15\rho'} \tag{2-28}$$

式中：σ_{pc}、σ'_{pc}——受拉区、受压区预应力筋合力点处的混凝土法向压应力；

f'_{cu}——施加预应力时的混凝土立方体抗压强度；

ρ、ρ'——受拉区、受压区预应力筋和普通钢筋的配筋率。

需要指出的是，在应用式（2-25）～式（2-28）计算混凝土收缩徐变引起的预应力筋应力损失时，应注意如下几个问题。

1）式（2-25）～式（2-28）中 σ_{pc} 和 σ'_{pc} 是由永久荷载标准值、活荷载标准值的准永久值部分、预应力荷载共同引起的。应控制 σ_{pc} 和 σ'_{pc} 不大于 $0.5f'_{cu}$，以保证收缩徐变损失的计算方法符合线性徐变的假设。

2）对于有粘结（含先张和后张有粘结），受拉区预应力筋及非预应力筋配筋率可表达为 $\rho = (A_p + A_s)/A_0$，受压区预应力筋及非预应力筋配筋率可表达为 $\rho' = (A'_p + A'_s)/A_0$；对于无粘结（缓粘结暂偏于安全地按无粘结对待），$\rho = (\alpha A_p + A_s)/A_n$，$\rho' = (\alpha A'_p + A'_s)/A_n$，其中 α 为无粘结筋等效折减系数，可暂取 0.23。

3）应注意张拉时刻的影响。张拉时刻的影响包括两个方面：一是计算 σ_{pc} 或 σ'_{pc} 所用的等效荷载是对应于发生完第一批预应力损失的等效荷载，二是式（2-25）～式（2-28）中的立方体抗压强度 f'_{cu} 是指张拉时刻立方体抗压强度的标准值。

此外，对重要的结构构件，当需要考虑与时间相关的混凝土收缩、徐变及预应力筋应力松弛预应力损失值时，可按下列规定计算。

1）受拉区纵向预应力钢筋应力损失终极值为

$$\sigma_{l5} = \frac{0.9\alpha_p\sigma_{pc}\varphi_\infty + E_s\varepsilon_\infty}{1 + 15\rho} \tag{2-29}$$

2）受压区纵向预应力钢筋应力损失终极值为

$$\sigma'_{l5} = \frac{0.9\alpha_p\sigma'_{pc}\varphi_\infty + E_s\varepsilon_\infty}{1 + 15\rho'} \tag{2-30}$$

式中：φ_∞——混凝土徐变系数终极值；

ε_∞——混凝土收缩应变终极值；

E_s——预应力钢筋弹性模量；

α_p——预应力钢筋弹性模量与混凝土弹性模量的比值；

ρ、ρ'——受拉、受压区预应力钢筋和非预应力钢筋的配筋率。

混凝土徐变系数终极值和收缩应变终极值应由试验实测得出，当无可靠资料时可以按表 2-8 采用。例如，年平均相对湿度低于 40% 的环境下，按表 2-8 中数值应增加 30%。

表 2-8　混凝土收缩应变和徐变系数终极值

预加应力时的混凝土龄期/d	收缩应变终极值 $\varepsilon_\infty/10^{-4}$				徐变系数终极值 φ_∞			
	理论厚度 $\frac{2A}{u}$/mm				理论厚度 $\frac{2A}{u}$/mm			
	100	200	300	≥600	100	200	300	≥600
3	2.50	2.00	1.70	1.10	3.0	2.5	2.3	2.0
7	2.30	1.90	1.60	1.10	2.6	2.2	2.0	1.8
10	2.17	1.86	1.60	1.10	2.4	2.1	1.9	1.7
14	2.00	1.80	1.60	1.10	2.2	1.9	1.7	1.5
28	1.70	1.60	1.50	1.10	1.8	1.5	1.4	1.2
≥60	1.40	1.40	1.30	1.00	1.4	1.2	1.1	1.0

注：1）预加力时的混凝土龄期，先张法构件可取 3～7d，后张法构件可取 7～28d。

2）A 为构件截面面积，u 为该截面与大气接触的周边长度。

3）当实际构件的理论厚度和预加力时的混凝土龄期为表列数值的中间值时，可按线性内插法确定。

考虑时间影响的混凝土收缩和徐变引起的预应力损失值，随时间变化的松弛损失系数如表 2-9 所示。

表 2-9　随时间变化的松弛损失系数

时间/d	松弛损失系数
2	—
10	0.5
20	0.77
30	0.88
40	0.95
60	1.00
90	
180	
265	
1095	

2.7.3　减小混凝土收缩徐变损失的相关措施

基于对混凝土收缩徐变影响因素的分析，可从以下方面减小该损失。

1）混凝土强度等级越高，其收缩应变越大，收缩引起的损失越大。混凝土强度等级越高，其弹性模量与抗压强度之比越小，压缩变形越大，若徐变系数变化不大，徐变引起的预应力损失越大。应该针对不同的预应力结构，合理选择混凝土强度等级。

2）张拉时混凝土龄期越长，混凝土的相对强度越高，徐变越小。

3）添加硅灰等密实剂，可减少混凝土空隙，降低收缩徐变损失；添加 UEA 膨胀剂（U-type expansive agent for concrete）等，可抵消一部分收缩引起的预应力损失。

4）配筋率越大，收缩徐变损失越小。

5）对于无粘结预应力混凝土结构，若结构抗力相同，非预应力筋配筋率越高，其收缩徐变损失越小。

　　6）预应力水平越高，总的预加力越大，其收缩徐变损失越大。

　　7）采用高强度等级水泥，以减少水泥用量。

　　8）采用级配良好的骨料及掺加高效减水剂，减少水灰比。

　　9）振捣密实，加强养护。

2.8　螺旋式预应力筋对混凝土局部挤压引起的预应力损失

　　对于水管、储水池等圆形结构物，可采用后张法施加预应力。先用混凝土或喷射砂浆建造池壁，待池壁硬化达足够强度后，用缠丝机沿圆周方向把钢丝连续不断地缠绕在池壁上并加以锚固，最后围绕池壁敷设一层喷射砂浆作保护层。待钢筋张拉完毕并锚固后，由于张紧的预应力钢筋挤压混凝土，钢筋处构件的直径由原来的 d 减小到 d_1，预应力降低的大小用 σ_{l6} 表示，即

$$\sigma_{l6} = \frac{\pi d - \pi d_1}{\pi d} E_\mathrm{p} = \frac{d - d_1}{d} E_\mathrm{p}$$

　　由此可知，构件的 d 越大，则 σ_{l6} 越小。因此，当 d 较大时，该项损失可以忽略不计。为此，依照《混凝土结构设计规范（2015 年版）》（GB 50010—2010）[1]规定，当构件直径 $d \leqslant 3\mathrm{m}$ 时，$\sigma_{l6} = 30\mathrm{MPa}$；当构件直径 $d > 3\mathrm{m}$ 时，$\sigma_{l6} = 0$。

2.9　预应力总损失的合理预估

　　在进行预应力混凝土结构的初步设计时，不需要也无法精确计算预应力损失，只要知道预应力筋有效预应力 σ_{pe} 的预估值，即可大致确定预应力筋和非预应力筋用量。在完成初步设计之后，需按预应力筋在结构构件中的布置形式及预应力工艺，按分项计算法较准确地计算出预应力损失，验算结构的使用性能和承载力。按照我国《预应力混凝土结构设计规范》（JGJ 369—2016）[3]分项计算预应力损失，需已知结构在外荷载作用下的内力，以及在张拉引起的端部预加力及结间等效荷载作用下的内力，计算工作量大，且非常复杂。因此，总预应力损失近似估算方法和预应力损失的简化计算方法，是合理、快捷进行预应力混凝土结构设计所迫切需要的，具有重要的工程实践价值。

　　自 20 世纪 50 年代以来，关于采用高强钢丝和钢绞线作为预应力筋的预应力混凝土结构构件的研究，各国学者进行了大量的试验观测与分析，做出了预应力筋总损失估计值的规定。

　　美国混凝土学会与美国土木工程师协会（The American Society of Civil Engineers, ASCE）第 423 委员会，于 1958 年提出预应力混凝土结构设计建议，对混凝土的弹性压缩、收缩、徐变和钢材松弛引起的总损失（不包括摩擦及锚固损失）规定：先张法为 $241\mathrm{N/mm}^2$，后张法为 $172\mathrm{N/mm}^2$。

　　上述总损失为 1963 年 ACI 318-63 规范[18]及美国国家高速公路和交通运输协会（American Association of State Highway and Transportation Officials, AASHTO）制定的美

国公路桥梁规范（简称 AASHTO 规范）所采纳，并据此设计了大量的房屋建筑结构构件和桥梁结构。实践证明，这些结构构件都具有良好的工作性能。

随着发展，上述规定值并不能适用于各种实际情况，在一些情况下有可能对总损失估计偏低，也发现早期对高强钢材的松弛值估计偏低。因此，1975 年修订的 AASHTO 规范和 1976 年美国后张混凝土协会编制的手册中对总损失都做了适当提高，具体数值分别如表 2-10 和表 2-11 所示。

表 2-10　AASHTO 规范规定的总损失

预应力筋种类	总损失/（N/mm²)	
	$f_c' =27.6$	$f_c' =34.5$
先张钢绞线	—	310
后张钢丝或钢绞线	221	228
钢筋	152	159

注：总损失不包括摩擦损失；$f_c' =0.85 f_{cu}$。

表 2-11　美国后张混凝土协会后张法预应力筋的总损失近似值

后张法预应力筋用的钢材	总损失/（N/mm²)	
	板	梁和肋梁
应力消除的 1862MPa 级钢绞线和 1655MPa 级钢丝	207	241
钢筋	172	138
低松弛 1862MPa 钢绞线	103	138

注：总损失不包括摩擦损失，适用于中等强度的混凝土、中等应力水平和中等环境条件的结构和构件。

表 2-11 中的数值仅适用于中等条件下的一般结构和构件。如果混凝土在强度很低时就承受高预压应力，或者混凝土处于非常干燥或非常潮湿的暴露条件下，总损失会有较大差别。

要定出一个统一的预应力总损失是很难的，因为它取决于许多因素，如混凝土和钢材的性能、养护与湿度条件、预加应力的时间和大小、预应力工艺等；对于一般性能的钢材与混凝土，在一般天气条件下养护的结构，林同炎等[19]提出总损失及各组成因素损失的近似值，用张拉控制应力 σ_{con} 的占比表示，如表 2-12 所示。

表 2-12　林同炎等提出的总损失及各组成因素损失的近似值　　　　（单位：%）

项目	先张法（σ_{con} 的占比）	后张法（σ_{con} 的占比）
混凝土弹性压缩	4	1
混凝土徐变	6	5
混凝土收缩	7	6
钢材松弛	8	8
总损失	25	20

表 2-12 中的数值已考虑了适当的超张拉以降低松弛以及克服摩擦和锚固损失，凡未被克服的摩擦损失必须另加。损失值用张拉控制应力 σ_{con} 的百分比表达有利于显示总损失和它的大致组成，对先张法总预应力损失约 25% σ_{con}，后张法约 20% σ_{con}，似乎与预

应力梁可能出现的总损失出入不大。但应注意，当条件偏离一般情况时，应根据条件做相应的增减。例如，当构件的平均预应力（P/A）较高时，如大约为 7N/mm²，则先张法总损失大约增加 30%，后张法则增加 25%左右；当平均预应力（P/A）较低时，如约为 1.7N/mm²，则先张法和后张法的总损失应分别降低大约 18%和 15%。上述的总损失率是根据 20 世纪 50～70 年代长期应用的数值适当提高而得出的。所用的高强钢材为应力消除的钢绞线与钢丝，极限强度为 1862N/mm² 或 1655N/mm²。

我国学者对总预应力损失值也做了一些统计分析指出，在进行预应力混凝土框架结构的初步设计时，应注意下列事项。

1）对单跨框架梁，总预应力损失值可取 $0.2\sigma_{con}$。

2）对双跨和三跨框架梁的内支座截面，总预应力损失值可取 $0.3\sigma_{con}$。边跨跨中及边支座截面的总预应力损失值可取 $0.2\sigma_{con}$。

3）三跨的出跨跨中截面总预应力损失值可取 $0.4\sigma_{con}$。在进行后张无粘结预应力混凝土平板-柱结构设计时，各板格控制截面总预应力损失值视跨数和跨度的不同可取（$0.2\sim0.3\sigma_{con}$）。当大跨框架结构或平板-柱结构采用预应力混凝土顶层边柱时，其中预应力筋总预应力损失值可近似取为 $0.2\sigma_{con}$。

按照上述预估的总预应力损失值得出配筋后，需按其在结构构件中的布置形式及预应力工艺，按分项计算法较准确地计算出预应力损失，并验算结构的使用性能和承载力。工程经验表明，这种验算是可行的。

最后还需要强调，当计算求得的预应力总损失小于下列数值时，应按下列数值取用，即先张法构件为 100N/mm²，后张法构件为 80N/mm²。

第3章　预应力筋等效荷载计算与线型选择

3.1　预应力等效荷载计算

3.1.1　预应力等效荷载的概念

杨华雄在《整体预应力装配式板柱建筑的设计与施工》[20]一书中介绍，混凝土结构构件中预应力筋的工作可分为两个阶段：第一阶段为从张拉预应力筋到预应力混凝土结构中有效预应力的建立阶段，该阶段预应力筋为能动的作用者，对结构提供与外荷载效应相反的荷载，即等效荷载，此时可将张拉预应力筋引起的等效荷载作为外荷载来对待。第二阶段为有效预应力建立（即预应力过程结束后）的阶段，预应力筋材料强度高于有效预应力的富余部分又像普通钢筋一样被动地提供抗力。本章着重分析张拉预应力筋引起的等效荷载及其作用效应。

预应力等效荷载是指被张拉的预应力筋对混凝土结构所产生的作用，其包括端部作用和结间作用两部分，即被张拉的预应力筋对普通钢筋混凝土结构所产生的等效荷载。如果以预应力筋为研究对象，则混凝土结构构件对预应力筋的两端及结间的作用也同样称为等效荷载。预应力筋对混凝土的等效荷载和混凝土对预应力筋的等效荷载是作用与反作用的关系，使混凝土结构保持静力平衡，是自平衡力系。以单一曲率二次抛物线线型为例，分别以混凝土及预应力筋为研究对象的等效荷载示意图如图 3-1 所示。

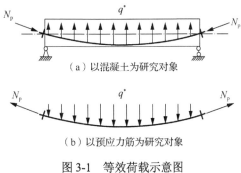

（a）以混凝土为研究对象

（b）以预应力筋为研究对象

图 3-1　等效荷载示意图

3.1.2　等效荷载的计算

预应力筋对结构的作用，可用一组等效荷载来代替。这种等效荷载一般由以下两部分组成。

1）在结构构件端部作用有预加集中力和预加弯矩。

2）由预应力筋曲率引起的垂直于预应力筋重心线的横向分布力，或由预应力筋转折引起的集中力。该横向力可以抵抗作用在结构上的外荷载，因此也可以称为反向荷载。

工程中最常用的预应力筋线型为二次抛物线。图 3-2 所示为单跨梁抛物线预应力筋及张拉引起的弯矩图，其中配置的钢筋为沿梁长曲率不变的二次抛物线线型的预应力筋。预应力筋水平投影长度（取值与跨度相等）为 L，预应力筋线型的矢高为 f，曲线方程为 $y = \dfrac{4f}{L^2} x(x-L)$。

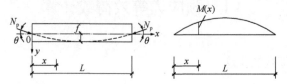

图 3-2　抛物线预应力筋及张拉引起的弯矩图

由预应力 N_p 产生的弯矩图也是抛物线线型，跨中处最大弯矩值为 $N_p f$，距离左端 x 处的弯矩值为 $M(x) = \dfrac{4N_p f}{L^2} x(L-x)$。

将弯矩 $M(x)$ 对 x 求二阶导数，可得出该弯矩引起的等效荷载 q，即

$$q = \frac{\mathrm{d}^2 M(x)}{\mathrm{d}^2 x} = -\frac{8N_p f}{L^2} \tag{3-1}$$

负号表示等效荷载的方向与 y 向相反，即方向向上。

由以上分析可知，单一曲率的二次抛物线预应力筋的等效荷载为与抛物线矢高方向相反的均布荷载。

此外，曲线预应力筋在梁端锚固区处的作用力与梁纵轴有一倾角，可由抛物线方程求导数得到，即

$$\left(\frac{\mathrm{d}y}{\mathrm{d}x} \right)_{x=0,L} = \tan\theta = \pm \frac{4f}{L}$$

由于抛物线的矢高 f 相对于跨度 L 甚小，可近似取 $\tan\theta \approx \sin\theta \approx \theta$，$\cos\theta = 1.0$。因此，梁端部的水平作用力为 $N_p \cos\theta \approx N_p$，梁端部的竖向作用力为 $N_p \sin\theta \approx \dfrac{4N_p f}{L}$。

水平作用力对梁体混凝土作用为一轴向力，使梁全截面产生纵向预压力，而端部竖向作用力直接传入支承结构，因此可不予考虑。单一曲率二次抛物线线型预应力筋等效荷载及预应力弯矩图在后面的内容中详细描述。

等效荷载是张拉预应力筋产生的预应力与梁体混凝土之间的相互作用。以上内容是以混凝土为研究对象进行分析的，现以预应力筋为研究对象计算等效荷载 q 值。对于完整的单一曲率二次抛物线线型预应力筋，其受力如图 3-3 所示。

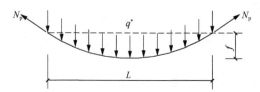

图 3-3　以预应力筋为研究对象的抛物线预应力筋等效荷载

以跨中截面的左半部为隔离体，分析预应力筋受力，如图 3-4 所示。

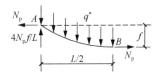

图 3-4　预应力筋隔离体受力示意图

无论向 A 点状态 $\sum M_A = 0$，$N_p \times f - q^* \times \dfrac{L}{2} \times \dfrac{L}{4} = 0$ 形式，还是竖向力的平衡 $\sum y = 0$，

$\dfrac{4N_p f}{L} - q^* \times \dfrac{L}{2} = 0$ 形式，均可得到

$$q^* = \frac{8N_p f}{L^2}$$

由此可知，无论是以混凝土为研究对象，还是以预应力筋为研究对象，均可得到同样的结论。

3.1.3　常用预应力筋线型及等效荷载

工程中常用的预应力筋线型与相应的等效荷载如表 3-1 所示。表 3-1 中，第 1 行为预应力筋沿直线布置，第 2、3 行为预应力筋按折线布置，第 4、5 行为预应力筋按二次抛物线布置，第 6、7、8 行为当梁形心轴不是直线时的情形。

表 3-1　常用预应力筋线型及等效荷载

序号	预应力筋线型	等效荷载简图	等效荷载对应的弯矩图
1			
2			
3			
4			
5			

续表

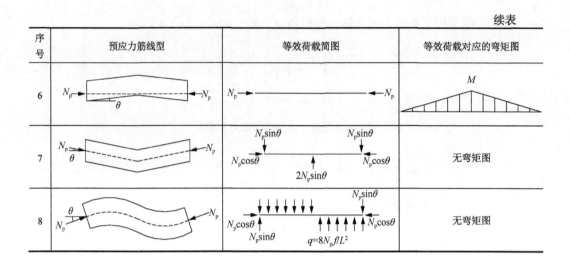

序号	预应力筋线型	等效荷载简图	等效荷载对应的弯矩图
6			
7			无弯矩图
8			无弯矩图

3.1.4 常规方法等效荷载计算的适用范围

前述内容是分析及计算张拉预应力筋引起等效荷载的常规方法，是建立在预应力筋矢高 f 相对标准抛物线预应力筋水平投影长度 L 很小的基础之上的。随着 f/L 的增大，该方法计算的误差越来越大，这是常规方法中认为标准抛物线各点曲率为常数所致的。因此，本书建议计算张拉引起的等效荷载的常规方法仅用于预应力筋矢高与其标准抛物线预应力筋水平投影长度之比 f/L 小于 1/10 的常规预应力混凝土工程的设计计算。

上述计算等效荷载的常规方法中未考虑沿着预应力筋长度方向的预应力损失。需要强调的是，采用单一曲率的二次抛物线作为预应力筋线型是工程中较常用的布筋形式。原因是，该预应力筋线型中抛物线的二阶导数（即曲率）为常数，由此所产生的等效荷载为均布荷载，而这种形式的荷载是工程中较常遇到的。

3.2 预应力筋线型选择

3.2.1 预应力筋的布置原则

预应力筋的布置原则如下。

1）张拉预应力筋引起的等效荷载效应与外荷载相反，因此所布置的预应力筋应产生与外荷载类型相同但方向相反的等效荷载。

2）预应力筋在预应力混凝土结构中应尽可能连续布置，以避免在预应力筋的断点处出现垂直于结构构件的裂缝，同时还可以节省锚具。预应力筋线型应不出尖点，便于实际操作。

3）对于无粘结筋，当一端张拉时以不超过 30m 为宜，两端张拉时以不超过 60m 为宜，当实际结构较长时，可分段施工或采用连接器连接。对于有粘结预应力筋，应尽可能采用两端张拉或借助连接器分段张拉。

4）在布置预应力筋时既要做到在满足耐久性和抗火要求的前提下预应力筋的垂幅尽

可能大，又要保证各跨间等效荷载与外荷载比例基本持平。

5）应尽可能减少预应力筋的孔道摩擦损失，以使结构在控制截面的有效预应力尽可能提高，以提高结构的抗裂性能。

3.2.2　常见预应力筋的布置形式

为了能根据预应力筋的布置原则进行预应力筋布置，本节分别以框架结构中的单跨梁、等跨双跨梁、不等跨双跨梁、悬臂梁等为例来介绍预应力筋的布置形式。

1．单跨梁

在竖向荷载作用下，单跨预应力混凝土框架梁的支座及跨中截面处的弯矩相差不大，因此，梁中预应力筋宜采用沿全跨连续布置，即预应力筋均锚固于梁端，并且可采用图 3-5 所示的布置形式。

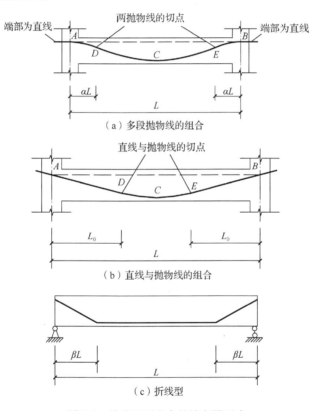

图 3-5　单跨梁预应力筋的布置形式

1）在图 3-5（a）中，从跨中 C 点到支座 A（或 B）点采用两段曲率相反的抛物线，在反弯点 D（或 E）处相接并相切，A（或 B）点与 C 点分别为各自抛物线的顶点，因此，反弯点位于 A（或 B）点与 C 点的连线上。反弯点位置到梁端的距离一般取为（0.1～0.2）L，其中 L 为梁的跨度，即图 3-5 中 $\alpha=0.1\sim0.2$。为方便预应力筋的张拉及锚固，在梁两端部预应力筋线型为直线。

2）在图 3-5（b）中，跨中区段的抛物线与梁端区段的直线相切，且抛物线方程与图 3-5（a）中跨中区段的抛物线方程相同。切点位置 D（或 E）点距梁端的距离 L_0 可按下式确定：

$$L_0 = 0.5L\sqrt{2\alpha} \tag{3-2}$$

α 的取值与图 3-5（a）中相同。

3）在图 3-5（c）中，β 值可取为 1/4～1/3。

2. 等跨双跨梁

对于等跨的双跨预应力混凝土框架梁，在竖向荷载作用下，内支座截面处的弯矩约为跨中及边支座截面处弯矩的两倍。因此，预应力筋布置有沿两跨连续布置及分跨布置两种形式。

（1）预应力筋连续布置

图 3-6 为等跨双跨梁预应力筋连续布置的形式。

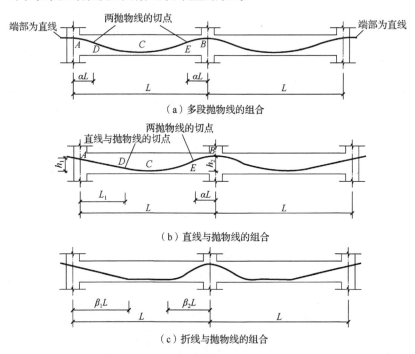

（a）多段抛物线的组合

（b）直线与抛物线的组合

（c）折线与抛物线的组合

图 3-6　等跨双跨梁预应力筋连续布置的形式

1）在图 3-6（a）中，反弯点的位置和确定方法与图 3-5 相同。

2）在图 3-6（b）中，C 点为直线段与抛物线段切点，其中 L_1 为直线段 AC 段水平投影长度，其值可按下式确定，即

$$L_1 = 0.5L\sqrt{1 - h_1/h_2 + 2\alpha h_1/h_2} \tag{3-3}$$

式中：L——梁段跨度；

h_1、h_2——边支座和中支座处预应力筋合力点至跨中截面预应力筋合力点间的竖向距离；

α ——意义及取值与图 3-5（a）中相同。

3）在图 3-6（c）中，β_1 值可取为 0.25～0.5，β_2 值可取为 1/4～1/3。

（2）预应力筋分跨布置

图 3-7 为等跨双跨梁预应力筋分跨布置的形式。α 的意义及取值与图 3-5（a）中相同。L_1 的计算与式（3-3）相同。

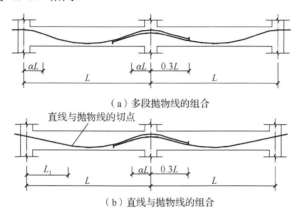

（a）多段抛物线的组合

（b）直线与抛物线的组合

图 3-7　等跨双跨梁预应力筋分跨布置的形式

3. 不等跨双跨梁

当采用不等跨的双跨预应力混凝土框架梁时，小跨梁的内力与大跨梁不同，因此该类梁中预应力筋的布置与等跨梁相比有较大不同，可采用图 3-8 所示的布置形式。

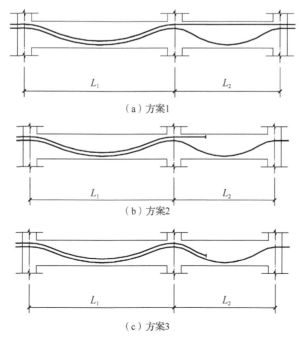

（a）方案1

（b）方案2

（c）方案3

图 3-8　不等跨双跨梁预应力筋的布置形式

1）图 3-8（a）为将上排预应力筋在小跨梁连续直线布置，下排预应力筋按常规的抛物线布置的形式。

2）图 3-8（b）和（c）分别为将上排预应力筋在小跨梁截断布置的形式，其中预应力筋在小跨梁保留部分的长度与图 3-7 相同。此外，图 3-7 中大跨梁端部也可采用与图 3-8（b）相同的直线型。

上述预应力筋分排布置的形式也适用于预应力筋同排布置的情况。此时采用预应力筋的连续布置方案更经济。

4. 悬臂梁

图 3-9 为悬臂梁预应力筋的布置形式。悬臂梁的弯矩为负弯矩，因此不论悬臂梁上荷载为何种形式，梁内预应力筋均应平直通过。

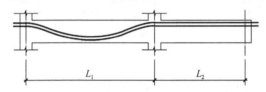

图 3-9　悬臂梁预应力筋的布置形式

5. 大小跨相邻时预应力筋的布置形式

当预应力混凝土梁（如预应力转换梁）在使用阶段所承受的荷载很大时，预应力筋配置往往较多。如果预应力筋不是合理地分批张拉，当张拉预应力筋引起的等效荷载远远大于梁在张拉时所承受的外荷载时，在预应力筋线型反弯点附近将出现平行于预应力筋方向的斜裂缝，即发生反向剪切破坏。为了避免这种破坏，张拉前应进行合理的施工验算，并进行分批张拉。当大小跨相邻时，若小跨梁截面及配筋不做调整，且预应力筋垂幅仍与大跨梁相同时，张拉预应力筋同样会使小跨梁承受过大的等效荷载，也会在小跨梁预应力筋线型反弯点附近出现平行于预应力筋方向的斜裂缝，发生反向剪切破坏，如图 3-10（a）所示。为避免这种破坏发生，可采取的方法是，将小跨梁的预应力筋一部分按抛物线线型布置，一部分水平布置，如图 3-10（b）和（c）所示。小跨梁预应力筋线型布置的原则是张拉预应力筋引起的等效荷载与该跨所承担外荷载的比值与大跨梁相同。

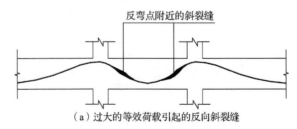

（a）过大的等效荷载引起的反向斜裂缝

图 3-10　大小跨相邻时预应力筋的布置形式

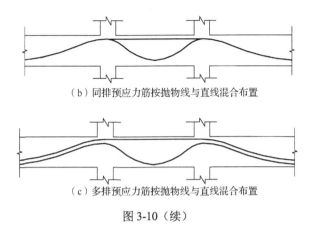

（b）同排预应力筋按抛物线与直线混合布置

（c）多排预应力筋按抛物线与直线混合布置

图 3-10（续）

6. 后浇带处预应力筋的布置与张拉方案

当因设置后浇带须将预应力筋分段布置时，应按图 3-11 的张拉方案补偿预应力筋，待后浇带两侧混凝土达到张拉所要求的混凝土强度之后，张拉并锚固后浇带两侧的预应力筋，在后浇带两侧的沉降较充分后，用高于后浇带两侧一个强度等级的微膨胀混凝土浇筑后浇带。待后浇带混凝土强度等级达到张拉预应力筋要求的强度之后，张拉并锚固设置于后浇带处的补偿预应力筋。

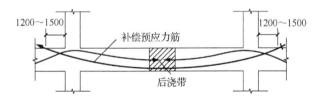

图 3-11   后浇带处预应力筋的布置与张拉方案（单位：mm）

7. 双向板单向布置并张拉预应力筋

在工程实践中会遇到预应力混凝土双向板难以实现或不宜采用双向布置并张拉预应力筋的情况，这时可将双向板单向布置并张拉预应力筋。其实质如下：沿一个方向布置并张拉预应力筋，使它产生足够的等效荷载来抵抗外荷载，两个方向外荷载效应与等效荷载效应的差值，在配置预应力筋的方向由预应力筋中高于有效预应力的富余强度（应力）和非预应力筋共同承担，在另一个方向则由非预应力筋单独承担。单向布置并张拉预应力双向板设计方法将在第 6 章进行详细介绍。

8. 多跨连续板非板端张拉措施

对于多跨预应力混凝土连续板，当板端由于操作空间限制难以作为预应力筋的张拉端时，可按图 3-12 所示的思路和方法布置并张拉预应力筋。

图 3-12　多跨连续板非板端张拉方案

9. 非连续预应力筋张锚建议方案

当框架柱两侧梁所配置预应力筋数量不同时，部分预应力施工按图 3-13（a）张拉并锚固非连续预应力筋的情况进行。由于按图 3-13（a）张拉并锚固非连续预应力筋，柱根部要承担预应力的水平分量，当柱截面和柱中纵筋用量不足够大时，预应力对柱的直剪作用常常使柱根部沿梁顶面被剪坏，发生错动。这种现象是工程建设中应杜绝的。为此，本节建议当框架柱两侧梁所配置预应力筋数量不同时，采用如图 3-13（b）所示方案布置和张锚非连续预应力筋。

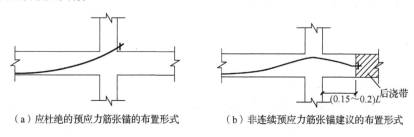

（a）应杜绝的预应力筋张锚的布置形式　　　　（b）非连续预应力筋张锚建议的布置形式

图 3-13　非连续预应力筋张锚的布置形式

10. 框架柱中预应力筋的合理布置

当框架结构顶层梁柱节点采用刚结时，其跨度较大，导致顶层边柱的设计弯矩很大，若设计成普通钢筋混凝土柱，则需要配置很多的纵筋，易造成钢材浪费且施工困难，因此宜将顶层边柱设计成预应力混凝土框架柱。框架柱中预应力筋的布置形式如图 3-14 所示。

柱中预应力筋的布置，宜优先选用图 3-14（a）所示的折线布筋方案，也可采用图 3-14（b）所示的抛物线布筋方案，图 3-14（c）所示的直线布筋方案用得较少。

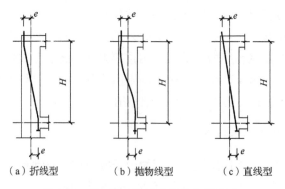

（a）折线型　　　　　（b）抛物线型　　　　　（c）直线型

图 3-14　框架柱中预应力筋的布置形式

3.3　预应力筋等效荷载算例

以配置多段抛物线预应力筋型的两等跨双跨梁为例，其预应力筋线型及等效荷载示意图如图 3-15 所示。

若令 $\alpha = 0.15$ ，则有

$$q_1^* = \frac{8N_\mathrm{p}\Delta_1}{(0.3L)^2} , \qquad q_2^* = \frac{8N_\mathrm{p}\Delta_2}{(0.7L)^2} , \qquad q_3^* = \frac{8N_\mathrm{p}\Delta_3}{(0.3L)^2}$$

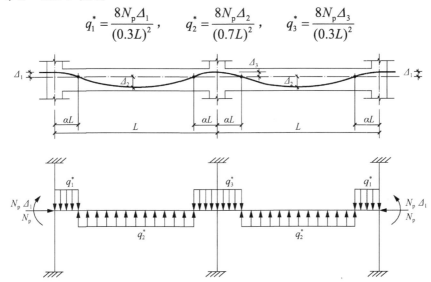

图 3-15　两等跨双跨梁预应力筋线型及等效荷载示意图

3.4　预应力等效荷载计算的通用方法及其简化

张拉引起等效荷载计算的常规方法适用于预应力筋标准抛物线线型的水平投影长度与其垂幅之比较大的情况，而在大量兴建的预应力混凝土转换梁工程中，常出现预应力筋标准抛物线线型的水平投影长度与其垂幅之比较小的情况。针对这一问题，本节应用微分几何曲线论的基本公式，建立了张拉按标准抛物线布置的预应力筋所引起的等效荷载计算的通用方法。经试算分析，本节给出了等效荷载计算的常规方法的适用范围。针对等效荷载计算的通用方法过于繁复这一突出问题，本节基于控制截面处在张拉引起的等效荷载作用下内力相等或近似相等的原则，提出了张拉大高跨比混凝土结构中按抛物线布置的预应力筋等效荷载计算的简化方法，对推动特色预应力工程的设计建造具有重要的理论意义和工程实用价值。

3.4.1　等效荷载计算的通用方法的建立

混凝土结构中微段预应力筋隔离体及其受力状态如图 3-16 所示。

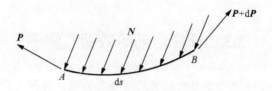

图 3-16　预应力筋微段隔离体及其受力状态

由预应力筋微段力的平衡方程可知：

$$N = \frac{\mathrm{d}P}{\mathrm{d}s} \qquad (3\text{-}4)$$

式中：$\mathrm{d}s$ ——微段弧长；

　　　N ——混凝土对预应力筋的反作用力，等于孔道壁对预应力筋的法向分布力和切向分布摩擦力的合力；

　　　P ——预应力，其值表示为 P，即为预应力筋微段 A 端的预加力值。

图 3-16 中预应力筋在 A 点预加力 P 及混凝土对预应力筋的反作用力 N 可分别表示为

$$P = P\boldsymbol{\alpha} \qquad (3\text{-}5)$$
$$N = N_\alpha \boldsymbol{\alpha} + N_\beta \boldsymbol{\beta} \qquad (3\text{-}6)$$

式中：$\boldsymbol{\alpha}$、$\boldsymbol{\beta}$ ——曲线预应力筋在 A 点的单位切矢、单位法矢；

　　　N_α、N_β ——混凝土对预应力筋的反作用力 N 在图 3-16 中 A 点的切向、法向投影值。

将式（3-5）代入式（3-4）可得

$$N = \frac{\mathrm{d}(P \cdot \boldsymbol{\alpha})}{\mathrm{d}s} = \frac{\mathrm{d}P}{\mathrm{d}s}\boldsymbol{\alpha} + \frac{\mathrm{d}\boldsymbol{\alpha}}{\mathrm{d}s}P \qquad (3\text{-}7)$$

设微段 $\mathrm{d}s$ 的曲率为 c，有

$$\frac{\mathrm{d}\boldsymbol{\alpha}}{\mathrm{d}s} = c\boldsymbol{\beta} \qquad (3\text{-}8)$$

将式（3-8）代入式（3-7），有

$$N = \frac{\mathrm{d}P}{\mathrm{d}s}\boldsymbol{\alpha} + cP\boldsymbol{\beta} \qquad (3\text{-}9)$$

由式（3-6）和式（3-9）的对应关系，可得

$$\begin{cases} N_\alpha = \dfrac{\mathrm{d}P}{\mathrm{d}s} \\[2mm] N_\beta = kP \end{cases} \qquad (3\text{-}10)$$

式中：N_α ——$\mathrm{d}s$ 微段内沿单位预应力筋长的预应力筋与孔道壁之间的分布摩擦力；

　　　N_β ——孔道壁对预应力筋产生法向分布力。

根据摩擦力计算公式，可建立 N_α 与 N_β 之间的关系表达式为

$$N_\alpha = \mu N_\beta \qquad (3\text{-}11)$$

将式（3-10）代入式（3-11），令 κ 为预应力筋与孔道壁之间的刮碰系数，考虑孔道局部偏差影响后可得

$$\frac{\mathrm{d}P}{\mathrm{d}s} = (\mu c + \kappa)P \tag{3-12}$$

因此张拉预应力筋引起的等效荷载一般表达式为

$$N = (\mu c + \kappa)P\boldsymbol{\alpha} + cP\boldsymbol{\beta} \tag{3-13}$$

式中：κ、$\boldsymbol{\alpha}$ 及 $\boldsymbol{\beta}$ 分别为曲线预应力筋的曲率、单位切矢及单位法矢，可表达为

$$\begin{cases} \kappa = \dfrac{|\mathrm{d}\boldsymbol{\alpha}|}{\mathrm{d}s} = \dfrac{|\boldsymbol{r}' \times \boldsymbol{r}''|}{|\boldsymbol{r}'|^3} \\[2mm] \boldsymbol{\alpha} = \dfrac{\mathrm{d}\boldsymbol{r}}{\mathrm{d}s} = \dfrac{\boldsymbol{r}'}{|\boldsymbol{r}'|} \\[2mm] \boldsymbol{\beta} = \dfrac{1}{\kappa}\dfrac{\mathrm{d}\boldsymbol{r}}{\mathrm{d}s} \end{cases} \tag{3-14}$$

式中：$\boldsymbol{r}$——曲线预应力筋的矢量抛物线方程。

图 3-17 所示的预应力筋的矢量抛物线方程为

$$\boldsymbol{r} = \left\{ t \quad \frac{t^2}{2m} \quad 0 \right\} \tag{3-15}$$

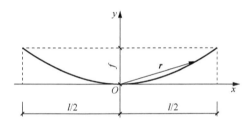

图 3-17　与式（3-15）相对应的坐标系及抛物线

在确定式（3-15）后，将式（3-14）计算出的预应力筋的曲率、单位切矢及单位法矢代入式（3-13），可得张拉按该抛物线布置预应力筋产生的等效荷载的一般表达式为

$$\begin{cases} \boldsymbol{q} = \left\{ q_x \quad q_y \right\} \\[2mm] q_x = P\dfrac{m^2(\mu m - x) + \kappa m(m^2 + x^2)^{3/2}}{(m^2 + x^2)^2} \\[2mm] q_y = P\dfrac{m^2(\mu x + m) + \kappa x(m^2 + x^2)^{3/2}}{(m^2 + x^2)^2} \end{cases} \tag{3-16}$$

式中：P——所考察位置预应力筋的实际预加力值；

　　　q_x——平行于 x 轴的分布等效荷载；

　　　q_y——平行于 y 轴的分布等效荷载。

结合图 3-17，抛物线矢量方程中的参数 m 可表达为

$$m = \frac{l^2}{8f} \tag{3-17}$$

工程中多取同一跨两个支座、一个跨中三个控制截面有效预应力的平均值为该跨预应力筋的有效预应力取用值，因此设计时可不考虑预应力筋与孔道壁之间的摩擦影响，

式（3-9）可简化为

$$N = \frac{d\alpha}{ds}P \qquad (3-18)$$

因此有

$$\begin{cases} q = \{ q_x \quad q_y \} \\ q_x = -P\dfrac{m^2 x}{(m^2 + x^2)^2} \\ q_y = P\dfrac{m^3}{(m^2 + x^2)^2} \end{cases} \qquad (3-19)$$

由式（3-16）与式（3-19）可知，张拉按抛物线布置的预应力筋产生的等效荷载应包含竖向等效分布荷载 q_y 及水平等效分布荷载 q_x 两部分，其中竖向等效分布荷载 q_y 即为传统研究中的结间等效荷载的精确解。式（3-19）中水平等效分布荷载 q_x 及竖向等效分布荷载 q_y 存在峰值：

$$\max q_x = P\frac{m^2 l}{2(m^2 + l^2/4)^2} \qquad x = -l/2 \qquad (3\text{-}20a)$$

$$\min q_x = -P\frac{m^2 l}{2(m^2 + l^2/4)^2} \qquad x = l/2 \qquad (3\text{-}20b)$$

$$\max q_y = \frac{P}{m} = \frac{8P \cdot f}{l^2} \qquad x = 0 \qquad (3\text{-}20c)$$

$$\min q_y = P\frac{m^3}{(m^2 + l^2/4)^2} \qquad x = \pm l/2 \qquad (3\text{-}20d)$$

3.4.2　通用方法的简化处理

本节认为，直接采用式（3-14）及式（3-20）计算等效荷载过于繁复，因此有必要对其进行简化处理，具体简化措施如下。

（1）水平等效分布荷载的简化

式（3-19）的水平等效荷载 q_x 的分布及其简化处理如图 3-18 所示，在保持 q_x 对控制截面轴力大小不变的条件下，若用两个反对称的三角形分布代替 q_x 的实际分布，即取 $(-l/2, q_E)$ 与 $(l/2, q_F)$ 两点直线围成的面积与 q_x 实际分布面积相等，则可达到简化等效荷载计算的目的。其中，$q_E = -q_F = -2Pl/(4m^2 + l^2)$，比 q_x 实际分布的峰值要大。

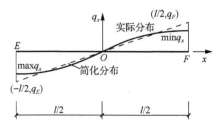

图 3-18　水平等效荷载的分布及其简化处理

（2）竖向等效分布荷载的简化

式（3-19）的竖向等效荷载 q_y 的分布及其简化处理如图 3-19 所示。若用 $(-l/2, \min(q_y))$ 与 $(0, \max(q_y))$ 两点连成的直线与 $(l/2, \min(q_y))$ 与 $(0, \max(q_y))$ 两点连成的直线组成两梯形分布代替 q_y 的实际分布，则同样可简化竖向等效分布荷载的计算。与实际分布相比，采用简化方法所得的结构预应力效应稍小，对结构设计偏于安全。

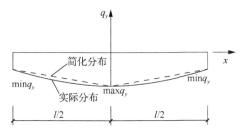

图 3-19　竖向等效荷载的分布及其简化处理

3.5　通用方法与常规方法计算结果的比较

由式（3-20c）可知，其峰值竖向等效荷载即为常规计算中的竖向等效荷载，即采用常规方法计算出的等效荷载比实际值要大。因而，有必要探讨用常规方法计算等效荷载的适用范围。

一般，按通用方法与按常规方法计算得到的等效荷载没有可比性，而用张拉引起的等效荷载作用下结构构件控制截面的弯矩值作为比较对象，其物理意义才较清楚。按单波标准抛物线布置预应力筋，通过对抛物线水平投影长度与其垂幅之比 l/f 不同的简支梁（预应力筋在梁端通过中和轴）的计算，得出如表 3-2 所示的计算结果的比较。

表 3-2　通用方法与常规方法计算结果的比较

l/f	5	6	7	8	9	10	11	12	13	14	15	16	17
$\dfrac{M_{p,1}-M_{p,2}}{M_{p,2}} \times 100\%$	18.6	13.4	10.1	7.8	6.3	5.1	4.3	3.6	3.1	2.7	2.3	2.1	1.8
l/f	18	19	20	21	22	23	24	25	26	27	28	29	30
$\dfrac{M_{p,1}-M_{p,2}}{M_{p,2}} \times 100\%$	1.6	1.5	1.3	1.2	1.1	1.0	0.9	0.8	0.8	0.7	0.7	0.6	0.6

注：$M_{p,1}$ 为按常规方法计算得到的等效荷载下简支梁跨中控制截面弯矩值；$M_{p,2}$ 为按通用方法计算得到的等效荷载下简支梁跨中控制截面弯矩值。

从表 3-2 按通用方法与按常规方法所得张拉引起的等效荷载作用下结构的弯矩计算结果不难看出，随着标准抛物线预应力筋水平投影长度与其垂幅之比 l/f 的减小，常规方法的计算误差越来越大，这是常规方法中认为标准抛物线各点曲率为常数所致。因此，本节建议张拉引起的等效荷载计算的常规方法仅用于标准抛物线预应力筋水平投影长度与其垂幅之比 l/f 不小于 10 的常规预应力混凝土工程的设计计算。事实上，常规方法本身就是对通用方法在一定适用范围内的简化处理方法。

计算实例如下。

某按标准抛物线布置预应力筋的简支梁的合力作用线示意图如图 3-20 所示。预应力筋有效预应力为 $\sigma_{pe} = 1000\text{N/mm}^2$，试比较计算所得到的张拉单根 $\phi^S 15$ 钢绞线（$A_p = 140\text{mm}^2$）所引起的等效荷载作用下跨中弯矩值的大小。

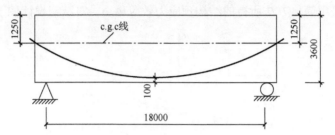

图 3-20　某按标准抛物线布置预应力筋的简支梁的合力作用线示意图（单位：mm）

经计算，张拉单根钢绞线引起的等效荷载如图 3-21 所示，由 3 种方法得到的综合弯矩分布如图 3-22 所示。

图 3-22 中按常规方法（法Ⅰ）所得等效荷载作用下梁跨跨中控制截面弯矩值为 $2.870 \times 10^8 \text{N·mm}$；按通用方法（法Ⅱ）所得等效荷载作用下梁跨跨中控制截面弯矩值为 $2.693 \times 10^8 \text{N·mm}$；按简化方法（法Ⅲ）所得等效荷载作用下梁跨跨中控制截面弯矩值为 $2.583 \times 10^8 \text{N·mm}$。通过本算例可把握应用通用方法计算预应力等效荷载及在等效荷载下内力分析的全过程。

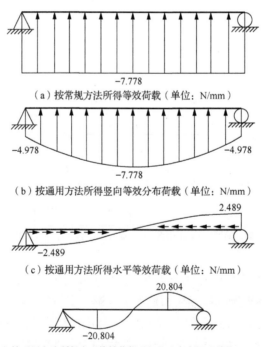

（a）按常规方法所得等效荷载（单位：N/mm）

（b）按通用方法所得竖向等效分布荷载（单位：N/mm）

（c）按通用方法所得水平等效荷载（单位：N/mm）

（d）按通用方法所得水平等效荷载引起的分布弯矩（单位：N·mm）

图 3-21　张拉单根预应力筋引起的等效荷载

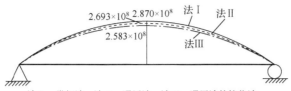

法 I 一常规法；法 II 一通用法；法 III 一通用法的简化法。

图 3-22　由 3 种方法得到的综合弯矩分布（单位：N·mm）

3.6　张拉三段抛物线预应力筋引起的等效荷载下内力的简化计算

连续式内跨梁的预应力筋由三段抛物线组成，张拉预应力筋引起内跨的等效荷载也由方向相反的三区段竖向均布荷载组成，由于荷载区段较多，给在等效荷载下内力的计算带来了不少困难。通过对实际预应力筋线型与假想预应力筋线型分别对应的等效荷载作用下固端弯矩的比较，得出了用于计算张拉实配预应力筋引起固端弯矩的等效荷载简化计算公式，同时给出了计算张拉实配预应力筋所引起的等效荷载作用下跨中弯矩的过程。本节的思路和方法可用于工程设计。

3.6.1　用于计算支座截面固端弯矩的等效荷载的计算

某内跨梁实配预应力筋面积为 A_p，有效预应力为 σ_{pe}，实际线型如图 3-23 所示。

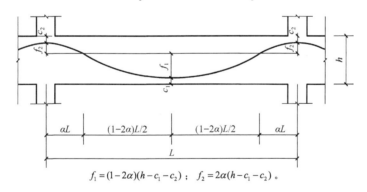

$$f_1 = (1-2\alpha)(h-c_1-c_2); \quad f_2 = 2\alpha(h-c_1-c_2)。$$

图 3-23　某内跨梁预应力筋线型

张拉图 3-23 预应力筋引起的梁内跨等效荷载如图 3-24 所示。

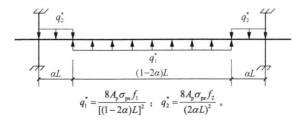

$$q_1^* = \frac{8A_p\sigma_{pe}f_1}{[(1-2\alpha)L]^2}; \quad q_2^* = \frac{8A_p\sigma_{pe}f_2}{(2\alpha L)^2}。$$

图 3-24　张拉图 3-23 预应力筋引起的跨内等效荷载

计算图 3-24 中等效荷载引起的内跨支座固端弯矩 M^F 较烦琐，因有 3 个区段方向及大小不同的等效荷载。经推导，在图 3-24 中等效荷载作用下支座截面的固端弯矩为

$$M^F=\frac{2(1-\alpha)A_p\sigma_{pe}\left(h-c_1-c_2\right)}{3} \tag{3-21}$$

图 3-23 内跨梁假想预应力筋线型如图 3-25 所示。

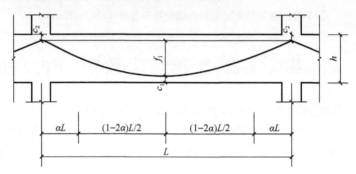

图 3-25　图 3-23 内跨梁假想预应力筋线型

张拉图 3-25 预应力筋引起的跨内等效荷载如图 3-26 所示。

$q_0^*=\dfrac{8A_p\sigma_{pe}f}{L^2}$；　$f=h-c_1-c_2$。

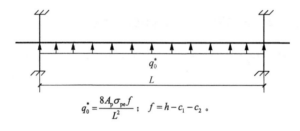

图 3-26　张拉图 3-25 预应力筋引起的跨内等效荷载

在图 3-26 等效荷载作用下引起支座截面的固端弯矩 M_0^F 为

$$M_0^F=\frac{2A_p\sigma_{pe}(h-c_1-c_2)}{3} \tag{3-22}$$

由式（3-21）和式（3-22）可得

$$\frac{M^F}{M_0^F}=1-\alpha \tag{3-23}$$

从而可得用于计算张拉按图 3-24 线型布置的预应力筋引起的支座截面固端弯矩的折算等效荷载计算公式为

$$q_{折}^*=(1-\alpha)q_0^* \tag{3-24}$$

3.6.2　张拉预应力筋引起等效荷载作用下跨中截面弯矩计算

按式（3-24）所得，折算等效荷载 $q_{折}^*$ 计算出支座截面固端弯矩 M^F，继而可以计算出支座截面经分配传递的弯矩 $M_{支}^p$，之后可据图 3-27 按结构静力平衡计算梁跨的跨中弯矩。

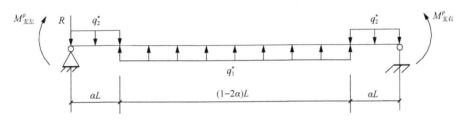

图 3-27　用于计算内跨梁跨中弯矩简图

由图 3-27 可得在图 3-24 所示等效荷载作用下跨中截面弯矩 $M_{中}^{p}$ 为

$$M_{中}^{p} = \frac{q_2^* \alpha(1-\alpha)L^2}{2} - \frac{q_1^*(1-2\alpha)^2 L^2}{8} - M_{支左}^{p} + \frac{RL}{2} \qquad (3\text{-}25)$$

3.6.3　计算实例

某两端固结预应力混凝土梁，预应力筋选用抗拉强度标准值 $f_{ptk} = 1860\text{N/mm}^2$ 的 ϕ^S15 钢绞线，其预应力筋合力作用线、截面尺寸及截面特征如图 3-28 所示，试按本节所述思路和方法计算在张拉预应力筋引起的等效荷载作用下支座及跨中截面的内力。

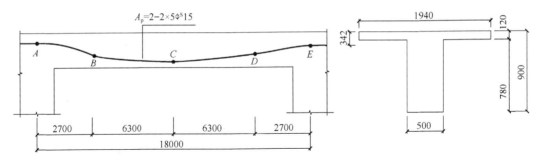

图 3-28　某两端固结预应力梁预应力筋合力作用线、截面尺寸及截面特征（单位：mm）

经试算，可取预应力筋有效预应力 $\sigma_{pe} = 1042\text{N/mm}^2$。张拉假想抛物线型布置的预应力筋产生的等效荷载为

$$q_0^* = 32.76\text{kN} \cdot \text{m}$$

由式（3-24）可得，折算等效荷载为

$$q_{折}^* = (1-\alpha)q_0^* = 27.84\text{kN} \cdot \text{m}$$

式中：$\alpha = 0.15$。

由 $q_{折}^*$ 可得支座截面处弯矩为

$$M_{支}^{F} = \frac{q_{折}^* L^2}{12} = 751.81\text{kN} \cdot \text{m}$$

由图 3-27 可知，应用式（3-25），可得图 3-28 梁在张拉按实际线型布置预应力筋引起的等效荷载作用下的跨中弯矩，即 $M_{中}^{p} = 574.76\text{kN} \cdot \text{m}$。

3.7 相邻跨变截面梁形心轴偏差对张拉引起等效力偶矩

实际工程中存在不考虑相邻跨变截面梁形心轴偏差对张拉引起等效力偶影响的现象，通过计算实例说明，形心轴偏差对张拉引起的结构内力及配筋的影响一般是不容忽视的。

在结构设计中，梁的跨度通常由使用功能确定，不同功能要求其跨度是不同的。例如，游泳馆中游泳池部分需要大跨度，两侧附属部分需要跨度较小。对于连续梁和框架结构，当相邻跨跨度或所受荷载差别较大时，截面高度一般不同，致使相邻跨梁截面的形心轴不在同一直线上。对于预应力混凝土梁，当施加预应力后，将在截面高度变化处引起作为等效荷载一部分的结点弯矩。在实际工程设计中，该力偶通常被忽略。从定性方面而言，忽略该力偶的作用对结构通常是偏不安全的。因此，通过实例来定量分析张拉引起的变截面处结点弯矩对设计计算结果的影响，引起工程技术人员对这一问题的足够重视是十分必要的。

某工程采用预应力混凝土梁板楼盖体系，三跨连续梁立面图如图 3-29 所示。现浇钢筋混凝土板厚度为 180mm，连续梁受均布恒荷载标准值 g_k=50kN/m（梁自重另计），均布活荷载标准值 q_k=24kN/m，活荷载准永久值系数为 φ_q =0.5，试根据弹性理论按轻度侵蚀环境对连续梁进行设计计算。

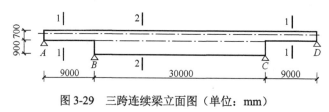

图 3-29 三跨连续梁立面图（单位：mm）

3.7.1 不考虑形心轴偏差影响

1. 截面选择及截面特征

因连续梁相邻跨度相差较大，故采用变截面梁，梁上翼缘宽度可取为 $b_f' = b + 12h_f'$，梁截面形状及细部尺寸如图 3-30 所示。梁截面特征值如表 3-3 所示。

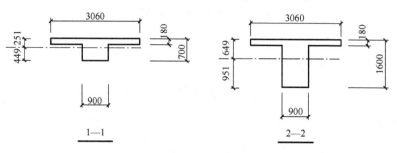

图 3-30 梁截面形状及细部尺寸（单位：mm）

表 3-3　梁截面特征值

截面	A/mm^2	y_c/mm	I/mm^4	$W_{中}/\mathrm{mm}^3$	$W_{支}/\mathrm{mm}^3$
1—1	1018800	449	4.303×10^{10}	9.584×10^7	1.714×10^8
2—2	1828800	951	4.626×10^{11}	4.864×10^8	7.128×10^8

2. 预应力材料及预应力工艺选择

梁板采用设计强度等级为 C40 的混凝土，梁中预应力筋采用抗拉强度标准值为 $f_{ptk}=1860\mathrm{N/mm}^2$ 的 ϕ^S15 钢绞线，梁中非预应力纵筋采用 HRB335 级钢筋，张拉端及锚固端均采用夹片锚具，采用后张有粘结预应力工艺。

3. 外荷载下内力计算

连续梁在外荷载作用下的弯矩值如表 3-4 所示。

表 3-4　外荷载作用下的弯矩值　　　　　　　　　　　　（单位：kN·m）

荷载组合	AB、CD 跨中	支座 B、C	BC 跨中
设计值	-870.07	-4018.27	11371.73
标准组合	-704.37	-3226.18	9148.82
准永久组合	-642.29	-2859.02	8165.98

4. 预应力筋线型选择与预应力效应的计算

经初步设计，预应力筋线型及用量如图 3-31 所示。预应力筋线型位置及用量左右对称。

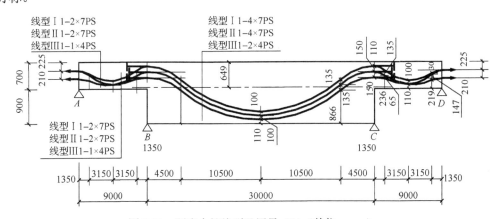

图 3-31　预应力筋线型及用量（1）（单位：mm）

张拉控制应力 $\sigma_{con}=0.7f_{ptk}=0.7\times1860=1302$（N/mm²）。预应力筋均采用一端张拉工艺。经计算对应线型 I、II、III 预应力筋有效预应力计算值如表 3-5 所示。

表 3-5　预应力筋有效预应力计算值（1）　　　　　（单位：N/mm²）

线型	位置	A	AB 跨中	B	BC 跨中	C	CD 跨中	D
I	左端张拉	826	890	897	781	621	890	826
	右端张拉			621	781	897		
II	左端张拉	769	869	882	771	616	869	769
	右端张拉			616	771	882		
III	左端张拉	900	918	1002	879	713	918	900
	右端张拉			713	879	1002		

　　计算结间均布等效荷载 q^* 时，取所考察跨 3 个控制截面有效预应力的加权平均值，计算结点等效荷载和配筋时均取计算截面处预应力筋实际有效预应力值。由于锚固在第一内支座附近的预应力筋合力未通过截面形心轴，对其张拉产生的预加力为 $P_1^*=$ 621×1946+616×1946+713×556=2803.63（kN），该预加力对截面形心轴产生的偏心弯矩 M_1^*=621×1946×539+616×1946×389+713×556×239≈1212.42（kN·m）。张拉实配预应力筋引起的等效荷载如图 3-32 所示。

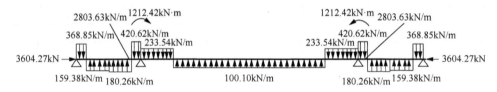

图 3-32　张拉实配预应力筋引起的等效荷载（1）

　　图 3-32 所示的等效荷载作用下结构的弯矩如表 3-6 所示。

表 3-6　等效荷载作用下结构的弯矩 M_p（1）　　　　　（单位：kN·m）

AB、CD 跨中	支座 B 左、支座 C 右	BC 跨中	支座 B 右、支座 C 左
−419.84	1714.62	−4956.10	2925.07

5. 裂缝控制验算

　　按部分预应力混凝土结构裂缝控制及验算建议，进行裂缝控制验算。

　　对于中间跨的跨中截面，在荷载短期效应组合下，受拉边缘的名义拉应力为

$$\sigma_{sc}=M_s^{\text{中}}/W_{\text{中}}=9149\times10^6/(4.864\times10^8)\approx18.81(\text{N/mm}^2)$$

在预应力荷载作用下受拉边缘的压应力为

$$\sigma_{pc}=\sigma_{pe}^{\text{中}}A_p^{\text{中}}/A+M_p^{\text{中}}/W_{\text{中}}$$
$$=(781\times1946+771\times1946+879\times556)\times2/1828800+4956.10\times10^6/(4.864\times10^8)$$
$$\approx14.03(\text{N/mm}^2)$$

因而有

$$\sigma_{sc} - \sigma_{pc} = 18.81 - 14.03$$

$$= 4.78(\text{N/mm}^2) < 2.55\overline{\beta}f_{tk} = 2.55 \times 0.8 \times 2.45 = 4.998(\text{N/mm}^2)$$

中间跨的跨中截面满足荷载短期效应组合下的裂缝控制要求，且受拉边缘拉应力计算值与允许值接近。经验算，中间跨同时满足荷载长期效应组合下的裂缝控制要求。

同理，通过验算可知中跨支座控制截面及边跨均满足裂缝控制要求。

3.7.2　考虑形心轴偏差影响

梁的截面、材料、预应力工艺、外荷载下内力计算均同前所述。

1. 预应力筋线型选择与预应力效应的计算

经初步设计，预应力筋线型及用量如图 3-33 所示。预应力筋线型位置及用量左右对称。

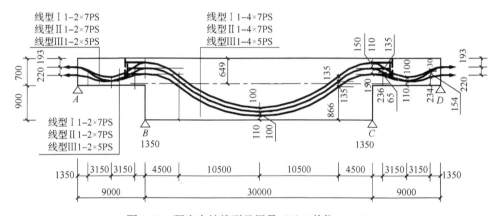

图 3-33　预应力筋线型及用量（2）（单位：mm）

预应力筋采用一端张拉工艺。对应线型 Ⅰ、Ⅱ、Ⅲ 预应力筋有效预应力计算值如表 3-7 所示。

表 3-7　预应力筋有效预应力计算值（2）　　　　　　　（单位：N/mm²）

线型	位置	A	AB 跨中	B	BC 跨中	C	CD 跨中	D
Ⅰ	左端张拉	803	880	871	772	598	880	803
	右端张拉			598	772	871		
Ⅱ	左端张拉	745	861	855	761	592	861	745
	右端张拉			592	761	855		
Ⅲ	左端张拉	880	909	978	872	691	909	880
	右端张拉			691	872	978		

张拉预应力筋时，在第一内支座产生的预加力为 $P_1^* = 598 \times 1946 + 592 \times 1946 + 691 \times 1390 = 3276.23$（kN），该预加力对截面形心轴产生的偏心弯矩 $M_1^* = 598 \times 1946 \times 539 + 592 \times 1946 \times 389 + 691 \times 1390 \times 239 \approx 1304.94$（kN·m）。

又因连续梁相邻跨截面高度不同，两截面形心轴相距 398mm，由此产生等效力偶 $M_2^* = 871×1946×398+855×1946×398+978×1390×398 ≈ 1877.85（kN·m）$。张拉实配预应力筋时引起的等效荷载如图 3-34 所示。

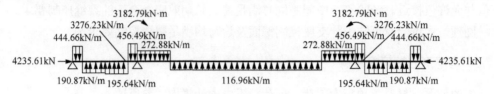

图 3-34　张拉实配预应力筋引起的等效荷载（2）

图 3-34 所示的等效荷载作用下结构的弯矩如表 3-8 所示。

表 3-8　等效荷载作用下结构的弯矩 M_p（2）　　　　　　（单位：kN·m）

AB、CD 跨中	支座 B 左、支座 C 右	BC 跨中	支座 B 右、支座 C 左
-695.92	1421.43	-4606.25	4604.22

2. 裂缝控制验算

对于中间跨的跨中截面，在荷载短期效应组合下受拉边缘的名义拉应力为

$$\sigma_{sc} = M_s^{中}/W_{中} = 18.81 \text{N/mm}^2$$

在预应力荷载作用下受拉边缘的压应力为

$$\sigma_{pc} = (772×1946+761×1946+872×13909)×2/1828800+4606.65×10^6/(4.864×10^8)$$

$$≈14.06（\text{N/mm}^2）$$

因而，$\sigma_{sc} - \sigma_{pc} = 18.81 - 14.06 = 4.75（\text{N/mm}^2）<2.55\overline{\beta}f_{tk}=2.55×0.8×2.45=4.998（\text{N/mm}^2）$

中间跨的跨中截面满足荷载短期效应组合下的裂缝控制要求，且受拉边缘拉应力计算值与允许值接近。经验算中间跨同时满足荷载长期效应组合下的裂缝控制要求。

同理，通过验算可知中跨支座控制截面及边跨均满足裂缝控制要求。

3.7.3　结果比较与启示

当不考虑张拉引起的变截面处结点力偶时，中跨预应力筋需配置 $64\phi^S15$，边跨实际配置 $32\phi^S15$；当考虑张拉引起变截面处结点力偶矩时，中跨预应力筋需配置 $76\phi^S15$，边跨实际配置 $38\phi^S15$。因此，设计预应力混凝土结构时应当考虑张拉引起变截面处结点力偶矩的不利影响。

第4章 混凝土梁板中无粘结预应力筋应力增长规律

无粘结预应力混凝土结构是预应力混凝土结构的重要组成部分。在预应力混凝土结构中，无粘结筋应力增长规律是土木工程技术人员普遍关注的问题之一。无粘结筋极限应力是指预应力混凝土梁板达到正截面承载能力极限状态时无粘结筋的应力，将无粘结筋极限应力与有效预应力之差称为无粘结筋极限应力增量。无粘结筋极限应力的合理计算方法是计算无粘结预应力混凝土结构构件正截面承载力和极限荷载的基础；正常使用阶段无粘结筋应力增量的合理计算方法是计算无粘结预应力混凝土梁板裂缝开展宽度和变形的基础。在分析现有研究成果的基础上，探索预应力混凝土结构构件中无粘结筋应力增长规律，并将其合理应用于无粘结预应力混凝土结构构件两类极限状态的设计计算是本章的主要内容。

4.1 引　　言

4.1.1 正常使用阶段

国内外对正常使用阶段预应力混凝土梁板中无粘结筋应力增量的研究相对不多，东南大学和哈尔滨工业大学已经做了有益的探索性工作。东南大学蓝宗建等[21]通过 14 根无粘结预应力混凝土简支梁的试验，得出了使用阶段无粘结筋应力增量 $\Delta\sigma_p$ 和有粘结非预应力筋应力增量 $\Delta\sigma_s$ 的关系曲线，如图 4-1 所示。

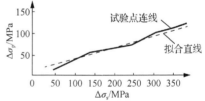

图 4-1　$\Delta\sigma_p$ 与 $\Delta\sigma_s$ 的关系曲线

由图 4-1 可知，经拟合得到的无粘结筋应力增量 $\Delta\sigma_p$ 和有粘结非预应力筋应力增量 $\Delta\sigma_s$ 的关系为

$$\Delta\sigma_p = 0.24\Delta\sigma_s + 2 \qquad (4\text{-}1)$$

当 $\Delta\sigma_s = 250\text{MPa}$ 时，$\Delta\sigma_p = 0.248\Delta\sigma_s$。$\Delta\sigma_s = 250\text{MPa}$ 可近似认为是使用阶段非预应力筋应力偏上限值，常数 2 在 $\Delta\sigma_p$ 中所占比例较小，因此可偏于安全地认为使用阶段消压后 $\Delta\sigma_p$ 与 $\Delta\sigma_s$ 间的关系为

$$\alpha = \Delta\sigma_p / \Delta\sigma_s = 0.248 \qquad (4\text{-}2)$$

式（4-1）和式（4-2）是针对直线布置无粘结预应力筋的简支梁的试验数据的回归结果，未考虑预应力筋与非预应力筋有效高度比、预应力筋线型、预应力筋配筋指标、非预应力筋配筋指标等参数对正常使用阶段无粘结筋应力增量的影响；也未考虑结构构件边界条件的影响，即尚未针对无粘结预应力混凝土连续梁板进行研究。针对这些问题继

续进行深入研究，本节给出对关键影响因素考虑周全的 α 的取值方法。

4.1.2 无粘结筋极限应力

（1）美国 ACI 318-02 规范[22]公式

美国 ACI 318-02 规范中无粘结筋极限应力标准值的计算公式为

$$\sigma_{pu} = \begin{cases} \sigma_{pe} + 70 + \dfrac{f_c'}{100\rho_p} & l/h_p \leqslant 35 & (4\text{-}3a) \\[4mm] \sigma_{pe} + 70 + \dfrac{f_c'}{300\rho_p} & l/h_p > 35 & (4\text{-}3b) \end{cases}$$

式中：σ_{pe}——预应力筋有效预应力值；

f_c'——混凝土圆柱体抗压强度标准值，$f_c' = 0.8f_{cu}$；

ρ_p——预应力筋的配筋率，$\rho_p = A_p/(bh_p)$，A_p 为预应力筋面积，b 为截面宽度；

l——计算跨度；

h_p——预应力筋重心到混凝土受压区边缘的距离。

式（4-3a）的适用条件为 $\sigma_{pu} \leqslant \sigma_{pe} + 414$，式（4-3b）的适用条件为 $\sigma_{pu} \leqslant \sigma_{pe} + 207$，二者均不应超过预应力筋的条件屈服强度，且 $\sigma_{pe} \geqslant 0.5f_{ptk}$。

为了改善裂缝分布，该规范对梁和单向板都规定必须配置配筋率不低于 $0.004A_{te}$、屈服强度不高于 420MPa 的变形钢筋，其中 A_{te} 指截面受拉区面积。

式（4-3a）和式（4-3b）是基于无粘结预应力混凝土简支梁板试验结果建立起来的，其考虑了跨高比、混凝土圆柱体抗压强度、预应力筋的配筋率对极限应力的影响，未考虑非预应力筋及荷载分布形式的影响，也未考虑跨数影响，且公式不连续。

（2）英国 BS 8110-2: 1985 规范[23]公式

英国 BS 8110-2: 1985 规范中无粘结筋极限应力标准值的计算公式为

$$\sigma_{pu} = \sigma_{pe} + \dfrac{7000}{\dfrac{l}{h_p}}\left(1 - \dfrac{1.7f_{ptk}A_p}{f_{cu}bh_p}\right) \qquad (4\text{-}4)$$

式中：$\sigma_{pu} \leqslant 0.7f_{ptk}$。

式（4-4）是基于简支梁板试验结果建立起来的，按式（4-4）所得的无粘结筋极限应力增量与跨高比成反比，其考虑了跨高比和预应力筋的配筋指标的影响，未考虑非预应力筋及荷载分布形式的影响，也未考虑跨数影响。

（3）加拿大 CSA A23.3-94 规范[24]公式

加拿大 CSA A23.3-94 规范中无粘结筋极限应力标准值的计算公式为

$$\sigma_{pu} = \sigma_{pe} + 8000\dfrac{h_p - C_y}{l_e} \leqslant \sigma_{0.2} \qquad (4\text{-}5)$$

式中：C_y——假设无粘结筋达到条件屈服强度 $\sigma_{0.2}$ 时混凝土折算受压区高度；

h_p——无粘结筋合力点到截面压区边缘的距离；

l_e——无粘结筋锚固点间距离除以形成破坏机构所需塑性铰个数。

式（4-6）是基于三分点加荷简支梁的试验结果得出的，该式通过 C_y、h_p、l_e 等来考察跨高比和综合配筋指标等关键参数对无粘结筋极限应力取值的影响。

（4）德国 DIN 4227 规范公式

德国 DIN 4227 规范中无粘结筋极限应力标准值的计算公式如下。

单跨梁的计算公式为

$$\sigma_{pu} = \sigma_{pe} + 100 \tag{4-6a}$$

多跨梁的计算公式为

$$\sigma_{pu} = \sigma_{pe} + 50 \tag{4-6b}$$

悬臂梁的计算公式为

$$\sigma_{pu} = \sigma_{pe} \tag{4-6c}$$

式（4-6a）～式（4-6c）是通过定性分析后进行笼统的量化处理得出的，仅考虑了支承条件的影响，其他因素未予考虑。

（5）新西兰 NZS 3101 规范公式

新西兰 NZS 3101 规范中无粘结筋极限应力标准值的计算公式为

$$\sigma_{pu} = \sigma_{pe} + 100 \tag{4-7}$$

式（4-7）是通过定性分析后进行笼统的量化处理得出的，既适用于单跨梁板，又适用于连续结构。

（6）我国《无粘结预应力混凝土结构技术规程》（JGJ 92—2016）[4] 公式

无粘结预应力纤维筋混凝土受弯构件的正截面受弯承载力应符合现行国家标准《混凝土结构设计规范（2015 年版）》（GB 50010—2010）[1] 的有关规定，并应符合《无粘结预应力混凝土结构技术规程》（JGJ 92—2016）第 5.2.2 条的规定。在进行正截面承载力计算时，无粘结预应力筋的应力设计值 σ_{fpu} 宜按下列公式计算，计算值应不小于 σ_{fpe} 且不大于 f_{fpd}。f_{fpd} 为无粘结预应力纤维筋抗拉强度设计值。

$$\sigma_{fpu} = \sigma_{fpe} + \Delta\sigma_{fp} \tag{4-8}$$

$$\Delta\sigma_{fp} = (240 - 335\xi_{0f})\left(0.45 + 5.5\frac{h}{l_0}\right)\frac{l_2}{l_1} \cdot \frac{E_{fp}}{E_p} \tag{4-9}$$

$$\xi_{0f} = \frac{\sigma_{fpe}A_{fp} + f_y A_s}{f_c b h_{0,fp}} \tag{4-10}$$

式中：f_y——受拉区钢筋的抗拉强度设计值（N/mm²）；

　　　　A_s——受拉区所配钢筋的截面面积（mm²）；

　　　　A_{fp}——无粘结预应力纤维筋的截面面积（mm²）；

　　　　E_{fp}——无粘结预应力纤维筋的弹性模量（N/mm²）；

　　　　ξ_{0f}——综合配筋指标，不宜大于0.4，对于连续梁、板，取各跨内支座和跨中截面综合配筋指标的平均值；

　　　　$h_{0,fp}$——无粘结预应力纤维筋面积重心至受压边缘的距离（mm）；

b——构件截面宽度（mm）；

σ_{fpe}——无粘结预应力纤维筋扣除应力损失后的有效预应力（N/mm²）。

（7）Harajli[25]计算模式 I

基于 Harajli 计算模式 I 的无粘结筋极限应力标准值的计算公式为

$$\sigma_{pu} = \sigma_{pe} + 70 + \frac{f_c'}{100\rho_p}\left(0.4 + \frac{8}{l/h_p}\right) \tag{4-11}$$

式（4-11）的适用条件为 $\sigma_{pu} \leqslant \min(\sigma_{pe}+414, \sigma_{0.2})$。

该模式计算的 σ_{pu} 值较接近 ACI 318-89 标准的公式，唯一不同的是采用跨高比直接计算 σ_{pu} 值，而不是仅根据跨高比来选用公式。式（4-11）未考虑非预应力筋、加载形式和无粘结筋布置形式的影响，也未引入跨数影响系数。

（8）Harajli[25]计算模式 II

基于 Harajli 计算模式 II 的无粘结筋极限应力标准值的计算公式为

$$\Delta\sigma_p = \gamma\left(\alpha - \beta\frac{c}{h_p}\right)f_{ptk} \tag{4-12}$$

式中： c——正截面承载能力极限状态时控制截面中和轴高度，

$c = \dfrac{A_p(\sigma_{pe}+\alpha\gamma f_{ptk}) + A_s f_y - A_s' f_y - c_f}{0.85\beta_1 f_c' b_w + \beta\gamma A_p f_{ptk}/h_p}$， $c_f = 0.85 f_c'(b-b_w)h_f$；

α、β——正截面承载能力极限状态构件塑性分布范围影响系数；f 为荷载形式影响系数，α 和 β 与荷载形式相关：对于三分点加载，$f=3$，$\alpha=0.4$，$\beta=0.7$；对于均布荷载，$f=6$，$\alpha=2.5$，$\beta=0.44$；对于单点加载，$f=\infty$，$\alpha=0.1$，$\beta=0.18$。

γ——跨数、跨高及荷载形式综合系数，$\gamma=\left[1.0+\dfrac{1.0}{(l/h_p)(0.95/f+0.05)}\right](n_0/n)$，

其中，l/h_p 为跨高比，n_0/n 为施加外荷载的跨数与总跨数的比值。

式（4-12）是基于大量非线性有限元的分析结果，该式通过 γ、f、c 等考察跨高比、可变荷载的不利布置、荷载形式及综合配筋指标等关键参数对无粘结筋极限应力取值的影响。

（9）杜拱辰/陶学康[26]计算模式

杜拱辰/陶学康计算模式考虑了在其之前国内外计算公式中所忽略的非预应力筋对提高 σ_{pu} 的有利影响。所完成的预应力混凝土简支梁三分点加载试验结果的回归公式为

$$\sigma_{pu} = \sigma_{pe} + 786 - 1920 q_0 \tag{4-13}$$

式中：q_0——综合配筋指标，$q_0 = (f_y A_s + \sigma_{pe} A_p)/(f_c' b h_p)$，且满足 $q_0 \leqslant 0.38$，f_c' 为混凝土标准圆柱体抗压强度实测平均值，$f_c' = 0.85 f_{cu}$。

式（4-13）适用于 $\sigma_{pu} \leqslant \sigma_{0.2}$，$\sigma_{pe}$ 为 $(0.55\sim0.65)f_{ptk}$ 的范围内。

（10）徐金声[27]公式

徐金声基于相关试验结果，综合考虑主要影响因素后提出了无粘结筋极限应力增量公式为

$$\Delta\sigma_{pu} = (500 - 770\overline{\beta_0})k_1k_h\Omega \tag{4-14}$$

$$\overline{\beta_0} = \overline{\beta_s} + \overline{\beta_p} = \frac{\sigma_{pe}A_p}{f_c b h_p} + \frac{f_y A_s}{f_c b h_p} \tag{4-15}$$

式中：$\overline{\beta_0}$——综合配筋指标。

　　k_1——跨数影响系数，$k_1 = \dfrac{l}{\eta_u \sum l}$，$\sum l$ 为无粘结筋张拉端至锚固端总长度，η_u 为无粘结筋有效力传递系数（$\eta_u = 0.7\sim1.0$）。

　　k_h——跨高比修正系数，$k_h = 0.7 + \dfrac{10}{l/h}$，$l/h$ 为单跨梁的跨高比。

　　Ω——无粘结筋曲线形状和位置影响的折减系数，位于受拉区的单跨直线预应力筋 $\Omega = 1$；单跨抛物线预应力筋 $\Omega \approx 2/3$；多跨连续抛物线预应力筋 $\Omega \approx 1/2$。

式（4-14）未考虑加载形式及 $\overline{\beta_0}$ 相同而 $\overline{\beta_s}$ 及 $\overline{\beta_p}$ 变化等的影响。

（11）大连理工大学[28]公式

大连理工大学基于试验结果拟合得到的无粘结筋极限应力计算公式为

$$\sigma_{pu} = \sigma_{pe} + 618.3(1 - 2.094\overline{\xi_0}) \tag{4-16}$$

$$\overline{\xi_0} = \frac{\sigma_{pe}A_p + f_y A_s - f_y' A_s'}{f_{cm} b h_p} \tag{4-17}$$

式（4-16）为对所收集到的 106 组试验数据进行线性回归的结果，认为跨高比、无粘结筋布置形式和加载形式对无粘结筋极限应力影响较小，也未引入跨数影响系数。

（12）Naaman 等[29]公式

Naaman 等提出的无粘结筋极限应力的计算公式为

$$\sigma_{pu} = \sigma_{pe} + \Omega_u E_p \varepsilon_{cu} \left(\frac{h_p}{c} - 1\right)\frac{l_1}{l_2} \tag{4-18}$$

$$\sigma_{pu} \leqslant 0.94\sigma_{0.2} \tag{4-19}$$

式中：Ω_u——正截面承载能力极限状态下粘结降低系数，定义为极限荷载作用下梁板中无粘结筋应变增量与等效有粘结筋应变增量比值，对于单点集中荷载作用的情况，$\Omega_u = 1.5/(l/h_p)$，对于三分点加载和均布荷载作用的情况，$\Omega_u = 3.0/(l/h_p)$；

　　E_p——预应力筋的弹性模量；

　　ε_{cu}——混凝土极限压应变，取为 0.003；

　　l_1——梁加荷载跨的跨度；

　　l_2——锚具间预应力筋的长度；

c ——混凝土实际受压区高度。

Naaman 等通过对已有的 143 根试验梁试验结果归纳分析，总结出了跨中单点集中荷载和三分点加载两种情况下粘结系数的经验公式，即式（4-18），该公式适用的跨高比 l/h_p 范围为 7.8～45，基本涵盖了工程应用的绝大多数梁板。该公式是基于简支梁板试验结果得出的，但可用于无粘结预应力混凝土连续梁板计算，其计算结果为统计平均值。

（13）吕志涛等[30]的公式

针对《无粘结预应力混凝土结构技术规程》（JGJ/T 92—1993）的公式中跨高比的变化使极限应力增量计算值不连续的问题，吕志涛等提出的无粘结筋极限应力设计值的计算公式为

$$\sigma_{\mathrm{pu}} = \sigma_{\mathrm{pe}} + \frac{(500 - 770\overline{\beta_0})\left(0.4 + \dfrac{6}{l/h_\mathrm{p}}\right)}{1.5} \qquad (4\text{-}20)$$

式中：$\overline{\beta_0}$ ——综合配筋指标。

4.1.3　存在的主要问题和解决方法

图 4-2 所示为中国建筑科学研究院和大连理工大学所完成的 98 个试验梁的试验结果，横坐标为综合配筋指标 $\overline{\beta_0}$，纵坐标为无粘结筋的应力增量 $\Delta\sigma_{\mathrm{pu}}$，可知在 $\overline{\beta_0}$ 相同的条件下，$\Delta\sigma_{\mathrm{pu}}$ 可能相差较大。当 $\overline{\beta_0} = 0.30$ 时，最小的 $\Delta\sigma_{\mathrm{pu}}$ 为 200MPa 左右，而最大的 $\Delta\sigma_{\mathrm{pu}}$ 将近 600MPa，二者相差 400MPa。在图 4-2 中，当 $\overline{\beta_0}$ 相同但极限应力增量相差悬殊的原因可能有如下几点：一是综合配筋指标 $\overline{\beta_0}$ 相同，非预应力筋配筋指标 $\overline{\beta_\mathrm{s}}$ 及预应力筋配筋指标 $\overline{\beta_\mathrm{p}}$ 不一定分别相同。$\overline{\beta_\mathrm{s}}$ 和 $\overline{\beta_\mathrm{p}}$ 不同而 $\overline{\beta_0}$ 相同的梁板受力性能是不同的。二是不同的研究者对达到无粘结预应力混凝土梁板正截面承载能力极限状态的标志选择不一致，有的取受压边缘混凝土达到极限压应变为标志，有的取加载过程中裂缝宽度达到 1.5mm 为标志，有的取加载过程中变形达到跨度的 1/50 为标志，有的取消压后非预应力筋拉应变达到 $10000\,\mu\varepsilon$ 为标志，有的取加载过程中开始出现变形增大而所施加的荷载减少的现象为标志。

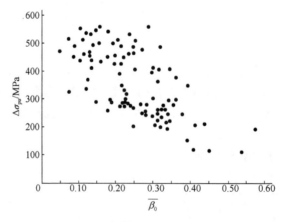

图 4-2　$\overline{\beta_0}$ 与 $\Delta\sigma_{\mathrm{pu}}$ 的关系

本节认为不应把达到承载能力极限状态的客观标志与检测标准相混淆，对于无粘结预应力混凝土梁板应以出现变形增加而所施加荷载减少的时刻所对应的荷载为极限荷载，此时的状态为正截面承载能力极限状态。对于中等预应力度和中等预应力度以上的无粘结预应力混凝土简支梁板，一般无粘结筋应力增长对正截面承载力的贡献要大于在加荷过程中控制截面内力臂的减小对正截面承载力的削弱，因此，可以取无粘结预应力混凝土简支梁板控制截面受压边缘混凝土达到极限压应变为正截面承载能力极限状态的标志。对于无粘结预应力混凝土连续梁板，同样应给出达到极限荷载的标志。对于两跨连续梁板，本节偏于安全地取当一跨内同时出现三个铰（边支座铰、中支座控制截面塑性铰和跨中控制截面塑性铰）为人为规定的承载能力极限状态的标志，此为模式Ⅰ。本节还提出以至少一跨出现在加荷过程中随变形的增大荷载开始减小的现象为达到承载能力极限状态的标志的理论。具体计算时，将中支座受压区应变达到极限压应变 ε_{cu} 的混凝土不再作为截面的一部分，据此得到支座控制截面承担的弯矩，再根据静力平衡条件计算跨中控制截面所承担的弯矩，直至跨中控制截面受压边缘混凝土达到极限压应变 ε_{cu} 为止，此时作为无粘结预应力混凝土连续梁板达到承载能力极限状态的计算标志，此为模式Ⅱ。

因此，在合理选择无粘结预应力混凝土梁板的破坏标志基础上，建立合理考虑预应力筋配筋指标 $\overline{\beta_p}$、非预应力筋配筋指标 $\overline{\beta_s}$、跨高比 l/h、无粘结筋布置形式、加载方式、跨数影响的预应力混凝土梁板中无粘结筋极限应力增量计算公式，以及正常使用阶段无粘结筋应力增量计算公式是必要的。

4.2　简支梁板中无粘结筋应力增长规律

4.2.1　无粘结预应力混凝土简支梁板的全过程分析

1. 计算思路

无粘结预应力混凝土梁板中的无粘结筋因与其周围混凝土的应变不协调，所以不服从平截面假定。针对这一特点，对无粘结预应力混凝土简支梁板在正常使用阶段采用等刚度法进行变形计算，进而可计算确定该阶段无粘结筋应力增长；当跨中控制截面出现塑性铰后，通过引入梁板的整体变形协调条件来解决平截面假定不再适用这一问题，采用弯矩-曲率非线性分析法，以跨中控制截面压区混凝土边缘应变达到极限压应变为简支梁板承载能力极限状态的标志，计算确定无粘结预应力混凝土简支梁板中无粘结筋极限应力增量。

需要指出的是，考虑到从预压到开裂无粘结筋应力增长甚微，本节以完成无粘结筋张拉时刻作为施加外荷载的初始时刻，同时偏于安全地取按设计标准计算所得有效预应力作为此时的初始预应力。

2. 正常使用阶段无粘结筋应力计算

在确定的荷载下，正常使用阶段梁板的抗弯刚度可遵循最小刚度法取为常值。可采用沿梁长积分的方法计算求得张拉引起的短期反拱值及在外荷载作用下（含自重）梁板短期变形值。在计算张拉引起的短期反拱值时，梁板的刚度取为弹性刚度；在计算外荷载作用下梁板短期变形值时，梁板的短期抗弯刚度按《混凝土结构设计规范（2015 年版）》（GB 50010—2010）[1]给出的方法进行计算。在张拉预应力筋引起的等效荷载与外荷载共同作用下，预应力简支梁板跨中截面的短期总变形为两变形值之和。

本节模拟的预应力混凝土简支梁板中的无粘结筋分别采用抛物线线型与直线线型两种线型。

1）对于采用抛物线线型预应力筋的梁板，任一外荷载下梁板中无粘结筋的抛物线方程可由梁板两端竖向变形值为零、跨中控制截面预应力筋竖向变形值 Δ 及预应力筋线型方程在跨中控制截面斜率始终为零的条件，确定任一变形值下无粘结筋的抛物线方程 $f(x)$，在对其进行弧长积分后，即可得在 k 级荷载下预应力筋的长度值 l_{pk}。

2）对于采用直线型预应力筋的梁板，根据加载过程中截面形心轴在梁板两端点处始终保持不变这一基本条件，可确定外荷载下梁板形心轴的变形曲线，因为直线型无粘结预应力筋的变形曲线与形心轴的变形曲线形状完全相同，且同一水平位置处二曲线竖向距离相等，所以结合截面弯矩-曲率关系，可确定外荷载下直线型无粘结筋的长度 l_{pk}。

已知外荷载下无粘结筋的长度 l_{pk} 后，可确定无粘结筋的伸长值 $\Delta l_{pk} = l_{pk} - l_{p0}$，则无粘结筋的应变增量为

$$\Delta \varepsilon_{pk} = \Delta l_{pk} / l_{p0} \tag{4-21}$$

无粘结筋应变为

$$\varepsilon_{pk} = \varepsilon_{pe} + \Delta \varepsilon_{pk} \tag{4-22}$$

式中：ε_{pe} ——有效预应力 σ_{pe} 对应的预应力筋应变；

l_{p0} ——预应力筋张拉后，施加荷载前总长。

结合预应力筋本构方程可求出无粘结筋应力 σ_{pk}，则无粘结筋应力增量为

$$\Delta \sigma_{pk} = \sigma_{pk} - \sigma_{pe} \tag{4-23}$$

3. 加荷过程中特征点的判别

预应力混凝土简支梁板在加载过程中，会出现跨中控制截面开裂、跨中控制截面非预应力筋屈服、跨中控制截面受压边缘混凝土达到极限压应变等特征点。在正确选择材料本构关系，并假定无粘结筋应力水平之后，根据控制截面在加荷过程中力及力矩的平衡方程，即可求得控制截面在加荷过程中混凝土、受拉纵向非预应力筋和受压纵向非预应力筋的应变，由此根据材料的应变值可判别各特征点出现的时刻。

4. 正截面承载能力极限状态无粘结筋应力计算

以直线布置无粘结筋的预应力混凝土简支梁为例，当预应力梁板跨中控制截面的受拉普通钢筋屈服后，梁板中形成塑性铰，使最大弯矩截面等刚度法失效。为解决该问题，本节采用了分区段计算的方法：极限弯矩分布区为区段 I，从屈服弯矩所在截面到极限

弯矩所对应截面为区段Ⅱ，从开裂弯矩所在截面到屈服弯矩所对应截面为区段Ⅲ，支座到开裂弯矩所对应截面为区段Ⅳ。在每一区段内均沿梁板长分割成若干微段，在确定每一微段上的预应力筋水平位置处的混凝土应变后，沿梁板长对各段内预应力筋水平位置处的混凝土应变积分，可得出构件中无粘结筋伸长及应力增量值。

图 4-3 为极限荷载下以三分点加载的简支梁板的弯矩图。当跨中截面受拉非预应力钢筋屈服后，梁板上存在 4 个控制截面，即跨中等弯矩截面、非预应力筋应力刚达到屈服的截面、混凝土开裂截面、梁板端支座截面。开裂截面拉区边缘混凝土开裂拉应变取 $\gamma f_{tk} / E_c$；普通钢筋屈服截面钢筋拉应变 $\varepsilon_y = f_y / E_s$；混凝土压区边缘极限压应变 $\varepsilon_u = 0.0033$，在假定预应力筋应力已知的条件下可根据 M-ϕ 迭代方法对截面开裂弯矩 M_{cr}、屈服弯矩 M_y、极限弯矩 M_u 及相应的开裂曲率 ϕ_{cr}、屈服曲率 ϕ_y、极限曲率 ϕ_u 和开裂截面中和轴高度 C_{cr}（从受压边缘算起）、屈服截面中和轴高度 C_y、极限弯矩截面中和轴高度 C_u 进行计算。

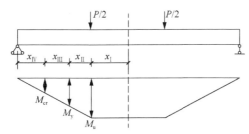

图 4-3　极限荷载下三分点加载的简支梁板的弯矩图

按前述思路，考虑对称性后，简支梁板共划分为 8 个区段，如图 4-3 所示。每个区段上的弯矩、曲率和中和轴高度假定为线性分布，在计算确定各区段的长度 $x_Ⅰ$、$x_Ⅱ$、$x_Ⅲ$、$x_Ⅳ$ 后。对每个区段划分成多个微段，从而根据弯矩曲率关系及平截面假定计算出各区段内无粘结筋水平位置处混凝土的伸长，即 $\Delta Ⅰ$、$\Delta Ⅱ$、$\Delta Ⅲ$、$\Delta Ⅳ$ 分别如下：

$$\begin{cases} \Delta Ⅰ = \sum \phi_{ui}(h_p - c_{ui})\Delta x_Ⅰ \\ \Delta Ⅱ = \sum \phi_{yi}(h_p - c_{yi})\Delta x_Ⅱ \\ \Delta Ⅲ = \sum \phi_{cri}(h_p - c_{cri})\Delta x_Ⅲ \\ \Delta Ⅳ = \sum \phi_{endi}(h_p - c_{endi})\Delta x_Ⅳ \end{cases} \tag{4-24}$$

式中：ϕ_{ui}、c_{ui}——等弯矩区段 $x_Ⅰ$ 内第 i 微段的曲率及中和轴高度值；

　　　ϕ_{yi}、c_{yi}——普通钢筋屈服截面区段 $x_Ⅱ$ 内第 i 微段的曲率及中和轴高度值；

　　　ϕ_{cri}、c_{cri}——混凝土开始出现裂缝截面区段 $x_Ⅲ$ 内第 i 微段的曲率及中和轴高度值；

　　　ϕ_{endi}、c_{endi}——梁板端截面区段 $x_Ⅳ$ 内第 i 微段的曲率及中和轴高度值。

沿梁板全长无粘结筋水平位置处混凝土的总伸长为

$$\Delta l_p = 2(\Delta Ⅰ + \Delta Ⅱ + \Delta Ⅲ + \Delta Ⅳ) \tag{4-25}$$

无粘结筋应变增量为

$$\Delta\varepsilon = \Delta l_{\mathrm{p}} / l_{\mathrm{p0}} \qquad\qquad (4\text{-}26)$$

仿照正常使用阶段的无粘结筋应力计算方法，可确定无粘结筋应变增量，进而据无粘结筋本构关系求得预应力筋应力值 σ_{p}。

5. 全过程分析程序编制中所用基本假定和材料本构关系

（1）基本假定

全过程分析程序编制中所用的基本假定如下。

1）平截面假定。非预应力筋和混凝土满足平截面假定，而无粘结预应力筋不满足。

2）非预应力筋与混凝土之间有可靠粘结。

3）梁板具有足够的抗剪承载力，斜截面破坏迟于正截面破坏。忽略梁的剪切变形的影响。

4）忽略无粘结预应力筋与其护壁套间的摩擦影响，假定无粘结预应力筋应力大小沿其长度方向相等。

5）忽略截面拉区混凝土对截面抗力的贡献。

（2）材料本构关系

受压混凝土采用如图 4-4 所示的应力-应变关系曲线，其数学表达式为

$$\begin{cases} \sigma_{\mathrm{c}} = \left[2\left(\dfrac{\varepsilon_{\mathrm{c}}}{\varepsilon_0}\right) - \left(\dfrac{\varepsilon_{\mathrm{c}}}{\varepsilon_0}\right)^2 \right] f_{\mathrm{c}} & 0 < \varepsilon_{\mathrm{c}} \leqslant \varepsilon_0 \\[2mm] \sigma_{\mathrm{c}} = f_{\mathrm{c}} & \varepsilon_0 < \varepsilon_{\mathrm{c}} < \varepsilon_{\mathrm{cu}} \end{cases} \qquad (4\text{-}27)$$

式中：　σ_{c}——混凝土应力值；

　　　　ε_{c}——混凝土应变值；

　　　　ε_0——混凝土达到峰值应力时对应的应变，一般取 0.002；

　　　　$\varepsilon_{\mathrm{cu}}$——混凝土的极限压应变，取 0.0033；

　　　　f_{c}——混凝土棱柱体抗压强度。

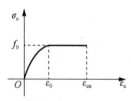

图 4-4　受压混凝土的应力-应变关系

非预应力筋理想弹塑性模型，采用如图 4-5 所示的应力-应变关系，其数学表达式为

$$\sigma_{\mathrm{s}} = \begin{cases} E_{\mathrm{s}}\varepsilon_{\mathrm{s}} & \varepsilon_{\mathrm{s}} \leqslant \varepsilon_{\mathrm{y}} \\ f_{\mathrm{y}} & \varepsilon_{\mathrm{s}} > \varepsilon_{\mathrm{y}} \end{cases} \qquad (4\text{-}28\mathrm{a})$$

$$\sigma_{\mathrm{s}}' = \begin{cases} E_{\mathrm{s}}\varepsilon_{\mathrm{s}}' & \varepsilon_{\mathrm{s}}' \leqslant \varepsilon_{\mathrm{y}}' \\ f_{\mathrm{y}}' & \varepsilon_{\mathrm{s}}' > \varepsilon_{\mathrm{y}}' \end{cases} \qquad (4\text{-}28\mathrm{b})$$

式中：σ_s、σ_s'——非预应力筋受拉、受压时的应力；

　　　ε_s、ε_s'——非预应力筋受拉、受压时的应变；

　　　f_y、f_y'——非预应力筋受拉、受压时的屈服强度；

　　　ε_y、ε_y'——非预应力筋受拉、受压时的屈服应变，$\varepsilon_y = f_y / E_s$，$\varepsilon_y' = f_y' / E_s$；

　　　E_s——非预应力筋的弹性模量。

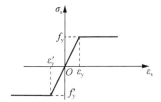

图 4-5　非预应力筋应力-应变关系

预应力筋（三折线模型）采用如图 4-6 所示的应力-应变关系曲线，其数学表达式为

$$\sigma_p = \begin{cases} E_{p1}\varepsilon_p & \varepsilon_p < \varepsilon_{p1} \\ f_{p1} + E_{p2}(\varepsilon_p - \varepsilon_{p1}) & \varepsilon_{p1} \leqslant \varepsilon_p < \varepsilon_{p2} \\ f_{p2} + E_{p3}(\varepsilon_p - \varepsilon_{p2}) & \varepsilon_{p2} \leqslant \varepsilon_p \leqslant \varepsilon_{p3} \end{cases} \tag{4-29}$$

式中：ε_{p1}、f_{p1}——预应力筋比例极限点处的应变及应力值；

　　　ε_{p3}、f_{p3}——预应力筋强度极限点处的应变及应力值；

　　　$E_{p1} = f_{p1} / \varepsilon_{p1}$；

　　　$E_{p2} = (f_{p2} - f_{p1}) / (\varepsilon_{p2} - \varepsilon_{p1})$；

　　　$E_{p3} = (f_{p3} - f_{p2}) / (\varepsilon_{p3} - \varepsilon_{p2})$。

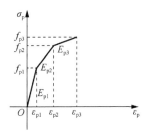

图 4-6　预应力筋的应力-应变关系

　　本节采用上述全过程分析的方法，对已有试验中的梁无粘结筋极限应力进行了计算，由实测数据与本节程序算出的数据进行对比可知，按本节提出的方法得到的仿真计算结果与模型试验梁实测数据能够较好地吻合。这说明，本节提出的混凝土简支梁板中无粘结筋极限应力的计算程序具有一定的精度，可用于计算分析。

　　这里需要指出，因为目前对于混凝土结构中无粘结筋正常使用阶段应力增量的研究较少，所以我们未对正常使用阶段简支梁板中无粘结筋应力进行仿真试验与模型试验结果的对比。但通过仿真模拟和模型试验的极限应力符合较好的结果可侧面证明，该仿真计算程序用于正常使用阶段的简支梁板中无粘结筋应力的计算也是可行的。

4.2.2　模拟简支梁及数据分析

按照不同的考察对象，对模拟梁进行如下划分。

1）按预应力筋配筋形式，模拟梁可以划分为曲线型配筋梁、直线型配筋梁 2 组。

2）按加载形式，模拟梁可以划分为跨中集中加载梁、三分点加载梁、均布加载梁 3 组。

3）按跨中控制截面预应力筋配筋指标 $\beta_p[\beta_p = \sigma_{pe}A_p/(f_cbh_p)]$，模拟梁可以划分为 4 组，即 β_p 为 0.05、0.10、0.15、0.20。

4）按跨中控制截面非预应力筋配筋指标 $\beta_s[\beta_s = f_yA_s/(f_cbh_p)]$，模拟梁可以划分为 10 组，即 β_s 为 0.05、0.07、0.09、0.11、0.13、0.15、0.17、0.19、0.21、0.23。

5）按跨高比，模拟梁可以划分为 4 组，即 l/h 为 10、20、30、40。

采用编制的仿真计算程序，本节对以上 5 种类型的模拟梁进行了仿真计算，为建立无粘结筋应力计算公式提供了基础性数据。

4.2.3　无粘结筋应力计算公式的建立

1. 混凝土简支梁板中无粘结筋等效折减系数 α 计算方法

对于正常使用阶段，通过在纵向受拉钢筋等效应力计算公式中引入无粘结筋等效折减系数 α 来考虑无粘结筋应力增量的影响，其中 α 为在使用荷载作用下无粘结筋应力增量与控制截面有粘结筋应力增量的比值。

基于仿真计算结果，可得到跨高比为 20 的简支梁板与不同加载形式及布筋形式相对应的以非预应力筋配筋指标 β_s 与预应力筋配筋指标 β_p 为自变量、以无粘结等效折减系数 α 为因变量的拟合曲面。以预应力筋直线布置并与非预应力筋各为一排的简支梁在 3 种加载形式下的 β_s-β_p-α 拟合曲面为例，拟合曲面如图 4-7 所示。

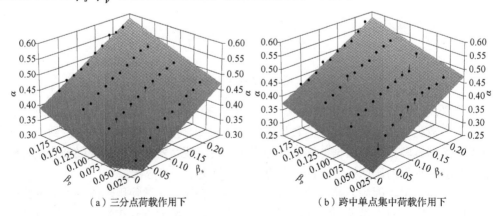

　　　（a）三分点荷载作用下　　　　　　　（b）跨中单点集中荷载作用下

图 4-7　混凝土简支构件中 β_s、β_p 与 α 的拟合曲面

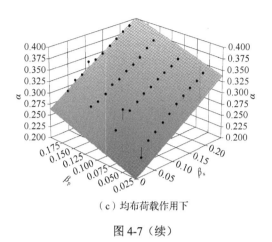

（c）均布荷载作用下

图 4-7（续）

已知 h_p 为预应力筋合力点到混凝土受压边缘距离，h_s 为非预应力筋合力点到混凝土受压边缘距离，不同 h_p / h_s，不同预应力筋布筋形式，不同作用荷载形式的简支梁板以预应力筋配筋指标 β_p 和非预应力筋配筋指标 β_s 为参数的无粘结筋等效折减系数 α 可按式（4-30）计算。式（4-30）中的 η_1、η_2、η_3 取值可据表 4-1 查得。

$$\alpha = (\eta_1 + \eta_2 \beta_s + \eta_3 \beta_p)(\eta_4 h / l_0 + \eta_5) \tag{4-30}$$

表 4-1　式（4-30）中的 η_1、η_2、η_3、η_4、η_5 取值表

系数			η_1	η_2	η_3	η_4	η_5
A_1	（Ⅰ）	a	0.311	1.099	0.860	0.021	0.622
		b	0.222	0.787	0.613	0.023	0.610
		c	0.293	1.113	1.004	0.020	0.645
	（Ⅱ）	a	0.253	1.038	0.779	0.025	0.553
		b	0.201	0.706	0.508	0.028	0.522
		c	0.239	1.000	0.820	0.028	0.530
A_2	（Ⅰ）	a	0.246	0.908	0.898	0.027	0.515
		b	0.191	0.625	0.518	0.027	0.544
		c	0.247	0.848	0.916	0.026	0.522
	（Ⅱ）	a	0.223	0.785	0.734	0.033	0.424
		b	0.174	0.577	0.457	0.031	0.459
		c	0.215	0.777	0.731	0.033	0.396
A_3	（Ⅰ）	a	0.259	0.777	0.653	0.028	0.505
		b	0.190	0.556	0.369	0.026	0.560
		c	0.254	0.820	0.589	0.027	0.523
	（Ⅱ）	a	0.231	0.691	0.491	0.033	0.434
		b	0.166	0.521	0.371	0.028	0.501
		c	0.212	0.728	0.544	0.034	0.405

系数			η_1	η_2	η_3	η_4	η_5
A_4	（Ⅰ）	a	0.165	0.547	0.425	0.044	0.223
		b	0.121	0.391	0.246	0.050	0.144
		c	0.172	0.476	0.366	0.044	0.244
	（Ⅱ）	a	0.143	0.477	0.418	0.051	0.114
		b	0.110	0.361	0.223	0.059	−0.018
		c	0.147	0.460	0.324	0.050	0.118
A_5	（Ⅰ）	a	0.127	0.424	0.256	0.061	−0.066
		b	0.090	0.287	0.190	0.054	0.053
		c	0.130	0.377	0.217	0.056	0.030
	（Ⅱ）	a	0.111	0.388	0.259	0.066	−0.160
		b	0.080	0.271	0.178	0.059	−0.028
		c	0.119	0.351	0.213	0.066	−0.152

注：1）A_1、A_2、A_3、A_4、A_5 表示 h_p/h_s 分别为 1、0.98、0.91、0.77、0.70。

2）（Ⅰ）和（Ⅱ）分别表示按直线布置的无粘结筋和按曲线布置的无粘结筋。

3）a、b、c 分别表示三分点、跨中单点及均布加载形式。

统计分析表明，式（4-30）中的计算值与仿真试验数据之比（$\Delta\sigma_{\text{pu公式计算值}}/\Delta\sigma_{\text{pu仿真试验值}}$）的平均值 $\bar{x}=0.98$，标准差 σ 均小于 0.027，变异系数 δ 均小于 0.027。这说明回归公式精度较高，与原数据符合程度较好。需要指出的是，式（4-30）的适用范围为 $\beta_0=\beta_s+\beta_p\leqslant 0.4$。

2. 混凝土简支梁板中无粘结筋极限应力计算方法

在查阅并分析相关资料的基础上，基于仿真计算结果，本节得到简支梁板与不同加载形式相对应的以非预应力筋配筋指标 β_s 和预应力筋配筋指标 β_p 为自变量、以无粘结筋极限应力增量 $\Delta\sigma_p$ 为因变量的拟合曲面。以跨高比 $l/h=20$ 的无粘结预应力混凝土简支梁在三种加载形式下的 β_s-β_p-$\Delta\sigma_p$ 拟合曲面为例，拟合曲面如图 4-8 所示。

计算分析表明，跨高比 l/h 对三分点加载的简支梁板和均布加载的简支梁板中无粘结筋极限应力增量影响不大。

混凝土简支梁板中无粘结筋极限应力增量的计算公式为

$$\Delta\sigma_p = \begin{cases} 663-1137\beta_p-703\beta_s & \text{三分点加载} \\ 631-1144\beta_p-735\beta_s & \text{均布加载} \\ (560-1449\beta_p-837\beta_s)(0.86+2.4l/h) & \text{跨中单点加载} \end{cases} \qquad (4\text{-}31)$$

统计分析表明，按式（4-31）三分点加载及均布加载所得的计算值与仿真试验数据之比的均值 $\bar{x}=0.99$，标准差 $\sigma=0.025$；跨中单点加载所得的计算值与原仿真试验数据之比的均值 $\bar{x}=0.90$，标准差 $\sigma=0.121$。

由此可知，仿真分析表明预应力布筋形式（按直线还是按曲线）对极限应力增量影响不大。

无粘结筋极限应力的计算公式为

$$\sigma_p = \sigma_{pe} + \Delta\sigma_p \qquad (4\text{-}32)$$

无粘结筋极限应力设计值可暂取为

$$\sigma_{pu} = (\sigma_{pe} + \Delta\sigma_p)/1.2 \qquad (4\text{-}33)$$

无粘结筋极限应力设计值 σ_{pu} 还应符合下列条件，即 $\sigma_{pe} \leqslant \sigma_{pu} \leqslant f_{py}$。

需要指出的是，式（4-29）～式（4-33）的适用范围为 $\beta_0 = \beta_s + \beta_p \leqslant 0.4$。

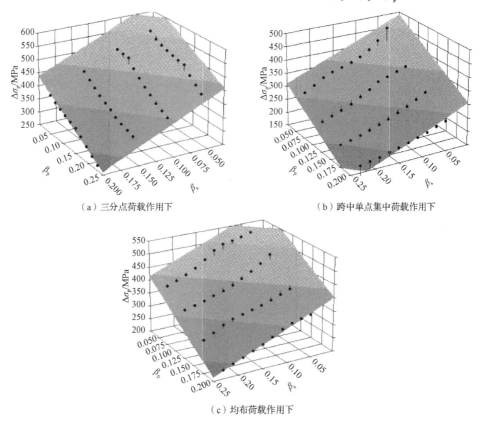

（a）三分点荷载作用下   （b）跨中单点集中荷载作用下

（c）均布荷载作用下

图 4-8　混凝土简支梁中 β_s、β_p 与 $\Delta\sigma_p$ 的拟合曲面

4.3　基于模式 I 的连续梁板中无粘结筋极限应力计算

考虑到张拉预应力筋引起的支座控制截面的次弯矩与外荷载弯矩异号，张拉预应力筋引起的跨中控制截面的次弯矩与外荷载弯矩同号，若对支座控制截面弯矩进行一定的调幅，则支座控制截面与跨中控制截面弯矩有可能接近。当支座控制截面和跨中控制截面配筋相同，且配筋控制在一定范围内时，随着外荷载的增大，两跨预应力混凝土适筋连续梁的破坏过程一般为：首先支座控制截面受拉非预应力筋屈服，在支座出现塑性铰；然后跨中受拉非预应力筋屈服，跨中出现塑性铰，即出现结构力学中所述的"机构"；最后支座控制截面压区混凝土被压碎。为使所建立的无粘结筋极限应力计算公式既反映结

构破坏时无粘结筋的应力水平，又略偏于安全，本节选取继支座控制截面出现塑性铰后，跨中控制截面再出现塑性铰作为结构失效的标志，称此为破坏标志 I 。

需要特别指出的是，无粘结筋设计线型是计算连续梁结构在张拉预应力筋及受荷后无粘结筋曲线方程的基础。在张拉过程结束后，对结构施加外荷载之前无粘结筋的应力水平是计算无粘结筋应力增量的基础。加荷过程中特征点的判别方法同前述简支梁，但应考虑张拉预应力筋引起的次弯矩。

4.3.1　无粘结筋极限应力增量计算步骤

1. 支座截面受拉非预应力筋屈服前无粘结筋应力增量计算

进行张拉后、加荷前无粘结筋长度计算时，模拟梁中预应力筋线型为每跨四段抛物线，如图 4-9 所示。D、E、F 为原设计线型的三个特征点（抛物线拐点或顶点）。AD、DE、EF、FB 等 4 段抛物线方程分别为 $f_1(x)$、$f_2(x)$、$f_3(x)$、$f_4(x)$。张拉过程结束后、施加外荷载前，无粘结筋的曲线为 $AD_0E_0F_0B$。在求得张拉预应力筋引起的等效荷载作用下的弯矩后，可求得此时连续梁的变形曲线和 $AD_0E_0F_0B$ 各区段的曲线方程，对 $AD_0E_0F_0B$ 各区段分别进行弧长积分，即可得此时无粘结筋的长度 $l_{p,0}$、$l_{p,0}$ 及与其对应的预应力水平是后继计算无粘结筋伸长量及应力增量的基础。

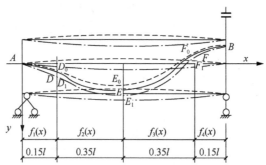

注：粗实线 $ADEFB$ 为预应力筋设计线型；虚线 $AD_0E_0F_0B$ 为张拉后、加荷前预应力筋曲线；
　　点划线 $AD_1E_1F_1B$ 为加荷后预应力筋曲线。

图 4-9　不同阶段的预应力筋曲线

施加外荷载后，计算无粘结筋长度。施加第一级外荷载 P_1 后，无粘结筋的曲线为 $AD_1E_1F_1B$。在求得连续梁结构在外荷载和张拉引起的等效荷载共同作用下结构的内力后，可求得连续梁的变形曲线和 $AD_1E_1F_1B$ 各区段的曲线方程，对 $AD_1E_1F_1B$ 各区段进行弧长积分，即可求得此时无粘结筋的长度 $l_{p,1}$。

求得施加第一级外荷载 P_1 时连续梁中无粘结筋的长度 $l_{p,1}$ 后，即可求出此时预应力筋的伸长值 $\Delta l_{p,1} = l_{p,1} - l_{p,0}$，无粘结筋的应变增量为

$$\Delta \varepsilon_{p,1} = \Delta l_{p,1} / l_{p,0} \tag{4-34}$$

无粘结筋的应变为

$$\varepsilon_{p,1} = \varepsilon_{pe} + \Delta \varepsilon_{p,1} \tag{4-35}$$

式中：ε_{pe}——与 $l_{p,0}$ 相对应的应变。

由预应力筋的本构方程可求出此时无粘结筋的应力 $\sigma_{p,1}$，无粘结筋的应力增量为

$$\Delta\sigma_{p,1} = \sigma_{p,1} - \sigma_{pe} \tag{4-36}$$

式中：σ_{pe}——与 $l_{p,0}$ 相对应的应力。

施加第一级外荷载后，控制截面的弯矩为 $M_1 = M_{load} + M_{sec}$。首先，通过循环运算可求出控制截面满足该平衡方程式的截面曲率 ϕ_1 及受压区边缘混凝土的压应变 $\varepsilon_{c,1}$，从而可求出此时支座控制截面受拉非预应力筋的应变 $\varepsilon_{s,1}$；其次，判别 $\varepsilon_{s,1}$ 是否达到非预应力筋的屈服应变 ε_y，若 $\varepsilon_{s,1} < \varepsilon_y$，则继续施加第二级荷载，直到 $\varepsilon_{s,1} = \varepsilon_y$ 为止。此时，所求的无粘结筋应力为支座受拉非预应力筋屈服时刻的应力 $\sigma_{p,y}^{支}$。

2. 支座控制截面受拉非预应力筋屈服后无粘结筋应力增量计算

支座控制截面受拉非预应力筋屈服时支座截面的抵抗弯矩为该截面的屈服弯矩 $M_y^{支}$。假定加荷至跨中控制截面受拉非预应力筋屈服，无粘结筋的应力仍暂维持在支座截面非预应力筋屈服时所对应的应力水平 $\sigma_{p,y}^{支}$，仍认为无粘结筋应力沿全长相等，通过力的平衡方程进行循环运算可求出跨中控制截面满足该平衡方程式的截面曲率 ϕ 值，将所得截面曲率 ϕ 值代入弯矩平衡方程可得跨中控制截面屈服弯矩 $M_y^{中}$ 的假定值。结合图 4-10，并根据结构的静力平衡，可求出由支座控制截面受拉非预应力筋屈服到首次假定跨中控制截面受拉非预应力筋屈服所施加的荷载 $\Delta P_{y,1}^{中}$ 及与其对应的弯矩分布图。应用该弯矩分布图，依据等刚度原则，可求得施加本级荷载后梁的变形曲线，进而可拟合出施加本级荷载后无粘结筋的曲线方程，对其进行弧长积分，可得施加本级荷载后无粘结筋的长度，从而可求得在施加本级荷载后无粘结筋的应力值 $\sigma_{p,1}$。在此级荷载作用下，无粘结筋应力增量为 $\Delta\sigma_{p,1} = \sigma_{p,1} - \sigma_{p,y}^{支}$。其对支座控制截面抗弯承载力的贡献可按下式近似计算，即

$$\Delta M^{支} = 0.85 h_0 \Delta\sigma_{p,1} A_p \tag{4-37}$$

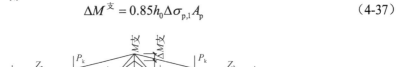
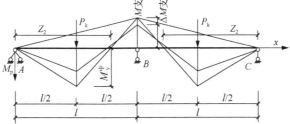

图 4-10　支座受拉非预应力筋屈服后弯矩分布图

需要指出的是，因为无粘结筋过程应力增量对支座正截面抗弯承载力的贡献并不大，这一贡献相对于截面抗力也不大，所以用式（4-37）近似考虑无粘结筋过程应力增量对支座正截面抗弯承载力贡献的处理方法是可行的。支座弯矩考虑无粘结筋应力增量对支座控制截面抗力的贡献之后有所提高。由支座受拉非预应力筋屈服到假定跨中受拉非预应力筋屈服所需施加的荷载 $\Delta P_{y,1}^{中}$ 需按调整后的支座弯矩和调整后的跨中控制截面的屈服弯矩通过静力平衡计算确定。如此反复循环，直至最后一次循环所得的无粘结筋应力与其

前一循环中无粘结筋的应力相对误差不超过 5‰为止。

需要指出的是，经试算，本节认为无粘结筋在支座 A 点的斜率为常值，对无粘结筋应力增量计算结果的影响很小，可忽略。

4.3.2　模拟计算与分析

本节共设计了三组模拟试验梁，并考虑了预应力筋配筋指标 $\beta_p \left[\beta_p = \sigma_{pe} A_p / (f_c b h_p) \right]$ 和非预应力筋配筋指标 $\beta_s \left[\beta_s = f_y A_s / (f_c b h_p) \right]$ 两个关键参数。为考察荷载形式的影响，三组梁均将分别承受各跨跨中单点集中荷载、各跨三分点集中荷载及各跨均布荷载作用。

1. 各跨跨中单点集中荷载作用情况

通过对前述模拟梁的仿真分析，本节得到了如图 4-11 所示的两跨预应力混凝土连续梁在承受各跨跨中单点集中荷载作用下无粘结筋极限应力增量随非预应力筋配筋指标 β_s 和预应力筋配筋指标 β_p 变化的关系曲线。相应曲线可通过式（4-38a）～式（4-38c）表达。

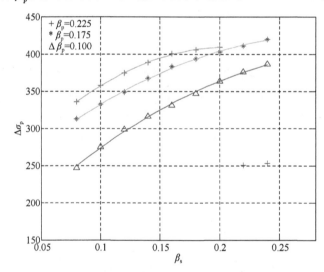

图 4-11　各跨跨中单点集中荷载作用下无粘结筋极限应力增量 $\Delta\sigma_p$ 随 β_s 和 β_p 变化的关系曲线

当 $\beta_p = 0.225$ 时，有

$$\Delta\sigma_p = -4560\beta_s^2 + 1891\beta_s + 213 \qquad (4\text{-}38a)$$

当 $\beta_p = 0.175$ 时，有

$$\Delta\sigma_p = -2376\beta_s^2 + 1431\beta_s + 213 \qquad (4\text{-}38b)$$

当 $\beta_p = 0.100$ 时，有

$$\Delta\sigma_p = -2475\beta_s^2 + 1642\beta_s + 134 \qquad (4\text{-}38c)$$

式（4-38a）～式（4-38c）在用于具体工程设计时，应整体考虑，综合利用，即当所需设计连续梁的非预应力筋配筋指标 β_s 一定时，选取图 4-11 中与该连续梁预应力筋配筋

指标 β_{p} 相近邻的两条曲线上的两点，分别计算出相应的无粘结筋的极限应力增量，然后通过内插或外插来计算确定所考察连续梁中的无粘结筋的极限应力增量。

需要指出的是，在图 4-11 中，当 β_{s} 大于 0.18 时，$\beta_{\mathrm{p}} = 0.225$ 的模拟梁中无粘结筋极限应力增量突然变小。这是因为支座受拉非预应力筋刚屈服或未屈服，支座压区边缘混凝土已被压碎所致。所以，式（4-38a）～式（4-38c）的适用范围为 $\beta_0 = \beta_{\mathrm{s}} + \beta_{\mathrm{p}} \leqslant 0.4$。

当 $\beta_0(\beta_0 = \beta_{\mathrm{s}} + \beta_{\mathrm{p}})$ 在一定限值内时，两跨适筋连续梁中无粘结筋极限应力增量随 β_{s} 的增大而增大，这是因为随着非预应力筋配筋指标 β_{s} 的增大，一方面无粘结预应力混凝土梁的裂缝分布越密集，其挠曲变形越充分，预应力筋伸长值就越大；另一方面随着非预应力筋配筋指标 β_{s} 的增大，其跨中控制截面塑性铰的出现时刻就越推迟，给在形成"机构"前弯曲变形所留的空间就越大。两跨适筋连续梁中无粘结筋极限应力增量随 β_{p} 的增大而增大，同样是因为预应力筋配筋指标 β_{p} 增大，推迟了跨中控制截面塑性铰的出现，给梁的弯曲变形留出较大空间。

2. 各跨三分点集中荷载作用情况

同理可得，图 4-12 所示为两跨预应力混凝土连续梁在承受各跨三分点集中荷载作用下无粘结筋极限应力增量随非预应力筋配筋指标 β_{s} 和预应力筋配筋指标 β_{p} 变化的关系曲线。相应曲线可通过式（4-39a）～式（4-39c）进行表达。

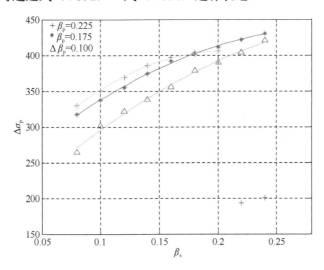

图 4-12　各跨三分点集中荷载作用下无粘结筋极限应力增量 $\Delta\sigma_{\mathrm{p}}$ 随 β_{s} 和 β_{p} 变化的关系曲线

当 $\beta_{\mathrm{p}} = 0.225$ 时，有

$$\Delta\sigma_{\mathrm{p}} = -4940\beta_{\mathrm{s}}^2 + 2023\beta_{\mathrm{s}} + 199 \tag{4-39a}$$

当 $\beta_{\mathrm{p}} = 0.175$ 时，有

$$\Delta\sigma_{\mathrm{p}} = -2507\beta_{\mathrm{s}}^2 + 1507\beta_{\mathrm{s}} + 212 \tag{4-39b}$$

当 $\beta_p = 0.100$ 时，有

$$\Delta\sigma_p = -2305\beta_s^2 + 1660\beta_s + 152 \qquad\qquad (4\text{-}39\text{c})$$

式（4-39a）～式（4-39c）的适用范围为 $\beta_0 = \beta_s + \beta_p \leqslant 0.4$。

3. 各跨均布荷载作用情况

同理可得如图 4-13 所示的两跨预应力混凝土连续梁在承受均布荷载作用下无粘结筋极限应力增量随非预应力筋配筋指标 β_s 和预应力筋配筋指标 β_p 变化的关系曲线。相应曲线可通过式（4-40a）～式（4-40c）进行表达。

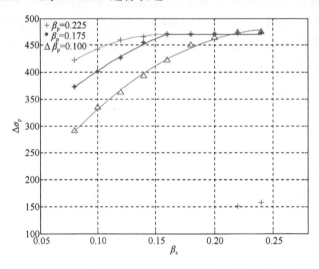

图 4-13　各跨均布荷载作用下无粘结筋极限应力增量 $\Delta\sigma_p$ 随 β_s 和 β_p 变化的关系曲线

当 $\beta_p = 0.225$ 时，有

$$\begin{cases} \Delta\sigma_p = -7696\beta_s^2 + 2458\beta_s + 274 & \beta_s \leqslant 0.16 \\ \Delta\sigma_p = 470 & \beta_s > 0.16 \end{cases} \qquad (4\text{-}40\text{a})$$

当 $\beta_p = 0.175$ 时，有

$$\begin{cases} \Delta\sigma_p = -4446\beta_s^2 + 2301\beta_s + 217 & \beta_s \leqslant 0.16 \\ \Delta\sigma_p = 470 & \beta_s > 0.16 \end{cases} \qquad (4\text{-}40\text{b})$$

当 $\beta_p = 0.100$ 时，有

$$\Delta\sigma_p = -6169\beta_s^2 + 3154\beta_s + 77.1 \qquad\qquad (4\text{-}40\text{c})$$

式（4-40）的适用范围为 $\beta_0 = \beta_s + \beta_p \leqslant 0.4$。

无粘结筋应力设计值可暂按下式取为

$$\sigma_{pu} = (\sigma_{pe} + \Delta\sigma_p / n) / 1.2 \qquad\qquad (4\text{-}41)$$

需要指出的是，实际工程中不可能出现各跨同时超载而达到承载能力极限状态的情况，因此式（4-41）中暂将 $\Delta\sigma_p$ 除以 n，其中 n 为跨度近似相等的连续梁的跨数。另外，$n \geqslant 3$ 的多跨预应力混凝土连续梁中无粘结筋应力增长规律尚需进一步深入研究。

无粘结筋极限应力设计值 σ_{pu} 还应符合下列条件:

$$\sigma_{pe} \leqslant \sigma_{p} \leqslant f_{py} \tag{4-42}$$

需要指出的是,式(4-38a)~式(4-38c)、式(4-39a)~式(4-39c)、式(4-40)与式(4-24)~式(4-26)表达方式不同,是破坏标志选择不同所致的。

采用上述计算方法,对本节相关试验梁进行了计算,无粘结筋极限应力增量实测值与计算值比较接近,因此,该无粘结筋极限应力计算公式可用于工程设计。

4.4　基于模式 II 的连续梁板中无粘结筋极限应力计算

4.4.1　全过程分析

无粘结预应力混凝土连续梁板中的无粘结筋因与其周围混凝土的应变不协调,所以其不再服从变形的平截面假定。针对这一特点,本节对无粘结预应力混凝土连续梁板在正常使用阶段采用等刚度法进行变形计算,即将加载等级细分后,在计算每一级荷载下的变形时可取用前一级荷载下的无粘结筋应力,按同号弯矩区段内取据设计标准所得最小刚度进行作用荷载下的变形计算,进而可得到与梁板变形曲线相对应的无粘结筋曲线方程。通过对无粘结筋进行曲线积分,便可得到其伸长值和应变增量,从而可根据无粘结筋应力-应变关系曲线,确定所考察荷载作用下无粘结筋的应力。

在中支座控制截面受拉非预应力筋屈服后,新增荷载下的结构内力按简支梁计算,但考虑无粘结筋过程应力增量(由支座控制截面受拉非预应力筋屈服到跨中控制截面受拉非预应力筋屈服过程中的无粘结筋应力增量)对中支座控制截面正截面抗弯承载力的贡献,所考察荷载作用下的变形仍然按照同号弯矩区段等刚度的原则计算。在支座控制截面非预应力筋屈服后随着作用荷载的增大,无粘结筋相对于支座非预应力筋屈服时刻的应力增量 $\Delta\sigma_{p}$ 对支座控制截面抗弯承载力的贡献可按 $\Delta M^{支} = 0.85 h_{p} \Delta\sigma_{p} A_{p}$ 近似计算。这一迭代计算过程直到跨中非预应力筋屈服。

在跨中非预应力筋屈服后,即在跨中控制截面出现塑性铰后,可通过引入梁的整体变形协调条件来克服平截面假定不再适用这一困难,即采用弯矩-曲率非线性分析法。鉴于即使中支座控制截面受压边缘混凝土达到极限压应变 ε_{cu},仍未达到极限荷载,而连续梁板应以达到极限荷载为承载能力极限状态,因此以开始出现变形增大而荷载减小的时刻为达到承载能力极限状态的时刻,最终确定连续梁板中无粘结筋极限应力增量值。当预应力梁跨中控制截面的非预应力筋屈服后,梁跨中形成塑性铰,使最大弯矩截面等刚度法失效。为解决这一问题,本节采用分段计算的方法:以零弯矩所在截面(边支座和反弯点所在截面)到开裂弯矩所在截面为一个区段,从开裂弯矩所在截面到屈服弯矩所在截面为一个区段,从屈服弯矩所在截面到极限弯矩所在截面为一个区段,据此,将截面分为若干区段。将每一区段沿梁长分割成若干微段,求得微段上的预应力筋水平位置处的混凝土应变,最后沿梁长对各段内预应力筋水平位置处的混凝土应变求和,得出总的无粘结筋应力增量值。由于在加荷过程中反弯点是变化的,这一过程是动态过程。

根据已知条件可知:对于 C40 混凝土梁板开裂截面拉区边缘混凝土拉应变取

$\varepsilon_{\mathrm{cr}} = \gamma f_{\mathrm{tk}} / E_{\mathrm{c}}$；普通钢筋屈服截面钢筋拉应变 $\varepsilon_{\mathrm{y}} = f_{\mathrm{y}} / E_{\mathrm{s}}$；混凝土压区边缘极限压应变 $\varepsilon_{\mathrm{u}} = 0.0033$，在假定预应力筋应力已知的条件下可根据 M-ϕ（M 为弯矩，ϕ 为截面曲率）迭代方法对截面开裂弯矩 M_{cr}、屈服弯矩 M_{y}、极限弯矩 M_{u} 及相应的开裂曲率 ϕ_{cr}、屈服曲率 ϕ_{y}、极限曲率 ϕ_{u} 和开裂截面中和轴高度 c_{cr}（从受压边缘算起）、屈服截面中和轴高度 c_{y}、极限弯矩截面中和轴高度 c_{u} 进行计算。

以连续梁中一跨边支座至该跨跨中塑性铰区中心的一段混凝土梁为例，现将该段划分为 I、II、III 共 3 个区段，如图 4-14 所示。假定每个区段上的弯矩、曲率和中和轴高度为线性分布，通过弯矩平衡方程，即可解得各区段的长度 x_{I}、x_{II}、x_{III}。对每个区段条带划分多个微段，从而根据弯矩曲率关系及平截面假定计算出各区段内无粘结筋水平位置处混凝土的伸长，即 $\Delta\mathrm{I}$、$\Delta\mathrm{II}$、$\Delta\mathrm{III}$ 为

$$\begin{cases} \Delta\mathrm{I} = \sum \phi_{\mathrm{y}i}(h_{\mathrm{p}i} - c_{\mathrm{y}i})\Delta x_{\mathrm{I}} \\ \Delta\mathrm{II} = \sum \phi_{\mathrm{cr}i}(h_{\mathrm{p}i} - c_{\mathrm{cr}i})\Delta x_{\mathrm{II}} \\ \Delta\mathrm{III} = \sum \phi_{\mathrm{end}i}(h_{\mathrm{p}i} - c_{\mathrm{end}i})\Delta x_{\mathrm{III}} \end{cases} \tag{4-43}$$

式中：　$\phi_{\mathrm{y}i}$、$c_{\mathrm{y}i}$ ——I 区段内第 i 微段的曲率及中和轴高度值；

　　　　$\phi_{\mathrm{cr}i}$、$c_{\mathrm{cr}i}$ ——II 区段内第 i 微段的曲率及中和轴高度值；

　　　　$\phi_{\mathrm{end}i}$、$c_{\mathrm{end}i}$ ——III 区段内第 i 微段的曲率及中和轴高度值。

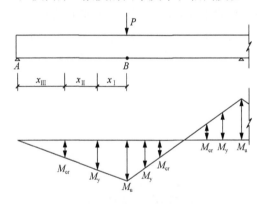

图 4-14　极限荷载下梁弯矩图

AB 区段梁中无粘结筋合力点处混凝土的伸长值为

$$\Delta l = \Delta\mathrm{I} + \Delta\mathrm{II} + \Delta\mathrm{III} \tag{4-44}$$

其他段梁中无粘结筋合力点处混凝土变形值可按类似方法求得，从而可得无粘结筋极限应力增量。需要指出的是，跨中非预应力筋屈服前无粘结筋应力计算方法已如前所述，跨中非预应力筋屈服后连续梁板中无粘结筋应力增量的计算也是一个迭代过程，将跨中非预应力筋屈服时刻的无粘结筋应力作为初值开始迭代，直至随着外荷载的增加跨中受压边缘混凝土被压碎，此时无粘结筋应力为极限应力。

进行无粘结预应力混凝土连续梁板的全过程分析时所采用的基本假定和材料本构关系与 4.2 节相同。

本节以中支座控制截面综合配筋指标 $\beta_{0,i}$、张拉控制系数 $\alpha(\alpha = \sigma_{\mathrm{con}} / f_{\mathrm{ptk}})$、中支座控制截面预应力度及试验梁跨高比 l / h 为基本控制参数，按正交试验原理设计了 16 根两跨无

粘结预应力混凝土连续梁。由采用上述方法的无粘结筋极限应力计算值与试验值的对比可知，这种方法算得结果与各试验梁得到的无粘结筋应力增量实测数据能够较好符合。

同时，本节进行了模拟梁计算，按照不同的考察对象，对模拟梁进行如下划分。

1）按加载形式，模拟梁可以划分为跨中集中加载梁、三分点加载梁、均布加载梁 3 组。

2）按控制截面预应力筋配筋指标 β_p，模拟梁可以划分为 4 组，即 β_p 为 0.05、0.10、0.15、0.20。

3）按控制截面非预应力筋配筋指标 β_s，模拟梁可以划分为 10 组，即 β_s 为 0.05、0.07、0.09、0.11、0.13、0.15、0.17、0.19、0.21、0.23。

4）按预应力梁的跨高比，模拟梁可以划分为 4 组，即 l/h 为 10、20、30、40。

4.4.2 无粘结筋应力计算公式的建立

1. 混凝土连续梁板中无粘结筋等效折减系数 α 计算方法

基于仿真计算结果，可得到连续梁板与不同加载形式相对应的以非预应力筋配筋指标 β_s 与预应力筋配筋指标 β_p 为自变量、以无粘结等效折减系数 α 为因变量的拟合曲面。以跨高比 $l/h = 20$ 的预应力筋及非预应力筋各为一排的两跨无粘结预应力混凝土连续梁在三种加载形式下的 β_s-β_p-α 拟合曲面为例，拟合曲面如图 4-15 所示。

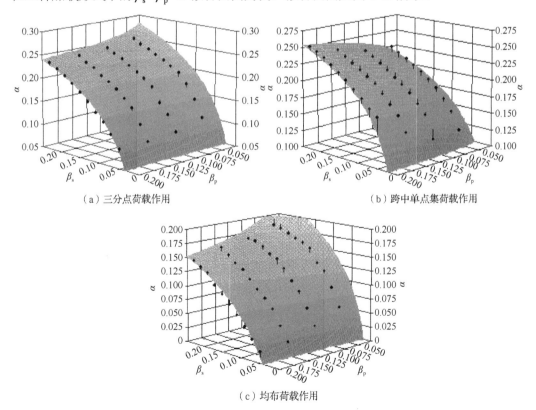

图 4-15 两跨无粘结预应力连续梁中 β_s、β_p 与 α 的拟合曲面

经计算分析，连续梁的跨高比对其无粘结筋等效折减系数 α 影响不大，故可忽略其影响。同样，已知 h_p 为预应力筋合力点到混凝土受压边缘距离，h_s 为非预应力筋合力点到混凝土受压边缘距离，则 h_p / h_s 不同时，以预应力筋配筋指标 β_p 和非预应力筋配筋指标 β_s 为参数的无粘结筋等效折减系数 α 可按式（4-45）计算。式中的 η_1、η_2、η_3 取值可据表 4-2 查得。

$$\alpha = \eta_1 + \eta_2 \ln \beta_s + \eta_3 \ln \beta_p \qquad (4\text{-}45)$$

表 4-2　式（4-45）中的 η_1、η_2、η_3 取值表

系数		η_1	η_2	η_3
A_1	a	0.363	0.099	−0.016
	b	0.521	0.082	0.039
	c	0.219	0.087	−0.034
A_2	a	0.383	0.117	−0.023
	b	0.412	0.075	0.020
	c	0.208	0.095	−0.043
A_3	a	0.341	0.096	−0.020
	b	0.373	0.064	0.019
	c	0.213	0.088	−0.038
A_4	a	0.225	0.058	−0.010
	b	0.229	0.037	0.011
	c	0.134	0.051	−0.021
A_5	a	0.200	0.052	−0.010
	b	0.203	0.033	0.009
	c	0.121	0.047	−0.020

注：1）A_1、A_2、A_3、A_4、A_5 表示 h_p / h_s 分别为 1、0.98、0.91、0.77、0.70，当支座与跨中 h_p 及 h_s 不同时，分别取用二者平均值。

2）a、b、c 分别表示各跨承受三分点、跨中单点及均布加载形式。

统计分析表明，式（4-45）中的计算值与仿真试验数据之比 $y = \Delta\sigma_{pu公式计算值} / \Delta\sigma_{pu仿真试验值}$ 的平均值 $\bar{y}$ 为 0.98，标准差 σ 为 0.18，变异系数 δ 为 0.18。这说明回归公式精度较高，与原数据符合程度较好。式（4-45）的适用条件为 $\beta_0 = \beta_s + \beta_p \leqslant 0.4$。

2. 混凝土连续梁板中无粘结筋极限应力计算方法

在查阅并分析相关资料的基础上，本节基于仿真计算结果，可得到连续梁板与不同加载形式相对应的以非预应力筋配筋指标 β_s 与预应力筋配筋指标 β_p 为自变量、以无粘结筋极限应力增量 $\Delta\sigma_{pu}$ 为因变量的拟合曲面。以两跨无粘结预应力连续梁在三种加载形式下的 β_s - β_p - $\Delta\sigma_{pu}$ 拟合曲面为例，拟合曲面如图 4-16 所示。

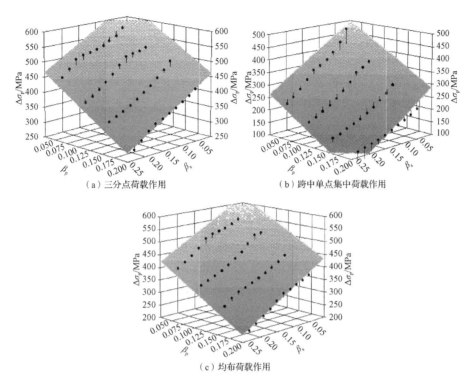

（a）三分点荷载作用　　　　（b）跨中单点集中荷载作用

（c）均布荷载作用

图 4-16　两跨无粘结预应力混凝土连续梁中 β_s、β_p 与 $\Delta\sigma_p$ 的拟合曲面

由于连续梁中各因素对无粘结筋极限应力的影响较复杂，为综合考虑非预应力筋配筋指标 β_s、预应力配筋指标 β_p 及跨高比 l/h 的影响并满足精度要求，现以跨高比分别为 10、20、30、40 的连续梁板，分组讨论以非预应力筋配筋指标 β_s 及预应力配筋指标 β_p 为参数的无粘结筋极限应力增量计算公式，对于其他跨高比情况下的无粘结筋应力增量值可按插值方法求得。

计算分析表明，跨高比 l/h 对三分点加载的两跨混凝土连续梁板中无粘结筋极限应力增量影响不明显。

三分点加载的两跨混凝土连续梁板中无粘结筋极限应力增量的计算公式为

$$\Delta\sigma_p = 677 - 1057\beta_p - 741\beta_s \tag{4-46}$$

均布加载的两跨混凝土连续梁板中无粘结筋极限应力增量的计算公式为

$$\Delta\sigma_p = 659 - 1128\beta_p - 833\beta_s \tag{4-47}$$

跨中单点加载形式下混凝土连续梁板中无粘结筋极限应力增量受跨高比影响较明显，其计算公式为

$$\Delta\sigma_p = \begin{cases} 632 - 1408\beta_p - 834\beta_s & l/h = 10 \\ 584 - 1287\beta_p - 918\beta_s & l/h = 20 \\ 575 - 1266\beta_p - 941\beta_s & l/h = 30 \\ 580 - 1290\beta_p - 953\beta_s & l/h = 40 \end{cases} \tag{4-48}$$

通过对式（4-48）的整理，本节将各跨跨中单点加载形式下混凝土连续梁板中无粘结

筋极限应力增量计算公式简化为

$$\Delta \sigma_{\mathrm{p}} = (632 - 1408\beta_{\mathrm{p}} - 834\beta_{\mathrm{s}})[0.8 + 2/(l/h)] \tag{4-49}$$

统计分析表明，式（4-47）～式（4-49）得到的计算值与仿真试验值之比 $x = \Delta\sigma_{\mathrm{p公式计算值}}/\Delta\sigma_{\mathrm{p仿真试验值}}$ 的平均值 $\bar{x} = 1$，标准差 $\sigma = 0.025$。这说明回归公式精度较高，与原数据符合程度较好。式（4-47）～式（4-49）适用于综合配筋指标 $\beta_0 < 0.4$ 的无粘结预应力连续梁板。

无粘结筋极限应力计算公式为

$$\sigma_{\mathrm{p}} = \sigma_{\mathrm{pe}} + \Delta\sigma_{\mathrm{p}} \tag{4-50}$$

连续梁板中无粘结筋极限应力设计值可暂取为

$$\sigma_{\mathrm{pu}} = \frac{\sigma_{\mathrm{pe}} + \Delta\sigma_{\mathrm{p}}/n}{1.2} \tag{4-51}$$

连续梁板中无粘结筋极限应力设计值 σ_{pu} 还应符合下列条件，即 $\sigma_{\mathrm{pe}} \leqslant \sigma_{\mathrm{pu}} \leqslant f_{\mathrm{py}}$。

本节将 16 根预应力混凝土试验梁中无粘结筋极限应力实测数据与式（4-51）计算结果进行了比较，结果表明公式计算结果与实测数据符合较好。

本节将 380 根仿真模拟简支梁板及连续梁板的计算结果，以及中国建筑科学研究院杜拱辰和陶学康[26]所做的 18 根简支梁和中国建筑科学研究院王逸和杜拱辰[31]所做的 17 根简支梁的试验结果与本节无粘结筋极限应力增量的计算公式进行分析比较，即将模型实测结果和仿真计算结果 $\Delta\sigma_{\mathrm{pu}}^{\mathrm{t}}$ 与按各公式计算所得极限应力增量预估值 $\Delta\sigma_{\mathrm{pu}}^{\mathrm{c}}$ 分别作为坐标系中的横、纵坐标值，根据各坐标点与 45° 相关线的接近程度便可直观考察按各公式计算所得的预估值 $\Delta\sigma_{\mathrm{pu}}^{\mathrm{c}}$ 与模型及仿真试验值 $\Delta\sigma_{\mathrm{pu}}^{\mathrm{t}}$ 间的偏差程度。$\Delta\sigma_{\mathrm{pu}}^{\mathrm{c}}$ 与 $\Delta\sigma_{\mathrm{pu}}^{\mathrm{t}}$ 比较关系如图 4-17 所示。

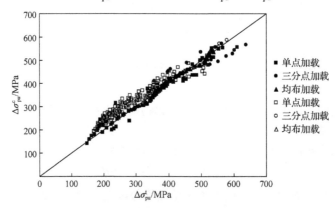

图 4-17　$\Delta\sigma_{\mathrm{pu}}^{\mathrm{t}}$ 与按式（4-51）所得 $\Delta\sigma_{\mathrm{pu}}^{\mathrm{c}}$ 的比较

由图 4-17 可看出式（4-51）的计算值 $\Delta\sigma_{\mathrm{pu}}^{\mathrm{c}}$ 与 $\Delta\sigma_{\mathrm{pu}}^{\mathrm{t}}$ 吻合程度较好，这说明所提出的预应力混凝土梁板中无粘结筋极限应力增量的计算公式的计算结果较为准确。

第5章 预应力混凝土结构抗力计算方法

超静定预应力混凝土结构的经典设计方法是以预应力混凝土连续梁工作原理为基础建立的，存在难以考虑墙柱等对预应力向水平结构构件传递等问题，本章提出了预应力混凝土结构中侧向约束的概念，将后张法预应力混凝土结构分为有侧向约束结构和无侧向约束结构；定义了侧向约束影响系数，通过引入张拉预应力筋引起的次轴力来实现对经典设计计算方法的改进；基于预应力筋两阶段工作原理，提出了可考虑侧向约束影响的预应力混凝土结构设计计算统一方法；基于位移协调条件和力平衡条件，提出了单层多跨及多层预应力混凝土框架结构侧向约束影响系数的分析方法。

5.1 引　言

在后张超静定预应力混凝土结构中，柱、墙、筒等竖向结构构件存在抗侧刚度，因此会约束梁、板等水平结构构件的轴向变形，从而影响张拉预应力筋引起的预加力向水平结构构件的传递。其中竖向结构构件对预加力传递的影响即为超静定预应力混凝土结构的侧向约束影响。当竖向结构构件的截面尺寸较大时，侧向约束对预应力传递及设计计算结果的影响较大，甚至起到控制作用，因此工程中对超静定预应力混凝土结构中侧向约束影响应给予足够重视。

国内外相关学者已对预应力混凝土结构侧向约束影响开展了一系列的研究工作。美国 ACI-ASCE 423 委员会在预应力混凝土平板临时建议及无粘结预应力混凝土构件建议中均对施加预应力方向上有明显刚度的柱或墙约束平板缩短导致裂缝问题进行了探讨，提出了避免张拉裂缝的构造措施。林同炎等[19]认为徐变作用可能使预应力板与支座分离或在板内产生裂缝，与预应力板刚性连接的垂直单元，如墙和竖井，不应布置在能约束板缩短的位置。针对预应力混凝土刚架柱对水平构件压缩变形约束问题，Abeles 等[32]提出应考虑除主弯矩和次弯矩外由预应力作用下杆件弹性压缩产生的第三弯矩，且认为在不利的状态下第三弯矩的大小甚至可能与外荷载下结构弯矩接近，即认为必须考虑柱对预应力作用下刚架对水平构件自由压缩变形的影响。

从上述研究成果可知，已有研究成果着重分析了由此引起的竖向构件及水平结构构件的开裂问题，讨论了预应力混凝土刚架柱影响水平构件自由压缩变形，提出了第三弯矩的概念，但未讨论侧向约束构件对水平构件中预应力传递及设计计算结果的影响等工程实践中需要迫切解决的问题。

后张超静定预应力混凝土结构的经典设计方法是以预应力混凝土连续梁工作原理为基础建立起来的，对于无侧向约束预应力混凝土结构是适用的，在设计有侧向约束预应力混凝土结构时，需引入楼盖平面内拉压刚度为无穷大的假定。当侧向约束不大时，设计计算结果是可以接受的；当侧向约束较大时，预应力混凝土水平构件的计算承载力将大于其实际承载力，计算裂缝宽度与计算变形将小于其实际裂缝宽度、实际变形。按经典方法设计计算有明显侧向约束的预应力混凝土结构时，若不考虑侧向约束对预应力传递及设计计算结果的影响，将降低结构安全性。因此，对后张超静定预应力混凝土结构设计计算方法进行改进，使其能合理考虑侧向约束对预应力传递及设计计算结果的影响，具有重要的理论意义和工程应用价值。

5.2　预应力混凝土结构抗力计算的经典方法

5.2.1　后张法预应力混凝土结构的分类

经典方法将预应力混凝土结构分为静定结构和超静定结构两类。

本节认为，根据有无侧向约束，后张法预应力混凝土结构可分为无侧向约束预应力混凝土结构和有侧向约束预应力混凝土结构。能够将张拉梁或板中预应力筋所产生的预加力全部作用于梁或板的结构为无侧向约束预应力混凝土结构，如预应力混凝土简支构件、伸臂构件、连续梁。由于柱、墙等有侧向约束，不能将张拉梁或板中预应力筋所产生的预加力全部作用于梁或板的结构为有侧向约束预应力混凝土结构，如预应力混凝土框架、板-柱结构，预应力混凝土框架-剪力墙结构及预应力混凝土框架-筒体结构等。

因此，静定预应力混凝土结构均为无侧向约束预应力混凝土结构，超静定预应力混凝土结构可分为无侧向约束预应力混凝土结构和有侧向约束预应力混凝土结构。

5.2.2　静定受弯构件

在混凝土简支梁等静定受弯构件中布置并张拉预应力筋时，预应力效应将在构件中产生反拱并影响截面应力，但预应力效应并不影响截面承载力。因此，经典抗力计算方法对预应力筋的认识为：①预应力筋是材料，只能被动地提供抗力；②预加力是内力，预应力引起的等效荷载本身是平衡力系。以上认知是建立在预应力结构抗力经典计算方法的思想基础上的。基于该思想，并结合图 5-1，可得有粘结预应力混凝土单筋矩形截面梁正截面承载力计算公式。

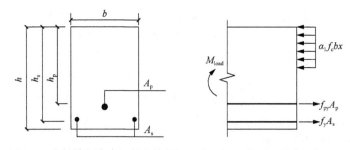

图 5-1　有粘结预应力混凝土单筋矩形截面梁正截面承载力计算简图

$$\begin{cases} M_{\text{Load}} = f_y A_s \left(h_s - \dfrac{x}{2} \right) + f_{py} A_p \left(h_p - \dfrac{x}{2} \right) \\ \alpha_1 f_c b x = f_y A_s + f_{py} A_p \end{cases}$$　　　(5-1)

式中：α_1——受压混凝土等效矩形应力块系数。当混凝土强度等级不大于 C50 时，取 1.0；

　　　　　当混凝土强度等级为 C80 时，取 0.94，其间按线性内插法确定。

5.2.3　超静定受弯构件

在混凝土连续梁等超静定受弯构件中布置并张拉预应力筋时，预应力效应不但在构件中产生反拱并影响截面应力，而且将引起结构附加支座反力，支座反力将在结构中产生附加弯矩、附加剪力等次内力，次内力直接影响超静定预应力混凝土结构的正常使用阶段和承载能力极限状态的计算与考虑。因此，设计计算超静定预应力混凝土结构，应首先解决张拉预应力筋引起的次内力的计算问题。

1. 主弯矩、综合弯矩与次弯矩

（1）张拉引起的主内力

对于预应力混凝土连续梁等超静定预应力混凝土结构，若梁体自重为零，张拉预应力筋引起的等效荷载为自平衡力系，假定梁体在无支承状态保持任意方式的平衡状态，此时由张拉引起的预加力在受弯构件中产生的内力称为主内力。按连续曲线布置并张拉预应力筋的混凝土梁如图 5-2（a）所示，张拉梁中预应力筋引起的等效荷载如图 5-2（b）所示，当假设梁体自重为零且处于无支承状态时，张拉引起的等效荷载作用下梁的主弯矩、主轴力分别如图 5-2（c）和（d）所示。

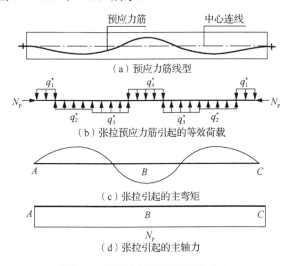

图 5-2　预应力混凝土梁的主内力

事实上，图 5-2 所示的预应力混凝土梁的横向等效荷载是由于预加力相对于其形心轴存在偏心而产生的，其主弯矩大小也可由预加力值与其相对梁形心轴偏心距的乘积而确定，主弯矩图形状是预应力筋的线型相对于梁形心轴镜像后的形状。

（2）张拉引起的综合内力

对于超静定预应力混凝土结构，在张拉预应力筋引起的等效荷载及端部预加力作用下的结构内力不但与预加力、预应力筋线型直接相关，而且还与超静定结构存在的支座

对张拉预应力筋引起的变形的约束效应有关，即在超静定预应力混凝土结构中，预应力效应不仅产生在布置并张拉了预应力筋的结构构件中，还将对与预应力混凝土构件有关的结构构件产生作用效应。预应力等效荷载及端部预加力作用在结构构件上而引起的内力称为综合内力。若在图 5-2 所示的梁的两端及跨中施加约束，使其形成两跨预应力混凝土连续梁，如图 5-3（a）所示；张拉梁内预应力筋引起的等效荷载及端部预加力如图 5-3（b）所示；在图 5-3（b）所示的荷载作用下，连续梁的综合弯矩如图 5-3（c）所示。

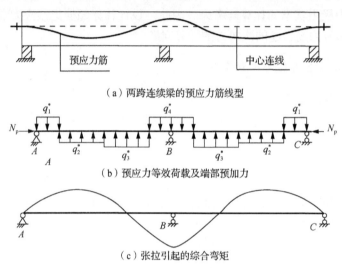

（a）两跨连续梁的预应力筋线型

（b）预应力等效荷载及端部预加力

（c）张拉引起的综合弯矩

图 5-3　两跨预应力混凝土连续梁综合弯矩

（3）张拉引起的次内力

超静定预应力混凝土结构在预应力等效荷载及端部预加力作用下产生的支座反力称为次反力。张拉引起的次反力作用下结构的内力称为次内力，如次弯矩、次剪力等。事实上，张拉引起的综合内力是指预应力主内力所产生的变形受到支座约束而产生的，即次内力等于综合内力减去主内力。显然，次内力对超静定预应力混凝土结构的正常使用阶段和承载能力极限状态的计算与考虑均有重要影响。与图 5-3 相对应的两跨连续梁次反力 (R_A^P, R_B^P, R_C^P) 及次弯矩图如图 5-4 所示。

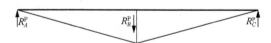

图 5-4　与图 5-3 相对应的两跨连续梁次反力与次弯矩图

次内力除了可以用上述预应力等效荷载确定综合内力及主内力，并根据综合内力、主内力与次内力的相互关系确定外，还可以结合结构力学中关于超静定结构挠度计算及超静定结构内力计算的方法确定。

通常，超静定结构中预应力会引起次弯矩。但是，在某些情况下，如果设计得巧妙，即设计成吻合束，后张法预应力也可不产生次弯矩。下面首先简述线性变换定理，然后简述吻合束定理。

1）线性变换。

在超静定结构中，当预应力筋在中间支座上移动到新的位置时，能保持预应力筋的外形不变（弯曲度-曲率及弯折角不变）和保持边支座上的偏心距不变，则称超静定预应力混凝土结构中预应力筋的轮廓线为线性变换。

由线性变换定理可知，在超静定结构中，任何预应力筋的轮廓线可线性变换到其他位置，而不改变原来压力线的位置。也就是说，线性变换不影响（改变）由预应力引起的截面混凝土的应力。

线性变换定理可以用等效荷载方法得到证明。众所周知，不论是静定的预应力混凝土结构还是超静定的预应力混凝土结构，预应力对结构的作用可用等效荷载相代替，而线性变换的原则是在中间内支座上移动到新的位置，保持预应力筋外形不变，保持边支座处的偏心距不变（即边支座处的等效弯矩不变），因而符合线性变换的不同预应力筋产生的等效荷载相等，从而产生的综合弯矩及截面混凝土应力不变。

需要说明的是，尽管线性变换不影响预应力的综合效应，即两种预应力筋引起的综合弯矩图完全相同，但由于线性变换，不同的预应力筋产生的主弯矩和次弯矩都是不一样的，即不同预应力筋布置情况下的框架梁或连续梁的极限承载力是不同的。因此，在实际工程中，可利用线性变换来调整预应力筋的布置，既保证使用性能，又保证在极限破坏状态充分发挥预应力筋的作用。

2）吻合束。

如上所述，在预应力混凝土超静定结构中，预应力筋的布置有一种比较特殊方式，即吻合束。吻合束是指预应力产生的压力线与预应力筋的重心线相重合的预应力束。也就是说，预应力吻合束在超静定结构中不产生次反力和次弯矩。例如，与连梁轴心相重合的预应力筋即是一条吻合束，它仅使连续梁轴心受压，不产生次弯矩，但是这种布置并没有实用意义。

超静定结构有很多条吻合束，如在连续梁结构中，按照外荷载产生的弯矩图的比例形成与弯矩图相一致的预应力筋即为一条吻合束。因为在弯矩作用下，梁不会引起附加的支座产生反力，不会产生次弯矩。

在预应力工程设计中，预应力筋采用吻合束布置对结构性能而言并不是一种理想的布置，有时要利用次弯矩来改善结构在使用荷载下的性能。当然，若采用吻合束，可避免次弯矩的计算，简化结构分析。

2. 超静定结构正截面承载力

结合图 5-5 可知,经典方法中预应力混凝土矩形截面单筋受弯构件正截面受弯承载力的计算公式为

$$\begin{cases} M_{\text{load}} + M_2 = f_y A_s \left(h_{0s} - \dfrac{x}{2} \right) + f_{\text{py}} A_p \left(h_{0p} - \dfrac{x}{2} \right) \\ \alpha_1 f_c bx = f_y A_s + f_{\text{py}} A_p \end{cases} \tag{5-2}$$

式中：M_{load}——外荷载作用下结构控制截面的弯矩设计值；

M_2——张拉预应力筋引起的超静定预应力混凝土结构控制截面次弯矩。

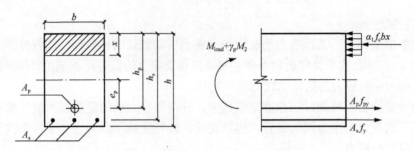

图 5-5　超静定预应力混凝土结构截面计算简图

综上可知，若式（5-2）中次弯矩 $M_2 = 0$（即静定预应力混凝土结构），则式（5-2）与式（5-1）的表达形式是一致的。因此，式（5-2）仅适用于静定预应力混凝土结构或无侧向约束的超静定预应力混凝土结构（如预应力混凝土连续梁）。对于有侧向约束的预应力混凝土结构应用式（5-2）进行设计计算时，楼盖须满足轴向拉压刚度为无穷大的假定，即实际上未考虑侧向约束对预应力混凝土水平结构构件承载力计算结果的影响。

5.2.4　侧向约束影响系数的概念

为合理考虑侧向约束的影响，在预应力混凝土结构设计计算时应引入侧向约束影响系数 η，其概念为梁板考虑侧向约束影响与不考虑侧向约束影响由张拉引起的预加轴力计算值之比，其计算公式如下：

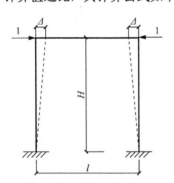

$$\eta = \frac{N_1}{N_{con}} \tag{5-3}$$

式中：　N_{con}——梁或板中预应力筋面积与张拉控制应力的乘积，即 $N_{con} = A_p \sigma_{con}$；

　　　　N_1——在端部张拉控制力作用下梁或板中的轴力计算值。

图 5-6　单层单跨预应力框架侧向约束影响系数计算简图

对于图 5-6 所示的单层单跨预应力混凝土框架（结构完全对称），令框架结构柱上下两端无转角，框架梁的轴向拉压刚度为 $E_b I_b$，应用反弯点法得到的框架柱侧向刚度为 $E_c I_c$，根据结点力平衡条件和框架梁轴向变形与框架柱侧移相等的变形协调条件，可得到其侧向约束影响系数 η 的表达式为 $\eta = \dfrac{1}{1 + T}$，其中 $T = \dfrac{6 E_c I_c l}{E_b A_b H^3}$，$E_b$ 和 E_c 分别为梁、柱混凝土的弹性模量，A_b、I_c 分别为梁的截面面积和柱的截面惯性矩，l 为框架梁跨度。

为考虑侧向约束的影响，可在经典方法中引入次轴力，考虑次轴力对正截面承载力影响的经典方法可用于设计计算有侧限预应力混凝土结构。对有侧向约束的预应力混凝土结构，若不考虑侧向约束影响，则预应力水平构件受到的预加力（即主轴力）为 $(\sigma_{con} - \sigma_l) A_p$；若考虑侧向约束影响，则预应力水平构件的预加力为（即综合轴力）为 $(\eta \sigma_{con} - \sigma_l') A_p$。因此张拉引起的有侧向约束的预应力混凝土结构的水平构件的次轴力为

$$N_2 = \left[(\eta\sigma_{con} - \sigma_1') - (\sigma_{con} - \sigma_1) \right] A_p = \left[(\eta-1)\sigma_{con} - (\sigma_1' - \sigma_1) \right] A_p \tag{5-4}$$

σ_1 比 σ_1' 略大，但二者相差不大，因此可认为二者等值，这对承载力计算略偏于安全，因而可取 $N_2 = \left[(\eta-1)\sigma_{con} \right] A_p$。对有侧向约束结构，$\eta < 1$，因此 $N_2 = (\eta-1)\sigma_{con} A_p$ 小于零，表明次轴力为拉力。通过次轴力考虑侧向约束影响的有粘结单筋矩形截面梁正截面承载力计算简图（图 5-7），可得经典方法的引入次轴力考虑侧向约束影响中有粘结单筋矩形截面梁正截面承载力计算公式，见式（5-5）。

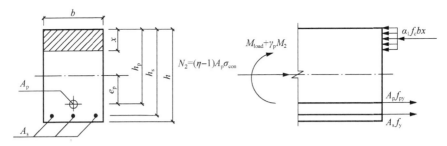

图 5-7　引入次轴力考虑侧向约束影响的有粘结单筋矩形截面梁正截面承载力计算简图

$$\begin{cases} M_{load} + \gamma_p M_2 = f_y A_s \left(h_{0s} - \dfrac{x}{2} \right) + f_{py} A_p \left(h_{0p} - \dfrac{x}{2} \right) + (\eta-1) A_p \sigma_{con} \left(\dfrac{h}{2} - \dfrac{x}{2} \right) \\ \alpha_1 f_c b x = f_y A_s + f_{py} A_p + (\eta-1) A_p \sigma_{con} \end{cases} \tag{5-5}$$

式中：η——侧向约束影响系数；

　　　M_2——张拉预应力筋引起的次弯矩，等于综合弯矩减去主弯矩，而控制截面主弯矩仍为主轴力与其形心轴偏心距的乘积；

其余符号意义与式（5-2）相同。

5.3　预应力混凝土结构抗力计算的统一方法

5.3.1　预应力筋两阶段工作原理

如第 3 章所述，预应力筋的工作可分为两个阶段：第一阶段是由张拉到预应力筋有效预应力 σ_{pe} 的建立，该阶段视预应力筋为能动的作用者，将张拉引起的端部预加力及结间等效荷载作为外荷载来对待；第二阶段是当预应力过程结束后，预应力筋抗拉强度设计值 f_{py} 或无粘结筋极限应力设计值 σ_p 中高于有效预应力 σ_{pe} 的富余部分 $(f_{py} - \sigma_{pe})$ 或 $(\sigma_p - \sigma_{pe})$ 如同普通钢筋一样被动地提供抗力，作为材料来对待。

5.3.2　无侧向约束预应力混凝土结构受弯构件承载力计算

应用预应力筋两阶段工作原理,结合图 5-8 可得无侧向约束结构的矩形截面有粘结预应力混凝土单筋梁正截面承载力的计算公式为

$$\begin{cases} M_{\text{load}} + M_{\text{p}} = A_{\text{s}}f_{\text{y}}\left(h_{\text{s}} - \dfrac{x}{2}\right) + A_{\text{p}}\sigma_{\text{pe}}\left(h_{\text{p}} - e_{\text{p}} - \dfrac{x}{2}\right) + A_{\text{p}}(f_{\text{py}} - \sigma_{\text{pe}})\left(h_{\text{p}} - \dfrac{x}{2}\right) \\ \alpha_1 f_c bx = A_{\text{s}}f_{\text{y}} + A_{\text{p}}\sigma_{\text{pe}} + A_{\text{p}}(f_{\text{py}} - \sigma_{\text{pe}}) \end{cases} \tag{5-6}$$

式中：M_{p}——控制截面在张拉引起的端部预加力及间等效荷载作用下的弯矩值，以与 M_{load} 方向相同为正。

需要指出的是，无侧向约束的预应力混凝土结构是指简支梁、悬臂梁、连续梁等结构。

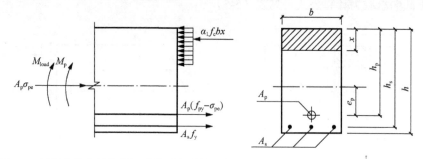

图 5-8　无侧向约束结构的矩形截面有粘结预应力混凝土单筋梁正截面承载力计算简图

5.3.3　有侧向约束预应力混凝土结构受弯构件承载力计算

对于有侧向约束结构，应用预应力筋两阶段工作原理，并通过侧向约束影响系数 η 考虑侧向约束影响，结合图 5-9 可得有侧向约束结构的矩形截面有粘结预应力混凝土单筋梁正截面承载力的计算公式为

$$\begin{cases} M_{\text{load}} + M_{\text{p}} = A_{\text{s}}f_{\text{y}}\left(h_{\text{s}} - \dfrac{x}{2}\right) + A_{\text{p}}(\eta\sigma_{\text{con}} - \sigma_{\text{l}})\left(h_{\text{p}} - e_{\text{p}} - \dfrac{x}{2}\right) \\ \qquad\qquad + A_{\text{p}}(f_{\text{py}} - \sigma_{\text{pe}})\left(h_{\text{p}} - \dfrac{x}{2}\right) \\ \alpha_1 f_c bx = A_{\text{s}}f_{\text{y}} + A_{\text{p}}(\eta\sigma_{\text{con}} - \sigma_{\text{l}}) + A_{\text{p}}(f_{\text{py}} - \sigma_{\text{pe}}) \end{cases} \tag{5-7}$$

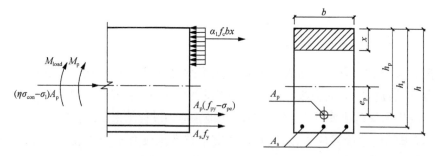

图 5-9　有侧向约束结构的矩形截面有粘结预应力混凝土单筋梁正截面承载力计算简图

5.4　预应力混凝土结构构件斜截面受剪承载力计算

预应力混凝土结构构件斜截面受剪承载力计算公式如下。

均布荷载作用下：

$$V \leqslant 0.7 f_t b h_0 + 1.25 f_{yv} \frac{A_{sv}}{s} h_0 + 0.8 f_y A_{sb} \sin \alpha_s$$
$$+ 0.8 f_{py} A_p \sin \alpha_p (+0.05 N_{p0}) \tag{5-8}$$

集中荷载作用下：

$$V \leqslant \frac{1.75}{\lambda + 1} f_t b h_0 + f_{yv} \frac{A_{sv}}{s} h_0 + 0.8 f_y A_{sb} \sin \alpha_s$$
$$+ 0.8 f_{py} A_p \sin \alpha_p (+0.05 N_{p0}) \tag{5-9}$$

（1）无侧限超静定结构斜截面受剪承载力计算

我国现行设计方法，对矩形、T 形和 I 形截面的受弯构件，当考虑箍筋和弯起钢筋时，无侧限超静定结构斜截面的受剪承载力计算公式如下。

均布荷载作用下：

$$V \pm V_{sec} \leqslant 0.7 f_t b h_0 + 1.25 f_{yv} \frac{A_{sv}}{s} h_0 + 0.8 f_y A_{sb} \sin \alpha_s$$
$$+ 0.8 f_{py} A_p \sin \alpha_p (+0.05 N_{p0}) \tag{5-10}$$

集中荷载作用下：

$$V \pm V_{sec} \leqslant \frac{1.75}{\lambda + 1} f_t b h_0 + f_{yv} \frac{A_{sv}}{s} h_0 + 0.8 f_y A_{sb} \sin \alpha_s$$
$$+ 0.8 f_{py} A_p \sin \alpha_p (+0.05 N_{p0}) \tag{5-11}$$

（2）有侧限结构斜截面受剪承载力计算

我国现行设计方法，对矩形、T 形和 I 形截面的受弯构件，当考虑箍筋和弯起钢筋时，有侧限结构斜截面的受剪承载力计算公式如下。

均布荷载作用下：

$$V \pm V_{sec} \leqslant 0.7 f_t b h_0 + 1.25 f_{yv} \frac{A_{sv}}{s} h_0 + 0.8 f_y A_{sb} \sin \alpha_s$$
$$+ 0.8 f_{py} A_p \sin \alpha_p + 0.05 (N_{p0} + N_{sec}) \tag{5-12}$$

集中荷载作用下：

$$V \pm V_{sec} \leqslant \frac{1.75}{\lambda + 1} f_t b h_0 + f_{yv} \frac{A_{sv}}{s} h_0 + 0.8 f_y A_{sb} \sin \alpha_s$$
$$+ 0.8 f_{py} A_p \sin \alpha_p + 0.05 (N_{p0} + N_{sec}) \tag{5-13}$$

5.5　单层多跨预应力混凝土框架侧向约束影响计算方法

侧向约束对预应力传递及计算结果影响关键是侧向约束影响系数的计算。在单层多跨预应力混凝土框架结构中，各跨梁轴向线刚度、框架柱抗侧刚度、结构跨数及多跨框架梁中预应力筋布置方式是考虑侧向约束对预应力传递及设计计算结果影响的控制参数。

考虑到多跨框架的受力特点、预应力施工的难易程度及经济性等诸多因素，多跨预应力混凝土框架梁中预应力筋的连续通长布置、分段搭接布置及局部重叠布置及与之对应的侧向约束影响的 3 种计算简图如图 5-10 所示。

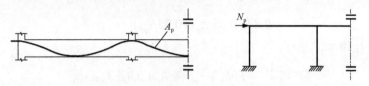

（a）连续通长布置预应力筋及对应的侧向约束影响计算简图

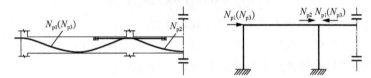

（b）分段搭接布置预应力筋及对应的侧向约束影响计算简图

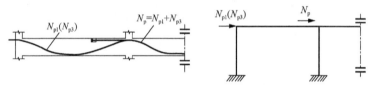

（c）局部重叠布置预应力筋及对应的侧向约束影响计算简图

图 5-10　多跨框架梁中预应力筋的布置及对应的侧向约束影响计算简图

5.5.1　变形不动点的位置

对于连续通长布置预应力筋的跨度不等、柱侧向刚度不等的单层框架结构，确定框架梁变形不动点位置是计算各跨侧向约束影响系数的重要前提。设预应力混凝土框架跨数为 m，框架梁各跨跨度为 $L_i(i=1,\cdots,m)$，框架柱的抗侧移刚度（简称抗侧刚度）为 $D_i(i=1,\cdots,m+1)$，预应力混凝土梁不动点位于框架第 n 跨，不动点与左端框架柱的距离为 a，距其最近框架柱的距离为 y，如图 5-11 所示。若假定不动点位于各柱侧向刚度分布的重心，即总抗侧刚度乘以不动点至预定原点的距离等于各柱抗侧刚度与相应柱至预定原点的距离乘积之和，即

$$a\sum_{i=1}^{m+1}D_i = D_2L_1 + D_3(L_1+L_2) + \cdots + D_{m+1}(L_1+\cdots+L_m) \tag{5-14}$$

令 $y = a - \sum_{i=1}^{n-1}L_i$，则有

$$y = \frac{L_1\sum_{i=2}^{m+1}D_i + L_2\sum_{i=3}^{m+1}D_i + \cdots + L_mD_{m+1}}{\sum_{i=1}^{m+1}D_i} - \sum_{i=1}^{n-1}L_i \tag{5-15}$$

由式（5-15）可知，单层单跨框架梁的不动点位置的表达式为

$$y_1 = \frac{D_2L}{D_1+D_2} \tag{5-16}$$

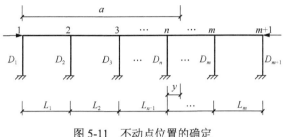

图 5-11　不动点位置的确定

需要指出的是，按式（5-15）确定单层多跨框架变形不动点位置时，忽略了框架梁弹性变形的影响，大量的工程实践表明式（5-15）的计算值与实测结果符合较好。对于工程实践中大量采用的结构型式对称、荷载对称的单层多跨预应力混凝土框架，若采用连续通长布置预应力筋的方案，框架梁的变形不动点位于多跨框架梁全长的中点。对于内筒-外框结构中与框架柱及筒体整体连接的预应力混凝土框架梁、扁梁，与框架柱相比，可认为筒体侧向刚度为无穷大，预应力混凝土梁与筒体的交点即为变形不动点。

5.5.2　连续通长布筋的多跨预应力框架侧向约束影响系数计算公式

1．侧向约束影响计算简图

确定单层多跨预应力混凝土框架侧向约束影响矩阵方程的分析简图如图 5-12 所示。

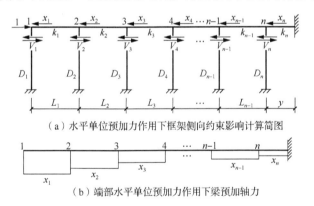

（a）水平单位预加力作用下框架侧向约束影响计算简图

（b）端部水平单位预加力作用下梁预加轴力

图 5-12　单层多跨预应力混凝土框架侧向约束影响矩阵方程的分析简图

2．计算公式的推导

基于变形协调方程和结点力平衡方程，可推导出单层多跨预应力混凝土框架侧向约束影响系数计算公式。

令 $k_i(i=1,\cdots,m)$ 表示各跨预应力混凝土梁的轴向拉压刚度，各结点处梁的轴向压缩变形为 $\varDelta_i(i=1,\cdots,m)$，框架柱顶点侧移为 $\varDelta_i(i=1,\cdots,m+1)$，用 $X_i(i=1,\cdots,m)$ 表示各跨梁的轴力，用 $V_i(i=1,\cdots,m+1)$ 表示各柱剪力。

在图 5-12 所示端部水平单位预加力作用下框架梁各结点水平位移为

$$
\begin{bmatrix} \varDelta_1 \\ \varDelta_2 \\ \varDelta_3 \\ \vdots \\ \varDelta_{n-1} \\ \varDelta_n \end{bmatrix} = \begin{bmatrix} L_1/k_1 & L_2/k_2 & L_3/k_3 & \cdots & L_{n-1}/k_{n-1} & y/k_n \\ 0 & L_2/k_2 & L_3/k_3 & \cdots & L_{n-1}/k_{n-1} & y/k_n \\ 0 & 0 & L_3/k_3 & \cdots & L_{n-1}/k_{n-1} & y/k_n \\ \vdots & \vdots & \vdots & & \vdots & \vdots \\ 0 & 0 & 0 & \cdots & L_{n-1}/k_{n-1} & y/k_n \\ 0 & 0 & 0 & \cdots & 0 & y/k_n \end{bmatrix} \begin{bmatrix} X_1 \\ X_2 \\ X_3 \\ \vdots \\ X_{n-1} \\ X_n \end{bmatrix}
$$

即

$$
\varDelta = K_1 X \tag{5-17}
$$

在端部水平单位预加力作用下各柱顶位移为

$$
\begin{bmatrix} \varDelta_{c1} \\ \varDelta_{c2} \\ \varDelta_{c3} \\ \vdots \\ \varDelta_{cn-1} \\ \varDelta_{cn} \end{bmatrix} = \begin{bmatrix} 1/D_1 & 0 & 0 & \cdots & 0 & 0 \\ 0 & 1/D_2 & 0 & \cdots & 0 & 0 \\ 0 & 0 & 1/D_3 & \cdots & 0 & 0 \\ \vdots & \vdots & \vdots & & \vdots & \vdots \\ 0 & 0 & 0 & \cdots & 1/D_{n-1} & 0 \\ 0 & 0 & 0 & \cdots & 0 & 1/D_n \end{bmatrix} \begin{bmatrix} V_1 \\ V_2 \\ V_3 \\ \vdots \\ V_{n-1} \\ V_n \end{bmatrix}
$$

即

$$
\varDelta_c = D_1 V \tag{5-18}
$$

由框架各结点力的平衡条件，有

$$
\begin{bmatrix} V_1 \\ V_2 \\ V_3 \\ \vdots \\ V_{n-1} \\ V_n \end{bmatrix} = \begin{bmatrix} -1 & 0 & 0 & \cdots & 0 & 0 \\ 1 & -1 & 0 & \cdots & 0 & 0 \\ 0 & 1 & -1 & \cdots & 0 & 0 \\ \vdots & \vdots & \vdots & & \vdots & \vdots \\ 0 & 0 & 0 & \cdots & -1 & 0 \\ 0 & 0 & 0 & \cdots & 1 & -1 \end{bmatrix} \begin{bmatrix} X_1 \\ X_2 \\ X_3 \\ \vdots \\ X_{n-1} \\ X_n \end{bmatrix} + \begin{bmatrix} 1 \\ 0 \\ 0 \\ \vdots \\ 0 \\ 0 \end{bmatrix}
$$

即

$$
V = C_1 X + c_1 \tag{5-19}
$$

由梁端变形与柱顶变形的协调条件，有

$$
\varDelta = \varDelta_c \tag{5-20}
$$

将式（5-19）代入式（5-18），整理后与式（5-17）代入式（5-20），可得

$$
K_1 - D_1 C_1 X = D_1 c_1 \tag{5-21}
$$

由式（5-21）可得各跨框架梁在端部水平单位预加力作用下轴向压力为

$$
X = \left(K_1 - D_1 C_1 \right)^{-1} D_1 c_1 \tag{5-22}
$$

根据侧向约束影响系数的定义，可得单层多跨预应力混凝土框架侧向约束影响系数矩阵方程为

$$
\eta = \left(K_1 - D_1 C_1 \right)^{-1} D_1 c_1 \tag{5-23}
$$

5.5.3　单层多跨预应力混凝土框架结构侧向约束影响分析

对于连续通长布置预应力筋的单层多跨预应力混凝土框架的侧向约束影响系数可直接按式（5-23）确定。

对于分段搭接布置预应力筋的框架结构，应分为所考察编号预应力筋所辖区和未辖区两种情况来分析侧向约束影响：①在计算所考察编号预应力筋所辖区的侧向约束影响系数时，分别将两侧未辖区的柱抗侧刚度叠加至所辖区的两边柱，应用式（5-23）计算所辖区各跨的侧向约束影响系数，该侧向约束影响系数用于所考察编号预应力筋在其所辖区的作用；②对于预应力筋未辖区，则将高于所考察编号预应力筋辖区边跨梁实际受到轴向力的剩余预加力施加于两侧辖区与未辖区公共结点，以计算所考察编号预应力筋对其未辖区的影响。

同理，可求出局部重叠布置预应力筋框架中不同编号的预应力筋所对应的侧向约束影响系数及不同编号预应力筋对其未辖区的影响。

5.6　多高层预应力混凝土框架结构侧向约束影响分析

对于多高层预应力混凝土框架，当框架柱的侧向刚度较大时，侧向约束作用较强，在张拉梁中的预应力筋时，柱必将以其剪力的形式"吃掉"部分预加力，梁只承受全部预加力的一部分。侧向约束影响系数表示框架柱对预应力向梁中传递及设计的计算结果影响。工程上量大面广应用的是"逐层浇筑、逐层张拉"的施工方案，当施工上部楼层框架梁中的预应力筋时，对下部楼层框架梁侧向约束影响有一定的还原，使水平预加力有所增加，同时由于梁轴向压缩变形的增大，预应力筋有效预应力有所降低。为此，进行多高层预应力混凝土框架设计计算时，应合理考虑侧向约束对预应力传递及设计计算结果的影响。下面以按"逐层浇筑、逐层张拉"的施工工艺，建立单跨多层预应力混凝土框架结构侧向约束影响的分析方法。

5.6.1　基本条件

如图 5-13 所示，设单跨多层预应力混凝土框架总层数为 m，跨度为 L，各层预应力混凝土框架梁轴向拉压刚度为 $k_i (i = 1, \cdots, m)$，过轴①、轴②各层框架柱的抗侧刚度分别为 $D_{1,i}$ 和 $D_{2,i} (i = 1, \cdots, m)$。

当张拉第 $j (j = 1, \cdots, m)$ 层框架梁的预应力筋后，即有 N_{pj} 作用于该层框架梁两端，由其引起的各层框架过轴①各层结点轴向内缩值为 $\delta \varDelta_{i,1} = \delta \varDelta_1 (i = 1, \cdots, j)$；各层框架梁的轴向压力增量为 $\delta X_{i,j} (i = 1, \cdots, j)$；过轴①各层框架柱剪力增量为 $\delta V_{i,j} (i = 1, \cdots, j)$。

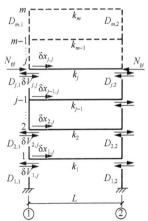

图 5-13　侧向约束影响分析简图

5.6.2 矩阵方程的推导

各层预应力混凝土框架梁不动点距左端柱的水平距离 y_i 如式（5-16）所示。

张拉第 j 层框架梁中预应力筋时，张拉引起的第 $1\sim j$ 层过轴①框架结点的内缩值可表达为

$$\begin{cases} \delta\Delta_{j,j} = \delta X_{j,j} y_j / k_j \\ \delta\Delta_{j-1,j} = \delta X_{j-1,j} y_{j-1} / k_{j-1} \\ \quad\quad\vdots \\ \delta\Delta_{2,j} = \delta X_{2,j} y_2 / k_2 \\ \delta\Delta_{1,j} = \delta X_{1,j} y_1 / k_1 \end{cases} \quad (5\text{-}24)$$

引起的过轴①各层柱层间侧移为

$$\begin{cases} \delta\Delta_{cj,j} = \delta\Delta_{j,j} - \delta\Delta_{j-1,j} = \delta X_{j,j} y_j / k_j - \delta X_{j-1,j} y_{j-1} / k_{j-1} \\ \delta\Delta_{cj-1,j} = \delta\Delta_{j-1,j} - \delta\Delta_{j-2,j} = \delta X_{j-1,j} y_{j-1} / k_{j-1} - \delta X_{j-2,j} y_{j-2} / k_{j-2} \\ \quad\quad\vdots \\ \delta\Delta_{c2,j} = \delta\Delta_{2,j} - \delta\Delta_{1,j} = \delta X_{2,j} y_2 / k_2 - X_{1,j} y_1 / k_1 \\ \delta\Delta_{c1,j} = \delta\Delta_{1,j} = \delta X_{1,j} y_1 / k_1 \end{cases} \quad (5\text{-}25)$$

若框架柱上下两端无转角，则第 $1\sim j$ 层框架柱顶相对侧移增量可表达为

$$\begin{cases} \delta\Delta_{cj,j} = \delta V_{j,j} / D_{j,1} \\ \delta\Delta_{cj-1,j} = \delta V_{j-1,j} / D_{j-1,1} \\ \quad\quad\vdots \\ \delta\Delta_{c2,j} = \delta V_{2,j} / D_{2,1} \\ \delta\Delta_{c1,j} = \delta V_{1,j} / D_{1,1} \end{cases} \quad (5\text{-}26)$$

根据过轴①第 $1\sim j$ 层结点力的平衡方程，可得

$$\begin{cases} \delta V_{j,j} = N_{pj} - \delta X_{j,j} \\ \delta V_{j-1,j} = N_{pj} - (\delta X_{j,j} + \delta X_{j-1,j}) \\ \quad\quad\vdots \\ \delta V_{2,j} = N_{pj} - (\delta X_{j,j} + \delta X_{j-1,j} + \cdots + \delta X_{3,j} + \delta X_{2,j}) \\ \delta V_{1,j} = N_{pj} - (\delta X_{j,j} + \delta X_{j-1,j} + \cdots + \delta X_{2,j} + \delta X_{1,j}) \end{cases} \quad (5\text{-}27)$$

若第 1 层开始至第 m 层张拉完毕过轴①各层结点框架梁的内缩值为 $\Delta_j (j=1,\cdots,m)$ 可表达为

$$\begin{cases} \Delta_1 = \delta X_{1,1} y_1 / k_1 + \delta X_{1,2} y_1 / k_1 + \cdots + \delta X_{1,m} y_1 / k_1 \\ \Delta_2 = \delta X_{2,2} y_2 / k_2 + \delta X_{2,3} y_2 / k_2 + \cdots + \delta X_{2,m} y_2 / k_2 \\ \quad\quad\vdots \\ \Delta_{m-1} = \delta X_{m-1,m-1} y_{m-1} / k_{m-1} + \delta X_{m-1,m} y_{m-1} / k_{m-1} \\ \Delta_m = \delta X_{m,m} y_m / k_m \end{cases} \quad (5\text{-}28)$$

按"逐层浇筑、逐层张拉"方案完成各层框架梁中预应力筋张拉后，各层框架梁总

预加力为 $X_j = \sum_{i=j}^{t} \delta X_{j,i} (i=1,\cdots,t; j=1,\cdots,i)$，将其代入式（5-28）可得

$$\begin{cases} \Delta_1 = X_1 y_1 / k_1 \\ \Delta_2 = X_2 y_2 / k_2 \\ \qquad \vdots \\ \Delta_{t-1} = X_{t-1} y_{t-1} / k_{t-1} \\ \Delta_t = X_t y_t / k_t \end{cases} \tag{5-29}$$

张拉结束后，过轴①各层结点总内缩值 $\Delta_j'(j=1,\cdots,t)$ 可表达为式（5-30）。

$$\begin{bmatrix} \Delta_1' \\ \Delta_2' \\ \vdots \\ \Delta_{m-1}' \\ \Delta_m' \end{bmatrix} = \begin{bmatrix} y_1/k_1 & 0 & \cdots & 0 & 0 \\ -y_1/k_1 & y_2/k_2 & \cdots & 0 & 0 \\ \vdots & \vdots & & \vdots & \vdots \\ 0 & 0 & \cdots & y_{m-1}/k_{m-1} & 0 \\ 0 & 0 & \cdots & -y_{m-1}/k_{m-1} & y_m/k_m \end{bmatrix} \begin{bmatrix} X_1 \\ X_2 \\ \vdots \\ X_{m-1} \\ X_m \end{bmatrix} + \begin{bmatrix} 0 \\ \delta\Delta_{1,1} \\ \vdots \\ \delta\Delta_{m-2,m-2} \\ \delta\Delta_{m-1,m-1} \end{bmatrix} \tag{5-30}$$

即

$$\Delta' = K_2 X + c_{21} \tag{5-31}$$

张拉结束后，各层框架柱的总层间侧移 $\Delta_{cj}(j=1,\cdots,m)$ 可表述为

$$\begin{cases} \Delta_{c1} = \delta V_{1,1}/D_{1,1} + \delta V_{1,2}/D_{1,1} + \cdots + \delta V_{1,m}/D_{1,1} \\ \Delta_{c2} = \delta V_{2,2}/D_{2,1} + \delta V_{2,3}/D_{2,1} + \cdots + \delta V_{2,m}/D_{2,1} \\ \qquad \vdots \\ \Delta_{cm-1} = \delta V_{m-1,m-1}/D_{m-1,1} + \delta V_{m-1,m}/D_{m-1,1} \\ \Delta_{cm} = \delta V_{m,m}/D_{m,1} \end{cases} \tag{5-32}$$

张拉结束后，各层框架柱总预加剪力为 $V_j = \sum_{i=j}^{t} \delta V_{j,i}(i=1,\cdots,m; j=1,\cdots,i)$，将其代入式（5-32）可得

$$\begin{cases} \Delta_{c1} = V_1/D_{1,1} \\ \Delta_{c2} = V_2/D_{2,1} \\ \qquad \vdots \\ \Delta_{cm-1} = V_{m-1}/D_{m-1,1} \\ \Delta_{cm} = V_m/D_{m,1} \end{cases} \tag{5-33}$$

式（5-33）用矩阵表示为

$$\begin{bmatrix} \Delta_{c1} \\ \Delta_{c2} \\ \vdots \\ \Delta_{cm-1} \\ \Delta_{cm} \end{bmatrix} = \begin{bmatrix} 1/D_{1,1} & 0 & \cdots & 0 & 0 \\ 0 & 1/D_{2,1} & \cdots & 0 & 0 \\ \cdots & \cdots & & & \cdots \\ 0 & 0 & \cdots & 1/D_{m-1,1} & 0 \\ 0 & 0 & \cdots & 0 & 1/D_{m,1} \end{bmatrix} \begin{bmatrix} V_1 \\ V_2 \\ \vdots \\ V_{m-1} \\ V_m \end{bmatrix} \tag{5-34}$$

即

$$\Delta_c = D_2 V \tag{5-35}$$

张拉结束后，各层框架柱总预剪力 $V_j (j=1,\cdots,m)$ 为

$$\begin{bmatrix} V_1 \\ V_2 \\ \vdots \\ V_{m-1} \\ V_m \end{bmatrix} = \begin{bmatrix} \sum\limits_{t=1}^{m} N_{pt} \\ \sum\limits_{t=1}^{m} N_{pt} - N_{p1} \\ \vdots \\ \sum\limits_{t=1}^{m} N_{pt} - \sum\limits_{t=1}^{m-2} N_{pt} \\ \sum\limits_{t=1}^{m} N_{pt} - \sum\limits_{t=1}^{m-1} N_{pt} \end{bmatrix} - \begin{bmatrix} 1 & 1 & \cdots & 1 & 1 \\ 0 & 1 & \cdots & 1 & 1 \\ \vdots & \vdots & \vdots & \vdots & \vdots \\ 0 & 0 & \cdots & 1 & 1 \\ 0 & 0 & \cdots & 0 & 1 \end{bmatrix} \begin{bmatrix} X_1 \\ X_2 \\ \vdots \\ X_{m-1} \\ X_m \end{bmatrix} \tag{5-36}$$

即

$$V = c_{22} - C_2 X \tag{5-37}$$

结合式（5-35）和式（5-37），可得过轴①框架柱总层间侧移为

$$\varDelta_c = D_2(c_{22} - C_2 X) \tag{5-38}$$

由张拉结束后过轴①各层结点内缩值 $\varDelta'_j$ 与相应框架柱总层间侧移 $\varDelta_{cj}$ 相等的变形协调条件，结合式（5-31）和式（5-37）可得

$$(K_2 + D_2 C_2)X = D_2 c_{22} - c_{21} \tag{5-39}$$

从而有

$$X = (K_2 + D_2 C_2)^{-1}(D_2 c_{22} - c_{21}) \tag{5-40}$$

若各层框架梁中所配预应力筋筋量相同，则可直接将由式（5-40）得到的 X 除以 N_p，即可得到侧向约束影响系数 η，即

$$\eta = X / N_p \tag{5-41}$$

若各层框架梁中预应力筋筋量不同，则应利用式（5-40）计算而得各层预加轴力值 X_j 除以该层端部预加力 N_{pj}，即得各层侧向约束影响系数 $\eta_j = X_j / N_{pj}$。

需要指出的是，在进行各层框架梁的验算时，仍需合理考虑张拉上部楼层框架梁中预应力筋对下部楼层框架梁中预应力筋有效预应力降低的影响。

5.7　计　算　实　例

5.7.1　单层多跨预应力混凝土框架一

某办公楼一层顶过ⓒ轴预应力混凝土框架梁的截面及非预应力筋配筋如图 5-14 所示。结构层高为 4.2m，板厚为 120mm，边柱截面尺寸为 $b \times h = 800\text{mm} \times 800\text{mm}$，中柱截面尺寸为 ϕ1500mm。梁板柱混凝土设计强度等级均为 C40。框架梁中跨所需预应力筋用量为 2-5Uϕ^S15（2-5 表示 2 排钢筋，每排 5 束钢筋；U 为 unboded 的缩写，表示无粘结），边跨预应力筋用量为 1-5Uϕ^S15。

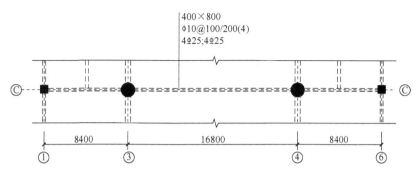

图 5-14   预应力混凝土框架梁的截面及非预应力筋配筋图

1）当框架梁采用连续通长布置 2-5Uϕ^{S}15 预应力筋时，由式（5-41）可得边跨及中跨的侧向约束影响系数分别为 0.798 和 0.597。

2）当采用分段搭接布置预应力筋时，边跨梁布置 1-5Uϕ^{S}15 预应力筋，中跨梁布置 2-5Uϕ^{S}15 预应力筋。预应力筋有效预应力可取为 1100N/mm^2，则作用在框架边结点上的端部预加力为 770kN。当考察两边跨梁布置的预应力筋时，在两边跨侧向约束影响系数为 0.917，边跨梁预加轴向压力为 705.8kN，中跨梁预加轴向拉力为 52.86kN，两内柱剪力为 1.46kN，两边柱剪力为 2.92kN。当考察中跨预应力筋时，中跨侧向约束影响系数为 0.744，中跨梁预加轴向压力为 1198.3kN，边跨梁预加轴向拉力为 61.4kN，两内柱剪力为 160.7kN，两边柱剪力为 20.3kN。

3）当采用局部重叠布置预应力筋时，是两组 1-5Uϕ^{S}15 在内跨重叠布置。每组预应力筋在边跨的侧向约束影响系数为 0.912，内跨的侧向约束影响系数为 0.741。张拉完两组预应力筋后边跨预加轴向压力为 666.62kN，内跨轴力为 1141.02kN，两内柱剪力为 119.98kN，两边跨柱剪力为 55.68kN。

张拉单位面积预应力筋引起柱控制截面的弯矩 $\overline{M}_p^c$ 及剪力 $\overline{V}_p^c$，由预应力原理可知张拉梁中预应力筋不会引起柱轴力的变化，因而用 $(M_{load}^c + A_p\overline{M}_p^c)$ 代替外荷载作用下的设计弯矩 M_{load}^c，由普通钢筋混凝土柱正截面承载力计算公式即可求得柱中纵筋用量 A_{sc} 和 A_{sc}'；用 $(V_{load}^c + A_p\overline{V}_p^c)$ 代替外荷载作用下的设计剪力 V_{load}^c，由柱斜截面受剪承载力计算公式即可求得柱中箍筋用量。

5.7.2   单层多跨预应力混凝土框架二

某高层综合楼，第 1～13 层采用跨度为 21.5m 的预应力混凝土框架结构。各层层高均为 4.2m，预应力混凝土梁截面尺寸为 500mm×1200mm，框架柱截面尺寸为 1500mm×2500mm，梁、柱混凝土设计强度等级均取为 C40，各层框架梁均配置了 24ϕ^{S}15 钢绞线。

若各层框架梁中所配置的预应力筋筋量及张拉引起的等效荷载均相同，则可根据式（5-41）计算确定"逐层浇筑、逐层张拉"的各层框架梁侧向约束影响系数（表 5-1），从而为框架结构的初步设计创造条件。

表 5-1　各层梁侧向约束影响系数的计算结果

层号	1	2	3	4	5	6	7	8	9	10	11	12	13
η	0.54	0.801	0.914	0.958	0.972	0.97	0.958	0.937	0.9	0.842	0.75	0.603	0.37

对于采用"逐层浇筑、逐层张拉"的多层预应力混凝土规则框架结构，侧向约束对底层大梁及顶层大梁影响较大，对中间层影响则较小。其原因是张拉相邻层时对本层大梁的预加力的恢复贡献较大，而对非相邻层贡献较小。

5.8　侧向约束的其他考虑方法

通过对有侧向约束预应力混凝土结构进行分析，还可通过重新定义次弯矩、位移荷载考虑侧向约束影响。

5.8.1　通过重新定义次弯矩考虑侧向约束影响

对于有侧向约束的预应力混凝土结构，其水平预应力构件由张拉引起的预加力为 $N_p = (\eta\sigma_{con} - \sigma_1)A_p$，令重新定义的主弯矩为 N_p 与其截面形心轴的偏心距 e 的乘积，即 $M_1 = N_p e$，综合弯矩 M_p 仍为张拉引起的等效荷载作用下的结构的弯矩，则重新定义的次弯矩为 $M_{sec} = M_p - M_1$。因而，结合图 5-15 可得通过重新定义次弯矩考虑侧向约束影响的有粘结单筋矩形截面梁正截面承载力的计算公式为

$$\begin{cases} M_{load} + M_{sec} = f_y A_s \left(h_{0s} - \dfrac{x}{2} \right) + A_p [f_{py} - (1-\eta)\sigma_{con}] \left(h_{0p} - \dfrac{x}{2} \right) \\ \alpha_1 f_c b x = f_y A_s + A_p [f_{py} - (1-\eta)\sigma_{con}] \end{cases} \qquad (5\text{-}42)$$

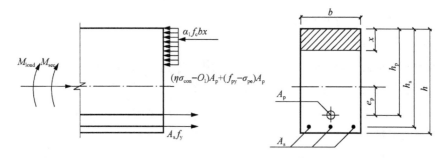

图 5-15　通过重新定义次弯矩考虑侧向约束影响的有粘结单筋矩形截面梁正截面承载力计算简图

5.8.2　通过位移荷载考虑侧向约束影响

单层结构或多层结构的顶层需考虑侧向约束影响时，张拉引起的次弯矩可认为由两部分组成：一部分是由常规方法计算确定的次弯矩，另一部分是梁（板）轴向压缩变形这一位移荷载引起的次弯矩。合理计算确定次弯矩后可按式（5-42）正确计算考虑侧向约束影响的预应力梁（板）的正截面承载力。

第6章 超静定预应力混凝土结构塑性设计

6.1 引 言

预应力混凝土结构塑性计算理论与设计方法是理论界和工程界十分关注的问题之一。国内外不少专家学者对这一问题开展了研究工作，积累了十分宝贵的试验数据，并提出了有关塑性设计的建议和方法。本章总结了国内外超静定预应力混凝土结构塑性设计的有关研究文献，提出了对这一领域开展系统研究的思路和方法。

6.1.1 国外的研究现状

1. 美国规范 ACI 318

该规范明确规定，用于计算超静定预应力混凝土结构控制截面的弯矩设计值，应为外荷载弯矩设计值 M_{load} 与张拉引起的次弯矩 M_{sec} 之和 $(M_{\text{load}} + M_{\text{sec}})$，若按塑性方法进行设计，须对支座 $(M_{\text{load}} + M_{\text{sec}})$ 进行调幅，即按式（6-1）计算。

$$M = (1-\beta)(M_{\text{load}} + M_{\text{sec}}) \tag{6-1}$$

式中：M ——支座控制截面处弯矩设计值；

M_{load} ——支座控制截面处荷载弯矩设计值；

M_{sec} ——支座控制截面处由张拉引起的次弯矩，当其与弯矩 M_{load} 的方向相反时，应取负值；

β ——弯矩调幅系数。

计算 M_{load} 时应考虑荷载分项系数，其中分别取恒载分项系数 $\gamma_{\text{D}} = 1.4$、活载分项系数 $\gamma_{\text{L}} = 1.7$ 和预加力分项系数 $\gamma_{\text{p}} = 1.0$。

该规范对超静定预应力混凝土结构的支座弯矩调幅做出了限制，可用下式表示：

$$\beta \leqslant 20\left[1 - \frac{\varpi_{\text{p}} + \dfrac{d}{d_{\text{p}}}(\varpi - \varpi')}{0.36\beta_1}\right] \tag{6-2}$$

式中：d ——截面有效高度；

d_{p} ——拉区预应力筋合力作用点到压区混凝土边缘的距离；

ϖ_{p} ——预应力筋配筋指标，$\varpi_{\text{p}} = \dfrac{A_{\text{p}} f_{\text{py}}}{b d_{\text{p}} f_{\text{c}}'} = \dfrac{\rho_{\text{p}} f_{\text{py}}}{f_{\text{c}}'}$；

ϖ ——拉区非预应力筋配筋指标，$\varpi = \dfrac{A_{\text{s}} f_{\text{y}}}{b d f_{\text{c}}'} = \dfrac{\rho f_{\text{y}}}{f_{\text{c}}'}$；

ϖ' ——压区非预应力筋配筋指标，$\varpi' = \dfrac{A_{\text{s}} f_{\text{y}}'}{b d f_{\text{c}}'} = \dfrac{\rho' f_{\text{y}}'}{f_{\text{c}}'}$；

β_1——等效矩形应力块系数,当 $f_c < 30\text{MPa}$, $\beta_1 = 0.85$ 时,每超出 1MPa 减少 0.08,但不低于 0.65。

当式（6-1）满足下面两个条件才允许对支座负弯矩进行弯矩调幅计算。

首先,支座处须设置普通钢筋,且普通钢筋的最小截面积应按下式计算:

$$A_s = 0.004A_{te}$$

式中: A_{te}——弯曲受拉边缘至毛截面形心轴所围成的面积。

其次,截面设计应满足: ϖ_p、$\varpi_p + \dfrac{d}{d_p}(\varpi - \varpi')$ 均不大于 $0.24\beta_1$。

通过换算,式（6-2）可采用我们习惯的混凝土相对受压区高度 ξ 来表达:

$$\beta \le 0.2(1 - 2.36\xi) \tag{6-3}$$

且 $\xi \le 0.282$ 才允许对支座负弯矩进行弯矩调幅计算。

值得注意的是,美国规范 ACI 318-89 的弯矩调幅公式为

$$M = (1 - \beta)M_{\text{load}} + M_{\text{sec}} \tag{6-4}$$

式（6-4）中的 β 与式（6-1）中的 β 完全一致。但式（6-4）在计算截面的设计弯矩时,仅对直接弯矩进行调幅,而未对张拉引起的次弯矩 M_{sec} 进行调幅。

2. CEB-FIP 模式规范 MC90

该规范将后张法预应力筋等效为 A 级钢筋的类型,要求 $(f_t / f_y)_k \ge 1.08$ 且 $\varepsilon_{uk} \ge 5\%$,将先张法预应力筋等效为 B 级钢筋的类型,要求 $(f_t / f_y)_k \ge 1.05$ 且 $\varepsilon_{uk} \ge 2.5\%$,其中 $(f_t / f_y)_k$ 代表 (f_t / f_y) 的特征值, f_t 为钢筋的抗拉强度, f_y 为钢筋的屈服应力, ε_{uk} 为最大荷载下的特征伸长率。

若按塑性方法进行设计,须按下式对支座 $(M_{\text{load}} + M_{\text{sec}})$ 进行调幅,即

$$M = (1 - \beta)(M_{\text{load}} + M_{\text{sec}}) \tag{6-5}$$

1）对 A 级钢筋（适用于后张法构件）:

混凝土强度等级在 C15～C45 范围内时,有

$$\beta \le 0.56 - 1.25\xi \le 0.25 \tag{6-6}$$

且 $\xi \le 0.45$。

混凝土强度等级在 C50～C70 范围内时,有

$$\beta \le 0.44 - 1.25\xi \le 0.25 \tag{6-7}$$

且 $\xi \le 0.35$。

2）对 B 级钢筋,混凝土强度等级在 C15～C70 范围内时,有

$$\beta \le 0.25 - 1.25\xi \le 0.1 \tag{6-8}$$

且 $\xi \le 0.25$。

3. 英国混凝土结构规范 BS 8100: 1989 及澳大利亚混凝土结构设计规范 AS 3600: 1988

英国规范 BS 8100: 1989 对超静定预应力混凝土结构弯矩调幅计算做出了规定,在承载能力极限状态下可对采用弹性分析法得出的弯矩进行内力重分布,但在荷载的每一适

当组合下，内力和外荷载之间应保持平衡；在负弯矩和正弯矩的每个区段内，对从弹性最大弯矩图（覆盖设计极限荷载所有的适当组合）导出的最大弯矩所做的减少，不超过 20%，且调幅系数应满足 $\beta \leqslant 0.5 - \xi$。

英国规范 BS 8100: 1989 认为，对正常使用极限状态下要求截面受拉边为零应力（一级）或无可见裂缝的弯曲拉应力（二级）控制时，可不考虑弯矩重分布。

英国规范 BS 8100: 1989 及澳大利亚规范 AS 3600: 1988 均认为若按塑性方法进行设计，须按下式对支座 $(M_{load} + M_{sec})$ 进行调幅。

$$M = (1 - \beta)(M_{load} + M_{sec}) \tag{6-9}$$

澳大利亚规范 AS 3600: 1988 认为支座弯矩调幅系数 β 据支座截面延性的不同，β 值在 0～0.3 范围内变化。

4. 对国外规范的认识

美国 ACI 328-89 只对 M_{load} 进行调幅，认为 M_{sec} 在整个工作阶段没有变化，而事实上，随着塑性发展的深入，次弯矩在逐渐减小。ACI 318-95 对预应力效应认识有了一定变化。美国 ACI 318-95、CEB-FIP 模式 MC90、英国 BS 8100: 1989、澳大利亚 AS 3600: 1988 等规范在超静定预应力混凝土结构弯矩调幅的形式方面与我们的认识是一致的；但在弯矩调幅系数 β 计算公式中，仅考虑了相对受压区高度 ξ 的影响，未考虑预应力筋有效预应力水平、预应力筋与非预应力筋匹配关系等关键参数的影响，且弯矩调幅系数 β 的计算公式尚不连续。

6.1.2　国内有关研究

1. 哈尔滨建筑大学

哈尔滨建筑大学（现并入哈尔滨工业大学）卫纪德认为若按塑性方法进行设计，支座控制截面的弯矩设计值按下式计算：

$$M = (1 - \beta)M_{load} + M_{sec} \tag{6-10}$$

弯矩调幅系数 β 按下式计算：

$$\beta = \begin{cases} 0.30 & \xi \leqslant 0.15 \\ 0.4875 - 1.25\xi & 0.15 < \xi < 0.35 \\ 0.05 & \xi \geqslant 0.35 \end{cases} \tag{6-11}$$

2. 东南大学

东南大学陆惠民和吕志涛等[33]认为若按塑性方法进行设计，支座控制截面的弯矩设计值可按下式计算：

$$M = (1 - \beta)M_{load} + M_{sec} \tag{6-12}$$

弯矩调幅系数 β 按下式取用：

$$\beta \leqslant [\beta] = \begin{cases} 1.5\xi - 0.1 & 0.1 \leqslant \xi < 0.2 \\ 0.20 & 0.2 \leqslant \xi < 0.25 \\ 0.45 - \xi & 0.25 \leqslant \xi < 0.41 \end{cases} \tag{6-13}$$

式中：$[\beta]$ 为 β 的限值。

3. 中国建筑科学研究院

中国建筑科学研究院白生翔[34]认为若按塑性方法进行设计，支座控制截面的弯矩设计值可按下式计算：

$$M = (0.65 + \xi)M_{load} + 5(\xi - 0.15)M_{sec} \tag{6-14}$$

当 $\xi > 0.35$ 时，取 $\xi = 0.35$；当 $\xi < 0.15$ 时，取 $\xi = 0.15$。

4. 重庆建筑大学

重庆建筑大学（现并入重庆大学）简斌等[35]认为若按塑性方法进行设计，支座控制截面的弯矩设计值可按下式计算：

$$\begin{cases} M = 0.75M_{load} & \xi < 0.2 \\ M = (1 - \beta)M_{load} & 0.2 \leqslant \xi \leqslant 0.4 \end{cases} \tag{6-15}$$

式中：　β —— 支座弯矩调幅系数，$\beta = k_c k_\lambda \left[(0.5 - 1.25\xi) - 5(\xi - 0.2)M_{sec}/M_{load} \right]$，

　　　　　　$\beta \leqslant 25\%$，且当 $|M_{sec}/M_{load}| > 0.2$ 时，β 取为 0.2；

　　　　ξ —— 支座控制截面混凝土相对受压区高度，$\xi < \xi_b$，且不宜大于 0.4；

　　　　k_c —— 张拉控制应力影响系数，$k_c = \sigma_{con}/f_{ptk} + 0.3$，且 $k_c \leqslant 1$；

　　　　k_λ —— 预应力度影响系数，$k_\lambda = \lambda + 0.3$，且 $k_\lambda \leqslant 1$。

考虑到实际工程中可能存在诸多不确定因素，以及为使用方便起见，重庆建筑大学建议将式（6-15）进行简化，并按下式计算支座控制截面弯矩设计值：

$$\begin{cases} M = 0.8M_{load} & \xi < 0.2 \\ M = (1 - \beta)M_{load} & 0.2 \leqslant \xi \leqslant 0.4 \end{cases} \tag{6-16}$$

式中：　$\beta = (0.4 - \xi) - 5(\xi - 0.2)M_{sec}/M_{load}$，当 $|M_{sec}/M_{load}| > 0.15$ 时，β 取 0.15。

5.《混凝土结构设计规范（2015 年版）》（GB 50010—2010）

对允许出现裂缝的后张法有粘结预应力混凝土框架梁及连续梁，在重力荷载作用下按承载能力极限状态计算时，可考虑内力重分布，并应满足正常使用极限状态验算要求。当截面相对受压区高度 ξ 不小于 0.1 且不大于 0.3 时，其任一跨内的支座截面最大负弯矩设计值可按下列公式确定：

$$\begin{cases} M = (1 - \beta)(M_{GQ} + M_2) \\ \beta = 0.2(1 - 2.5\xi) \end{cases} \tag{6-17}$$

且调幅幅度不宜超过重力荷载下弯矩设计值的 20%。

式中：　M —— 支座控制截面弯矩设计值；

　　　　M_{GQ} —— 控制截面按弹性分析计算的重力荷载弯矩设计值；

ξ ——截面相对受压区高度；

β ——弯矩调幅系数。

6. 对国内研究成果的认识

东南大学、哈尔滨建筑大学支座控制截面的塑性弯矩设计值计算公式的形式相同，与美国规范 ACI 318-89 的表达形式也是相同的。计算弯矩调幅系数 β 时，考虑了混凝土相对受压区高度 ξ 的影响，尚未考虑预应力筋有效预应力水平及预应力筋与非预应力筋匹配关系等关键参数的影响，两校 β 值的计算结果相差也较大。按式（6-13）计算，当 $0.1 \leqslant \xi < 0.2$ 时，相对受压区高度 ξ 越小，调幅系数 β 值越小，与试验结果不一致。

重庆建筑大学、中国建筑科学研究院和《混凝土结构设计规范（2015 年版）》（GB 50010—2010）[1]关于支座控制截面塑性弯矩设计值的计算思想是一致的，重庆建筑大学的研究成果经换算也可得出与式（6-14）和式（6-17）相类似的表达式。重庆建筑大学还意识到应考虑预应力度和张拉控制应力的大小对弯矩调幅的影响，并将其研究成果反映在式（6-15）中。

需要指出的是，在预应力超静定结构中，以支座截面为例，M_{load}、M_{sec} 和弯矩可调幅度长期以来被认为是三个交叉影响的因素，而且支座、跨中截面相关因素还相互影响，这是导致国内外学者提出的调幅后弯矩计算方法不同的主要原因。尽管调幅后弯矩计算方法不同，但他们在这一领域所做出的贡献是公认的。

6.1.3　研究思路

因为我们将张拉引起的等效荷载作为外荷载来对待，所以建议以外荷载弯矩设计值 M_{load} 与张拉引起的次弯矩 M_{sec} 之和（$M_{\text{load}} + M_{\text{sec}}$）为调幅对象。即使混凝土相对受压区高度 ξ 相同，而预应力筋有效预应力水平及预应力筋与非预应力筋的匹配关系不同时，其塑性转角 θ_{p} 不相同，弯矩调幅大小也就不相同。因此建议综合考虑预应力筋有效预应力水平、混凝土相对受压区高度 ξ、预应力筋与非预应力筋匹配关系等关键参数对弯矩调幅系数的影响。鉴于此，本章认为应开展如下工作。

1）综合考虑预应力筋有效预应力水平、混凝土相对受压区高度、预应力筋与非预应力筋匹配关系等关键参数的影响，建立极限曲率 φ_{u} 的计算公式。

2）以截面受拉区非预应力筋屈服时的曲率为名义屈服曲率 φ_{y}，综合考虑预应力筋有效预应力水平、混凝土相对受压区高度、预应力筋与非预应力筋匹配关系等关键参数的影响，建立名义屈服曲率 φ_{y} 的计算公式。

3）根据钢筋混凝土及预应力混凝土结构塑性铰等效长度 l_{p} 的研究成果，计算截面塑性转角 $\theta_{\text{p}} = (\varphi_{\text{u}} - \varphi_{\text{y}}) l_{\text{p}}$。

4）应用国内外钢筋混凝土及预应力混凝土超静定结构塑性研究的有关试验数据，建立以相对塑性转角 θ_{p} / h_0 为自变量、以外荷载弯矩设计值 M_{load} 与张拉引起的次弯矩 M_{sec} 之和（$M_{\text{load}} + M_{\text{sec}}$）为调幅对象的弯矩调幅系数 β 的函数表达式，从而使超静定预应力混凝土结构的塑性设计理论趋于合理。

5）根据按经典方法建立的承载力计算公式与 5.3 节中提出的统一方法承载力计算公

式等价的原则，推导了以外荷载弯矩设计值 M_{load} 与张拉引起的等效荷载作用下的弯矩 M_{p} 之和 $(M_{\text{load}}+M_{\text{p}})$ 为调幅对象的弯矩调幅系数 $\overline{\beta}$ 的计算公式，从而将预应力混凝土结构设计统一理论发展到塑性设计新阶段。

6）提出超静定预应力混凝土结构的塑性设计建议。

6.2　无粘结预应力混凝土连续梁板的塑性设计初探

以预应力混凝土结构设计统一理论框架为基础，认为研究超静定预应力混凝土结构的弯矩调幅对象为 $(M_{\text{load}}^{\text{中}}+M_{\text{p}}^{\text{中}})$ ；针对无粘结预应力工艺的固有特性，认为无粘结预应力筋在正常使用极限状态和承载力极限状态的应力取值差别是不大的，从而提出了对普通混凝土连续次梁支座弯矩的调幅系数和连续板支座弯矩的调幅系数在无粘结预应力混凝土连续次梁和连续板的经典计算方法中仍然适用的观点；最后根据按经典方法建立的调幅后的承载力计算公式与作者创立的统一理论承载力计算公式等价的原则，推导了针对 $(M_{\text{load}}^{\text{中}}+M_{\text{p}}^{\text{中}})$ 的调幅系数表达式，为设计预应力混凝土肋梁楼盖提供了依据。

6.2.1　弯矩调幅思路

如 6.1 节所述，超静定预应力混凝土结构塑性设计一直是理论界和工程界十分关注又有较大争议的课题，由于研究人员在承载力计算方面一直认为预应力为内力，预应力筋为材料，弯矩调幅对象仅限于外荷载设计弯矩 $M_{\text{load}}^{\text{中}}$ 和次弯矩 $M_{\text{次}}^{\text{支}}$ ，将对 $M_{\text{load}}^{\text{支}}$ 的调幅和张拉引起的次内力 $M_{\text{次}}$ 在承载力极限状态下的合理取值的研究人为地割裂起来，这样对预应力本质认识不清，是长期以来使超静定预应力混凝土结构塑性设计处于徘徊局面的重要原因。通过深入分析国内外现代预应力混凝土结构的发展现状，认为应将预应力筋的工作分为两个阶段：第一阶段是由张拉到预应力筋有效预应力 σ_{pe} 的建立，这一阶段将张拉引起的端部预加力及结间等效荷载作为外荷载来对待，在这一阶段，预应力筋是能动的作用者；第二阶段是当预应力被动地提供抗力过程结束之后，将预应力筋中高于有效预应力 σ_{pe} 的富余强度作为材料来对待。本着这一总体思路，超静定预应力混凝土结构的弯矩调幅对象应为 $M_{\text{load}}^{\text{支}}$ 与预应力端部预加力及结间等效荷载引起的弯矩 $M_{\text{p}}^{\text{支}}$ 之和，即 $(M_{\text{load}}^{\text{支}}+M_{\text{p}}^{\text{支}})$ 。由于认为无粘结预应力筋在正常使用极限状态和承载力极限状态的应力取值差别不大，且基本为相应控制截面预应力筋有效预应力 σ_{pe} ，因此可认为在满足 $\xi\leqslant0.35$ 时，对普通混凝土连续次梁支座弯矩的调幅系数 30% 和连续板支座弯矩的调幅系数 35% 在无粘结预应力混凝土连续次梁和连续板的经典计算方法（调幅对象为 $M_{\text{load}}^{\text{支}}+M_{\text{次}}^{\text{支}}$ ）仍然适用。最后，根据按经典方法建立的承载力计算公式与作者创立的统一理论承载力计算公式等价的原则，推导了针对 $(M_{\text{load}}^{\text{支}}+M_{\text{p}}^{\text{支}})$ 的调幅系数表达式。

6.2.2　预应力筋线型的选择

根据预应力筋的布置原则，两跨预应力混凝土连续梁（板）中预应力筋线型通常按图 6-1 所示方法确定。

$$f_1 = \frac{(Y_C - a_{p1})l_1}{l_1 + l_2}, \quad f_2 = \frac{(h - a_{p1})l_2}{l_1 + l_2}, \quad f_3 = \frac{(h - a_{p1} - a_{p2})l_3}{l_3 + l_4}, \quad f_4 = \frac{(h - a_{p1} - a_{p2})l_4}{l_3 + l_4}$$

式中：$l_1 = \alpha l$；$l_2 = l/2 - \alpha l$，α 一般取 0.1～0.2；$l_3 = l_2$；$l_4 = l_1$。

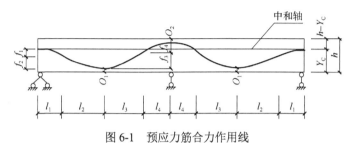

图 6-1　预应力筋合力作用线

6.2.3　预应力筋用量的确定

对于预应力筋用量的确定，首先可求得张拉单位面积预应力筋引起的端部预加力、结间等效荷载及在其作用下的内力，然后通过裂缝控制方程计算确定预应力筋用量 A_p，具体步骤如下。

张拉单位面积预应力筋引起的等效荷载如图 6-2 所示。

$$\bar{q}_1^* = \frac{8 \times \dfrac{\sigma_{pe}^1 + \sigma_{pe}^1 + \sigma_{pe}^2}{3} f_1}{(2l_1)^2} \qquad \bar{q}_2^* = \frac{8 \times \dfrac{\sigma_{pe}^1 + \sigma_{pe}^1 + \sigma_{pe}^2}{3} f_2}{(2l_2)^2}$$

$$\bar{q}_3^* = \frac{8 \times \dfrac{\sigma_{pe}^1 + \sigma_{pe}^1 + \sigma_{pe}^2}{3} f_3}{(2l_3)^2} \qquad \bar{q}_4^* = \frac{8 \times \dfrac{\sigma_{pe}^1 + \sigma_{pe}^1 + \sigma_{pe}^2}{3} f_4}{(2l_4)^2}$$

式中：σ_{pe}——预应力筋有效预应力。

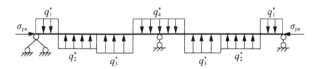

图 6-2　张拉单位面积预应力筋引起的等效荷载

张拉单位面积预应力筋引起的端部预加力及结间等效荷载作用下的支座内力为

$$\bar{M}_p^{支} = \bar{q}_2^* c_2 b_2 + \frac{\bar{q}_2^* c_2 (4b_2^3 - 12b_2^2 l - a_2 c^2)}{l^2} + \bar{q}_3^* c_3 b_3 + \frac{\bar{q}_3^* c_3 (4b_3^3 - 12b_3^2 l - a_3 c^2)}{l^2}$$
$$- \frac{1}{8} \bar{q}_1^* a_1^2 \left(2 - \frac{a_1^2}{l^2}\right) - \frac{1}{8} \bar{q}_4^* b_4^2 \left(2 - \frac{b_4^2}{l^2}\right)$$

张拉单位面积预应力筋引起的端部预加力及结间等效荷载作用下的跨中控制截面弯矩为

$$\bar{M}_p^{中} = \bar{q}_2^* c_2 \left[0.375 b_2 - \frac{(0.375 l - d_2)^2}{2 c_2}\right] + 0.375 \bar{q}_3^* c_3 b_3 - 0.3125 \bar{q}_1^* a_1 - 0.1875 \bar{q}_4^* b_4 - 0.375 \bar{M}_p^{支}$$

式中：$a_1 = \alpha l$，$b_1 = l - \alpha l$；

$a_2 = \alpha l / 2 + l / 4$，$b_2 = 3l / 4 - \alpha l / 2$，$c_2 = l / 2 - \alpha l$，$d_2 = \alpha l$；

$a_3 = 3l / 4 - \alpha l / 2$，$c_3 = c_2$，$b_3 = \alpha l / 2 + l / 4$，$b_4 = \alpha l$。

对于跨中控制截面，在荷载效应标准组合下，满足一类使用环境条件的裂缝控制要求所需的预应力筋用量下限值为

$$A_{p1}^{中} = (M_S^{中} / W_{中} - 2.5 f_{tk}) / (\sigma_{pe}^{中} / A - \overline{M}_p^{中} / W_{中})$$

对于跨中控制截面，在荷载效应准永久组合下，满足一类使用环境条件的裂缝控制要求所需的预应力筋用量下限值为

$$A_{p2}^{中} = (M_1^{中} / W_{中} - 0.8 \gamma f_{tk}) / (\sigma_{pe}^{中} / A - \overline{M}_p^{中} / W_{中})$$

对于支座控制截面，在荷载短期效应组合下，满足轻度侵蚀环境裂缝控制要求所需的预应力筋用量下限值为

$$A_{p1}^{支} = (M_S^{支} / W_{支} - 2.0 f_{tk}) / (\sigma_{pe}^{支} / A - \overline{M}_p^{支} / W_{支})$$

对于支座控制截面，在荷载长期效应组合下，满足轻度侵蚀环境裂缝控制要求所需的预应力筋用量下限值为

$$A_{p2}^{支} = (M_1^{支} / W_{支} - 0.8 \gamma f_{tk}) / (\sigma_{pe}^{支} / A - \overline{M}_p^{支} / W_{支})$$

满足裂缝控制要求所需的预应力筋用量下限值为

$$A_p = \max(A_{p1}^{中}, A_{p2}^{中}, A_{p1}^{支}, A_{p2}^{支})$$

6.2.4 弯矩调幅系数的确定

因为无粘结预应力筋在正常使用极限状态和承载力极限状态的应力取值差别是不大的，且基本为相应控制截面预应力筋有效预应力 σ_{pe}，所以可认为，在满足 $\xi \leqslant 0.35$ 时，对普通混凝土连续次梁支座弯矩的调幅系数和连续板支座弯矩的调幅系数在无粘结预应力混凝土连续次梁和连续板的经典计算方法调幅对象为（$M_{load}^{支} + M_{次}^{支}$）仍然适用。根据按经典方法建立的调幅后的承载力计算公式与统一方法承载力计算公式等价的原则，推导了针对（$M_{load}^{支} + M_p^{支}$）的调幅系数表达式，从而使统一理论发展到塑性设计新阶段，即

$$(1 - \beta)(M_{load}^{支} + M_{次}^{支}) = f_y A_S (h_S - x / 2) + \sigma_{pe}^{支} A_p^{支} (h_p - x / 2) \tag{6-18}$$

$$(1 - \overline{\beta})(M_{load}^{支} + M_p^{支}) = f_y A_S (h_S - x / 2) + \sigma_{pe}^{支} A_p (h_p - x / 2) - \sigma_{pe}^{支} A_p e_p^{支} \tag{6-19}$$

按式（6-18）减去式（6-19），可得

$$\overline{\beta} = \beta (M_{load}^{支} + M_{次}^{支}) / (M_{load}^{支} + M_p^{支}) = \beta \left(1 + \frac{\sigma_{pe}^{支} A_p e_p^{支}}{M_{load}^{支} + M_p^{支}} \right) \tag{6-20}$$

由于预应力混凝土的特殊性，决定了预应力混凝土连续梁（板）的调幅系数 $\overline{\beta}$ 不同于普通钢筋混凝土的调幅系数 β，它不是一个定值，而是一些参量的函数，由式（6-20）不难看出 $\overline{\beta}$ 要较 β 大。

6.2.5 调幅后控制截面内力取值及 A_s 确定

经计算分析，调幅后，跨中控制截面距边支座距离 x 为

$$x = \left[1/2(g+q)l + (1-\overline{\beta})(\overline{M}_p^{\text{支}} A_p - M_{\text{load}}^{\text{支}})/l - q_1^* a_1^2/(2l) - q_2^* c_2(b_2/l + d_2/c_2) \right.$$
$$\left. - q_3 c_3 b_3/l + q_4^* b_4/(2l) \right]/(g+q-q_2^*)$$

调幅后，跨中控制截面外荷载作用下内力取值为

$$M_{\text{load}}^{\text{支}} = 1/[8(1-\overline{\beta})(G+Q)l^2]$$
$$M_{\text{load}}^{\text{中}} = 1/[2(G+Q)lx] - 1/[2(G+Q)x^2] - x M_{\text{load}}^{\text{支}}/l$$

调幅后，支座控制截面预应力等效荷载作用下内力取值为

$$M_p^{\text{支}} = (1-\overline{\beta})\overline{M}_p^{\text{支}} A_p$$

调幅后，跨中控制截面预应力等效荷载作用下内力取值为

$$M_p^{\text{中}} = \overline{q}_2^* c_2 \left[x b_2/l - \frac{(x-d_2)^2}{2c_2} \right] + \overline{q}_3^* c_3 b_3 x/l - \overline{q}_1^* a_1^2(l-x)/(2l)$$
$$- \overline{q}_4^* b_4^2 x/(2l) - x/l(1-\overline{\beta})M_p^{\text{支}}$$

式中：$q_1^* = \overline{q}_1^* A_p$，$q_2^* = \overline{q}_2^* A_p$，$q_3^* = \overline{q}_3^* A_p$，$q_4^* = \overline{q}_4^* A_p$。

计算后确定控制截面调幅后的内力，便可应用预应力混凝土结构设计统一理论中承载力计算方法计算确定非预应力筋用量。

6.2.6 设计计算实例

某工程采用预应力混凝土梁板楼盖体系，如图 6-3～图 6-5 所示。采用现浇预应力混凝土板，结构层以上的找平层，地面面层等按 1.1kN/m² 考虑，楼面活荷载为 3.5kN/m²，活荷载准永久值系数为 $\varphi_q=0.5$，试根据塑性理论按一类使用环境对 YL-1 进行设计计算。

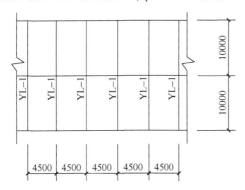

图 6-3 某工程楼盖预应力连续梁布置

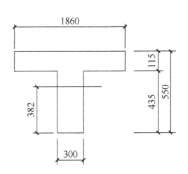

图 6-4 预应力梁截面形状及细部尺寸

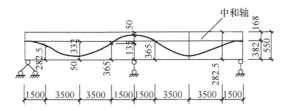

图 6-5 PC 连续梁预应力筋合力作用线

计算结果如下。

1）预应力筋用量 A_p=446mm^2，实配 A_p=556mm^2。

2）跨中非预应力筋用量 A_s=1120mm^2，按弹性方法计算则 A_s=824mm^2。

3）支座非预应力筋用量 A_s=873mm^2，按弹性方法计算则 A_s=2010mm^2。

比较弹性计算方法和塑性计算方法的结果不难看出：两种方法设计计算预应力筋用量是相同的，按塑性计算方法设计计算内支座控制截面非预应力筋用量仅为按弹性计算方法结果的 43.4%而按塑性计算方法设计计算跨中控制截面非预应力筋用量则有一定程度的增大。从总体来看，非预应力筋用量可以较大程度地节约，同时方便施工。

6.3　无粘结预应力混凝土连续梁塑性设计的曲率延性法

以往，国内外关于预应力混凝土结构考虑塑性内力重分布的设计方法主要是通过对有粘结预应力混凝土结构进行研究建立的，尚未专门针对无粘结预应力混凝土结构的塑性设计做出具体的规定。这使无粘结预应力混凝土连续梁的设计一直采用弹性设计方法。与普通钢筋混凝土和有粘结预应力混凝土相比，无粘结预应力混凝土连续结构塑性设计方法的研究明显处于"滞后"状态，这与房屋建筑中大量应用无粘结预应力混凝土连续梁、板结构的实际情况是不协调的，也是不合理的，因此建立合理的塑性设计方法是无粘结预应力混凝土结构发展的客观需要。

本节以两跨预应力混凝土连续梁为研究对象，以现有的模型试验数据和模拟试验数据为依据，着手对连续梁结构的塑性设计方法开展系统研究。

6.3.1　调幅对象的选取

预应力连续梁弯矩调幅对象的选取与预应力次弯矩密切相关，对次弯矩变化规律认识的不同导致了弯矩调幅对象的选取存在较大差异。目前，各国学者仅就结构处于使用阶段时次弯矩的认识达成了一致，即认为在使用阶段次弯矩保持不变，而当结构超出使用阶段时，关于次弯矩变化规律的认识却存在较大差异，有的学者认为次弯矩是变化的，有的学者认为次弯矩是不变的。正是这一分歧使预应力连续梁弯矩调幅对象的选取主要存在两种观点：一种是以外荷载弯矩为调幅对象，将次弯矩和连续梁塑性变形产生的内力重分布对弯矩调幅的贡献分别计算；另一种是以外荷载弯矩和次弯矩之和为调幅对象，即认为由连续梁塑性变形产生的内力重分布对外荷载弯矩和次弯矩的调幅作用是相等的。本节认为，之所以两种调幅对象的计算公式都可用于工程设计的原因如下：一是次弯矩量值一般不大，多不大于外荷载弯矩设计值的 10%；二是固定了次弯矩后，去探索只对外荷载弯矩的调幅幅度，对其调幅值的影响不会太大。

从如何能让设计人员更好地理解预应力连续梁弯矩调幅计算方法的本质和公式应用的实用性角度出发，可以认为以外荷载弯矩设计值 M_{load} 与张拉引起的次弯矩 M_{sec} 之和（$M_{load} + M_{sec}$）为调幅对象是比较合理的，这样不但与预应力连续梁弹性设计方法相协调，而且能更客观地反映连续梁塑性铰区的塑性转动能力与弯矩调幅能力之间的本质关系，即当连续梁的预应力度适中、预应力筋有效预应力水平正常，截面尺寸、材料及外荷载形式一定时，控制截面相对受压区高度 ξ 或综合配筋指标 β_0 为定值，据现有理论，可认为塑性铰的转角为定值，此时若连续梁跨中配筋合适，则连续梁的弯矩调幅能力也应该是一定的。

6.3.2　截面曲率延性系数

无粘结预应力混凝土连续梁能否完成预期的塑性内力重分布，获得所需要的弯矩调幅能力，主要取决于塑性铰区的转动能力，而塑性铰区的转动能力又取决于支座截面的曲率延性。因此，我们有必要对无粘结预应力混凝土连续梁截面曲率延性进行研究。

1．研究模型的选取

由于无粘结预应力混凝土连续梁自身的特殊性，无粘结预应力筋与其周边混凝土可以相对滑动，无粘结预应力筋的应变沿其全长近似均匀分布，因此在求解外荷载作用下无粘结预应力筋的应力增量时，不能像有粘结预应力构件那样应用平截面假定确定。无粘结筋应力值的变化对截面曲率会产生影响，只有确定了在相应荷载作用下无粘结筋的应力值，才能求得连续梁支座控制截面的曲率，进而确定无粘结预应力混凝土连续梁的弯矩可调幅度。

现有资料表明，对无粘结预应力混凝土连续梁中无粘结筋应力变化规律的研究较少，虽然有些文献给出了计算公式，但这些公式仅限于求解无粘结筋的极限应力，非预应力钢筋屈服时刻所对应的无粘结筋应力尚无计算公式确定，并且据这些无粘结筋极限应力计算公式求得的应力值大多数是偏于保守的下限值，将该值用于计算极限截面曲率时是不合理的。

为了求解无粘结部分预应力混凝土连续梁内支座截面的曲率延性，本节决定选用跨度与两跨连续梁内支座两跨反弯点间距离相等、截面尺寸相同、材料品种相同、预应力筋及非预应力筋配筋量相同的简支梁为研究对象，用其在集中荷载作用下跨中截面的曲率延性代替连续梁内支座截面的曲率延性：一方面，能反映内支座两侧反弯点之间区段梁的受力性能；另一方面，据此模型计算得到的各阶段无粘结筋的应力水平尽管与连续梁中无粘结筋应力大小存在差异，但由于简支梁模型中无粘结筋应力增量要略大于连续梁中无粘结筋应力增量，极限曲率和曲率延性系数计算值略小，用于塑性设计略偏于安全。截面曲率延性研究模型如图 6-6 所示。

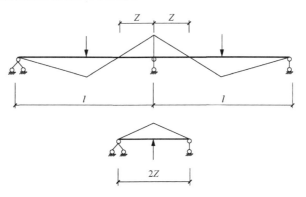

图 6-6　截面曲率延性研究模型

在选取上述模型的基础上，我们应用 ANSYS 程序对无粘结预应力混凝土梁进行了非线性有限元分析，以确定各主要因素对截面曲率延性的影响，并建立截面曲率延性系数计算公式。

2. 非线性有限元分析的试验验证

为验证采用 ANSYS 程序对无粘结预应力混凝土简支梁进行非线性有限元分析的可行性和正确性，对中国建筑科学研究院所制作的 12 根梁进行了分析。试验梁的主要参数如图 6-7 和表 6-1 所示。表 6-2 列出了非预应力钢筋屈服和压区混凝土边缘应变为 0.0033 时无粘结筋应力和梁跨中挠度的计算值与实测值。由表 6-2 可以看出，计算值与实测值吻合较好，这说明按前述方法应用 ANSYS 程序对无粘结预应力混凝土简支梁进行非线性有限元分析是可行的，且模拟试验结果具有较高的精度。

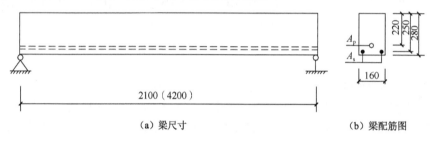

（a）梁尺寸　　　　　　　　　　　　（b）梁配筋图

图 6-7　试验梁尺寸及配筋示意图

表 6-1　试验梁主要参数

编号	梁号*	$b \times h$	$\dfrac{l}{h_p}$	f_c' / (N/mm²)	A_p / mm²	A_s / mm²	σ_{pe} / (N/mm²)	f_y / (N/mm²)	β_0
1	10m1	160mm×280mm	9.5	47.6	58.8	157	951	420	0.087
2	10m2	160mm×280mm	9.5	51	98	236	950	420	0.127
3	10m3	160mm×280mm	9.5	51	137.2	509	933	460	0.24
4	20m1	160mm×280mm	19	47.6	58.8	157	915	420	0.086
5	20m2	160mm×280mm	19	47.6	98	236	895	420	0.133
6	20m3	160mm×280mm	19	47.6	137.2	509	958	460	0.26
7	10t1	160mm×280mm	9.5	44.2	58.8	157	1019	420	0.097
8	10t2	160mm×280mm	9.5	44.2	98	236	933	420	0.146
9	10t3	160mm×280mm	9.5	44.2	137.2	509	928	460	0.277
10	20t1	160mm×280mm	19	44.2	58.8	157	951	420	0.094
11	20t2	160mm×280mm	19	45.1	98	236	982	420	0.147
12	20t3	160mm×280mm	19	47.6	137.2	509	911	460	0.256

* 10 系列代表梁跨度为 2100mm，20 系列代表梁跨度为 4200mm；m 系列为跨中集中加载，t 系列为三分点集中加载。

表 6-2　计算值与实测值的比较

梁号	非预应力钢筋屈服时						压区混凝土边缘应变为 0.0033 时					
	σ_{py} / (N/mm^2)			Δ_y /mm			σ_{pu} / (N/mm^2)			Δ_u /mm		
	(1) 实测	(2) 计算	$\frac{(2)}{(1)}$	(1) 实测	(2) 计算	$\frac{(2)}{(1)}$	(1) 实测	(2) 计算	$\frac{(2)}{(1)}$	(1) 实测	(2) 计算	$\frac{(2)}{(1)}$
10m1	1021	1031	0.9903	4	3.9	1.0256	1504	1461	1.0294	28.8	29.5	0.9763
10m2	1039	1035	1.0039	5	4.4	1.1364	1447	1452	0.9966	27.9	27.74	1.0058
10m3	1055	1043	1.0115	7.4	6	1.2333	1232	1226	1.0049	15.5	16	0.9688
20m1	987	996	0.9910	11.4	12.7	0.8976	1437	1435	1.0014	102.3	106.4	0.9615
20m2	977	975	1.0021	13.4	13.1	1.0229	1328	1358	0.9779	75.1	75.3	0.9973
20m3	1086	1077	1.0084	20.9	21	0.9952	1196	1177	1.0161	39	38.52	1.0125
10t1	1135	1147	0.9895	4.2	5.53	0.7595	1551	1554	0.9981	34.3	38.55	0.8898
10t2	1078	1069	1.0084	5.2	6.14	0.8469	1470	1499	0.9807	24.7	25.86	0.9551
10t3	1077	1093	0.9854	7.5	8.19	0.9158	1222	1206	1.0133	15.8	14.06	1.1238
20t1	1076	1061	1.0141	17.6	19.28	0.9129	1516	1536	0.9870	114.2	107	1.0673
20t2	1102	1114	0.9892	20.6	23.78	0.8663	1484	1499	0.9900	95.7	93.38	1.0248
20t3	1062	1055	1.0066	30	28.82	1.0409	—	1300	—	67	76.25	0.8787
平均值 $\bar{x}$	1			0.971			0.999			0.988		
标准差 σ	0.00912			0.10462			0.01223			0.05011		

注：σ_{py} 为非预应力筋屈服时刻的无粘结筋应力；Δ_y 为非预应力筋屈服时刻梁跨中的挠度；σ_{pu} 为极限状态时无粘结筋的应力；Δ_u 为极限状态时梁跨中的挠度。

3. 模拟试验梁设计及计算结果分析

（1）主要参数选取

对普通钢筋混凝土连续梁和有粘结预应力混凝土连续梁的研究表明，尽管影响梁截面曲率延性的因素较多，但当预应力筋和有效预应力水平选择合适时，各因素对连续梁截面延性的共同影响可集中体现在截面的综合配筋指标 β_0 或相对受压区高度 ξ 上。这里我们采用截面综合配筋指标 β_0 作为衡量连续梁截面曲率延性的主要指标，这样指标选择可实现与无粘结筋极限应力计算相协调。无粘结预应力梁的截面综合配筋指标可按式（6-21）计算：

$$\beta_0 = \frac{\sigma_{pe} A_p + A_s f_y - A'_s f'_s}{f_c b h_p} \tag{6-21}$$

式中：A_p、A_s、A'_s——截面预应力筋、非预应力受拉钢筋和非预应力受压钢筋的面积；

σ_{pe}、f_y、f'_s——预应力筋的有效预应力、受拉非预应力筋的屈服应力和截面在极限弯矩作用下受压非预应力筋的应力值；

f_c——混凝土轴心抗压强度；

b——梁截面宽度；

h_p——预应力筋合力作用点到截面混凝土受压区边缘的距离。

因为截面的综合配筋指标 β_0 一定时，不同的预应力度、预应力水平、混凝土强度等级和非预应力钢筋的级别等因素对截面曲率延性也存在一定影响，所以对预应力度等各次要因素也一并进行研究。

（2）模拟试验梁的设计

1）跨高比及截面尺寸。无粘结预应力混凝土连续梁一般以承受均布荷载、跨中集中荷载或三分点集中荷载为主，在梁加载至机构破坏的过程中，连续梁支座截面两侧反弯点的位置是在不断变化的，反弯点的位置主要与连续梁所承受的荷载形式及荷载作用点的位置等因素有关。为计算方便，可近似根据调幅后的弯矩分布图来确定反弯点的位置。以两等跨连续梁为例，在均布荷载、跨中集中荷载的作用下，若假定次弯矩为支座控制截面极限弯矩的10%，弯矩调幅系数为20%，则连续梁在形成机构破坏时对应的反弯点至支座截面的距离 Z 分别为 $0.32l$、$0.22l$，我们取 $Z=0.24l$。若连续梁的跨高比 $l/h_p=20$，则 $Z/h_p=4.8$，因此，我们取跨高比 $l/h_p=9.5$ 的简支梁为研究对象，据此计算得出的无粘结筋极限应力增量一般大于连续梁的实际应力增量，截面曲率延性略小于截面的实际延性，这种处理方法是略偏于保守的。当简支梁承受跨中集中荷载时，无粘结筋的应力增量仅与截面的综合配筋指标和梁跨高比有关，为使模拟计算结果更为准确，截面尺寸与前述中国建筑科学研究院的试验梁取同。

2）材料。混凝土强度等级以 C40 为主，弹性模量 $E_c=3.25\times10^4\,\text{N/mm}^2$，非预应力筋采用 HRB335、HRB400 两种，弹性模量 $E_s=2.0\times10^5\,\text{N/mm}^2$，屈服强度取实测平均值分别为 $f_y=420\text{N/mm}^2$、$f_y=483\text{N/mm}^2$。预应力筋采用直径为 5mm 的高强钢丝，其条件屈服强度 $f_{0.2}=1540\,\text{N/mm}^2$、极限抗拉强度 1738N/mm^2、弹性模量 $E_s=2.0\times10^5\text{N/mm}^2$。

（3）模拟梁计算结果及分析

1）预应力度对截面延性的影响。在综合配筋指标 β_0、预应力水平等条件相同时，预应力度分为 $0.4\sim0.7$ 共 4 种情况进行研究，模拟梁参数如表 6-3 所示。

表 6-3 模拟梁参数表（预应力度不同）

梁号	f_c / (N/mm²)	A_s /mm²	A_p /mm²	σ_{pe} / (N/mm²)	f_y / (N/mm²)	β_0	λ_p
B10-1	33.4	84	87	950	420	0.1	0.7
B10-2	33.4	112	74	950	420	0.1	0.6
B10-3	33.4	140	62	950	420	0.1	0.5
B10-4	33.4	168	50	950	420	0.1	0.4
B15-1	33.4	126	130	950	420	0.15	0.7
B15-2	33.4	168	111	950	420	0.15	0.6
B15-3	33.4	210	93	950	420	0.15	0.5
B15-4	33.4	252	74	950	420	0.15	0.4
B20-1	33.4	168	173	950	420	0.2	0.7
B20-2	33.4	224	149	950	420	0.2	0.6
B20-3	33.4	280	124	950	420	0.2	0.5
B20-4	33.4	336	99	950	420	0.2	0.4
B25-1	33.4	210	217	950	420	0.25	0.7
B25-2	33.4	280	186	950	420	0.25	0.6
B25-3	33.4	350	155	950	420	0.25	0.5
B25-4	33.4	420	124	950	420	0.25	0.4
B30-1	33.4	252	260	950	420	0.3	0.7

续表

梁号	f_c / (N/mm²)	A_s /mm²	A_p /mm²	σ_{pe} / (N/mm²)	f_y / (N/mm²)	β_0	λ_p
B30-2	33.4	336	223	950	420	0.3	0.6
B30-4	33.4	420	186	950	420	0.3	0.5
B30-5	33.4	504	149	950	420	0.3	0.4

图 6-8 和图 6-9 分别为截面屈服曲率 ϕ_y、极限曲率 ϕ_u 和截面曲率延性 ϕ_u / ϕ_y 随综合配筋指标 β_0 和预应力度 λ_p 变化的规律。由图 6-8 和图 6-9 可看出，当截面综合配筋指标 β_0 相同时，随预应力度 λ_p 的增大，截面的屈服曲率和极限曲率逐渐减小，且综合配筋指标 β_0 越小，这种影响越明显；截面曲率延性随预应力度 λ_p 的增大而增大，但变化幅度较小。

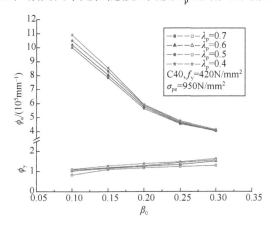

图 6-8　ϕ_y 和 ϕ_u 随综合配筋指标 β_0 和预应力度 λ_p 变化的规律

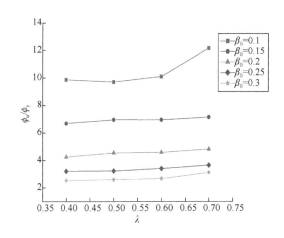

图 6-9　ϕ_u / ϕ_y 随综合配筋指标 β_0 和预应力度 λ_p 变化的规律

其原因在于，当综合配筋指标一定时，预应力度越大，非预应力筋的数量越少，截面屈服越早，屈服曲率越小；当综合配筋指标一定时，随预应力度的变化，无粘结筋的极限应力值相差并不大，而预应力度越高，预应力筋的数量越多，预应力筋和非预应力筋的合力越大，相应的截面相对受压区高度越大，因而极限曲率越小。但是，因为极限曲率的相对变化幅度较屈服曲率的相对变化幅度小，所以截面曲率延性随预应力度的增加而增大。

2）预应力水平对截面延性的影响。综合配筋指标、预应力度等因素相同时，有效预应力水平分为 3 种情况研究，模拟梁参数如表 6-4 所示。

表 6-4　模拟梁参数表（预应力水平不同）

梁号	f_c /(N/mm²)	A_s /mm²	A_p /mm²	f_y /(N/mm²)	β_0	λ_p	σ_{pe} /(N/mm²)
B10-a	33.4	84	103	420	0.1	0.7	800
B10-b	33.4	84	87	420	0.1	0.7	950
B10-c	33.4	84	75	420	0.1	0.7	1100
B15-a	33.4	126	154	420	0.15	0.7	800
B15-b	33.4	126	130	420	0.15	0.7	950
B15-c	33.4	126	112	420	0.15	0.7	1100
B20-a	33.4	168	206	420	0.2	0.7	800
B20-b	33.4	168	173	420	0.2	0.7	950
B20-c	33.4	168	150	420	0.2	0.7	1100
B25-a	33.4	210	257	420	0.25	0.7	800
B25-b	33.4	210	217	420	0.25	0.7	950
B25-c	33.4	210	187	420	0.25	0.7	1100
B30-a	33.4	252	309	420	0.3	0.7	800
B30-b	33.4	252	260	420	0.3	0.7	950
B30-c	33.4	252	224	420	0.3	0.7	1100

图 6-10 和图 6-11 分别为截面屈服曲率 ϕ_y、极限曲率 ϕ_u 和截面曲率延性 ϕ_u / ϕ_y 随综合配筋指标 β_0 和预应力水平变化的规律。由图 6-10 和图 6-11 可看出，当截面综合配筋指标 β_0 相同时，随预应力水平的增大，截面的屈服曲率基本不发生变化，而极限曲率逐渐增大，且综合配筋指标越小，这种影响越明显；当截面综合配筋指标 β_0 较小时，截面曲率延性随预应力水平的增大而增大，综合配筋指标较大时，截面曲率延性基本不变。

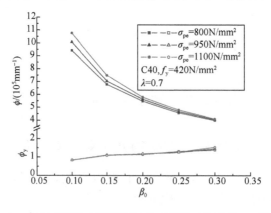

图 6-10　ϕ_y 和 ϕ_u 随综合配筋指标 β_0 和预应水平变化 σ_{pe} 的规律

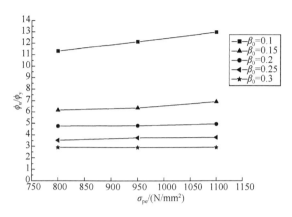

图 6-11　ϕ_u / ϕ_y 随综合配筋指标 β_0 和预应力水平 σ_{pe} 变化的规律

其原因在于，极限状态下，预应力水平较高时，无粘结预应力筋的极限应力有超过其比例极限的可能，超过比例极限后，预应力筋的塑性得以发展，无粘结筋应力增长的幅度减小，使截面极限曲率增加，截面延性提高。特别是综合配筋指标越小时，无粘结筋的极限应力增量越大，无粘结筋的应力就越有超过其比例极限或屈服强度的可能，这种现象越明显。

3）混凝土强度对截面延性的影响。不同混凝土强度等级的模拟梁参数如表 6-5 所示。图 6-12 为截面曲率延性 ϕ_u / ϕ_y 随综合配筋指标 β_0 和混凝土强度等级变化的规律。由图 6-12 可看出，当截面综合配筋指标 β_0 相同时，混凝土强度等级越高，截面的曲率延性系数越小。其原因在于，混凝土强度等级越高，无粘结筋的极限应力增量越大，极限状态时，截面相对受压区高度越大，因此截面曲率延性系数越小。

表 6-5　模拟梁参数表（混凝土强度不同）

梁号	A_s /mm²	A_p /mm²	f_y / (N/mm²)	σ_{pe} / (N/mm²)	λ_p	β_0	f_c / (N/mm²)
B10-h1	84	87	420	950	0.7	0.1	33.4
B20-h1	168	173	420	950	0.7	0.2	33.4
B30-h1	252	260	420	950	0.7	0.3	33.4
B10-h2	95	98	420	950	0.7	0.1	37.68
B20-h2	189	195	420	950	0.7	0.2	37.68
B30-h2	284	293	420	950	0.7	0.3	37.68
B10-h3	105	109	420	950	0.7	0.1	41.87
B20-h3	211	217	420	950	0.7	0.2	41.87
B30-h3	316	326	420	950	0.7	0.3	41.87

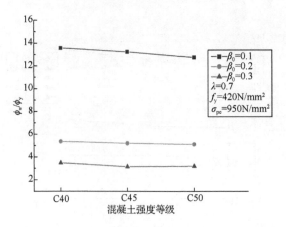

图 6-12　ϕ_u / ϕ_y 随 β_0 和混凝土强度等级变化的规律

　　4）非预应力钢筋级别对截面延性影响。不同非预应力筋级别的模拟梁参数如表 6-6 所示。图 6-13 为截面曲率延性随综合配筋指标 β_0 和非预应力筋种类不同的变化规律。

从图 6-13 中可看出，截面曲率延性随非预应力筋屈服强度的增大而减小，且非预应力筋种类的不同对截面曲率延性的影响较大。其原因在于，非预应力筋的屈服强度越高，截面的屈服曲率越大，而极限曲率基本不变（极限应力增量基本相同），因此截面曲率延性减小。

表 6-6　模拟梁参数表（钢筋级别不同）

梁号	l/h_p	f_c / (N/mm^2)	A_s /mm^2	A_p /mm^2	σ_{pe} /(N/mm^2)	β_0	λ_p	f_y / (N/mm^2)
B10-g1	9.5	33.4	112	74	950	0.1	0.6	420
B20-g2	9.5	33.4	224	149	950	0.2	0.6	420
B30-g3	9.5	33.4	336	223	950	0.3	0.6	420
B10-g1	9.5	33.4	97	74	950	0.1	0.6	483
B20-g2	9.5	33.4	195	149	950	0.2	0.6	483
B30-g3	9.5	33.4	292	223	950	0.3	0.6	483

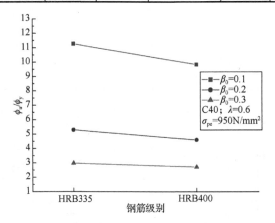

图 6-13　ϕ_u / ϕ_y 随 β_0 和非预应力筋种类不同的变化规律

4. 截面曲率延性系数公式的建立

从以上各组模拟梁的模拟试验结果可看出，随着综合配筋指标的增大，截面的极限曲率减小、屈服曲率增大，使截面的曲率延性系数减小，且综合配筋指标对截面曲率延性的影响较其他因素都显著。因此，我们以综合配筋指标作为衡量截面曲率延性的主要因素。截面曲率延性系数随综合配筋指标的变化规律如图 6-14 所示，图中数据点为表 6-6 中各模拟梁的计算结果。其他次要因素中，只有在高预应力水平、低综合配筋指标情况下，预应力水平才对截面曲率延性有较大影响，而考虑到实际工程中无粘结筋的应力值一般处于弹性变化范围内，因此不考虑取其对截面延性的有利影响；预应力度的提高虽然对截面曲率延性起有利作用，但考虑到其影响不大，这里不考虑预应力度的有利影响。非预应力筋的级别和混凝土强度等级的影响通过折减系数予以考虑。

通过对试验数据的拟合（图 6-14），可得截面曲率延性系数的计算公式如下：

$$\frac{\phi_u}{\phi_y} = \left(\frac{5.6}{0.1 + 4\beta_0} - 1.8 \right) \alpha_c \alpha_s \qquad (6\text{-}22)$$

式中：　α_c——考虑混凝土强度等级不同的影响系数，当混凝土强度等级不大于 C40 时，
　　　　　　$\alpha_c = 1$；当混凝土强度等级为 C50 时，$\alpha_c = 0.95$，其他情况可采用内插或
　　　　　　外插法确定。

　　　　α_s——考虑非预应力筋级别不同的影响系数，当非预应力钢筋为 HRB335 钢筋时，
　　　　　　$\alpha_s = 1$；当非预应力钢筋为 HRB400 钢筋时，$\alpha_s = 0.87$。

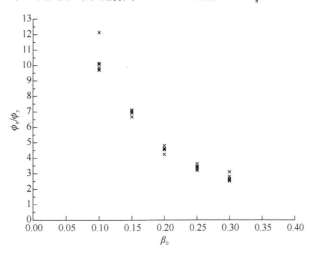

图 6-14　ϕ_u / ϕ_y 随 β_0 的变化规律

6.3.3　弯矩调幅系数计算公式

1. 弯矩调幅系数与曲率延性的关系

已有研究给出了与弯矩调幅幅度相对应的塑性铰所需转角的计算公式，如下式所示：

$$\theta = \frac{l}{3}\frac{\beta}{(1-\beta)}\phi_y' \qquad (6\text{-}23)$$

式中：　θ —— 塑性铰所需转角值；

　　　　l —— 连续梁的跨度；

　　　　β —— 弯矩调幅系数；

　　　　ϕ_y' —— 支座截面极限弯矩 M_u 与非预应力筋屈服时刻支座截面刚度 B 的比值，
　　　　　　　$\phi_y' = M_u / B$。

支座一侧塑性铰的实际转角大小可用下式计算：

$$\theta_p = (\phi_u - \phi_y)l_p \qquad (6\text{-}24)$$

式中：　l_p —— 支座截面一侧的等效塑性铰长度。

按已有研究，等效塑性铰长度表达式为

$$l_p = 0.5h_0 + 0.05Z \qquad (6\text{-}25)$$

式中：　h_0 —— 截面有效高度；

　　　　Z —— 临界截面到反弯点的距离。

根据所需转角不大于实际转角的原则，连续梁要完成预期的弯矩调幅应满足 $\theta_p \geq \theta$，即

$$(\phi_u - \phi_y)l_p \geq \frac{l}{3}\frac{\beta}{(1-\beta)}\phi_y' \qquad (6\text{-}26)$$

假设 $\phi_y' = \phi_y$，则有

$$\frac{\beta}{1-\beta} \leq \frac{3l_p}{l}\left(\frac{\phi_u}{\phi_y}-1\right) \qquad (6\text{-}27)$$

由式（6-27）可知，弯矩可调整幅度与截面曲率延性和等效塑性铰区长度与梁跨度的比值有关。当等效塑性铰长度与连续梁跨度的比值一定时，弯矩可调幅度随支座控制截面曲率延性的增加而增大。

2. 弯矩调幅系数计算公式的建立

按式（6-2）、式（6-5）、式（6-7），可得弯矩调幅系数计算公式如下：

$$\beta \leq \cfrac{1}{\cfrac{l}{[0.15Z+1.5h_0]\left[\alpha_s\alpha_c\left(\cfrac{5.6}{0.1+4\beta_0}-1.8\right)-1\right]}+1} \qquad (6\text{-}28)$$

6.3.4　应注意的问题

无粘结预应力混凝土连续梁按弯矩调幅方法设计计算时，支座控制截面的弯矩设计值按下式计算：

$$M = (1-\beta)(M_{\text{load}} + M_{\text{sec}}) \qquad (6\text{-}29)$$

式（6-29）应注意以下问题。

1）综合配筋指标 $\overline{\beta_0} \leqslant 0.35$ 。

2）梁中非预应力钢筋应采用 HRB335 或 HRB400 钢筋，支座控制截面的非预应力筋配筋率 $\rho_{s,min} \geqslant 0.3\%$ 。

3）混凝土强度等级值不大于 C50。

4）弯矩调整后，仍应满足静力平衡条件。建议两支座弯矩的平均值与跨中弯矩之和不小于简支梁弯矩值的 1.02 倍。

6.4　两跨无粘结预应力混凝土连续梁塑性铰

无粘结预应力混凝土连续梁在肋梁楼盖中得到了较为广泛的应用。尽管相关学者开展了一些无粘结预应力混凝土连续梁的试验，但多为无粘结筋的应力增长规律研究，关于无粘结预应力混凝土连续梁塑性设计方法的研究较少，而要开展这种梁的塑性设计方法研究，首先应开展梁的塑性铰转动性能研究。为此，本节以两跨连续梁内支座控制截面综合配筋指标、张拉控制系数、内支座控制截面预应力度、跨高比及跨中与内支座控制截面综合配筋指标比为主要参数，开展了 16 根两跨无粘结预应力混凝土矩形截面连续梁试验及基于这些试验结果所得塑性铰转动能力的初步结论。

6.4.1　试验简况

1. 试验梁设计

试验梁基本参数如表 6-7 所示。各试验梁设计截面尺寸均为 $b \times h = 200mm \times 300mm$，实际尺寸为 210mm×310mm，表 6-7 中各控制参数均为根据梁实际截面、实际配筋及实测材料强度情况得到的计算值，试验梁为两等跨连续梁，其单跨计算跨度分别为 3.0m、3.5m、4.0m 及 4.5m。跨中控制截面配筋情况也是影响试验梁内力重分布的重要因素，因此，设计时也按综合配筋指标将其分为了若干档。为保证试验梁斜截面破坏迟于正截面破坏，配置了足够的箍筋，试验梁受力筋配置情况如表 6-8 所示。

表 6-7　试验梁基本参数

梁号	内支座控制截面					跨中控制截面				α	跨高比 L/h
	$\beta_{0,i}$	$\beta_{p,i}$	$\beta_{s,i}$	$\beta'_{s,i}$	λ_i	$\beta_{0,m}$	$\beta_{p,m}$	$\beta_{s,m}$	$\beta'_{s,m}$		
YLA-1	0.095	0.078	0.031	0.014	0.689	0.162	0.072	0.194	0.104	0.50	12.90
YLA-2	0.136	0.080	0.072	0.016	0.676	0.254	0.073	0.222	0.040	0.58	11.29
YLA-3	0.086	0.037	0.062	0.014	0.374	0.089	0.035	0.152	0.098	0.67	14.52
YLA-4	0.106	0.055	0.066	0.014	0.457	0.206	0.051	0.192	0.037	0.75	9.68
YLB-1	0.214	0.097	0.131	0.014	0.424	0.320	0.088	0.268	0.036	0.50	9.68
YLB-2	0.219	0.126	0.107	0.014	0.539	0.218	0.115	0.207	0.104	0.58	14.52
YLB-3	0.216	0.164	0.067	0.015	0.711	0.278	0.151	0.207	0.080	0.67	11.29
YLB-4	0.208	0.133	0.089	0.014	0.598	0.243	0.122	0.162	0.041	0.75	12.90
YLC-1	0.303	0.208	0.109	0.015	0.656	0.292	0.189	0.209	0.106	0.50	14.52
YLC-2	0.313	0.233	0.095	0.015	0.711	0.370	0.210	0.198	0.038	0.58	9.68

梁号	内支座控制截面					跨中控制截面				α	跨高比 L/h
	$\beta_{0,i}$	$\beta_{p,i}$	$\beta_{s,i}$	$\beta'_{s,i}$	λ_i	$\beta_{0,m}$	$\beta_{p,m}$	$\beta_{s,m}$	$\beta'_{s,m}$		
YLC-3	0.360	0.197	0.178	0.016	0.524	0.382	0.180	0.288	0.086	0.67	12.90
YLC-4	0.332	0.142	0.205	0.014	0.408	0.306	0.139	0.272	0.104	0.75	11.29
YLD-1	0.407	0.223	0.198	0.014	0.529	0.313	0.202	0.188	0.077	0.50	11.29
YLD-2	0.411	0.183	0.242	0.015	0.431	0.316	0.167	0.229	0.080	0.58	12.90
YLD-3	0.457	0.293	0.181	0.016	0.618	0.396	0.265	0.172	0.041	0.67	9.68
YLD-4	0.477	0.375	0.118	0.016	0.760	0.342	0.343	0.114	0.115	0.75	14.52

注：1）$\beta_{0,i} = (\sigma_{pe}A_p + f_yA_s - f'_yA'_s)/(f_cbh_p)$ 为内支座控制截面综合配筋指标，$\beta_{p,i} = \sigma_{pe}A_p/(f_cbh_p)$ 为内支座控制截面预应力筋配筋指标，$\beta_{s,i} = (f_yA_s)/(f_cbh_p)$ 为内支座控制截面受拉非预应力筋配筋指标，$\beta'_{s,i} = f'_yA'_s/(f_cbh_p)$ 为内支座控制截面受压非预应力筋配筋指标，本节下角标"i"代表内支座；同理，$\beta_{0,m}$、$\beta_{p,m}$、$\beta_{s,m}$ 及 $\beta'_{s,m}$ 分别代表跨中控制截面综合配筋指标、预应力筋配筋指标、受拉非预应力筋配筋指标及受压非预应力筋配筋指标，其表达式与内支座相应指标相同，其中下角标"m"表示跨中控制截面。所涉及强度均为强度实测值。

2）$\alpha = \sigma_{con}/f_{ptk}$ 为张拉系数，等于预应力筋张拉控制应力 σ_{con} 与预应力筋抗拉强度标准值 f_{ptk} 的比值。$\lambda_i = \sigma_{pe}A_p/(\sigma_{pe}A_p + f_yA_s)$ 为内支座控制截面预应力度。

3）试验梁编号兼顾内支座控制截面综合配筋指标（分别约为0.1、0.2、0.3、0.4）和张拉控制系数（分别0.5、0.58、0.67、0.75），如 YLA-1 中"A"表示内支座控制截面配筋指标约为0.1，"1"表示张拉控制系数为0.5。

表 6-8　试验梁受力筋配置情况

梁号	A_p /mm²	箍筋	内支座 A_s /mm²	跨中 A_s /mm²
YLA-1	137.4 (7Φ^P5)	φ8@150	113 (2Φ12)	710 (2Φ16+2Φ14)
YLA-2	117.8 (6Φ^P5)	φ8@100+φ8@150	113 (2Φ12)	760(2Φ22)
YLA-3	58.9 (3Φ^P5)	φ8@150	211 (2Φ12)	628 (2Φ20)
YLA-4	78.5 (4Φ^P5)	φ8@100+φ8@150	211 (2Φ12)	710 (2Φ16+2Φ14)
YLB-1	176.5 (9Φ^P5)	φ8@50+φ8@80	437 (4Φ12)	936 (2Φ14+2Φ20)
YLB-2	176.7 (9Φ^P5)	φ8@100+φ8@150	387 (2Φ16)	804 (4Φ16)
YLB-3	215.9 (11Φ^P5)	φ10@80+φ10@150	211 (2Φ12)	760 (2Φ22)
YLB-4	176.7 (9Φ^P5)	φ8@80+φ8@150	293 (2Φ14)	760 (2Φ22)
YLC-1	333.7 (17Φ^P5)	φ10@100+φ8@150	387 (2Φ16)	760 (2Φ22)
YLC-2	333.7 (17Φ^P5)	φ10@50+φ10@100	293 (2Φ14)	710 (2Φ16+2Φ14)
YLC-3	235.6 (12Φ^P5)	φ10@80+φ10@150	519 (2Φ12+2Φ14)	911 (2Φ16+2Φ20)
YLC-4	176.7 (9Φ^P5)	φ10@50+φ10@150	695 (2Φ16+2Φ14)	986 (2Φ12+2Φ22)
YLD-1	392.6 (20Φ^P5)	φ10@50+φ10@150	695 (2Φ16+2Φ14)	710 (2Φ16+2Φ14)
YLD-2	274.8 (14Φ^P5)	φ8@50+φ8@120	839 (2Φ20+2Φ12)	854 (2Φ12+2Φ20)
YLD-3	353.3 (18Φ^P5)	φ10@50+φ10@100	519 (2Φ12+2Φ14)	534 (2Φ12+2Φ14)
YLD-4	373.0 (19Φ^P5)	φ8@50+φ8@150	387 (2Φ16)	402 (2Φ16)

注：内支座控制截面纵向受拉钢筋面积已考虑了为埋置钢筋应变片开槽造成的面积损失。

　　为保证内支座控制截面综合配筋指标 $\beta_{0,i}$ 满足设计要求，在满足跨中正截面承载力、斜截面受弯承载力及非预应力筋粘结锚固要求的条件下，在距内支座控制截面530mm（约 $2h_0$）以外对跨中受拉非预应力筋进行了分批截断或弯起。对于弯起钢筋，当弯起钢筋与试验梁纵向轴线相交后，将其向远离内支座方向弯折为与梁纵轴线平行。距支座控制截面两侧各530mm范围内截面压区仅配置了2φ6.5的架立筋。同理，对内支座截面拉区非预应力纵筋进行了分批截断，截断点以外区域的架立筋也为2φ6.5。试验梁预应力筋线型如图 6-15 及表 6-9 所示。

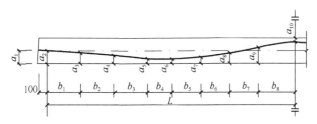

图 6-15　试验梁预应力筋线型

表 6-9　试验梁预应力筋线型关键点

L/m	纵向定位点/mm										水平定位点/mm							
	a_1	a_2	a_3	a_4	a_5	a_6	a_7	a_8	a_9	a_{10}	b_1	b_2	b_3	b_4	b_5	b_6	b_7	b_8
3.0	159	150	115	79	44	31	50	105	198	31	403	—	—	291	350	—	—	450
3.5	157	150	116	82	47	35	53	107	196	35	470	—	—	340	408	—	—	526
4.0	156	150	115	80	46	33	51	106	197	33	537	—	—	389	466	—	—	601
4.5	156	150	97	70	44	31	50	105	198	31	906	454	—	436	525	—	—	675

试验用预应力筋为无粘结高强钢丝束，锚具采用镦头锚，试验梁无粘结筋应力增量采用锚具下钢筒传感器测定，如图 6-16 所示。

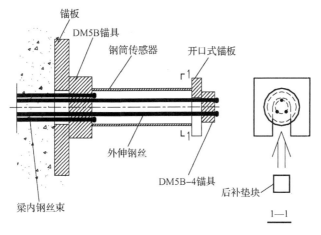

图 6-16　钢筒传感器量测无粘结筋应力

为实测塑性铰区长度及塑性铰区截面曲率分布，在试验梁内支座控制截面两侧各 530mm（约 $2h_0$）范围的一根非预应力筋上剖槽密布均匀粘贴了 71 片 1×1 胶基电阻应变片，各片中心间距为 15mm。对于梁 YLA-1 及 YLA-2，内支座控制截面拉区所需非预应力筋面积为 113mm²，并且将两根 Φ12 钢筋开设 8mm×6mm 的槽口，如图 6-17（a）所示，从而使单根钢筋的剩余面积为 56mm²，该方法满足设计要求；对于其余试验梁，在相关非预应力筋上开设 5mm×3mm 的槽口，如图 6-17（b）所示。完成剖槽、贴片、封口的钢筋如图 6-17（c）所示。

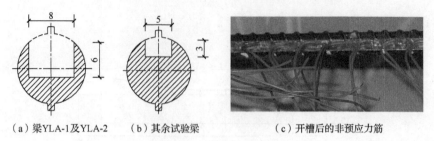

（a）梁YLA-1及YLA-2　　（b）其余试验梁　　（c）开槽后的非预应力筋

图 6-17　非预应力筋开槽

各试验梁混凝土力学指标实测值如表 6-10 所示。试验梁所用预应力筋抗拉强度实测值为 1686N/mm^2，其非预应力受力纵筋采用 HRB335 钢筋，架立筋及箍筋采用 HPB235 钢筋。非预应力筋力学指标实测值如表 6-11 所示，非预应力筋弹性模量 E_s=2.0×10N/mm^2。

表 6-10　试验梁混凝土力学指标

f_{cu}	f_c	f_t	E_c /10^4
47.5	31.8	2.63	3.41

表 6-11　非预应力筋力学指标

钢筋型号	Φ12	Φ14	Φ16	Φ20	Φ22
f_y	394	398	347	347	365

2. 试验方案

预应力混凝土连续梁的试验装置如图 6-18 所示。试验方案中梁底内支座千斤顶用于梁的调平，内支座上方千斤顶用于建立张拉引起的支座次反力，每跨的跨中单点集中荷载通过千斤顶来施加，梁的变形通过各跨百分表量测，梁的 3 个支座是否在同一标高通过指示表来监测，梁的裂缝宽度通过读数放大镜来读取，在加荷过程中无粘结筋应力变化通过钢筒传感器测得。

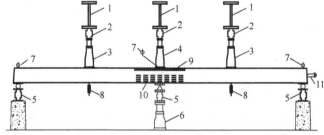

1—反力梁；2—加载传感器；3—50t 螺旋式千斤顶；4—25t 螺旋式千斤顶；5—支座传感器；6—100t 螺旋式千斤顶；7—指示表；8—位移计；9—钢筋应变片；10—混凝土应变片；11—钢筒传感器。

（a）布置简图

图 6-18　试验梁加载装置

（b）试验照片

图 6-18（续）

为了与普通钢筋混凝土简支梁正截面承载能力极限状态标志相协调，取两跨或两跨中任一跨集中荷载开始减小而变形继续增大时的荷载为极限荷载。此时，所对应的状态为正截面控制的承载能力极限状态。

3. 试验过程

在加载过程中试验梁经历了内支座负弯矩区开裂、跨中正弯矩区开裂、内支座受拉非预应力筋屈服（内支座形成塑性铰）、跨中非预应力筋屈服（跨中形成塑性铰）直至荷载加不上去试验梁最终破坏等几个阶段。各试验梁达到承载能力极限状态时的相关信息如表 6-12 所示。试验梁裂缝分布如图 6-19 所示。

表 6-12　试验梁裂缝开展及破坏状态基本情况

梁号	考察区域	初裂外荷载/kN	极限荷载/kN	极限荷载下最大裂宽/mm	平均裂缝间距/mm
YLA-2	跨中 1	50	150	2.0	100.0
	内支座	52	210	2.5	62.7
	跨中 2	70	210	1.125	89.5
YLC-4	跨中 1	74	240	1.7	78.6
	内支座	70	320	1.5	67.0
	跨中 2	100	320	1.5	79.3
YLB-4	跨中 1	40	165	1.5	96.2
	内支座	72	190	2.0	109.6
	跨中 2	40	190	1.5	69.6
YLD-2	跨中 1	70	210	1.75	95.3
	内支座	70	270	1.65	111.4
	跨中 2	90	270	1.7	100.0
YLA-3	跨中 1	15	95	2.25	101.9
	内支座	40	95	7.5	169.3
	跨中 2	20	95	2.65	102.5

续表

梁号	考察区域	初裂外荷载/kN	极限荷载/kN	极限荷载下最大裂宽/mm	平均裂缝间距/mm
YLC-1	跨中1	72	200	1.75	83.2
	内支座	72	200	2.5	105.2
	跨中2	50	180	1.7	92.2
YLB-1	跨中1	68	290	1.1	82.4
	内支座	64	290	2.1	75.2
	跨中2	70	250	1.75	81.3
YLD-3	跨中1	160	310	2.9	70.5
	内支座	160	360	2.0	71.6
	跨中2	190	360	1.0	71.0
YLA-1	跨中1	42	140	1.75	88.6
	内支座	35	190	3.0	83.3
	跨中2	42	190	1.75	88.1
YLC-3	跨中1	78	250	1.4	87.6
	内支座	70	250	2.4	85.3
	跨中2	78	240	1.5	86.9
YLB-3	跨中1	80	210	1.4	88.1
	内支座	80	260	4.0	136.3
	跨中2	120	260	2.7	95.7
YLD-1	跨中1	100	280	1.75	74.5
	内支座	100	330	2.4	115.1
	跨中2	100	330	1.75	89.5
YLA-4	跨中1	62	170	1.6	83.3
	内支座	48	170	4.0	123.8
	跨中2	64	170	1.5	79.1
YLC-2	跨中1	110	340	1.2	68.6
	内支座	110	340	3.1	66.5
	跨中2	110	300	2.2	86.2
YLB-2	跨中1	40	170	1.8	102.3
	内支座	46	170	2.87	108.3
	跨中2	44	160	2.0	91.8
YLD-4	跨中1	114	230	1.5	84.2
	内支座	100	230	1.725	80.6
	跨中2	100	210	2.5	94.8

注：跨中 1 是指近张拉端跨中，跨中 2 是指近锚固端跨中。

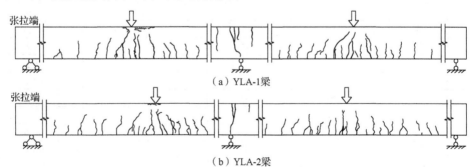

（a）YLA-1梁

（b）YLA-2梁

图 6-19　试验梁裂缝分布

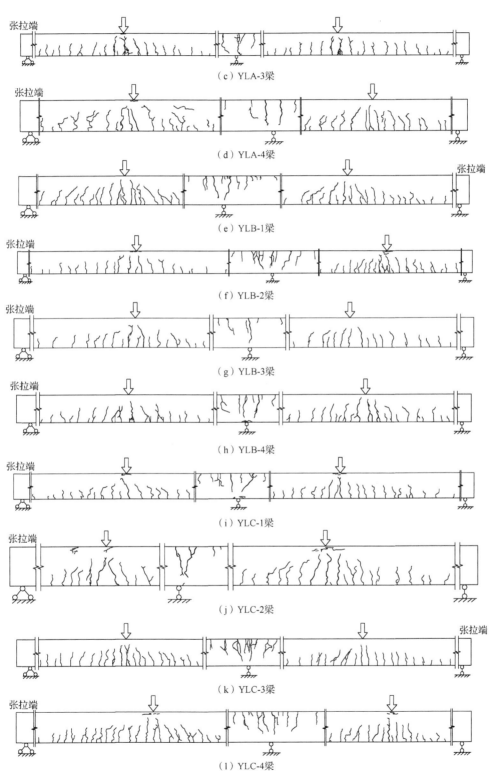

(c) YLA-3梁

(d) YLA-4梁

(e) YLB-1梁

(f) YLB-2梁

(g) YLB-3梁

(h) YLB-4梁

(i) YLC-1梁

(j) YLC-2梁

(k) YLC-3梁

(1) YLC-4梁

图 6-19（续）

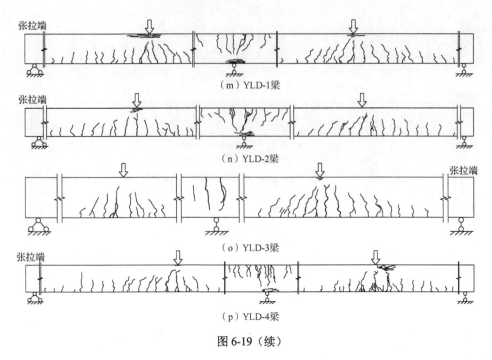

（m）YLD-1梁

（n）YLD-2梁

（o）YLD-3梁

（p）YLD-4梁

图 6-19（续）

在本批无粘结预应力混凝土连续梁试验中，发现尽管两跨同步加载，但仍存在两跨不同步开裂和不同步破坏的试验现象，究其原因是两跨材料的离散性，先开裂跨刚度衰减较快，在施加相同的荷载增量时，变形相对增长较快；随着该跨变形的发展，无粘结筋的应力水平在不断增加，致使另一跨刚度相对较大，两跨开裂和破坏不同步。

6.4.2　连续梁内支座塑性铰

1. 塑性铰的实测结果

两跨无粘结预应力混凝土连续梁内支座塑性铰是指其负弯矩区受拉非预应力筋应变不小于屈服应变的区域。受拉非预应力筋达到屈服时所对应的曲率为截面屈服曲率（用 ϕ_y 表示），达到结构极限荷载时所对应的曲率为该截面的极限曲率（用 ϕ_u 表示）。当结构达到承载能力极限状态时塑性铰的塑性转角为 $\theta_p = \int_0^{L_{p,0}} (\phi - \phi_y)\mathrm{d}x$，式中 $L_{p,0}$ 为实际塑性铰区长度，ϕ 为塑性铰区范围内任意截面的曲率。为简化计算，广大技术人员习惯于用 $\theta_p = (\phi_u - \phi_y)L_p$ 来计算塑性铰的塑性转角，式中 L_p 为等效塑性铰区长度。这样就将分析两跨无粘结预应力混凝土连续梁内支座塑性铰的转动能力的问题，转化为如何计算内支座等效塑性铰区长度 L_p 的问题。需要指出的是，因为内支座两侧塑性铰转动是异向的，所以其内支座中心两侧应作为两个塑性铰来对待。

根据布置在内支座非预应力筋上的应变片，可实测出试验梁内支座控制截面两侧应变不小于屈服应变的非预应力筋的长度，即可确定试验梁内支座两侧的实际塑性铰区长度。由于塑性铰区非预应力筋应变实测值、无粘结筋极限应力增量实测值、非预应力筋应力-应变关系及受压区混凝土应力-应变关系等均为已知，结合截面内力平衡条件和平截面假定，可确定试验梁实际塑性铰长度范围内曲率分布。按与实际塑性铰区长度内非弹性曲率$(\phi_u-\phi_y)$分布曲线所围面积相等（保证塑性转角相等）的原则，将非弹性曲率等效为矩形分布后，可确定试验梁内支座两侧的等效塑性铰区长度。各试验梁实际塑性铰区内实测曲率及其等效矩形分布如图 6-20 所示。

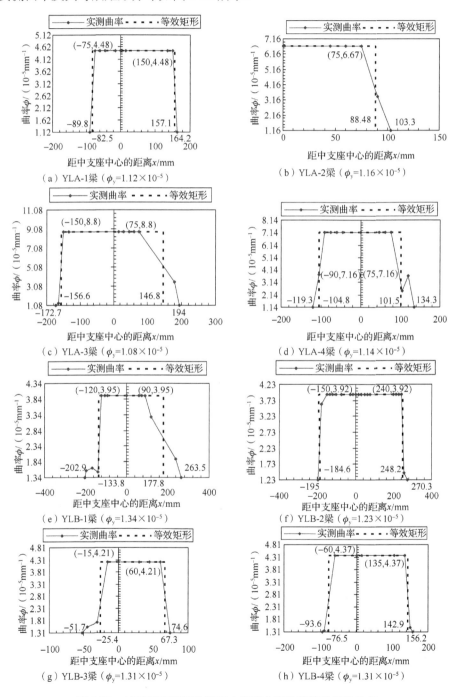

图 6-20　试验梁实际塑性铰区内实测曲率及其等效矩形分布

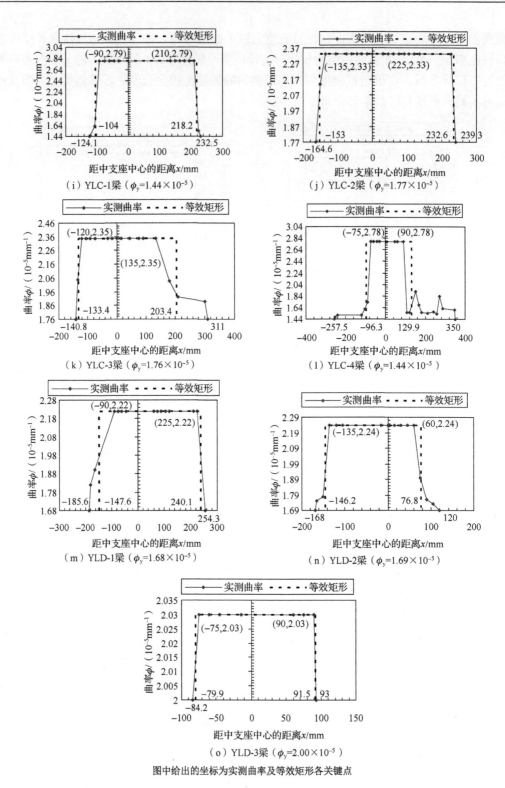

（i）YLC-1梁（$\phi_y=1.44\times10^{-5}$）

（j）YLC-2梁（$\phi_y=1.77\times10^{-5}$）

（k）YLC-3梁（$\phi_y=1.76\times10^{-5}$）

（l）YLC-4梁（$\phi_y=1.44\times10^{-5}$）

（m）YLD-1梁（$\phi_y=1.68\times10^{-5}$）

（n）YLD-2梁（$\phi_y=1.69\times10^{-5}$）

（o）YLD-3梁（$\phi_y=2.00\times10^{-5}$）

图中给出的坐标为实测曲率及等效矩形各关键点

图 6-20（续）

混凝土材料的不均匀性使内支座控制截面两侧裂缝分布状况不同,这就造成了内支座两侧的塑性铰区长度实测值的不相等,相应地,内支座两侧的等效塑性铰区长度也是不相等的;同时,试验梁出现了两跨不同步破坏的现象,而试验梁的破坏标志是任一跨荷载加不上去或两跨同时加不上去。因此,对于两跨不同步破坏的试验梁,塑性铰区长度实测值 L_p^t 及等效塑性铰区长度 L_p 应取为如图 6-20 所示的以内支座控制截面为基准点的先破坏跨一侧的相应长度值;对于两跨同步破坏的试验梁,塑性铰区长度实测值 L_p^t 及等效塑性铰区长度 L_p 应取为如图 6-21 所示的内支座控制截面两侧相应长度平均值。

已知各试验梁屈服曲率 ϕ_y 及极限曲率 ϕ_u 后,根据 $\theta_p = (\phi_u - \phi_y)L_p$,即可确定试验梁内支座塑性转角 θ_p。由截面曲率延性 $\mu_\phi = \phi_u / \phi_y$,可确定试验梁内支座控制截面曲率延性值。各试验梁内支座塑性铰控制截面屈服曲率 ϕ_y、极限曲率 ϕ_u、塑性铰区长度实测值 L_p^t、等效塑性铰区长度 L_p 和极限转角 θ_p 等参数如表 6-13 所示。

表 6-13 内支座塑性铰参数的实测值

梁号	ϕ_y / (10^{-5}mm^{-1})	ϕ_u / (10^{-5}mm^{-1})	L_p^t /mm	L_p /mm	θ_p / (10^{-3}rad)
YLA-1	1.12	4.48	89.8	82.5	4.02
YLA-2	1.16	6.67	103.3	88.4	4.87
YLA-3	1.08	8.8	183.4	151.7	11.71
YLA-4	1.14	7.16	126.8	103.1	6.21
YLB-1	1.34	3.95	202.9	133.8	4.07
YLB-2	1.23	3.92	232.6	216.4	5.82
YLB-3	1.31	4.21	51.7	25.4	1.34
YLB-4	1.31	4.37	156.2	142.9	3.36
YLC-1	1.44	2.79	232.5	218.2	2.17
YLC-2	1.77	2.33	148.7	142.2	1.08
YLC-3	1.76	2.35	140.8	133.4	0.99
YLC-4	1.44	2.78	257.5	96.3	1.52
YLD-1	1.68	2.22	185.6	147.6	1.05
YLD-2	1.69	2.24	168	146.2	0.61
YLD-3	2.00	2.03	93.0	91.5	0.026
YLD-4	—	—	0	0	—

2. 等效塑性铰区长度计算公式的确定

影响两跨无粘结预应力混凝土连续梁内支座等效塑性铰区长度的关键参数有:截面有效高度 h_0、跨高比 L/h、无粘结筋有效预应力水平(通常用预应力筋张拉控制应力 σ_{con} 与预应力筋抗拉强度标准值 f_{ptk} 的比值 $\alpha = \sigma_{con} / f_{ptk}$,$\alpha$ 又称张拉控制系数)、跨中与内支座控制截面综合配筋指标比 $\beta_{0,m} / \beta_{0,i}$、内支座控制截面综合配筋指标 $\beta_{0,i}$ 及内支座控制截面预应力度 λ_i。

经拟合，可得考虑了各关键参数影响的两跨无粘结预应力混凝土连续梁内支座等效塑性铰区长度 L_p 的计算公式为

$$L_p = \left[6.872 - 2.396\frac{\beta_{0,m}}{\beta_{0,i}} - 37.1(\beta_{0i})^2\right]\frac{1}{L/h}\frac{1}{\lambda_i}h_0 \qquad (6\text{-}30)$$

式（6-30）适用于无粘结预应力混凝土矩形截面连续梁，且其承载能力极限状态由内支座控制截面决定的情况。$(L_p)_{实测值}$ 与 $(L_p)_{计算值}$ 之比的平均值为 0.983，标准差为 0.389，变异系数为 0.396。

可据式（6-31）计算塑性铰的塑性转角。

$$\theta_p = (\phi_u - \phi_y)L_p \qquad (6\text{-}31)$$

6.5　无粘结预应力混凝土连续梁弯矩调幅计算方法

6.4 节中已对 16 根两跨无粘结预应力混凝土连续梁的试件设计、试验方案、试验现象及试验梁正截面承载能力极限状态的选取原则进行了介绍，同时分析了两跨无粘结预应力混凝土连续梁中支座塑性铰的基本性状和延性性能，提出了与加载机制相符合的中支座等效塑性铰区长度计算公式和塑性转角计算公式，为建立无粘结预应力混凝土连续梁塑性设计方法创造了条件。

本节基于两跨无粘结预应力混凝土连续梁试验结果，考察分析了试验梁塑性内力重分布性能，建立了分别以中支座相对塑性转角、中支座控制截面综合配筋指标及预应力度为自变量的弯矩调幅系数计算公式，并对其进行了实用化处理，为无粘结预应力混凝土连续梁按塑性方法设计及相关标准的修订提供了试验依据。

6.5.1　弯矩重分布试验验证与分析

通过对集中荷载下两跨连续梁的内力分析，可直接确定出试验梁加荷全过程的支反力弹性计算值；若认为在外荷载施加至试验梁破坏的全过程中张拉预应力筋引起的次弯矩不变，可确定出试验梁加荷全过程的跨中及中支座控制截面弯矩的弹性计算值。根据外荷载施加过程中试验梁各支座传感器读数，可确定试验梁加荷全过程的实际支反力值，并据此可同时确定试验梁加荷全过程的跨中及中支座控制截面实际弯矩值。典型试验梁加荷全过程的实际支反力值与弹性计算值的比较及中支座控制截面、跨中控制截面实际弯矩值与弹性计算值的比较分别如图 6-21 和图 6-22 所示。需要指出的是，图 6-21 中的实际支反力值和图 6-22 中的控制截面实际弯矩值分别包含了张拉引起的次反力和次弯矩。

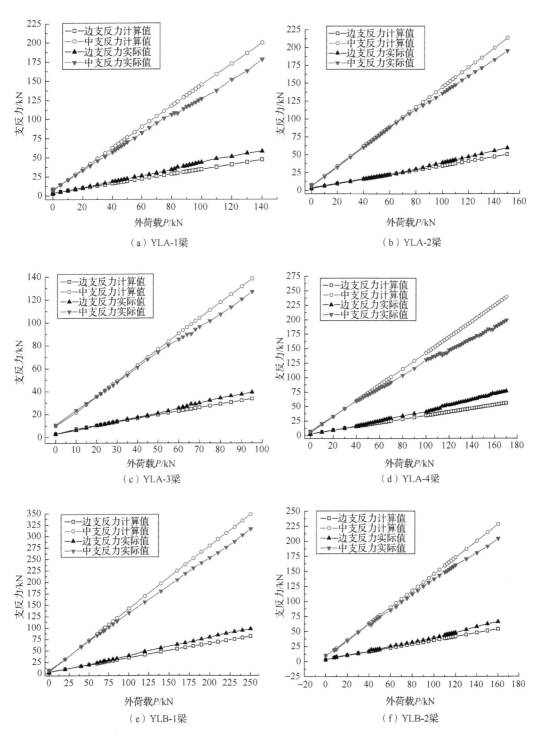

图 6-21　试验梁支反力实测值与弹性值

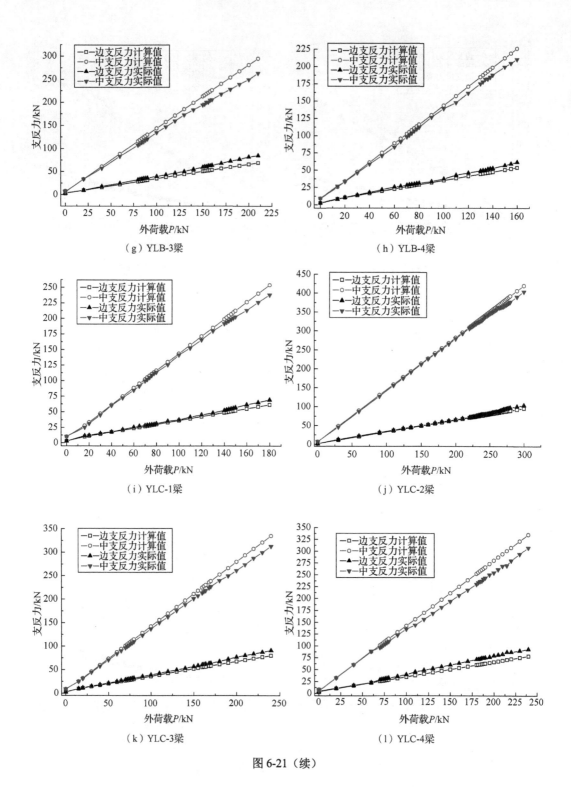

（g）YLB-3梁　　　　　　　　　　　　　　　（h）YLB-4梁

（i）YLC-1梁　　　　　　　　　　　　　　　（j）YLC-2梁

（k）YLC-3梁　　　　　　　　　　　　　　　（l）YLC-4梁

图6-21（续）

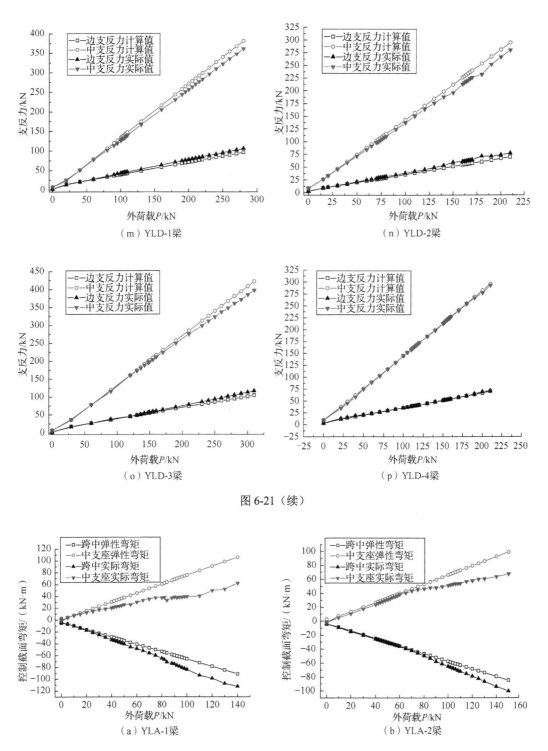

（m）YLD-1梁　　（n）YLD-2梁

（o）YLD-3梁　　（p）YLD-4梁

图 6-21（续）

（a）YLA-1梁　　（b）YLA-2梁

图 6-22　试验梁控制截面弯矩实测值与弹性值

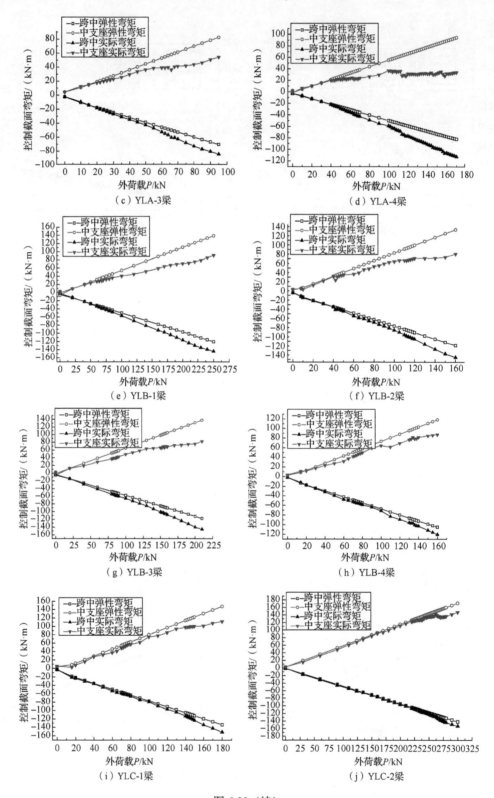

图 6-22（续）

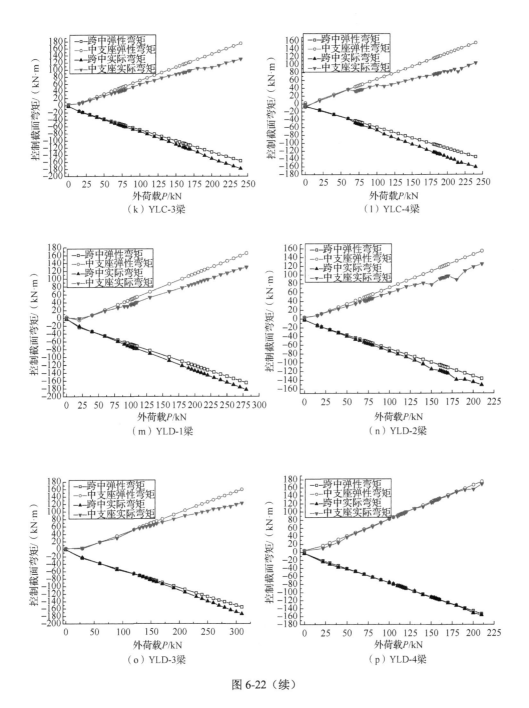

图 6-22（续）

由图 6-21 与图 6-22 可知，梁 YLD-4 在外荷载施加至破坏的全过程均表现出了较好的弹性性能，支反力实际值与弹性计算值、各控制截面弯矩实际值与弹性计算值之间一直符合较好，试验梁的内力重分布现象不明显。各试验梁破坏时中支座控制截面弯矩弹性计算值与实际值的比较及弯矩调幅幅度如表 6-14 所示。

表 6-14　试验梁破坏时中支座弯矩调幅计算

梁号	M_u^e / (kN·m)	M_u^t / (kN·m)	M_u^e / M_u^t	Δ
YLA-1	105.7	62.3	1.697	0.410
YLA-2	99.0	67.5	1.467	0.318
YLA-3	82.7	54.4	1.520	0.451
YLA-4	94.8	34.0	2.782	0.641
YLB-1	138.8	91.2	1.522	0.343
YLB-2	135.3	82.3	1.644	0.391
YLB-3	137.6	82.0	1.678	0.404
YLB-4	118.4	87.17	1.358	0.262
YLC-1	147.7	111.8	1.321	0.243
YLC-2	171.3	147.6	1.160	0.138
YLC-3	175.2	131.0	1.337	0.252
YLC-4	155.6	104.3	1.492	0.330
YLD-1	166.1	130.7	1.271	0.213
YLD-2	154.6	124.9	1.238	0.192
YLD-3	159.6	122.9	1.299	0.230
YLD-4	175.5	169.2	1.037	0.036

注：M_u^e 与 M_u^t 分别表示试验梁破坏时刻中支座控制截面弯矩弹性计算值与实际值；Δ 表示试验梁破坏时刻中支座控制截面弯矩调幅幅度。

需要强调指出的是，表 6-14 中的调幅对象为外荷载下中支座控制截面的弹性弯矩计算值与张拉预应力筋引起的中支座控制截面次弯矩弹性计算值之和。

6.5.2　基于中支座相对塑性转角的弯矩调幅系数计算公式

虽然实测表明由各控制截面开裂到中支座塑性铰形成前，试验梁已经逐步开始发生了一定程度的内力重分布，但对最终弯矩调幅幅度影响不大，对于控制截面能够形成塑性铰的试验梁，无粘结预应力混凝土连续梁结构的塑性内力重分布及弯矩调幅过程集中体现在中支座塑性铰形成和转动过程中。对于塑性铰未发生明显转动的梁 YLD-4，由开始加载至各控制截面开裂再至试验梁破坏前 2 级荷载下，内力实测值与弹性内力计算值几乎完全符合，几乎没有发生内力重分布。当试验梁 YLD-4 破坏时，混凝土非弹性变形和裂缝开展积累及受拉非预应力筋的滑移等因素引起的内力重分布，也仅使试验梁发生了 3.6%的弯矩调幅。因此，为合理地定量分析弯矩重分布性能，应以中支座塑性转角 θ_p 为基本参数。

因为跨中与中支座控制截面综合配筋指标比 $\beta_{0,m} / \beta_{0,i}$、中支座控制截面预应力度 λ_i 对中支座塑性铰转动能力有较大影响，所以也应将 $\beta_{0,m} / \beta_{0,i}$ 及 λ_i 作为影响无粘结预应力混凝土连续梁结构弯矩调幅性能的重要因素予以考虑。

令 $k_1 = \beta_{0,m} / \beta_{0,i}$，在区分不同预应力度的条件下，可得如图 6-23 所示的 $k_1(\theta_p / h_0) \times 10^5$ 与弯矩调幅系数 β 的关系曲线，各条曲线方程如式（6-32）所示。

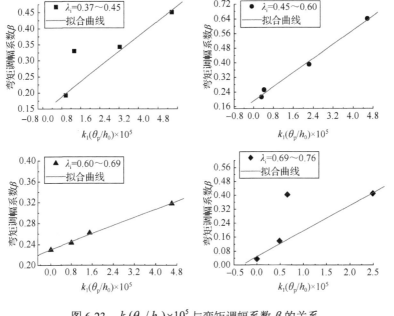

图 6-23 $k_1(\theta_p / h_0) \times 10^5$ 与弯矩调幅系数 β 的关系

$$\beta = \begin{cases} 0.18718 + 0.05918\left[k_1(\theta_p/h_0) \times 10^5\right] & 0.37 \leqslant \lambda_i \leqslant 0.45 & (6\text{-}32a) \\ 0.19192 + 0.09682\left[k_1(\theta_p/h_0) \times 10^5\right] & 0.45 < \lambda_i \leqslant 0.60 & (6\text{-}32b) \\ 0.22991 + 0.01929\left[k_1(\theta_p/h_0) \times 10^5\right] & 0.60 < \lambda_i \leqslant 0.69 & (6\text{-}32c) \\ 0.04946 + 0.14613\left[k_1(\theta_p/h_0) \times 10^5\right] & 0.69 < \lambda_i \leqslant 0.76 & (6\text{-}32d) \end{cases}$$

式（6-32）适用于中支座塑性铰可发生充分转动的无粘结预应力混凝土连续梁的弯矩调幅系数计算。

式（6-32）的 $\beta_{计算值}/\beta_{实测值}$ 的平均值为 0.956，标准差为 0.203，变异系数为 0.212，说明回归公式精度较高，与实测值吻合程度较好。

需要指出的是，为使计算公式简捷、应用性强，在回归中支座控制截面预应力度 λ_s =0.37～0.45 及 λ_s =0.69～0.76 的弯矩调幅系数公式时，仅分别取了 3 个试验点，而将试验点（0.538，0.33）及（0.657，0.404）分别包含在拟合曲线内部，这样是偏于安全的。

6.5.3 弯矩调幅系数实用化计算公式

式（6-32）虽然可较准确地计算出无粘结预应力混凝土连续梁弯矩调幅幅度，但由于计算时须区分不同预应力度范围，直接应用式（6-32）确定弯矩调幅系数也是较为烦琐的，有必要对其进行实用化处理。

将图 6-23 中各试验点及式（6-32）的拟合曲线统一布置在图 6-24 后，可知式（6-32c）和式（6-32d）的拟合曲线相交后组成了全部试验点的边界线，其下方为安全调幅区。因此，为便于应用，同时考虑到实际工程中诸多不可预知因素，偏于安全地取图 6-25 所示各试验点的下包线，可得式（6-33）所示的弯矩调幅系数表达式：

$$\beta = \begin{cases} 0.036 + 0.1505 \left[k_1(\theta_{\mathrm{p}}/h_0) \times 10^5 \right] & 0 \leqslant (\theta_{\mathrm{p}}/h_0) \times 10^5 \leqslant 1.28 \\ 0.235 + 0.0181 \left[k_1(\theta_{\mathrm{p}}/h_0) \times 10^5 \right] & (\theta_{\mathrm{p}}/h_0) \times 10^5 > 1.28 \end{cases} \qquad (6\text{-}33)$$

在式（6-33）中，塑性转角 $\theta_{\mathrm{p}} = (\phi_{\mathrm{u}} - \phi_{\mathrm{y}})L_{\mathrm{p}}$，其中，等效塑性铰区长度 L_{p} 应按式（6-31）计算，计算确定极限曲率 ϕ_{u} 及屈服曲率 ϕ_{y} 时所需的无粘结筋极限应力增量可根据具体情况选择不同的破坏模式下的计算公式。

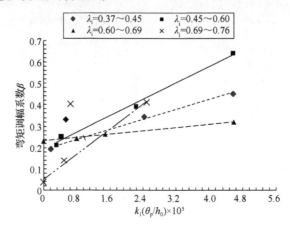

图 6-24　全部试验点及式（6-32）的 4 条拟合曲线

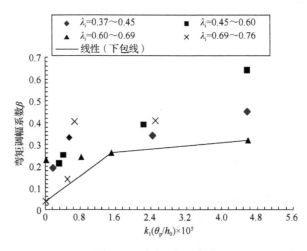

图 6-25　试验点与下包线

6.6　预应力混凝土连续梁结构塑性弯矩计算方法

本节主要介绍了预应力混凝土受弯构件截面名义屈服曲率 ϕ_{y}、截面极限曲率 ϕ_{u} 的概念及计算思想，给出了控制截面塑性转角 θ_{p} 的计算公式，对国内外大量模型试验结果进行了计算分析，建立了以外荷载弯矩设计值 M_{load} 与张拉引起的次弯矩 M_{sec} 之和 $(M_{\mathrm{load}} + M_{\mathrm{sec}})$ 为调幅对象，以相对塑性转角 θ_{p}/h_0 为自变量的支座控制截面弯矩调幅系数

β 的函数表达式。

如前所述，超静定预应力混凝土结构中弯矩调幅程度与塑性铰的转动能力有关，塑性铰转动能力越强，弯矩调幅程度越大，只有当塑性铰具有所必需的转动能力时，结构才能实现所期望的塑性内力重分布。因此，建立了以外荷载弯矩设计值 M_{load} 与张拉引起的次弯矩 M_{sec} 之和 $(M_{load} + M_{sec})$ 为调幅对象，以相对塑性转角 θ_p / h_0 为自变量的弯矩调幅系数 β 的函数表达式，并将预应力混凝土结构设计统一方法发展到塑性设计。

6.6.1　截面塑性转角的确定

预应力混凝土受弯构件中非预应力筋屈服时控制截面的曲率为名义屈服曲率 ϕ_y，混凝土受压边缘达到极限压应变时控制截面的曲率为极限曲率 ϕ_u，ϕ_y 和 ϕ_u 可据预应力筋、非预应力筋和混凝土的本构关系及预应力过程计算确定，由 ϕ_y、ϕ_u 和等效塑性铰区长度 l_p，即可求得控制截面的塑性转角 θ_p：

$$\theta_p = (\phi_u - \phi_y)l_p \tag{6-34}$$

对于普通混凝土结构，可取 $l_p = 0.75h_0$；对于无粘结预应力混凝土结构，可按 6.5 节计算；对于有粘结预应力混凝土结构，l_p 可按下式进行计算：

$$l_p = K'C_aC_b(1-1.2n')\,h_0 \tag{6-35}$$

式中：K'——预应力束形状系数，曲线及折线取 1.3，直线取 1.2；

C_a——钢筋形状系数，普通光圆钢筋及高强钢丝取 0.9，热轧变形钢筋取 0.8；

C_b——混凝土强度等级影响系数，当立方体强度 $f_{cu} \leqslant 20MPa$ 时取 0.85，立方体强度 $f_{cu} \geqslant 40MPa$ 时取 0.65，之间按线性内插；

n'——有效预应力下的轴压比，即 $n' = \dfrac{A_p\sigma_{pe}}{f_cA_c}$；

h_0——截面的有效高度。

6.6.2　对试验资料的整理

已知试件的结构类型、截面、跨度、材料基本性能、配筋情况、预应力筋有效预应力大小、加荷方式和试验结果，就可以按式（6-33）反算弯矩调幅系数 Δ 值。国内外各试件的 Δ、ϕ_u、ϕ_y、l_p / h_0 和 θ_p / h_0 的计算值如表 6-15 所示。为考虑梁高影响，表 6-15 中塑性铰转动幅度以 θ_p / h_0 表示。

表 6-15　弯矩调幅试验分析结果

试验者	试验时间	试件	Δ	$\phi_u /10^{-5}$	$\phi_y /10^{-5}$	l_p / h_0	$(\theta_p / h_0)/10^{-5}$
克雷洛夫（Крылов）	1960 年	1	0.299	6.570	1.988	0.75	3.437
		2	0.317	5.715	2.094	0.75	2.716
		3	0.319	5.997	2.055	0.75	2.957
同济大学	1962 年	4	0.422	9.228	1.792	0.75	5.577

试验者	试验时间	试件	Δ	$\phi_u/10^{-5}$	$\phi_y/10^{-5}$	l_p/h_0	$(\theta_p/h_0)/10^{-5}$
Sinha 等[36]	1963 年	5	0.246	18.799	1.538	0.75	12.946
		6	0.360	13.966	1.626	0.75	9.255
		7	0.386	7.656	1.890	0.75	4.325
		8	0.370	8.303	1.845	0.75	4.844
		9	0.374	5.715	2.094	0.75	2.716
		10	0.254	13.464	1.638	0.75	8.870
		11	0.284	7.583	1.896	0.75	4.265
		12	0.267	8.123	1.856	0.75	4.700
中国建筑科学研究院	1962 年	13	0.282	13.725	1.632	0.75	9.070
		14	0.418	13.602	1.635	0.75	8.975
		15	0.264	7.038	1.942	0.75	3.822
		16	0.270	11.491	1.695	0.75	7.347
		17	0.391	11.864	1.684	0.75	7.635
		18	0.299	10.241	1.744	0.75	6.373
乔夫（Choves）	1978 年	19	0.244	8.303	1.845	0.75	4.844
		20	0.269	15.607	1.590	0.75	10.513
		21	0.234	9.919	1.758	0.75	6.121
构件弹塑性计算专题研究组赵光仪等[37]	1982 年	22	0.350	7.969	1.868	0.75	4.576
		23	0.339	4.990	2.220	0.75	2.078
		24	0.236	7.302	1.919	0.75	4.037
		25	0.252	9.115	1.797	0.75	5.489
		26	0.086	5.798	2.082	0.75	2.787
		27	0.179	6.234	2.026	0.75	3.156
		28	0.250	18.137	1.548	0.75	12.442
		29	0.576	22.456	1.494	0.75	15.722
穆尼尔（Mounier）	1976 年	30	0.435	14.730	1.608	0.75	9.842
		31	0.271	5.630	2.107	0.75	2.642
山东建材学院	1989 年	32	0.204	6.488	2.223	0.75	3.199
		33	0.262	12.032	1.823	0.75	7.657
		34	0.264	9.776	1.759	0.75	6.013
		35	0.277	11.361	1.691	0.75	7.253
		36	0.390	18.722	1.107	0.75	13.211
		37	0.280	5.518	1.479	0.75	3.029
		38	0.250	4.733	1.589	0.75	2.358
		39	0.210	6.655	1.370	0.75	3.964
		40	0.180	4.025	1.738	0.75	1.715
		41	0.130	4.029	1.737	0.75	1.719
武汉建筑材料工业学院伋雨林等[38]	1989 年	42	0.437	10.677	0.805	0.75	7.404
		43	0.389	11.536	2.223	0.75	6.985

续表

试验者	试验时间	试件	Δ	$\phi_u/10^{-5}$	$\phi_y/10^{-5}$	l_p/h_0	$(\theta_p/h_0)/10^{-5}$
重庆建筑大学王正霖等[39-41]	1995 年	Y1	0.192	5.212	0.837	0.68	2.975
		Y2	0.263	5.054	0.849	0.68	2.859
		Y3	0.150	4.033	0.851	0.84	2.673
		Y4	0.269	3.896	0.917	0.64	1.907
		Y5	0.313	2.793	1.110	0.58	0.976
		WY1	0.282	3.748	0.926	0.79	2.238
		WY2	0.237	3.415	1.229	0.77	1.686
东南大学石平府[42]	1995 年	Y6	0.114	4.329	1.610	0.64	1.740
		Y7	0.157	5.634	1.478	0.70	2.909
		Y8	0.121	6.286	1.425	0.68	3.306
		Y9	0.092	5.240	1.053	0.64	2.680
		Y10	0.183	5.240	1.053	0.64	2.680
北京市建筑工程研究院王丰等[43]	1998 年	WY3	0.130	3.511	1.395	0.63	1.325
		WY4	0.139	3.208	1.416	0.62	1.106
		WY5	0.146	3.386	1.381	0.63	1.269
		WY6	0.113	3.618	1.388	0.63	1.405
		WY7	0.115	2.894	1.511	0.58	0.802
		WY8	0.095	2.935	1.476	0.59	0.861
		WY9	0.092	3.334	1.397	0.63	1.213
		WY10	0.104	3.466	1.371	0.64	1.337

　　需要指出的是，表 6-15 中收录了钢筋混凝土、有粘结部分预应力混凝土及无粘结部分预应力混凝土连续梁及框架的试验及分析数据，目的是建立适用于整个配筋混凝土系列的用塑性转动幅度决定弯矩调幅幅度的塑性设计方法。

6.6.3　经典方法弯矩调幅系数计算公式的建立

　　将表 6-15 的分析结果布置于如图 6-26 所示的以相对塑性转角 θ_p/h_0 为横轴，以普通钢筋混凝土结构弯矩调幅系数 β 为纵轴的平面直角坐标系下，仿照超静定普通钢筋混凝土结构弯矩调幅设计法研究中取以混凝土相对受压区高度 ξ 为横坐标，以弯矩调幅系数 β 为纵坐标的平面直角坐标系下各试验点下包线的通用做法，对图 6-26 各试验点取具有 95%保证率的下包线，可得如式（6-36）所示适用于以外荷载弯矩设计值 M_{load} 与张拉引起的次弯矩 M_{sec} 之和 $(M_{load}+M_{sec})$ 为调幅对象的弯矩调幅系数 β 的函数表达式：

$$\beta = \begin{cases} 0.047\left(\dfrac{10^5\theta_p}{h_0}\right)+0.015 & \dfrac{10^5\theta_p}{h_0}\leqslant 5 \\[3mm] 0.25 & \dfrac{10^5\theta_p}{h_0}>5 \end{cases} \qquad (6\text{-}36)$$

　　由此可以给出按塑性方法计算时的支座控制截面的弯矩设计值的计算公式：

$$M=(1-\beta)(M_{load}+M_{sec}) \qquad (6\text{-}37)$$

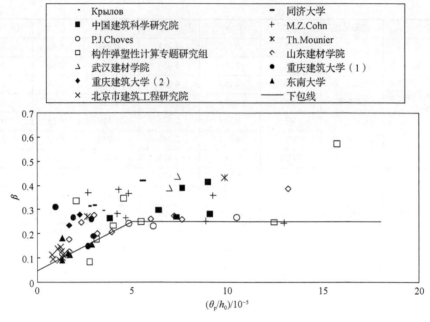

图 6-26　弯矩调幅系数 β 的计算值和实测值的比较

本节所建立的塑性设计新模式，具有以下优点：实现了超静定普通混凝土结构塑性设计与超静定预应力混凝土结构塑性设计的统一；合理考虑了预应力筋有效预应力水平、混凝土相对受压区高度、预应力筋与非预应力筋匹配关系等关键参数对弯矩调幅系数 β 的影响，且对各关键参数影响的考虑具有连续性。

6.6.4　统一方法弯矩调幅系数的计算公式

按式（6-20），也可按经典方法建立的承载力计算公式与我校建立的统一理论承载力计算公式等价的原则，推导了以外荷载弯矩设计值 M_{load} 与张拉引起的等效荷载作用下的弯矩 M_{p} 之和 $(M_{\text{load}} + M_{\text{p}})$ 为调幅对象的预应力混凝土结构的弯矩调幅系数 $\bar{\beta}$ 的计算公式，从而使统一理论发展到塑性设计。

对于无侧限预应力结构，在支座处有

$$(1-\bar{\beta})(M_{\text{load}} + M_{\text{sec}}) = f_y A_s \left(h_s - \frac{x}{2}\right) + f_{\text{py}} A_p \left(h_p - \frac{x}{2}\right) \tag{6-38}$$

$$(1-\bar{\beta})(M_{\text{load}} + M_{\text{p}}) = f_y A_s \left(h_s - \frac{x}{2}\right) + f_{\text{py}} A_p \left(h_p - \frac{x}{2}\right) - \sigma_{\text{pe}} A_p e_p \tag{6-39}$$

根据次弯矩、主弯矩、综合弯矩的定义知，在支座处（考虑正负号）有

$$M_{\text{p}} = M_{\text{sec}} - \sigma_{\text{pe}} A_p e_p \tag{6-40}$$

将式（6-38）与式（6-39）相减，再考虑式（6-40）简化可得

$$\bar{\beta} = \bar{\beta}\left(1 + \frac{\sigma_{\text{pe}} A_p e_p}{M_{\text{load}} + M_{\text{p}}}\right) \tag{6-41}$$

同理，可推及有侧限预应力混凝土结构的弯矩调幅系数 $\bar{\beta}$ 的表达式与式（6-41）相同。

6.7　预应力混凝土连续梁结构塑性设计建议

超静定预应力混凝土结构的塑性设计是一个十分复杂的过程，为方便应用塑性设计新模式进行设计，同时较好地满足正常使用以及承载力、防火、耐久性等方面的要求，本节提出了超静定预应力混凝土结构按经典方法和按统一方法的塑性设计建议，并通过算例展示了按照建议进行设计计算的过程和方法，可供工程技术人员设计时参考。

6.7.1　按经典方法设计建议

1）预应力筋面积 A_p 的确定：在根据防火及耐久性要求确定预应力筋保护层厚度、根据荷载类型确定预应力筋线型后，通过裂缝控制方程计算确定预应力筋面积 A_p。

2）计算确定张拉引起的支座控制截面处的综合弯矩 M_p 及结构的主弯矩 $M_F = N_p e$，通过 $M_{sec} = M_p - M_F$ 计算确定支座控制截面处的次弯矩 M_{sec}。

3）计算确定支座控制截面处的外荷载弯矩设计值 M_{load}。

4）可据预应力筋、非预应力筋和混凝土的本构关系及预应力过程计算确定预应力混凝土受弯构件控制截面的极限曲率 φ_u 及屈服曲率 φ_y，按 6.5.4 节的思路和方法分别计算塑性转角 θ_p 及塑性弯矩设计值。

5）以 $(1-\beta)(M_{load} + M_{sec})$ 作为支座控制截面弯矩设计值，按经典方法承载力计算公式计算确定支座控制截面处非预应力筋用量，同时应满足有关构造配筋要求。

6）根据荷载静力平衡条件，计算出跨中控制截面处的内力，并据此按经典方法承载力计算公式计算确定跨中配筋，同时应满足有关构造配筋要求。

7）需要指出的是，为了保证结构正常使用性能，要求支座控制截面处 $(1-\beta)(M_{load} + M_{sec}) \geqslant M_s + M_{sec}$。

6.7.2　按统一方法设计建议

1）预应力筋面积 A_p 的确定：在根据防火及耐久性要求确定预应力筋保护层厚度、根据荷载类型确定预应力筋线型后，通过裂缝控制方程计算确定预应力筋面积 A_p。

2）计算确定张拉引起的等效荷载作用下支座控制截面处的弯矩 M_p 与外荷载弯矩设计值 M_{load} 之和 $(M_{load} + M_p)$。

3）可据预应力筋、非预应力筋和混凝土的本构关系及预应力过程计算确定预应力混凝土受弯构件控制截面的极限曲率 ϕ_u 及屈服曲率 ϕ_y，按按 6.6.4 节的思路和方法分别计算塑性转角 θ_p 及弯矩调幅系数 $\bar{\beta}$。

4）以 $(1-\bar{\beta})(M_{load} + M_p)$ 作为支座控制截面弯矩设计值，按统一方法承载力计算公式计算确定支座控制截面处非预应力筋用量，同时应满足有关构造配筋要求。

5）根据荷载静力平衡条件，计算出跨中控制截面处的内力，并据此按统一方法承载力计算公式计算确定跨中配筋，同时应满足有关构造配筋要求。

6）需要指出的是，为了保证结构正常使用性能，要求支座控制截面处 $(1-\bar{\beta})(M_{load} + M_p) \geqslant M_s + M_p$。

6.7.3　设计计算实例

某工程采用预应力混凝土梁板楼盖体系。现浇钢筋混凝土板厚 t=180mm，连续梁截面尺寸 $b×h$=800mm×700mm。连续梁承受的线均布恒载标准值 g_k=30kN/m，承受的线均布活载标准值 q_k=50kN/m，活荷载准永久值系数 $\varphi_q = 0.4$，连续梁结构在外荷载作用下的计算简图如图6-27所示。试根据塑性理论按一类使用环境对该PC连续梁进行设计计算。

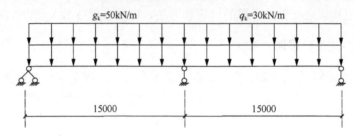

图6-27　连续梁结构在外荷载作用下的计算简图

1. 梁截面特征值

连续梁截面的特征值如图6-28所示。

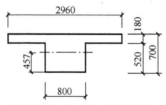

注：$A = 948800\text{mm}^2$；$I = 4.502×10^{10}\text{mm}^4$；$W_{中} = 9.847×10^7\text{mm}^3$；$W_{支} = 1.852×10^8\text{mm}^3$。

图6-28　连续梁截面的特征值

2. 材料及预应力工艺的选择

梁板采用设计强度等级为C60的混凝土，梁中预应力筋采用抗拉强度值为 $f_{ptk} = 1860\text{N/mm}^2$ 的 $\phi^j 15$ 钢绞线，梁中非预应力纵筋采用Ⅱ级钢筋，锚具采用XM型锚具，该工程大梁采用后张有粘结预应力工艺。

3. 内力计算

经计算，在外荷载作用下，考虑活荷载的最不利布置，连续梁中支座处的弯矩设计值为

$$M_{load}^{支} = 2868.75\text{kN·m}$$

不考虑活荷载的最不利布置，跨中控制截面距边支座5.625m，按荷载短期效应组合计算的控制截面的弯矩值为

$$M_s^{中} = 1265.40\text{kN·m}$$

不考虑活荷载的最不利布置，按荷载短期效应组合计算的控制截面的弯矩值为

$$M_{\mathrm{s}}^{\dot{z}} = 2250.00\mathrm{kN}\cdot\mathrm{m}$$

4. 预应力筋合力作用线的选取

为了便于预应力筋的张拉及其在梁端的布置，该工程 PC 连续梁取用图 6-29 所示的预应力筋合力作用线。

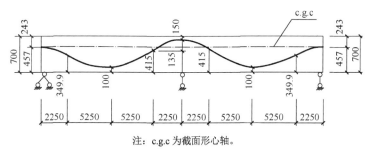

注：c.g.c 为截面形心轴。

图 6-29　预应力筋合力作用线

5. 张拉单位面积预应力筋引起的等效荷载及在等效荷载作用下的内力的计算

该工程两跨连续梁中预应力筋在各控制截面的有效预应力可近似取为

$$\sigma_{\mathrm{pe}} = 0.8\sigma_{\mathrm{con}} = 0.8\times0.7f_{\mathrm{ptk}} = 1042\mathrm{N/mm}^2$$

从而可求得如图 6-30 所示张拉单位面积预应力筋引起的端部预加力及结间等效荷载。在图 6-30 所示荷载作用下，该工程连续梁的弯矩图如图 6-31 所示。

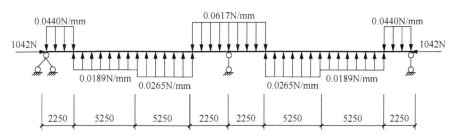

图 6-30　张拉单位面积预应力筋引起的端部预加力及结间等效荷载

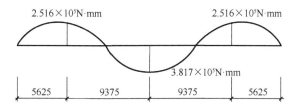

图 6-31　在张拉单位面积预应力筋引起的端部预加力及跨内等效荷载作用下的弯矩图

6. 计算确定预应力筋用量 A_p

对于跨中控制截面，在荷载效应标准组合下，满足一类使用环境裂缝控制要求所需的预应力筋用量下限值为

$$A_p^{中} = \frac{\dfrac{M_s^{中}}{W_{中}} - 2.55 f_{tk}}{\dfrac{\sigma_{pe}^{中}}{A} - \dfrac{\overline{M}_p^{中}}{W_{中}}} = 1458.4 \text{mm}^2$$

对于支座控制截面，在荷载效应标准组合下，满足一类使用环境裂缝控制要求所需的预应力筋用量下限值为

$$A_p^{支} = \frac{\dfrac{M_s^{支}}{W_{支}} - 2.55 f_{tk}}{\dfrac{\sigma_{pe}^{支}}{A} - \dfrac{\overline{M}_p^{支}}{W_{支}}} = 1464.4 \text{mm}^2$$

满足此连续梁裂缝控制要求所需的预应力筋用量下限值应取 $A_p^{中}$、$A_p^{支}$ 中的最大者，即

$$A_p = \max(A_p^{中}, A_p^{支}) = \max(1458.4, 1595.6) = 1595.6 \text{mm}^2$$

因为单根抗拉强度标准值 $f_{ptk} = 1860 \text{N/mm}^2$ 的 $\phi^S 15$ 钢绞线的面积为 $\overline{A}_p = 139 \text{mm}^2$，因而所需预应力筋的计算根数为 $n = \dfrac{1595.6}{139} = 11.4$，应选配 $12\phi^S 15$，实配预应力筋面积为 $A_p = 12 \times 139 = 1668 \text{mm}^2$。

7. 按统一方法根据弹性理论初步确定非预应力筋用量

在张拉实配预应力筋引起的端部预加力及结间等效荷载作用下支座处的弯矩为

$$M_p^{支} = A_p \overline{M}_p^{支} = -6.367 \times 10^8 \text{N} \cdot \text{mm}$$

将有关量值代入正截面承载力计算公式可得

$$\begin{cases} x = 207.7 \text{mm} \\ A_s' = 8764.4 \text{mm}^2 \end{cases}$$

在外荷载和预应力等效荷载作用下，考虑活荷载的最不利布置，跨中控制截面距边支座 5.545m，跨中控制截面的弯矩设计值为

$$M_{load}^{中} + M_p^{中} = 1414.43 \text{kN} \cdot \text{m}$$

将有关量值代入正截面承载力计算公式可得

$$\begin{cases} x = 39.5 \text{mm} \leqslant h_f' \\ A_s = 4158.1 \text{mm}^2 \end{cases}$$

8. 按经典方法进行塑性设计

经计算支座截面极限曲率 $\phi_u = 3.0 \times 10^{-5}$，屈服曲率 $\phi_y = 4.5 \times 10^{-6}$，塑性铰区长度 $L_p = 0.72 h_0$，相对塑性转角 $\theta_p / h_0 = 2.052 \times 10^{-5}$，按经典方法的弯矩调幅系数 $\beta = 0.112$，支座控制截面张拉引起的次弯矩 $M_{sec}^{支} = -4.751 \times 10^8 \, \text{N} \cdot \text{mm}$，支座控制截面弯矩设计值 $(1-\beta)(M_{load}^{支} + M_{sec}^{支}) = 2.126 \times 10^9 \, \text{N} \cdot \text{mm}$，将调幅后控制内力代入经典方法承载力计算公式，得中支座非预应力筋用量 $A'_s = 6692 \text{mm}^2$，实配 14Φ25（$A'_s = 6874 \text{mm}^2$），按静力平衡计算出跨中控制内力后，可得跨中非预应力筋用量 $A_s = 4574 \text{mm}^2$，实配 10Φ25（$A_s = 4910 \text{mm}^2$）。

9. 按统一方法进行塑性设计

经计算按统一方法的弯矩调幅系数 $\bar{\beta} = 0.120$，支座控制截面弯矩设计值 $M = (1-\bar{\beta})(M_{load}^{支} + M_p^{支}) = 1.964 \times 10^9 \, \text{N} \cdot \text{mm}$，将调幅后的控制内力代入统一方法承载力计算公式，得到与经典方法相同的中支座非预应力筋用量，按静力平衡计算出跨中控制内力后可得与经典方法相同的跨中非预应力筋用量。

10. 弹性与塑性设计计算结果的比较

从设计计算实例可以看出，按塑性计算方法设计计算中支座控制截面非预应力筋用量（6691.4mm²，约 14Φ25）为弹性计算方法的结果（8764.4mm²，约 18Φ25）的 76.3%，而按塑性计算方法设计计算跨中控制截面非预应力筋用量有一定程度的增加 [4684.2-4158.1=526.1（mm²）]。从总体来看，非预应力筋用量有一定程度的节约，同时方便了施工，提高了施工质量。

第7章 预应力混凝土双向板研究与设计

预应力混凝土双向板的适宜跨度为6～12m，由于其具有平面布置灵活、使用效果好、可简化装修等优点，广泛应用于工程建设。目前，工程中的双向板大量采用的预应力筋布筋型式是双向均匀布置，这种布筋型式的优点是从荷载平衡的角度看其受力明确，其缺点是布置预应力筋时须编网、预应力筋用量偏大、造价偏高。东南大学等单位曾开展了预应力筋布筋型式对柱支承双向板承载力影响的研究。着重对板中央承受局部荷载的双向均匀布置预应力筋、双向中密边稀布置预应力筋、双向中间密布预应力筋的三块双向板的受力性能进行试验研究，并采用塑性绞线理论对三块试验板的承载力进行分析和计算十分必要。

7.1 预应力筋布筋型式影响

7.1.1 试件设计

为了研究预应力筋布筋型式对双向板受力性能和承载力的影响，设计制作了三块厚度为75mm的双向板试件，试件尺寸、配筋及预应力筋线型分别如图7-1和图7-2所示。

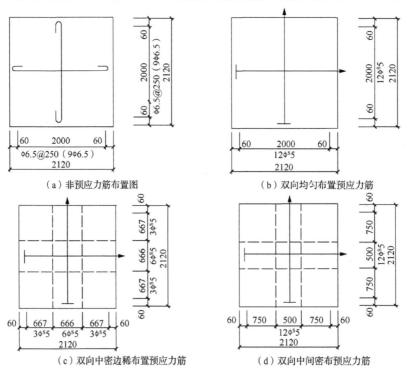

（a）非预应力筋布置图   （b）双向均匀布置预应力筋

（c）双向中密边稀布置预应力筋   （d）双向中间密布预应力筋

图7-1 双向板试件配筋图

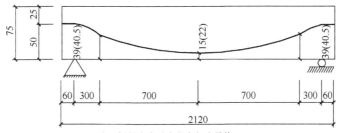

注：括号内为垂直方向相应量值。

图 7-2　双向板试件中预应力筋线型图

各双向板试件的非预应力筋布置均相同，非预应力筋保护层厚度为 5mm，试件所用材料物理力学性能如表 7-1 所示。

表 7-1　试件所用材料物理力学性能

材料类别	型号或规格	弹性模量/ (10^5N/mm²)	抗压强度/ (N/mm²)	屈服应力/ (N/mm²)	极限应力/ (N/mm²)
混凝土	150mm×150mm×150mm	—	30.6	—	—
非预应力筋	低碳钢 φ6.5mm	2.10*	—	270	351
预应力筋	碳素钢丝 Φ^P5mm	2.05*	—	—	1685

*理论值。

7.1.2　试验方案

1. 预应力筋的张拉

预应力筋通过穿心式千斤顶采用一端张拉工艺，每根钢丝的张拉力均为 21.6kN。为减少锚具损失，张拉端及锚固端均采用镦头锚具锚固。

角部混凝土浇筑不够密实，按双向中密边稀布置预应力筋的双向板角部在张拉时发生了局压破坏，致使其有效预应力筋根数双向均为 $10\Phi^P5$。由于镦头质量问题，按双向中间密布预应力筋的双向板的有效预应力筋一向为 $11\Phi^P5$，另一向为 $12\Phi^P5$；按双向均匀布置预应力筋的双向板两个方向的有效预应力筋均为 $12\Phi^P5$，未发生任何质量问题。

三块试验板即将加荷时各根预应力筋的有效预应力大小十分接近，可统一取为
$\sigma_{pe} = 955.8$N/mm²。

2. 加荷装置

试验板的支承方式为四边简支，加荷方案初定为采用荷重块施加均布荷载，但通过对双向均匀布置预应力筋双向板的加荷试验发现，若要完成试验，荷重块堆积过高，试验时危险性太大。于是改用 20t 螺旋式千斤顶在板中央施加局部荷载，千斤顶下垫有厚度为 30mm，面积为 350mm×350mm 的钢板，加荷装置如图 7-3 所示。

布置于反力梁和千斤顶之间的传感器与应变仪相连，通过应变仪读数来控制加荷等级。双向板在各级荷载下的变形通过图 7-3 所示的位移计测得，预应力大小通过预先粘贴在墩头锚具上的应变片测得，各级荷载下的裂缝开展宽度通过读数放大镜读取。

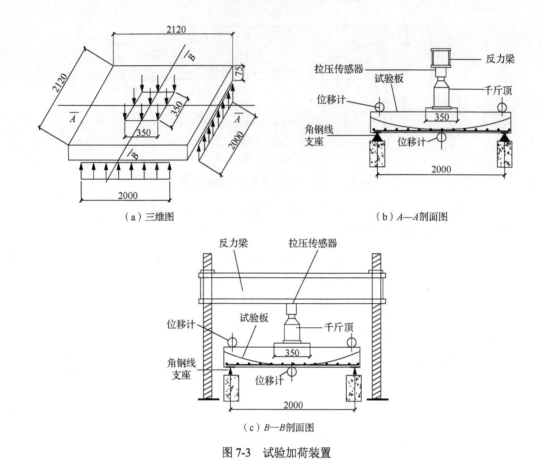

（a）三维图　　　　　　　　　　　（b）A—A剖面图

（c）B—B剖面图

图 7-3　试验加荷装置

7.1.3　试验结果与分析

1. 双向均匀布置预应力筋的试验板（SB1）

加荷方案初定为采用荷重块施加均布荷载，第一级荷载为 5kN/m²，以后每级为 2.5kN/m²。当荷载达到 25kN/m² 时，板底出现沿对角线方向的裂缝，裂缝随荷载的增大而发展；当荷载达到 35kN/m² 时，板底实测最大裂宽达 1.0mm；当荷载达到 42.5kN/m² 时，实测最大裂宽达 1.5mm。由于荷重块堆积较高，出于安全考虑，停止继续施加均布荷载，改用在板中央施加局部荷载方案。均布荷载下 SB1 荷载-挠度关系曲线如图 7-4 所示。SB1 在卸除均布荷载后变形恢复，裂缝闭合，说明此试验板具有较强的变形恢复能力。

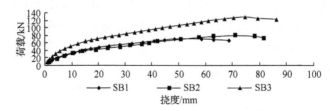

图 7-4　均布荷载下 SB1 荷载-挠度关系曲线

因为该板底在施加均布荷载时已出现裂缝，所以施加局部荷载初期，板底裂缝就开始发展。当荷载加到 41.1kN 时，板底实测最大裂宽达 0.5mm；当荷载达到 47.7kN 时，实测最大裂宽为 1.0mm；当荷载增大到 70.5kN 时，实测最大裂宽增至 2.5mm；试验最终最大裂缝开展至 8mm。局部荷载下 SB1 荷载-挠度关系曲线如图 7-5 所示。

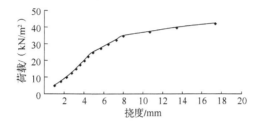

图 7-5　局部荷载下 SB1 荷载-挠度关系曲线

由于预应力混凝土双向板达到承载力极限状态的判定标准尚有争议，用板底裂缝开展宽度限值作为判定依据不便实施，本节暂以挠度达到计算跨度的 1/50 作为预应力混凝土双向板达到承载力极限状态的标准。从图 7-5 可知，当挠度达到计算跨度的 1/50，即 40mm 时，荷载值为 63.9kN，但并未达到荷载峰值；当荷载达到 70.5kN 时，荷载-挠度关系曲线才开始出现下降段。

SB1 预应力筋应力增幅如表 7-2 所示。由表 7-2 可以看出，四边简支双向板中预应力筋的位置对其极限应力的增长有较大影响，预应力筋越靠近跨中，其应力增长幅度越大，越靠近板边，其应力增长幅度越小。SB1 板底裂缝分布如图 7-6（a）所示。

表 7-2　试验板中预应力筋应力增幅　　　　　　　　　　　　（单位：N/mm²）

试验板编号	破坏标志	预应力筋编号					
		1	2	3	4	5	6
SB1	$f=\dfrac{1}{50}l$	106.8	109.4	141.2	223.7	268.6	278.7
	$P=P_u$	289.7	294.0	376.9	413.7	444.1	448.7
SB2	$f=\dfrac{1}{50}l$	—	107.8	170.7	257.1	264.9	274.8
	$P=P_u$	—	290.3	363.2	457.8	461.4	461.9
SB3	$f=\dfrac{1}{50}l$	283.5	273.8	275.0	307.5	324.5	312.5
	$P=P_u$	380.5	374.8	401.3	435.9	440.2	430.2

注：预应力筋编号为自边至中；应力增幅为双向平均值。

2. 双向中密边稀布置预应力筋的试验板（SB2）

双向中密边稀布置预应力筋的试验板采用集中加荷方案试验，当荷载加到 35.2kN 时，板底开始出现沿对角线方向的裂缝，裂缝随荷载的增大而发展；当荷载达到 48.9kN 时，板底实测最大裂宽达 1.0mm；当荷载达到 55.9kN 时，板底实测最大裂宽为 1.8mm。卸载后板变形基本恢复，板底裂缝基本闭合。重新加载，直至试验板破坏。因为该试验板已出现板底裂缝，所以在重新加载初期，板底裂缝就开始发展。当荷载加到 63.0kN 时，板底实测最大裂宽达 2.5mm；当荷载达到峰值 79.3kN 时，板底实测最大裂宽达 4.0mm。

当 SB2 挠度达到计算跨度的 1/50，即 40mm 时，荷载值为 59.9kN。如前所述，荷载峰值为 79.3kN。SB2 预应力筋应力增幅如表 7-2 所示。SB2 板底裂缝分布如图 7-6（b）所示。

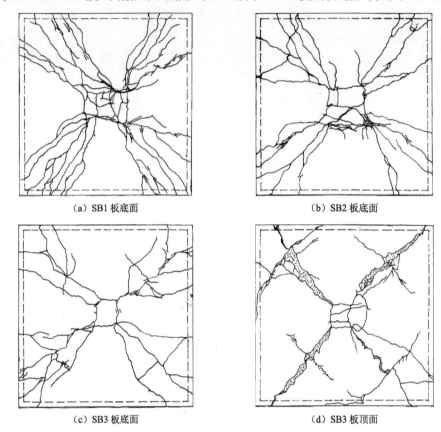

（a）SB1 板底面　　　　　　　　　　　（b）SB2 板底面

（c）SB3 板底面　　　　　　　　　　　（d）SB3 板顶面

图 7-6　试验板极限状态裂缝形态图

3. 双向中间密布预应力筋的试验板（SB3）

双向中间密布预应力筋的试验板采用局部加荷方案，当荷载加到 36.4kN 时，板底开始出现沿对角线方向的裂缝；当荷载加至 76.3kN 时，板底实测最大裂宽达 1.0mm。随着荷载的增大，裂缝也进一步发展，当荷载达到峰值 127.4kN 时，板底实测最大裂宽达 6.5mm。当荷载加至 79.2kN 时，在板顶距板角约 1/4 对角线长度处出现垂直于对角线方向的裂缝，该裂缝也随荷载增大而发展。当荷载达到峰值后，板顶沿对角线的混凝土被压碎。SB3 荷载-挠度关系曲线如图 7-5 所示。

当 SB3 挠度达到 40mm 时，荷载值为 93.6kN。但荷载-挠度关系曲线仍有很长上升段，直到荷载达到峰值 127.4kN 后，荷载-挠度曲线才开始出现下降段。SB3 预应力筋应力增幅如表 7-2 所示。由表 7-2 可知，SB3 中预应力筋双向中间密布在跨中 1/4 范围内，其应力增幅较大并大致相等。SB3 板底及板顶裂缝分布及破坏特征分别如图 7-6（c）和（d）所示。

7.1.4　板的塑性分析

1. 塑性绞线模式

有关文献已指出，四边简支预应力混凝土双向板在承受板中局部荷载作用下的塑性绞线模式如图 7-7（a）所示，在承受板面均布荷载作用下的塑性绞线模式如图 7-7（b）所示。

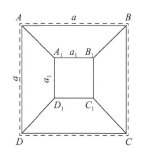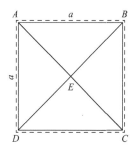

（a）板中局部荷载作用下塑性绞线模式　　　　（b）均布荷载作用下塑性绞线模式

图 7-7　四边简支正方形板塑性绞线模式

2. 用虚功原理计算试验板承载力

为了对预应力混凝土双向板进行塑性分析，须知塑性绞线所在截面的极限抵抗弯矩，现在考察塑性绞线与所配置钢筋斜交的情况，如图 7-8 所示。

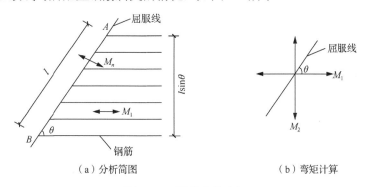

（a）分析简图　　　　　　　　　（b）弯矩计算

图 7-8　屈服线上的弯矩

假设图 7-8（a）所示受力钢筋所提供的单位板宽的极限抵抗弯矩为 M_1，则其对单位长度塑性绞线的极限抵抗弯矩的贡献为

$$M_{1,n} = M_1 \sin^2 \theta \qquad (7\text{-}1)$$

假设图 7-8（b）沿另一垂直方向受力筋所提供的单位板宽的极限抵抗弯矩为 M_2，则其对单位长度塑性绞线的极限抵抗弯矩的贡献为

$$M_{2,n} = M_2 \cos^2 \theta \qquad (7\text{-}2)$$

因而有单位长度塑性绞线的极限抵抗弯矩为

$$M_n = M_{1,n} + M_{2,n} \tag{7-3}$$

需要指出的是，在应用式（7-1）～式（7-3）进行预应力混凝土双向板塑性绞线极限抵抗弯矩计算时，要考虑到预应力筋按抛物线线型布置，同一塑性绞线所交的不同位置处的预应力筋的内力臂不同。

（1）局部荷载作用下的承载力

如图 7-7（a）所示，若板承受的局部荷载集度为 q_0，则外功为

$$W_{外} = q_0 a_1^2 \tag{7-4}$$

非预应力筋对内功的贡献为

$$W_{内1} = \frac{4a}{a - a_1}(M_{1s} + M_{2s}) \tag{7-5}$$

式中：M_{1s}、M_{2s}——两个方向单位板宽非预应力筋提供的极限抵抗弯矩。

由于预应力筋按抛物线线型布置，同一条塑性绞线所交不同位置处预应力筋的内力臂不同。设一个方向有 n 根预应力筋，第 i 根预应力筋的面积为 A_{pi}，第 i 根预应力筋的有效预应力为 σ_{pei}，破坏时第 i 根预应力筋的极限应力为 σ_{pui}，考虑到从有效预应力的建立到正截面承载力极限状态无粘结预应力筋的拉应力水平并非恒值，取 $\sigma_{pi} = \dfrac{\sigma_{pei} + \sigma_{pui}}{2}$ 为计算板中预应力筋对内功贡献时的预应力筋拉应力代表值。设另一个方向有 m 根预应力筋，则板中预应力筋对内功的贡献为

$$W_{内2} = \frac{4}{a - a_1}\left(\sum_{i=1}^{n} A_{pi}\sigma_{pi}z_{pi} + \sum_{j=1}^{m} A_{pj}\sigma_{pj}z_{pj}\right) \tag{7-6}$$

式中：z_{pi}、z_{pj}——第 i、j 根预应力筋的内力臂。

令 $W_{外} = W_{内1} + W_{内2}$，可得局部荷载集度上限解最小值（按板的塑性分析获得的极限荷载）为

$$q_0 = \frac{4}{a_1^2(a - a_1)}\left[(M_{1s} + M_{2s})a + \left(\sum_{i=1}^{n} A_{pi}\sigma_{pi}z_{pi} + \sum_{j=1}^{m} A_{pj}\sigma_{pj}z_{pj}\right)\right] \tag{7-7}$$

从而可知局部荷载上限解最小值为

$$P_{u} = \frac{4}{a - a_1}\left[(M_{1s} + M_{2s})a + \left(\sum_{i=1}^{n} A_{pi}\sigma_{pi}z_{pi} + \sum_{j=1}^{m} A_{pj}\sigma_{pj}z_{pj}\right)\right] \tag{7-8}$$

（2）均布荷载作用下的承载力

同理，由图 7-7（b）应用虚功原理可得均布荷载上限解最小值为

$$q = \frac{12}{a^3}\left[(M_{1s} + M_{2s})a + \left(\sum_{i=1}^{n} A_{pi}\sigma_{pi}z_{pi} + \sum_{j=1}^{m} A_{pj}\sigma_{pj}z_{pj}\right)\right] \tag{7-9}$$

三块试验板在实测挠度达到其计算跨度 1/50（即 40mm）时局部荷载实测值、荷载峰值实测值及相应的理论计算值如表 7-3 所示。

表 7-3　试验板承载力实测值、理论计算值　　　　　　　　（单位：kN）

试验板编号	SB1	SB2	SB3
局部荷载实测值	63.9	59.9	93.6
荷载峰值实测值	70.5	79.3	127.4
理论计算值	61.9	63.7	81.0

由表 7-3 不难看出，双向中间密布预应力筋试验板（SB3）相对承载力最高，双向中密边稀布置预应力筋试验板（SB2）相对承载力次之，双向均匀布置预应力筋试验板（SB1）相对承载力最低，原因如下：一方面，等效荷载作用位置不同，预应力效应不同；另一方面，预应力筋布置位置不同，在控制截面（塑性绞线上）内力臂大小不同，板发生弯曲变形时预应力筋应力增长幅度也不同。计算分析还表明板跨度越大，预应力度越高，预应力筋布筋形式对板承载力的影响越大。

7.2　单向布置并张拉预应力筋双向板

在工程中，双向板常按双向布置并张拉预应力筋，这种布筋形式的优点是受力明确，可以承担较大的竖向荷载，现有设计理论已比较完善；其不足为施工时预应力筋编网困难，或无法实现双向布筋。针对双向板难以实现双向布置并张拉预应力筋的问题，提出在双向板中单向布置并张拉预应力筋的设计思想。本节给出了此类双向板的承载力及预应力效应计算、裂缝及变形验算等设计要点，并对单向布筋的四边简支双向板进行分析，探讨了预应力筋布置形式对其极限荷载、主次弯矩分布、裂缝及变形的影响。结果表明，预应力筋总量相同时，中间板带布筋越多，对结构越有利。

7.2.1　工程背景及设计思想

工程实践中经常遇到双向板难以实现或不宜采用双向布置并张拉预应力筋的情况如下。

1）双向板两侧有已建建筑，已建建筑与拟建建筑之间距离太小难以完成预应力筋张拉时，可按图 7-9（a）所示单向布置并张拉预应力筋。

2）变形缝两侧建筑均为新建建筑，但由于沿房屋高度方向施工进度需同步进行，或采用大跨双向板的建筑施工进度较两侧建筑慢，变形缝的尺寸又不能满足完成张拉所需的最小工作间距时，可按图 7-9（b）所示单向布置并张拉预应力筋。

3）双向板两侧为跨度较小的非预应力板时，只沿一个方向布置并张拉预应力筋，可避免非预应力板中预留后浇带或出板面张拉等问题，如图 7-9（c）所示。

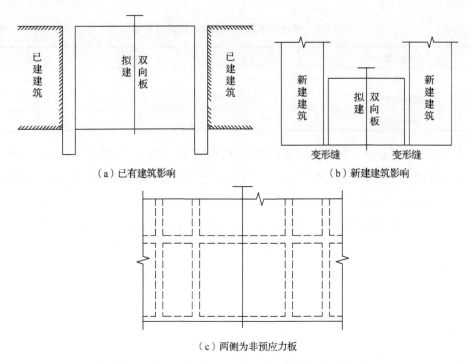

（a）已有建筑影响　　　　　　　　（b）新建建筑影响

（c）两侧为非预应力板

图 7-9　工程中宜按单向布置并张拉预应力筋的情况

　　双向板按单向布置并张拉预应力筋的设计思想为沿一个方向布置并张拉预应力筋，使它产生所需要的等效荷载以平衡一部分外荷载，外荷载效应与等效荷载效应的差值在配置预应力筋的方向由预应力筋中高于有效预应力的富余强度和非预应力筋共同承担，在另一个方向，则由非预应力筋单独承担。

7.2.2　设计要点

1. 承载力计算

　　单向布置并张拉预应力筋双向板的承载力计算可按本书给出的经典方法或统一方法进行。

2. 预应力效应计算

　　张拉预应力筋引起的等效荷载作用在双向板上所引起的弯矩为综合弯矩；去掉双向板的多余约束，用不在一条直线上的 3 点支承来代替，则形成静定结构，等效荷载作用在该静定结构上即可求得主弯矩；综合弯矩与主弯矩之差即为次弯矩。

3. 裂缝验算

　　均布荷载作用下，混凝土双向板可能出现两种不同类型的裂缝模式：一种是沿着钢筋的正交裂缝模式；另一种是在较大荷载作用下，最终发展成塑性绞线的斜裂缝模式。

现行规范中的最大裂缝宽度计算公式是在当受力方向与配筋方向一致的时候给出的，若用于双向板中斜裂缝的计算，需进行坐标变换。双向板的配筋、裂缝方向及其坐标关系如图 7-10 所示。两方向应力存在如下关系：

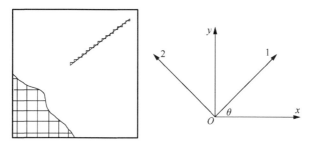

图 7-10　裂缝及配筋方向

$$\sigma_2 = \sigma_x \sin^2 \theta + \sigma_y \cos^2 \theta \tag{7-10}$$

当裂缝方向与配筋方向不同时，需将配筋方向的钢筋面积及等效直径进行折算，计算公式为

$$A_n = A_x \sin^4 \theta + A_y \cos^4 \theta \tag{7-11}$$

$$d_{eqn} = \frac{d_{eqx} \sin^4 \theta + d_{eqy} \cos^4 \theta}{\sin^4 \theta + \cos^4 \theta} \tag{7-12}$$

式中：A_x、A_y ——x、y 方向的钢筋面积；

　　　d_{eqx}、d_{eqy} ——x、y 方向的等效钢筋直径。

4. 变形验算

柱支承板在建筑工程的楼盖和屋盖中应用越来越多，其板格中心变形计算方法越来越受到人们的关注。《混凝土结构设计规范（2015 年版）》（GB 50010—2010）[1]中受弯构件刚度计算公式只适用于单向受弯构件，而柱支承板是双向受弯的，柱支承板楼盖和屋盖的支座控制截面弯矩分布是不均匀的，对此人们早已有了定性的认识。要合理控制柱支承板支座控制截面裂缝的开展，就必须确定其支座控制截面弯矩最大值 M_{max} 与弯矩平均值 $\overline{M}$ 的比值 $M_{max}/\overline{M}$ 的计算公式。在裂缝验算时，合理考虑支座控制截面弯矩分布不均匀的影响。

因此，我们提出了计算柱支承板变形的"双向板带叠加法"，该方法推广至双向板的变形计算中，具体如下：首先，将双向板沿纵、横向划分若干条带，计算各荷载作用下每个条带的弯矩；然后，根据各条带的刚度大小计算其对双向板中心变形的贡献；最后，对上述贡献取和。

需要指出的是，对于柱支承无粘结预应力混凝土板，其板格中心总变形应为外荷载下板格中心变形值减去板格中心反拱值。在使用阶段板格中心预加力反拱值仍按"双向板带叠加法"进行计算，只是刚度按 $E_c I_0$ 进行取值，注意在进行结构设计时，应考虑预压应力长期作用的影响，将计算求得的板格中心预加力反拱值乘以增大系数 2.0。

第8章 局部受压承载力计算及端部构造设计

预应力混凝土结构构件通过其两端的锚具来夹持预应力筋，并通过锚垫板将预应力传给混凝土。锚垫板下方一定区域内的混凝土受力极其复杂，它既因受到锚具通过垫板传来的预应力作用发生压缩变形，也因压应力的存在而发生横向膨胀，发生膨胀的混凝土由于周围混凝土的约束而受到侧向压应力，侧向压应力的存在则提高了混凝土的抗压强度。如果锚具下方的混凝土考虑其周围混凝土的约束作用后所提供的抗力设计值不小于局压荷载设计值，则锚具下局压区混凝土是安全的，否则应通过配置间接钢筋（螺旋筋或钢筋网片）来增大侧向约束，提高混凝土局部受压承载力。这就是预应力锚具下混凝土局部受压问题。

8.1 引　　言

8.1.1 国外的发展

局部受压问题的研究始于 19 世纪的德国。1876 年，德国学者包兴格在天然石材立方体试块（边长 100mm）局部受压试验的基础上，提出了一个经验公式来计算混凝土局部受压承载力，如式（8-1）所示。式（8-1）在较长时间内为世界各国的混凝土结构设计规范所参考。但式（8-1）以石块为基础，不能反映混凝土的局部受压性能，而且试验中构件截面面积与局部受压面积的比值 A_{bo}/A_l（简称面积比）的变化范围为 1～7，代表性较差。

$$N_u = \beta_l f_c A_l \tag{8-1}$$

$$\beta_l = \sqrt[3]{\frac{A_{bo}}{A_l}} \tag{8-2}$$

式中：β_l——混凝土在局部受压时的强度增长系数，其值按式（8-2）计算；

N_u——混凝土截面的局部受压承载力；

f_c——混凝土的棱柱体抗压强度；

A_l——局部受压面积；

A_{bo}——混凝土构件截面面积（底面积）。

1957 年，加拿大学者谢尔顿（Shelson）进行了面积比 A_{bo}/A_l 为 1～30 的素混凝土立方体试块（边长 8in，即 203.2mm）的局部受压试验，基于试验提出了如式（8-3）所示的素混凝土的局部抗压强度计算公式。

$$f_u = 0.25 f_c' \left(\frac{A_{bo}}{A_l} \right)^{0.3} \tag{8-3}$$

式中：f_u——混凝土在局部受压时的容许承载应力；

f'_c——混凝土圆柱体抗压强度。

1960 年，美国学者贝尔德（Baird）等进行了面积比 A_{bo}/A_l 为 2～16 的局部受压荷载试验，研究了混凝土骨料最大粒径、试件高度等参数对局部受压性能的影响，试验结果表明，当试件高度不小于试件截面宽度时，承压板下面有"楔形体"形成。当试件高度降低到截面宽度的一半时，未发现"楔形体"，但其承载力较高，这是试件高度相对较小，压力机压板与试件底面间的摩擦对局部受压区有较强的约束影响所致的。

1962 年，印度学者 Iyengar[44]基于弹性理论，分析了后张法预应力锚固区二维应力分布规律，通过理论推导得出了预应力锚固区局部受压承载力的二维理论解。虽然预应力锚固区应力分布是一个考虑材料性能的复杂的三维分析问题，但二维理论分析是寻找该问题合理解过程中向前迈出的重要一步。但该理论解表达式过于烦琐，不便于实践应用。1966 年，该学者又分析了局部荷载作用下轴对称圆柱体试块的三维应力分布规律，得到了该类问题的三维弹性解。

1968 年，澳大利亚学者霍金斯（Hawkins）进行了素混凝土立方体试件的轴心、偏心加载的局部受压试验，试件的圆锥体抗压强度为 20～50N/mm²。试验中研究了面积比 A_{bo}/A_l、混凝土的强度、试件尺寸、荷载尺寸及形状、偏心荷载位置等因素的变化对试件局部受压性能的影响。试验中观察到试件的破坏为突然脆性破坏，试件破坏后承压板下有明显的"楔形体"形成，楔形体顶角为 35°～40°。由楔形体与其周围混凝土界面的临界剪切破坏平衡条件，利用莫尔强度理论推导出了基于弹性理论的轴心局部受压的半经验半理论公式，如式（8-4）所示，其适用条件为面积比 A_{bo}/A_l<40。对于角部局压（承压板两边临空），混凝土局部受压允许承载应力 f_u 与混凝土圆柱体抗压强度 f'_c 取同。对于边缘局部受压（承压板一半临空），当 $\dfrac{c}{b}$>2，$a \leqslant b$ 时，较保守地取 $f_u = \left(1 + \dfrac{a}{2b}\right)f'_c$；$2c$ 为试件方形截面边长，$2b$ 为承压板临空边的边长，$2a$ 为承压板另一边的边长。

$$\frac{f_u}{f'_c} = 1 + \frac{4.19}{\sqrt{f'_c}}\left(\sqrt{\frac{A_{bo}}{A_l}} - 1\right) \tag{8-4}$$

1970 年，美国学者海兰（Hyland）对混凝土试件进行了局部受压试验，首次研究了试件高度、预留孔道、底座摩擦等因素对试件局部受压性能的影响，并测定了试件局压区的应变分布规律。因其试验中面积比较大（9、16），即局压面积相对较小，故"小面积"的局压荷载引起试件的侧向膨胀相对较小，而且试件高宽比较小（1、0.5、0.33），也即试件高度相对较小，局压荷载在试件中传递、扩散的路径较短，从而扩散范围小，扩散引起试件的膨胀效应就小，因此，试件与底座之间的相对移动趋势较小，摩擦作用就小，试验没有反映出基底摩擦对试件承载力影响。又因为预留孔道直径与试件直径的比值较小（16/153≈0.1），所以试验中也没有反映出孔道对局压承载力的影响。分析实测试件应变分布和局压承载力可知，试件内部最大拉应力是控制试件局压失效的关键因素。

1973 年，印度学者 Niyigi[45]通过 1422 个混凝土试件的轴心、偏心局部受压试验，系统地研究了荷载形状（方形、条形）、面积比、试件高宽比、荷载是否偏心、试件底座支撑刚度、混凝土配合比、混凝土强度、试件尺寸等参数变化对试件局部受压性能的影响。试验结果表明，影响混凝土局部抗压强度提高系数（极限承载力应力与立方体抗压强度的比值）的主要参数是局压荷载尺寸与相应方向试件截面尺寸的比值；其他参数相同时，试件高度增加、荷载偏心增加、试件底座支撑刚度减小、混凝土强度提高、试件尺寸增大等情况下，局部抗压强度都会有所降低。

　　由于混凝土材料在局部受压破坏中明显表现出脆性破坏特点，可以尝试在局部受压区配置间接钢筋来改变局部受压破坏的特点，增强局压承载力。对于配置间接钢筋的混凝土构件（配置横向钢筋网和螺旋式箍筋）的局部受压承载力计算公式，是 1957 年苏联学者捷尔万纳巴巴在试验的基础上首次提出的，如式（8-5）所示。式（8-5）以二项式来表达配筋混凝土构件的局部受压承载力，其中第一项为混凝土对局压承载力的贡献项，第二项为局压区配置的间接钢筋对局压承载力的贡献项。这一表达形式物理概念固然明确，但第二项未考虑局部受压面积大小对间接钢筋贡献项的影响，而且对间接钢筋在提高构件承载能力方面的效果估计不足。

$$N_{u} = \beta_l f_c A_l + \rho_v f_y A_{cor} \qquad (8\text{-}5)$$

$$\beta_l = 4 - \frac{3}{\sqrt{\dfrac{A_{bo}}{A_l}}} \qquad (8\text{-}6)$$

式中：β_l——考虑局部受压区混凝土套箍作用的混凝土强度增长系数，其值按式（8-6）计算；

$\quad\quad\ N_u$——混凝土截面的局部受压承载力；

$\quad\quad\ f_c$——混凝土棱柱体的抗压强度；

$\quad\quad\ \rho_v$——横向钢筋网或螺旋式箍筋的体积配筋率；

$\quad\quad\ f_y$——横向钢筋的极限抗拉强度；

$\quad\quad\ A_{cor}$——横向钢筋的外轮廓线所包络的混凝土截面面积（核心面积）。

　　起初局部受压研究人员的目光主要关注紧靠集中荷载的一个"高压应力区域"。但在实际工程中，预应力构件锚固区"高压应力区域"以外的局压影响区中常常出现沿着荷载作用方向或平行荷载作用方向的裂缝。这是伴随集中荷载扩散产生的横向拉力引起的混凝土开裂。因此，研究人员在这一拉力区域配置间接钢筋来抵抗拉力，从而达到限制混凝土开裂或控制裂缝宽度的目的。由于裂缝的出现，弹性理论方法分析预应力锚固区应力分布就不再适用。1967 年，美国学者葛格里（Gergely）和索岑（Sozen）提出了一个基于预应力锚固区开裂后平衡条件的分析方法来设计计算预应力锚固区抵抗拉力的间接钢筋。

　　图 8-1 为预应力锚固区应力分布的一个例子。在图 8-1（a）中，距离加载面 L 处由预应力 P_i 引起的截面内力近似线性分布。若距构件底面 c 处沿 1—2 面出现一水平裂缝，裂缝长度近似等于试件截面高度 h，则取出隔离体 1—2—3—4，如图 8-1（b）所示，由隔离体平衡条件可知，1—2 面上就会产生剪力 V 和弯矩 M。由平衡方程求 M 极值可确定

裂缝出现位置 c，即可求出最大弯矩 M。弯矩 M 由局压区间接钢筋承受的拉力 T 及裂缝以外的混凝土压力 C 构成。假定弯矩 M 的内力臂取极小值 $k=h-a$，则可得到间接钢筋承受的最大拉力 T_{max}。由粘结滑移理论可知滑移量 δ 与钢筋拉应力 f_t 相关，则可建立间接钢筋处的裂缝宽度 ω（裂缝两侧钢筋滑移量，即 2δ）与间接钢筋拉应力 f_t 的函数关系 $\omega=F(f_t)$。依据设计要求中的构件允许的最大裂缝宽度 ω_{max} 得出间接钢筋容许最大拉应力 $f_{t,max}$，由 T_{max}、$f_{t,max}$ 即可近似计算局压区所需配置的间接钢筋面积。这一方法在较长的时间内一直被认为是分析预应力构件锚固区最实用的方法，但计算值偏于保守。

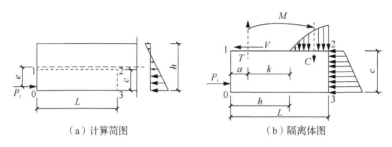

（a）计算简图　　　　　　　　　　　　　（b）隔离体图

图 8-1　平衡分析模型（Gergely 和 Sozen）

20 世纪 70 年代，随着有限单元分析方法趋于成熟，设计人员开始选择有限单元法分析他们遇到的复杂的预应力锚固区局部受压问题。有限单元法在预测锚固区裂缝位置、裂缝发展方向方面优点突出，还可以验证荷载试验或实际工程中监测到的应力应变分布规律，但有限单元法分析耗时长、费用高，而且很难模拟局压影响区间接钢筋的实际受力模式，因此较难用于局压影响区间接钢筋的设计分析中。因此，人们对局部受压问题的探究主要仍以试验研究为主。

1984 年，美国学者 Stone 和 Breen[46] 针对薄腹板混凝土箱型梁后张法预应力锚固区沿预应力筋方向开裂的问题，展开了广泛的分析和试验研究。他们给出了按照线弹性理论分析得到的局压影响区的压应力和拉应力，如图 8-2 所示。图 8-2 中两个重要的拉伸区域为劈裂应力区域和剥落应力区域。劈裂拉应力位于荷载轴线上并且垂直加载轴线，剥落拉应力位于加载面或加载面附近且平行于加载面。

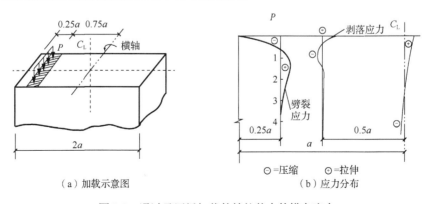

（a）加载示意图　　　　　　　　　　　　　（b）应力分布

图 8-2　通过承压板加载的棱柱体中的横向应力

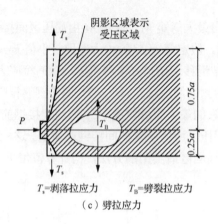

T_s = 剥落拉应力　　　　T_B = 劈裂拉应力

（c）劈拉应力

图 8-2（续）

Stone 和 Breen 通过理论分析和试验研究，得到了如下所述的平板式锚具锚固区局部受压破坏机理。①紧靠锚垫板下产生的较大的摩擦力限制了该区域混凝土的侧向膨胀，如图 8-3（a）所示。②侧向膨胀受到约束，紧靠锚垫板下的混凝土处于复杂的三维受压状态，因此提高了该部分混凝土的抗压强度（最高可达 $3f_c'$），如图 8-3（a）所示。③剥落拉应力的出现，降低了锚垫板边缘处的侧向约束力。由莫尔理论，侧向约束应力降低，则莫尔圆直径加大，即这一区域混凝土中剪应力增大，如图 8-3（b）所示。④当侧向约束应力降低到某一状态时（即使该方向混凝土仍受压），在最大剪应力面将出现剪切失效。⑤最大剪应力面与主应力 σ_p 轴夹角约 45°，随着荷载的增加，锚垫板下逐渐形成 45° 的棱锥形"核心体"，如图 8-3（c）所示。⑥伴随核心体的形成，由核心体尖角处发展了一条沿预应力筋方向的裂缝（锚固区配置的间接钢筋能够延迟⑤、⑥阶段的出现），如图 8-3（c）和（d）所示。⑦核心体楔入锚固区引起较大的侧向力，最终将导致上部和下部斜裂缝的出现，如图 8-3（d）所示。⑧上部和下部斜裂缝出现后，随着荷载的增加，梁侧面斜裂缝范围内发展极限爆裂破坏，如图 8-3（d）所示。Stone 和 Breen 提出了平板锚具下素混凝土局压影响区开裂荷载的估算公式，如式（8-7）所示，并基于式（8-7）提出了素混凝土局部受压极限承载力估算公式、配置间接钢筋的混凝土开裂荷载和极限荷载的估算公式，但由于式（8-7）过于烦琐，较难用于工程实践中。

$$P_{cr} = t\left[\frac{f_{sp}}{24}(38a-120) - \frac{t}{81}\left\{2\theta - 252(e/a)f_{sp}\right\}\right.$$
$$\left. - \frac{103}{9}(e/a) - 7\right] + 39a' + \frac{f_{sp}}{5}\left\{166 - 975(a'/t)^2\right\} - 9.1 \qquad (8\text{-}7)$$

式中：e——预应力筋偏心距（取正值）；

　　　　a——构件截面高度的 $1/2$；

　　　　a'——方形锚垫板宽度的 $1/2$；

　　　　t——构件截面厚度；

　　　　θ——预应力筋相对于承压面的倾斜角度（取正值）；

　　　　f_{sp}——圆柱体劈拉强度（保守取值可为 $6.5\sqrt{f_c'}$）；

P_{cr}——平板锚具下素混凝土构件局部受压开裂荷载。

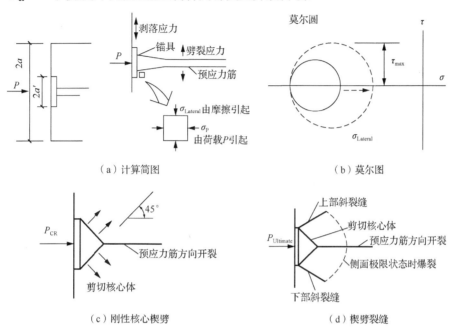

（a）计算简图　　　　　　　　　　　　　　　　（b）莫尔图

（c）刚性核心楔劈　　　　　　　　　　　　　　　（d）楔劈裂缝

图 8-3　平板锚具的局部受压破坏机理

到 20 世纪 80 年代中期，国外学者们仍对自己关心的局部受压问题进行着深入的试验研究，但相关的设计标准或设计手册中却没有一个能够让人接受的、合理的、系统的方法来设计后张法预应力锚固区。1987 年，欧洲混凝土协会（CEB）面向全世界的工程师做了一项测试调查。这个调查要求工程师依据本国的标准和设计手册针对一个配置 6 个端部锚具（总预加力 2700kN）的预应力梁锚固区进行局部受压设计，需要计算出锚固区劈裂力大小、劈裂区长度和承担劈裂力所需的间接钢筋截面面积。调查结果如表 8-1 所示。由表 8-1 中数据可以看出，各国设计标准计算结果偏差较大。这个调查清楚地表明，局压区设计方法的发展不是将计算值精确 5%或 10%，而是要减小 20%～300%的差距。

表 8-1　CEB 调查结果

项目	平均值（μ）	最小值（min）	最大值（max）	$\dfrac{\mu}{\min}\sim\dfrac{\mu}{\max}$
劈裂力	192.5kN	49.5kN	440kN	25.7%～228.6%
劈裂区长度	508mm	170mm	850mm	33.5%～167.3%
间接钢筋面积	790mm²	207mm²	2000mm²	26.2%～253.1%

为了减小设计规范之间的差别，解决设计标准与后张锚固区设计人员对信息的需求之间的差异，20 世纪 80 年代后期，美国国家高速公路和交通运输协会（AASHTO）在国立合作公路研究项目（National Cooperative Highway Research Program，NCHRP，美国公路合作研究计划）中设立了一项研究课题（9-29）。这一研究课题旨在建立一个合理、系

统的锚固区局压设计方法，并作为 AASHTO 标准修订时参考。1994 年该研究课题总结报告公开出版，其研究成果已被美国荷载和抗力系数桥梁设计规范 *AASHTO LRFD Specification*、美国公路桥梁标准规范 *AASHTO Segmental Specification* 贯彻执行，同时部分内容增补到美国 ACI 规范中。课题研究成果主要包括以下 4 个方面内容：①定义了后张法预应力梁锚固区的局部区域和整体区域；②明确了设计人员、施工人员、锚具供应商在局部受压问题中各自所承担的责任；③给出一个适用于高承载应力锚具验收、试验步骤；④提出了一个使用撑杆–系杆模型、有限元分析、近似平衡方程等方法的通用设计步骤。这些研究成果将在 8.2 节中介绍。

NCHRP9-29 研究报告中建议的局压锚固区设计方法被多数学者认可，但也存在一些不足之处。1993 年，英国学者伊贝尔（Ibeel）和伯戈因（Burgoynep）通过条形荷载作用下的试件局部受压试验，验证了撑杆–系杆模型法整体锚固区局压设计的正确性，但指出该方法过于保守，导致局压区间接钢筋配置过密，混凝土难以浇筑密实。

20 世纪 90 年代后期，国外的局部受压研究较少，学者们将研究重点转移到了他们实践中遇到的局压问题上。1997 年，韩国学者炳（Byung）指出成束布置的预应力筋在其线型曲率突变处将产生弯曲力，这一弯曲力可引起侧向力。当侧向力足够大的时候将导致构件在该区域沿预应力筋方向开裂或试件侧面爆裂。1999 年，美国学者通过试验研究，对市场销售锚具系统进行了改进，得到了适用于 178～203mm 的薄腹板工字型梁的特殊锚具，使用该锚具较使用传统锚具降低结构自重约 80%。

进入 21 世纪，随着科学技术的发展，新材料逐渐在土木工程的实践领域中采用。基于纤维增强聚合物（fibre reinforced ploymer，FRP）材料耐侵蚀、高强度重力比的性能，在特殊环境中设计人员将其替代部分普通钢筋，收到了良好的效果。2002 年，英国学者Choi[47]将 FRP 替代局压影响区中配置的间接钢筋，设计出"非金属"结构。FRP 筋对局压影响区极限承载力影响较小，但它限制了锚固区裂缝的增长，增强了锚固区的整体性。考虑到局压影响区间接钢筋配置过密，混凝土难以浇筑密实这一缺点，2004 年，美国学者哈龙（Haroon）等在混凝土中掺加一定量的钢纤维来减少间接钢筋用量。他们的研究表明，1%掺量的 30mm 长端钩型钢纤维可以替代 100%局部锚固区间接钢筋，此时混凝土最低抗压强度可达到 40.7N/mm²。

8.1.2　国内的发展

我国的局部受压问题研究开始于 20 世纪 60 年代。1963 年，蔡绍怀[48]在分析当时国际上通用的局部受压承载力计算公式（包兴格公式和捷尔万纳巴巴公式）的缺点和不足的基础上，提出了混凝土局部受压的套箍强化理论。套箍强化理论把承受局部压力区域的混凝土，视为在"套箍"下工作。这一理论认为局部承压区的混凝土受力后不断向外膨胀，而周围混凝土起套箍作用，阻止横向膨胀，使其处于三向受压状态，因而提高了混凝土的抗压强度。当周围混凝土的环向拉应力达到极限抗拉强度时，即发生局部受压破坏。蔡绍怀以套箍强化理论为基础，根据极限平衡理论导出了如式（8-8）所示的混凝土局部受压时的承载力计算公式，即

$$N_u = (\beta_l f_c + 1.5\beta_{cor}\rho_v f_y)A_l \qquad (8\text{-}8)$$

当混凝土强度为 20～40N/mm² 时，

$$\beta_l = 1.2\sqrt{\frac{A_b}{A_l}} - 0.2 \qquad\qquad (8\text{-}9)$$

当混凝土强度为 40～55N/mm² 时，

$$\beta_l = \sqrt{\frac{A_b}{A_l}} \qquad\qquad (8\text{-}10)$$

当混凝土强度为 55～70N/mm² 时，

$$\beta_l = 0.75\sqrt{\frac{A_b}{A_l}} + 0.25 \qquad\qquad (8\text{-}11)$$

式中：　β_l——混凝土在局部受压时的强度增长系数，其值按式（8-9）～式（8-11）计算；

$\qquad\quad N_u$——混凝土截面的局部受压承载力；

$\qquad\quad f_c$——混凝土的棱柱体抗压强度；

$\qquad\quad A_b$——混凝土局部受压计算底面积；

$\qquad\quad \rho_v$——横向钢筋网或螺旋式箍筋的体积配筋率；

$\qquad\quad f_y$——横向钢筋的极限抗拉强度；

$\qquad\quad \beta_{cor}$——按核心面积（即横向钢筋的外轮廓线所包络的混凝土截面面积）A_{cor} 计算的局部抗压强度增长系数，其值仍按式（8-9）～式（8-11）计算，但 A_b 以 A_{cor} 代替。

与包兴格公式不同的是，式（8-11）混凝土局部受压时的强度提高系数的计算式中以 A_b 代替构件全面积 A_{bo}。蔡绍怀指出，在实际工程中，局部受压面积的重心往往与构件截面重心不重合，此时，对局部承压强度有影响的有效底面积将仅为构件截面面积的一部分。他将该部分面积称为局部受压的计算底面积 A_b，并从最小"套箍"截面的概念出发，给出了计算底面积的确定规则。蔡绍怀关于局部受压问题的研究成果［式（8-9）和式（8-10）］为我国《钢筋混凝土结构设计规范》（TJ 10—74）所采用。

虽然有设计规范 TJ 10—74 为指导，但工程实践中因局部承压区混凝土开裂和强度不足而引起的质量事故屡有发生。另外，由于我国在混凝土局部承压方面试验数据较少，20 世纪 80 年代初期，我国组织了"钢筋混凝土及预应力混凝土构件局部承压及端部构造"专题组（以下简称专题组），较系统地进行了混凝土和钢筋混凝土轴心局压、偏心局压、边角局压等一系列试验，考察了预留孔道及柔性垫板、间接钢筋的形式、位置和配筋率等因素对局部受压的影响及多个局部荷载作用下结构端部受力特性，测定了各类典型试件的表面应变场、钢筋应变分布和承压板沉陷规律。完成了构件试验 404 个，其中混凝土试件 279 个，钢筋混凝土试件 125 个。该专题组主要参加单位为中国建筑科学研究院、清华大学和哈尔滨建筑工程学院。专题组的主要研究成果包括如下内容。

局部承压时，构件端部应力状态比较复杂，专题组采用有限单元法按平面问题和轴对称问题计算了各种面积比情况下的应力分布规律。图 8-4 为按平面问题求得的端部应力分布规律，图中数字为构件底部平均压应力 $\sigma_0 = 10\text{N/mm}^2$ 时各部位的应力数值，"+"（可省略）为拉应力，"−"为压应力，应力单位为 N/mm²。由图 8-4 可看出集中力逐步扩散情况，以及伴随扩散产生的与加载轴线垂直方向上的横向拉应力分布。

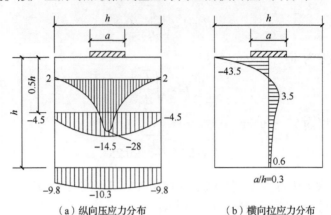

（a）纵向压应力分布　　　　　　（b）横向拉应力分布

图 8-4　端部应力分布示意图

横向拉应力的数值与荷载 N 的大小及 h 与 a 的相对比值有关。在承压板尺寸 a 和局部荷载 N 不变的情况下，逐步增加试件尺寸 h 时，最大横向拉应力 σ_{ymax} 随 h/a 的变化规律如图 8-5 所示。当 $h/a=1$ 时为全截面承压，构件中不产生横向劈裂拉应力；当 h/a 很大时，σ_{ymax} 的数值很小；当 $h/a=1.5\sim2.5$ 时，σ_{ymax} 接近峰值。

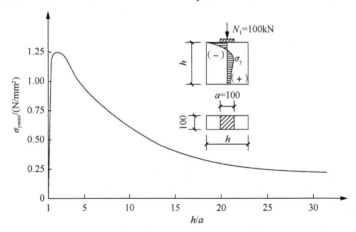

图 8-5　最大横向拉应力 σ_{ymax} 随 h/a 的变化

荷载试验中观察到素混凝土轴心局部受压试件破坏形态有 3 种，即先开裂后破坏、开裂与破坏同时发生及局部混凝土下陷。前两种破坏后，试件承压板下均出现明显的楔形体，这类楔形体的特征如下：当承压板为方形时，楔形体呈底面为方形的斧头形锥；当承压板为圆形时，楔形体呈底面为圆形的斧头形锥。楔形体两个倾斜面的交角在 35°～55° 范围内波动。

配筋局部承压试件破坏前均有明显的裂缝，从开裂至破坏有较长的发展过程。在试件的破坏阶段，钢筋应变急剧增大，垫板明显下沉。破坏后敲打掉外围的松散混凝土，可以发现承压板下仍有明显的楔形体。

根据前述局部受压的受力特性和图 8-6（a）所示的主压力迹线，专题组提出局部受压的另一个破坏机理——楔劈理论。楔劈理论将局部荷载作用下结构端部的受力特性形象地比拟为一个带多根拉杆的拱结构，如图 8-6（b）所示。紧靠承压板下部的混凝土（核心混凝土）位于拱顶部位，处于多轴受压状态，故局部抗压强度有明显的提高。距承压板较深部位的混凝土起拱结构的拉杆作用，承受横向拉力。在局压荷载达某一数值时（开裂荷载），部分拱拉杆达到极限强度，相应位置产生裂缝，但未形成破坏机构，如图 8-6（c）所示，荷载可继续增加，此后，裂缝向更深部位延伸，拱机构中更多拉杆破坏。当局部压力 F_l 与侧压力 T 之比到达某一数值时，核心混凝土区逐渐形成楔形体，同时伴生劈裂力，导致构件最终破坏，如图 8-6（d）所示。

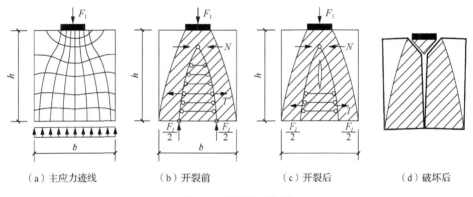

（a）主应力迹线　　　（b）开裂前　　　（c）开裂后　　　（d）破坏后

图 8-6　拱结构示意图

以哈尔滨建筑工程学院曹声远等[49]为代表的一些专家根据楔劈理论，由楔形体与母体混凝土的平衡条件可导出如式（8-12）所示混凝土局部受压时的强度提高系数 β_l 计算公式。

$$\beta_l = 0.15\frac{A_b}{A_l} + 0.3\sqrt{\frac{A_b}{A_l}} + 0.55 \tag{8-12}$$

以中国建筑科学研究院刘永颐等[50]、清华大学过镇海等[51]为代表的一些专家根据楔劈理论，以核心混凝土剪切破坏作为承载力极限状态的标志，利用库仑准则和莫尔强度理论，得到了如式（8-13）所示的混凝土局部受压时的强度提高系数 β_l 计算公式。

$$\beta_l = 0.8\sqrt{\frac{A_b}{A_l}} + 0.2 \tag{8-13}$$

根据轴心局部承压的试验分析比较，专题组建议局部承压强度提高系数 β_l 可采用两个方案，一个是仍采用 TJ 10—74 规范中的公式

$$\beta_l = \sqrt{\frac{A_b}{A_l}} \tag{8-14}$$

但须适当增大安全度；另一个方案是采用式（8-13）。规范修订组综合考虑安全、经验等因素后，建议仍采用 TJ 10—74 规范中的 β_l 计算公式。

专题组通过边角局压和偏心局压的研究，提出了新的局部受压计算底面积 A_b 取值方法——同心对称有效面积法。该法要求 A_b 与局部受压面积 A_l 具有相同的重心并对称；沿

A_l 各边向外扩大的有效距离不超过承压板窄边尺寸 b，这一方法被《混凝土结构设计规范》（GBJ 10—89）采用。

专题组试验研究表明，在局部荷载作用下，结构端部可能会出现两类裂缝：沿集中力作用方向的纵向裂缝（又称劈裂裂缝或锚下裂缝）、与集中力作用方向平行的结构端面裂缝（又称端面裂缝或剥落裂缝），关于裂缝出现的原因及控制裂缝的措施在后面的章节中详细介绍。

专题组的部分研究成果被《混凝土结构设计规范》（GBJ 10—89）采用。在专题组的局部受压试验及参考国外的试验数据中，局压试件均采用了普通混凝土，其抗压强度均低于 60N/mm²，因此规范 GBJ 10—89 中给出混凝土局部受压承载力计算公式的适用范围是不高于 C60 的普通混凝土。随着强度在 60N/mm² 以上的高强混凝土因强度高、耐久性好等优点逐渐受到人们的重视，高强混凝土在桥梁工程、高层建筑等实际工程结构中的应用日益广泛，普通混凝土局压承载力计算公式对于高强混凝土的适用性问题引起了学者们的重视。1994 年，中国建筑科学研究院蔡绍怀和薛立红通过立方体抗压强度为 88N/mm² 的 16 个高强素混凝土试件和 23 个高强配筋混凝土试件的局部承压试验，研究了局部受压计算底面积与局部受压面积的比值 A_b/A_l（简称局压面积比）、配筋率和局压加载方式对高强混凝土局压性能的影响。试验结果表明，高强混凝土局压强度提高系数较普通混凝土的局压强度提高系数显著降低，他们建议高强混凝土局压强度提高系数可按下式计算：

$$\beta_l = 0.6\sqrt{\frac{A_b}{A_l}} \tag{8-15}$$

1995 年，西安交通大学杨幼华等[52]通过抗压强度为 75.56～85.03N/mm² 的 66 个高强混凝土立方体试件局部受压试验研究和有限元计算分析，在中国建筑科学研究院刘永颐等提出的楔劈理论基础上，提出了"混凝土微柱剪压破坏理论"，并在刘永颐等提出的普通混凝土局压强度提高系数计算公式［式（8-13）］的基础上提出了高强混凝土局压强度提高系数计算公式，如式（8-16）所示：

$$\beta_l = \frac{270 - f_{cu}}{220}\left(0.8\sqrt{\frac{A_b}{A_l}} + 0.2\right) \tag{8-16}$$

式中：$f_{cu}>50$N/mm²。

1998 年，西安公路交通大学李子青等[53]通过抗压强度为 71～94N/mm² 的 31 个立方体素混凝土试件轴心和偏心加载试验，研究了局压面积比和偏心距对高强混凝土局压性能的影响。试验结果表明，偏心加载局压问题可按照"同心、对称、有效面积"的原则确定计算底面积，将其转化为轴心局压问题。利用试验结果回归得到了高强混凝土局压强度提高系数计算式。

$$\beta_l = 0.1\frac{A_b}{A_l} + 0.21\sqrt{\frac{A_b}{A_l}} + 0.55 \tag{8-17}$$

在混凝土规范 GBJ 10—89 的基础上，结合近年来的研究成果，我国《混凝土结构设计规范》（GB 50010—2002）编制时将混凝土局压承载力计算公式适用范围扩展到 C80

高强混凝土。

《混凝土结构设计规范（2015 年版）》（GB 50010—2010）[1]实施以来，混凝土局部受压问题的研究主要集中在现行规范公式在工程实际运用中遇到的问题上。

针对工程中常常遇到的双向预应力的问题，合肥工业大学段建中通过双向局部受压试验得出素混凝土双向局部受压构件，一个方向的局压力对另一个方向的局部受压承载力有提高作用，其局压强度提高系数提高 10%左右，对于双向配置间接钢筋的双向局部受压构件，每个方向的局压承载力计算式为

$$N_l = \beta_l f_c A_{ln} + 2(\rho_v + 0.3\rho_v')\beta_{cor} f_y A_{ln} \tag{8-18}$$

式中：ρ_v'——另一方向配置的间接钢筋体积配筋率。

随着轻骨料混凝土在桥梁结构中的应用，轻骨料混凝土的局压问题也受到关注。2002 年，苏州大学孙敏等通过轻骨料混凝土局部受压试验研究，得到轻骨料混凝土局部受压时混凝土强度提高系数 β_l，如式（8-19）所示。2006 年，孙敏等在 45 个配置间接钢筋的轻骨料混凝土局部受压试验基础上，通过承载力计算值与实测值之间的方差优化分析，得到了具有 100%可靠保证率的配置间接钢筋轻骨料混凝土局压强度提高系数 β_l，如式（8-20）所示。

$$\beta_l = \sqrt[4]{\frac{A_b}{A_l}} \tag{8-19}$$

$$\beta_l = \sqrt[3]{\frac{A_b}{A_l}} \tag{8-20}$$

对于困惑结构工程师的密布预应力束锚具下局部受压问题，2003 年，哈尔滨工业大学张吉柱等[54]利用已有试验数据，经大量试算和归纳，提出了计算密布预应力束锚具下混凝土局部受压承载力的"整体计算法"和"分别计算取和法"。他们指出，当仅有两个局压荷载且局压荷载净距与单个局压荷载分布长度之比不大于 0.6，以及 3 个和 3 个以上局压荷载的相邻两局压荷载净距与单个局压荷载分布长度之比不大于 0.5 时，锚具下混凝土局部受压承载力计算应按"整体计算法"考虑；当仅有两个局压荷载且局压荷载净距与单个局压荷载分布长度之比大于 0.6，以及 3 个和 3 个以上局压荷载的相邻两局压荷载的净距与单个局压荷载分布长度之比介于 0.5～2.0 时，局部受压承载力计算应按"分别计算取和法"考虑。

近年来，随着计算机有限元程序的发展，研究人员逐步利用它来分析桥梁工程中遇到的局部受压问题。针对特定的工程实例，研究人员通过预应力锚具下实测混凝土应力分布规律与有限元程序计算得到的设计荷载下混凝土应力分布比较，验证了有限元程序分析结果的可靠性。从而利用有限元分析的应力分布结果，指出局压影响区的高压、高拉应力区域，以及判断该应力是否超过混凝土的抗拉、抗压强度设计值。实际桥梁工程中锚具下混凝土多数情况下处于弹性受力阶段，分析局部受压问题的有限元方法主要采用弹性应力分析，而且有限元建模时设置间接钢筋耦合或约束，不允许滑移或脱离，加之有限元分析开裂后进入塑性的混凝土时离散程度较大，局压区接近破坏时混凝土处于三维受压状态，部分混凝土已进入塑性状态，因此目前的有限元程序分析方法还难以准确地模拟局压区混凝土整个破坏过程。

8.2 国内外局部受压承载力计算方法

8.2.1 美国及欧洲局压承载力计算方法

下面先结合美国 AASHTO 规范、ACI 规范及 NCHRP10-29 研究报告，介绍美国规范中局部受压承载力的计算方法。

后张锚固区分为局部锚固区和总体锚固区 [图 8-7（a）和（c）]。紧靠在锚具后面的高压应力区为局部锚固区；承受由于预应力筋的集中力扩散到结构中而引起的拉应力的区域是总体锚固区，其大小应取为和整个锚固区的大小相同，包括局部锚固区。总体锚固区所抵抗的拉力包括劈裂力、剥落力和纵向边缘拉力，如图 8-7（b）所示。总体锚固区的设计由设计人员负责，而局部锚固区则由锚具供应商负责。

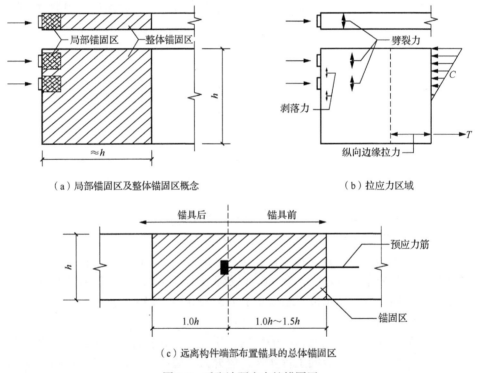

（a）局部锚固区及整体锚固区概念　　　　　　（b）拉应力区域

（c）远离构件端部布置锚具的总体锚固区

图 8-7　后张法预应力筋锚固区

局部锚固区设计中将锚具分为基本锚具和特殊锚具两类。

1）基本锚具是一种简单的承压板式锚具，其承压面积大、承压板刚度大，当满足式（8-21）和式（8-22）的要求时，承压板下的极限承载压应力较小，不需要附加验收性试验。

$$\frac{F_l}{A_{ln}} \leqslant 0.56 f_{ci} \sqrt{\frac{A}{A_l}} \leqslant 1.8 f_{ci} \tag{8-21}$$

$$n / t \leqslant 0.08 \sqrt[3]{\frac{E_b}{f_b}}$$　　　　　　　（8-22）

式中：F_l——锚头局压区的压力设计值，取 1.2 倍的张拉控制力；

　　　A_l——承压板总面积；

　　　A_{ln}——承压板有效净面积，为 A_l 扣除孔道后的面积；

　　　A——支撑表面部分的最大面积，与 A_l 同心、对称；

　　　f_{ci}——张拉预应力筋时的混凝土圆柱体抗压强度；

　　　n——锚板边缘至承压板边缘的最大距离；

　　　t——承压板的平均厚度；

　　　E_b——承压板材料的弹性模量。

2）不能满足式（8-21）和式（8-22）要求的锚具称为特殊锚具，此类锚具在锚固区配置间接钢筋或采用特殊的形状以便能达到较高的承压应力来满足使用要求。因为没有一个可靠的方法来计算特殊锚具局部锚固区域的承载能力，所以在实践工程中采用此类锚具时必先通过一系列的验收性试验，这些试验由独立的第三方完成。验收性试验结果将为设计人员提供特殊锚具的设计建议，包括最小的混凝土强度、间接钢筋的形式和数量、最小的锚具保护层和间距等。对于配置间接钢筋的特殊锚具下局部锚固区混凝土的极限承载能力，NCHRP10-29 研究报告中建议可按式（8-23）估算。由验收性试验可得到特殊锚具的实测值 N_{test}，通过式（8-23）可得到此类特殊锚具承载力预估值 N_{pre}，则由式 $N_{test}=\kappa N_{pre}$ 即可得到校核系数 κ。由 κ 和式（8-23）就可以较准确地进行此类特殊锚具中未进行验收性试验锚具的承载力设计。

$$N_{pre} = 0.8 f_{ci} \sqrt{\frac{A}{A_l}} A_{ln} + \frac{8 A_s f_y}{Ds} \left(1 - \frac{s}{D}\right)^2 A_{cor}$$　　　　　　　（8-23）

式中：N_{pre}——特殊锚具下局部锚固区混凝土极限承载力预估值；

　　　A_s——间接钢筋横截面积；

　　　f_y——间接钢筋抗拉强度；

　　　D——间接钢筋外边尺寸；

　　　s——间接钢筋间距（螺旋筋螺距）；

　　　A_{cor}——间接钢筋的约束面积。其余参数同式（8-21）。

总体锚固区的设计包括 3 个方面的内容：①核算锚具前方一定位置处混凝土中的压应力，这一特定位置为局部锚固区受侧限的混凝土和总体锚固区通常不受侧限的混凝土之间的交接面；②设计用于抵抗劈裂力的非预应力或预应力钢筋，其形式为螺旋、封闭箍筋；③在靠近混凝土纵向和横向边缘处设置抵抗边缘拉力用钢筋。

总体锚固区的设计方法包括：基于平衡的非弹性模型，一般称为撑杆-系杆模型（strut-and-tie model，STM）；包括有限单元法的线性应力分析方法；在适当的条件下采用的近似方法。

撑杆-系杆模型主要应用于混凝土结构构件中 D 区域分析和设计中。局压影响区的撑杆-系杆模型由三部分组成，即受拉系杆、节点和受压撑杆。图 8-8 为撑杆-系杆模型，撑杆压力（C_1、C_2）由混凝土承担，系杆拉力（$T_1 \sim T_3$）由间接钢筋承担。其中图 8-8（a）为简单模型，图 8-8（b）为多系杆模型，分析表明两种模型计算结果相差较小，可用简单模型进行整体锚固区设计。撑杆-系杆模型设计方法的主要步骤包括：①确定撑杆-系杆模型的几何尺寸及相关物理特性，包括选择混凝土强度以及间接钢筋种类、数量及位置，确定受拉系杆位置及数量；②假设达到承载能力极限状态时受拉系杆完全屈服，利用隔离体平衡条件得到局部受压极限荷载力预估值；③利用预估值验算局部锚固区混凝土的抗压能力；④利用预估值验算节点处混凝土抗压能力；⑤利用预估值验算节点-撑杆界面混凝土抗压能力；⑥利用预估值验算局部锚固区以外的撑杆混凝土抗压能力（通常是局部锚固区与总体锚固区界面处撑杆）；⑦当构件截面变化时验算撑杆混凝土的抗压能力。在上述 7 个步骤中，当特殊锚具通过验收性试验时，只需进行⑥、⑦步骤中的混凝土强度验算。

总锚固区设计如采用近似方法，需满足下列条件：构件横截面为矩形，其纵向长度不小于截面长边尺寸；构件的总体锚固区内或总体锚固区前方为连续体；锚具最小边距不小于该方向锚具尺寸的 1.5 倍；锚固区内仅布置一个锚具或一组密布锚具。近似方法是撑杆-系杆模型的一个特例，对应的受拉系杆距加载面 $0.5h+0.25a-e$，如图 8-8（c）所示。考虑偏心影响的劈裂力 T_{burst} 及劈裂位置 d_{burst} 按式（8-24）和式（8-25）计算。

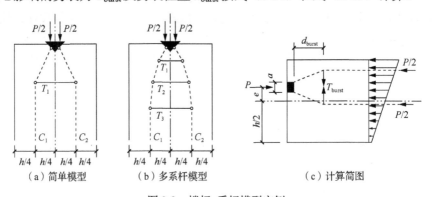

图 8-8　撑杆-系杆模型实例
（a）简单模型　　　（b）多系杆模型　　　（c）计算简图

$$T_{\text{byrst}} = 0.25 \sum F_l \left(1 - \frac{a}{h}\right) \tag{8-24}$$

$$d_{\text{byrst}} = 0.5(h - 2e) \tag{8-25}$$

式中：$\sum F_l$——锚具上作用的预应力设计值总和；

　　　　a——所考察方向锚具宽度；

　　　　e——预应力偏心距，取正值；

　　　　h——所考察方向截面高度。

欧洲规范 Eurocode-1992（European Standard prEN 1992-1 2nd draft）明确规定，预应力锚固区属于不连续区域，设计时应选择合适的撑杆-系杆模型加以分析，其具体方法与美国规范中的撑杆-系杆模型方法相同，这里不再赘述。

英国混凝土结构规范（BS 8110-1: 1997）中规定后张锚固区设计时应着重验算每个锚

具周围的劈裂应力、锚固区的整体平衡和加载面锚具周围的剥落应力 3 个方面的内容。后两个方面的验算参考专门的文献，而对每个锚具周围的劈裂应力规范中又分为正常使用极限状态和承载能力极限状态两种情况。在正常使用极限状态，正方形承压板对称地作用在正方形截面的构件端部时，后张法预应力混凝土构件锚固区劈裂拉力设计值 F_{bst} 可由表 8-2 查出。对于矩形承压板对称地作用在矩形截面的构件端部时，两个主方向的劈裂拉力也可分别由表 8-2 查出。表 8-2 中，P_0 为预应力筋张拉控制力，y_0 为某一构件锚固区尺寸的一半，y_{p0} 为相应方向加载面积边长的一半。对于圆形承压板，将其按照面积相等的原则转化为正方形承压板后由表 8-2 查出。

表 8-2　锚固区劈裂拉力设计值

y_{p0}/y_0	0.2	0.3	0.4	0.5	0.6	0.7
F_{bst}/P_0	0.23	0.23	0.20	0.17	0.14	0.11

注：中间值按线性内插法确定。

劈裂拉力 F_{bst} 分布在距端面 $0.2y_0$ 到 $2y_0$ 的区域，由均匀配置在该区域的间接钢筋（螺旋筋或封闭箍筋）承担，钢筋应力取 $200N/mm^2$。当锚固区作用有多个局压荷载时，将锚固区划分为多个对称加载的棱柱体，每个棱柱体按照上述方法进行查表。此时局压区配置的间接钢筋应按照整个锚固区范围配置，以保证锚固区的整体稳定性。在承载能力极限状态，无粘结预应力筋锚固区劈裂拉力设计值 F_{bst} 也由表 8-2 查出，但 P_0 按预应力筋抗拉强度标准值计算的预应力筋拉力，抵抗劈裂力的钢筋应力可取为 $0.9f_y$，其中 f_y 为间接钢筋抗拉强度标准值。有粘结预应力筋锚固区劈裂拉力不需进行承载能力极限状态验算。

8.2.2　国内规范中的局压承载力计算方法

我国《混凝土结构设计规范（2015 年版）》（GB 50010—2010）[1]中规定的局部受压问题分两部分，一是截面尺寸限制条件，二是承载力计算方法。

配置间接钢筋的混凝土结构构件，其局部受压区的截面尺寸应符合下列要求：

$$F_l \leqslant 1.35\beta_c\beta_l f_c A_{ln} \tag{8-26}$$

$$\beta_l = \sqrt{\frac{A_b}{A_l}} \tag{8-27}$$

式中：F_l——局部受压面上作用的局部荷载或局部压力设计值，对后张法预应力混凝土构件中的锚头局压区的压力设计值，应取 1.2 倍张拉控制力；

f_c——混凝土轴心抗压强度设计值，在后张法预应力混凝土构件的张拉阶段验算中，应根据相应阶段的混凝土立方体抗压强度 f_{cu}' 值线性内插确定；

β_c——混凝土强度影响系数：当混凝土强度等级不超过 C50 时取 $\beta_c = 1.0$，当混凝土强度等级为 C80 时取 $\beta_c = 0.8$，其间按线性内插法确定；

β_l——混凝土局部受压时的强度提高系数；

A_l——混凝土局部受压面积；

A_{ln} ——混凝土局部受压净面积，对后张法构件应在混凝土局部受压面积中扣除孔
　　　　道、凹槽部分的面积；

A_b ——局部受压的计算底面积，可由局部受压面积与计算底面积按同心、对称的
　　　　原则确定，对常用情况可按图 8-9 取用。

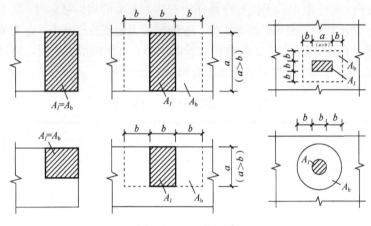

图 8-9　A_b 取值方法

　　配置方格网式或螺旋式间接钢筋且其核心面积 $A_{cor} \geqslant A_l$ 时（图 8-10），局部受压承载力应符合下列规定：

$$F_l \leqslant 0.9(\beta_c \beta_l f_c + 2\alpha \rho_v \beta_{cor} f_{yv}) A_{ln} \qquad (8\text{-}28)$$

　　当为方格网式配筋时［图 8-10（a）］，其体积配筋率 ρ_v 应按下式计算：

$$\rho_v = \frac{n_1 A_{s1} l_1 + n_2 A_{s2} l_2}{A_{cor} s} \qquad (8\text{-}29)$$

此时，钢筋网两个方向上单位长度内钢筋截面面积的比值不宜大于 1.5。

　　当为螺旋式配筋时［图 8-10（b）］，其体积配筋率 ρ_v 应按下式计算：

$$\rho_v = \frac{4 A_{ss1}}{d_{cor} s} \qquad (8\text{-}30)$$

式中：β_{cor} ——配置间接钢筋的局部受压承载力提高系数，仍按式（8-27）计算，但 A_b 以
　　　　　　　　A_{cor} 代替，当 $A_{cor} > A_b$ 时应取 $A_{cor} = A_b$；

　　　　f_y ——钢筋抗拉强度设计值；

　　　　α ——间接钢筋对混凝土约束的折减系数：当混凝土强度等级不超过 C50 时取 1.0，
　　　　　　　当混凝土强度等级为 C80 时取 0.85，其间按线性内插法确定；

　　　　A_{cor} ——方格网式或螺旋式间接钢筋内表面范围内的混凝土核心面积，其重心应与
　　　　　　　　A_l 的重心重合，计算中仍按同心、对称的原则取值；

　　　　ρ_v ——间接钢筋体积配筋率（核心面积 A_{cor} 范围内单位混凝土体积所含钢筋的
　　　　　　　体积）；

　　　　n_1、A_{s1} ——方格网沿 l_1 方向的钢筋根数、单根钢筋的截面面积；

　　　　n_2、A_{s2} ——方格网沿 l_2 方向的钢筋根数、单根钢筋的截面面积；

　　　　A_{ss1} ——单根螺旋式间接钢筋的截面面积；

d_{cor}——螺旋式间接钢筋内表面范围内的混凝土截面直径;

s——方格网式或螺旋式间接钢筋的间距,宜取 30～80mm。

间接钢筋应配置在图 8-10 所规定的高度 h 范围内,对方格网式间接钢筋,不应少于 4 片;对螺旋式钢筋,不应少于 4 圈。

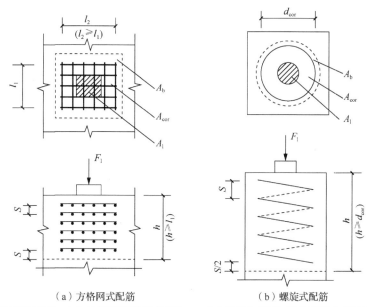

(a)方格网式配筋   (b)螺旋式配筋

注:A_1 为混凝土局部受压面积;A_b 为局部受压的计算底面积;A_{cor} 为方格网式或螺旋式间接钢筋内表面范围内的混凝土核心面积;d_{cor} 为螺旋式间接钢筋内表面范围内的混凝土截面直径;S 为方格网式或螺旋式间接钢筋的间距,宜取 30mm～80mm。

图 8-10 局部受压区的间接钢筋

网片式间接钢筋布置时,若仅采用绑扎成型或隔一焊一的方式,纵横钢筋对混凝土的约束作用有限,间接钢筋很难屈服,为保证局压区网片式间接钢筋的充分作用,应采用"一笔箍"式的网片作为间接钢筋,以有效保证局压区的承载能力。

8.3 预应力梁端部构造设计

8.3.1 梁端部可能出现的两类裂缝

工程实践及试验研究表明,在局部荷载作用下,结构端部可能会出现两类裂缝:第一类裂缝(A)是沿集中力作用方向(一般沿预留孔道)的纵向裂缝(又称劈裂裂缝、锚下裂缝);第二类裂缝(B)是与集中力作用方向平行的结构端面裂缝(又称端面裂缝、剥落裂缝),如图 8-11 所示。偏心距较小时,第一类裂缝是主要的;偏心距较大时,常常出现第二类裂缝。

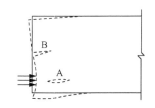

图 8-11 梁端部两类裂缝示意图

8.3.2　劈裂裂缝的控制方法

局压荷载作用下的混凝土构件，在局压荷载的作用线上分布有与荷载合力作用方向垂直的拉应力——劈裂应力，在该拉应力作用下，构件有时会出现劈裂裂缝。劈裂应力的数值与荷载值 N、试件宽度与局压荷载宽度的相对比值 h/d 有关，当 h/d 为 1.5～2.5 时，劈裂应力接近峰值。

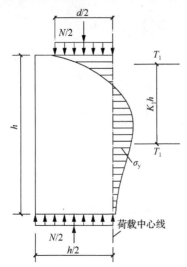

图 8-12　端部劈裂拉力分布及计算简图

局压荷载作用下构件端部中轴线上的劈裂拉力分布及计算简图如图 8-12 所示，设距结构端面为 h 的截面上竖向压应力均匀分布，这时取中轴线一侧（左侧）为分离体，由力矩平衡条件，可得

$$\frac{N}{2}\times\frac{h-d}{4}=K_1hT_1 \tag{8-31}$$

可得劈裂拉力 T_1 的计算式为

$$T_1=\frac{N}{8K_1}\left(1-\frac{d}{h}\right) \tag{8-32}$$

式中：T_1——劈裂拉应力 σ_y 的合力，其大小与压应力合力相等；

K_1——力臂系数。

按弹性分析的力臂系数 K_1 可取为 0.5 左右。但混凝土开裂后，端部应力发生重分布，且随着劈裂裂缝的扩展，抵抗不平衡弯矩的内力臂也随之加大，因此可以足够安全地把力臂系数从 0.5 增大到 0.7，即劈裂区的拉力值可按下式计算：

$$T_1=0.18\left(1-\frac{d}{h}\right)N \tag{8-33}$$

由此可计算出劈裂区所需配置的横向钢筋面积为

$$A_s=\frac{T_1}{f_y} \tag{8-34}$$

式中：f_y——钢筋抗拉强度设计值，其值不得大于 210N/mm²。

按上式求得的钢筋应以附加箍筋或网片的形式均匀布置在局部受压间接钢筋配置区以外，在构件端部长度 l 不小于 $3e$（e 为截面重心线上部或下部预应力钢筋的合力点至邻近边缘的距离）但不大于 $1.2h$（h 为构件端部截面高度）、高度为 $2e$ 的附加配筋区范围内，如图 8-13 所示。用于控制劈裂裂缝的横向钢筋除应满足计算要求外，尚应满足体积配筋率不小于 0.5% 的构造要求，同时劈裂裂缝两侧钢筋长度应满足锚固长度要求。

在工程设计中，为防止出现劈裂裂缝，可采取的措施有：尽可能使预应力束在结构端面均匀布置；适当扩大锚垫板的平面尺寸和厚度；适当扩大预应力束之间的束距和预应力束到结构端面边缘的边距；减小预留孔道尺寸；增加端部间接配筋；提高混凝土强度等级。

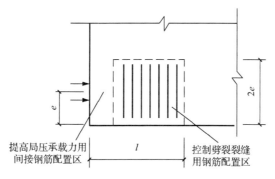

图 8-13　控制劈裂裂缝的间接钢筋配置范围

8.3.3　端面裂缝的控制方法

当预应力荷载在梁端面上存在偏心时，梁端面上也会出现与梁轴线垂直方向的局部高拉应力。图 8-14 举例表示当荷载位置为 e/h=0.1 时（e 为偏心距，是荷载轴线离梁底边的距离，h 为梁高）构件端部的应力分布，图中数字代表梁横截面上平均压应力为 1N/mm^2 时的应力值（单位为 N/mm^2）。图 8-14（a）所示为梁端受力后的变形状态；图 8-14（b）所示为纵向应力 σ_x 的分布，由图可以看到集中荷载的扩散情况，大约通过一倍梁高的区段，应力分布由非线性逐步转变为线性分布；图 8-14（c）所示为垂直于梁轴线方向的横向应力 σ_y 的分布，拉应力为正，压应力为负，由图 8-14（c）可知，梁端面上产生了很高的横向拉应力；图 8-14（d）则用等应力线表示 σ_y 的分布规律。由图 8-14（c）和（d）可以看出，构件端部有两个高拉应力区（A 区和 B 区），因而可能形成两种裂缝（图 8-11）。

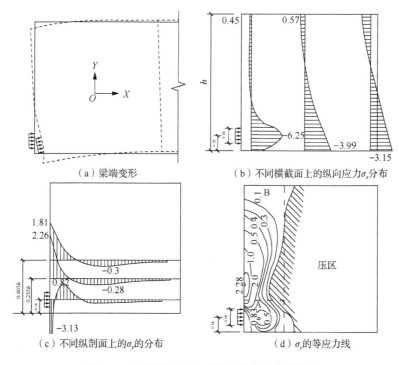

（a）梁端变形　　　　　　　（b）不同横截面上的纵向应力σ_x分布

（c）不同纵剖面上的σ_y的分布　　　　　（d）σ_y的等应力线

图 8-14　梁端受偏心力时端部应力及变形特征

　　梁端面上的横向拉应力σ_y是形成端面裂缝的主要原因，因此，明确σ_y最大值的位置、数值及其合力是必要的。

　　尽管梁端的局部应力分布十分复杂，但影响端面最大拉应力数值的主要参数只有两个，一是梁端荷载的相对位置e/h，二是梁端横截面上的平均压应力σ_0。因此，可以用比较简单的表达式来计算端面最大拉应力σ_{ymax}。

　　有限元法求得的结构端面上最大拉应力数值σ_{ymax}及它的位置C、横向拉应力合力T_2随荷载位置e/h的变化规律如图8-15所示。

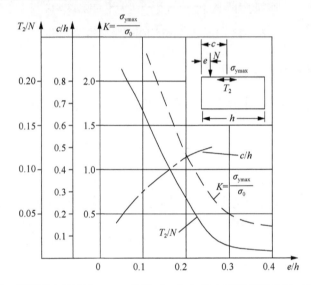

图8-15　端面最大拉应力σ_{ymax}、位置C、合力T_2与荷载相对位置e/h的关系

　　由图8-15可知，最大横向拉应力与截面平均压应力的比值（$K=\sigma_{ymax}/\sigma_0$）、横向拉应力合力与局部荷载的比值（T_2/N）随着相对位置（e/h）的增加衰减很快，当$e/h>0.25$时，一般不会再出现端面裂缝；当e/h在$0.05\sim0.25$（工程中常见的情况）变动时，最大横向拉应力的数值、位置及横向拉应力的合力可分别采用式（8-35）～式（8-37）表达：

$$\sigma_{ymax} = K\sigma_0 = \frac{1}{18\left(\dfrac{e}{h}\right)^2 + 0.25}\sigma_0 \tag{8-35}$$

$$c/h = \sqrt{e/h} \tag{8-36}$$

$$T_2 = (0.26 - e/h)N \tag{8-37}$$

　　当多个荷载同时作用时，N为截面重心线一侧荷载的合力，e为合力作用点到邻近边缘的距离。

　　T_2为弹性阶段的拉力值。端面裂缝出现后，T_2值下降，由试验及理论分析可知，可将弹性分析所得的横向拉力降低30%后设计端面配筋，故采用的横向拉力T_2为

$$T_2 = (0.18 - 0.7\,e/h)N \tag{8-38}$$

　　所需的横向钢筋面积则为

$$A_s = (0.18 - 0.7e/h)N / f_y \tag{8-39}$$

式中：f_y——钢筋抗拉强度设计值，其值不得大于 210N/mm^2。

为方便工程应用，可采用如下计算式：

$$\begin{cases} A_s \geqslant 0.2N/f_y, & e \leqslant 0.1h \\ A_s \geqslant 0.1N/f_y, & 0.1h < e \leqslant 0.2h \end{cases} \tag{8-40}$$

有时由于拉力较大，需要配置直径较大的 II 级钢筋，为防止裂缝过宽，对该计算式的系数做了调整，此时：

$$\begin{cases} A_s \geqslant 0.3N/f_y, & e \leqslant 0.1h \\ A_s \geqslant 0.15N/f_y, & 0.1h < e \leqslant 0.2h \end{cases} \tag{8-41}$$

由式（8-40）或式（8-41）所得横向受拉钢筋应尽可能接近梁端面布置，不宜超出梁端 $0.2h$ 范围，如图 8-16 所示。当端部截面上部和下部均有预应力钢筋时，附加竖向钢筋的总截面面积应按上部和下部的预应力合力分别计算的数值叠加后采用，但总合力（$T_{2, 上}+T_{2, 下}$）不应超过 $0.3\sum N$。这是因为当上部和下部预应力合力到邻近边缘的距离小于 $0.1h$ 时，最大横向端面张拉力 T_2 的作用位置已经相离很远，不宜直接叠加，如图 8-17 所示。为使横向钢筋可靠锚固，宜采用焊接钢筋网片或封闭式箍筋。当计算所得控制端面裂缝用横向受拉钢筋与提高局压承载力用间接钢筋重叠时，实际配筋量取两者较大值，但构造按横向受拉钢筋的要求采用。

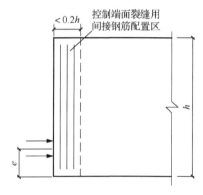

图 8-16　控制端面裂缝的间接钢筋配置范围

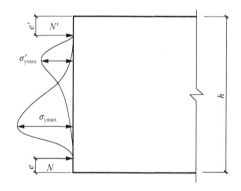

图 8-17　两个偏心荷载作用下构件端面横向应力分布

控制梁端面张拉裂缝的主要措施如下：设计上应尽量减小预应力束在梁端的偏心程度，可将部分直线型预应力束向上弯起锚固于梁端的中部区域；降低预压应力，可采取减小张拉力或增大梁端部截面的宽度的措施；当严格要求不出现裂缝时，可以施加横向预应力。

局压影响区三类间接钢筋的配置范围如图 8-18 所示。图 8-18 中，l_1、l_2 分别为提高局压承载力用间接钢筋几何平面内两个方向的尺寸，其大小视 A_b、A_l 及局压承载力等因素确定，其中 $l_1 \leqslant l_2$。

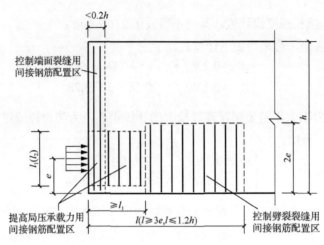

图 8-18　三类间接钢筋的配筋范围

8.4　考虑预留孔道影响的混凝土局部受压承载力计算

8.4.1　问题的提出

我国《混凝土结构设计规范（2015 年版）》（GB 50010—2010）[1]仅通过混凝土局压净面积考虑了孔道的影响，未考虑预留孔道及孔道直径大小对混凝土局压强度提高系数 β_l 的影响。事实上从有关局部受压试验发现，孔道的存在与否及孔道直径的大小对混凝土局压强度提高系数是有影响的。我国"钢筋混凝土及预应力混凝土构件局部承压及端部构造"专题组曾建议将带预留孔道的构件的局压强度提高系数乘以 0.9，以考虑孔道对局压强度提高系数的影响，但我们认为各种孔道直径均用同一个 0.9 的系数来考虑仍有商榷空间。

8.4.2　考虑预留孔道影响的混凝土局压承载力试验研究

针对这一问题，我们开展了 12 个素混凝土棱柱体试件的轴心局部受压试验。研究预留孔道直径 d 和局部受压计算底面积与局部受压面积的比值 A_b/A_l（以下简称局压面积比）的变化对素混凝土试件局部受压性能的影响，获得预留孔道对局压强度提高系数的影响规律，建立考虑预留孔道影响的混凝土局部受压承载力计算公式。

12 个试件均为 350mm×350mm×560mm 的棱柱体，部分试件在中心位置留设沿高度方向（560mm 方向）贯通的预留孔道。试件参数如表 8-3 所示。

表 8-3　A 组试件明细表

试件	a/mm	d/mm	A_b/A_l	试件	a/mm	d/mm	A_b/A_l
A1-1	170	0	4.239	A2-3	200	75	3.063
A1-2	170	50		A2-4	200	90	
A1-3	170	75		A3-1	230	0	2.316
A1-4	170	90		A3-2	230	50	
A2-1	200	0	3.063	A3-3	230	75	
A2-2	200	50		A3-4	230	90	

图 8-19 为 A 组试件破坏情况。A 组试件破坏时呈现出的特点如下：在 40%~80%破坏荷载时，试件开裂，初始开裂部位大致位于侧面对称轴附近且偏于试件上方，裂缝呈竖直方向。随着荷载的增加，裂缝逐步向两端面延伸，其他侧面也会相继出现类似的裂缝。在试件破坏前，侧面发展的竖向裂缝贯穿试件全高，最大裂缝宽度接近 1mm。达到破坏荷载时，试件发出劈裂声，压力机显示荷载值迅速下降，或者“砰”的一声，承压板下的混凝土被冲切出一个楔形体，试件被劈成数块或有被劈开趋势。这些破坏时的特点也体现出了素混凝土破坏的脆性特征。

(a) A1-1　　　　　(b) A1-2　　　　　(c) A1-3　　　　　(d) A1-4

(e) A2-1　　　　　(f) A2-2　　　　　(g) A2-3　　　　　(h) A2-4

(i) A3-1　　　　　(j) A3-2　　　　　(k) A3-3　　　　　(l) A3-4

图 8-19　A 组试件破坏情况

A 组试件局压承载力实测值与计算值比较如表 8-4 所示。

表 8-4　A 组试件局压承载力实测值与计算值比较

试件编号	实测值 $N_{u,c}^{T}$ /kN	计算值		比较		试件编号	实测值 $N_{u,c}^{T}$ /kN	计算值		比较	
		$N_{u,c}^{C1}$ /kN	$N_{u,c}^{C2}$ /kN	$\dfrac{N_{u,c}^{C1}}{N_{u,c}^{T}}$	$\dfrac{N_{u,c}^{C2}}{N_{u,c}^{T}}$			$N_{u,c}^{C1}$ /kN	$N_{u,c}^{C2}$ /kN	$\dfrac{N_{u,c}^{C1}}{N_{u,c}^{T}}$	$\dfrac{N_{u,c}^{C2}}{N_{u,c}^{T}}$
A1-1	2007	1964	1964	0.978	0.978	A2-3	1962	1956	1923	0.997	0.980
A1-2	1750	1784	1752	1.019	1.001	A2-4	1820	1808	1793	0.993	0.985
A1-3	1570	1569	1557	0.999	0.991	A3-1	2745	2657	2657	0.968	0.968
A1-4	1423	1406	1413	0.988	0.993	A3-2	2474	2510	2448	1.015	0.990
A2-1	2273	2310	2310	1.016	1.016	A3-3	2300	2333	2278	1.014	0.991
A2-2	2098	2150	2103	1.025	1.002	A3-4	2150	2196	2157	1.021	1.003

素混凝土局部受压承载力计算公式为

$$N_{u,c} = \beta_l f_c A_{ln} \tag{8-42}$$

$$\beta_l = \sqrt{\frac{A_b}{A_l}} \tag{8-43}$$

1. 计算模式 I

由式（8-43）可看出，混凝土局压强度提高系数 β_l 计算公式未反映预留孔道影响。若 A 组试件混凝土局压强度提高系数实测值 $\beta^T = \dfrac{N_{u,c}^T}{f_c A_{ln}}$，计算值 $\beta^C = \sqrt{\dfrac{A_b}{A_l}}$，则 $\lambda_d = \dfrac{\beta^T}{\beta^C}$ 与 $\dfrac{d}{a}\dfrac{d}{l}$ 的关系曲线如图 8-20 所示。其中，d 为预留孔道直径，a 为承压板边长，l 为试件受压面边长。由图 8-20 可知，$\dfrac{\beta^T}{\beta^C}$ 随 $\dfrac{d}{a}\dfrac{d}{l}$ 的增大而降低。

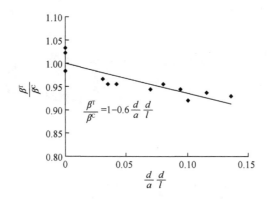

图 8-20　A 组试件 $\dfrac{\beta^T}{\beta^C}$ 与 $\dfrac{d}{a}\dfrac{d}{l}$ 的关系曲线

对图 8-20 试验点进行拟合，可得

$$\lambda_{d1} = \frac{\beta^T}{\beta^C} = 1 - 0.6\frac{d}{a}\frac{d}{l} \tag{8-44}$$

带预留孔道试件混凝土局压强度提高系数可按下式计算：

$$\beta_{d1} = \lambda_{d1}\beta^C = \left(1 - 0.6\frac{d}{a}\frac{d}{l}\right)\sqrt{\frac{A_b}{A_l}} \tag{8-45}$$

故带预留孔道素混凝土局压承载力可按下式计算：

$$N_{u,c}^{C1} = \beta_{d1} f_c A_{ln} \tag{8-46}$$

式中：a、l——方形承压板和方形试件截面的边长。当承压板、试件截面为矩形时，a、l 分别取承压板和试件截面的短边尺寸；对于圆形承压板、圆形试件截面的情况，可按照面积相等的原则将圆形换算为方形计算。

A 组试件局压承载力实测值与式（8-46）计算值的比较如表 8-4 所示，令 $X_1 = \dfrac{N_{u,c}^{C1}}{N_{u,c}^{T}}$，则其平均值 $\overline{X_1} = 1.0029$，标准差 $\sigma_1 = 0.0184$，变异系数 $\delta_1 = 0.0183$，计算值与实测值符合良好。

2. 计算模式 II

由 A 组试件试验结果分析可知，$\dfrac{d}{l}$ 对预留孔道降低影响系数 λ_d 影响显著。令 A 组试件混凝土局压强度提高系数实测值 $\beta^{T} = \dfrac{N_{u,c}^{T}}{f_c A_{ln}}$，计算值 $\beta^{C} = \sqrt{\dfrac{A_b}{A_l}}$，则 $\lambda_d = \dfrac{\beta^{T}}{\beta^{C}}$ 与 $\dfrac{d}{l}$ 的关系曲线如图 8-21 所示。由图 8-21 可知，$\dfrac{\beta^{T}}{\beta^{C}}$ 随 $\dfrac{d}{l}$ 的增大而降低。

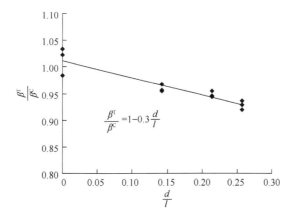

图 8-21　A 组试件 $\dfrac{\beta^{T}}{\beta^{C}}$ 与 $\dfrac{d}{l}$ 的关系曲线

对图 8-21 试验点进行拟合，可得

$$\lambda_{d2} = \frac{\beta^{T}}{\beta^{C}} = 1 - 0.3\frac{d}{l} \tag{8-47}$$

带预留孔道试件混凝土局压强度提高系数可按下式计算：

$$\beta_{d2} = \lambda_{d2}\beta^{C} = \left(1 - 0.3\frac{d}{l}\right)\sqrt{\frac{A_b}{A_l}} \tag{8-48}$$

故带预留孔道素混凝土局压承载力可按下式计算：

$$N_{u,c}^{c2} = \beta_{d2}f_c A_{ln} \tag{8-49}$$

式中：l——方形试件截面的边长。当试件截面为矩形时，l 取试件截面的短边尺寸；对于圆形试件截面的情况，可按照面积相等的原则将圆形换算为方形计算。

A 组试件局压承载力实测值与式（8-49）计算值的比较如表 8-6 所示，令 $X_2 = \dfrac{N_{u,c}^{C2}}{N_{u,c}^{T}}$，

则其平均值 $\overline{X_2} = 1.0087$，标准差 $\sigma_2 = 0.0133$，变异系数 $\delta_2 = 0.0131$，计算值与实测值符合良好。

8.5　考虑核心面积影响的混凝土局部受压承载力计算

8.5.1　问题的提出

我国《混凝土结构设计规范（2015 年版）》（GB 50010—2010）[1]确定的基本思路，间接钢筋对局压承载力的贡献项取 $N_{u,s} = 2\rho_v\beta_{cor}f_yA_{ln}$，它是由"套箍强化理论"约束混凝土的性质（$f_{cc} = f_c + 4\sigma_3$）推导而来的。推导过程中平均侧向压应力为 $\sigma_3 = \dfrac{A_sf_y}{as}$，其中 A_s、f_y 为每层钢筋网（每圈螺旋筋）的截面面积和抗拉强度，a 为承压板边长或直径，s 为间接钢筋间距。以配置螺旋式间接钢筋、选择圆形承压板为例，$4\sigma_3A_{ln} = 4\dfrac{A_sf_y}{as}A_{ln} =$

$2\dfrac{\frac{1}{2}A_s\pi d_{cor}}{\frac{1}{4}\pi d_{cor}^2 s}\sqrt{\dfrac{\pi d_{cor}^2}{\pi a^2}}f_yA_{ln} = 2\rho_v\beta_{cor}f_yA_{ln}$，表达式中没有反映出螺旋式间接钢筋螺旋内径 d_{cor}

的影响，也即说明间接钢筋对局压承载力的贡献与间接钢筋内表面范围内混凝土核心面积 A_{cor} 无关。配置网片式间接钢筋时也能得出类似结论。《混凝土结构设计规范（2015 年版）》（GB 50010—2010）[1]的适用条件为 A_{cor} 不小于 A_l，但目前市场上销售的锚具定型产品中螺旋筋多数为 $A_{cor} < A_l$ 的情况。从间接钢筋的套箍作用来讲，套箍尺寸过小，套箍效应就难以充分发挥。当网片式间接钢筋的种类、直径、根数、网片间距不变或螺旋式间接钢筋的种类、直径及螺旋间距不变时，A_{cor} 越大，间接钢筋对局压承载力的贡献越大。在工程实践中如何正确选择 A_{cor}，如何准确计算不同的 A_{cor} 对局压承载力的贡献，还需进一步研究。

8.5.2　考虑核心面积影响的混凝土局部受压承载力试验研究

针对这一问题，本节开展了 29 个配置间接钢筋的混凝土试件轴心局部受压试验。研究间接钢筋种类、混凝土核心面积（A_{cor}）、预留孔道直径（d）和局压面积比（A_b/A_l）的变化对试件局部受压性能的影响，获得 A_{cor} 对间接钢筋对局压承载力贡献项的影响规律，建立考虑 A_{cor} 影响的混凝土局部受压承载力计算公式。

29 个试件分 B、C、D 共 3 组，B 组为 9 个配置网片式间接钢筋的混凝土试件，C 组为 9 个配置螺旋式间接钢筋的混凝土试件，D 组为 11 个配置螺旋式间接钢筋的混凝土试件（A_{cor} 较小，A_{cor}/A_l 为 0～1.316）。29 个试件均为 350mm×350mm×560mm 的棱柱体，部分试件在中心位置留设沿高度方向（560mm 方向）贯通的预留孔道。

B 组试件参数明细如表 8-5 所示。

表 8-5　B 组试件参数明细表

试件	承压板边长 a/mm	预留孔道直径 d/mm	网片外边尺寸 l_{cor}/mm	A_{cor}/A_l
B1	170	50	122	0.52
B2	170	75	237	1.94
B3	170	90	302	3.16
B4	200	50	237	1.40
B5	200	75	302	2.28
B6	200	90	152	0.58
B7	230	50	302	1.72
B8	230	75	182	0.63
B9	230	90	237	1.06

　　B 组试件的方格式钢筋网片采用 8 根直径为 8mm 的 HPB235 钢筋焊接而成，配置在试件上部 385mm 的区域，第 1 片钢筋网距试件加载面 35mm，相邻网片间距为 70mm，每个试件配置 6 片。按照 d 的不同，钢筋网片的形状与几何尺寸如图 8-22 所示。

　　需要指出的是，由于对试件加荷是压力机通过承压板直接传给试件的，而压力机的压板尺寸又大于承压板尺寸，承压板的面积即为局压面积 A_l。

　　C 组试件的螺旋式间接钢筋用直径为 8mm 的 HPB235 钢筋制作，配置在试件上部 375mm 的区域，螺旋筋一端距试件加载面 25mm，螺距 50mm，每个螺旋筋为 7 圈。C 组试件参数明细如表 8-6 所示。

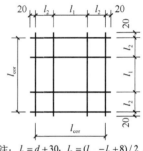

注：$l_1 = d + 30$，$l_2 = (l_{cor} - l_1 + 8)/2$。

图 8-22　钢筋网片的形状与
　　　　　几何尺寸

表 8-6　C 组试件参数明细表

试件	承压板直径 a/mm	预留孔道直径 d/mm	螺旋筋螺旋内径 d_{cor}/mm	A_{cor}/A_l
C1	170	50	170	1.000
C2	170	75	260	2.339
C3	170	90	320	3.543
C4	190	50	260	1.873
C5	190	75	320	2.837
C6	190	90	190	1.000
C7	210	50	320	2.322
C8	210	75	210	1.000
C9	210	90	260	1.533

　　D 组试件配置螺旋式间接钢筋，采用圆形承压板，研究 A_b/A_l 和螺旋内径 d_{cor} 的变化对素混凝土试件局压性能的影响。与 C 组试件不同的是，D 组试件 A_{cor}/A_l 为 0~1.316，考察 d_{cor} 较小时间接钢筋对局压承载力的影响。D 组试件参数如表 8-7 所示。螺旋筋采用

直径为 8mm 的 HPB235 钢筋制作，配置在试件上部 400mm 的区域，螺旋筋一端距试件加载面 25mm，螺距 50mm，每个螺旋筋为 7 圈。其中试件 D1-1、试件 D2-1 为未配置间接钢筋的素混凝土试件。

表 8-7　D 组试件参数明细表

试件	承压板直径 a/mm	螺旋筋螺旋内径 d_{cor}/mm	A_{cor}/A_l	间接钢筋配筋率/%
D1-1	210	—	—	—
D1-2	210	240	1.306	1.68
D1-3	210	210	1.000	1.92
D1-4	210	170	0.655	2.37
D1-5	210	130	0.383	3.10
D1-6	210	90	0.184	4.47
D2-1	170	—	—	—
D2-2	170	195	1.316	2.06
D2-3	170	170	1.000	2.37
D2-4	170	130	0.585	3.10
D2-5	170	90	0.280	4.47

B 组试件破坏时呈现出的特点如下：在 10%～70%破坏荷载时，试件开裂，初始开裂部位大致位于侧面对称轴附近且偏于试件上方，裂缝呈竖直方向。破坏前各侧面竖向裂缝数量发展较多，但没有贯穿试件全高，最大裂缝宽度为 0.1～1mm。破坏时，压力机显示荷载值下降速度较慢，少数试件伴随有劈裂声。卸载后发现，各侧面竖向裂缝数量较多，但其最大裂缝宽度较小。试件侧面还发展了一些水平裂缝，部分试件表层混凝土与试件脱开。图 8-23 （a）为 B 组试件破坏后情况。

C 组试件破坏时呈现出的特点如下：在 40%～70%破坏荷载时，试件开裂，初始开裂部位大致位于侧面对称轴附近且偏于试件上方，裂缝呈竖直方向。破坏前各侧面竖向裂缝数量发展较多，但没有贯穿试件全高，多数裂缝宽度接近 1mm。破坏时压力机显示荷载值下降速度较慢。卸载后发现，各侧面竖向裂缝数量较少，裂缝宽度较大。图 8-23 （b）为 C 组试件破坏后情况。

D 组试件破坏时呈现出的特点如下：当荷载达到 50%～80%荷载时，试件某一侧面出现裂缝，裂缝宽度较小，在随后的整个加载过程中裂缝发展缓慢。当荷载加至某一数值后，压力机显示荷载值开始下降，试件破坏。D1-1、D2-1 两素混凝土试件达到破坏荷载后，试件被突然崩成数块，属素混凝土破坏时呈脆性破坏特征。D1-2、D2-2 试件（$A_{cor}>A_l$）达到破坏荷载后，试件发出劈裂声，裂缝仍在加宽，压力机示值随变形增大下降缓慢，呈配筋混凝土破坏时的延性破坏特征。其余试件（$A_{cor}\leqslant A_l$）达到破坏荷载后，裂缝增长较快，压力机示值随变形增大迅速下降，脆性破坏特征比较明显，这是因为配置的螺旋筋螺旋内径较小（d_{cor} 较小），螺旋筋对外围混凝土约束较弱所致。图 8-23 （c）为 D 组试件破坏情况。破坏后试件表面裂缝数量较少，裂缝宽度较大：一方面，因为 A_{cor} 较小，螺旋筋对外围混凝土约束较弱；另一方面，试件表面膨胀应变较大，而螺旋筋离试件表面又较远，不能起到分散裂缝的作用。

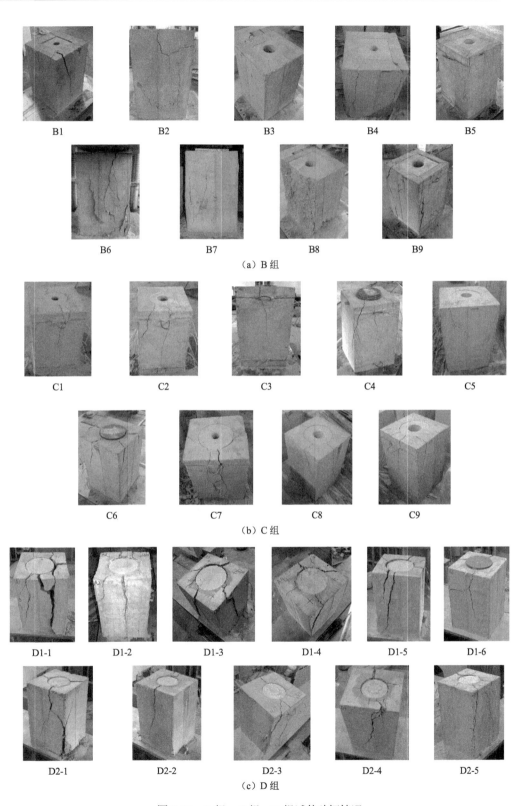

图 8-23　B 组、C 组、D 组试件破坏情况

1. 考虑网片式间接钢筋 A_{cor} 影响的局压承载力计算公式

B 组试件局压承载力实测值与计算值比较如表 8-8 所示。

表 8-8　B 组试件局压承载力实测值与计算值比较

试件编号	B1	B2	B3	B4	B5	B6	B7	B8	B9
实测值 N_u^T/kN	1945	2208	2063	3038	2932	1850	3415	2370	2800
计算值 N_u^C/kN	1853	2222	2147	2840	2803	1977	3414	2574	2790
N_u^C/N_u^T	0.953	1.007	1.041	0.935	0.956	1.069	1.000	1.086	0.997

我国《混凝土结构设计规范（2015 年版）》（GB 50010—2010）[1]中配置方格网式或螺旋式间接钢筋（图 8-24）的局部受压承载力应符合下列规定：

$$F_l \leqslant 0.9(\beta_c\beta_l f_c + 2\alpha\rho_v\beta_{cor}f_{yv})A_{ln} \tag{8-50}$$

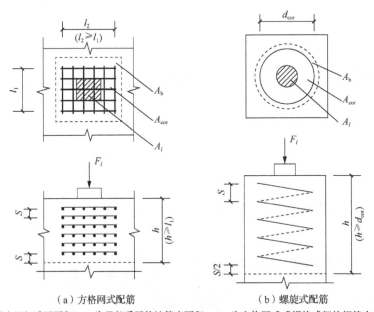

（a）方格网式配筋　　　　　（b）螺旋式配筋

注：A_l 为混凝土局部受压面积；A_b 为局部受压的计算底面积；A_{cor} 为方格网式或螺旋式间接钢筋内表面范围内的混凝土核心面积。

图 8-24　局部受压区的间接钢筋

将 B 组试件局压承载力实测值减去按式（8-49）计算的同参数素混凝土局部受压承载力即可得到网片式间接钢筋对局压承载力贡献项 $N_{u,s}$。

图 8-25（a）为 B 组试件无量纲项 $\dfrac{N_{us}}{f_y A_{ln}}$ 与 A_{cor} 的边长 L_{cor} 的关系图，图 8-25（a）中 a 为承压板边长。3 条折线为试验实测结果数据连线，3 条虚线为 B 组试件按式（8-50）计算的 $\dfrac{N_{us}}{f_y A_{ln}}$，也即 $2\rho_v\beta_{cor}$ 随 L_{cor} 变化的关系图。3 条折线表明实测数据 $N_{u,s}$ 随 L_{cor} 的增大而

增大，然而 3 条虚线表示的现行规范公式中 $N_{u,s}$ 与 L_{cor} 不相关，这显然是不合理的。这就再一次证明该公式中没能反映 A_{cor} 变化对承载力的影响，需要进行修正。

由上述分析可知，间接钢筋对局压承载力的贡献与间接钢筋外边尺寸（即 A_{cor}/A_l）密切相关，因此着重分析无量纲项 $\dfrac{N_{u,s}}{\rho_v f_y A_{ln}}$ 与 $\beta_{cor} = \sqrt{\dfrac{A_{cor}}{A_l}}$ 的相关关系。以 β_{cor} 为横坐标，以 $Y = \dfrac{N_{u,s}}{\rho_v f_y A_{ln}}$ 为纵坐标，则 B 组试件试验点的分布和基于试验点的拟合曲线如图 8-25（b）所示。

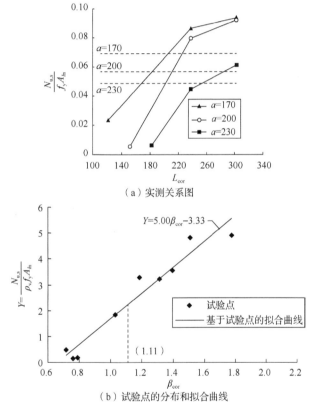

（a）实测关系图

（b）试验点的分布和拟合曲线

图 8-25　B 组试件实测结果

由图 8-25（b）可知，实测数据 $\dfrac{N_{u,s}^{T}}{\rho_v f_y A_{ln}}$ 随着 β_{cor} 的增大而增大，大致呈线性规律。对试验点拟合可得网片式间接钢筋贡献项计算式为

$$N_{u,s} = \rho_v \left(5\beta_{cor} - 3.33\right) f_y A_{ln} \tag{8-51}$$

由式（8-51）及式（8-46）或式（8-49）可得，当 $A_{cor} > A_l$ 时，配置方格网式间接钢筋的混凝土局部受压承载力按下式计算：

$$N_u = \beta_d f_c A_{ln} + \rho_v \left(5\beta_{cor} - 3.33\right) f_y A_{ln} \tag{8-52}$$

式中 β_d 按式（8-46）或式（8-49）计算。B 组试件局压承载力实测值与式（8-52）计算值的比较如表 8-8 所示，令 $X_3 = \dfrac{N_u^C}{N_u^T}$，则其平均值 $\overline{X_3} = 1.0047$，标准差 $\sigma_3 = 0.0525$，变异系数 $\delta_3 = 0.0523$。

需要指出的是，虽然 $\beta_{cor} < 1$ 的 3 个试件（B1、B6、B8）的间接钢筋贡献项实测值离散较大，导致 X_1 的统计数据效果较差，但此 3 个试件的间接钢筋对局压承载力贡献项绝对值较低，其占试件局压承载力实测值比重较小，故对试件局压承载力的统计数据 X_3 影响较小，因此 B 组试件局压承载力实测值与式（8-52）计算值符合较好。

2. 考虑螺旋式间接钢筋 A_{cor} 影响的局压承载力计算公式

C 组试件局压承载力实测值与计算值比较如表 8-9 所示。

表 8-9　C 组试件局压承载力实测值与计算值比较

试件编号	C1	C2	C3	C4	C5	C6	C7	C8	C9
实测值 N_u^T/kN	1650	1639	1597	2180	2174	1425	2475	1941	1988
计算值 N_u^C/kN	1628	1714	1613	2164	2070	1494	2520	1881	1952
N_u^C/N_u^T	0.987	1.046	1.010	0.993	0.952	1.048	1.018	0.969	0.982

C 组试件无量纲项 $\dfrac{N_{u,s}}{f_y A_{ln}}$ 与 A_{cor} 的直径 d_{cor} 的关系如图 8-26 所示。图 8-26 中 d' 为承压板直径。3 条折线为试验实测结果数据连线，3 条虚线为 C 组试件按式（8-50）计算的 $\dfrac{N_{u,s}}{f_y A_{ln}}$，即 $2\rho_v \beta_{cor}$ 随 d_{cor} 变化的关系图。3 条折线表明实测数据 $N_{u,s}$ 随 d_{cor} 的增大而增大，然而 3 条虚线表示的现行规范公式中 $N_{u,s}$ 与 d_{cor} 不相关，这显然是不合理的。显然现行规范公式中没能反映 A_{cor} 变化对承载力的影响，需要进行修正。

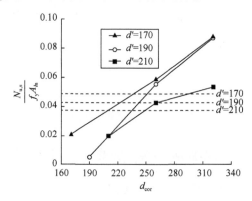

图 8-26　C 组试件实测关系图

由上述分析可知，间接钢筋对局压承载力的贡献与螺旋筋内径（即 A_{cor}/A_l）密切相关，因此着重分析无量纲项 $Y = \dfrac{N_{u,s}}{\rho_v f_y A_{ln}}$ 与 $\beta_{cor} = \sqrt{\dfrac{A_{cor}}{A_l}}$ 的相关关系。以 β_{cor} 为横坐标，以

$Y = \dfrac{N_{u,s}}{\rho_v f_y A_{ln}}$ 为纵坐标，则 C 组试件试验点的分布、基于试验点的拟合曲线及式（8-50）

曲线如图 8-27 所示。

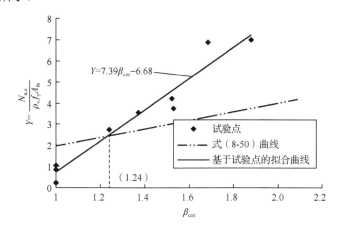

图 8-27　C 组试件试验点、拟合曲线及式（8-50）曲线

由图 8-27 可知，C 组试件实测数据 $\dfrac{N_{u,s}^T}{\rho_v f_y A_{ln}}$ 随 β_{cor} 增大而增大，也呈线性规律。对试

验点拟合即可得到螺旋式间接钢筋贡献项计算式为

$$N_{u,s} = (7.39\beta_{cor} - 6.68)\rho_v f_y A_{ln} \tag{8-53}$$

由式（8-53）及式（8-46）或式（8-49）可得，当 $A_{cor} > A_l$ 时，配置螺旋式间接钢筋的
混凝土局部受压承载力按下式计算：

$$N_u = \beta_d f_c A_{ln} + \rho_v (7.39\beta_{cor} - 6.68) f_y A_{ln} \tag{8-54}$$

式中 β_d 按式（8-46）或式（8-49）计算。C 组试件局压承载力实测值 N_u^T 与式（8-54）计

算值 N_u^C 的比较如表 8-9 所示，令 $X_3 = \dfrac{N_u^C}{N_u^T}$，则其平均值 $\overline{X_3} = 1.0004$，标准差 $\sigma_3 = 0.0309$，

变异系数 $\delta_3 = 0.0309$，实测值与计算值符合良好。与 B 试件类似，$\beta_{cor} = 1$ 的 3 个试件（C1、
C6、C8）间接钢筋贡献项实测值离散较大，导致 X_1 的统计数据效果较差，但其对试件局
压承载力的统计数据 X_3 影响较小。

3. 两类间接钢筋承载力贡献项计算公式的统一

钢筋网片与螺旋筋两类间接钢筋提高混凝土局压承载力的工作机理是一致的，因此
实现配置两类间接钢筋的混凝土局部受压承载力计算公式的统一是必要的。

将 B 组、C 组试件的试验结果布置于以 $\beta_{cor} = \sqrt{\dfrac{A_{cor}}{A_l}}$ 为横坐标、以 $Y = \dfrac{N_{u,s}}{\rho_v f_y A_{ln}}$ 为纵坐

标的坐标系中，如图 8-28 所示。由图 8-28 可知，当 $\beta_{cor} > 1.16$ 时，B 组、C 组试件间接钢
筋贡献项实测值大于基于式（8-50）的计算值，而且这种趋势随着 β_{cor} 的增大而增大；当
$\beta_{cor} < 1.16$ 时，则呈相反的趋势。

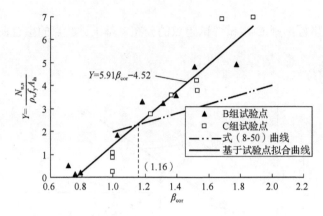

图 8-28　B 组、C 组试件试验点、拟合曲线及式（8-50）曲线

对 B 组、C 组试验点进行拟合，可得考虑 A_{cor} 影响的间接钢筋对局压承载力贡献项的统一计算公式：

$$N_{u,s} = (5.91\beta_{cor} - 4.52)\rho_v f_y A_{ln} \tag{8-55}$$

由式（8-55）及式（8-46）或式（8-49），可得考虑预留孔道对混凝土局压强度提高系数影响和 A_{cor} 对间接钢筋贡献项影响的局压承载力统一计算公式：

$$N_u = \beta_d f_c A_{ln} + (5.91\beta_{cor} - 4.52)\rho_v f_y A_{ln} \tag{8-56}$$

式中 β_d 按式（8-46）或式（8-49）计算。此外，当 $\beta_{cor} < 1.16$（即 $A_{cor}/A_l < 1.346$ 时，式（8-56）计算值较式（8-50）低，故采用式（8-56）时结构构件局压影响区配置的间接钢筋应满足 $A_{cor}/A_l \geqslant 1.346$。

设 N_u^C 和 N_u^T 分别为按式（8-56）所得 B 组、C 组试件局压承载力的计算值和局压承载力的实测值，令 $X = \dfrac{N_u^C}{N_u^T}$，则 B 组、C 组 18 个试件数据平均值 $\overline{X} = 0.9955$，标准差 $\sigma = 0.0598$，变异系数 $\delta = 0.0600$。

4. $A_{cor}/A_l < 1.35$ 的局压承载力计算公式

D 组试件轴心局部受压试验重点研究了 $A_{cor}/A_l < 1.35$ 时，螺旋筋对试件局部受压承载力的影响规律。D 组试件局压承载力实测值与计算值比较如表 8-10 所示。

表 8-10　D 组试件局压承载力实测值与计算值比较

试件编号	D1-1	D1-2	D1-3	D1-4	D1-5	D1-6	D2-1	D2-2	D2-3	D2-4	D2-5
实测值 N_u^T/kN	2243	2336	2315	2210	2180	2200	1950	2102	1988	2001	1920
计算值 N_u^C/kN	2266	2354	2298	2240	2215	2215	1924	2100	2028	1931	1893
N_u^C/N_u^T	1.010	1.008	0.993	1.014	1.016	1.007	0.987	0.999	1.020	0.965	0.986

我国《混凝土结构设计规范（2015 年版）》（GB 50010—2010）[1]配置间接钢筋的混凝土局部受压承载力按式（8-50）计算。等式右边第二项 $2\rho_v\beta_{cor}f_y A_{ln}$ 为间接钢筋对局压承载力的贡献项，它是由约束混凝土的性质 $f_1 = f_c + 4\sigma_2$ 推导而来的。

以配置螺旋式间接钢筋为例，第二项可变形为

$$2\rho_v\beta_{con}f_yA_{ln} = \beta_{cor}\frac{2f_y\pi d_{cor}A_{ss1}}{\frac{1}{4}\pi d_{cor}^2 s}A_{ln} = \beta_{cor}\frac{8f_yA_{ss1}}{d_{cor}s}A_{ln} \tag{8-57}$$

与配有间接钢筋柱正截面受压承载力计算方法相同的是，$\sigma_2 = \dfrac{2f_yA_{ss1}}{d_{cos}s}$。式（8-57）中

$\dfrac{8f_yA_{ss1}}{d_{cor}s}$ 可以认为是因配置螺旋筋而提高的混凝土抗压强度，但该提高部分仅发生在间接

钢筋内表面范围内的。令 $\dfrac{8f_yA_{ss1}}{d_{cor}s} = f_{c,s}$，则式（8-50）可变形为

$$N_u = \beta_l f_c A_{ln} + \beta_{cor}f_{c,s}A_{ln} \tag{8-58}$$

由式（8-58）可以认为：配置间接钢筋的混凝土局部受压承载力由两部分组成，如图 8-29 所示，一部分为素混凝土提供的局压承载力，混凝土轴心抗压强度为 f_c，局压计算底面积为 A_b，此部分混凝土局压强度提高系数为 β_l；另一部分为间接钢筋提供的局压承载力，其相当于轴心抗压强度为 $f_{c,s}$、局压计算底面积为 A_{cor} 的混凝土提供的承载力，此部分混凝土局压强度提高系数为 β_{cor}。

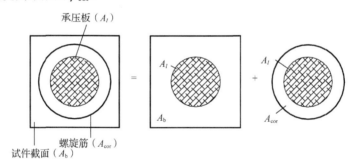

图 8-29　局压承载力叠加示意图

当 $A_{cor}<A_l$ 时，应将混凝土局部受压承载力的第二部分，即式（8-58）第二项中 $f_{c,s}A_{ln}$ 调整为 $f_{c,s}A_{cor}$，同时取 $\beta_{cor}=1.0$。故 $A_{cor}<A_l$ 时，配置间接钢筋的混凝土局部受压承载力计算公式为

$$N_u = \beta_l f_c A_{ln} + f_{c,s}A_{cor} = \beta_l f_c A_{ln} + 2\rho_v f_y A_{cor} \tag{8-59}$$

上面的推导是以假设局部受压破坏时局压区配置的间接钢筋达到其屈服强度 f_y 为前提的，但由前面的分析知，当 $A_{cor}<A_l$ 或 A_{cor}/A_l 较小时，局压区配置的间接钢筋受到楔形体所引起的膨胀效应小，其难以达到屈服强度。因此，本节引入间接钢筋强度折减系数 λ_s，下面通过分析 D 组局压试验数据来获得这一折减系数。

分析 D 组试件 $N_{u,s}^T$ 可以发现，间接钢筋强度折减系数 λ_s 与 $\dfrac{A_b}{A_l}$、$\dfrac{A_{cor}}{A_l}$ 这两个比值有关。

以 $X = \dfrac{A_b}{A_l}\dfrac{A_{cor}}{A_l}$ 为横坐标，以 $Y = \dfrac{N_{u,s}^T}{2\rho_v\beta_{cor}f_yA_{ln}}$ （当 $A_{cor}\geqslant A_l$ 时）或 $Y = \dfrac{N_{u,s}^T}{2\rho_v f_y A_{cor}}$ （当 $A_{cor}<A_l$

时）为纵坐标，则 D 组试件试验点的分布、B 组和 C 组中 $A_{cor} \leqslant A_l$ 的试验点分布及基于 D 组试验点的拟合曲线如图 8-30 所示。

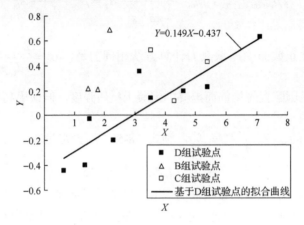

图 8-30　D 组、B 组和 C 组试验点及 D 组试验点拟合曲线

由图 8-30 可以看出，D 组试件试验数据基本符合线性规律，间接钢筋强度折减系数 λ_s 随 $\dfrac{A_b}{A_l}\dfrac{A_{cor}}{A_l}$ 的增加而线性提高。C 组 $A_{cor} \leqslant A_l$ 的 3 个试验点也基本符合这一规律。B 组 $A_{cor} \leqslant A_l$ 的 3 个试验点与这一规律有差别，B 组 3 试件间接钢筋强度折减系数相对稍高，这表明 B 组 3 个试验点接近破坏时间接钢筋应变相对较大。当 $A_{cor} < A_l$ 时，间接钢筋贡献项占总局压承载力比重较小，因此本节分析间接钢筋强度折减系数时暂不考虑钢筋网片与螺旋筋的差异。两类间接钢筋具体的差别和钢筋网片强度折减系数的特定规律有待进一步的试验研究。

对 D 组试验点进行拟合，可得间接钢筋强度折减系数为

$$\lambda_s = 0.149\frac{A_b}{A_l}\frac{A_{cor}}{A_l} - 0.437 \tag{8-60}$$

1）当 $A_{cor}/A_l < 1.35$ 时，间接钢筋对局压承载力贡献项可按下列公式计算。

当 $A_{cor}/A_l < 1$ 时，

$$N_{u,s} = 2\lambda_s\rho_v f_y A_{cor} \tag{8-61}$$

当 $1 \leqslant A_{cor}/A_l < 1.35$ 时，

$$N_{u,s} = 2\lambda_s\rho_v\beta_{cor} f_y A_{ln} \tag{8-62}$$

当 $A_{cor}/A_l \geqslant 1.35$ 时，间接钢筋对局压承载力贡献项按式（8-55）计算。

从理论上讲，间接钢筋对局压承载力的贡献项不小于零，因此须保证间接钢筋折减系数 $\lambda_s \geqslant 0$，同时又因为 $\lambda_s \leqslant 1$，故 $2.933 \leqslant \dfrac{A_b}{A_l}\dfrac{A_{cor}}{A_l} \leqslant 9.644$。

由式（8-46）或式（8-49）与式（8-64）、式（8-62）叠加，便可得到 $A_{cor}/A_l < 1.35$ 时配置间接钢筋的局压承载力计算公式。

当 $A_{cor}/A_l < 1$ 时，

$$N_u = \beta_d f_c A_{ln} + 2\lambda_s\rho_v f_y A_{cor,n} \tag{8-63}$$

当 $1 \leqslant A_{cor}/A_l < 1.35$ 时，

$$N_u = \beta_d f_c A_{ln} + 2\lambda_s \rho_v \beta_{cor} f_y A_{ln} \qquad (8\text{-}64)$$

式中：$A_{cor,n}$——A_{cor} 中扣除孔道、凹槽部分的面积。

β_d 按式（8-46）或式（8-49）计算。当 $2.933 \leqslant \dfrac{A_b}{A_l} \dfrac{A_{cor}}{A_l} \leqslant 9.644$ 时，λ 按式（8-60）计算；当 $\dfrac{A_b}{A_l} \dfrac{A_{cor}}{A_l} < 2.933$ 时，取 $\lambda=0$；当 $\dfrac{A_b}{A_l} \dfrac{A_{cor}}{A_l} > 9.644$ 时，取 $\lambda=1$。

2）当 $A_{cor}/A_l \geqslant 1.35$ 时配置间接钢筋的局压承载力按式（8-56）计算。

D 组试件局压承载力的实测值 N_u^T 与按式（8-63）和式（8-64）计算值 N_u^C 的比较如表 8-10 所示，令 $X = \dfrac{N_u^C}{N_u^T}$，则其平均值 $\overline{X} = 1.0004$，标准差 $\sigma=0.0165$，变异系数 $\delta=0.0165$。

需要指出的是，D 组中有 7 个试件 $A_{cor}/A_l \leqslant 1$，B 组、C 组中有 6 个试件 $A_{cor}/A_l \leqslant 1$，在这 13 个试件试验数据中，有 4 个 $N_{u,s}^T$ 小于 0，其余 9 个数据的 $\dfrac{N_{u,s}^T}{N_{u,c}^C}$ 的平均值为 0.055，这表明间接钢筋对局压承载力的贡献项不足素混凝土对局压承载力贡献项的 6%。

5. 考虑核心面积影响的局压承载力计算公式建议

对于配置方格网式或螺旋式间接钢筋的混凝土构件，当 $A_{cor} \leqslant A_l$ 时，间接钢筋对构件局压承载力的贡献较小，而且离散程度较大。因此，偏于安全的考虑，在工程实践中进行预应力混凝土构件端部局压区设计时，选配的提高局压承载力用间接钢筋应满足 $A_{cor} > A_l$。

将 B、C、D 三组试件中的 $A_{cor} > A_l$ 试验结果布置于以 $\beta_{cor} = \sqrt{\dfrac{A_{cor}}{A_l}}$ 为横坐标，以 $Y = \dfrac{N_{u,s}}{\rho_v f_y A_{ln}}$ 为纵坐标的坐标系中，如图 8-31 所示。

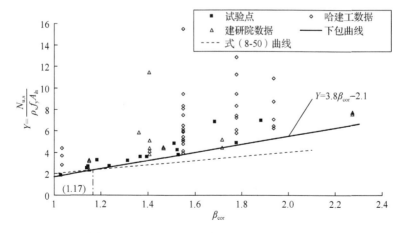

图 8-31　试验点、下包曲线及式（8-50）曲线

对试验点取下包线，则考虑 A_{cor} 影响的间接钢筋对局压承载力贡献项计算式为

$$N_{u,s} = (3.8\beta_{cor} - 2.1)\rho_v f_y A_{ln} \tag{8-65}$$

由式（8-65）及图 8-31 可看出，当 $\beta_{cor} > 1.17$ 时，试件间接钢筋贡献项实测值大于基于《混凝土结构设计规范（2015 年版）》（GB 50010—2010）[1] 中公式的计算值［如式（8-50）曲线］，而且这种趋势随着 β_{cor} 的增大而增大；当 $\beta_{cor} < 1.17$ 时，则呈相反的趋势。哈尔滨建筑工程学院完成的 32 个配置间接钢筋的混凝土试件局部受压试验数据（图 8-31 中的哈建工数据）及中国建筑科学研究院完成的 20 个配置间接钢筋混凝土试件局部受压试验数据（图 8-31 中的建研院数据）均不低于下包曲线对应值，这表明工程实践中采用图 8-31 中的下包曲线是安全可靠的。

在工程实践中进行预应力混凝土构件局部受压承载力验算时，当配置方格网式或螺旋式间接钢筋且其核心面积 $A_{cor} > A_l$ 时，局部受压承载力应按式（8-50）进行计算。

8.6　密布预应力束锚具下混凝土局部受压承载力计算

8.6.1　引言

各国设计标准中所给出的混凝土局部受压承载力计算公式，确切地讲在进行预应力混凝土工程设计时只适用于单束（根）预应力锚具下混凝土局部受压承载力计算，或局部受压计算底面积 A_b 不重叠时的预应力锚具下混凝土局部受压承载力计算。实际上，后张法预应力混凝土工程中的结构构件多为布置多束（根）预应力筋，且相邻束（根）预应力锚具下混凝土局部受压计算底面积 A_b 是重叠的（这种情况称为"密布"）。在计算密布预应力束（根）锚具下混凝土局部受压承载力时，何时按"整体计算法"考虑，何时按"分别计算取和法"考虑，以及及按"分别计算取和法"考虑时中束、边束、角束应如何分别计算，这一直是困扰结构工程师的技术难题之一。

8.6.2　密布预应力束锚具下局压区混凝土横向拉应力分布及计算准则

多个密布荷载作用下的局压区混凝土应力分布与单个荷载作用下的局压区混凝土应力分布有一定差别，明确多个密布荷载作用下的局压区混凝土横向拉应力分布规律，对确定密布预应力束锚具下混凝土局部受压承载力是按"整体计算法"考虑，还是按"分别计算取和法"考虑至关重要。影响多个密布荷载作用下的局压区混凝土应力分布的主要参数为局压荷载个数、局压荷载间距与局压荷载相应分布长度的比值等。

我们采用 ANSYS 软件，对板端（板厚为 100mm，混凝土强度等级为 C40）在与板同厚的条形局压荷载作用下的局压影响区混凝土应力分布进行了有限元分析。由有限元分析可知，当局压荷载净距与单个局压荷载相应分布长度之比不大于 0.5（对于两个局压荷载的情况，不大于 0.6）时，其局压区混凝土的横向峰值拉应力位于局压荷载合力的正下方，当该横向峰值拉应力达到混凝土抗拉强度时，构件就会出现劈裂裂缝，随着裂缝向上、下发展，构件将发生局压破坏，因此这种情况的局压承载力计算应按"整体计算法"考虑。对于两个局压荷载的情况，当局压荷载净距与单个局压荷载相应分布长度之

比大于 0.6 时，在两个局压荷载的下方出现了各自的横向峰值拉应力，故此时的混凝土局部受压承载力应按"分别计算取和法"考虑。对于 3 个及 3 个以上局压荷载的情况，当局压荷载净距与单个局压荷载相应分布长度之比介于 0.5～2.0 时，在两个边端局压荷载下方出现了明显的横向峰值拉应力，中部局压荷载下方横向拉应力分布较均匀且明显小于边端局压荷载下方的横向峰值拉应力，通过试算，表明可以偏于安全地将各预应力锚具下混凝土局部受压承载力也按"分别计算取和法"考虑。

单个局压荷载作用下的局压区混凝土横向应力分布，2 个局压荷载作用、局压荷载净距与单个荷载分布长度之比分别为 0.6、0.8 的局压区混凝土横向应力分布及 3 个局压荷载作用、局压荷载净距与单个荷载分布长度之比分别为 0.5、0.6、1.5 的局压区混凝土横向应力分布如图 8-32 所示。

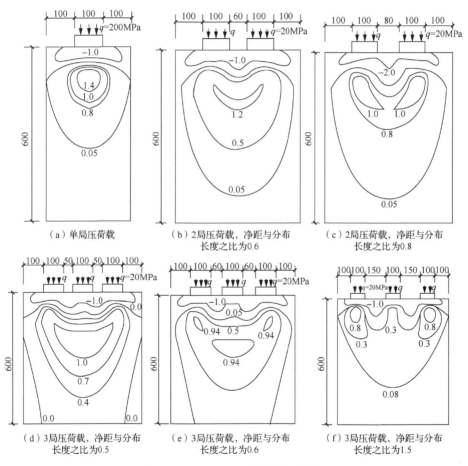

图 8-32　局压区混凝土横向应力分布

8.6.3　整体计算法

1. 建议方法

由前述分析，当相邻锚具下局部受压面积之间的净距与局部受压面积相应方向边长或直径的比不大于 0.5［对于两束（根）预应力锚具下的局压情况，不大于 0.6］时，局部受压承载力计算建议按整体计算法考虑。结合图 8-33，整体计算法的要点可归纳如下。

1）整体局部受压面积 A_l' 取为各锚具下的局部受压面积及各锚具下局部受压面积之间的面积之和。

2）整体局部受压计算底面积 A_b' 通过对 A_l' "同心、对称"扩展而得。混凝土局部受压时的强度提高系数 β_l' 按下式计算：

$$\beta_l' = \sqrt{\frac{A_b'}{A_l'}} \tag{8-66}$$

3）整体计算时，间接钢筋应采用钢筋网片，配置间接钢筋的局部受压承载力提高系数 β_{cor}' 按下式计算：

$$\beta_{\mathrm{cor}}' = \sqrt{\frac{A_{\mathrm{cor}}'}{A_l'}} \tag{8-67}$$

式中：A_{cor}' 为整体钢筋网内表面范围内的混凝土核心面积。

4）按整体计算法考虑时，整体局部受压承载力设计值应按下式计算：

$$F_l \leqslant 0.9 \left[\beta_{\mathrm{c}} \beta_l' f_{\mathrm{c}} + (3.8 \beta_{\mathrm{cor}}' - 2.1) \alpha \rho_v f_{\mathrm{y}} \right] \sum A_{l\mathrm{n}} \tag{8-68}$$

式中：F_l、β_{c}、f_{c}、α、ρ_v、f_{y}——符号的意义与式（8-28）相同；

β_l'、β_{cor}'——按式（8-66）和式（8-67）计算；

$\sum A_{l\mathrm{n}}$——各锚具下实际局部受压净面积之和。

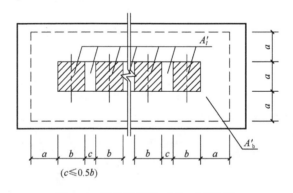

图 8-33　整体计算法 A_l' 及 A_b' 的取法

2. 计算结果与试验结果的比较

我国"钢筋混凝土及预应力混凝土构件局部承压及端部构造"专题组完成了若干个适合用整体计算法分析混凝土局部受压承载力问题的试件的试验。他们得到了 15 个试件的试验结果，其中有 6 个试件承受两个荷载作用的素混凝土局部受压试验的数据，9 个试件承受两个荷载作用配置间接钢筋的混凝土局部受压试验的数据。试件 C-1～C-3、R-1～R-3 的几何尺寸、开孔情况及传力垫板位置如图 8-34（a）所示；试件 C-4～C-6、R-4～R-9 的几何尺寸、开孔情况及传力垫板位置如图 8-34（b）所示。其中，试件 C-1～C-6 为素混凝土试件，试件 R-1～R-9 均配置了间接钢筋，间接钢筋体积配筋率如表 8-11 所示，间接钢筋的抗拉强度实测平均值为 217.6N/mm²。在计算破坏荷载时，没有考虑式（8-50）中括号左侧的系数 0.9。计算及试验结果如表 8-11 所示。

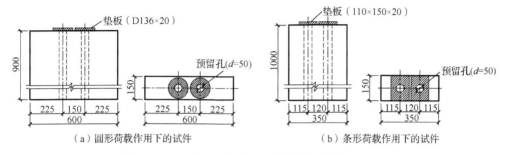

（a）圆形荷载作用下的试件　　　　　　　（b）条形荷载作用下的试件

图 8-34　两个相邻荷载作用下的试件（单位：mm）

3. 对整体计算法的评价

由表 8-11 局部受压承载力的实测值与计算值的对比可知，实测值与计算值之比 $X=N_T/N_C$ 的平均值 $\overline{X}=1.04$，标准差 $\sigma=0.157$，变异系数 $\delta=0.151$，计算结果与试验结果吻合较好，表明本节所建议的计算密布预应力束锚具下混凝土局部受压承载力的"整体计算法"是可行的。

表 8-11　混凝土局压承载力实测值与计算值的比较

试件编号	混凝土轴压强度 f_c /（N/mm²）	间接钢筋体积配筋率/%	破坏荷载实测值 N_T/kN	实测值与计算值比较	
				计算值 N_C/kN	N_T/N_C
C-1	38.71	0	1827.8	1653.1	1.11
C-2	38.71	0	1720	1653.1	1.04
C-3	38.71	0	1568	1653.1	0.95
C-4	33.12	0	1127	1348.7	0.84
C-5	33.12	0	1078	1348.7	0.80
C-6	17.05	0	558.6	694.3	0.80
R-1	38.32	2.57	1862	1636.9	1.14
R-2	38.32	2.57	1960	1636.9	1.20
R-3	38.32	2.57	1862	1636.9	1.14
R-4	33.12	2.71	1176	1348.1	0.87
R-5	33.12	2.71	1421	1348.1	1.05
R-6	33.12	2.71	1357.4	1348.1	1.01
R-7	33.12	2.71	1651.4	1348.1	1.22
R-8	17.05	2.71	842.8	694.4	1.21
R-9	17.05	2.71	862.4	694.4	1.24

注：配置间接钢筋的试件的混凝土项局压承载力实测值是由试件局压实测值扣除间接钢筋对局压承载力贡献计算值而得。

8.6.4　分别计算取和法

1.　建议方法

由前述分析可知，当相邻锚具下局部受压面积之间的净距与局部受压面积相应方向边长或直径的比大于 0.5［仅有两束（根）预应力筋的情况，则大于 0.6］时，密布预应力束锚具下混凝土局部受压承载力应按分别计算取和法考虑。

按分别计算取和法计算中束预应力筋锚具下混凝土局部受压承载力时，应遵循的要点主要如下。

1）由于相邻预应力束的作用，存在很强的侧向约束，中束锚具下混凝土横向峰值拉应力明显小于单束预应力筋单独作用时锚具下局压区混凝土横向峰值拉应力。为合理考虑这种现象，我们权且将密布预应力束的中束锚具下混凝土所受到的周围侧向约束取相同方向，因此中束（根）预应力筋锚具下的混凝土局部受压计算底面积按图 8-35 的思路和方法取用。此时中束预应力锚具下混凝土局部受压时的强度提高系数 β_l 仍按下式计算：

$$\beta_l = \sqrt{\frac{A_b}{A_l}} \qquad (8\text{-}69)$$

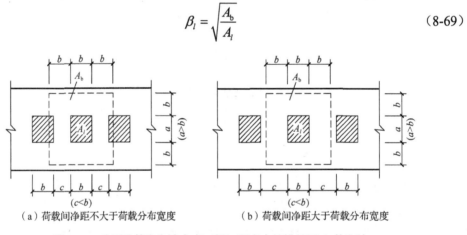

（a）荷载间净距不大于荷载分布宽度　　　　　（b）荷载间净距大于荷载分布宽度

图 8-35　分别计算取和法中束（根）预应力筋锚具下 A_b 的取法

2）按分别计算取和法计算预应力锚具下混凝土局部受压承载力时，间接钢筋可选用钢筋网片，也可选用螺旋筋，但各束预应力筋对应的螺旋筋不应交叉重叠，且螺旋直径不小于 A_l 所对应的直径 d_l。当选用钢筋网片作间接钢筋时，A_{cor} 通过对 A_l "同心、对称、不重叠"的原则扩展而得；当选用螺旋筋作间接钢筋时，A_{cor} 仍取螺旋筋内表面范围内的混凝土核心面积。配置间接钢筋的局部受压承载力提高系数 β_{cor} 仍按下式计算：

$$\beta_{cor} = \sqrt{\frac{A_{cor}}{A_l}} \qquad (8\text{-}70)$$

3）每个中束预应力筋锚具下的混凝土局部受压承载力计算公式仍与现行规范相同。

按分别计算取和法计算边束及角束预应力锚具下混凝土局部受压承载力时，应遵循如下要点。

1）通过对多个局压荷载作用时边端局压荷载下的局压影响区混凝土横向拉应力分布

与单个局压荷载作用下的局压影响区混凝土横向拉应力分布的比较分析可知，多个局压荷载作用时边端局压荷载正下方的局压影响区混凝土横向峰值拉应力小于单个局压荷载作用下的局压区混凝土横向峰值拉应力，故在计算边束及角束预应力锚具下混凝土局部受压承载力时，可按图 8-36 所示思路和方法确定边束预应力锚具下混凝土局部受压计算底面积 A_b。此时边束及角束预应力锚具下混凝土局部受压时的强度提高系数仍按式（8-69）进行计算。需要指出，对于板中边束预应力锚具下混凝土局部受压面积 A_l 外边缘到左右端面边缘的距离小于局部受压面积相应方向边长时，应将边束预应力锚具下混凝土项局部受压承载力乘以 0.9 的折减系数，这主要是考虑中束锚具下混凝土受压后发生侧向膨胀，使边束外围混凝土的约束作用减弱。

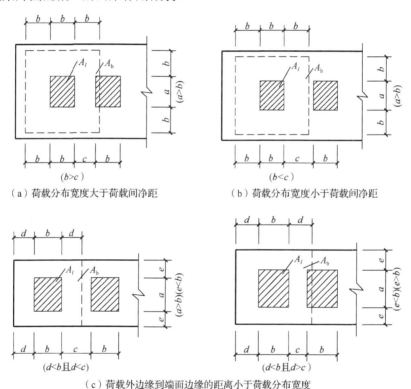

（a）荷载分布宽度大于荷载间净距　　　　　（b）荷载分布宽度小于荷载间净距

（c）荷载外边缘到端面边缘的距离小于荷载分布宽度

图 8-36　"分别计算取和法"边束预应力筋锚具下 A_b 的取法

对于梁端密布预应力束的情况，中束及边束锚具下混凝土项局部受压承载力的计算方法与板中相同，当角束锚具下局部受压面积 A_l 外边缘到其梁端邻近两边缘的距离均小于局部受压面积相应方向的边长时，所得角束锚具下混凝土项局部受压承载力要乘以两个 0.9，即 0.9×0.9=0.81 的折减系数。

2）关于边束及角束预应力筋锚具下混凝土中间接钢筋对局压承载力贡献项的考虑方法、边束及角束预应力筋锚具下混凝土局部受压承载力计算公式，均分别与中束预应力筋锚具下混凝土局部受压承载力计算要点的 2）和 3）同。

分别计算出各中束、边束及角束锚具下混凝土的局部受压承载力之后，对其进行取和即得密布预应力束锚具下总的混凝土局部受压承载力。

2. 计算结果与试验结果的比较

我国"钢筋混凝土及预应力混凝土构件局部承压及端部构造"专题组完成了局压荷载之间的净距与局压荷载分布宽度之比为 0.875、局压荷载外边缘到端面边缘的距离与单个局压荷载分布宽度之比为 0.4375、同时作用 3 个局压荷载的混凝土局部受压承载力试验，2 个试件几何尺寸及垫板布置如图 8-37 所示。

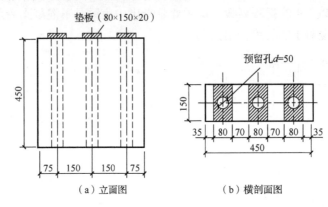

（a）立面图　　　　　（b）横剖面图

图 8-37　3 个荷载作用下的试件

试验及计算结果如表 8-12 所示，其中 D-1、D-2、D-3 分别为试件 1 的中束和两个边束；D-4、D-5、D-6 分别为试件 2 的中束和两个边束。

表 8-12　混凝土局压承载力实测值与计算值的比较

束的编号	混凝土轴压强度 f_c/（N/mm²）	破坏荷载实测值 N_T/kN	实测值与计算值的比较	
			计算值 N_C/kN	N_T/N_C
D-1	32.93	592.9	572.8	1.04
D-2	32.93	416.5	407.3	1.02
D-3	32.93	416.5	407.3	1.02
D-4	32.93	637.0	572.8	1.11
D-5	32.93	495.9	407.3	1.22
D-6	32.93	460.6	407.3	1.13

注：每个试件上 3 个局压荷载是同步匀速施加的。

3. 对分别计算法的评价

由表 8-12 的试验结果与计算结果的对比可知，实测值与计算值之比 $X=N_T/N_C$ 的平均值 $\bar{X}=1.09$，标准差 $\sigma=0.071$，变异系数 $\delta=0.065$。试件 1 和试件 2 在密布局压荷载下的混凝土总局部受压承载力（各束锚下局压承载力之和）的实测值分别为 1425.9kN 和 1593.5kN，计算值均为 1387.4kN。计算结果与试验结果吻合较好，表明本节所建议的计算密布预应力束锚具下混凝土局部受压承载力的分别计算取和法是可行的。

8.7　在边梁侧面锚固的预应力混凝土局部受压承载力计算

8.7.1　问题的提出

工程实践中常常会遇到预应力梁在与其垂直的边梁侧面锚固的情况，如图 8-38 所示。有时局部受压面积 A_l 在预应力梁截面以内，局部受压计算底面积 A_b 在预应力梁截面以外，如图 8-38（a）所示；甚至有时局部受压面积 A_l 已在预应力梁截面以外，如图 8-38（b）所示。局压区混凝土受力后向四周膨胀，四周混凝土的套箍约束阻止其膨胀。由于边梁较长，沿其长度方向局压区混凝土受到的约束较强，变形较小，该方向配置的间接钢筋难以屈服。此外，边梁中配置的纵筋、箍筋在局压区也起到间接钢筋的作用，对局压区混凝土有一定的约束作用。这种情况下，边梁是否可作为预应力梁局压影响区的一部分，A_b 能否扩展到预应力梁截面以外，如何计算此时的混凝土局部受压承载力，尚需进一步研究。

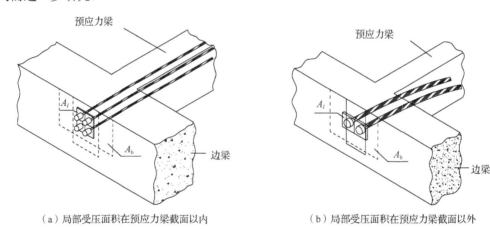

（a）局部受压面积在预应力梁截面以内　　　　　　　（b）局部受压面积在预应力梁截面以外

图 8-38　预应力梁在与其垂直边梁侧面锚固的情况

8.7.2　在边梁侧面锚固的预应力混凝土局部受压承载力试验研究

针对这一问题，我们开展了 12 个模拟这一锚固情况的混凝土试件局部受压试验。研究承压板宽度不变情况下长度 a 变化及边梁宽度 b 变化时，边梁对预应力梁锚固区局部受压性能的影响，给出预应力梁端锚固区局部受压承载力计算时合理考虑边梁影响的设计建议。

12 个模拟预应力梁在边梁侧面锚固的混凝土试件称为 E 组试件，试件外形及部分尺寸如图 8-39 所示。试件设计了 50mm 的板来考虑实际工程中板对边梁的嵌固作用，同时设计了底座梁，增加试件加载时的稳定性。

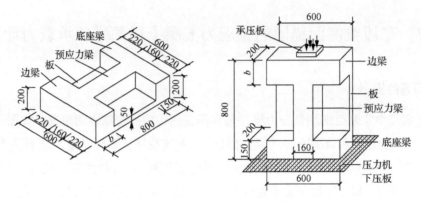

图 8-39　试件外形及尺寸示意图

E 组试件局压试验中考察承压板长度 a、边梁宽度 b 两个因素，a 因素取 3 个水平，b 因素取 4 个水平，按照全面试验法安排试验方案，12 个试件参数如表 8-13 所示。

表 8-13　E 组试件参数明细表

试件	a/mm	b/mm	A_b/A_l	试件	a/mm	b/mm	A_b/A_l
E1	120	100		E7	160	200	3.500
E2	120	150	4.083	E8	160	250	
E3	120	200		E9	200	100	
E4	120	250		E10	200	150	3.150
E5	160	100	3.500	E11	200	200	
E6	160	150		E12	200	250	

注：在计算 A_b/A_l 时，考虑 A_b 在边梁中扩展。

E 组试件局压破坏形态表现为先开裂后破坏。当荷载达到破坏荷载的 40%～60% 时，试件的前后两侧（板面一侧为前面）的某一面出现裂缝，在随后的整个加载过程中裂缝发展缓慢。当荷载加至某一数值后，压力机示值开始出现随变形增大而下降的现象，试件在沿板一侧有劈裂破坏趋势，呈现出偏心局部受压破坏特征，如图 8-40 所示。

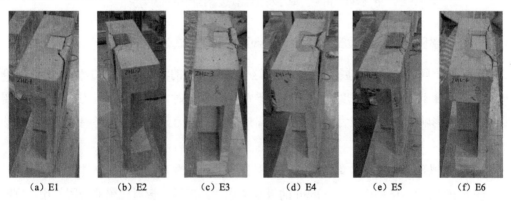

(a) E1　　　(b) E2　　　(c) E3　　　(d) E4　　　(e) E5　　　(f) E6

图 8-40　E 组试件破坏情况

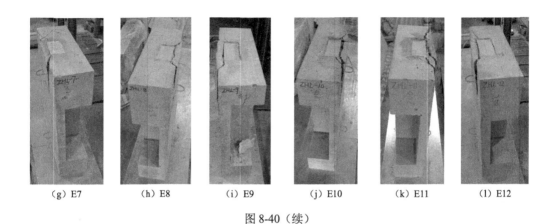

（g）E7   （h）E8   （i）E9   （j）E10   （k）E11   （l）E12

图 8-40（续）

我国规范中的混凝土局部受压承载力计算方法是依据棱柱体试件局部受压试验研究和理论分析建立起来的，局压承载力计算公式中 A_l、A_b 在构件截面以内。对于预应力梁在与其垂直的边梁侧面锚固的情况，A_l、A_b 都可能处于预应力梁截面以外，这就超出了规范公式的适用范围。

考虑到当局部受压计算底面积探出预应力梁侧以外的尺寸与边梁宽度的比值不大于 2 时，边梁由于局压荷载所引起的变形甚微，同时与边梁整浇的楼板能对边梁提供有效的侧向约束作用，因此我们可以设想当局部受压计算底面积在预应力梁截面以外的尺寸（如图 8-41 中 $\varDelta$）不大于 2 倍的边梁宽度、边梁宽度不小于局部受压面积的短边尺寸时，局压计算底面积可以按照与局部受压面积同心、对称的原则扩展到边梁侧表面，如图 8-41 所示。

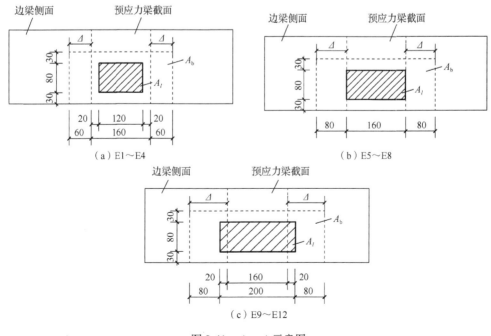

（a）E1～E4   （b）E5～E8

（c）E9～E12

图 8-41 A_b、A_l 示意图

按照上述设想，将 E 组试件看成以边梁侧面为横截面（600mm×200mm）、高度为 800mm 的棱柱体试件进行局部受压分析。由于局压影响区未配置间接钢筋，按照式（8-49）计算 E 组试件局部受压承载力，其计算值 N_u^c 如表 8-14 所示。令 $X = \dfrac{N_u^C}{N_u^T}$，则其平均值 $\bar{X}$ =0.9286，标准差 σ=0.0649，变异系数 δ=0.0699。实测值较计算值稍高，这说明本节的设想是可行的。

表 8-14 E 组试件局压承载力实测值与计算值比较

试件编号	实测值 N_u^T/kN	计算值 N_u^C/kN	$\dfrac{N_u^C}{N_u^T}$	试件编号	实测值 N_u^T/kN	计算值 N_u^C/kN	$\dfrac{N_u^C}{N_u^T}$
E1	1000	825.6	0.826	E7	993	1019	1.026
E2	920	825.6	0.897	E8	979	1019	1.041
E3	910	825.6	0.907	E9	1303	1209	0.928
E4	900	825.6	0.917	E10	1260	1209	0.959
E5	1176	1019	0.867	E11	1273	1209	0.949
E6	1190	1019	0.856	E12	1248	1209	0.968

边梁中配置的纵筋、箍筋对预应力梁局压区有一定的约束作用，这是导致试件实测值大于计算值的原因之一。但考虑到局压区范围内纵筋和箍筋种类、数量、配置形式、位置没有规律，随意性较大，难以准确计算其提高的局压承载力，故在实际工程设计中暂不予考虑这一有利影响，留作预应力梁局压承载力的安全储备。

需要指出的是，当锚垫板（A_l）探出预应力梁截面以外时，在边梁与预应力梁相交处，探出部分 A_l 上作用的预应力对边梁截面有纯剪作用，尤其当分离式锚垫板位于预应力梁截面以外时这一纯剪作用较为突出。而且当预应力相对于边梁侧面有偏心时还伴随有边梁受扭现象出现。因此对于锚垫板探出预应力梁截面以外的情况，应对探出部分预应力作用下的边梁进行抵抗剪扭作用验算，确保边梁安全可靠，使其能够对预应力梁锚固区提供有效的约束作用。

第9章 预应力混凝土结构变形与裂缝控制

9.1 预应力混凝土结构变形验算方法

我国《混凝土结构设计规范（2015 年版）》（GB 50010—2010）[1]规定预应力混凝土受弯构件的最大挠度应按荷载效应的标准组合并考虑荷载长期作用影响进行计算，其值不应超过规定的挠度限值。

9.1.1 有粘结预应力混凝土受弯构件刚度计算公式介绍

目前，国内外在预应力混凝土受弯构件变形计算中较常用的短期刚度取值方法为有效惯性矩法和直接双线性法，我国相关设计标准中普遍采用的是直接双线性法。

1. 《部分预应力混凝土结构设计建议》的刚度计算公式

《部分预应力混凝土结构设计建议》[55]指出，部分预应力混凝土受弯构件在荷载效应标准组合作用下的变形（挠度和转角），可根据构件的刚度用材料力学的方法计算。

构件短期刚度 B_s 的计算公式如下：

$$B_s = \beta E_c I_0 \tag{9-1}$$

式中：β ——构件截面的弹性刚度折减系数；

E_c ——混凝土的弹性模量；

I_0 ——换算截面的惯性矩。

对不允许开裂的构件

$$\beta = 0.85 \tag{9-2}$$

式中：β 为 0.85 时，实际上是对应于混凝土即将开裂时刻。

对允许开裂的构件

$$\beta = \frac{0.85\beta' M_k}{\beta' M_{cr} + 0.85(M_k - M_{cr})} \tag{9-3}$$

式中：M_k ——按荷载效应的标准组合计算的弯矩值；

M_{cr} ——受弯构件正截面开裂弯矩值，$M_{cr} = (\sigma_{pc} + \gamma f_{tk})W_0$；

β' ——构件开裂后在弯矩增量$(M_k - M_{cr})$下的弹塑性刚度系数，$\beta' = \dfrac{0.1 + 2\alpha_E \rho}{1 + 0.5\gamma_f} \leqslant 0.50$。

其中：σ_{pc} ——扣除全部预应力损失后，由预加力在抗裂验算边缘产生的混凝土预压应力；

γ ——受拉区混凝土塑性影响系数；

f_{tk} ——混凝土轴心抗拉强度标准值；

W_0——换算截面受拉边缘的弹性抵抗矩；

α_E——钢筋弹性模量 E_s 与混凝土弹性模量 E_c 的比值，$\alpha_E = E_s / E_c$；

ρ——纵向受拉钢筋配筋率，$\rho = \dfrac{A_s + A_p}{bh_0}$；

γ_f——受拉翼缘截面面积与腹板有效截面面积的比值，$\gamma_f = \dfrac{(b_f - b)h_f}{bh_0}$，其中 b_f、h_f 分

别为受拉区翼缘的宽度、高度。

《部分预应力混凝土结构设计建议》中预应力混凝土受弯构件的刚度计算公式是以双直线的刚度计算为基础的。第一段直线的斜率对应于不开裂截面的刚度，第二段直线的斜率对应于纵筋屈服前的开裂截面的刚度。

取构件开裂前的刚度 $B_{cr} = 0.85E_c I_0$，构件开裂后在弯矩增量 $(M_s - M_{cr})$ 下第二直线段弹塑性刚度系数 β' 为

$$\beta' = al^2 \frac{M_k - M_{cr}}{(f - f_{cr})E_c I_0} \tag{9-4}$$

式中：a——与加载方式有关的系数；

l——总长度；

f——挠度；

f_{cr}——开裂时挠度；

E_c——混凝土的弹性模量；

I_0——换算截面的惯性矩。

梁开裂后的短期总挠度可以用开裂前和开裂后的挠度相叠加的方法求得，短期总挠度的计算公式为

$$f_s = f_1 + f_2 = \frac{al^2}{E_c I_0}\left(\frac{M_{cr}}{0.85} + \frac{M_k - M_{cr}}{\beta'} \right) \tag{9-5}$$

为计算方便，可将总刚度 B 以构件的弹性刚度折减系数 β 表示为

$$f = \frac{al^2}{E_c I_0}\left(\frac{M_{cr}}{0.85} + \frac{M_k - M_{cr}}{\beta'} \right) = al^2 \frac{M_k}{\beta E_c I_0} \tag{9-6}$$

式中：a——与加载方式有关的系数。

从而得到式（9-3）。

2. 《钢筋混凝土结构设计规范》（TJ 10—74）的刚度计算公式

依据《钢筋混凝土结构设计规范》（TJ 10—74），在荷载效应的标准组合作用下，预应力混凝土受弯构件的短期刚度 B_s 的计算公式如下。

1）在使用阶段不出现裂缝的构件：

$$B_s = 0.85 E_c I_0 \tag{9-7}$$

2）在使用阶段出现裂缝的构件（$0.7 \leqslant K_f \leqslant 1.0$）：

$$B_s = \left[0.65 + \frac{2}{3}(K_f - 0.7) \right] E_c I_0 \tag{9-8}$$

式中： K_f ——抗裂设计安全系数， $K_f = \dfrac{M_{cr}}{M_k}$ 。

3. 《混凝土结构设计规范》（GBJ 10—89）的刚度计算公式

在《混凝土结构设计规范》（GBJ 10—89）中，荷载短期效应标准组合作用下的预应力混凝土受弯构件的短期刚度 B_s 的计算公式如下。

1）要求不出现裂缝的构件， B_s 的计算公式同式（9-7）。

2）允许出现裂缝的构件：

$$B_s = \dfrac{E_c I_0}{1.2 + \left(1 - \dfrac{M_{cr}}{M_k}\right)\left[\left(1.2 + \dfrac{0.25}{\alpha_E \rho}\right)(1 + 0.45\gamma_f) - 2\right]} \tag{9-9}$$

M_{cr} 及 γ_f 的计算公式分别与式（9-4）和式（9-7）相同。

此处公式仅适用于 $0.4 \leqslant \dfrac{M_{cr}}{M_k} \leqslant 1.0$ 的情况。

以《混凝土结构设计规范》（GBJ 10—89）双直线的刚度计算为基础，根据图 9-1 所示的关系曲线，可推导出有粘结预应力混凝土受弯构件的刚度计算公式。

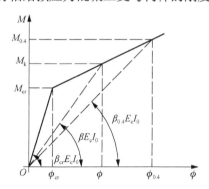

图 9-1 有粘结预应力混凝土典型的 $M\text{-}\phi$ 关系曲线

对于在使用阶段不出现裂缝的构件， β 反映混凝土产生塑性变形而使弹性模量降低的程度。根据试验结果， β_{cr} 可取为 0.85。

对于在使用阶段出现裂缝的构件，由于混凝土中塑性变形进一步发展及某些截面的开裂， β 值继续降低。在固定配筋率下， β 与 M_{cr} / M_k 有关， M_{cr} / M_k 越小， β 值越小。根据对试验资料的统计分析，当 $M_{cr} / M_k = 1.0$ 时， β_{cr} 可取为 0.85；当 $M_{cr} / M_k = 0.4$ 时， $\beta_{0.4}$ 可按下列公式取用，即

$$\beta_{0.4} = \dfrac{1}{\left(0.8 + \dfrac{0.15}{\alpha_E \rho}\right)(1 + 0.45\gamma_f)} \tag{9-10}$$

在 $0.4 \leqslant \dfrac{M_{cr}}{M_k} \leqslant 1.0$ 范围内，由图 9-1 可知，应用开裂前刚度和开裂后刚度分别计算的两个内力区段的曲率之和等于按总刚度 $\beta E_c I_0$ 计算的曲率相等的原则，可推导得

$$\frac{1}{\beta} = \frac{\dfrac{M_{cr}}{M_k} - 0.4}{1 - 0.4}\left(\frac{1}{\beta_{cr}} - \frac{1}{\beta_{0.4}}\right) + \frac{1}{\beta_{0.4}} \tag{9-11}$$

将 β_{cr} 及 $\beta_{0.4}$ 代入式（9-11），并适当简化后可得

$$\beta = \frac{1}{1.2 + \left(1 - \dfrac{M_{cr}}{M_k}\right)\left[\left(1.2 + \dfrac{0.25}{\alpha_E\rho}\right)(1 + 0.45\gamma_f) - 2\right]} \tag{9-12}$$

式中：　$\beta_{0.4}$ —— $M_{cr} / M_k = 0.4$ 时的刚度折减系数。

4. 《混凝土结构设计规范（2015 年版）》（GB 50010—2010）的刚度计算公式

《混凝土结构设计规范（2015 年版）》（GB 50010—2010）[1]中保留了《混凝土结构设计规范》（GBJ 10—89）不开裂和开裂预应力混凝土受弯构件的短期刚度公式，只是表达形式做了修改。在荷载效应的标准组合作用下，预应力混凝土受弯构件的短期刚度 B_s 的计算公式如下。

1）要求不出现裂缝的构件，B_s 的计算公式同式（9-7）。

2）允许出现裂缝的构件

$$B_s = \frac{0.85 E_c I_0}{\kappa_{cr} + (1 - \kappa_{cr})\omega} \tag{9-13}$$

$$\kappa_{cr} = \frac{M_{cr}}{M_k} \tag{9-14}$$

$$\omega = \left(1.0 + \frac{0.21}{\alpha_E\rho}\right)(1 + 0.45\gamma_f) - 0.7 \tag{9-15}$$

式中：　κ_{cr} ——预应力混凝土受弯构件正截面的开裂弯矩 M_{cr} 与弯矩 M_k 的比值，当 $\kappa_{cr} > 1.0$ 时，取 $\kappa_{cr} = 1.0$。

《混凝土结构设计规范（2015 年版）》（GB 50010—2010）[1]预应力混凝土受弯构件刚度计算公式是将《混凝土结构设计规范》（GBJ 10—89）刚度公式进行整理得到的，即

$$\begin{aligned}
B_s &= \frac{E_c I_0}{1.2 + \left(1 - \dfrac{M_{cr}}{M_k}\right)\left[\left(1.2 + \dfrac{0.25}{\alpha_E\rho}\right)(1 + 0.45\gamma_f) - 2\right]} \\
&= \frac{0.85 E_c I_0}{1.02 + \left(1 - \dfrac{M_{cr}}{M_k}\right)\left[\left(1.02 + \dfrac{0.2125}{\alpha_E\rho}\right)(1 + 0.45\gamma_f) - 0.7 - 1.0\right]}
\end{aligned}$$

令 $\omega = \left(1.0 + \dfrac{0.21}{\alpha_E\rho}\right)(1 + 0.45\gamma_f) - 0.7$，$\kappa_{cr} = \dfrac{M_{cr}}{M_k}$，则有

$$\begin{aligned}
B_s &= \frac{E_c I_0}{1.02 + (1 - \kappa_{cr})(\omega - 1)} \\
&= \frac{E_c I_0}{1.02 + (1 - \kappa_{cr})\omega - 1.0 + \kappa_{cr}}
\end{aligned}$$

$$= \frac{0.85 E_c I_0}{\kappa_{cr} + (1 - \kappa_{cr}) \omega}$$

由此可知，二者是协调统一的，ω 并无具体意义，仅是整理之后的系数表达式。

9.1.2　无粘结预应力混凝土受弯构件刚度计算公式介绍

国内外学者对无粘结预应力混凝土受弯构件刚度进行了广泛的研究，其主要影响因素为综合配筋指标 q_0 及预应力筋配筋指标与综合配筋指标之比 $\eta = q_{pe} / q_0$。$q_0 = q_{pe} + q_s$，其中 q_{pe} 为预应力筋配筋指标，$q_{pe} = A_p \sigma_{pe} / (bh_p f_c')$；$q_s$ 为非预应力筋配筋指标 $q_s = A_s f_y / (bh_s f_c')$，$f_c'$ 为标准圆柱体抗压强度。在以 q_0 或 η 为主要影响因素的前提下，通过试验研究和理论分析，拟合得出不同的刚度计算公式，现仅介绍其中比较有代表性的。

1. **中国建筑科学研究院建立的公式**

中国建筑科学研究院陶学康等[56]通过试验研究和理论分析，提出 3 种无粘结预应力混凝土受弯构件刚度计算公式，具体如下。

（1）方法一

第二直线段弹塑性刚度系数 β' 与综合配筋指标 q_0 的关系如图 9-2 所示。

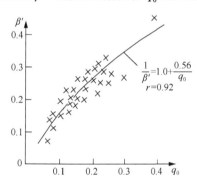

图 9-2　第二直线段弹塑性刚度系数 β' 与综合配筋指标 q_0 的关系

β' 的拟合公式为

$$\frac{1}{\beta'} = 1.0 + \frac{0.56}{q_0} \tag{9-16}$$

短期刚度 B_s 的计算公式与《部分预应力混凝土结构设计建议》的刚度计算公式形式相同，即 $B_s = \dfrac{0.85 \beta' M_k E_c I_0}{\beta' M_{cr} + 0.85 (M_k - M_{cr})}$。

从图 9-2 中可以看出：在常用配筋率范围内，无粘结预应力混凝土受弯构件第二直线段弹塑性刚度系数 β' 与综合配筋指标 q_0 呈双曲线关系，这反映了无粘结预应力筋和有粘结非预应力筋的综合配筋指标对第二直线段弹塑性刚度系数值的影响，但该方法尚不能反映无粘结预应力筋与有粘结非预应力筋配筋指标相对值的影响。

（2）方法二

第二直线段弹塑性刚度系数 β' 与无粘结筋配筋指标与综合配筋指标之比 η 的关系如图 9-3 所示。

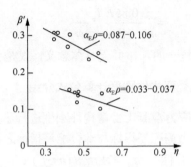

图 9-3　第二直线段弹塑性刚度系数 β' 与 η 的关系

β' 的拟合公式为

$$\beta' = 0.1 - 0.08\eta + 2\alpha_E\rho \qquad (9-17)$$

短期刚度 B_s 的计算公式仍取为 $B_s = \dfrac{0.85\beta'M_kE_cI_0}{\beta'M_{cr} + 0.85(M_k - M_{cr})}$ 。

与方法一相比，方法二在有粘结部分预应力受弯构件刚度计算公式的基础上考虑了无粘结预应力筋的影响。

（3）方法三

当 $M_{cr}/M_k = 0.6$ 时，刚度折减系数 $\beta_{0.6}$ 的拟合公式为

$$\frac{1}{\beta_{0.6}} = \left(1.26 + 0.3\eta + \frac{0.07}{\alpha_E\rho}\right)(1 + 0.45\gamma_f) \qquad (9-18)$$

短期刚度 B_s 的计算公式为

$$B_s = \frac{E_cI_0}{1.2 + \left(1 - \dfrac{M_{cr}}{M_k}\right)\left[\left(3.2 + 0.8\eta + \dfrac{0.2}{\alpha_E\rho}\right)(1 + 0.45\gamma_f) - 3\right]} \qquad (9-19)$$

式（9-22）是参照《混凝土结构设计规范》（GBJ 10—89）有粘结预应力受弯构件刚度计算公式，将无粘结预应力筋配筋指标与综合配筋指标的比值 η 考虑进去后得出的。

方法三所建议的无粘结预应力混凝土受弯构件刚度计算公式被广泛采用，并为《无粘结预应力混凝土结构技术规程》（JGJ 92—2016）[4]所采用。

2. 《无粘结预应力混凝土结构技术规程》（JGJ 92—2016）刚度计算公式

《无粘结预应力混凝土结构技术规程》（JGJ 92—2016）[4]规定：在荷载效应的标准组合下，无粘结预应力混凝土受弯构件的短期刚度 B_s 可按下列公式计算：

1）要求不出现裂缝的构件时，B_s 的计算公式同式（9-7）。

2）允许出现裂缝的构件时，B_s 的计算公式同式（9-13），而 ω 的计算公式为

$$\omega = \left(1.0 + \frac{0.21}{\alpha_E\rho}\right)(1 + 0.45\gamma_f) - 0.7 \qquad (9-20)$$

$$\gamma_f = \frac{(b_f - b)h_f}{bh_0} \qquad (9-21)$$

式中：γ_f ——受拉翼缘截面面积与腹板有效截面面积的比值；

$\quad\quad b_f$ ——受拉翼缘的宽度（mm）；

$\quad\quad h_f$ ——受拉翼缘的高度（mm）；

$\quad\quad b$ ——截面宽度（mm）；

$\quad\quad h_0$ ——截面有效高度（mm）。

式（9-19）仅适用于 $0.6 \leqslant \dfrac{M_{cr}}{M_k} \leqslant 1.0$ 的情况[3]。

《无粘结预应力混凝土结构技术规程》（JGJ 92—2016）[4]所采用的计算公式是参照有粘结构件的刚度公式建立起来的，其 M-ϕ 关系曲线仍由双折线组成，以开裂弯矩 M_{cr} 为转折点。

仿照建立有粘结受弯构件刚度的方法，可推导出无粘结预应力混凝土受弯构件短期刚度的基本公式为

$$B_s = \frac{E_c I_0}{\dfrac{1}{\beta_{0.6}} + \dfrac{\dfrac{M_{cr}}{M_k} - 0.6}{1 - 0.6}\left(\dfrac{1}{\beta_{cr}} - \dfrac{1}{\beta_{0.6}}\right)} \tag{9-22}$$

式中：$\beta_{0.6}$、β_{cr} —— M_{cr}/M_k 为 0.6 和 1.0 时的刚度折减系数。β_{cr} 可取为 0.85，按式（9-22），

$\quad\quad \dfrac{1}{\beta_{0.6}}$ 的拟合值为

$$\frac{1}{\beta_{0.6}} = \left(1.26 + 0.3\eta + \frac{0.07}{\alpha_E \rho}\right)(1 + 0.45\gamma_f) \tag{9-23}$$

将 $\beta_{cr} = 0.85$、式（9-23）代入式（9-22）可得，在使用荷载下无粘结预应力混凝土受弯构件的短期刚度计算公式如下：

$$B_s = \frac{E_c I_0}{1.2 + \left(1 - \dfrac{M_{cr}}{M_k}\right)\left[\left(3.2 + 0.8\eta + \dfrac{0.2}{\alpha_E \rho}\right)(1 + 0.45\gamma_f) - 3\right]}$$

《无粘结预应力混凝土结构技术规程》（JGJ 92—2016）[4]刚度计算公式是在上式的基础上，将表达式的形式改变并进行了适当的调整而得到的。

比较《混凝土结构设计规范（2015 年版）》（GB 50010—2010）[1]和《无粘结预应力混凝土结构技术规程》（JGJ 92—2016）[4]的刚度计算公式，可以看出：两种计算公式形式是相同的，不同的是体现配筋率、受拉翼缘及有无粘结特性的综合指标 ω 不同，《无粘结预应力混凝土结构技术规程》（JGJ 92—2016）[4]将 η 值考虑进去。从计算公式中还可以看出，相同材料、截面及配筋的无粘结预应力混凝土受弯构件 ω 值要大于有粘结构件的，即无粘结构件的刚度小于相应的有粘结构件的刚度。

9.1.3　总变形控制中应注意的问题

目前，国内外有关标准和文献对预应力混凝土受弯构件的变形控制对象都是总变形值，即控制按荷载效应的标准组合并考虑荷载长期作用影响的挠度减去两倍张拉预应力

筋引起的弹性反拱值不超过规定限值。按照该规定，会出现这样一种现象，即外荷载引起的变形很大，反拱值也很大，但总变形值满足《混凝土结构设计规范（2015 年版）》（GB 50010—2010）[1]要求。可以认为，在现有控制总变形的基础上，应对反向变形进行合理的控制。反向变形控制的原则如下：在结构自重及张拉预应力筋引起的等效荷载共同作用下，预应力混凝土受弯构件的反向变形值应不影响地面找平。基于这一思想，经过大量试算，并结合工程实践，在与部分设计院的技术人员进行研讨的基础上，本节提出了预应力混凝土受弯构件反向变形建议限值，如表 9-1 所示。

表 9-1　预应力混凝土受弯构件按规范规定的挠度限值和施工阶段反向变形建议限值

构件类型		规范规定的挠度限值	施工阶段反向变形建议限值
吊车梁	手动吊车	$l_0/500$	$l_0/1200$
	电动吊车	$l_0/600$	$l_0/1500$
屋盖、楼盖及楼梯结构	$l_0<7m$	$l_0/200$（$l_0/250$）	$l_0/450$
	$7m\leq l_0\leq9m$	$l_0/250$（$l_0/300$）	$l_0/550$
	$l_0>9m$	$l_0/300$（$l_0/400$）	$l_0/700$（$\leq50mm$）

注：1）规范指《混凝土结构设计规范（2015 年版）》（GB 50010—2010）[1]；
2）l_0 为计算跨度；
3）反向变形是指预应力混凝土受弯构件在结构自重及张拉预应力筋引起的等效荷载共同作用下的长期变形值。

在工程中，若控制了反向变形值和总变形值，也就间接地控制了预应力混凝土受弯构件在外荷载作用下的绝对变形值。这既有利于工程地面的找平，也有利于保证工程结构的使用功能。

9.2　预应力混凝土结构裂缝控制及验算

9.2.1　裂缝控制作用和意义

工程实践表明：裂缝控制标准的严格与否，很大程度上影响着预应力混凝土结构中预应力筋的用量及结构的造价，过严的裂缝控制与大力推广具有优良性能的高效预应力混凝土结构的精神是不协调的。因此可以认为，通过分析比较国内外预应力混凝土结构裂缝控制标准，并结合我国众多的工程实践经验，提出既能为工程界所接受，又能满足耐久性要求，提出有利于推动高效预应力混凝土结构发展的裂缝控制标准或建议是非常必要的。

9.2.2　国内外有关设计规范的规定

1. 欧洲规范

（1）各种作用的 3 种组合
欧洲规范中，在正常使用极限状态下对各种作用的 3 种组合，定义式如下。

1）不常遇组合（相当于我国规范中的荷载效应标准组合）为

$$\sum G_{k,i}(+P) + Q_{k,1} + \sum \psi_{0,i}Q_{k,i} \quad i > 1 \tag{9-24}$$

2）常遇组合（相当于我国规范中的荷载效应频遇组合）为

$$\sum G_{k,i}(+P) + \psi_{1,1}Q_{k,1} + \sum \psi_{2,i}Q_{k,i} \quad i > 1 \tag{9-25}$$

3）准永久组合（相当于我国规范中的荷载效应准永久组合）为

$$\sum G_{k,j}(+P) + + \sum \psi_{2,i}Q_{k,i} \quad i \geqslant 1 \tag{9-26}$$

式中：G——永久荷载标准值；

　　　P——预加力；

　　　$Q_{k,1}$——第一个（主要）可变荷载标准值，该可变荷载的效应大于其他任意第 i 个可变荷载标准值的效应；

　　　$Q_{k,i}$——其他第 i 个可变荷载标准值。

其他可变作用可用下列值代表，即组合值 $\psi_0 Q_k$、常遇值 $\psi_1 Q_k$、准永久值 $\psi_2 Q_k$。

（2）暴露等级与裂缝控制标准

欧洲规范规定的与环境条件相关的暴露等级如表 9-2 所示。

表 9-2　与环境条件相关的暴露等级

暴露等级		环境条件
干燥环境		一般住宅或办公室房屋内部
潮湿环境	无霜冻	湿度高的房屋内部（如洗衣房）、外部的构件、在非腐蚀性土和（或）水中的构件
	有霜冻	暴露在霜冻中的外部构件、在有霜冻发生的非腐蚀性土和（或）水中的构件、在有霜冻发生的高湿度环境中的内部构件
具有霜冻和除冰盐的潮湿环境		暴露在霜冻和除冰盐中的构件
海水环境	无霜冻	全部或部分浸在海水或海水溅水区中的构件、在饱和的盐雾空气中的构件（沿海地区）
	有霜冻	有霜冻发生的部分浸在海水中或在海水溅水区中的构件、有霜冻发生且处于饱和的盐雾空气中的构件
侵蚀性化学环境*		轻微的侵蚀性化学环境、侵蚀性的工业空气中
		中等的侵蚀性化学环境
		高度的侵蚀性化学环境

* 各类环境可能单独出现或与上述等级同时出现。

混凝土最小保护层厚度与结构构件的暴露等级的对应关系如表 9-3 所示。

表 9-3　混凝土最小保护层厚度　　　　　　　　　　　（单位：mm）

暴露等级	1	2a	2b	3	4a	4b	5a	5b	5c
配筋	15	20	25	40	40	40	25	30	40
预应力筋	25	30	35	50	50	50	35	40	50

注：配筋既指纵筋也指箍筋。保护层指混凝土表面至各类筋的外皮，对板保护层可减少 5mm，对强度等级较高的混凝土，保护层可减少 5mm，但不得低于暴露等级 1 的规定。

暴露等级为 2～4 级的预应力混凝土结构构件的裂缝控制标准如表 9-4 所示。

表 9-4　裂缝控制标准

暴露等级	在常遇荷载组合下	
	后张法	先张法
1	0.2mm	0.2mm
2	0.2mm	减压
3	减压或预应力筋加涂层，0.2mm	
4		

注：1）在常遇荷载组合下，对住宅和办公室为 100%的恒荷载标准值加 50%的活荷载标准值；对仓库为 100%的恒荷载标准值加 90%的活荷载标准值。减压是指在常遇荷载组合下混凝土受拉区不出现拉应力。

2）在常遇荷载组合下，减压限值要求预应力束或孔道全部处于混凝土受压范围以内至少 25mm。

对于在暴露等级为 5 的环境下工作的预应力混凝土结构构件，应采取特殊的措施保证其耐久性，适当措施的选择取决于工作环境所包含的侵蚀性化学物质的性质。

2. 英国混凝土结构规范 BS 8100: 1989

英国混凝土结构规范中与暴露条件相关的侵蚀环境等级的划分如表 9-5 所示。

表 9-5　与暴露条件相关的侵蚀环境等级的划分

侵蚀环境	暴露条件
轻微	混凝土表面免遭气候作用或侵蚀性条件
中等	混凝土表面避免大雨或避免潮湿时结冰、混凝土遭受冷凝作用、混凝土表面持续处于水中、混凝土与非侵蚀性土壤接触
严重	混凝土表面暴露于大雨、交替干湿、偶尔结冻或严重冷凝作用
很严重	混凝土表面暴露于海水浪花、除冰盐（直接或间接）、侵蚀性烟雾，或潮湿时严重结冰
极严重	混凝土表面暴露于腐蚀作用，如带固体颗粒的海水或者有 pH<4.5 的流水等

英国混凝土结构规范在评定预应力混凝土结构或构件的性能时，在使用荷载下所容许的弯曲受拉应力分如下三级。

1）一级：没有弯曲受拉应力（处于极严重侵蚀环境中的重要构件）。

2）二级：有弯曲受拉应力但没有可见裂缝（处于极严重侵蚀环境中的一般构件）。

3）三级：有弯曲受拉应力，但对处于很严重环境中的构件，裂缝宽度不应超过 0.1mm；对于轻微、中等、严重侵蚀环境中的构件不应超过 0.2mm。

其中，二级构件的设计拉应力采用先张法时，其不应超过混凝土的设计弯曲抗拉强度；采用后张法时，其不应超过设计弯曲抗拉强度的 0.8 倍，具体数值如表 9-6 所示。

表 9-6　二级构件的设计弯曲拉应力　　　　　　　　（单位：N/mm^2）

张拉工艺	各强度等级混凝土的设计应力			
	C30	C40	C50	C60
先张法	—	2.9	3.2	3.5
后张法	2.1	2.3	2.6	2.8

研究表明，表 9-6 中给出的设计应力最大可增大 1.7N/mm²。试验表明，增大的应力不超过由第一条裂缝出现时的荷载所计算拉应力的 3/4，且当考虑各种损失后由于预应力在混凝土中引起的应力，至少应为 1.0N/mm²。

当设计使用荷载是短暂性的，且比通常承受的荷载高很多时，只要在正常使用条件下为压应力，并保证可能出现的任何裂缝闭合，则表 9-6 中所给出的值也可以增大，最多为 1.7N/mm²。

当设计使用应力荷载因上述原因之一超过表 9-6 中的应力时，应使先张法预应力束适当地分布遍及截面的受拉区，而对后张法预应力束配置必要的附加钢筋予以补充。

三级构件是通过控制假想的名义拉应力来限制裂缝开展宽度的，该相关内容将在后面详述。

3. 美国钢筋混凝土房屋建筑规范（ACI318）

在正常环境中，在使用荷载下（全部预应力损失发生后），混凝土受拉边缘纤维的拉应力不应超过 $0.5\sqrt{f_c'}$，当瞬时挠度和长期挠度均经过严格计算并符合规定时，则上述应力可放宽至 $\sqrt{f_c'}$（柱支承双向板体系除外）。

对于柱承双向板体系，当按等效框架法或其他近似方法分析时，上述拉应力不应超过 $0.5\sqrt{f_c'}$；当用精确方法分析时，则可放宽。

对于美国钢筋混凝土房屋建筑规范中的两种控制，即 $0.5\sqrt{f_c'}$ 及 $\sqrt{f_c'}$，以 f_c'=40N/mm² 为例（f_c'=40N/mm² 相当于我国的 C50 强度），f_{tk}=2.75N/mm²，换算成我国相关规范中的拉应力限值系数 α_{ct}，分别如下。

1）当 $\alpha_{ct} \times 1.75 \times 2.75 = 0.5\sqrt{40}$ 时，则 $\alpha_{ct} = 0.65$。

2）当 $\alpha_{ct} \times 1.75 \times 2.75 = \sqrt{40}$ 时，则 $\alpha_{ct} = 1.3$。

4. FIP 建议和 CEB 规范

FIP 建议和 CEB 规范也认为，荷载效应标准组合下引起的裂缝不必控制过严，而且应随外部环境和条件而异。CEB 规范规定的预应力混凝土结构裂缝控制标准如表 9-7 所示，并且认为一般公共建筑及相对湿度不高的工业厂房都可属于低侵蚀环境。

表 9-7　CEB 规范规定的预应力混凝土结构裂缝控制标准

外部环境条件	荷载作用组合	裂缝控制标准	
低侵蚀环境	标准组合	允许开裂	$w_{cr} \leqslant 0.2mm$
	准永久组合	允许开裂	$w_{cr} \leqslant 0.1mm$
中等侵蚀环境	标准组合	允许开裂	$w_{cr} \leqslant 0.1mm$
	准永久组合	减压	—
高侵蚀环境	标准组合	允许开裂	$w_{cr} \leqslant 0.1mm$
	准永久组合	减压	—

注：w_{cr} 为最大裂缝宽度。

5. 《部分预应力混凝土结构设计建议》的规定

我国部分长期从事预应力混凝土结构科研及工程实践工作的老专家组成的编写组编著的《部分预应力混凝土结构设计建议》认为，预应力混凝土结构构件裂缝开展宽度的限值与环境条件有关，环境条件对钢材腐蚀的影响分为轻度、中度和严重 3 种情况。

1）轻度环境条件是指普通居住和办公建筑的内部、相对湿度大于 60% 以上的时间每年不超过 3 个月的环境。

2）中等环境条件是指环境相对湿度较高和有短期出现侵蚀性蒸汽危险的建筑物的内部、空气中不带高浓度侵蚀气体的恶劣环境及普通土壤。

3）严重环境条件是指含有少量酸、碱、盐的液体，或大量含氧的水、侵蚀性特别强的土壤、侵蚀性工业或海洋大气的环境。

在使用荷载各种组合作用下，预应力混凝土房屋结构构件裂缝开展宽度限值规定如表 9-8 所示。

表 9-8　预应力混凝土房屋结构裂缝开展宽度限值表

环境条件	荷载组合	钢丝、钢绞线、V级钢筋	冷拉Ⅱ、Ⅲ、Ⅳ级钢筋
轻度	标准组合	0.15mm	0.3mm
	准永久组合	0.05mm	（不验算）
中等	标准组合	0.1mm	0.2mm
	准永久组合	（不得消压）	（不验算）
严重	标准组合	（不得采用 B 类构件）	0.1mm
	准永久组合	（不得消压）	（不验算）

注：1）当保护层厚度 C_s 大于规定的最小保护层厚度 C_m 时，裂缝宽度限值可增大 C_s/C_m 倍，但增大倍数不得超过 1.4 倍。
2）B 类构件是指混凝土拉应力大于 $0.8f_{tk}$ 的构件。

6. 我国《混凝土结构设计规范（2015 年版）》（GB 50010—2010）的规定

我国《混凝土结构设计规范（2015 年版）》（GB 50010—2010）[1]中根据不同的环境类别将预应力钢丝、钢绞线及热处理钢筋作预应力筋的预应力混凝土结构构件的裂缝控制等级分为三级。其裂缝控制等级及最大裂缝宽度限值如表 9-9 所示。

表 9-9　预应力结构构件的裂缝控制等级及最大裂缝宽度限值

环境类别	裂缝控制等级	w_{lim}/mm
一	三	0.2
二	二	—
三	一	—

注：在一类环境下，对预应力混凝土屋面梁、屋架、托架、屋面板和楼板，应按二级裂缝控制等级进行验算；在一类和二类环境下，对需作疲劳验算的预应力混凝土吊车梁，应按一级裂缝控制等级进行裂缝验算。

混凝土结构的环境类别如表 9-10 所示。

表 9-10　混凝土结构的环境类别

环境类别	条件
一	室内干燥环境； 无侵蚀性静水浸没环境
二 a	室内潮湿环境； 非严寒和非寒冷地区的露天环境； 非严寒和非寒冷地区与无侵蚀性的水或土壤直接接触的环境； 严寒和寒冷地区的冰冻线以下与无侵蚀性的水或土壤直接接触的环境
二 b	干湿交替环境； 水位频繁变动环境； 严寒和寒冷地区的露天环境； 严寒和寒冷地区冰冻线以上与无侵蚀性的水或土壤直接接触的环境
三 a	严寒和寒冷地区冬季水位变动区环境； 受除冰盐影响环境； 海风环境
三 b	盐渍土环境； 受除冰盐作用环境； 海岸环境
四	海水环境
五	受人为或自然的侵蚀性物质影响的环境

注：1）室内潮湿环境是指构件表面经常处于结露或湿润状态的环境；

2）严寒和寒冷地区的划分应符合现行国家标准《民用建筑热工设计规范 GB 50176 的有关规定；

3）海岸环境和海风环境宜根据当地情况，考虑主导风向及结构所处迎风、背风部位等因素的影响，由调查研究和工程经验确定；

4）受除冰盐影响环境是指受到除冰盐盐雾影响的环境；受除冰盐作用环境是指被除冰盐溶液溅射的环境以及使用除冰盐地区的洗车房、停车楼等建筑；

5）暴露的环境是指混凝土结构表面所处的环境。

钢筋混凝土和预应力混凝土构件，应按下列规定进行受拉边缘应力或正截面裂缝宽度验算。

1）一级裂缝控制等级构件，在荷载标准组合下，受拉边缘应力应符合下列规定：

$$\sigma_{ck} - \sigma_{pc} \leqslant 0 \tag{9-27}$$

2）二级裂缝控制等级构件，在荷载标准组合下，受拉边缘应力应符合下列规定：

$$\sigma_{ck} - \sigma_{pc} \leqslant f_{tk} \tag{9-28}$$

3）三级裂缝控制等级时，钢筋混凝土构件的最大裂缝宽度可按荷载准永久组合并考虑长期作用影响的效应计算，预应力混凝土构件的最大裂缝宽度可按荷载标准组合并考虑长期作用影响的效应计算。最大裂缝宽度应符合下列规定：

$$w_{max} \leqslant w_{lim} \tag{9-29}$$

对环境类别为二 a 类的预应力混凝土构件，在荷载准永久组合下，受拉边缘应力尚应符合下列规定：

$$\sigma_{cq} - \sigma_{pc} \leqslant f_{tk} \tag{9-30}$$

式中：σ_{ck}、σ_{cq}——荷载标准组合、准永久组合下抗裂验算边缘的混凝土法向应力；

σ_{pc}——扣除全部预应力损失后在抗裂验算边缘混凝土的预压应力；

f_{tk}——混凝土轴心抗拉强度标准值；

w_{max}——按荷载的标准组合或准永久组合并考虑长期作用影响计算的最大裂缝宽度；

w_{lim}——最大裂缝宽度限值。

9.2.3 裂缝控制建议

1. 研究和确定裂缝控制标准应考虑的问题

通过多年来预应力混凝土结构研究和工程实践工作的总结，本节认为在讨论和确定其裂缝控制标准时，应考虑下列问题。

1）预应力混凝土结构是国内外所肯定的，有不少的优点和特点，其裂缝控制原则或规定应有利于对它的推广应用。

2）预应力混凝土承受的荷载有恒载和活载。通常活载占有较大比重，结构中各截面达到最大内力的机会较少。

3）施加预应力后，结构构件具有较强的恢复力。已裂结构上的荷载卸去一部分之后，裂缝即可闭合，不影响耐久性。

4）控制裂缝开展是从耐久性出发的，而影响耐久性的主要因素是荷载的长期效应和环境条件。

5）横向裂缝对耐久性的影响不大。

另外，根据国内外的长期暴露试验的资料，得到如下结论。

1）一般而言，横向裂缝存在的地方，钢筋会有局部锈蚀，但锈蚀面积很小；当初始裂缝很细时，随着时间的推移，尚未水化的水泥可起到愈合作用，裂缝会自行闭合，锈蚀不再发展。

2）当横向裂缝宽度为 0.2～0.3mm 时，钢筋锈蚀深度虽与环境条件有关，但一般在几分之一毫米以下，且锈蚀随时间减慢。

3）钢筋锈蚀程度与横向裂缝宽度之间不存在必然联系，锈蚀还与其他因素有关。

4）以混凝土表面的横向裂缝宽度作为衡量结构耐久性的指标是不合理的。实际上，混凝土的保护层厚度和密实性对耐久性的影响更重要。有试验资料指出，当保护层厚度大于 70mm 时，钢筋不会锈蚀。

5）大量试验表明，预应力混凝土结构构件刚开裂时的裂缝宽度比钢筋混凝土结构构件小得多。钢筋混凝土结构构件一旦开裂，会产生 0.01～0.05mm 的裂缝；而预应力混凝土结构构件刚开裂时会产生 0.002～0.005mm 的裂缝。因此，若按《混凝土结构设计规范（2015 年版）》（GB 50010—2010）[1]设计，已开裂的预应力混凝土结构构件在开裂荷载作用下，按荷载效应的准永久组合计算出的最大裂缝宽度不超过 0.05mm 时，这些细微的裂缝在低侵蚀环境下对耐久性是没有影响的。

2. 对国内外有关设计规范裂缝控制标准的分析比较

《混凝土结构设计规范》（GBJ 10—89）规定，采用高强钢丝、钢绞线的预应力混凝土结构构件不是在露天或室内高湿度环境下承受荷载效应的标准组合作用时混凝土受拉边缘处于减压状态，即在室内正常环境下承受荷载效应的标准组合作用时混凝土受拉边缘产生拉应力但不开裂。《混凝土结构设计规范（2015 年版）》（GB 50010—2010）[1]规定采用预应力钢丝、钢绞线及热处理钢筋作预应力筋的预应力混凝土结构构件，根据结构构件所处的一类、二类、三类环境类别，将预应力混凝土结构构件的裂缝控制等级划分为三级、二级和一级。对于三级裂缝控制，按荷载效应的标准组合并考虑长期作用的影响计算的最大允许裂缝宽度为 0.2mm。其中又有规定：在一类环境下，对预应力混凝土屋面梁、屋架、托架、屋面板和楼板，应按二级裂缝控制等级进行验算；在一类和二类环境下，对需作疲劳验算的预应力混凝土吊车梁，应按一级裂缝控制等级进行裂缝验算。可见，《混凝土结构设计规范（2015 年版）》（GB 50010—2010）[1]在《混凝土结构设计规范》（GBJ 10—89）的基础上，将预应力混凝土结构构件的裂缝控制等级要求放松了。

欧洲规范在常遇荷载组合［相当于我国《建筑结构荷载规范》（GB 50009—2012）中规定的频遇组合］作用下最大允许裂缝宽度也为 0.2mm，我国《混凝土结构设计规范（2015 年版）》（GB 50010—2010）[1]中的荷载效应标准组合即欧洲规范的不常遇荷载组合，荷载准永久组合与欧洲规范相同。我国《混凝土结构设计规范（2015 年版）》（GB 50010—2010）[1]是按荷载标准组合（即不常遇组合）和准永久组合进行裂缝控制验算的，而欧洲规范是按常遇荷载组合进行裂缝控制验算，且对减压状态要求预应力束或孔道全部处于混凝土受压范围以内至少 25mm 即可。可见我国《混凝土结构设计规范（2015 年版）》（GB 50010—2010）[1]中对裂缝的控制比欧洲规范明显偏于严格。

FIP 建议和 CEB 规范允许开裂，且视工作环境的不同在荷载效应的标准组合下，允许裂缝宽度为 0.2mm 和 0.1mm；《部分预应力混凝土结构设计建议》对轻度侵蚀环境和中等侵蚀环境下工作的采用高强钢丝、钢绞线作预应力筋的预应力混凝土结构构件在荷载效应的标准组合下裂缝开展宽度限值分别为 0.15mm 和 0.1mm；我国部分专家也建议高效预应力混凝土结构构件应允许开裂，且在一般大气条件下室内环境工作时裂缝开展宽度限值可取为 0.2mm，在一般大气条件下室外环境工作时裂缝开展宽度限值可取为 0.1mm。总之，虽然我国《混凝土结构设计规范（2015 年版）》（GB 50010—2010）[1]将《混凝土结构设计规范》（GBJ 10—89）的裂缝控制等级放松，但《混凝土结构设计规范（2015 年版）》（GB 50010—2010）[1]对预应力混凝土结构构件裂缝控制的规定仍是偏于严格的。

3. 裂缝控制建议

我国建设部 1992 年发布的《关于贯彻执行国家标准〈建筑抗震设计规范 GBJ 11—89〉、〈混凝土结构设计规范 GBJ 10—89〉有关内容的局部修改意见》（建标 1992）中指出：“当有可靠工程经验时，对预应力构件的抗裂要求可适当放宽。”可以认为，对采用预应力钢丝、钢绞线及热处理钢筋作预应力筋的预应力混凝土结构构件，在一类环境工作时，在荷载效应标准组合作用下裂缝开展宽度限值取为 0.2mm，在荷载效应准永久组合作用下裂缝开展宽度限值取为 0.05mm；在二类环境工作时，在荷载效应标准组合作用下裂缝开展宽度限值取为 0.1mm，在荷载效应准永久组合作用下混凝土受拉边缘处于裂缝闭合状态；在三类环境工作时，不论在荷载效应标准组合作用下还是在荷载效应准永久组合作用下，混凝土受拉边缘均要处于不得消压状态。这样，不但与国内外有关规范或建议对裂缝控制的规定基本协调，而且大量的试验研究和众多的工程实践表明此要求对混凝土耐久性无问题。因此，本节对采用预应力钢丝、钢绞线及热处理钢筋作预应力筋、中等预应力度以上的预应力混凝土结构构件的裂缝控制提出建议如表 9-11 所示。

表 9-11　预应力混凝土结构构件的裂缝控制建议

环境类别	荷载作用组合	裂缝控制建议
一	标准组合	$w_{max} \leqslant 0.20\text{mm}$
	准永久组合	$w_{max} \leqslant 0.05\text{mm}$
二	标准组合	$w_{max} \leqslant 0.10\text{mm}$
	准永久组合	裂缝闭合
三	标准组合	不得消压
	准永久组合	不得消压

9.2.4　裂缝验算

当结构构件出现裂缝时，应验算结构构件的最大裂缝宽度。本节分别介绍有粘结预应力混凝土受弯构件及无粘结预应力混凝土受弯构件裂缝宽度计算公式。

9.2.5　有粘结预应力混凝土受弯构件裂缝宽度计算公式

1. 葛格里-卢兹（Gergely-Lutz）计算公式

葛格里-卢兹公式是为了计算钢筋混凝土梁的裂缝宽度而建立的，也是美国 ACI 规范计算公式的基础。钢筋混凝土梁底面最大裂缝宽度为

$$w_{cr} = 11\sqrt[3]{t_b A_e}\left(\frac{h_2}{h_1}\right)\sigma_s \times 10^{-6} \tag{9-31}$$

式中：t_b——最外层纵向受拉钢筋中心线至截面近边的距离；

σ_s——计算裂缝宽度时预应力筋的应力增量；

A_e——平均每根钢筋的约束混凝土面积；

h_1——从钢筋中心线到截面形心线的距离；

h_2——从受拉底面纤维到截面形心线的距离。

式（9-31）中的几何参数如图 9-4 所示。

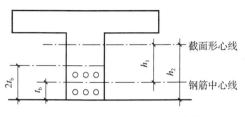

图 9-4　式（9-31）中的几何参数

式（9-31）是采用变形钢筋的试验得到的；对采用钢绞线作预应力筋的梁，如不设非预应力变形钢筋，则建议用 1.8 的修正系数，以考虑钢绞线与变形钢筋在粘结性能方面的差异。

2. 日本《部分预应力混凝土梁设计准则（草案）》计算公式

该准则建议对列车荷载作用时的裂缝宽度计算公式如下：

$$w = \left[4c + 0.7(c_s - d)\right]\left(\frac{\sigma_s}{E_s}\right) + \varepsilon_{se} \tag{9-32}$$

式中：w ——混凝土表面裂缝宽度；

　　　c ——纵向钢筋的保护层；

　　　c_s ——纵向钢筋的中心距；

　　　d ——纵向钢筋的直径；

　　　E_s ——钢筋的弹性模量；

　　　ε_{se} ——混凝土的收缩率，通常取 1.5×10^{-4}；

　　　σ_s ——计算裂缝宽度时预应力筋的应力增量。

3. 《部分预应力混凝土结构设计建议》计算公式

《部分预应力混凝土结构设计建议》规定：对矩形、T 形、倒 T 形和 I 形截面的受弯构件中，其主要钢筋水平侧面的"特征裂缝宽度"（指小于该特征值的保证率为 95% 的裂缝宽度）的计算公式如下：

$$w_{s,cr} = \alpha_1 \alpha_2 \left(2.4C_s + \bar{v}\frac{d_s}{\rho_{s,te}}\right)\frac{\sigma_{sk}}{E_s} \tag{9-33}$$

式中：α_1 ——反映裂缝宽度不均匀性的扩大系数，对受弯构件，$\alpha_1 = 1.8$；

　　　α_2 ——裂缝宽度的长期增长系数，当为荷载效应标准组合时，$\alpha_2 = 1.2$，当为荷载期效应准永久组合时，$\alpha_2 = 1.4$；

　　　C_s ——纵向钢筋侧面的净保护层厚度；

　　　d_s ——钢筋直径，当直径不同时，$d_s = \dfrac{4(A_s + A_p)}{u}$，其中 u 为各根纵向受拉钢筋周长的总和；

$\rho_{s,te}$ ——纵向受拉钢筋的有效配筋率，$\rho_{s,te} = \dfrac{A_s + A_p}{A_{te}}$，其中 A_{te} 为受钢筋影响的有

效混凝土截面面积，按图 9-5 计算：

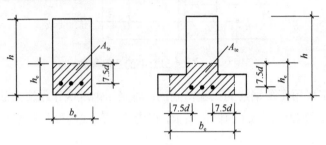

图 9-5　受钢筋影响的有效混凝土截面

$\bar{v}$ ——钢筋粘结特性系数，对规律变形钢筋 $\bar{v} = 0.02$，对于光面钢筋，$\bar{v} = 0.04$；

σ_{sk} ——为按荷载效应标准组合计算的非预应力筋的应力或预应力筋的应力增量，对

预应力混凝土受弯构件，可按下式计算，即

$$\sigma_{sk} = \frac{M_k - 0.75M_{cr}}{0.87h_0(A_s + h_p)}$$

其中：M_k ——按荷载效应标准组合计算的弯矩值（不包括预加力）；

M_{cr} ——受弯构件正截面开裂弯矩值。

4. 《混凝土结构设计规范（2015 年版）》（GB 50010—2010）计算公式

《混凝土结构设计规范（2015 年版）》（GB 50010—2010）[1]规定：在矩形、T 形、倒
T 形和 I 形截面的钢筋混凝土受拉、受弯和偏心受压构件及预应力混凝土轴心受拉和受弯
构件中，按荷载标准组合或准永久组合并考虑长期作用影响的最大裂缝宽度可按下列公
式计算：

$$w_{max} = \alpha_{cr}\psi \frac{\sigma_s}{E_s}\left(1.9c_s + 0.08\frac{d_{eq}}{\rho_{te}}\right) \qquad (9\text{-}34)$$

$$\psi = 1.1 - 0.65\frac{f_{tk}}{\rho_{te}\sigma_s} \qquad (9\text{-}35)$$

$$d_{eq} = \frac{\sum n_i d_i^2}{\sum n_i v_i d_i} \qquad (9\text{-}36)$$

$$\rho_{te} = \frac{A_s + A_p}{A_{te}} \qquad (9\text{-}37)$$

式中：α_{cr} ——构件受力特征系数。

ψ ——裂缝间纵向受拉钢筋应变不均匀系数：当 $\psi < 0.2$ 时，取 $\psi = 0.2$；当 $\psi > 1.0$
时，取 $\psi = 1.0$；对直接承受重复荷载的构件，取 $\psi = 1.0$。

σ_s ——按荷载准永久组合计算的钢筋混凝土构件纵向受拉普通钢筋应力或按标准
组合计算的预应力混凝土构件纵向受拉钢筋等效应力。

E_s——钢筋的弹性模量。

c_s——最外层纵向受拉钢筋外边缘至受拉区底边的距离（mm）；当 $c_s < 20$ 时，取 $c_s = 20$；当 $c_s > 65$ 时，取 $c_s = 65$。

ρ_{te}——按有效受拉混凝土截面面积计算的纵向受拉钢筋配筋率；对无粘结后张构件，仅取纵向受拉普通钢筋计算配筋率；在最大裂缝宽度计算中，当 $\rho_{te} < 0.01$ 时，取 $\rho_{te} = 0.01$。

A_{te}——有效受拉混凝土截面面积：对轴心受拉构件，取构件截面面积；对受弯、偏心受压和偏心受拉构件，取 $A_{te} = 0.5bh + (b_f - b)h_f$，此处，$b_f$、$h_f$ 为受拉翼缘的宽度、高度。

A_s——受拉区纵向普通钢筋截面面积。

A_p——受拉区纵向预应力筋截面面积。

d_{eq}——受拉区纵向钢筋的等效直径（mm）；对无粘结后张构件，仅为受拉区纵向受拉普通钢筋的等效直径（mm）。

d_i——受拉区第 i 种纵向钢筋的公称直径；对于有粘结预应力钢绞线束的直径取为 $\sqrt{n_1}d_{p1}$，其中 d_{p1} 为单根钢绞线的公称直径，n_1 为单束钢绞线根数。

n_i——受拉区第 i 种纵向钢筋的根数；对于有粘结预应力钢绞线，取为钢绞线束数；

v_i——受拉区第 i 种纵向钢筋的相对粘结特性系数，按表 9-12 采用。

表 9-12 钢筋的相对粘结特性系数

钢筋类别	钢筋		先张法预应力筋			后张法预应力筋		
	光圆钢筋	带肋钢筋	带肋钢筋	螺旋肋钢丝	钢绞线	带肋钢筋	钢绞线	光面钢丝
v_i	0.7	1.0	1.0	0.8	0.6	0.8	0.5	0.4

9.2.6 无粘结预应力混凝土受弯构件裂缝宽度计算公式

1. 东南大学建立的计算公式

东南大学通过深入的理论分析和大量试验研究，得出如下关于无粘结预应力混凝土梁裂缝宽度计算公式：

$$w_{s,cr} = \tau_1 \tau 0.85 \psi \frac{\sigma_s}{E_s} l_{cr} \tag{9-38}$$

式中：τ_1——裂缝宽度的长期增长系数，$\tau_1 = 1.5$；

τ——反映裂缝宽度不均匀性的扩大系数，$\tau = 1.86$；

ψ——裂缝间纵向受拉钢筋应变不均匀系数，计算公式为

$$\psi = 1.1 - 0.65 \frac{f_{tk}}{\rho_{s,te}\sigma_s}$$

σ_s——按荷载效应的标准组合计算的有粘结非预应力筋的应力，计算公式为

$$\sigma_s = \frac{0.45h_0}{h_{0e} - 0.55h_0}\sigma_{se} \tag{9-39}$$

l_{cr}——平均裂缝间距，$l_{cr} = \left(2.7c + 0.1\dfrac{d}{\rho_{te}}\right)v$。

其中，$\rho_{s,te} = \dfrac{A_s}{A_{te}}$，对于受弯构件，$A_{te} = 0.5bh + (b_f - b)h_f$；$h_{0e}$ 为等效截面有效高度，$h_{0e} = h - a_{se}$，a_{se} 为 A_{se} 重心至受拉边缘的距离，$a_{se} = \dfrac{A_s a_s + A_{s,p} a_p}{A_{se}}$；$A_{se}$ 为等效有粘结非预应力筋截面面积，$A_{se} = A_s + A_{s,p}$；$A_{s,p}$ 为由无粘结预应力筋计算确定的虚拟有粘结非预应力筋面积，$A_{s,p} = 0.248A_p$；σ_{se} 为按荷载效应标准组合计算的等效有粘结非预应力筋应力，$\sigma_{se} = \dfrac{N_{p0}(e_e - \eta_e h_{0e})}{A_{se} \eta_e h_{0e}}$；$N_{p0}$ 为假想全截面混凝土法向应力为零时所施加的拉力；e_e 为等效偏心压力 $N_0 = N_{p0}$ 至等效非预应力筋截面重心的距离，$e_e = \dfrac{M_s}{N_{p0}} + h_{zx} - a_{se} - e_p$，$h_{zx}$ 为截面中和轴至受拉边缘的距离；η_e 为裂缝截面处等效内力臂系数，$\eta_e = 0.87 - 0.12(1 - \gamma_f')\left(\dfrac{h_{0e}}{e_e}\right)^2$。

2. 哈尔滨建筑大学建立的计算公式

哈尔滨建筑大学通过试验研究和理论分析，将名义拉应力控制裂缝的思想与《混凝土结构设计规范》（GBJ 10—89）裂缝控制思想相结合，建立了如下无粘结部分预应力混凝土梁裂缝宽度计算公式：

$$w_{s,cr} = 2.448k\sigma_{ct}l_{cr} \tag{9-40}$$

式中：k——综合系数，计算公式为

$$k = \left[\frac{2.103\sigma_{ct}}{100\left(\dfrac{A_s + 0.2232A_p}{bh_s}\right)} + 38.88\right] \times 10^{-6} \tag{9-41}$$

σ_{ct}——在预应力和荷载效应标准组合下截面受拉边缘混凝土名义拉应力，对于简支梁，计算公式为

$$\sigma_{ct} = \frac{M_k}{W} - \frac{A_p \sigma_{pe}}{A} - \frac{A_p \sigma_{pe} e_p}{W}$$

l_{cr}——平均裂缝间距，与式（9-38）中的 l_{cr} 意义和计算方法相同。

3. 大连理工大学建立的计算公式

大连理工大学通过试验研究和理论分析，建立了如下关于无粘结部分预应力混凝土梁的裂缝宽度计算公式：

$$W_{max} = C_1 C_2 \frac{\sigma_s}{E_s}\left(\frac{30 + d_s}{0.28 + 10\rho_s}\right) \tag{9-42}$$

式中：C_1——非预应力筋表面形状系数，光圆钢筋 $C_1 = 1.3$，变形钢筋 $C_1 = 1.0$，当两种外形不同的非预应力筋混合配置时，因为强度换算与钢筋面积有关，而裂缝宽度则与钢筋表面粘结状态有关，故按周界相等的条件，得 $C_1 = \dfrac{1.3 n_1 d_1 + n_2 d_2}{n_1 d_1 + n_2 d_2}$，其中，$n_1$、$d_1$ 及 n_2、d_2 分别为光圆钢筋及变形钢筋的根数和直径；

C_2——考虑荷载长期作用或重复作用的系数，$C_2 = 1 + 0.5\dfrac{M_q}{M_k}$；

d_s——非预应力筋直径（mm），直径不同时也是按周边相等的条件确定：$d_s = \dfrac{m_1 \overline{d_1} + m_2 \overline{d_2}}{m_1 + m_2}$，其中 m_1、m_2 和 $\overline{d_1}$、$\overline{d_2}$ 分别为不同直径钢筋的根数和相应的直径；

ρ_s——纵向受拉非预应力筋的配筋率，计算公式为

$$\rho_s = \frac{A_s}{bh_s + (b_f - b)h_f}$$

σ_s——按荷载效应标准组合计算的有粘结非预应力筋的应力，计算公式为

$$\sigma_s = \frac{M_k}{0.87 h_s (A_s + 0.7 A_p)} - \frac{0.9 A_p \sigma_{pe}}{A_s + 0.7 A_p}$$

4. 日本京都大学建立的公式

日本京都大学土木系冈田青通过研究指出，当有粘结非预应力筋面积较大时，无粘结部分预应力混凝土梁最大裂缝宽度仍可按 CEB-FIP 公式计算，即

$$w_{s,cr} = (\sigma_s - 408) \times 10^{-4} \tag{9-43}$$

式中：σ_s 意义与前述相同，且可参照前述方法计算。

5. 美国 Nawy 等建立的计算公式

纳维（Nawy）等通过理论分析和试验研究，建立了如下关于无粘结部分预应力混凝土梁全部受拉钢筋重心处的裂缝宽度计算公式：

$$W_{max} = 0.944 \times 10^{-5} \frac{A_{te}}{\sum O} \Delta\sigma_p \tag{9-44}$$

式中：A_{te}——混凝土有效约束面积；

$\sum O$——受拉边纵向非预应力筋横截面周长之和（mm）；

$\Delta\sigma_p$——无粘结预应力筋应力增量，可取 $\Delta\sigma_p = 0.4\sigma_s$。

6. 中国建筑科学研究院建立的计算公式

中国建筑科学研究院通过试验研究和理论分析，建立了如下关于无粘结预应力混凝土梁裂缝宽度计算公式：

$$w_{s,cr} = \alpha_1\alpha_2\left(2.4c + \bar{\nu}\frac{d_s}{\rho_{s,te}}\right)\frac{\sigma_s}{E_s} \tag{9-45}$$

式中： α_1 ——反映裂缝宽度不均匀性的扩大系数，对受弯构件， $\alpha_1 = 1.8$ ；

α_2 ——裂缝宽度的长期增长系数，当荷载为短期效应组合时， $\alpha_2 = 1.2$ ，当荷载为长期效应组合时， $\alpha_2 = 1.4$ ；

d_s ——非预应力筋直径（mm），当直径不同时， $d_s = \dfrac{4A_g}{u}$ ，其中 u 为各根纵向受拉非预应力筋周长的总和（mm）；

$\rho_{s,te}$ ——纵向受拉非预应力筋的有效配筋率， $\rho_{s,te} = \dfrac{A_s}{A_{te}}$ ，其中 A_{te} 为受拉非预应力筋影响的有效混凝土截面面积；

$\bar{\nu}$ ——非预应力筋粘结特性系数，对规律变形钢筋 $\bar{\nu} = 0.02$ ，对于光圆钢筋， $\bar{\nu} = 0.04$ ；

σ_s ——非预应力筋的应力（N/mm^2），计算公式为

$$\sigma_s = \frac{M_k - 1.14M_0}{0.87(A_s h_s + k_p A_p h_p)}$$

其中， M_k 为按荷载效应标准组合计算的弯矩值（不包括预加力）； M_0 为非预应力筋重心处的消压弯矩； k_p 为无粘结预应力筋截面面积的等效折算系数，取 $k_p = 0.4$ 。

7. 《无粘结预应力混凝土结构技术规程》（JGJ 92—2016）给出的公式

《无粘结预应力混凝土结构技术规程》（JGJ 92—2016）[4]规定：在矩形、T形、倒T形和I形截面的无粘结预应力混凝土轴心受拉和受弯构件中，按荷载标准组合并考虑长期作用影响的最大裂缝宽度 w_{max} ，可按下列公式计算：

$$w_{max} = \alpha_{cr}\psi\frac{\sigma_{sk}}{E_s}\left(1.9c_s + 0.08\frac{d_{eq}}{\rho_{te}}\right) \tag{9-46}$$

$$\psi = 1.1 - 0.65\frac{f_{tk}}{\rho_{te}\sigma_{sk}} \tag{9-47}$$

$$d_{eq} = \frac{\sum n_i d_i^2}{\sum n_i \nu_i d_i} \tag{9-48}$$

$$\rho_{te} = \frac{A_s}{A_{te}} \tag{9-49}$$

式中： w_{max} ——按荷载标准组合并考虑长期作用影响的构件最大裂缝宽度（mm）。

α_{cr} ——构件受力特征系数，对轴心受拉构件， α_{cr} 取为2.2；对受弯构件， α_{cr} 取为1.5。

ψ ——裂缝间纵向受拉普通钢筋应变不均匀系数，当 ψ 小于0.2时，ψ 取为0.2；当 ψ 大于1.0时，ψ 取为1.0。对直接承受重复荷载的构件，ψ 取为1.0。

σ_{sk} ——按荷载标准组合计算的无粘结预应力混凝土构件纵向受拉钢筋的等效应力（N/mm²）。

c_s ——最外层纵向受拉普通钢筋外边缘至受拉区边缘的距离（mm），当 c_s 小于20时，可取为20；当 c_s 大于65时，可取为65；对裂缝宽度无特殊外观要求的构件，当保护层设计厚度 c_s 大于30时，可取为30。

ρ_{te} ——按有效受拉混凝土截面面积计算的纵向受拉普通钢筋配筋率；在最大裂缝宽度计算中，当 ρ_{te} 小于0.01时，取为0.01。

A_{te} ——有效受拉混凝土截面面积（mm²）。对受弯构件，A_{te} 取 $0.5bh+(b_f-b)h_f$，此处，b_f、h_f 分别为受拉翼缘的宽度、高度。

A_s ——受拉区纵向普通钢筋截面面积（mm²）。

d_{eq} ——受拉区纵向受拉普通钢筋的等效直径（mm）。

d_i ——受拉区第 i 种纵向受拉普通钢筋的公称直径（mm）。

n_i ——受拉区第 i 种纵向受拉普通钢筋的根数。

ν_i ——受拉区第 i 种纵向受拉普通钢筋的相对粘结特性系数，对光面钢筋，取为0.7；对带肋钢筋，取为1.0。

9.2.7 控制有粘结预应力混凝土受弯构件裂缝宽度的名义拉应力法

目前，用名义拉应力控制有粘结预应力混凝土结构构件裂缝宽度是工程设计中较常用的方法。该方法为英国规范所采用，将裂缝宽度与假想的混凝土名义拉应力联系起来，计算简单，且有一定精度。控制有粘结预应力混凝土受弯构件裂缝宽度的名义拉应力法：一方面，假设混凝土截面未开裂，按匀质材料计算出混凝土受拉边缘的名义拉应力 σ_{ct}；另一方面，根据大量试验数据建立如表 9-13 所列与允许最大裂缝宽度 w_{lim} 相对应的混凝土受拉边缘允许名义拉应力 $[\sigma_{ct1}]$ 的关系；同时，应考虑表 9-14 所列截面高度对允许名义拉应力的修正系数 β。

表9-13 混凝土允许名义拉应力 $[\sigma_{ct1}]$

预加应力方式	裂缝宽度/mm	混凝土级别/（N/mm²）		
		30	40	≥50
灌浆的后张法预应力	0.10	3.2	4.1	5.0
	0.15	3.5	4.6	5.6
	0.20	3.8	5.1	6.2
	0.25	4.1	5.6	6.7
先张法预应力	0.10	—	4.6	5.5
	0.15	—	5.3	6.2
	0.20	—	6.0	6.9
	0.25	—	6.5	7.5

表 9-14　构件高度对允许名义拉应力的修正系数 β

构件高度/mm	≤200	400	600	800	≥1000
修正系数	1.1	1	0.9	0.8	0.7

当截面受拉区配有非预应力钢筋时，混凝土允许名义拉应力可以有所提高，其增量 σ_i 与非预应力筋配筋率成正比，非预应力筋配筋率每增加 1%，对后张法构件允许名义拉应力可增加 4.0N/mm²，对先张法构件可增加 3.0N/mm²。对各种情况，名义拉应力最大不得超过混凝土设计强度等级的 1/4。我国《部分预应力混凝土结构设计建议》和《公路钢筋混凝土及预应力混凝土桥涵设计规范》（JTG 3362—2018）[8] 采用了这一方法。

通过以上分析，可知考虑构件高度和非预应力筋影响后与某一裂缝宽度相对应的允许名义拉应力可表达为

$$[\sigma_{ct}] = \beta[\sigma_{ct1}] + 100\rho_s\sigma_i \qquad (9\text{-}50)$$

式中：$[\sigma_{ct1}]$——未考虑拉区非预应力筋和梁高影响的允许名义拉应力；

σ_i——混凝土允许名义拉应力增量，对后张法取 4.0N/mm²，对先张法取 3.0N/mm²；

β——构件高度对允许名义拉应力的修正系数，由表 9-14 查得。

有些学者在已有用名义拉应力法控制有粘结预应力混凝土裂缝宽度方法的基础上，经计算分析，并结合我国的工程实践经验，同时参考国外有关文献，对一般截面尺寸、采用高强钢丝或钢绞线作为预应力筋、中等预应力度以上的后张法预应力混凝土结构构件的裂缝控制及验算提出建议，如表 9-15 所示。

表 9-15　后张法预应力混凝土结构构件的裂缝控制及验算建议

环境类别	荷载作用组合	裂缝控制建议	裂缝验算建议
一	标准组合	$w_{cr} \leq 0.20mm$	$\sigma_{ck} - \sigma_{pc} \leq 2.55\bar{\beta}f_{tk}$
	准永久组合	$w_{cr} \leq 0.05mm$	$\sigma_{cq} - \sigma_{pc} \leq 0.8\gamma f_{tk}$
二	标准组合	$w_{cr} \leq 0.10mm$	$\sigma_{ck} - \sigma_{pc} \leq 2.0\bar{\beta}f_{tk}$
	准永久组合	裂缝闭合	$\sigma_{cq} - \sigma_{pc} \leq 0$
三	标准组合	不得消压	$\sigma_{ck} - \sigma_{pc} \leq 0$
	准永久组合	不得消压	$\sigma_{cq} - \sigma_{pc} \leq 0$

注：$\bar{\beta}$ 为截面高度修正系数。

$\bar{\beta}$ 的取值可由表 9-16 查得。

表 9-16　截面高度修正系数 $\bar{\beta}$

截面高度/mm	≤200	400	600	800	≥1000
$\bar{\beta}$	1.2 (1.3)	1.15	1.0	0.9 (0.85)	0.8 (0.75)

注：当裂缝宽度为 0.2mm、0.25mm 时，取括号内值。

9.2.8　控制无粘结预应力混凝土受弯构件裂缝宽度的名义拉应力法

仿照有粘结预应力混凝土结构构件裂缝宽度的名义拉应力法，可建立控制无粘结预

应力混凝土结构构件裂缝宽度的名义拉应力法，其表达式与式（9-50）相同。

经回归分析，未考虑拉区非预应力筋和梁高影响的允许名义拉应力 $[\sigma_{ct1}]$ 值可由表 9-17 查得；拉区非预应力筋对允许名义拉应力的影响值 σ_i 可由表 9-18 查得；梁高对允许名义拉应力的影响系数 β 取为与有粘结构件相同，可由表 9-14 查得。

表 9-17　未考虑拉区非预应力筋和梁高影响的允许名义拉应力 $[\sigma_{ct1}]$　（单位：N/mm²）

[w]	混凝土强度等级						
	C30	C35	C40	C45	C50	C55	≥C60
0.05mm	2.1	2.3	2.5	2.7	2.9	3.0	3.1
0.10mm	1.8	2.0	2.1	2.3	2.4	2.5	2.6
0.15mm	1.4	1.6	1.7	1.8	1.9	2.0	2.1
0.20mm	1.1	1.3	1.4	1.4	1.4	1.6	1.6

注：[w]为裂缝宽度限值。

表 9-18　拉区非预应力筋对允许名义拉应力的影响值 σ_i　（单位：N/mm²）

[w]	混凝土强度等级						
	C30	C35	C40	C45	C50	C55	≥C60
0.05mm	3.7	4.0	4.2	4.4	4.5	4.7	4.9
0.10mm	5.7	4.9	6.2	6.3	6.5	6.7	6.8
0.15mm	7.2	7.4	7.6	7.7	7.8	8.0	8.1
0.20mm	8.1	8.2	8.3	8.4	8.5	8.5	8.6

表 9-17 适用于非预应力筋配筋率大于 0.3%的无粘结预应力混凝土受弯构件的允许名义拉应力的计算。需要特别指出的是，当非预应力筋配筋率相同时，可能会出现由查表 9-17 和表 9-18 计算的较大的允许裂缝宽度对应的允许名义拉应力 $[\sigma_{ct}]$ 较较小的允许裂缝宽度对应的相应值小的情况，这是预应力筋 A_p 的增幅明显大于 M_k 的增幅所导致的。

经修正和提高后的允许名义拉应力 $[\sigma_{ct}]$ 不得超过混凝土设计强度等级的 1/4。

由表 9-17 和表 9-18 可以看出，表 9-17 中的 $[\sigma_{ct1}]$ 值较表 9-13 所示的有粘结值小，而表 9-18 中的 σ_i 较有粘结值大。这种差别形成的原因如下：一方面，由于具有相同截面和尺寸的无粘结与有粘结预应力混凝土受弯构件，在相同的裂缝控制要求下，无粘结预应力混凝土受弯构件的预应力筋用量要高于有粘结预应力混凝土受弯构件；另一方面，有粘结预应力混凝土结构构件在张拉预应力筋结束后，预应力筋能发挥类似有粘结非预应力筋一样的作用，而无粘结预应力混凝土结构构件中的无粘结筋在张拉预应力筋结束后所发挥的类似有粘结非预应力筋的作用则较小。

通过上述分析，对非预应力筋配筋率 ρ_s 不小于 0.3%、中等预应力度以上，一般截面尺寸的无粘结部分预应力混凝土结构构件的裂缝控制及验算提出建议，如表 9-19 所示。

表 9-19　　无粘结部分预应力混凝土结构构件的裂缝控制及验算建议

环境类别	荷载作用组合	裂缝控制建议	裂缝验算建议
一	标准组合	$w_{max} \leqslant 0.20mm$	$[\sigma_{ct}] = \beta[\sigma_{ct1}] + 100\rho_s\sigma_i$
	准永久组合	$w_{max} \leqslant 0.05mm$	$[\sigma_{ct}] = \beta[\sigma_{ct1}] + 100\rho_s\sigma_i$
二	标准组合	$w_{max} \leqslant 0.10mm$	$[\sigma_{ct}] = \beta[\sigma_{ct1}] + 100\rho_s\sigma_i$
	准永久组合	裂缝闭合	$\sigma_{Lc} - \sigma_{pc} \leqslant 0$
三	标准组合	不得消压	$\sigma_{sc} - \sigma_{pc} \leqslant 0$
	准永久组合	不得消压	$\sigma_{Lc} - \sigma_{pc} \leqslant 0$

需要指出的是，控制无粘结预应力混凝土受弯构件裂缝开展宽度的方法是以无粘结梁为研究对象建立的，由于无粘结单向板中预应力筋与非预应力筋同排布置，式（9-50）用于无粘结预应力混凝土板的裂缝控制与计算也是略偏于安全的。

9.3　柱支承板变形计算的双向板带叠加法及裂缝验算建议方法

9.3.1　问题的提出

柱支承板在建筑工程的楼盖和屋盖中应用越来越多。其板格中心变形计算方法正在受到人们的关注。目前《混凝土结构设计规范（2015 年版）》（GB 50010—2010）[1]中受弯构件刚度计算公式只适用于单向受弯构件，而柱支承板是双向受弯的，因而探索柱支承板板格中心变形的计算方法是必要的。柱支承板楼盖和屋盖的支座控制截面弯矩分布是不均匀的，对此人们已有了定性认识。要合理控制柱支承板支座控制截面裂缝的开展，就必须确定其支座控制截面弯矩最大值 M_{max} 与弯矩平均值 $\overline{M}$ 比值 $M_{max}/\overline{M}$ 的计算公式。在裂缝验算时，合理考虑支座控制截面弯矩分布不均匀的影响。

为此，本节提出了双向板带叠加法计算柱支承板板格中心变形的思路和方法，并通过相关试验说明该思路和方法的可行性。利用有限元分析结果拟合了柱支承板支座控制截面弯矩最大值 M_{max} 与弯矩平均值 $\overline{M}$ 比值 $M_{max}/\overline{M}$ 的计算公式，获得了柱支承板裂缝验算的建议方法。

9.3.2　计算板格中心变形的双向板带叠加法

1. 基本思路与计算步骤

首先，把柱支承板沿纵、横两向各分成若干条带，用有限元法分析得到柱支承板在使用荷载、所考察板格中心单位竖向荷载分别单独作用下两个方向各条带的弯矩分布。对于柱支承无粘结预应力混凝土板，还应计算在预应力等效荷载作用下两个方向各条带的弯矩分布。

其次，采用《混凝土结构设计规范（2015 年版）》（GB 50010—2010）[1]中受弯构件刚度计算公式确定柱支承普通混凝土板双向各条带的刚度大小，用《无粘结预应力混凝土结构技术规程》（JGJ 92—2016）[4]中受弯构件刚度计算公式确定柱支承预应力混凝土板双向各条带的刚度大小，并据此计算在使用荷载作用下各条带对所考察板格中心变形的贡献。

最后，对双向各条带对所考察板格中心变形的贡献取和，即得到所考察板格中心在使用荷载下的变形值。

需要指出的是，对于柱支承无粘结预应力混凝土板，其板格中心总变形应为外荷载下板格中心变形值减去板格中心反拱值。还需要指出的是，在使用阶段板格中心预加力反拱值仍按双向板带叠加法进行计算，只是刚度按 E_cI_0 取值，注意在结构设计时，应考虑预压应力长期作用的影响，将计算求得的板格中心预加力反拱值乘以增大系数 2.0。

2. 计算结果与试验结果的比较

（1）柱支承板模型试验

板预应力筋的布置如图 9-6 所示。

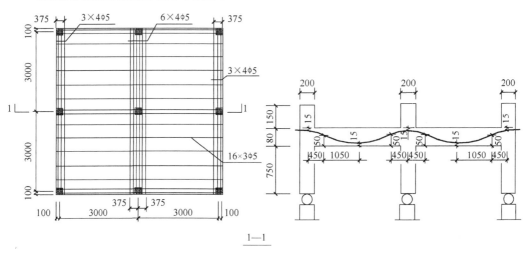

图 9-6　柱支承板预应力筋的布置（单位：mm）

（2）荷载-变形曲线

中国建筑科学研究院陶学康等进行了如图 9-6 所示的无粘结预应力混凝土柱支承板的九柱四板试验，并测得了各板格中心的荷载-变形曲线。

柱支承板的无粘结预应力筋布置如图 9-6 所示，以碳素钢丝作为预应力筋，$f_{ptu}=1575\text{N/mm}^2$，试验板采用一向集中带状布筋，另一向均匀布筋的配筋方案。集中布置的预应力筋间距为 150mm，每跨预应力筋线型为抛物线。非预应力钢筋直径为 6.5mm，$f_y=265\text{N/mm}^2$，在板顶负弯矩区所配置的非预应力钢筋，间距 150mm，筋长 1.5m；板底非预应力筋通长均布，间距 170mm；在柱头附近配置 $\phi6.5$ 钢筋，配筋率为 $0.0009hl$，分布在由两条各离柱边两倍板厚的直线组成的板带范围内。混凝土标准立方体抗压强度为 $28N/mm^2$。

板面施加均布荷载，从含板自重 $4kN/m^2$ 开始记录各测点的变形值。图 9-7 所示为柱支承板 4 个板格中心点（1、2、3、4 四点）的荷载-变形曲线。

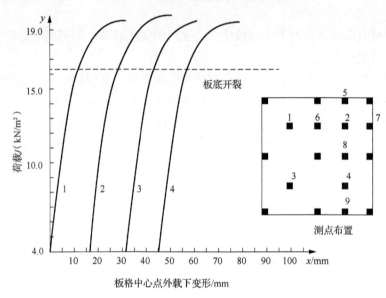

图 9-7　柱支承板 4 个板格中心点的荷载-变形曲线

（3）计算结果与试验结果的比较

应用 ANSYS 软件对九柱四板试验模型的有限元模型进行分析，如图 9-8 所示。该模型沿纵横两个方向各划分 32 个条带，按照前述"双向板带叠加法"的步骤，分别计算出在各级外荷载作用下板格中心的变形和预加力反拱值。用外荷载作用下的变形值减去预加力反拱值即为板格中心的总变形值。板格中心总变形计算值与实测值对比结果如图 9-9 所示。

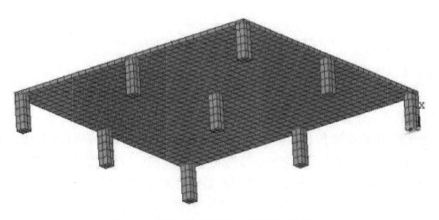

图 9-8　柱支承板有限元分析模型（仰视）

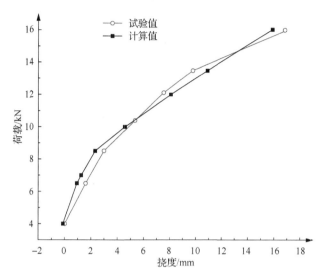

图 9-9　板格中心变形实测值与计算值对比

由图 9-9 可知，板格中心总变形计算值与实测值吻合较好，说明本书所述"双向板带叠加法"计算柱支承板板格中心变形的思路和方法是可行的。

3. 裂缝验算建议方法

内板格支座控制截面的弯矩分布如图 9-10 所示。

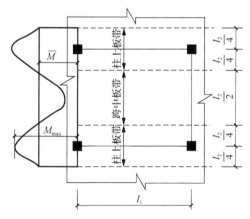

图 9-10　内板格支座控制截面的弯矩分布

柱支承板板格支座控制截面负弯矩的分布示意如图 9-10 所示。内板格支座控制截面的负弯矩分布不均匀的主要影响因素如下：一是板格计算方向跨度与其垂直方向边长之比 l_1/l_2；二是柱的边长与板格在计算方向跨度之比 c/l_1。为提出柱支承板裂缝验算建议方法，需要得到具有不同 l_1/l_2 与 c/l_1 的各类板格支座控制截面 $M_{max}/\overline{M}$ 的分布规律。为此，应用 ANSYS 软件首先按 c/l_1=0.07 来分析不同边长比的柱支承板格支座控制截面弯矩分布规律，然后再考虑 c/l_1 对 $M_{max}/\overline{M}$ 分布规律的影响。

在应用 ANSYS 软件进行分析时，用梁（Beam188）单元来模拟柱，Beam188 单元是线性两节点梁单元，每个节点上有六个自由度，该梁单元可以考虑剪切变形；用壳（Shell63）单元来模拟板，Shell63单元是弹性壳单元，单元形状有四边形和三角形两种，每个节点有六个自由度，该单元可以模拟实际板的弯曲和薄膜力。柱支承板有限元分析模型如图9-11所示，其中通过合理选取柱高使板柱的刚度比与实际相符。

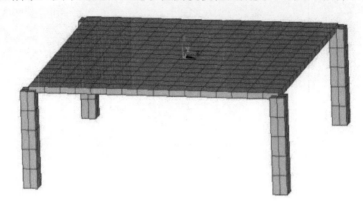

图9-11　柱支承板有限元分析模型（俯视）

通过分别约束板格各边上所有节点的转角自由度及板平面内位移自由度来定义板格各边的边界条件。

建模时在板柱结点处通过梁单元和壳单元共用节点来保证板柱在结点处有共同的自由度。在所建立的有限元模型上施加表面荷载，计算板上各截面的弯矩分布规律。

通过计算分析，得到柱支承板在竖向均布荷载作用下支座控制截面 $M_{max}/\overline{M}$ 的表达式如下。

1）内板格。

$$\lambda_1 = M_{max}/\overline{M} = 0.99(l_1/l_2)^2 - 3.88(l_1/l_2) + 5.57 \tag{9-51}$$

2）边（角）板格。

① 以垂直于不连续边为计算方向。

$$\lambda_1 = M_{max}/\overline{M} = 1.33(l_1/l_2)^2 - 4.68(l_1/l_2) + 5.65 \tag{9-52}$$

计算分析表明，角板格的两个计算方向均可视为以垂直于不连续边为计算方向的边板格。

② 以平行于不连续边为计算方向。

$$\lambda_1 = M_{max}/\overline{M} = 1.19(l_2/l_1)^2 - 4.89(l_2/l_1) + 6.39 \tag{9-53}$$

计算分析表明，柱支承板楼盖过边轴线的边梁对 $M_{max}/\overline{M}$ 的影响不大。

由于式（9-51）～式（9-53）的是按 $c/l_1=0.07$ 考虑的，为研究柱边长 c 与计算跨度 l_1 之比 c/l_1 对支座控制截面 $M_{max}/\overline{M}$ 的影响，选取在工程设计中常用范围内（一般在0.07～0.1范围内）的 c/l_1 值来建立有限元模型，计算出不同的 c/l_1 相对应的 $M_{max}/\overline{M}$ 值与当 $c/l_1=0.07$ 时的 $M_{max}/\overline{M}$ 值的比值 η_i，并拟合出如式（9-54）所示 η 与 c/l_1 的函数关系式。计算分析表明，对于边板格和角板格 c/l_1 对 $M_{max}/\overline{M}$ 的影响也可用式（9-54）来表达。

$$\eta = 4.183(c/l_1)^2 - 2.4(c/l_1) + 1.147 \tag{9-54}$$

综上所述，在计算 $M_{max}/\overline{M}$ 时，应首先考虑 l_1/l_2 这一重要参数的影响，然后再考虑 c/l_1 这一参数对 $M_{max}/\overline{M}$ 计算结果的影响。考虑了 c/l_1 这一关键参数影响后的 $M_{max}/\overline{M}$ 的关系式为

$$\lambda = \frac{M_{max}}{\overline{M}} = \eta \lambda_1 \tag{9-55}$$

式中：η——由式（9-54）求出；

　　　λ_1——由式（9-51）～式（9-53）求出。

需要指出的是，前述弯矩均为弹性弯矩，开裂后弯矩分布与弹性弯矩分布有一定差别，采用弹性弯矩进行裂缝控制是偏于严格的。

9.3.3　裂缝验算建议方法

1. 裂缝验算建议方法

对柱支承普通混凝土板，需验算裂缝宽度。在计算其支座控制截面按荷载效应的标准组合并考虑长期作用影响的最大裂缝宽度 w_{max} 时，根据前面的分析，应把按荷载效应标准组合计算的弯矩值 M_k 乘以调整系数 λ，以考虑支座控制截面弯矩分布不均匀的影响。

2. 柱支承预应力混凝土板

根据《混凝土结构设计规范（2015 年版）》（GB 50010—2010）[1]，当裂缝控制等级为一、二级时应进行受拉边缘应力验算。根据本书所做分析，进行柱支承板支座控制截面验算时，应分别将按荷载效应标准组合计算的弯矩值 M_k、按荷载效应准永久组合计算的弯矩值 M_q 乘以调整系数 λ。在计算双向均匀布置预应力筋的柱支承板的由预应力引起的混凝土受拉边缘法向应力 σ_{pc} 时，须将张拉引起的等效荷载在支座控制截面产生的弯矩值 M_r 乘以系数 λ。

当按三级裂缝控制等级进行最大裂缝宽度验算时，为使按荷载效应标准组合计算的纵向受拉钢筋应力取值合理，应将 M_k 及 M_r 乘以系数 λ。

这里需要指出：对于柱支承板板格跨中控制截面，由于其弯矩分布比较均匀，跨中截面的裂缝验算可不考虑 λ 的影响，即认为 $\lambda = 1.0$。还需要指出的是，当预应力筋总量不变，按柱上板带密度高于跨中板带布置预应力筋时，按照上述方法进行裂缝验算是偏于安全的。

第 10 章　预应力混凝土结构抗震设计

10.1　引　　言

因为预应力混凝土结构阻尼小、耗能差、地震反应大，且采用高强钢材会导致结构延性差，所以部分设计人员对抗震设防区采用预应力混凝土结构持谨慎和回避态度。特别是 1964 年美国阿拉斯加大地震时，一幢名为"四季"的预应力混凝土平板-柱结构公寓楼倒塌，更加剧了设计人员对抗震设防区采用这类结构的怀疑和不安，阻碍了预应力混凝土结构的发展，限制了其应用范围。然而，20 世纪 60 年代以来，预应力混凝土结构经受了地震的考验。震害调查表明预应力混凝土结构的破坏并不一定比普通混凝土结构严重，其实际抗震性能要比人们想象的好得多。如 1968 年南斯拉夫朋加芦卡地震中，有 17 栋预制预应力混凝土框架结构体系建筑，最高达 14 层，这些采用双向预应力束将板和柱连接在一起的板柱框架，震后未发现主体结构有明显损害，仅在用轻混凝土砌块砌筑的墙上发现有震害。再如 1978 年日本的宫城-隐歧（Miyagiken-Oki）强震后的调查发现，9 幢第 1～5 层预应力混凝土结构中，除一礼堂的框架梁端混凝土被严重压碎外，其余均没有明显破坏，而一些普通混凝土建筑却破坏严重。而且大量震害调查表明，凡结构震后受到损坏或破坏，都是由于接头连接不当、钢筋锚固不足及支承结构倒塌等原因造成，而不是采用预应力混凝土引起的。人们通过对预应力混凝土结构震害调查结果的反思，认为深入研究其抗震性能是非常必要的。早在 1963 年成立的国际预应力协会（FIP）抗震结构委员会，曾举行过多次讨论会，新西兰、日本、美国、意大利、中国等相继开展了预应力混凝土结构抗震性能的理论分析和试验研究工作，得了一些重要成果，并在一定程度上对一些长期争论的问题得到了较为清晰的认识。

10.2　国内外研究现状

10.2.1　新西兰

新西兰是研究预应力混凝土结构抗震问题较早的国家之一。早在 20 世纪六七十年代，Park 等相继对预应力混凝土框架梁、柱、节点及框架结构进行了大量研究。主要成果如下。

1）部分预应力混凝土由于非预应力筋的存在，框架梁端塑性铰较全预应力混凝土具有明显的改善。受压区非预应力筋的存在，可使梁混凝土压碎后抗弯能力不致降低过多，同时还可增加能量耗散。

2）在梁塑性铰区箍筋间距不应超过 100mm，也不应超过梁有效高度的 1/4。

3）曲率延性随预应力筋含量的增加而降低，对于抗震设计，必须限制预应力筋的含量，即应满足下式要求：

$$A_p / (bd) \leqslant 0.4\% \qquad (10\text{-}1)$$

式中：　A_p——预应力筋面积；

　　　　b、d——截面宽度和有效高度。

4）反复受弯可能引起混凝土压碎破坏，从而导致受压钢筋压屈，为了避免混凝土破损太大，一般要求中和轴高度应满足下式要求：

$$x \leqslant 0.25h \qquad (10\text{-}2)$$

式中：x——等效混凝土压应力矩形块高度；

　　　　h——截面全高。

10.2.2　日本

1）穆古玛（Mugumma）等对部分预应力混凝土简支梁、悬臂梁和框架的试验都得出结论，其延性和能量耗散性能可通过用普通钢筋代替一部分预应力筋的办法予以改善，而中低预应力度的部分预应力混凝土（partial prestress concrete，PPC）构件极限曲率与普通钢筋混凝土构件基本相同。

2）Mugumma 等对混合配筋的部分预应力混凝土梁和单层单跨框架进行了系统研究。研究表明，在地震作用下，承受较大弯矩的梁端截面还承受很大的剪力，而合适的预应力可以提高梁的抗剪能力；预应力混凝土梁的弯曲延性主要受受拉钢筋总量、预加应力和混凝土受压变形能力的影响，随受拉钢筋总量和预加力的增加，梁在反复荷载作用下的弯曲延性降低。

3）冈本（Okamoto）等对配置间距较密的箍筋和约束螺旋筋的部分预应力混凝土梁的试验表明，即使配筋指数 ω 超过 FIP 设计建议规定的最大值 0.2 而高达 0.3 以上，其曲率延性系数仍然很容易超过 10，配筋指标 ω 为

$$\omega = (A_p f_{pv} + A_s f_y) / (bd f_c') \qquad (10\text{-}3)$$

式中：f_c'——混凝土圆柱体抗压强度。

4）渡边（Watanabe）等的研究表明，高强钢材箍筋比低强箍筋能显著提高预应力混凝土梁的弯曲延性，而且梁进入塑性范围后的荷载-变形滞回曲线仍然非常稳定，因此可以认为采用高强钢筋作螺旋箍筋，是提高预应力混凝土梁弯曲变形能力的有效方法之一。

5）Mugurama 等对有粘结与无粘结预应力混凝土梁在反复荷载下的试验研究表明，两者没有明显差别。有粘结与无粘结 PC 框架的反复荷载试验也显示，两者的滞回曲线十分接近。

6）在日本，对预应力混凝土梁和钢筋混凝土梁进行抗震设计均采用配筋指数 $\omega \leqslant 0.3$ 这个限制。但对预应力混凝土结构要加强构造处理，以提高截面弯曲变形能力。

7）Okamoto 的研究表明，用地震系数 0.3 按极限强度设计方法设计预应力混凝土结构是足够安全的；而用地震系数 0.2 设计的钢筋混凝土结构，在强震作用下遭到了严重破坏。

10.2.3　美国

1）美国霍金斯（Hawkins）进行过 3 个后张部分预应力混凝土框架单元在水平反复荷载下的试验，其中一个是足尺寸的。结果表明：名义预压应力在 2.36N/mm² 左右的中等预应力对延性框架抗震性能影响不大。Hawkins 通过对试验结果的分析建议：平均预压应力 $N_p / (bd)$ 不应大于 2.5N/mm²；非预应力筋含量宜满足 $\mu_w / (\mu_w + \mu_{pw}) \geqslant 0.65$，其中，

$$\mu_w = A_s f_y / (bdf_c'), \quad \mu_{pw} = \frac{A_p f_{py}}{bdf_c'}\frac{d_p}{d}, \quad d_p$$ 为预应力筋距受压边缘的距离；梁端底部钢筋不

应少于上部钢筋的 65%，即 $\dfrac{\mu_w + \mu_{pw}'}{\mu_w + \mu_{pw}} \geqslant 0.65$，其中 $\mu_w = \dfrac{A_s f_y}{bdf_c'}$。

2）ACI 318-14 规定用于计算构件抗弯强度的预应力筋和非预应力筋应满足下列要求。

① 配置纯预应力筋的构件

$$\omega_p \leqslant 0.36\beta_1$$

② 混合配筋的构件

$$\omega_p + \frac{d_p}{d}(\omega_s - \omega_s') \leqslant 0.36\beta_1 \tag{10-4}$$

式中：β_1 为与等效矩形深度相关的系数，等效矩形用于表示结构在某一点上的应力分布，深度代表矩形高度；$\omega_p = \dfrac{A_p f_{py}}{bdf_c'}$；$\omega_s = \dfrac{A_s f_y}{bdf_c'}$；$\omega_s' = \dfrac{A_s' f_y'}{bdf_c'}$；$d_p$ 为预应力筋距受压边缘的距离；d 为普通钢筋距受压边缘的距离。β_1 的取值与 f_c' 的大小有关，当 $f_c' \leqslant 27.6\text{N/mm}^2$ 时，$\beta_1 = 0.85$；当 $f_c' > 27.6\text{N/mm}^2$ 时，每增加 6.9N/mm²，β_1 减少 0.05，但 $\beta_1 \geqslant 0.65$。

同时还规定：一般地震区，框架梁端抵抗正弯矩能力不应小于抵抗负弯矩能力的 1/3，且任何截面上其抵抗正弯矩或抵抗负弯矩的能力均不应小于两端最大抗弯承载力的 1/5。高地震区中，受弯构件任何截面上部和下部钢筋均不应少于 200mm²，配筋率不应超过 2.5%，梁端抵抗正弯矩的能力不应小于抵抗负弯矩能力的 1/2，而任何截面上其抵抗正、负弯矩的能力均不应小于两端最大抗弯承载力的 1/4。高地震区框架节点上下柱端弯矩之和不应小于节点左右两侧梁端弯矩之和的 1.2 倍，即应满足 $\sum M_c \geqslant 1.2 \sum M_b$，柱子的纵向钢筋配筋率应不小于 1%，也不应大于 6%。

10.2.4　意大利

1）卡佩奇（Capecchi）等通过对部分预应力混凝土梁和框架抗震性能的研究发现：随着预应力度的增加，截面对延性的要求也相应提高，但中、低预应力度的预应力体系具有较好的抗震性能。

2）詹尼尼（Giannini）等对预应力混凝土悬臂构件进行了动力分析。结果表明：在地震烈度较高时，全预应力混凝土试件很快接近倒塌，而采用混合配筋的预应力混凝土构件的耗能能力及变形能力与钢筋混凝土构件基本相同。

10.2.5　国际预应力协会

1977 年国际预应力协会（FIP）提出了以下预应力混凝土结构抗震设计建议。

在强烈地震作用下，应采用适当的构造措施来保证形成塑性铰的合理位置和适当的转动能力。因此，应对受拉钢筋的含量或中和轴高度加以限制并建议：

$$w \leqslant 0.2 \tag{10-5}$$

当钢筋位于截面不同位置时，应满足下式要求：

$$x \leqslant 0.25h \tag{10-6}$$

式中：w——系数，w=预应力筋配筋指标与非预应力受拉纵筋指标之和-非预应力受压纵筋指标；

x——受压区高度；

h——截面高度。

10.2.6　墨西哥

一些学者对 1985 年该国大地震中的预应力混凝土结构进行了地震反应分析，结果表明，在强烈地震下它们具有良好的性能，特别是现浇部分预应力混凝土结构具有良好的整体性和抗震性能，宜优先采用。为了加强结构抗震性能，要注意梁、柱及节点中普通钢筋的细部构造，在可能出现塑性铰的部位，要采用间距较密的横向钢筋以增加约束。

10.2.7　中国

1. 同济大学

同济大学肖建庄等[57]进行过一榀有粘结和两榀无粘结单层单跨预应力混凝土框架的试验研究，试验框架的梁和柱的受拉区、受压区均布置了预应力筋，且采用直线布置。水平反复荷载试验和振动台试验得出如下结论。

1）有粘结框架滞回环初期呈正 S 形，后来逐渐过渡到"弓"形，并且具有梭形特征；无粘结框架滞回环呈正 S 形。

2）随着位移的增长，两类框架均发生了明显的刚度退化。

3）在承受大幅度水平反复荷载时能够产生塑性铰，使框架成为机构。有粘结框架的塑性铰发生在一定长度范围内，而无粘结框架只集中在一条粗裂缝上（这可能是非预应力筋配筋率 ρ_s 太小所致）。

4）有粘结框架和无粘结框架相比较，前者抗力高，耗能也多，但后者的恢复性好。

5）在承受大幅度反复位移而破坏后，无粘结框架的预应力损失可以略去不计，有粘结框架塑性铰区段的预应力损失可达到原预应力的 70%，有粘结框架其余各处的预应力损失较小。

6）层间位移在层高的 1.9%范围内，无粘结预应力筋的应变在其整个长度上基本相同。有粘结框架承受荷载时，预应力筋应变沿预应力筋长度则有较大变化。

7）无粘结预应力筋始终处于受拉状态，而有粘结预应力筋则可能由受拉转为受压。

8）振动台试验表明，与钢筋混凝土框架相比，预应力混凝土框架具有较高的自振频率和较低的阻尼。

2. 东南大学

东南大学进行了 26 根预应力混凝土梁、8 个预应力混凝土框架节点、9 个预应力混凝土柱、5 榀预应力混凝土框架和 1 个后张法预应力混凝土平板–柱结构的试验，取得了相关成果。

（1）预应力混凝土梁

1）部分预应力混凝土梁的部分预应力度 [partial prestress ratio，PPR，$PPR = A_p f_{py} / (A_p f_{py} + A_s f_y)$] 应满足：一级抗震时，$PPR \leqslant 0.50$；二、三级抗震时，$PPR \leqslant 0.75$。

2）部分预应力混凝土梁配筋指数 $\omega = (A_p f_{py} + A_s f_y - A'_s f'_y) / (f_c b h_0)$ 应满足：一级抗震时，$\omega \leqslant 0.25$；二、三级抗震时，$\omega \leqslant 0.35$。

3）满足 1）和 2）要求且配箍合理的部分预应力混凝土梁，在地震作用的前期，它的耗能能力比相应钢筋混凝土梁差，而在中后期，它的耗能能力逐渐接近于钢筋混凝土梁。

（2）预应力混凝土框架节点

1）预应力混凝土框架节点与钢筋混凝土框架节点相比，它有较大的承载力和刚度，采用部分预应力混凝土节点能满足一般地震区的抗震要求。

2）预应力筋通过节点核心区可以提高节点抗剪能力，并据此建立了预应力混凝土框架节点抗剪验算公式。预应力混凝土框架节点的构造配箍量、箍筋直径与钢筋混凝土框架节点相同。

3）穿过节点的预应力筋宜在节点核心中部 1/3 范围以内通过，并要求灌浆，保证良好的粘结。

（3）预应力混凝土柱

1）构件在低周反复荷载下的破坏形态决定着构件的抗震性能，对于轴压比小于 0.15、剪跨比不小于 3.0 的部分预应力混凝土柱，在合理配箍的情况下，破坏形态为受拉纵筋屈服后混凝土压碎破坏，它与中等预应力度的部分预应力混凝土梁相似，破坏过程缓慢，耗能及变形能力强，且具有良好的变形恢复能力。

2）对于大偏心受压框架柱，采用不对称配筋形式，即弯矩较大的一侧采用混合配筋，弯矩较小的一侧仅配置普通钢筋的形式。

（4）预应力混凝土框架结构

1）对于按"强柱弱梁"原则设计、框架梁预应力度为 0.5～0.7、柱为普通钢筋混凝土柱的部分预应力混凝土框架，在结构屈服前，其耗能比钢筋混凝土框架差，但结构屈服后，其延性、耗能、破坏形态等与钢筋混凝土框架十分相近。

2）柱发生粘结撕裂破坏的框架，其延性和耗能均较差，为此，建议柱纵向钢筋总配筋率不宜超过 4%。

3）部分预应力混凝土框架比钢筋混凝土框架具有较强的变形恢复性，便于震后加固。

（5）后张法预应力混凝土平板-柱结构

后张法预应力混凝土平板-柱结构初期滞回曲线明显地呈现出线弹性性能，进入弹塑性阶段后，滞回曲线由线弹性转为"捏缩"较为严重的梭形，继而呈现出"弓"形和带"弓"形的梭形。随着控制位移的增大，滞回环越来越丰满，耗能能力增强。如果设计合理，这种结构抗震延性和耗能能力也是不错的。

相关震害分析和结构抗震性能与设计方法研究表明，预应力混凝土结构的抗震性能要比人们想象的好得多，预应力混凝土结构的破坏并不一定比普通混凝土结构严重。只要做到合理设计，特别是合理的构造设计，预应力混凝土结构完全可以推广到中等地震烈度区。设计合理的预应力混凝土结构在地震作用的前期，它的耗能能力比相应的普通钢筋混凝土结构差，而在中后期，它的耗能能力接近于普通钢筋混凝土结构，且具有良好的抗震延性。为了对预应力混凝土结构做到合理设计，应合理选择 PPR，控制配筋指数 ω 和截面受压区高度 x。有粘结和无粘结两类预应力混凝土结构的抗震性能相近。预应力混凝土结构比普通钢筋混凝土结构具有较强的变形恢复性，便于震后加固。

10.3　设计反应谱

10.3.1　地震响应分析

实际地震下，预应力混凝土结构的响应观测尚不充分。一般可假设全预应力混凝土构件的静力变形曲线呈双线性关系，普通混凝土构件的静力变形曲线呈弹塑性关系，如图 10-1 所示。

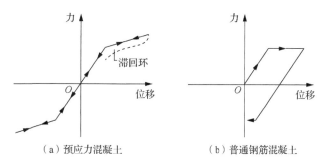

（a）预应力混凝土　　　　　　　　　　（b）普通钢筋混凝土

图 10-1　预应力混凝土与普通钢筋混凝土的力-变形关系比较

显然，弹塑性尤其是较大的塑性台阶可使钢筋混凝土所吸收的能量大量耗散；而预应力混凝土的吸能将大量释放为动能。事实上，工程结构中大量采用了混合配置普通钢筋与预应力筋的部分预应力混凝土结构，其滞回性能介于全预应力与钢筋混凝土之间，恢复特性取决于预应力度的大小。

不同的耗能能力使预应力混凝土与钢筋混凝土地震响应尤其是侧移不同。一般情况下，预应力混凝土结构地震动下的最大变形可能大于普通钢筋混凝土结构，新西兰标准甚至曾建议预应力混凝土结构的地震作用较普通钢筋混凝土结构大 50%。然而，相同跨度下，预应力混凝土结构构件的截面尺寸较普通钢筋混凝土结构更小，构件更柔，致使其地震响应较普通钢筋混凝土构件更低。这造成预应力混凝土结构的地震变形响应分析较为复杂。因此，绝大多数国家例如美国、俄罗斯和我国相关标准认为预应力混凝土结构与普通钢筋混凝土结构的地震响应分析与计算方法是相同的。

实际地震中的竖向加速度分量对结构承担重力荷载存在增大或减小效应，以平衡竖向荷载为目的的预应力混凝土结构可能的一种不利荷载工况是永久荷载为竖向地震荷载所减少或抵消，因此，应在重要大跨预应力混凝土结构设计计算中考虑该效应。

10.3.2　阻尼比

较高的抗裂性能和较强恢复特性使预应力混凝土结构的阻尼比相对较低，国内外研究表明，对于弹性阶段预应力混凝土的阻尼比取 3% 是合适的，在弹塑性阶段，试验获得的预应力混凝土结构阻尼比可能超过 5%，一般认为预应力混凝土结构在弹塑性阶段的阻尼比与普通钢筋混凝土结构均可取为 5%。

10.4　延　　性

预应力混凝土结构与常规结构的抗震设计理念相同，即或者设计足够强的结构，使其地震动为弹性反应；或者允许结构出现非弹性变形，但应使其具有足够的变形能力和耗能能力。一般而言，预应力混凝土结构常采用第二类设计理念，这要求结构出现塑性铰部位通过延性、阻尼和滞回消耗足够的能量。这就涉及预应力混凝土结构控制截面曲率延性设计，使其在控制截面具有足够的曲率延性，以保证必要的非弹性转动。

国外试验结果表明：①在综合配筋指标 ω 在 0.08～0.3 范围内、有效预应力 σ_{pe} 相同时，曲率延性系数 ϕ_u/ϕ_y 随着综合配筋指标 ω 的增大而剧烈下降，这主要是由于 ω 等价于截面相对受压区高度，ω 或截面相对受压区高度的增大使截面极限曲率 ϕ_u 降低；②ω 相同时，ϕ_u/ϕ_y 随着 σ_{pe} 的降低而降低，这主要是由于 σ_{pe} 越小，$M\text{-}\phi$ 曲线中上升段越柔缓，达到峰值弯矩经历的曲率区段越长，按图 10-2 计算确定的 ϕ_y 越大，而 σ_{pe} 对 ϕ_u 的影响较小，可以忽略；③PPR 对 ϕ_u/ϕ_y 的影响不显著，如 PPR 分别为 1.0 和 0.7 时，ϕ_u/ϕ_y 随 ω 和 σ_{pe} 的变化规律相同，如图 10-2（a）和（b）所示。

基于试验结果，Naaman 等以综合配筋指标 ω 为主要参数，提出了预应力混凝土结构截面曲率延性的表达式为

$$\phi_u/\phi_y = \begin{cases} \dfrac{1}{\omega-0.045} & (10\text{-}7a) \\[2mm] \dfrac{1}{1.94\omega-0.086} & (10\text{-}7b) \\[2mm] \dfrac{1}{1.5\omega-0.075} & (10\text{-}7c) \end{cases}$$

式（10-7a）为曲率延性的上限，表示高有效预应力、低 PPR、常规强度的混凝土的情况；式（10-7b）为曲率延性的下限，表示低有效预应力、高 PPR、高强混凝土的情况；

式（10-7c）为上下限的平均值。

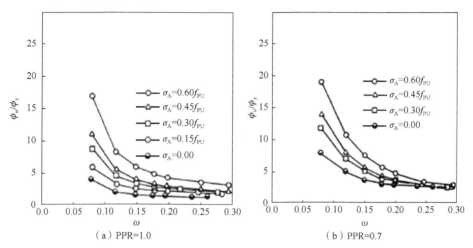

（a）PPR=1.0　　　　　　　　　　　　（b）PPR=0.7

注：$f_{PU}=1862\text{MPa}$，$t_y=414\text{MPa}$，$t_c=34\text{MPa}$。

图 10-2　不同 PPR 下 ϕ_u / ϕ_y 与 ω 和 σ_{pe} 的关系

塑性铰转动能力表达式为

$$\theta_p = \begin{cases} \dfrac{1.05-\omega}{850\omega-35}\dfrac{L_p}{0.5d_p} & (10\text{-}8\text{a}) \\[3mm] \dfrac{1.05-1.65\omega}{1300\omega-40}\dfrac{L_p}{0.5d_p} & (10\text{-}8\text{b}) \\[3mm] \dfrac{1.07-1.58\omega}{1050\omega-45}\dfrac{L_p}{0.5d_p} & (10\text{-}8\text{c}) \end{cases}$$

式中：L_p——等效塑性铰区长度；

$\qquad d_p$——预应力筋的有效高度，式（10-8a）～式（10-8c）的使用范围与式（10-7）

$\qquad\quad$ 相同。

澳大利亚标准化协会的《建筑的结构混凝土草案》（1984）和加拿大标准化协会（Canadian Standards Association，CSA）的《建筑的混凝土结构设计》不考虑混凝土强度和截面几何形状，采用相对受压区高度 c/d 保证延性要求。为与其一致，Naaman 等将其提出的曲率延性及塑性铰转动能力计算公式修正为以 c/d_p 为自变量，相应的表达式为

$$\phi_u / \phi_y = \begin{cases} \dfrac{1}{0.73c/d_p - 0.053} & (10\text{-}9\text{a}) \\[3mm] \dfrac{1}{1.42c/d_p - 0.102} & (10\text{-}9\text{b}) \\[3mm] \dfrac{1}{1.095c/d_p - 0.087} & (10\text{-}9\text{c}) \end{cases}$$

$$\theta_{\mathrm{p}}=\begin{cases}\dfrac{1.86-0.73c/d_{\mathrm{p}}}{621c/d_{\mathrm{p}}-42}\dfrac{L_{\mathrm{p}}}{0.5d_{\mathrm{p}}} & (10\text{-}10\mathrm{a}) \\[3mm] \dfrac{1.86-1.28c/d_{\mathrm{p}}}{949c/d_{\mathrm{p}}-50}\dfrac{L_{\mathrm{p}}}{0.5d_{\mathrm{p}}} & (10\text{-}10\mathrm{b}) \\[3mm] \dfrac{1.88-1.15c/d_{\mathrm{p}}}{766c/d_{\mathrm{p}}-53}\dfrac{L_{\mathrm{p}}}{0.5d_{\mathrm{p}}} & (10\text{-}10\mathrm{c})\end{cases}$$

式（10-9）和式（10-10）中，c 为中和轴至截面压区边缘的距离，其适用范围是 c/d_{p} 为 $0.08\sim0.42$ 时。

正是考虑到地震动下预应力混凝土结构的延性要求，相关规范对预应力混凝土结构相对受压区高度进行了限制。

试验结果表明，仅布置一根预应力筋的截面，当混凝土受压破坏后，受弯承载力减小。汤普森（Thompson）和派克（Park）建议承担地震作用的截面内至少布置两束有粘结预应力筋（一束截面顶部、另一束截面底部），且建议 1/3 的预应力筋布置在截面中心。通常不建议将无粘结筋用于重要的抗震结构构件，这主要是担心锚具性能。将梁设计为拉压区的非预应力筋承担不少于 80% 的地震作用效应，且预应力由布置在梁截面中部 1/3 高度处的 1 束（或多束）有粘结预应力筋或无粘结预应力筋承担。

由于反复荷载下钢筋保护层崩裂剥落将降低截面承载力，Thompas 和 Park 建议保护层厚度尽可能小。构件保护层厚度崩落降低承载力作用，对于较大截面高度的构件影响不大。

若按 ACI 318-14 限制综合配筋指标 ω 不大于 $0.36\beta_1$ [β_1 物理意义见式（10-4）]，截面曲率延性系数将在 $1.5\sim3$，若按 Park 考虑的 ω 不大于 0.2，截面曲率延性系数超过 4 或 5。试验表明未配置受压钢筋时，若 $\omega<0.2$，截面延性系数为 3，若 $\omega=0.1$，延性系数可超过 10。梁柱组装件试验表明，受拉钢筋足够多时，为达到要求的延性，应配置足够的约束箍筋。

10.5　预应力混凝土结构构件抗震设计

1）预应力混凝土结构可用于抗震设防烈度 6 度、7 度、8 度区，当 9 度区需采用预应力混凝土结构时，应有充分依据，并采取可靠措施。

无粘结预应力混凝土结构的抗震设计，应符合专门规定。

2）抗震设计时，后张法预应力框架、门架、转换层的转换大梁，宜采用有粘结预应力筋；承重结构的预应力受拉杆件和抗震等级为一级的预应力框架，应采用有粘结预应力筋。

3）预应力混凝土结构的抗震计算，应符合下列规定：

① 预应力混凝土框架结构的阻尼比宜取 0.03；在框架-剪力墙结构、框架-核心筒结构及板柱-剪力墙结构中，当仅采用预应力混凝土梁或板时，阻尼比应取 0.05。

② 预应力混凝土结构构件截面抗震验算时，在地震组合中，预应力作用分项系数，

一般情况应采用 1.0，当预应力作用效应对构件承载力不利时，应采用 1.2。

③ 预应力筋穿过框架节点核心区时，节点核心区的截面抗震受剪承载力应按《混凝土结构设计规范（2015 年版）》（GB 50010—2010）[1]第 11.6 节的有关规定进行验算，并可考虑有效预加力的有利影响。

4）预应力混凝土框架的抗震构造，除符合钢筋混凝土结构的要求外，尚应符合下列规定：

① 预应力混凝土框架梁端截面，计入纵向受压钢筋的混凝土受压区高度应符合《混凝土结构设计规范（2015 年版）》（GB 50010—2010）[1]第 11.3.1 条的规定；按普通钢筋抗拉强度设计值换算的全部纵向受拉钢筋配筋率不宜大于 2.5%；

② 在预应力混凝土框架梁中，应采用预应力筋和普通钢筋混合配筋的方式，梁端截面配筋宜符合下列要求；

$$A_s \geqslant \frac{1}{3}\left(\frac{f_{py}h_p}{f_y h_s}\right)A_p \qquad (10\text{-}11)$$

需要注意的是，对二、三级抗震等级的框架-剪力墙、框架-核心筒结构中的后张有粘结预应力混凝土框架，式（10-11）右端项系数 1/3 可改为 1/4。

③ 预应力混凝土框架梁梁端截面的底部和顶部纵向受力钢筋截面面积的比值，应符合《混凝土结构设计规范（2015 年版）》（GB 50010—2010）[1]第 11.3.6 条第 2 款的规定。计算顶部纵向受力钢筋截面面积时，应将预应力筋按抗拉强度设计值换算为普通钢筋截面面积。

框架梁端底面纵向普通钢筋配筋率不应小于 0.2%。

④ 当计算预应力混凝土框架柱的轴压比时，轴向压力设计值应取柱组合的轴向压力设计值加上预应力筋有效预加力的设计值，其轴压比应符合《混凝土结构设计规范（2015 年版）》（GB 50010—2010）[1]第 11.4.16 条的相应要求。

⑤ 预应力混凝土框架柱的箍筋宜全高加密。大跨度框架边柱可采用在截面受拉较大的一侧配置预应力筋和普通钢筋的混合配筋，另一侧仅配置普通钢筋的非对称配筋方式。

5）后张法预应力筋的锚具不宜设置在梁柱节点核心区内。

第11章 预应力混凝土结构施工与验收

预应力混凝土结构施工与验收应满足《混凝土结构工程施工规范》（GB 50666—2011）[5]、《混凝土结构工程质量验收规范》（GB 50204—2015）[7]和《无粘结预应力混凝土结构技术规程》（JGJ 92—2016）[4]等国家及行业标准的相关规定要求。

11.1 预应力筋的要求

预应力钢丝和钢绞线是预应力混凝土结构的主要受力筋，其品种、级别、规格、数量必须符合设计文件及相关标准要求，应按国家标准《预应力混凝土用钢丝》（GB/T 5223—2014）和《预应力混凝土用钢绞线》（GB/T 5224—2014）的规定抽取预应力筋试件进行力学性能试验，并应保证预应力筋质量符合规定。

11.1.1 预应力钢丝

预应力钢丝是用优质高碳钢盘条经索氏体化处理、酸洗、镀铜或磷化后冷拔而成的钢丝总称。预应力钢丝根据深加工要求不同，可分为冷拉钢丝和消除应力钢丝两类。消除应力钢丝按应力松弛性能不同，又可分为普通松弛钢丝和低松弛钢丝。现代预应力混凝土结构采用高强消除应力钢丝。

预应力钢丝的规格与力学性能应符合《预应力混凝土用钢丝》（GB/T 5223—2014）的规定，光圆钢丝的参数如表 11-1 所示。

表 11-1 光圆钢丝的参数

公称直径 d_n /mm	直径允许偏差/mm	公称横截面面积 s_n /mm²	每米理论质量/（kg/m）
3.00	±0.04	7.07	0.058
4.00		12.57	0.099
5.00	±0.05	19.63	0.154
6.00		28.27	0.222
7.00		38.48	0.302
8.00	±0.06	50.26	0.394
9.00		63.62	0.499
10.00		78.54	0.616
12.00		113.1	0.888

11.1.2 预应力钢绞线

1. 有粘结预应力钢绞线

预应力钢绞线是由多根冷拉钢丝在绞线机上成螺旋形绞合，并经消除应力回火处理而成的钢绞线总称。1×7 钢绞线是由 6 根外层钢丝围绕着 1 根中心钢丝（直径加大 2.5%）绞成，主要用于后张法预应力混凝土结构中。其中，低松弛钢绞线的力学性能优异、质量稳定、价格适中，是我国土木建筑工程中用途较广、用量较大的一种预应力筋。

1×7 钢绞线的规格应符合《预应力混凝土用钢绞线》（GB/T 5224—2014）的规定，如表 11-2 所示。

表 11-2　1×7 结构钢绞线的参数

钢绞线结构	公称直径 D_n /mm	直径允许偏差/mm	钢绞线参考截面面积 S_n /mm²	每米理论质量/（kg/m）	中心钢丝直径 d_0 加大范围/%
1×7	9.50	+0.30 −0.15	54.8	0.430	≥2.5
	11.10		74.2	0.582	
	12.70	+0.40 −0.20	98.7	0.775	
	15.20		140	1.101	
	15.70		150	1.178	
	17.80		190	1.500	
（1×7）C	12.70	+0.40 −0.20	112	0.890	
	15.20		165	1.295	
	18.00		223	1.750	

注：C—模拔钢的绞线。

2. 无粘结预应力钢绞线

对于无粘结预应力工艺，可采用无粘结钢绞线定型产品。无粘结钢绞线（图 11-1）是用防腐润滑油脂涂覆在钢绞线表面上，并外包塑料护套制成。无粘结钢绞线应符合行业标准《无粘结预应力钢绞线》（JG/T 161—2016）的规定。无粘结钢绞线所用的基材为 1×7 裸线，直径有 9.5mm、12.7mm、15.2mm 及 15.7mm 等。其质量应符合《预应力混凝土用钢绞线》（GB/T 5224—2014）的要求。其表面涂覆的润滑油脂应具有良好的化学稳定性，对周围材料无侵蚀作用；不透水、不吸湿；抗腐蚀性能强；润滑性能好，摩擦阻力小；在规定温度范围内高温不流淌、低温不变脆，并有一定韧性；其质量应符合《无粘结预应力筋用防腐润滑脂》（JG/T 430—2014）的要求。护套材料应采用高密度聚乙烯树脂，其质量应符合《混凝土结构工程施工规范》（GB 50666—2011）[5]的规定。护套颜色宜采用黑色；也可采用其他颜色，但添加的色母材料不能损伤护套的性能。钢绞线油脂层的涂覆及护套的制作，应采用挤塑涂层工艺一次完成。

对于无粘结钢绞线有如下质量要求：①用于制作无粘结钢绞线的裸线，力学性能应经检验合格。②油脂应饱满，护套应光滑、无裂缝；无明显褶皱。③对 ϕ^S9.50、ϕ^S12.70、ϕ^S15.20、ϕ^S15.70 钢绞线油脂用量

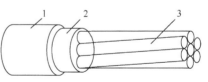

（a）无粘结预应力筋构成

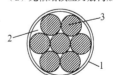

（b）无粘结预应力筋断面

1—护套；2—防腐润滑脂；3—钢绞线。

图 11-1　无粘结钢绞线

分别应不小于 32g/m、43g/m、50g/m、53g/m。④在正常环境下无粘结钢绞线的塑料护套厚度不小于 1.0mm，在腐蚀环境下不小于 1.0mm。⑤无粘结钢绞线护套轻微破损者应外包防水塑料胶带修补，严重破损者不得使用。

11.2　锚具的要求

锚具是后张法结构构件中为保持预应力筋拉力并将其传递到混凝土上用的永久性锚固装置。预应力筋用锚具按锚固方式不同，可分为夹片式（单孔与多孔夹片锚具）、支承式（镦头锚具、螺母锚具等）、锥塞式（钢质锥形锚具等）和握裹式（挤压锚具、压花锚具等）四类。工程设计单位根据结构要求、产品技术性能和张拉施工方法等选用锚具。

施工时，预应力筋锚具和连接器品种、规格、数量、位置应与设计文件一致，其布设质量应满足相关标准的规定。预应力筋用锚具、夹具及连接器的表面应无污物、锈蚀、机械损伤及裂纹。

11.2.1　单孔夹片锚具

单孔夹片锚具由锚环与夹片组成，如图 11-2 所示，常用于单根无粘结预应力钢绞线的张拉锚固。单孔夹片锚具的锚环采用 45 号钢，调质热处理硬度 HRC 32～35。夹片采用合金钢 20CrMnTi，齿形宜为斜向细齿，齿距为 1mm，齿高不大于 0.5mm，齿形角较大；夹片应采取芯软齿硬做法，表面热处理后的齿面硬度应为 HRC 60～62。夹片的质量必须严格控制，以保证钢绞线锚固可靠。单孔夹片锚具的型号与规格如表 11-3 所示。

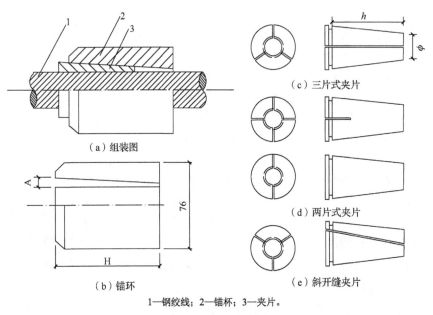

（a）组装图

（b）锚环

（c）三片式夹片

（d）两片式夹片

（e）斜开缝夹片

1—钢绞线；2—锚杯；3—夹片。

图 11-2　单孔夹片锚具

表 11-3　单孔夹片锚具尺寸　　　　　　　（单位：mm）

锚具型号	锚环				夹片		
	D	H	d	α	ϕ	h	形式
XM15-1	44	50	—	—	—	—	三片斜开缝
QM13-1	40	42	16	5°40′	17	40	三片直开缝
QM15-1	46	48	18		20	45	
OVM13-1	43	43	16	6°00′	17	38	两片直开缝（有弹性槽）
OVM15-1	46	48	18		19	43	
HVMB-1	43	43	16	6°00′	17	38	两片直开缝（无弹性槽）
HVM15-1	46	48	18		19	43	

注：表中各尺寸变量定义如图 11-2（c）和图 11-3（a）所示。

单孔夹片锚具的锚环可采用铸钢与承压钢板合为一体，如球墨铸铁锚具等，如图 11-3 所示。

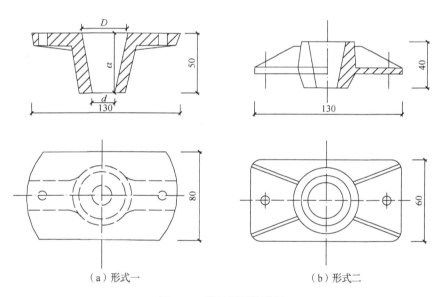

（a）形式一　　　　　　　　　　（b）形式二

图 11-3　带承压板的锚环

11.2.2　多孔夹片锚具

多孔夹片锚具在后张法有粘结预应力混凝土结构中应用广泛。国内生产厂家已有数十家，如 QMV、OVM、HVM、B&S、YM、YLM、TM 等锚具。多孔夹片锚具如图 11-4 所示。多孔夹片锚具对锚板与夹片的要求与单孔夹片锚具相同。

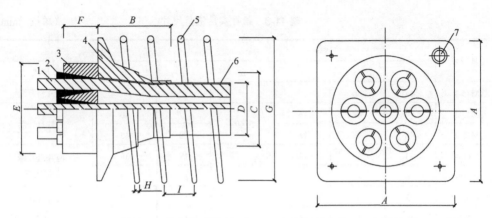

1—钢绞线；2—夹片；3—锚板；4—锚垫板（铸铁喇叭管）；5—螺旋式间接钢筋；6—金属波纹管；7—灌浆孔。

图 11-4　多孔夹片锚具

1. QMV 型锚具

QMV 型锚具是中国建筑科学研究院建筑结构研究所研制的，适用于锚固 $\phi^S 12.70$、$\phi^S 12.90$、$\phi^S 15.20$、$\phi^S 15.70$ 等强度为 1570～1960MPa 的各类无粘结预应力钢绞线。表 11-4 所示为 QMV15 型锚具尺寸，其中最大可锚固的钢绞线为 $61\phi^S 15.2$。

表 11-4　QMV15 型锚具尺寸　　　　　　　　（单位：mm）

型号	喇叭管		波纹管	锚具		螺旋筋			
	A	B	D	E	F	G	H	I	圈数
QMV15-3	130	100	45	85	50	160	10	40	4
QMV15-4	155	110	50	95	50	190	10	45	4.5
QMV15-5	170	135	55	105	50	210	12	45	4.5
QMV15-6 QMV15-7	200	155	65	125	55	220	14	50	5
QMV15-8	210	160	70	135	60	260	14	50	5.5
QMV15-9	220	180	75	145	60	260	14	50	5.5
QMV15-12	260	200	85	165	65	310	16	50	6.5
QMV15-14	280	220	90	185	70	350	16	55	7
QMV15-19	320	280	95	205	75	400	16	55	8
QMV15-22	350	310	110	225	80	430	18	60	8
QMV15-27	380	340	115	245	85	460	20	60	9
QMV15-31	410	380	130	260	90	510	20	60	9
QMV15-37	450	400	140	290	105	550	20	60	10
QMV15-42	480	480	155	320	115	590	22	60	10
QMV15-55	550	520	170	345	140	660	25	70	10
QMV15-61	590	550	185	365	160	710	25	70	10

注：锚垫板尺寸按 C40 混凝土设计；表中列出常用规格尺寸，如遇其他规格，可另行设计。

2. OVM 型多孔夹片锚具

OVM 型多孔夹片锚具是以柳州建筑机械总厂为主研制的，适用于强度 1860MPa、直径 12.7~15.7mm、3~55 根钢绞线。OVM（A）型锚固体系可锚固强度为 1960MPa 的钢绞线。表 11-5 所示为 OVM15A 型锚固体系尺寸，其中最大可锚固的钢绞线为 $55\phi^S15.2$。

表 11-5　OVM15A 型锚固体系尺寸　　　（单位：mm）

型号	锚垫板			波纹管	锚板		螺旋筋			
	A	B	C	D	E	F	G	H	I	圈数
OVM15A-3	135	110	90	50	85	50	130	10	50	4
OVM15A-4	165	120	100	55	100	50	150	12	50	5
OVM15A-5	180	130	100	55	115	50	170	12	50	5
OVM15A-6 OVM15A-7	210	160	120	70	128	50	210	14	50	5
OVM15A-8	240	180	130	80	143	55	240	14	50	6
OVM15A-9	240	180	130	80	152	55	240	14	50	6
OVM15A-12	270	210	140	90	168	60	270	14	60	6
OVM15A-13	270	210	140	90	168	65	270	16	60	6
OVM15A-14	285	260	150	90	178	70	285	16	60	7
OVM15A-17	300	340	150	90	200	80	300	20	60	7
OVM15A-19	310	360	160	100	205	80	310	20	60	7
OVM15A-22	320	360	180	120	224	110	320	20	60	7
OVM15A-27	350	400	190	120	248	120	350	20	60	7
OVM15A-31	390	470	200	130	260	130	390	20	60	8
OVM15A-37	465	510	210	140	296	140	465	22	60	9
OVM15A-43	500	600	240	160	324	150	500	22	70	9
OVM15A-55	540	700	245	160	344	180	540	22	70	10

3. HVM 型多孔夹片锚具

HVM 型多孔夹片锚具是在 OVM 型锚固体系的基础上研制的高性能锚固体系，可锚固强度为 1960MPa 的钢绞线，并具有优异的抗疲劳性能。表 11-6 所示为 HVM15 型锚固体系尺寸。

表 11-6　HVM15 型锚固体系尺寸　　　（单位：mm）

型号	锚垫板			波纹管	锚板		螺旋筋			
	A	B	C	D	E	F	G	H	I	圈数
HVM15-3	135	100	80	50	90	50	130	10	40	4
HVM15-4	150	100	85	55	105	52	150	14	50	4
HVM15-5	170	100	93	60	117	52	170	14	50	4
HVM15-6 HVM15-7	210	120	108	70	135	60	200	14	50	4

续表

型号	锚垫板			波纹管	锚板		螺旋筋			
	A	*B*	*C*	*D*	*E*	*F*	*G*	*H*	*I*	圈数
HVM15-8	230	140	120	80	150	60	230	16	60	5
HVM15-9	240	160	125	80	157	60	240	16	60	5
HVM15-12	270	210	138	90	175	70	270	20	60	6
HVM15-14	285	220	148	100	185	70	285	20	60	6
HVM15-17	300	240	160	100	210	85	300	20	60	6
HVM15-19	310	250	164	100	217	90	310	20	60	7
HVM15-22	340	260	180	120	235	100	340	20	60	7
HVM15-27	365	290	195	130	260	110	365	22	60	7
HVM15-31	400	330	205	130	275	120	400	22	60	8
HVM15-37	465	390	225	140	310	140	465	22	60	9
HVM15-44	500	450	248	160	340	150	500	22	60	9
HVM15-49	540	510	260	160	360	160	540	25	70	9
HVM15-55	540	510	260	160	360	170	540	25	70	9

4. B&S 型锚具

B&S 型锚具是北京市建筑工程研究院与上海市有关单位合作开发的，可锚固 1860MPa 的钢绞线。表 11-7 所示为 B&S 型 Z15 系列锚具尺寸。

表 11-7　B&S 型 Z15 系列锚具尺寸　　　　　　　　（单位：mm）

型号	锚垫板		波纹管	锚板		螺旋筋			
	A	*B*	*D*	*E*	*F*	*G*	*H*	*I*	圈数
B&SZ15-3	130	100	50	90	45	130	10	50	3
B&SZ15-4	160	120	55	105	45	150	12	50	4
B&SZ15-5	180	130	60	115	50	170	12	55	4
B&SZ15-6 B&SZ15-7	200	170	70	125	55	200	16	50	5
B&SZ15-8 B&SZ15-9	240	180	80	145	60	240	16	45	6
B&SZ15-12	270	210	90	170	65	270	16	50	6
B&SZ15-15 B&SZ15-19	320	305	95	200	70	400	18	50	7
B&SZ15-25 B&SZ15-27 B&SZ15-31	360	350	130	270	80	510	20	60	8
B&SZ15-37	440	450	140	290	90	570	22	60	9
B&SZ15-48 B&SZ15-55	520	530	160	350	100	700	25	70	9

5. BM 型扁锚具

BM 型扁锚具如图 11-5 所示，该锚具尺寸如表 11-8 所示。该扁锚的优点：张拉槽口扁小，可减少混凝土板厚，钢绞线单根张拉，施工方便；主要适用于高层预应力楼板等。

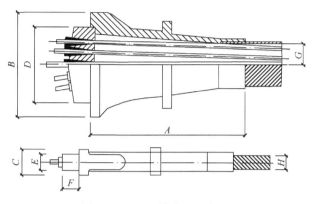

图 11-5　BM 型扁锚具示意图

表 11-8　BM 型扁锚具尺寸　　　　　　　　（单位：mm）

锚具型号	扁形喇叭管			扁形锚具			扁波纹管内部尺寸	
	A	B	C	D	E	F	G	H
BM15（13）-3	150	160	80	80	48	50	50	19
BM15（13）-4	190	200	90	115	48	50	60	19
BM15（13）-5	235	240	90	150	48	50	70	19
BM15（13）-6	270	270	90	180	48	50	90	19

11.2.3　固定端锚具

固定端锚具有挤压锚具、压花锚具等类型，其中，挤压锚具既可埋在混凝土结构内，也可安装在结构之外，对有粘结预应力钢绞线、无粘结预应力钢绞线都适用，应用范围最广；压花锚具仅用于固定端空间较大且有足够粘结长度的情况，目前已应用较少。

1. 挤压锚具

P 型挤压锚具是在钢绞线端部安装异型弹簧和挤压套，利用专用挤压机将挤压套挤过模孔后，使其产生塑性变形握紧钢绞线形成可靠的锚固，如图 11-6 所示。挤压套采用 45 号钢，其尺寸为 φ35×58mm（对 ϕ^S15.2 钢绞线），挤压后其尺寸变为 φ30×70mm。

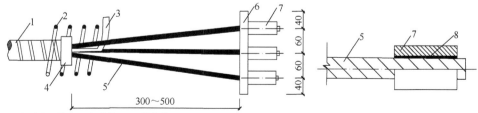

1—金属波纹管；2—螺旋筋；3—排气管；4—约束圈；5—钢绞线；6—锚垫板；7—挤压锚具；8—异型钢丝衬圈。

图 11-6　挤压锚具

当一束钢绞线根数较多，设置整块钢垫板有困难时，可将钢垫板分为若干块。钢垫板上的挤压锚具间距：对 φ15 钢筋宜为 60mm，孔径宜为 φ20。

2. 压花锚具

H 型压花锚具是利用专用压花机将钢绞线端头压成梨形散花头的一种握裹式锚具，如图 11-7 所示。

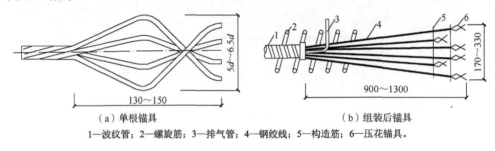

　　　　　（a）单根锚具　　　　　　　　　　　　　（b）组装后锚具

1—波纹管；2—螺旋筋；3—排气管；4—钢绞线；5—构造筋；6—压花锚具。

图 11-7　压花锚具

对 φ^{S}15 钢绞线梨形头的尺寸应不小于 φ95×150mm。多根钢绞线的梨形头应力分排埋置在混凝土内。为提高压花锚四周混凝土及散花头根部混凝土抗裂强度，在散花头头部配置构造筋，在散花头根部配置螺旋筋。混凝土强度不低于 C30，压花锚距构件截面边缘不小于 30mm，第一排压花锚的锚固长度，对 φ^{S}15 钢绞线不小于 900mm，每排相隔至少为 300mm。

11.2.4　钢绞线连接器

1. 单根钢绞线连接器

单根钢绞线锚头连接器是由带外螺纹的夹片锚具、挤压锚具与带内螺纹的套筒组成，如图 11-8 所示。前段筋采用带外螺纹的夹片锚具锚固，后段筋的挤压锚具穿在带内螺纹的套筒内，利用该套筒的内螺纹拧在夹片锚具的外螺纹上，达到连接作用。

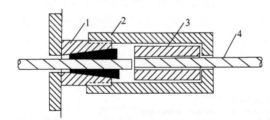

1—外带螺纹的锚环；2—带内螺纹的套筒；3—挤压锚具；4—钢绞线。

图 11-8　单根钢绞线锚头连接器

单根钢绞线接长连接器是由两个带内螺纹的夹片锚具和一个带外螺纹的连接头组成，如图 11-9 所示。为了防止夹片松脱，在连接头与夹片之间装有弹簧。

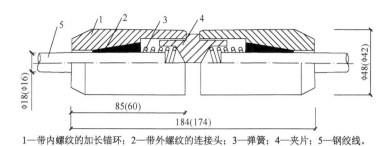

1—带内螺纹的加长锚环；2—带外螺纹的连接头；3—弹簧；4—夹片；5—钢绞线。

图 11-9 单根 ϕ^S15.2（ϕ^S12.7）钢绞线接长连接器

2. 多根钢绞线连接器

多根钢绞线连接器主要由连接体、夹片、挤压锚具、白铁护套、约束圈等组成，如图 11-10 所示。其连接体是一块增大的锚板。锚板中部锥形孔用于锚固前段束，锚板外周边的槽口用于挂后段束的挤压锚具。

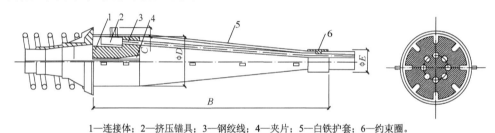

1—连接体；2—挤压锚具；3—钢绞线；4—夹片；5—白铁护套；6—约束圈。

图 11-10 多根钢绞线连接器

11.3 张 拉 设 备

预应力筋用张拉设备是由液压张拉千斤顶、电动油泵和外接油管等组成。张拉设备应装有测力仪表，以准确建立预应力值。张拉设备应由专人使用和保管，并定期维护与标定。

11.3.1 张拉千斤顶

张拉预应力筋用的液压千斤顶，最为常用的为穿心式千斤顶，按张拉吨位大小可分为：小吨位（≤250kN）、中吨位（>250kN、<1000kN）和大吨位（≥1000kN）千斤顶。

穿心式千斤顶具有穿心孔，具有双液缸可张拉预应力筋和顶压锚具。定型产品有 YC20D 型、YC60 型和 YCl20 型千斤顶等，其技术性能如表 11-9 所示。

表 11-9 YC 型穿心式千斤顶技术性能

项目	单位	YC20D	YC60	YC120
额定油压	N/mm^2	40	40	50
张拉缸液压面积	cm^2	51	162.6	250

续表

项目		单位	YC20D	YC60	YC120
公称张拉力		kN	200	600	1200
张拉行程		mm	200	150[1]	300
顶压缸活塞面积		cm²	—	84.2	113
顶压行程		mm	—	50	40
张拉缸回程液压面积		cm²	—	12.4	160
顶压活塞回程			—	弹簧	液压
穿心孔径		mm	31	55	70[2]
外形尺寸	无撑脚	—	ϕ116mm×360mm（不计附件）	ϕ195mm×462mm	ϕ250mm×9100mm
	有撑脚			ϕ195mm×760mm	ϕ250mm×1250mm
质量	无撑脚	kg	19（不计附件）	63	196
	有撑脚			73	240
配套油泵		—	ZB0.8～500	ZB4～500 ZB0.8～500	ZBS4～500（三油路）

注：1）张拉行程改为 200mm，型号为 YC60A 型；

2）加撑脚后，穿心孔径改为 75mm，型号为 YCL-120 型。

大孔径穿心式千斤顶为具有一大口径穿心孔、利用单液缸张拉预应力筋的单作用千斤顶。这种千斤顶广泛用于张拉大吨位钢绞线束；根据千斤顶构造上的差异与生产厂不同，可分为三大系列产品：YCD 型、YCQ 型、YCWB 型千斤顶。

1. YCD 型千斤顶

YCD 型千斤顶的技术性能如表 11-10 所示。

表 11-10　YCD 型千斤顶技术性能

项目	单位	YCD120	YCD200	YCD350
额定油压	N/mm²	50	50	50
张拉缸液压面积	cm²	290	490	766
公称张拉力	kN	1450	2450	3830
张拉行程	mm	180	180	250
穿心孔径	mm	128	160	205
回程缸液压面积	cm²	177	263	—
回程油压	N/mm²	20	20	20
n 个液压顶压缸面积	cm²	n×5.2	n×5.2	n×5.2
n 顶压缸顶压力	kN	n×26	n×26	n×26
外形尺寸	—	ϕ315mm×550mm	ϕ370mm×550mm	ϕ480mm×671mm
质量	kg	200	250	—
配套油泵	—	ZB4-500	ZB4-500	ZB4-500
适用 ϕ^S15 钢绞线束	根	4～7	8～12	19

注：摘自中国建筑科学研究院与大连拉伸机厂供销公司产品资料。

YCD 型千斤顶具有大口径穿心孔，其前端安装顶压器，后端安装工具锚。张拉时活塞杆带动工具锚与钢绞线移动。锚固时，采用液压顶压器或弹性顶压器。

2. YCQ 型千斤顶

YCQ 型千斤顶的技术性能如表 11-11 所示。

表 11-11　YCQ 型千斤顶技术性能

项目	单位	YCQ100	YCQ200	YCQ350	YCQ500
额定油压	N/mm^2	63	63	63	63
张拉缸活塞面积	cm^2	219	330	550	788
理论张拉力	kN	1380	2080	3460	4960
张拉行程	mm	150	150	150	200
回程缸活塞面积	cm^2	113	185	273	427
回程油压	N/mm^2	<30	<30	<30	<30
穿心孔直径	mm	90	130	130	175
外形尺寸	—	ϕ258mm×440mm	ϕ340mm×458mm	ϕ420mm×446mm	ϕ490mm×530mm
质量	kg	110	190	320	—

注：摘自中国建筑科学研究院产品资料。

YCQ 型千斤顶的构造如图 11-11 所示，采用了限位板代替顶压器。限位板可在钢绞线束张拉过程中限制工作锚夹片的外伸长度，以保证在锚固时夹片有均匀一致以及使夹片不超过要求的内缩值。

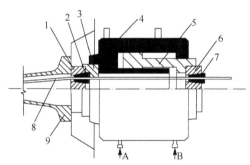

1—工作锚；2—夹片；3—限位板；4—缸体；5—活塞；6—工具锚板；7—工具夹片；8—钢绞线；9—喇叭形铸铁垫板；
A—张拉时的进油嘴；B—回缩时的进油嘴。

图 11-11　YCQ 型千斤顶

3. YCWB 型千斤顶

YCWB 型千斤顶是在 YCQ 型千斤顶的基础上发展起来的，其技术性能如表 11-12 所示。

表 11-12　YCWB 型系列千斤顶技术性能

项目	单位	YCW100B	YCW150B	YCW250B	YCW400B
公称张拉力	kN	973	1492	2480	3956
公称油压力	N/mm^2	51	50	54	52

项目	单位	YCW100B	YCW150B	YCW250B	YCW400B
张拉活塞面积	cm²	191	298	459	761
回程活塞面积	cm²	78	138	280	459
回程油压力	N/mm²	<25	<25	<25	<25
穿心孔径	mm	78	120	140	175
张拉行程	mm	200	200	200	200
主机质量	kg	65	108	164	270
外形尺寸 D×L	—	214mm×370mm	285mm×370mm	344mm×380mm	432mm×400mm

注：摘自柳州市建筑机械总厂产品资料。

11.3.2　张拉设备标定与选用

1. 张拉千斤顶的标定

张拉设备应配套标定，以确定张拉力与压力表读数的关系曲线。标定张拉设备用的试验机或测力计精度不得低于±2%，测力示值不确定度不应大于1%。压力表的精度不宜低于1.6级，最大量程不宜小于设备额定张拉力的1.3倍。标定时，千斤顶活塞的运行方向应与实际张拉工作状态一致。

张拉设备的标定期限不宜超过半年。当发生下列情况之一时，应对张拉设备重新标定。

1）千斤顶经过拆卸修理。

2）千斤顶久置后重新使用。

3）压力表受过碰撞或出现失灵现象。

4）更换压力表。

5）张拉中预应力筋发生多根破断事故或张拉伸长值误差较大。

2. 张拉设备选用与张拉空间

施工时应根据所用预应力筋的种类及其张拉锚固工艺情况选用张拉设备。预应力筋的张拉力不应大于设备额定张拉力，预应力筋的一次张拉伸长值不应超过设备的最大张拉行程。当一次张拉不足时，可采取分级重复张拉的方法，但所用的锚具与夹具应适应重复张拉的要求。千斤顶张拉所需空间，如图 11-12 和表 11-13 所示。

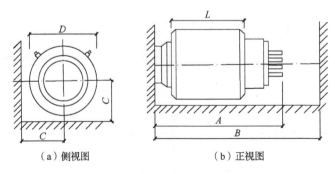

（a）侧视图　　　　　　　（b）正视图

图 11-12　千斤顶张拉空间

表 11-13　千斤顶必需空间

千斤顶型号	千斤顶外径 D/mm	千斤顶长度 L/mm	活塞行程/mm	最小工作空间/mm		钢绞线预留长度 A/mm
				B	C	
YDC240Q	108	580	200	1000	70	200
YCW100B	214	370	200	1200	150	570
YCW150B	285	370	200	1250	190	570
YCW250B	344	380	200	1270	220	590
YCW350B	410	400	200	1320	255	620
YCW400B	432	400	200	1320	265	620

11.4　预应力用电动油泵

11.4.1　分类

油泵按照工作原理可分为齿轮泵和柱塞泵，柱塞泵按照柱塞位置可分为轴向柱塞泵和径向柱塞泵，按照油泵的流量特性可分为定量泵和变量泵，按照油路数量可分为单路供油和双路供油。油泵分类代号如表 11-14 所示。

表 11-14　油泵分类代号

产品名称	齿轮泵	径向柱塞泵	轴向柱塞泵
分类代号	YBC	YBJ	YBZ

11.4.2　要求

1. 一般要求

（1）工作介质

油泵的工作介质宜采用-15～65℃时运动黏度为 15～50mm²/s 的具有一定防锈和抗磨能力的液压油。油液中固体颗粒污染等级不应高于《液压传动　油液固体颗粒污染等级代号》（GB/T 14039—2002）规定，宜根据环境温度及使用压力选择不同牌号的液压油。应控制水和空气对工作介质的污染。液压油应与密封件材料相容。

（2）密封件

采用的密封件应与液压油及使用条件相适应，当采用聚氨酯材料制造的密封圈和防尘圈时，应注意周围环境和液压油的防水、防潮。

（3）油嘴接头螺纹

当油嘴接头采用螺纹联结时，螺纹宜选用下列规格：M12×1.5、M14×1.5、M16×1.5、M18×1.5、M20×1.5、M22×1.5、M27×1.5、M33×2，并宜优先选用 M16×1.5。

（4）测压装置

压力表的量程不应低于额定压力的 1.2 倍，精度等级不应低于 1.6 级。

（5）功能标牌

每个操作装置和手动控制机构均应设置功能标牌，且应位于容易看到的位置。

（6）起吊装置

产品及质量大于 15kg 的零部件宜设置合理的吊点或起吊装置。

2. 性能要求

（1）空载性能

空载压力下。对油泵进行节流、换向、截止阀的操作时，油路应正确，操作应轻便，电机、油泵运转应正常。空载流量应在理论流量的 93%～105% 范围内。

（2）满载性能

应在空载性能合格的条件下进行满载性能试验。满载性能应符合下列要求。

1）油泵在额定工况下运转时，2min 内压力表的示值波动范围不应超过额定压力的 ±2%。

2）在额定工况下，油泵容积效率应符合表 11-15 的要求。

表 11-15　容积效率

公称流量 Q/（L/min）	额定压力 p/MPa			
	$p \leq 40$	$40 < p \leq 63$	$63 < p \leq 100$	$100 < p \leq 125$
$Q \leq 1.5$	≥90%	≥85%	≥80%	≥75%
$1.5 < Q \leq 16$	≥92%	≥87%	≥83%	≥78%
$16 < Q \leq 50$	≥93%	≥88%	≥84%	≥80%

3）在额定工况下，油泵总效率应符合表 11-16 的要求。

表 11-16　油泵的总效率

公称流量 Q/（L/min）	额定压力 p/MPa			
	$p \leq 40$	$40 < p \leq 63$	$63 < p \leq 100$	$100 < p \leq 125$
$Q \leq 1.5$	≥83%	≥78%	≥73%	≥68%
$1.5 < Q \leq 16$	≥85%	≥80%	≥76%	≥71%
$16 < Q \leq 50$	≥86%	≥81%	≥77%	≥73%

4）二级变量泵变量阀的实际变量压力与设计变量压力的差值不应大于 1MPa。

5）在额定压力下持荷 3min，各控制阀的总压力降不应大于 3MPa。

（3）超载性能

超载试验压力及超载试验压力下油泵运转时间应符合表 11-17 的规定。在此条件下进行超载试验，油泵不应有外渗漏、异常的噪声，且不应有振动和升温等异常现象。

表 11-17　超载试验压力及运转时间

额定压力 p/MPa	$p \leq 63$	$63 < p \leq 100$	$100 < p \leq 125$
超载试验压力 p_s	$p_s \geq 1.25p$	$p_s \geq 1.15p$	$p_s \geq 1.1p$
超载试验压力下油泵运转时间不应少于/min	3	2	2

（4）油泵的耐久性

在额定工况下，串联油路的每级、并联油路的每路应累计正常运转 200h，油泵运转 200h 过程中，易损件（密封件，柱塞回程及吸排油阀弹簧、柱塞及柱塞套）不应损坏。耐久性试验后，油泵的容称效率不应低于表 11-15 要求值的 95%。

（5）变量阀变量压力的稳定性

变量阀应保证稳定的变量压力。变量阀变量 2000 次后变量压力的允许偏差不应超过 ±2MPa。

3．材料、毛坯、外购件和协作件要求

1）零件材料应符合按规定程序批准的图纸或技术文件要求。如采用代用材料，不应低于原设计所选材料规定的各项性能要求。所有材料均应附有理化性能检验合格证。

2）零件铸造毛坯根据材料成分不同，应分别符合《重型机械通用技术条件　第 4 部分：铸铁件》（JB/T 5000.4—2007）、《重型机械通用技术条件　第 5 部分：有色金属铸件》（JB/T 5000.5—2007）、《重型机械通用技术条件　第 6 部分：铸钢件》（JB/T 5000.6—2007）的有关规定。

3）零件锻造毛坯应符合《重型机械通用技术条件　第 8 部分：锻件》（JB/T 5000.8—2007）的有关规定。

4）焊接件应符合《重型机械通用技术条件　第 3 部分：焊接件》（JB/T 5000.3—2007）的有关规定。

5）密封圈、防尘圈、钢丝编织橡胶软管、钢丝编织胶管接头等外购件和协作件均应符合国家或行业有关标准规定和设计图纸要求，并应有检验合格证。

4．制造要求

1）零件应按图纸及技术文件要求进行加工，切削加工件应符合《重型机械通用技术条件　第 9 部分：切削加工件》（JB/T 5000.9—2007）的有关规定。

2）零件热处理加工应按图纸及技术文件要求进行，并应符合《钢件的淬火与回火》（GB/T 16924—2008）的有关规定。

3）弹簧按加工方法的不同应分别符合《冷卷圆柱螺旋弹簧技术条件　第 2 部分：压缩弹簧》（GB/T 1239.2—2009）和《热卷圆柱螺旋压缩弹簧技术条件》（GB/T 23934—2009）的有关规定。

4）所有阀口均应和相应阀杆（或钢球）配合严密，不应有裂纹、毛刺等缺陷。

5）主要普通螺纹精度等级不宜低于 6H/6g 级，当为梯形螺纹时精度等级不宜低于 8H/8e 级，表面粗糙度 Ra 值不宜大于 6.3μm。

6）机械加工零件上末注公差的极限偏差尺寸应符合《一般公差　未注公差的线性和角度尺寸的公差》（GB/T 1804—2000）的有关规定。

7）油泵外露表面应做防锈处理，涂装件应符合《重型机械通用技术条件　第 12 部分：涂装》（JB/T 5000.12—2007）的有关规定。

8）产品装配应符合《重型机械通用技术条件　第 10 部分：装配》（JB/T 5000.10—

2007）的有关规定。

9）各控制阀的手柄（手轮）转动应灵活、轻便，换向阀手柄扳动角度宜在 30°～180° 范围内。

11.5　有粘结预应力工艺

有粘结预应力工艺是后张法预应力施工的一种。有粘结预应力混凝土结构可按如下过程施工：混凝土结构构件施工时按设计线型要求留设孔道，浇筑混凝土后进行养护；然后，制作预应力筋并将其穿入孔道；待混凝土达到设计要求的强度后，张拉并锚固预应力筋；最后，按设计要求或相关标准要求进行孔道灌浆与封锚。有粘结预应力的详细的施工工艺流程（预应力筋穿束操作也常常在混凝土浇筑前完成），如图 11-13 所示。

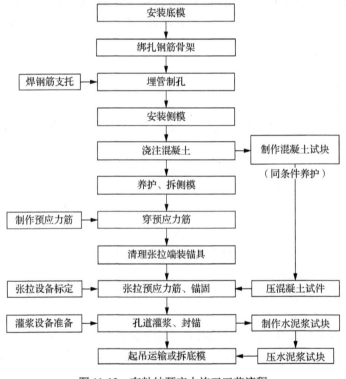

图 11-13　有粘结预应力施工工艺流程

11.5.1　预应力筋孔道的布设

1. 预应力筋孔道布置

预应力筋孔道形状（线型）包括直线、曲线和折线等，其位置坐标应符合工程设计文件要求。

预留孔道的直径，应根据预应力筋根数、曲线孔道形状和长度等因素确定。孔道内径应比预应力筋大 10～15mm，孔道面积宜为预应力筋净面积的 3～4 倍。各类预应力筋锚固体系中，均有与其配套的预应力筋孔道直径。框架梁中预应力筋孔道的间距与保护层应满足预留孔道垂直方向净间距不应小于孔道外径，水平方向净间距不宜小于 1.5 倍孔道外径；从孔壁算起的混凝土最小保护层厚度应满足构造、防火及防腐等要求。

2. 预埋金属波纹管留孔

（1）金属波纹管分类与规格

金属波纹管又称螺旋管，是用冷轧钢带或镀锌钢带在卷管机上压波后螺旋咬合而成。按照相邻咬口之间的凸出部分（即波纹）的数量分为单波纹和双波纹；按照截面形状分为圆形和扁形；按照径向刚度分为标准型和增强型；按照钢带表面状况分为镀锌波纹管和不镀锌波纹管。金属波纹管如图 11-14 所示。

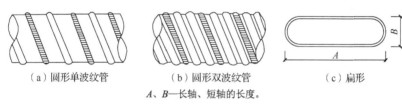

（a）圆形单波纹管　　　　（b）圆形双波纹管　　　　　（c）扁形
A、B—长轴、短轴的长度。

图 11-14　金属波纹管

图 11-14 中圆形波纹管和扁形波纹管的规格，分别如表 11-18 和表 11-19 所示。波纹管的波纹高度：单波为 2.5mm，双波为 3.5mm。

表 11-18　圆形波纹管规格　　　　　（单位：mm）

管内径		40	45	50	55	60	65	70	75	80	85	90	95	100	105	110	115	120
允许偏差		+0.5													+1.0			
钢带厚	标准型	0.25			0.30													
	增强型						0.40						0.50					

表 11-19　扁形波纹管规格　　　　　（单位：mm）

短轴	长度 B		19			25	
	允许偏差		+0.5			+1.0	
长轴	长度 A	57	70	84	67	83	99
	允许偏差	±1.0			±2.0		
钢带厚度		0.30					

注：扁形短边可以是直线或者是曲线，当短边为圆弧时，其半径应为短轴方向内径之半。

金属波纹管的长度，由于运输关系，每根取 4～6m。当用量较大时，可用卷管机在施工现场加工，此时波纹管的长度可根据实际工程需要确定。

标准型圆形波纹管用途最广。扁形波纹管仅用于板类构件。增强型波纹管可代替钢管用于竖向预应力筋孔道或核电站安全壳等特殊工程。镀锌波纹管可用于有腐蚀性介质的环境或使用期较长的情况。

（2）金属波纹管性能与质量

预应力混凝土用金属波纹管的性能与质量应符合行业标准《预应力混凝土用金属波纹管》（JG 225—2007）[10]的规定。

各种波纹管径向刚度要求，应符合表 11-20 的规定。

表 11-20　波纹管的径向刚度

截面形状	圆管	扁管
集中荷载值	800	800
均布荷载值	$F=0.31d^2$	$F=0.25（A+B）A$
外径允许变形值/内径（不大于）	0.20	0.25

注：F 表示均布荷载值；d 表示圆管内径，mm；A 表示扁管长轴方向长度，mm；B 表示扁管短轴方向长度，mm。

经规定的集中荷载和均布荷载作用后或在弯曲情况下，金属波纹管不得渗出水泥浆，但允许渗水。

金属波纹管外观应清洁，内外表面无油污、无锈蚀、无孔洞和不规则的褶皱，咬口无开裂、无脱扣。

金属波纹管的连接，采用大一号同型波纹管。接头管的长度为 200～300mm，其两端用密封胶带或塑料热缩管封裹，如图 11-15 所示。

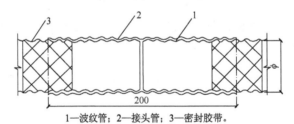

1—波纹管；2—接头管；3—密封胶带。

图 11-15　金属波纹管的连接

波纹管的安装，应事先按设计图中预应力筋的曲线坐标在箍筋上定出曲线位置。波纹管的固定，应采用如图 11-16 所示的钢筋支托，其间距为 0.8～1.2m。钢筋支托应焊在箍筋上，箍筋底部应垫实。波纹管固定后，必须用铁丝扎牢，以防浇筑混凝土时波纹管上浮。波纹管安装就位过程中，应尽量避免反复弯曲，以防管壁开裂。同时，还应防止电焊火花烧伤管壁。

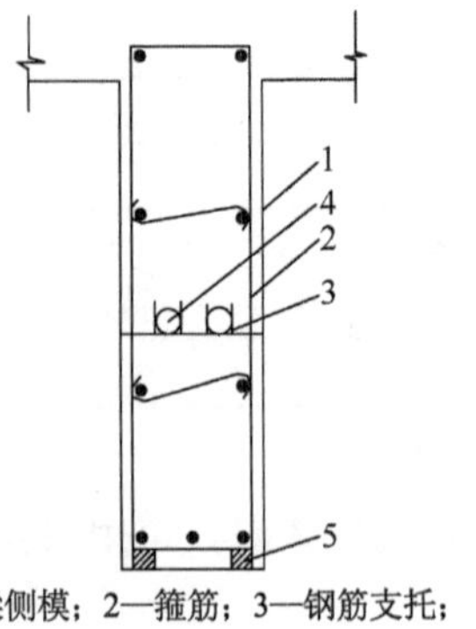

3．塑料波纹管留孔

（1）塑料波纹管规格

采用塑料波纹管作预应力筋孔道，可提高预应力筋的防腐保护，防止氯离子侵入而产生的电腐蚀；且不导电、密封性好，易于保证预应力筋不被锈蚀；由于其强度高、刚度大、不怕踩压，不易被振动棒凿破。

1—梁侧模；2—箍筋；3—钢筋支托；
4—波纹管；5—垫块。

图 11-16　金属波纹管的安装

塑料波纹管是由国外引进的，是高密度聚乙烯塑料波纹管的简称，在国外有较为普遍的应用。引进我国后，交通运输部颁布了《预应力混凝土桥梁用塑料波纹管》(JT/T 529—2016)。我国柳州欧维姆建筑机械股份有限公司等公司可生产，最早应用于桥梁结构，目前在高层结构等工程中已有应用。塑料波纹管的规格如表 11-21 和表 11-22 所示。

表 11-21　圆形塑料波纹管规格　　（单位：mm）

型号	内径 d		外径 D		壁厚 s		配套使用的锚具	
	标称值	偏差	标称值	偏差	标称值	偏差		
C-50	50		63		2.5		YM12-7	YM15-5
C-60	60	±1.0	73	±1.0	2.5		YM12-12	YM15-7
C-75	75		88		2.5		YM12-19	YM15-12
C-90	90		106		2.5	+0.5	YM12-22	YM15-17
C-100	100		116		3.0		YM12-31	YM15-22
C-115	115	±2.0	131	±2.0	3.0		YM12-37	YM15-27
C-130	130		146		3.0		YM12-42	YM15-31

表 11-22　扁形塑料波纹管规格　　（单位：mm）

型号	长轴 U_1		短轴 U_2		壁厚 s		配套使用的锚具
	标称值	偏差	标称值	偏差	标称值	偏差	
F-41	41		22		2.5		YMB-2
F-55	55	±1.0	22	+0.5	2.5	+0.5	YMB-3
F-72	72		22		3.0		YMB-4
F-90	90		22		3.0		YMB-5

（2）塑料波纹管安装与连接

塑料波纹管的最小弯曲半径为 0.9~1.5m，塑料波纹管的钢筋支托间距不大于 0.8~1.0m。塑料波纹管可采用熔焊法或高密度聚乙烯塑料套管接长。塑料波纹管与锚垫板连接，采用高密度聚乙烯套管。对于塑料波纹管与排气管连接，可在波纹管上热熔排气孔，然后用塑料弧形压板连接。

4. 灌浆孔、排气孔和泌水管

为完成对预应力筋孔道的灌浆，在其两端应设置灌浆孔和排气孔。灌浆孔可设置在锚垫板上或利用灌浆管引至构件外，其间距不宜大于12m，孔径应能保证浆液畅通，一般不宜小于20mm。曲线预应力筋孔道的每个波峰处，应设置泌水管。泌水管伸出梁面的高度不宜小于0.5m，泌水管也可兼作灌浆孔用。

灌浆孔可在金属波纹管上开口，用带嘴的塑料弧形压板与海绵垫片覆盖并用铁丝扎牢，再接增强塑料管（外径 20mm，内径 16mm），如图 11-17 所示。为保证留孔质量，金属波纹管上

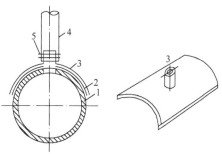

（a）剖面图　　（b）盖板轴侧图
1—波纹管；2—海绵垫；3—塑料弧形压板；
4—塑料管；5—铁丝扎紧。

图 11-17　波纹管上留灌浆孔

可先不开孔，在外接塑料管内插一根钢筋；待孔道灌浆前，再用钢筋打穿波纹管。

11.5.2　穿束

后张有粘结预应力工艺中，根据预应力筋穿束与混凝土浇筑之间的先后关系，可分为先穿束和后穿束两种。

1. 先穿束法

先穿束法即在浇筑混凝土之前穿束。此法穿束省力；但穿束占用工期，束的自重引起的波纹管摆动会增大摩擦损失，束端保护不当易生锈，波纹管在浇注混凝土时漏浆易增大摩阻力，严重时会将预应力束铸固在孔道中，无法进行张拉。按穿束与预埋波纹管之间的配合，又可分为以下 3 种情况。

1）先穿束后装管，即将预应力筋先穿入钢筋骨架内，然后将波纹管逐节从两端套入并连接。

2）先装管后穿束，即将波纹管先安装就位，然后将预应力筋穿入。

3）二者组装后放入，即在梁外侧的脚手架上将预应力筋与套管组装后，从钢筋骨架顶部放入就位，箍筋应先做成开口箍，再封闭。

2. 后穿束法

后穿束法即在浇筑混凝土之后穿束。此法可在混凝土养护期内进行，不占工期，便于用通孔器或高压水通孔，避免波纹管漏浆所产生的各种问题，穿束后即行张拉，易于防锈，但穿束较为费力。

3. 穿束作业过程

根据一次穿入数量，可分为整束穿和单根穿。钢绞线宜采用整束穿，也可用单根穿。穿束工作可由人工、卷扬机和穿束机进行。

（1）人工穿束

人工穿束可利用起重设备将预应力筋吊起，由工人站在脚手架上逐步穿入孔内。束的前端应扎紧并裹胶布，以便顺利通过孔道。对多波曲线束，宜采用特制的牵引头，工人在前面牵引，后面推送，用对讲机保持前后两端同时进行。对长度不大于 60m 的曲线束，人工穿束方便。

对束长 60~80m 的钢筋，也可采用人工先穿束，但在梁的中部留设约 3m 长的穿束助力段。助力段的波纹管应加大一号，在穿束前套接在原波纹管上留出穿束空间，待钢绞线穿入后再将助力段波纹管旋出接通，该范围内的箍筋暂缓绑扎。

（2）用卷扬机穿束

对束长大于 80m 的预应力筋，采用卷扬机穿束。钢绞线与钢丝绳间用特制的牵引头连接。每次牵引 2、3 根钢绞线，穿束速度快。卷扬机宜采用慢速，每分钟约 10m，电动机功率为 1.5~2.0kW。束的前端应装有穿束网套或特制的牵引头。

（3）用穿束机穿束

用穿束机穿束适用于超长结构单根穿钢绞线的情况。

穿束机有两种类型：一是由油泵驱动链板夹持钢绞线传送，速度可任意调节，穿束可进可退，使用方便；二是由电动机经减速器减速后由两对滚轮夹持钢绞线传送，进退由电动机正反转控制。穿束时，钢绞线前头应套上一个子弹头形壳帽。

11.5.3　预应力筋张拉

1. 张拉准备

（1）张拉机具的检查

油泵千斤顶是否进行系统标定；油管接头是否联结牢固，是否漏油。

（2）结构构件的检查

锚垫板端口是否清理干净，是否已除锈；锚夹具是否已进行外观、硬度和静载试验的检查，安装是否正确到位（锚夹具只允许张拉前安装）；预应力筋张拉前，应提供构件混凝土的强度试压报告。当混凝土的立方体强度满足设计要求后，方可施加预应力。施加预应力时构件的混凝土强度应在设计图纸上标明；当设计无要求时，不应低于设计强度的 75%。

（3）张拉施工技术准备的检查

张拉控制应力是否已进行严格的校核；张拉伸长值的计算是否准确；张拉操作人员是否持有合格的上岗证；张拉技术人员、质检人员是否已到岗。

（4）施工技术交底和安全措施交底的检查

2. 张拉安全注意事项

1）在预应力作业中，必须特别注意安全。在任何情况下作业人员不得站在预应力筋的两端，同时在张拉千斤顶的后面应设立防护装置。

2）操作千斤顶和测量伸长值的人员，应站在千斤顶侧面操作，严格遵守操作规程。油泵开动过程中，不得擅自离开岗位。如需离开，必须把油阀门全部松开或切断电路。

3）张拉时应认真做到孔道、锚环与千斤顶三对中，以便张拉工作顺利进行，并不致增加孔道摩擦损失。

4）工具锚的夹片，应注意保持清洁和良好的润滑状态。新的工具锚夹片第一次使用前，应在夹片背面涂上润滑脂，以后每使用 5～10 次，应将工具锚上的挡板连同夹片一同卸下，向锚板的锥形孔中重新涂上一层润滑剂，以防夹片在退楔时卡住。润滑剂可采用石墨、二硫化钼、石蜡或专用退锚灵等。

5）多根钢绞线束夹片锚固体系如遇到个别钢绞线滑移，可更换夹片，用小型千斤顶单根张拉。

6）多根钢丝同时张拉时，构件截面中断丝或滑脱钢丝的数量不得大于钢丝总数的3%，但一束钢丝中只允许一根断丝或滑脱。

7）每根构件张拉完毕后，应检查端部和其他部位是否有裂缝，并填写张拉记录表。

8）预应力筋锚固后的外露长度，不宜小于 30mm，应进行封锚。

3. 预应力筋张拉方式

根据预应力混凝土结构特点、预应力筋形状与长度，以及施工方法的不同，预应力筋张拉方式有以下几种。

（1）一端张拉

张拉设备放置在预应力筋一端的张拉。适用于长度不大于 30m 的直线预应力筋与反摩擦影响区长度 $L_f \geqslant 0.5L$（L 为预应力筋长度）的曲线预应力筋；当设计人员根据计算资料或实际条件认为可以放宽以上限制时，也可采用一端张拉，但张拉端宜分别设置在构件的两端。

（2）两端张拉

张拉设备放置在预应力筋两端的张拉。适用于长度大于 30m 的直线预应力筋与锚固损失影响长度 $L_f < 0.5L$ 的曲线预应力筋。当张拉设备不足或由于张拉顺序安排关系，也可先在一端张拉完成后，再移至另一端张拉，补足张拉力后锚固。

（3）分批张拉

对配有多束预应力筋的结构构件分批进行张拉。后批预应力筋张拉所产生的混凝土弹性压缩对先批张拉的预应力筋造成预应力损失，因此先批张拉的预应力筋张拉力应加上该弹性压缩损失值或将弹性压缩损失平均值统一增加到每根预应力筋的张拉力内。

（4）分段张拉

在多跨连续梁板分段施工时，统长的预应力筋需要逐段进行张拉的方式。对大跨度多跨连续梁，在第一段混凝土浇筑与预应力筋张拉锚固后，第二段预应力筋利用锚头连接器接长，以形成统长的预应力筋。

（5）分阶段张拉

在后张转换梁等结构中，为了平衡各阶段的荷载，采取分阶段逐步施加预应力的方式。所加荷载不仅是外荷载（如楼层重力），也包括由内部体积变化（如弹性缩短、收缩与徐变）产生的荷载。梁控制截面顶部及底部边缘应力应控制在容许范围内。

（6）补偿张拉

在早期预应力损失基本完成后，再进行张拉的方式。采用这种补偿张拉，可克服弹性压缩损失，减少钢材应力松弛损失、混凝土收缩徐变损失等，以达到预期的预应力效果。此法在水利工程与岩土锚杆中应用较多。

4. 预应力筋张拉顺序

预应力筋的张拉顺序，应使混凝土不产生过大应力、构件不扭转与侧弯、结构不移位等；因此对称张拉是一项重要原则。同时，还应考虑到尽量减少张拉设备的移动次数。

5. 张拉操作程序

预应力筋的张拉操作程序，主要根据构件类型、张拉锚固体系、松弛损失等因素确定。

采用低松弛钢丝和钢绞线时，张拉操作程序为：$0 \rightarrow P_j$ 锚固。采用普通松弛预应力筋时，按下列超张拉程序进行操作：对镦头锚具等可卸载锚具，$0 \rightarrow 1.05P_j \xrightarrow{\text{持荷2min}} P_j$ 锚固；对夹片锚具等不可卸载锚具，$0 \rightarrow 1.03P_j$ 锚固。

以上各种张拉操作程序，均可分级加载。对曲线预应力束，一般以 $0.2P_j \sim 0.25P_j$ 为测量张拉伸长起点，分 3 级加载 $0.2P_j$（$0.6P_j$ 及 $1.0P_j$）或 4 级加载（$0.25P_j$、$0.5P_j$、$0.75P_j$ 及 $1.0P_j$），每级加载均应测量张拉伸长值。

当预应力筋长度较大，千斤顶张拉行程不够时，应采取分级张拉、分级锚固。第二级初始油压为第一级最终油压。预应力筋张拉到规定油压后，持荷复验伸长值，合格后进行锚固。

6. 预应力筋张拉伸长值计算

采用后张法张拉的有粘结及无粘结预应力工艺的结构构件中预应力筋张拉伸长值曲线筋的张拉伸长值 ΔL，可依据图 11-18 按以下两法计算：

（1）精确计算法

$$\Delta L = \int_0^L \frac{P_j \mathrm{e}^{-(K_i + \mu\theta)}}{A_p E_s} = \frac{P_j L_T}{A_p E_s}\left[\frac{1 - \mathrm{e}^{-(K_T + \mu\theta)}}{KL_T + \mu\theta}\right] \tag{11-1}$$

（2）简化计算法

$$\Delta L = \frac{PL_T}{A_p E_s} \tag{11-2}$$

式中，P——预应力筋平均张拉力，取张拉端拉力与计算截面处扣除孔道摩擦损失后的拉力平均值，即 $P = P_j\left[1 - 0.5(kL_T + \mu\theta)\right]$；

L_T——预应力筋实际长度。

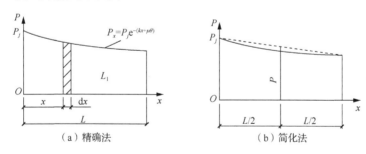

图 11-18　曲线筋张拉伸长值计算简图

对多曲线段或直线段与曲线段组成的曲线预应力筋，张拉伸长值应分段计算，然后叠加，即 $\Delta L = \sum \frac{(\sigma_{i1} + \sigma_{i2})L_i}{2E_s}$，其中，$L_i$ 为第 i 线段预应力筋长度，σ_{i1} 与 σ_{i2} 分别为第 i 线段两端的预应力筋应力。

需要强调指出的是，预应力筋的弹性模量取值，对张拉伸长值的影响较大。因此，对重要的预应力混凝土结构，预应力筋的弹性模量应事先测定。κ 及 μ 取值应根据国家标准或实测数据确定。当在试张拉时，实测张拉伸长值或实测孔道摩擦损失值与计算值有较大的差异，则应会同设计人员调整张拉力并修改 κ 及 μ 值，重算张拉伸长值。

7. 张拉伸长值校核

预应力筋张拉伸长值的量测，应在建立初应力之后进行。其实际伸长值 ΔL 应等于：

$$\Delta L = \Delta L_1 + \Delta L_2 - A - B - C \tag{11-3}$$

式中：ΔL_1——从初应力至最大张拉力之间的实测伸长值；

ΔL_2——初应力以下的推算伸长值；

A——张拉过程中锚具楔紧引起的预应力筋内缩值，包括工具锚、远端工作锚、远端补张拉工具锚等回缩值；

B——千斤顶体内预应力筋的张拉伸长值；

C——施加预应力时，后张法混凝土构件的弹性压缩值（其值微小时可略去不计）。

关于推算伸长值，初应力以下的推算伸长值 ΔL，可根据弹性范围内张拉力与伸长值成正比的关系，用计算法或图解法确定。采用如图 11-19 所示的图解法时，以伸长值为横坐标，张拉力为纵坐标，将各级张拉力的实测伸长值标在图上，绘成张拉力与伸长值关系线 CBA，然后延长此线与横坐标交于 O' 点，则 OO' 段即为推算伸长值。

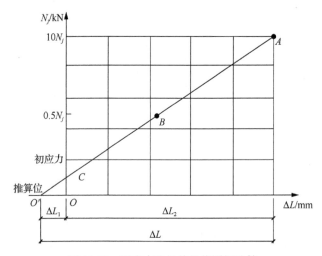

图 11-19　预应力张拉伸长值图解计算

此外，在锚固时应检查张拉端预应力筋的内缩值，以免由于锚固引起的预应力损失超过设计值。当实测的预应力筋内缩量大于规定值时，应改善操作工艺，更换限位板或采取超张拉办法弥补。

11.5.4　灌浆

有粘结预应力工艺中预应力筋张拉后，应采用灌浆泵将水泥浆压灌到预应力筋孔道中去。预应力筋张拉完成并经检验合格后，应尽早进行孔道灌浆，孔道内水泥浆应饱满、密实。灌浆设备主要有砂浆搅拌机和灌浆泵等。灌浆泵应根据灌浆高度、长度、形态等选用，并配备计量校验合格的压力表。

　　孔道灌浆宜采用普通硅酸盐水泥或硅酸盐水泥配制的水泥浆。灌浆用素水泥浆的水灰比不应大于 0.45，以减少收缩，水泥浆中宜掺入 0.03%水泥用量的复合膨胀剂（composite expansion agent，CEA），或水泥用量 0.01%的铝粉；采用普通灌浆工艺时，稠度宜控制在 12~20s 范围内，采用真空灌浆工艺时，稠度宜控制在 18~25s 范围内；搅拌后 3h 泌水率宜为 0，且不应大于 1%。泌水应能在 24h 内全部重新被水泥浆吸收。24h 自由膨胀率，采用普通灌浆工艺时不应大于 6%，采用真空灌浆工艺时不应大于 3%；水泥浆中的氯离子含量不应超过水泥质量的 0.06%；稠度、泌水率及自由膨胀率的试验方法，应按《预应力孔道灌浆剂》（GB/T 25182—2010）的规定进行。

　　用于预应力孔道灌浆剂中的组成材料性能应符合《混凝土外加剂》（GB 8076—2008）、《混凝土膨胀剂》（GB 23439—2017）、《用于水泥和混凝土中的粉煤灰》（GB/T 1596—2017）、《用于水泥、砂浆和混凝土中的粒化高炉矿渣物》（GB/T 18046—2017）和《高强高性能混凝土用矿物外加剂》（GB/T 18736—2017）等标准的相关技术要求。预应力孔道灌浆剂匀质性指标应满足表 11-23 的要求。

表 11-23　预应力孔道灌浆剂匀质性指标

试验项目	性能指标
含水率/%	≤3.0
细度/%	≤8.0
氯离子含量/%	≤0.06

注：配制灌浆材料时，预应力孔道灌浆剂引入到浆体中的氯离子总量不应超过 0.1kg/m³。

　　为改善水泥浆性能，可掺缓凝减水剂。其掺量应经试验确定，水灰比可减为 0.35~0.38。严禁掺入各种含氯化物或对预应力筋有腐蚀作用的外加剂，外加剂应与水泥作配合比试验并确定掺量。28d 标准养护的边长为 70.7mm 的灌浆用立方体水泥浆试块抗压强度不应低于 30N/mm²。灌浆用水泥浆的制备及使用，水泥浆宜采用高速搅拌机进行搅拌，以确保拌和均匀，搅拌时间不应超过 5min；水泥浆使用前应经筛孔尺寸不大于 1.2mm×1.2mm 的筛网过滤；搅拌后不能在短时间内灌入孔道的水泥浆，应保持缓慢搅动，以防泌水沉淀；水泥浆应在初凝前灌入孔道，搅拌后至灌浆完毕的时间不宜超过 30min。掺预应力孔道灌浆剂的浆体的性能指标应满足表 11-24 的要求。

表 11-24　掺预应力孔道灌浆剂浆体性能要求

试验项目		性能指标
凝结时间/h	初凝	≥4
	终凝	≤24
水泥浆稠度/s	初始	18±4
	30min	≤28
常压泌水率/%	3h	≤2
	24h	0
压力泌水率/%		≤3.5
24h 自由膨胀率/%		0~1
7d 限制膨胀率/%		0~0.1

续表

试验项目		性能指标
抗压强度/MPa	7d	≥28
	28d	≥40
抗折强度/MPa	7d	≥6.0
	28d	≥8.0
充盈度		合格

灌浆前确认孔道、排气孔兼泌水孔及灌浆孔是否畅通。对预埋管成孔，必要时可采用压缩空气清孔。应采用水泥浆、水泥砂浆等材料封闭端部锚具缝隙，也可采用封锚罩封闭外露锚具；采用真空灌浆工艺时，应确认孔道系统的密封性。灌浆顺序宜先灌下层孔道，后灌上层孔道。灌浆应连续进行，直至排气管排出的浆体稠度与注浆孔处相同且无气泡后，再顺浆体流动方向依次封闭排气孔；全部出浆口封闭后，宜继续加压 0.5～0.7MPa，并应稳压 1～2min 后封闭灌浆口。泌水较大时，宜进行二次灌浆和对泌水孔进行重力补浆。因故中途停止灌浆时，应用压力水将未灌完孔道已注入水泥浆冲洗干净。室外温度低于+5℃时，孔道灌浆应采取抗冻保温措施，防止浆体冻胀使混凝土沿孔道产生裂缝。抗冻保温措施：采用早强型普通硅酸盐水泥，掺入一定量的防冻剂；水泥浆用温水拌和；灌浆后将构件保温，宜采用木模，待水泥浆强度上升后，再拆除模板。

为使灌浆质量更好地满足要求，可采用真空辅助压浆技术，即在预应力筋孔道的一端采用真空泵抽吸孔道中的空气，孔道内真空负压宜稳定保持为 0.08～0.10N/mm^2，然后在孔道的另一端采用灌浆泵进行压浆。孔道灌浆应填写灌浆记录。

11.5.5　封锚

张拉后的预应力筋经验收合格后，锚具以外露出的预应力筋方可切除，宜采用角向磨光机或砂轮锯切割，严禁采用气焊切割。后张法预应力混凝土外露金属锚具，应采取可靠的防腐及防火措施：当张拉端为凸出式时，预应力筋的外露长度不宜小于其直径的1.5 倍，且不宜小于 30mm。锚具封闭保护应符合设计要求：当设计无要求时，凸出式锚固端锚具的保护层不应小于 50mm，凹入式锚固端锚具用细石混凝土封裹或填平。无粘结预应力筋外露锚具应采用注有足量防腐油脂的塑料帽封闭锚具端头，并应采用无收缩砂浆或细石混凝土封闭；当采用混凝土封闭时，混凝土强度等级宜与构件混凝土强度等级一致，封锚混凝土与构件混凝土应可靠粘结，如锚具在封闭前应将周围混凝土界面凿毛并冲洗干净，且宜配置1、2 片钢筋网，钢筋网应与构件混凝土拉结；当采用无收缩砂浆或混凝土封闭保护时，其锚具及预应力筋端部的保护层厚度不应小于：一类环境时 20mm，二 a、二 b 类环境时 50mm，三 a、三 b 类环境时 80mm。锚具封裹前应将周围混凝土冲洗干净、凿毛，封裹后与周边混凝土之间不得有裂缝。需注意的是，对凸出式锚固端锚具应配置拉筋和钢筋网片，且应满足防火要求。锚具封裹保护宜采用与结构构件同强度等级的细石混凝土，也可采用微膨胀混凝土或低收缩砂浆等。

11.6　无粘结预应力工艺

无粘结预应力施工时，混凝土结构构件的模板支设完毕后，无粘结预应力筋与普通钢筋一起按相应的程序铺设，待混凝土达到设计要求的强度后，张拉、锚固预应力筋并进行封锚。

在铺设前，应对无粘结筋逐根进行外包层检查，对有轻微破损者可用胶带缠好，对破损严重者应予报废。铺设后应严格按设计要求的预应力筋线型，正确就位并固定牢靠。无粘结预应力筋保护层的最小厚度，应考虑构造、防腐及防火要求，依据预应力结构技术文件及相关国家标准确定。

单向连续结构构件中无粘结筋的铺设顺序基本上与非预应力筋相同。双向结构构件中两个方向呈正交布置并张拉预应力筋，由此将使两个正交方向的无粘结筋互相穿插，必须事先编出无粘结筋网的铺设顺序。其方法是将各向无粘结筋各搭接点的标高标出，对各搭接点相应的两个标高分别进行比较，若一个方向某一无粘结筋的各点标高均分别低于与其相交的各筋相应点标高时，则此筋可先放置。按此规律编出全部无粘结筋的铺设顺序。当无粘结筋集束布置时各根无粘结筋应保持平行走向，防止相互扭绞，为了便于单根张拉，在结构构件端部无粘结筋应改为分散配置。无粘结预应力筋的铺设，通常是在底部非预应力筋铺设后进行。水电管线一般宜在无粘结预应力筋铺设后进行，且不得将无粘结预应力筋的竖向位置抬高或压低。支座处负弯矩钢筋通常是在最后铺设。

无粘结预应力筋应严格按设计要求的线型就位并固定牢靠。无粘结筋的线型应按设计要求用支撑钢筋或钢筋马凳控制。控制点间距为 1～2m 并应用铁丝与无粘结筋绑扎牢固，各控制点的标高允许偏差应严格遵循国家相关标准的规定。无粘结筋的水平位置应保持顺直。

在双向连续平板中，各无粘结筋曲线高度的控制点用铁马凳垫好并扎牢。在支座部位，无粘结筋可直接绑扎在梁或墙的顶部钢筋上；在跨中部位，无粘结筋可直接绑扎在板的底部钢筋上。

张拉端模板应按施工图中规定的无粘结预应力筋的位置钻孔。张拉端的承压板应采用钉子固定在端模板上或用点焊固定在钢筋上。无粘结预应力曲线筋或折线筋末端的切线应与承压板相垂直，曲线段的起始点至张拉锚固点应有不小于 300mm 的直线段。当张拉端采用凹入式做法时，可采用穴模、木块等形成凹口，如图 11-20 所示。无粘结预应力筋铺设固定完毕后，应进行隐蔽工程验收，当确认合格后，方可浇筑混凝土。

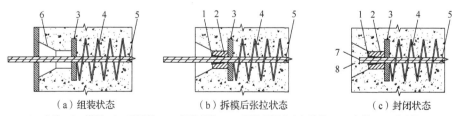

（a）组装状态　　　　　（b）拆模后张拉状态　　　　　（c）封闭状态
1—夹片；2—锚环；3—承压板；4—间接筋；5—无粘结预应力钢绞线；6—穴模；7—塑料帽；
8—微膨胀细石混凝土或无收缩砂浆。

图 11-20　圆套筒式锚具系统构造示意图

在外露锚具与锚垫板表面涂以防锈漆或环氧树脂，为使无粘结预应力筋端头全封闭，可在锚具端头涂防腐润滑油脂后，罩上封闭塑料帽或金属密封盖。对凹入式锚固区，锚具表面经上述处理后，再用微膨胀混凝土圈梁封闭。外包圈梁不宜突出外墙面，其混凝土强度等级宜与构件混凝土强度一致。对留有后浇带的锚固区，可采取二次浇筑混凝土的方法封锚。

张拉端锚具系统主要有圆套筒式、垫板连体式、全封闭垫板连体夹片式 3 种。圆套筒式锚具应由锚环、夹片、承压板和间接钢筋组成，宜采用凹进混凝土表面布置，其构造如图 11-20 所示。

用于一类环境的锚固系统，封闭时应采用塑料保护套进行防腐保护，埋入式固定端也可采用挤压锚具。

垫板连体式夹片锚具应由连体锚板、夹片、穴模、密封连接件及螺母、间接钢筋、密封盖、塑料密封套等组成，宜采用凹进混凝土表面布置，如图 11-21 所示。

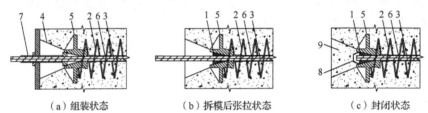

（a）组装状态　　　　　　　（b）拆模后张拉状态　　　　　　（c）封闭状态

1—夹片；2—间接钢筋；3—无粘结预应力钢绞线；4—穴模；5—连体锚板；6—塑料密封套；7—密封连接件及螺母；
8—密封盖；9—微膨胀细石混凝土或无收缩砂浆。

图 11-21　垫板连体式锚具系统构造示意图

用于三 a、三 b 类环境中，封闭时采用耐压密封盖、密封圈、热塑耐压密封长套管进行防腐蚀保护。

张拉端封锚的具体要求是，当采用凹入式节点、无收缩砂浆或混凝土封闭保护时，其锚具或预应力筋端部的保护层厚度：一类环境时不应小于 20mm，二 a、二 b 类环境时不应小于 50mm，三 a、三 b 类环境时不应小于 80mm；混凝土或砂浆不能包裹的部位，应对无粘结预应力筋的锚具全部涂以与无粘结预应力筋防腐涂层相同的防腐材料，并应用具有可靠防腐和防水性能的保护罩将锚具全部封闭。

当锚具凸出式布置时，还应注意封锚混凝土与构件混凝土应可靠粘结，锚具封闭前应将周围混凝土界面凿毛并冲洗干净，且宜配置 1、2 片钢筋网，钢筋网应与构件混凝土拉结；锚具或预应力筋端部的保护层厚度应同凹入式。

固定端锚具系统埋设在混凝土中，采用的挤压锚具、垫板连体式夹片锚具或全封闭垫板连体式夹片锚具应符合的相关要求如下。

1）挤压锚具应由挤压锚、承压板和间接钢筋组成，并应用专用设备将套筒等挤压锚具组装在钢绞线端部，如图 11-22（a）所示。

2）垫板连体式夹片锚具应由连体锚板、夹片、密封盖、塑料密封套与间接钢筋等组成。安装时应预先用专用紧楔器以不低于 0.75 倍预应力钢绞线强度标准值的顶紧力将夹片预紧，并应安装密封盖，如图 11-22（b）所示。

3）全封闭垫板连体式夹片锚具应由连体锚板、夹片、间接钢筋、耐压金属密封盖、密封圈、热塑耐压密封长套管组成。安装时应预先用专用紧楔器以不低于 0.75 倍预应力钢绞线强度标准值的顶紧力将夹片预紧，并应安装带密封圈的耐压金属密封盖，如图 11-22（c）所示。

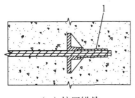
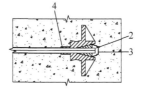
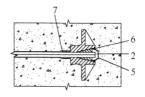

（a）挤压锚具　　　　　（b）垫板连体式夹片锚具　　　（c）全封闭垫板连体式夹片锚具

1—挤压锚具；2—专用防腐油脂；3—密封盖；4—塑料密封套；5—耐压密封盖；6—密封圈；7—热塑耐压密封长套管。

图 11-22　固定端锚具系统构造示意图

无粘结预应力筋张拉前，应清理锚垫板表面，并检查锚垫板后面的混凝土质量。如有空鼓现象，应在张拉前及时修补。对于无粘结预应力混凝土楼盖，宜先张拉楼板，后张拉楼面梁；板中的无粘结筋，可依次张拉；梁中的无粘结筋宜对称张拉。无粘结筋一般采用前卡式千斤顶单根张拉，并用单孔夹片锚具锚固。无粘结曲线预应力筋的长度超过 35m 时，宜采取两端张拉；当筋长超过 70m 时，宜采取分段张拉；在梁板顶面或墙壁侧面的斜槽内张拉无粘结预应力筋时，宜采用变角张拉装置。无粘结预应力筋的锚固区，必须有严格的密封防护措施，严防水汽进入锈蚀预应力筋。无粘结预应力筋锚固后的外露长度不小于 30mm，多余部分宜用角向磨光机或砂轮锯切割，但不得采用电弧切割。在锚具与锚垫板表面涂以防水涂料。为了使无粘结筋端头全封闭，在锚具端头涂防腐润滑油脂后，罩上封端塑料盖帽。

对凹入式锚固区，锚具表面经上述处理后，再用微胀混凝土或低收缩防水砂浆密封。对凸出式锚固区，可采用外包钢筋混凝土圈梁封闭。对留有后浇带的锚固区，可采取二次浇筑混凝土的方法封锚。锚固区混凝土或砂浆净保护层最小厚度：梁为 25mm，板为 20mm。

11.7　预应力混凝土结构工程验收

11.7.1　先张法预应力混凝土构件的施工验收

1. 预应力筋的验收

检验内容包括预应力筋的等级、抗拉强度、伸长率及张拉控制应力：

1）当施工需要超张拉时，最大张拉应力不应大于国家现行标准《混凝土结构设计规范（2015 年版）》（GB 50010—2010）[1]的规定。

2）张拉工艺应能保证同一束中各根预应力筋的应力均匀一致。

3）先张法预应力筋放张时，宜缓慢放松锚固装置，使各根预应力筋同时缓慢放松。

4）当采用应力控制方法张拉时，应校核预应力筋的伸长值。实际伸长值与设计计算理论伸长值的相对允许偏差为±6%。

5）预应力筋张拉锚固后实际建立的预应力值与工程设计规定检验值的相对允许偏差为±5%。

2. 混凝土的验收

混凝土的验收检验内容包括混凝土标准养护 28d 的强度、放张时及构件出厂（场）时的强度。

1）预应力筋张拉或放张时，混凝土强度应符合设计要求。

2）当设计无具体要求时，混凝土强度不应低于设计的混凝土立方体抗压强度标准值的 75%。

3. 构件外观验收检查

检查内容如下。

1）构件表面的露筋、裂缝、蜂窝及麻面等缺陷情况。

2）放张预应力筋时钢筋（丝）的内缩量。

3）构件各部分尺寸的偏差。

4）预应力筋张拉后与设计位置的偏差不得大于 5mm，且不得大于构件截面短边边长的 4%。

4. 构件结构性能检验

构件结构性能检验内容包括构件的强度、刚度、抗裂度或裂缝宽度、反拱度。应采用短期静力加载的方法。

11.7.2　后张法预应力混凝土构件的施工验收

1. 预应力筋及孔道布置情况验收

1）孔道定位点标高是否符合设计要求。

2）孔道是否顺直、过渡平滑，连接部位是否封闭，能否防止漏浆。

3）孔道是否有破损，是否封闭。

4）孔道固定是否牢固，连接配件是否到位。

5）张拉端、固定端安装是否正确、固定可靠。

2. 混凝土浇筑情况验收

1）张拉端、固定端处混凝土是否密实。

2）是否能保证管道线型不变，确保波纹管不被损伤。

3）混凝土浇筑完成后需用清孔器检查孔道或抽动孔道内预应力筋。

3. 孔道灌浆情况验收

1）水泥浆配合比需准确，计量应精确。

2）试块需按班组制作。

4. 预应力筋张拉情况验收

1）张拉值应准确。

2）伸长值应在规定范围内。

国家科学技术学术著作出版基金资助出版

预应力混凝土结构设计与施工

（下册）

郑文忠　周　威　王　英　著

科 学 出 版 社

北 京

内 容 简 介

　　预应力混凝土结构是土木工程的重要结构形式之一。本书集中体现了哈尔滨工业大学预应力与防护结构研究中心20多年来在预应力技术及其应用方面取得的研究成果。全书分上、下两册（共20章），上册为理论与方法，下册为工程实践。上册分为11章，主要包含绪论、预应力筋张拉控制应力与预应力损失、预应力筋等效荷载计算与线型选择、混凝土梁板中无粘结预应力筋应力增长规律、预应力混凝土结构抗力计算方法、超静定预应力混凝土结构塑性设计、预应力混凝土双向板研究与设计、局部受压承载力计算及端部构造设计、预应力混凝土结构变形与裂缝控制、预应力混凝土结构抗震设计、预应力混凝土结构施工与验收等。下册分为9章，主要包括预应力楼盖实例、预应力框架结构实例、预应力板-柱结构实例、预应力转换结构实例、预应力超长结构实例、预应力特种结构与特殊应用实例、预应力双 T 板实例、预应力在结构改造中的应用实例、工程事故处理实例等内容。

　　本书可供土木工程（含防灾减灾工程）、工程力学、桥梁工程等领域的科研人员、设计人员及工程技术人员参考，也可作为高等院校相关专业高年级本科生、研究生的教材使用。

图书在版编目（CIP）数据

预应力混凝土结构设计与施工/郑文忠，周威，王英著. —北京：科学出版社，2024.9

ISBN 978-7-03-051215-4

Ⅰ. ①预… Ⅱ. ①郑… ②周… ③王… Ⅲ. ①预应力混凝土结构–结构设计–工程施工 Ⅳ. ①TU378

中国版本图书馆 CIP 数据核字（2016）第 321311 号

责任编辑：王　钰 / 责任校对：王万红
责任印制：吕春珉 / 封面设计：东方人华平面设计部

科 学 出 版 社 出版

北京东黄城根北街 16 号
邮政编码：100717
http://www.sciencep.com

北京中科印刷有限公司印刷
科学出版社发行　　各地新华书店经销

*

2024 年 9 月第　一　版　　开本：787×1092 1/16
2024 年 9 月第一次印刷　　印张：33 3/4
字数：756 000

定价：**338.00 元**（上、下册）

（如有印装质量问题，我社负责调换）
销售部电话 010-62136230　编辑部电话 010-62151061

前　　言

预应力混凝土结构是指采用高强钢筋和高强混凝土通过先进的设计理论和施工工艺建造起来的配筋混凝土结构。其工作原理是在混凝土结构构件中通过合理布置并张锚预应力筋，产生与外荷载效应相反的等效荷载，使结构构件承受的净荷载效应明显减少，加上端部预应力的有利作用，可实现当外部作用荷载和跨度不变时，结构构件的截面尺寸明显减小，而当结构构件的截面尺寸和外部作用荷载不变时，跨度明显增大。改革开放40多年来，预应力混凝土结构在工程建设中发挥了不可替代的重要作用，焕发出了勃勃生机。

1997年以来，作者为本科生和研究生讲授预应力混凝土结构课程已20多个年头。作为规范起草编制组成员之一，作者参加了《混凝土结构设计规范（2015年版）》（GB 50010—2010）和《无粘结预应力混凝土结构技术规程》（JGJ 92—2016）的起草工作；作为审查委员会成员之一，作者参加了《预应力混凝土结构设计规范》（JGJ 369—2016）及《预应力混凝土结构抗震设计规程》（JGJ 140—2004）的审查工作。作者一直想写一本对预应力混凝土工程实践有益的著作，因此希望本书的出版能发挥一点作用。

在本书即将出版之际，感谢国家科学技术学术著作出版基金的资助；感谢哈尔滨工业大学高水平研究生教材建设项目的支持；感谢培养我的学校和老师，对党和人民忠诚与报效已成为我发自灵魂深处的自觉选择；还要感谢我的助手和研究生们，他们真诚质朴，默默奉献。

由于作者水平有限，书中不足之处在所难免，恳请读者批评指正。

郑文忠

2019年5月

目　录

上　册

下　　　册

第12章 预应力楼盖实例

12.1 引 言

预应力混凝土在楼盖结构中应用广泛,既可应用于传统的肋梁楼盖的主、次梁中,以实现相对大跨度;也可应用于扁梁-平板等楼盖结构,在实现良好受力性能的同时,更能保证楼盖结构的安全性与适用性。从使用功能方面而言,预应力混凝土楼盖可应用于居住、商业、工业等建筑中;从楼盖类型方面而言,预应力混凝土楼盖既可为常规实心梁板结构,也可为无梁的现浇空心板结构等。本章针对7个典型楼盖结构的设计过程、设计方法和设计结果等进行了详细介绍。

12.2 哈尔滨市二建公司自有生活区 B1 栋住宅结构设计

哈尔滨市第二建筑工程公司(简称哈尔滨市二建公司)自有生活区 B1 栋住宅为 18 层高层建筑。本节介绍了该住宅的建筑及结构平面布置、结构分析方法及有关设计计算结果,可供设计建造同类工程时参考。

12.2.1 工程概况

哈尔滨市二建公司自有生活区 B1 栋住宅位于南岗区宣化街西侧。该建筑地下 1 层,地上 17 层,标准层分为两个单元,每个单元为一梯两户;总建筑面积为 9700mm²,其中使用面积约为 7400mm²,其标准层平面布置如图 12-1 所示。

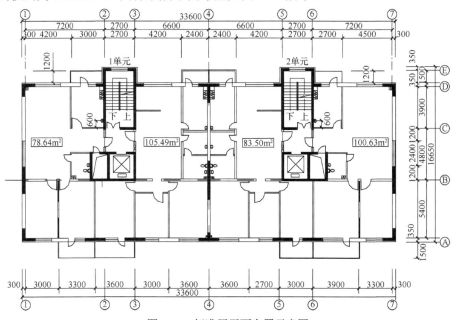

图 12-1 标准层平面布置示意图

为使住宅室内无柱楞，竖向构件采用了钢筋混凝土窄肢剪力墙，窄肢剪力墙厚度为250mm；为尽可能使室内无梁壳，楼盖采用了无粘结预应力混凝土楼盖，边梁宽度与窄肢剪力墙厚度取同。标准层平面布置及梁配筋如图 12-2 所示。

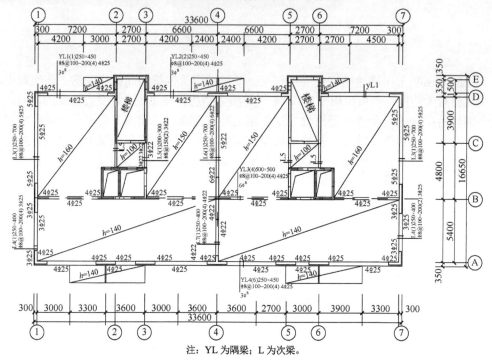

图 12-2　标准层平面布置及梁配筋示意图

套内隔墙采用厚度为 120mm 陶粒混凝土砌块砌筑，单元分隔墙采用 200mm 厚陶粒混凝土砌块砌筑，窗间墙采用 350mm 厚陶粒混凝土砌块砌筑，过边轴线的窄肢剪力墙外侧通过增设钢丝水泥网苯板保温层满足保温要求。

12.2.2　结构设计方案

1. 材料选择

窄肢剪力墙及预应力楼盖采用 C40 混凝土，窄肢剪力墙受力筋采用 HRB335 钢，拉结筋采用 I 级钢；预应力混凝土楼盖的梁板非预应力纵筋采用 HRB335 级钢，箍筋采用 I 级钢，预应力筋采用抗拉强度标准值 $f_{ptk}=1570\text{N/mm}^2$ 的 $U\phi^S15$ 钢绞线。

2. 窄肢剪力墙设计计算

窄肢剪力墙的截面根据房屋抗震构造等级及轴压比的要求确定。将图 12-2 及有关数据信息输入后，即可应用 TBSA 高层结构分析软件对结构进行空间分析，根据空间分析结果即可进行窄肢剪力墙结构施工图的绘制。该工程未考虑预应力效应对窄肢剪力墙的有利影响。

3. 预应力楼盖设计计算

通过裂缝控制方程计算确定预应力筋用量，通过承载力方程及有关构造要求确定非预应力筋用量的原则，计算确定梁板预应力筋及非预应力筋用量。在计算梁斜截面承载力时未计算预应力效应的有利影响。梁的配筋已标注于图 12-2 中。板中上下非预应力筋均为双向 φ12@200，板中预应力筋配置如图 12-3 所示。

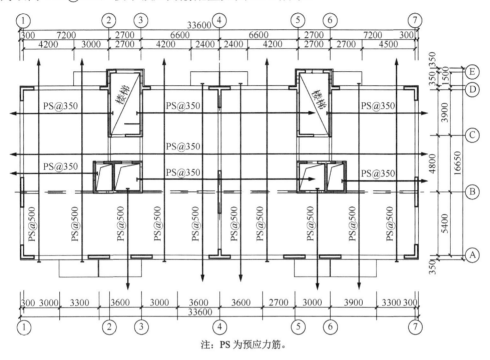

图 12-3　板中预应力筋配置示意图

注：PS 为预应力筋。

4. 本结构方案优点

采用本结构方案基本实现了"室内无柱楞、无梁壳"的目标，改善了住宅的使用性能，符合住宅与房地产业技术政策；可以有效降低层高，简化装修，便于施工；本结构方案楼盖与钢筋混凝土梁板结构楼盖造价基本持平，具有推广价值。该工程于 2000 年 10 月竣工，受到业主及用户好评。

12.2.3　小结

本节简要介绍了采用钢筋混凝土窄肢剪力墙作竖向构件、无粘结预应力混凝土平板作为楼盖的高层住宅结构的设计过程和方法，该类住宅结构可基本实现"室内无柱楞、无梁壳"的目标，为设计建造同类工程提供了参考。

12.3　长春美嘉城无粘结预应力混凝土肋梁楼盖设计

长春美嘉城位于长春市西五马路南侧，占地面积为 100m×200m，主要柱网尺寸为 10m×10m。该建筑地下 1 层，地上 4 层，楼盖采用了无粘结预应力混凝土梁板结构体系，本节主要对无粘结预应力混凝土连续次梁设计计算过程进行介绍。

12.3.1 工程概况

长春美嘉城裙房工程采用无粘结预应力混凝土梁板楼盖体系，其结构平面布置图如图 12-4 所示。现浇钢筋混凝土板厚度为 100mm，结构层以上的找平层、地面面层等按 1.1kN/m² 考虑，楼面活荷载为 3.5kN/m²，活荷载准永久值系数为 $\phi_q = 0.5$，根据塑性理论按轻度侵蚀环境对其进行设计计算。

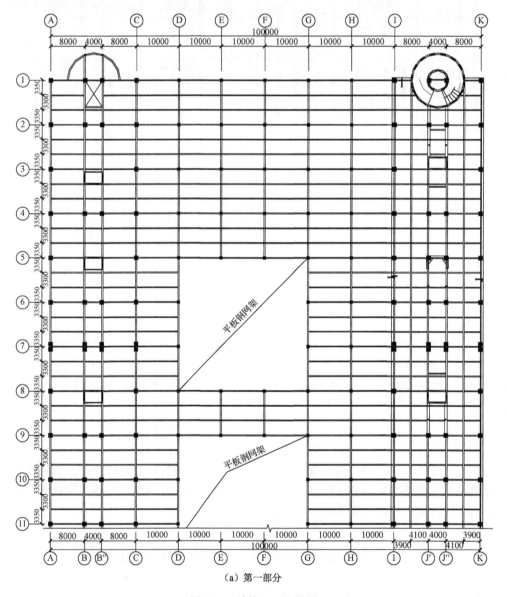

（a）第一部分

图 12-4 结构平面布置图

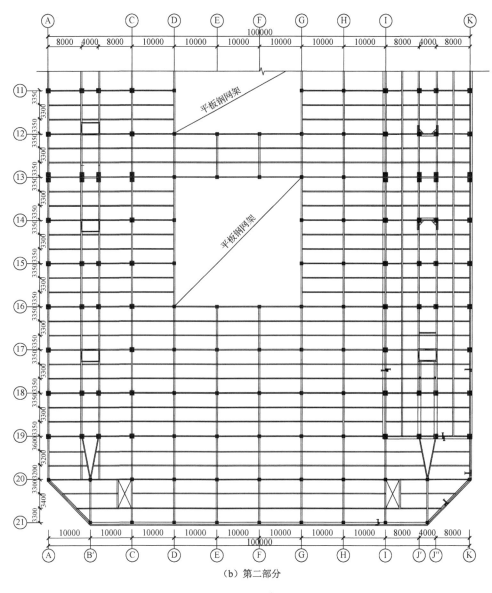

（b）第二部分

图 12-4（续）

12.3.2　结构设计方案

1. 截面尺寸选择及截面特征值计算

过框架柱的框架主梁截面尺寸取为 450mm×600mm，沿水平方向的次梁截面尺寸为 400mm×400mm。由图 12-4 可知，楼盖次梁以六跨为主，下面主要介绍六跨预应力混凝土连续次梁的设计计算过程。

次梁翼缘宽度可取为 $b'_f = b + 12h'_f = 400 + 12 \times 100 = 1600$（mm），其中 b 为腹板宽度，h'_f 为翼缘高度。次梁的截面形状及细部尺寸如图 12-5 所示。

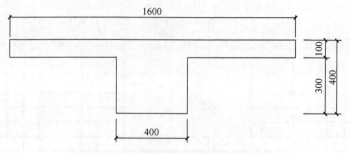

图 12-5　次梁的截面形状及细部尺寸

因而可求得如下截面特征值：

$$A = 400 \times (400 - 100) + 1600 \times 100 = 2.8 \times 10^5 \ (\text{mm}^2)$$

$$y_c = [1600 \times 100 \times (400 - 100/2) + 400 \times (400 - 100)^2 / 2] / 280000 = 264 \ (\text{mm})$$

$$I = 1/12 \times 1600 \times 100^3 + 1600 \times (400 - 264 - 100/2)^2 + 1/12 \times 400 \times (400 - 100)^3$$

$$+ 400 \times (400 - 100) \times [264 - (400 - 100)/2]^2 = 2.605 \times 10^9 (\text{mm}^4)$$

$$W_{\text{支}} = 2.605 \times 10^9 / (400 - 264) = 1.915 \times 10^7 \ (\text{mm}^4)$$

$$W_{\text{中}} = 2.605 \times 10^9 / 264 = 0.987 \times 10^7 (\text{mm}^3)$$

2. 材料选择

梁板柱均采用设计强度等级为 C40 的混凝土，梁中预应力筋采用抗拉强度标准值为 $f_{\text{ptk}}=1860\text{N/mm}^2$ 的 Uϕ^S15 无粘结预应力钢绞线，非预应力筋采用 HRB335 钢筋，箍筋采用 HPB235 钢筋，锚具采用单孔夹片锚。

3. 荷载计算

梁自重

$$0.4 \times 0.4 \times 25 = 4.00 (\text{km/m})$$

板传给梁的重力

$$0.1 \times (3.3 - 0.4) \times 25 = 7.25 (\text{km/m})$$

找平层、面层等传给梁的重力

$$1.1 \times 3.3 = 3.63 (\text{kN/m})$$

恒载标准值

$$g_k = 14.88 \text{ kN/m}$$

恒载设计值

$$G = 1.2 g_k = 17.86 \text{ kN/m}$$

活载标准值

$$q_k = 3.5 \times 4.5 = 15.75 (\text{kN/m})$$

活载设计值

$$Q = 1.4 q_k = 22.05 \text{ kN/m}$$

荷载标准组合

$$Q_s = g_k + q_k = 14.88 + 15.75 = 30.63 \, (\text{kN} / \text{m})$$

荷载准永久组合

$$Q_L = g_k + \phi_q q_k = 14.88 + 0.5 \times 15.75 = 22.76 \, (\text{kN} / \text{m})$$

4. 外荷载作用下内力计算

荷载标准组合

$$M_s^{\text{支}} = 0.105 Q_s l^2 = 0.105 \times 30.63 \times 10^2 = 321.62 \, (\text{kN} \cdot \text{m})$$

$$M_s^{\text{中}} = 0.078 Q_s l^2 = 0.078 \times 30.63 \times 10^2 = 238.91 \, (\text{kN} \cdot \text{m})$$

式中：l 为构件长度。

荷载准永久组合

$$M_L^{\text{支}} = 0.105 Q_L l^2 = 0.105 \times 22.05 \times 10^2 = 231.52 \, (\text{kN} \cdot \text{m})$$

$$M_L^{\text{中}} = 0.078 Q_L l^2 = 0.078 \times 22.05 \times 10^2 = 171.99 \, (\text{kN} \cdot \text{m})$$

荷载基本组合

$$M_{\text{load}}^{\text{支}} = 0.105(1.2 g_k + 1.4 q_k) l^2 = 0.105 \times 39.91 \times 10^2$$
$$= 419.06 \, (\text{kN} \cdot \text{m})$$

$$M_{\text{load}}^{\text{中}} = 0.078(1.2 g_k + 1.4 q_k) l^2 = 0.078 \times 39.91 \times 10^2$$
$$= 311.30 \, (\text{kN} \cdot \text{m})$$

忽略剪力设计值计算。

5. 预应力筋合力作用线的选取

根据考虑到防火、防腐及相关构造要求，确定次梁预应力筋合力作用线，如图 12-6 所示。图中 c.g.c 表示截面形心轴。

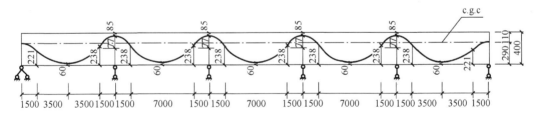

图 12-6　次梁预应力筋合力作用线

6. 张拉单位面积预应力筋引起的等效荷载及在等效荷载作用下的内力计算

无粘结预应力混凝土连续梁结构有效预应力 σ_{pe} 预估值，如图 12-7 所示。

图 12-7　次梁各控制截面预应力筋有效预应力预估值（单位：N/mm²）

张拉单位面积预应力筋引起的等效荷载，如图 12-8 所示。

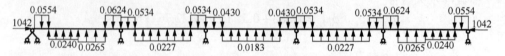

图 12-8　张拉单位面积（1mm²）预应力筋引起的等效荷载（单位：N/mm²）

张拉单位面积预应力筋引起的等效荷载作用下的各跨支座及跨中控制截面弯矩，如图 12-9 所示。

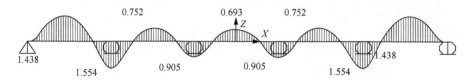

图 12-9　张拉单位面积预应力筋引起的等效荷载作用下的各跨支座
及跨中控制截面弯矩（单位：$10^5\text{N}\cdot\text{mm}$）

7. 计算预应力筋用量（A_p）

1）对于边跨跨中控制截面，在荷载短期效应组合下，满足轻度侵蚀环境裂缝控制要求所需的预应力筋用量下限值为

$$A_{\text{p}1}^{\text{中}} = (M_\text{s}^{\text{中}} / W_{\text{中}} - 2.5 f_{\text{tk}}) / (\sigma_{\text{pe}}^{\text{中}} / A - \overline{M}_\text{p}^{\text{中}} / W_{\text{中}}) = 966 \, \text{mm}^2$$

2）对于边跨跨中控制截面，在荷载长期效应组合下，满足一类环境裂缝控制要求所需的预应力筋用量下限值为

$$A_{\text{p}2}^{\text{中}} = (M_\text{L}^{\text{中}} / W_\text{k} - 0.8\gamma f_{\text{tk}}) / (\sigma_{\text{pe}}^{\text{中}} / A - \overline{M}_\text{p}^{\text{中}} / W_{\text{中}}) = 791 \, \text{mm}^2$$

3）对于边跨支座控制截面，在荷载短期效应组合下，满足一类环境裂缝控制要求所需的预应力筋用量下限值为

$$A_{\text{p}1}^{\text{支}} = (M_\text{s}^{\text{支}} / W_{\text{支}} - 2.5 f_{\text{tk}}) / (\sigma_{\text{pe}}^{\text{支}} / A - \overline{M}_\text{p}^{\text{支}} / W_{\text{支}}) = 1043 \, \text{mm}^2$$

4）对于边跨支座控制截面，在荷载长期效应组合下，满足一类环境裂缝控制要求所需的预应力筋用量下限值为

$$A_{\text{p}2}^{\text{支}} = (M_\text{L}^{\text{支}} / W_{\text{支}} - 0.8\gamma f_{\text{tk}}) / (\sigma_{\text{pe}}^{\text{支}} / A - \overline{M}_\text{p}^{\text{支}} / W_{\text{支}}) = 771 \, \text{mm}^2$$

5）满足裂缝控制要求所需的预应力筋用量下限值为

$$A_\text{p} = \max(A_{\text{p}1}^{\text{中}}, \ A_{\text{p}2}^{\text{中}}, \ A_{\text{p}1}^{\text{支}}, \ A_{\text{p}2}^{\text{支}}) = 1043 \, \text{mm}^2$$

因为单根抗拉强度标准值 $f_{\text{ptk}}=1860\text{N/mm}^2$ 的 $U\phi^S15$ 钢绞线的截面面积为 $\overline{A}_\text{p} = 140\text{mm}^2$，因而所需预应力筋的计算根数为 $n = \dfrac{1043}{140} = 7.45$，应选配 $8U\phi^S15$，实配预应力筋截面面积为 $A_\text{p} = 8 \times 140 = 1120（\text{mm}^2）$。

8. 计算确定非预应力筋用量

（1）边支座控制截面非预应力筋用量（A_s）

在张拉实配预应力筋引起的支座控制截面次弯矩为

$$M_{sec}^{支} = A_p \bar{M}_{sec}^{支} = -1120 \text{mm}^2 \times 0.786 \times 10^5 \text{N/mm} = -88.03 (\text{kN} \cdot \text{m})$$

由实配预应力筋截面面积为 $A_p = 1120 \text{mm}^2$，可计算确定预应力筋配筋指标为 $\beta_p = 0.26$。设受拉非预应力筋配筋指标 $\beta_s = 0.28$，将相关量值代入连续梁中无粘结筋极限应力设计值为 $\sigma_p = 978 \text{N/mm}^2$，将有关量值代入计算确定的弯矩调幅系数为 $\delta = 0.092$。

将有关量值代入正截面承载力计算公式，有

$$\begin{cases} 0.908 \times (400.16 - 88.03) \times 10^6 = 300 \times A_s \times (365 - 0.5x) + 1120 \times 995 \times (315 - 0.5x) \\ 300 A_s + 978 \times 1120 = 19.1 \times 400x \end{cases}$$

只需按构造要求配置非预应力筋。由 $\dfrac{A_s f_y h_s}{A_s f_y h_s + \sigma_{pu} A_p h_p} = 0.25$ 可得

$$A_s = \frac{\sigma_{pu} A_p h_p}{3 f_y h_s} = \frac{978 \times 1120 \times 315}{3 \times 300 \times 365} = 1050.35 (\text{mm}^2)$$

（2）跨中控制截面受拉非预应力筋用量（A_s）

在外荷载和预应力等效荷载作用下，由于活荷载的最不利布置跨中控制截面距离边支座 4.47m，并且考虑了支座控制截面弯矩调幅，根据静力平衡条件，跨中控制截面的弯矩设计值为

$$(M_{load}^{中} + M_{sec}^{中}) + \Delta M = 311.30 + 8.57 \times 10^{-2} \times 1120 = 407.28 (\text{kN} \cdot \text{m})$$

设混凝土受压区高度小于翼缘高度，无粘结筋极限应力设计值 $\sigma_p = 978 \text{N/mm}^2$，将有关量值代入正截面承载力公式得

$$\begin{cases} 407.28 \times 10^6 = 300 \times A_s \times (365 - 0.5x) + 1120 \times 978 \times (315 - 0.5x) \\ 300 A_s + 978 \times 1120 = 19.1 \times 1600x \end{cases}$$

解方程得

$$\begin{cases} x = 46.80 \text{mm} < h_f' \\ A_s = 520.24 \text{mm}^2 \end{cases}$$

需按构造要求配置非预应力筋，即

$$A_s = \frac{\sigma_{pu} A_p h_p}{3 f_y h_s} = \frac{978 \times 1120 \times 340}{3 \times 300 \times 365} = 1133.71 (\text{mm}^2)$$

12.3.3　小结

采用超长预应力混凝土连续梁的长春美嘉城工程，按塑性设计方法进行配筋设计，经济技术效果良好。

12.4　东北林业大学机电试验楼预应力厚板扁梁楼盖设计

　　针对东北林业大学机电试验楼横向柱距和楼盖所承受的竖向荷载较大，而结构层高又受到限制这一棘手问题，该工程选取了预应力混凝土厚板扁梁楼盖体系。本节介绍了该楼盖体系材料选择、截面选择、预应力工艺选择、预应力筋线型选择、荷载取值与内力计算、扁梁及厚板预应力筋与非预应力筋选配的过程，为设计建造同类工程提供参考。

12.4.1　工程概况

　　东北林业大学机电试验楼是该校机电工程专业的科学研究和试验教学中心。该建筑总建筑面积为 7560m²。该建筑地上 4 层为机电试验用房，为与校园总体环境相协调，层高不宜超过 3m，使用荷载为 21kN/m²，负一层为车库和机修用房。其标准层结构平面布置如图 12-10 所示，工程抗震设防烈度按 6 度考虑。该工程选取了由过Ⓐ、Ⓑ、Ⓒ三轴的纵向扁梁和垂直于扁梁的两跨预应力混凝土连续厚板组成的楼盖体系。

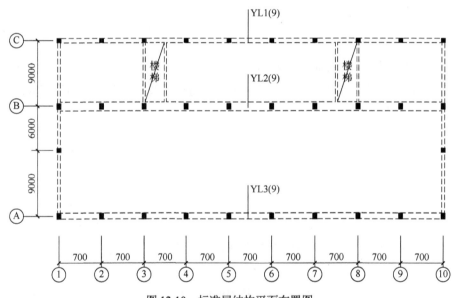

图 12-10　标准层结构平面布置图

12.4.2　结构设计方案

1. 材料、截面及预应力工艺选择

　　该建筑结构混凝土采用设计强度等级为 C40 的混凝土，预应力筋采用抗拉强度标准值为 f_{ptk}=1860N/mm² 的 φ^j15 低松弛钢绞线，非预应力筋采用 HRB335 钢，箍筋可视具体情况采用Ⅰ、HRB335 钢，扁梁及厚板均采用后张无粘结预应力工艺，两端张拉。锚具采用单孔夹片锚 XM15-1。为使扁梁成为板的刚性支承，同时便于布置预应力筋和非预应力筋，图 12-10 中标准层扁梁截面尺寸 YL1 为 $b \times h$=600mm×600mm，YL2 为 $b \times h$=1200mm×

600mm，YL3 为 b×h=800mm×600mm，过Ⓐ、Ⓑ轴柱截面尺寸为 b×h= 600mm×800mm，过Ⓒ轴柱截面尺寸为 600mm×600mm，Ⓐ~Ⓑ板的跨度为 15m，远大于预应力板的常规跨度 7~8m，考虑到楼盖所受到的竖向荷载相对较大，经试算该跨板厚度取为 450mm，远大于常规板的厚度，而且其高跨比 h/l=1/33 也远大于常规预应力板的高跨比（1/55~1/45）。同理跨度为 9m 的Ⓑ~Ⓒ区段板厚取为 270mm。

2. 扁梁设计

（1）荷载统计与内力计算

标准层过Ⓑ轴预应力扁梁所承担的外荷载如图 12-11 所示，其中 g_k 为恒载标准值，q_k 为活载标准值。在恒载标准值 g_k（活载标准值 q_k）作用下扁梁的弯矩图如图 12-12 所示。

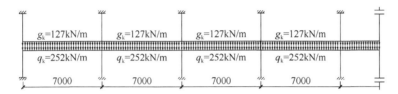

图 12-11 预应力扁梁所承担的外荷载

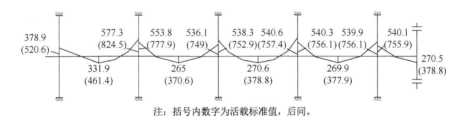

注：括号内数字为活载标准值，后同。

图 12-12 恒载（活载）标准值作用下扁梁的弯矩图（单位：10^6 N·mm）

（2）预应力筋线型选取

为了尽可能地提高预应力筋的垂幅，方便施工，同时考虑到端部构造及防火要求，选取如图 12-13 所示的预应力筋线型。

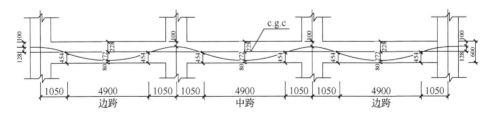

图 12-13 扁梁预应力筋线型

（3）张拉扁梁中单位面积预应力筋引起的等效荷载及结构内力

经试算，标准层过Ⓑ轴扁梁各控制截面有效预应力预估值如图 12-14 所示，其中 $\sigma_{con} = 0.7 f_{ptk}$。由此可求得如图 12-15 所示的张拉该扁梁单位面积预应力筋（这里单位面积是指 1mm²）引起的等效荷载，继而求得在该等效荷载作用下扁梁的弯矩图，如图 12-16

所示。经计算，在张拉过程中若采用逐层浇筑、逐层张拉，则各跨侧限影响系数 η 均大于 0.95，可不考虑侧限对预应力传递及设计计算结果的影响。

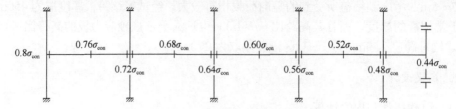

图 12-14　扁梁各控制截面有效预应力预估值

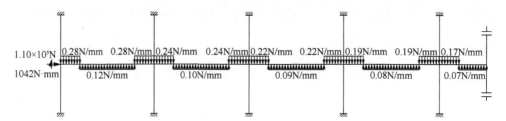

图 12-15　张拉扁梁单位面积预应力筋引起的等效荷载

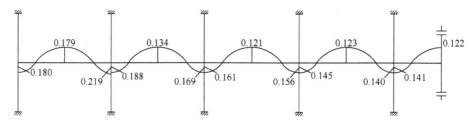

图 12-16　等效荷载作用下扁梁弯矩图（单位：10^6 N·mm）

（4）预应力筋 A_p 及非预应力筋 A_s 的选配

按东南大学张德锋等[58]对一般截面尺寸、采用高强钢丝钢绞线作为预应力筋、中等预应力度以上的预应力混凝土结构构件提出了如表 12-1 所示的后张法预应力混凝土结构构件的裂缝控制及验算建议。

表 12-1　后张法预应力混凝土结构构件的裂缝控制及验算建议

外部环境条件	荷载作用组合	裂缝控制建议	裂缝验算建议
一类环境	标准组合	$\omega_{cr} \leqslant 0.20\text{mm}$	$\sigma_{sc} - \sigma_{pc} \leqslant 2.5 f_{tk}$
	准永久组合	$\omega_{cr} \leqslant 0.05\text{mm}$	$\sigma_{lc} - \sigma_{pc} \leqslant 0.8\gamma f_{tk}$
二类环境	标准组合	$\omega_{cr} \leqslant 0.10\text{mm}$	$\sigma_{sc} - \sigma_{pc} \leqslant 2.0 f_{tk}$
	准永久组合	减压状态	$\sigma_{lc} - \sigma_{pc} \leqslant 0$
三类环境	标准组合	减压状态	$\sigma_{sc} - \sigma_{pc} \leqslant 0$
	准永久组合	减压状态	$\sigma_{lc} - \sigma_{pc} \leqslant 0$

工程的工作环境为室内一般环境，可按轻度侵蚀环境的裂缝控制方程计算确定预应力筋用量。设 $\bar{M}_p$ 为张拉扁梁中单位面积预应力筋引起的等效荷载作用下结构控制截面的弯矩。

由 $A_\mathrm{p} = \dfrac{\dfrac{M_\mathrm{s}}{W} - 2.5 f_\mathrm{tk}}{\dfrac{\sigma_\mathrm{pe}}{A} - \dfrac{\bar{M}_\mathrm{p}}{W}}$ 可知，扁梁满足荷载效应标准组合裂缝控制要求的预应力筋用量

为 $A_\mathrm{p} = 1031\mathrm{mm}^2$ 。

由 $A_\mathrm{p} = \dfrac{\dfrac{M_\mathrm{L}}{W} - 0.8\gamma f_\mathrm{tk}}{\dfrac{\sigma_\mathrm{pe}}{A} - \dfrac{\bar{M}_\mathrm{p}}{W}}$ 可知，扁梁满足荷载长期效应准永久组合裂缝控制要求的预应

力筋用量为 $A'_\mathrm{p} = 2142\mathrm{mm}^2$ 。

取 $A_\mathrm{p} = \max(A_\mathrm{p}, A'_\mathrm{p}) = 2142\mathrm{mm}^2$ 。

实配预应力筋用量为 $16\phi^\mathrm{S}15$ （$A_\mathrm{p}=2224\mathrm{mm}^2$），按单排布置。

在计算确定预应力筋用量 A_p 后，须计算控制截面内力设计值，由预应力混凝土结构设计统一方法正截面承载力计算公式和规范有关构造要求，可计算确定非预应力筋用量，具体量值如图 12-17 所示。过Ⓐ、Ⓒ两轴扁梁的设计可参照过Ⓑ轴扁梁的思路和方法进行。经验算，标准层过Ⓑ轴扁梁各跨的总变形与跨度之比为 1/2250～1/1542，远小于 1/250，满足变形控制要求。

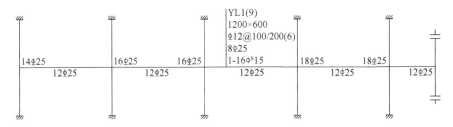

图 12-17　预应力扁梁配筋图

需要指出的是，尽管关于预应力混凝土结构裂缝控制标准还有一些争议，但通过裂缝控制方程计算确定预应力筋用量的思路是相同的。

3. 厚板设计

（1）计算简图的选取

由于扁梁抗扭线刚度与单位宽度板带抗弯线刚度之比远小于 9，可采用图 12-18 所示单位宽度板带计算简图。

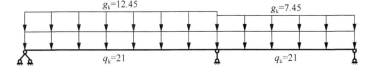

图 12-18　单位宽度板带计算简图（单位：kN/mm）

（2）内力计算

在图 12-18 所示恒载标准值和活载标准值作用下板带弯矩分布图如图 12-19 所示。

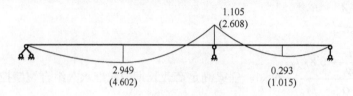

图 12-19　恒载（活载）标准值作用下板带弯矩分布图（单位：10^8N·mm）

（3）板预应力筋线型选取

板中预应力筋线型如图 12-20 所示。

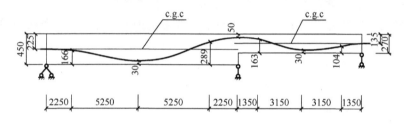

图 12-20　板中预应力筋线型

（4）张拉板带中单位面积预应力筋引起的等效荷载及结构内力

经试算，当预应力筋张拉控制应力 σ_{con} 取 $0.7f_{\text{ptk}}$ 时，板端及边跨跨中预应力筋有效预应力可暂取为 $\sigma_{\text{pe}}=1042\text{N/mm}^2$，中支座处可暂取为 $\sigma_{\text{pe}}=912\text{N/mm}^2$，张拉板带中单位面积预应力筋引起的等效荷载及弯矩分别如图 12-21 和图 12-22 所示。

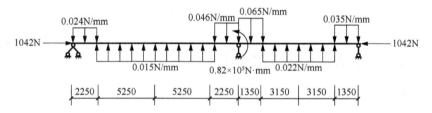

图 12-21　张拉板中单位面积预应力筋引起的等效荷载

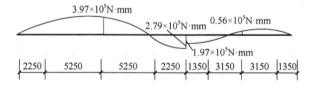

图 12-22　等效荷载作用下板带弯矩图

（5）预应力筋 A_p 及非预应力筋 A_s 的选配

15m 跨板由裂缝控制方程计算确定的预应力筋用量为 ϕ^S15@115，9m 跨板由裂缝控制方程计算确定的预应力筋用量为 ϕ^S15@130。考虑到跨度不同的两跨板预应力筋用量相差不多，统一实配 ϕ^S15@115。同理，可由预应力混凝土结构设计统一方法正截面承载力计算公式和规范有关构造要求，计算确定板中非预应力筋用量。标准层板预应力筋配筋图如图 12-23 所示。经验算，15m 与 9m 跨板的总变形与跨度之比分别为 1/318 和 1/1084，均小于 1/300，满足变形控制要求。

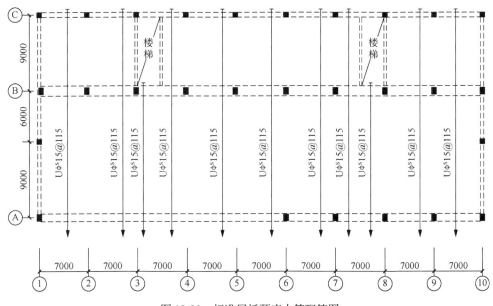

图 12-23 标准层板预应力筋配筋图

4. 柱的设计

柱采用普通钢筋混凝土柱，假设外荷载引起的柱端控制截面弯矩设计值为 M_{load}^c、剪力设计值为 V_{load}^c，张拉梁中预应力筋引起的柱端控制截面弯矩为 M_p^c、剪力为 V_p^c，则用（$M_{load}^c + M_p^c$）代替 M_{load}^c，由普通钢筋混凝土柱正截面承载力计算公式即可求得柱中纵筋用量（A_{sc} 和 A_{sc}'）；用（$V_{load}^c + V_p^c$）代替 V_{load}^c，由柱斜截面受剪承载力计算公式即可求得柱中箍筋用量。

12.4.3 小结

1）本节结合东北林业大学机电楼工程的设计，提出了选用预应力混凝土扁梁厚板楼盖的思想。工程实践表明，可将预应力混凝土板在较大荷载下的跨度适当放大，如该工程板跨放大至 15m。

2）本节系统介绍了该工程预应力混凝土扁梁厚板楼盖的材料选择、截面选择、预应力工艺选择、预应力筋线型选择、荷载取值与内力计算、扁梁及厚板预应力筋与非预应力筋选配的设计过程，为设计建造同类工程提供了参考。

12.5 绥芬河青云集团地下商场屋盖的选型与设计

本节介绍绥芬河市青云（集团）经贸有限公司（简称绥芬河青云集团）地下商场的基本概况，针对其柱网尺寸和所承受的荷载均较大的客观事实，设计了无粘结预应力混凝土无梁楼盖和无粘结预应力混凝土井式梁板楼盖两种结构方案。本节介绍了该两种方案的设计要点及造价分析，可供设计建造同类工程时参考。

12.5.1 工程概况

绥芬河青云集团地下商场，总建筑面积为 6292m²，柱网尺寸为 11.35m×12.6m，为 1 层地下建筑。该商场屋顶作为休闲广场，除结构层外的土层、防水层、保温层等的恒载标准值为 14.9kN/m²，活载标准值为 3.0kN/m²。建筑场地呈东高西低的缓坡形，东西向最大高差为 4m。为减小土方工作量，层高定为 4.0m。该地下商场东西向长度为 139.2m，考虑温度变化和混凝土收缩对结构的影响，在结构中部设置了两道 60mm 宽的伸缩缝，并根据伸缩缝的设置位置，将结构平面分为 3 个区：①～⑩轴为 A 区，⑪～㉓轴为 B 区，㉔～㊱轴为 C 区。由于该工程柱网尺寸和所承受的荷载均较大，采用普通钢筋混凝土楼盖体系难以满足其使用要求。本节介绍了预应力混凝土无梁楼盖和预应力混凝土井式梁板楼盖这两种方案，特别是给出了板-柱节点和扁梁-柱节点的设计与构造。

12.5.2 结构设计方案

1. 无粘结预应力混凝土无梁楼盖

由于无粘结预应力混凝土无梁楼盖的适用柱网尺寸为（7m×7m）～（12m×12m），且这种结构形式具有可明显降低结构层高、方便室内装修等突出优点，是该工程建议的可选方案之一。其结构平面布置图如图 12-24 所示。由于柱网尺寸和所承担的荷载均较大，板厚取为 300mm，混凝土设计强度等级为 C40，非预应力纵筋为 HRB400 钢筋，箍筋为 HRB335 钢筋，预应力筋选用 $f_{ptk}=1860 \text{N}/\text{mm}^2$ 的低松弛 $U\phi^s15$ 钢绞线，张拉端采用 XM15-1 锚具，锚固端采用挤压锚，并做好可靠的局压设计。以 B 区为例，其预应力筋配筋图如图 12-25 所示，两个方向的预应力筋线型图如图 12-26 所示，板的非预应力筋布置及边梁配筋图如图 12-27 所示。该工程节点冲切荷载设计值过大，因此采用了柱帽与托板联合抵抗冲切荷载的复杂节点形式，其双向配筋图如图 12-28 所示。

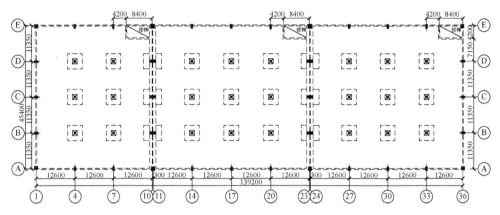

图 12-24　无粘结预应力混凝土无梁楼盖结构平面布置图

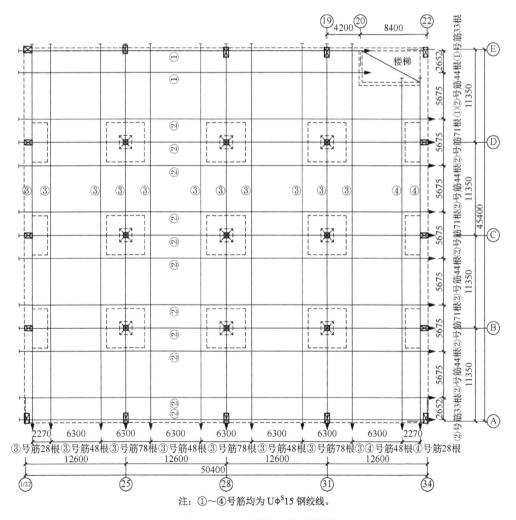

注：①～④号筋均为 Uϕ^s15 钢绞线。

图 12-25　B 区预应力筋配筋图

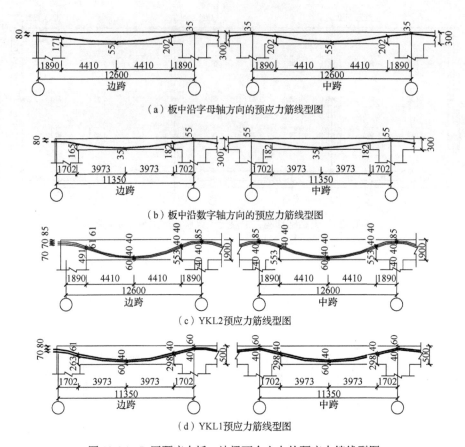

图 12-26 B 区预应力板、边梁两个方向的预应力筋线型图

按本方案考虑柱帽和托板之后的楼盖折算厚度为 344mm，非预应力筋用量为 63.9kg/m²，预应力筋用量为 29.4kg/m²，无梁楼盖每平方米的造价为 903 元。

2. 无粘结预应力混凝土井式梁板楼盖

由于无梁楼盖的节点设计与施工复杂，预应力筋用量相对偏高，本节又提出了无粘结预应力混凝土井式梁板楼盖的结构方案，如图 12-29 所示。由图 12-29 可以看出，每个柱网分成 6×6 个区格，双向框架梁的截面尺寸 $b×h$=1000mm×700mm，边框架梁的截面尺寸 $b×h$=500mm×700mm，井式梁的截面尺寸 $b×h$=300mm×500mm，板厚为 100mm，为了使梁底皮齐平，将双向框架梁上返 200mm。无粘结预应力混凝土井式梁板楼盖方案的结构材料选择与无粘结预应力混凝土无梁楼盖方案相同。以 B 区格板的标准柱网为例，其梁的截面及配筋图如图 12-30 所示，两个方向预应力梁的预应力筋线型图如图 12-31 所示，B 区格板的配筋图如图 12-32 所示。扁梁-柱节点配筋及构造如图 12-33 所示。

本方案的楼盖折算厚度为 301mm，非预应力筋用量为 79.2kg/m²，预应力筋用量为 17.9kg/m²，井式梁板楼盖每平方米的造价为 813 元。

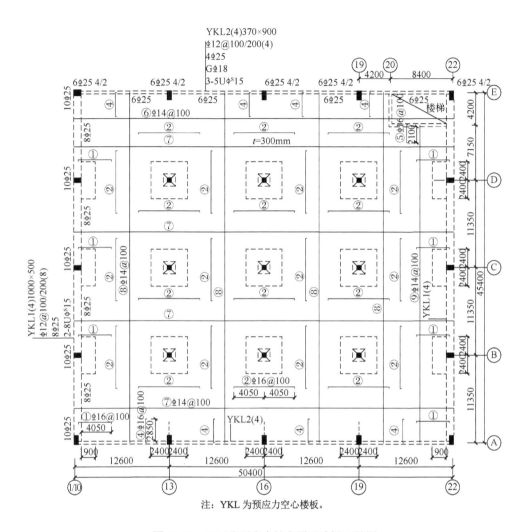

注：YKL 为预应力空心楼板。

图 12-27　B 区非预应力筋布置及边梁配筋图

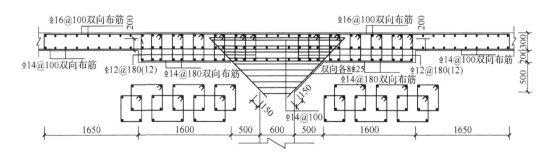

图 12-28　板-柱节点双向配筋图（双向对称）

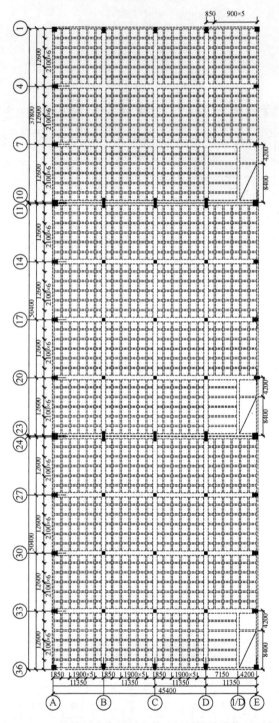

图 12-29　无粘结预应力混凝土井式梁板楼盖结构平面布置

3. 两种方案的比较

两种方案的房屋净高仅相差 200mm，均能满足其使用功能的要求，并且建设单位对两种方案均采用吊顶装修，因此选择两种方案的重要依据是其工程造价。由于无粘结预应力混凝土无梁楼盖单位面积的造价为 903 元/m²，无粘结预应力混凝土井式梁板楼盖单位面积的造价为 813 元/m²，两种方案单位面积的造价差为 90 元/m²。若采用无粘结预应力混凝土井式梁板楼盖方案，整个工程可节省投资 56.6 万元。因此，经建设单位、设计单位和施工单位反复协商，最终选用了无粘结预应力混凝土井式梁板楼盖方案。

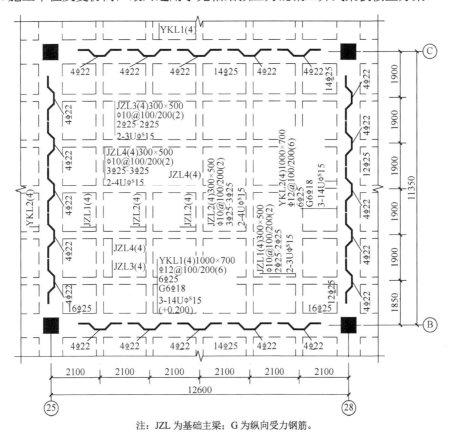

注：JZL 为基础主梁；G 为纵向受力钢筋。

图 12-30　B 区梁的截面及配筋图

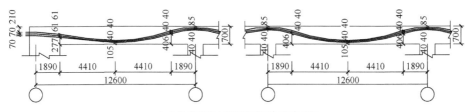

（a）沿字母轴方向预应力框架梁线型图

图 12-31　B 区标准区格中两个方向预应力梁的预应力筋线型图

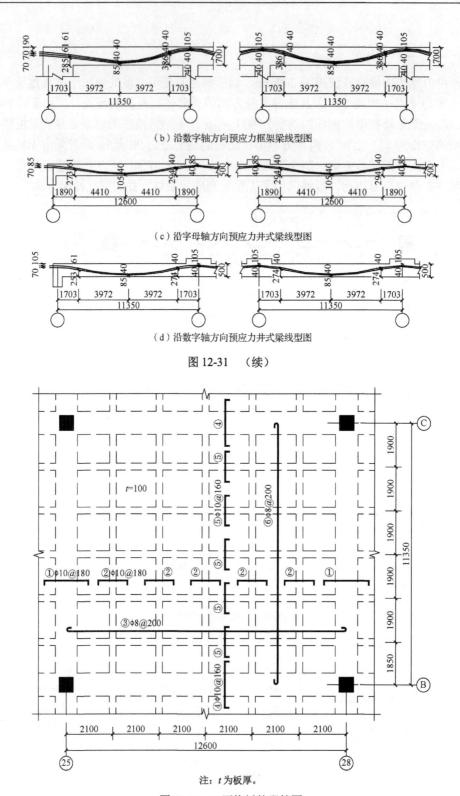

（b）沿数字轴方向预应力框架梁线型图

（c）沿字母轴方向预应力井式梁线型图

（d）沿数字轴方向预应力井式梁线型图

图 12-31 （续）

注：t 为板厚。

图 12-32 B 区格板的配筋图

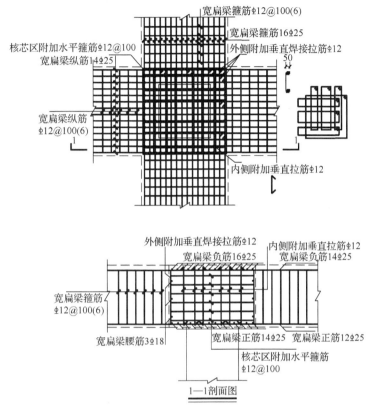

图 12-33 扁梁-柱节点配筋及构造

12.5.3 小结

本节介绍了绥芬河青云集团地下商场的基本概况,针对其柱网尺寸和所承受的荷载均较大的客观事实,设计了无粘结预应力混凝土无梁楼盖和无粘结预应力混凝土井式梁板楼盖两种结构方案。本节介绍了这两种方案的设计要点及造价分析,可供设计建造同类工程时参考。

12.6 哈尔滨市文君花园小区套内无梁无柱住宅结构设计

哈尔滨市文君花园小区 8 号楼为套内无梁无柱小高层住宅。本节介绍了通过合理布置与板同厚的预应力混凝土暗梁将异型板规则化处理的方法,给出了楼盖配筋预应力筋的配筋图,为设计同类工程提供参考。

12.6.1 工程概况

哈尔滨市文君花园小区 8 号楼为 12 层小高层建筑,标准层分为 3 个单元,每个单元为一梯三户;总建筑面积近 11200m²,其中使用面积为 8600m²,其标准层一个标准单元结构平面布置图如图 12-34 所示。

经充分考虑,楼盖采用 120mm 厚无粘结预应力混凝土平板;竖向受力构件采用钢筋混凝土剪力墙，外墙厚 240mm，内墙厚 180mm。隔墙采用 90mm 厚轻质陶粒混凝土砌块砌筑。

由于竖向构件采用钢筋混凝土剪力墙，楼盖采用无粘结预应力混凝土平板，从而实现了室内"套内无梁无柱"的目标，改善了住宅的使用性能，深受用户欢迎。

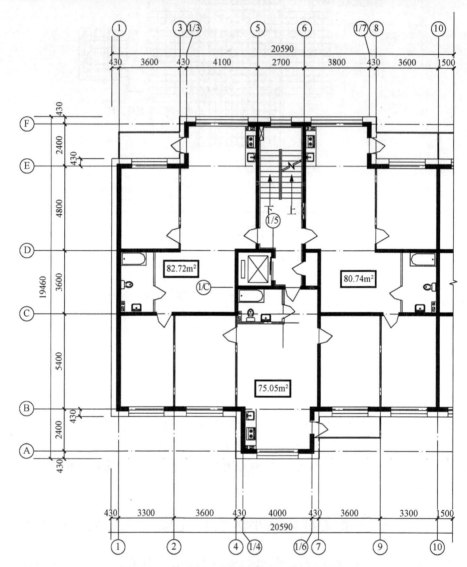

图 12-34　标准层一个标准单元结构平面布置图

12.6.2　结构设计方案

预应力混凝土平板和钢筋混凝土剪力墙采用 C40 混凝土；平板的无粘结预应力筋选用 $f_{ptk}=1570N/mm^2$ 的 Uϕ^j15 钢绞线；非预应力纵筋选用 HRB335 钢筋。

剪力墙将图 12-35 中的平板分割成了若干块带阳角的异型板。为了对异型板进行规则化处理，沿轴线Ⓑ、Ⓒ、Ⓓ、Ⓔ等处布置与板同厚的预应力混凝土暗梁，从而将单元楼盖划分为如图 12-35 所示规则的单向板和双向板。

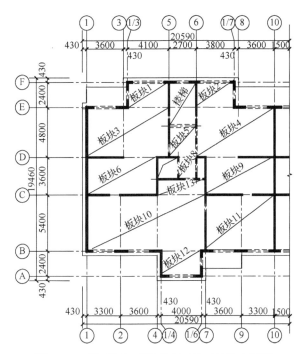

图 12-35　异型板规则化处理后单元结构布置图

1. 预应力混凝土暗梁的设计

为确保暗梁发挥其对异型板的规则化处理作用，除沿Ⓑ、Ⓒ、Ⓓ、Ⓔ与剪力墙同宽的板带及内墙外侧共配置 4Uφ^{S}15 预应力筋外；沿Ⓓ轴剪力墙两侧各 800mm 板带内布置 5Uφ^{S}15 预应力筋和 5Φ22 非预应力筋；在Ⓑ轴线剪力墙的Ⓐ/4～Ⓐ/6区段，Ⓑ轴剪力墙边靠Ⓐ轴侧 400mm 范围板带内、Ⓒ轴剪力墙边靠Ⓓ轴 400mm 范围板带内、Ⓔ轴剪力墙的Ⓐ/3～⑤及⑥～Ⓐ/7区段、Ⓔ剪力墙边靠Ⓔ轴 400mm 范围，板带内上下均配置 5Φ22 的非预应力筋。

预应力筋在剪力墙墙身区段内按直线平直布置，在与板同厚的暗梁内按抛物线布置，预应力筋保护层厚度按防火要求确定。

2. 预应力混凝土板的设计

经计算分析，并考虑有关构造要求，平板中沿房屋横向预应力筋采用 Uφ^{S}15@500，支座及跨中非预应力受力钢筋用量为 Φ12@200。该结构标准层预应力混凝土暗梁布置及预应力筋配筋图如图 12-36 所示。

3. 竖向构件及基础的设计

钢筋混凝土剪力墙及基础设计不考虑预应力效应的影响，按常规方法进行。

4. 本结构方案的优点

1）采用本结构方案实现了"套内无梁无柱"的目标，改善了住宅的使用性能，符合住宅与房地产业技术政策。

2）采用本结构方案可有效降低建筑层高，简化装修，方便施工。

3）采用本结构方案楼盖与采用钢筋混凝土梁板结构楼盖造价基本持平，具有推广价值。

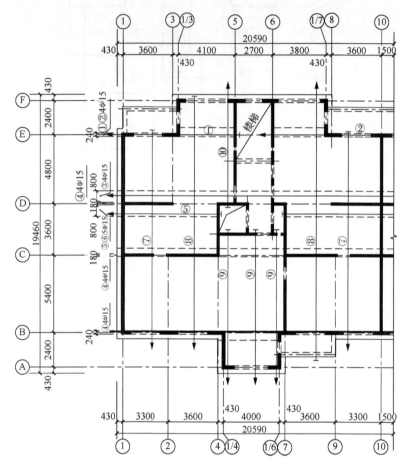

图 12-36　标准层预应力混凝土暗梁布置及预应力筋配筋图

12.6.3　小结

本节介绍了通过合理布置与板同厚的预应力混凝土暗梁将异型板设计规则化处理的方法，为设计建造"套内无梁无柱"住宅提供了参考。

12.7　黑河市嘉德利汽车超市预应力空心板设计

12.7.1　工程概况

黑河市嘉德利丰田汽车销售服务有限公司楼盖因需要大空间且不允许出现裂缝，需采用现浇混凝土预应力空心楼盖结构。楼盖跨度为 35.00m×21.00m，周边为刚性支承，混凝土强度等级为 C40，非预应力筋采用 HRB400 钢筋，预应力筋采用 Uϕ^S15.2 低松弛钢绞线。楼板面层及装修荷载为 2.5kN/m^2，均布活荷载为 3.5kN/m^2，活荷载组合值系数为 0.7，准永久值系数为 0.5。

12.7.2　结构设计方案

试为楼板布置薄壁筒芯内模和受力钢筋，并验算承载力、裂缝和挠度。

1. 选型

楼盖的长宽比为 35.00m/21.00m=1.67，属于双向板。现浇混凝土空心楼盖的厚度按跨度的 1/40 考虑，即 21000mm/40=525mm，板厚采用 550mm。由于板跨度很大，为了增加板的整体性，在板内柱间布置暗梁，暗梁尺寸为 800mm×550mm。

2. 薄壁筒芯内模布置

采用直径为 400mm，长度为 970mm 的薄壁筒芯内模，筒芯沿短跨方向单向布置，顺孔方向肋宽取 180mm，横孔方向肋宽取 150mm，板顶厚度、板底厚度均取 75mm，薄壁筒芯内模布置图如图 12-37 所示。

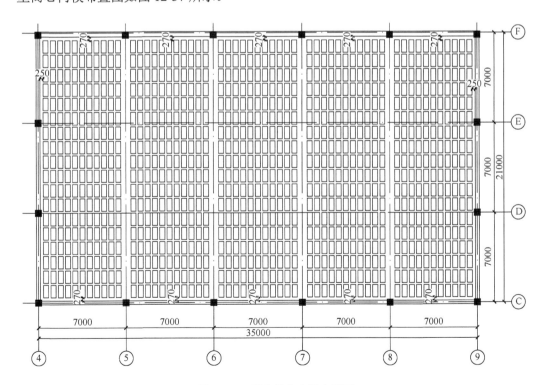

图 12-37　薄壁筒芯内模布置图

3. 荷载计算

空心楼板按质量等效的折实厚度为

$$h_{con} = 550 - \frac{3.14 \times 200^2 \times 970 \times 18 \times 11}{7000 \times 21000} = 386(mm)$$

板自重为

$$0.386 \times 25 = 9.65(kN/m^2)$$

筒芯内模自重为

$$0.45 \times 18 \times 11 \div 7 \div 21 = 0.61(kN/m^2)$$

荷载设计值为

$$q_1 = 1.35 \times (9.65 + 0.61 + 2.50) + 1.4 \times 0.7 \times 3.50 = 20.66(kN/m^2)$$

$$q_2 = 1.2 \times (9.65 + 0.61 + 2.50) + 1.4 \times 3.50 = 20.21(kN/m^2)$$

荷载设计值取 $q_u = 20.66kN/m^2$。

荷载标准值为

$$q_k = 9.65 + 0.61 + 2.50 + 3.50 = 16.26(kN/m^2)$$

荷载准永久值为

$$q_q = 9.65 + 0.61 + 2.50 + 0.5 \times 3.50 = 14.51(kN/m^2)$$

4. 内力计算

由 $D/h = 0.73$，知横孔方向与顺孔方向刚度比为 0.85，两个方向刚度相差较小，可按正交各向同性板计算。楼盖按四边简支进行内力计算，$l_x / l_y = 0.6$，考虑混凝土泊松比 $\upsilon_c = 0.2$，忽略薄膜效应，查得弹性板内力计算系数后，得到单位宽度板带截面弯矩及配筋计算表如表 12-2 所示。

表 12-2 单位宽度板带截面弯矩及配筋计算表

位置	弯矩计算系数	弯矩设计值/（kN·m²）	弯矩标准值/（kN·m²）	弯矩准永久值/（kN·m²）
短跨跨中	0.0868	790.8	622.4	582.2
长跨跨中	0.0259	236.0	185.7	173.7

（1）顺孔方向内力计算

顺孔方向取两相邻纵肋中心线之间的范围作为一个计算单元，计算单元宽度为

$$b = 400 + 180 = 580(mm)$$

荷载效应基本组合作用下单元宽度跨中弯矩为

$$M_u = 790.8 \times 0.58 = 458.7(kN \cdot m)$$

荷载效应标准组合作用下单元宽度跨中弯矩为

$$M_k = 622.4 \times 0.58 = 361.0(kN \cdot m)$$

荷载效应准永久组合作用下单元宽度跨中弯矩为

$$M_{\mathrm{q}} = 582.2 \times 0.58 = 337.7 (\mathrm{kN \cdot m})$$

（2）横孔方向内力计算

横孔方向取两相邻横肋中心线之间的范围作为一个计算单元，计算单元宽度为

$$b = 970 + 150 = 1120 (\mathrm{mm})$$

荷载效应基本组合作用下单元宽度跨中弯矩为

$$M_{\mathrm{u}} = 236.0 \times 1.12 = 264.3 (\mathrm{kN \cdot m})$$

荷载效应标准组合作用下单元宽度跨中弯矩为

$$M_{\mathrm{k}} = 185.7 \times 1.12 = 208.0 (\mathrm{kN \cdot m})$$

荷载效应准永久组合作用下单元宽度跨中弯矩为

$$M_{\mathrm{q}} = 173.7 \times 1.12 = 194.5 (\mathrm{kN \cdot m})$$

（3）暗梁内力计算

板中暗梁刚度与板刚度相差不大，暗梁仅承担自重和直接作用于暗梁上的可变荷载，按两端简支进行内力计算。

荷载效应基本组合作用下跨中弯矩为

$$M_{\mathrm{u}} = \frac{1}{8} \times 20.66 \times 21^2 \times 0.8 = 911.1 (\mathrm{kN \cdot m})$$

荷载效应标准组合作用下跨中弯矩为

$$M_{\mathrm{k}} = \frac{1}{8} \times 16.26 \times 21^2 \times 0.8 = 717.1 (\mathrm{kN \cdot m})$$

荷载效应准永久组合作用下跨中弯矩为

$$M_{\mathrm{q}} = \frac{1}{8} \times 15.21 \times 21^2 \times 0.8 = 670.8 (\mathrm{kN \cdot m})$$

5. 预应力筋线型

由于考虑到施工方便，仅沿顺孔方向布置预应力筋，预应力筋选择对称的 4 段抛物线型，反弯点位置取为 $0.15l = 3150\mathrm{mm}$（l 为计算跨度），线型如图 12-38 所示。点 A、点 E 距板顶面的距离为 100mm，点 C 距板底面的距离为 100mm，曲线的总矢高为 350mm。

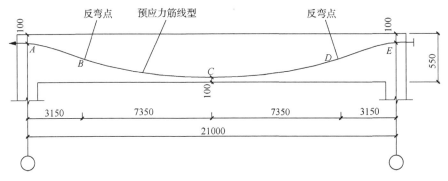

图 12-38　预应力筋线型布置图

6. 几何参数计算

（1）顺孔方向单元宽度板的几何参数计算

顺孔方向单元宽度板截面尺寸如图 12-39 所示，其几何参数计算如下：

$$A_a = 580 \times 550 - 3.14 \times 200^2 = 193400\,(\text{mm}^2)$$

$$A_0 = 580 \times 550 = 319000\,(\text{mm}^2)$$

$$I_a = \frac{580 \times 550^3}{12} - \frac{3.14 \times 400^4}{64} = 6.79 \times 10^9\,(\text{mm}^4)$$

$$I_0 = \frac{580 \times 550^3}{12} = 8.04 \times 10^9\,(\text{mm}^4)$$

$$W_a = \frac{I_a}{h/2} = \frac{6.79 \times 10^9}{275} = 2.47 \times 10^7\,(\text{mm}^3)$$

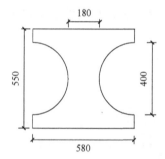

图 12-39　单元宽度板截面尺寸图

（2）横孔方向单元宽度板的几何参数计算

$$A_p = (1.06 \times 550 - 400) \times 1120 = 204960\,(\text{mm}^2)$$

$$I_p = 0.85 \times 6.79 \times 10^9 \times \frac{1120}{580} = 1.11 \times 10^{10}\,(\text{mm}^4)$$

$$W_p = \frac{I_p}{h/2} = \frac{1.11 \times 10^{10}}{275} = 4.03 \times 10^7\,(\text{mm}^3)$$

（3）暗梁的几何参数计算

$$A = 800 \times 550 = 440000\,(\text{mm}^2)$$

$$I = \frac{800 \times 550^3}{12} = 1.11 \times 10^{10}\,(\text{mm}^4)$$

$$W = \frac{I}{h/2} = \frac{1.11 \times 10^{10}}{275} = 4.03 \times 10^7\,(\text{mm}^3)$$

7. 钢筋数量估算

无粘结预应力筋截面面积试按照裂缝控制来估算，裂缝控制等级为二级，张拉控制应力取 $0.75f_{ptk}$。

（1）顺孔方向单元宽度无粘结预应力筋估算

无粘结预应力筋有效预应力值为

$$N_{pe} = \frac{\dfrac{\beta M_k}{W_a} - [\sigma_{ctk,lim}]}{\dfrac{1}{A_a} + \dfrac{e_p}{W_a}} = \frac{\dfrac{1.0 \times 361.0 \times 10^6}{2.47 \times 10^7} - 2.39}{\dfrac{1}{193400} + \dfrac{175}{2.47 \times 10^7}} = 997.5(kN)$$

式中：$[\sigma_{ctk,lim}]$ 为荷载标准组合下的混凝土拉应力限值。

无粘结预应力筋面积为

$$A_p = \frac{N_{pe}}{\sigma_{con} - \sigma_{l,tot}} = \frac{997.5 \times 10^3}{0.8 \times 0.75 \times 1860} = 894(mm^2)$$

实配 1-7$U\phi^S$15.2，$A_p = 980mm^2$。

（2）顺孔方向单元宽度非预应力钢筋估算

取 $h_0 = 550 - 60 = 490$（mm），判断 I 型截面类型，则有

$$\alpha_1 f_c b_f' h_f' \left(h_0 - \frac{h_f'}{2} \right) = 1.0 \times 19.1 \times 580 \times 75 \times \left(490 - \frac{75}{2} \right) = 376.0(kN \cdot m) < M_u$$

属于第二类 I 型截面。

混凝土受压区高度计算过程如下：

$$M_1 = \alpha_1 f_c (b_f' - b_w) h_f' \left(h_0 - \frac{h_f'}{2} \right)$$

$$= 1.0 \times 19.1 \times (580 - 180) \times 75 \times \left(490 - \frac{75}{2} \right)$$

$$= 259.3 \ (kN \cdot m)$$

$$M_2 = M_u - M_1 = 458.7 - 259.3 = 199.4(kN \cdot m)$$

$$x = h_0 - \sqrt{h_0^2 - \frac{2M_2}{\alpha_1 f_c b_w}} = 490 - \sqrt{490^2 - \frac{2 \times 199.4 \times 10^6}{1.0 \times 19.1 \times 180}} = 138(mm) < \xi_b h_0$$

$$A_s = \frac{\alpha_1 f_c \left[(b_f' - b_w) h_f' + b_w x \right] - f_{py} A_p}{f_y}$$

$$= \frac{1.0 \times 19.1 \times (400 \times 75 + 180 \times 138) - 1320 \times 980}{360} < 0$$

非预应力筋最小配筋率的要求如下：

$$A_s \geqslant 0.002 \frac{I_a}{I_0} A_0 = 0.002 \times \frac{6.79 \times 10^9}{8.04 \times 10^9} \times 319000 = 539(mm^2)$$

实配 5Φ12，$A_s = 565mm^2$。

（3）暗梁无粘结预应力筋估算

暗梁无粘结预应力筋有效预应力值的估算如下：

$$N_{pe} = \frac{\dfrac{\beta M_k}{W} - [\sigma_{ctk,lim}]}{\dfrac{1}{A} + \dfrac{e_p}{W}} = \frac{\dfrac{1.0 \times 717.1 \times 10^6}{4.03 \times 10^7} - 2.39}{\dfrac{1}{440000} + \dfrac{175}{4.03 \times 10^7}} = 2328.6(kN)$$

无粘结预应力筋面积为

$$A_p = \frac{N_{pe}}{\sigma_{con} - \sigma_{l,tot}} = \frac{2328.6 \times 10^3}{0.8 \times 0.75 \times 1860} = 2087 (\text{mm}^2)$$

实配 2-8Uϕ^S15.2，A_p=2240mm^2。

（4）暗梁非预应力钢筋估算

取 h_0= 550-60=490（mm），混凝土受压区高度为

$$x = h_0 - \sqrt{h_0^2 - \frac{2M_u}{\alpha_1 f_c b}} = 490 - \sqrt{490^2 - \frac{2 \times 911.1 \times 10^6}{1.0 \times 19.1 \times 800}} = 142 (\text{mm}) < \xi_b h_0$$

则有

$$A_s = \frac{\alpha_1 f_c b x - f_{py} A_p}{f_y} = \frac{1.0 \times 19.1 \times 800 \times 142 - 1320 \times 2240}{360} < 0$$

非预应力筋最小配筋率的要求如下：

$$A_s \geqslant 0.002A = 0.002 \times 440000 = 880 (\text{mm}^2)$$

实配 6$\oplus$14，A_s=923mm^2。

（5）长跨方向单元宽度非预应力钢筋估算

取 h_0=550-45=505（mm），$b_f' = 970 + 150 = 1120 (\text{mm}) > 150 + 75 \times 12 = 1050$（mm），取 b_f'=1050mm。

判断 I 型截面类型，则有

$$\alpha_1 f_c b_f' h_f' \left(h_0 - \frac{h_f'}{2} \right) = 1.0 \times 19.1 \times 1050 \times 75 \times \left(505 - \frac{75}{2} \right) = 703.2 (\text{kN} \cdot \text{m}) > M_u$$

属于第一类 I 型截面。

混凝土受压区高度为

$$x = h_0 - \sqrt{h_0^2 - \frac{2M_u}{\alpha_1 f_c b_f'}} = 505 - \sqrt{505^2 - \frac{2 \times 264.3 \times 10^6}{1.0 \times 19.1 \times 1050}} = 27 (\text{mm})$$

则有

$$A_s = \frac{\alpha_1 f_c b_f' x}{f_y} = \frac{1.0 \times 19.1 \times 1050 \times 27}{360} = 1493 (\text{mm}^2)$$

非预应力筋最小配筋率的要求如下：

$$A_s \geqslant 0.002 \times \frac{k I_a}{I_0} A_0 = 0.002 \times \frac{0.85 \times 6.79 \times 10^9}{8.04 \times 10^9} \times 1120 \times 550 = 884 (\text{mm}^2)$$

实配 10$\oplus$14，A_s=1539mm^2。

8. 预应力损失计算

采用一端张拉，待混凝土达到 75% 强度时进行张拉，张拉控制应力为

$$\sigma_{con} = 0.75 \times 1860 = 1395 (\text{N/mm}^2)$$

（1）孔道摩擦损失

采用金属波纹管时，κ=0.004，μ=0.09。

每段曲线的转角为

$$\theta = \frac{4f}{L} = \frac{4 \times 350}{21000} = 0.067$$

各截面的 σ_{l2} 计算值如表 12-3 所示。

表 12-3　摩擦损失计算值

位置	x	θ	$\kappa x + \mu\theta$	$e^{\kappa x + \mu\theta}$	$\sigma_{l2} = \sigma_{con}\left(1 - \dfrac{1}{e^{\kappa x + \mu\theta}}\right)$
A	0	0	0	0	0N/mm^2
C	10.5	0.134	0.054	1.056	74.0N/mm^2
E	21.0	0.268	0.108	1.114	142.8N/mm^2

（2）锚具内缩损失

采用夹片锚具，内缩值 a=6mm。

$$\Delta\sigma_d = \frac{\sigma_0 - \sigma_l}{l} = \frac{142.8}{21000} = 0.0068$$

$$l_f = \sqrt{\frac{aE_p}{\Delta\sigma_d}} = \sqrt{\frac{6 \times 1.95 \times 10^5}{0.0068}} = 13117 < 21000 \text{(mm)}$$

反摩擦对终点的影响过了跨中截面，但是未到锚固端。

$$\Delta\sigma = 2\Delta\sigma_d l_f = 2 \times 0.0068 \times 13117 = 178.4 \text{(N/mm}^2)$$

$$\sigma_{l1,A} = \Delta\sigma = 178.4 \text{(N/mm}^2)$$

$$\sigma_{l1,C} = \Delta\sigma \frac{l_f - x}{l_f} = 178.4 \times \frac{13117 - 10500}{13117} = 35.6 \text{(N/mm}^2)$$

$$\sigma_{l1,E} = 0\text{N/mm}^2$$

第一阶段预应力损失如下：

$$\sigma_{I,A} = 0 + 178.4 = 178.4 \text{(N/mm}^2)$$

$$\sigma_{I,C} = 74.0 + 35.6 = 109.6 \text{(N/mm}^2)$$

$$\sigma_{I,E} = 142.8 + 0 = 142.8 \text{(N/mm}^2)$$

（3）钢筋松弛损失

$$\sigma_{l4} = 0.2\left(\frac{\sigma_{con}}{f_{ptk}} - 0.575\right)\sigma_{con} = 0.2 \times (0.75 - 0.575) \times 1395 = 48.8 \text{(N/mm}^2)$$

（4）混凝土收缩、徐变损失

板在自重作用下，顺孔方向单元宽度跨中弯矩值为

$$M_{Gk} = 0.0868 \times (9.65 + 0.61) \times 21^2 \times 0.58 = 227.8 \text{(kN·m)}$$

各截面经过第一批预应力损失后的有效预加力为

$$N_{pI,A} = A_p(\sigma_{con} - \sigma_{I,A}) = 980 \times (1395 - 178.4) = 1192.3 \text{(kN)}$$

$$N_{pI,C} = A_p(\sigma_{con} - \sigma_{I,C}) = 980 \times (1395 - 109.6) = 1259.7 \text{(kN)}$$

$$N_{pI,E} = A_p(\sigma_{con} - \sigma_{I,E}) = 980 \times (1395 - 142.8) = 1227.2 \text{(kN)}$$

考虑结构自重影响后的各截面预应力筋合力点处的混凝土法向压应力为

$$\sigma_{pc,A} = \frac{N_{pI,A}}{A_a} + \frac{N_{pI,A}e_p - M_{Gk}}{I_a}e_p$$

$$= \frac{1192.3\times10^3}{193400} + \frac{1192.3\times10^3\times175}{6.79\times10^9}\times175$$

$$= 11.5\ (\text{N/mm}^2)$$

$$\sigma_{pc,C} = \frac{N_{pI,C}}{A_a} + \frac{N_{pI,C}e_p - M_{Gk}}{I_a}e_p$$

$$= \frac{1259.7\times10^3}{193400} + \frac{1259.7\times10^3\times175 - 227.8\times10^6}{6.79\times10^9}\times175$$

$$= 6.3\ (\text{N/mm}^2)$$

$$\sigma_{pc,E} = \frac{N_{pI,E}}{A_a} + \frac{N_{pI,E}e_p - M_{Gk}}{I_a}e_p$$

$$= \frac{1227.2\times10^3}{193400} + \frac{1227.2\times10^3\times175}{6.79\times10^9}\times175$$

$$= 11.9\ (\text{N/mm}^2)$$

配筋率为

$$\rho = \frac{565+980}{193400} = 0.008$$

各截面混凝土收缩、徐变的预应力损失如下：

$$\sigma_{l5,A} = \frac{55+300\times\dfrac{\sigma_{pc,A}}{f'_{cu}}}{1+15\rho} = \frac{55+300\times\dfrac{11.5}{40}}{1+15\times0.008} = 126.4(\text{N/mm}^2)$$

$$\sigma_{l5,C} = \frac{55+300\times\dfrac{\sigma_{pc,C}}{f'_{cu}}}{1+15\rho} = \frac{55+300\times\dfrac{6.3}{40}}{1+15\times0.008} = 91.4(\text{N/mm}^2)$$

$$\sigma_{l5,E} = \frac{55+300\times\dfrac{\sigma_{pc,E}}{f'_{cu}}}{1+15\rho} = \frac{55+300\times\dfrac{11.9}{40}}{1+15\times0.008} = 128.7(\text{N/mm}^2)$$

各截面预应力总损失、有效预应力及混凝土有效预压合力经计算如表 12-4 所示。

表 12-4　各截面预应力总损失、有效预应力及混凝土有效预压合力

项目	A	C	E
σ_l / (N/mm^2)	353.6	249.8	320.3
σ_{pe} / (N/mm^2)	1041.4	1145.2	1074.7
N_p /kN	949.2	1070.7	980.5

单根预应力筋的有效预应力值如下：

$$N_{pe} = \frac{1041.4+1145.2+1074.7}{3}\times140 = 152.2(\text{kN})$$

$$q_0 = \frac{8N_{pe}f(1-\alpha)}{L^2} = \frac{8 \times 152.2 \times 10^3 \times 350 \times 0.85}{21000^2} = 0.82\,(\text{kN/m})$$

所有预应力筋产生的等效面荷载为

$$q = \frac{0.82 \times 21 \times (7 \times 10 + 16)}{7 \times 21} = 10.07\,(\text{kN/m}^2)$$

9. 受弯承载力验算

（1）顺孔方向楼板的受弯承载力验算

无粘结预应力受弯构件在进行正截面承载力计算时，无粘结预应力筋的应力设计值需做一定的调整。

由于受压区高度大于翼缘高度，综合配筋指标为

$$\begin{aligned}
\xi_p &= \frac{\sigma_{pe}A_p + f_y A_s - f_c(b_f' - b_w)h_f'}{f_c b_w h_p} \\
&= \frac{1145.2 \times 980 + 360 \times 565 - 19.1 \times (580 - 180) \times 75}{19.1 \times 180 \times 450} \\
&= 0.487
\end{aligned}$$

无粘结预应力筋的应力增量为

$$\Delta\sigma_p = (240 - 335\xi_p)\left(0.45 + 5.5\frac{h}{l_0}\right)\frac{l_2}{l_1} = 76.1\,(\text{N/mm}^2)$$

无粘结预应力筋的应力设计值为

$$\sigma_{pu} = \sigma_{pe} + \Delta\sigma_p = 1145.2 + 76.1 = 1221.3\,(\text{N/mm}^2)$$

极限状态下截面有效高度为

$$h_0 = \frac{f_{py}A_p h_p + A_s f_y h_s}{f_{py}A_p + A_s f_y} = \frac{1221.3 \times 980 \times 450 + 360 \times 565 \times 515}{1221.3 \times 980 + 360 \times 565} = 459\,(\text{mm})$$

由于受压区高度大于翼缘高度，受压区高度为

$$\begin{aligned}
x &= \frac{f_{py}A_p + A_s f_y - f_c(b_f' - b_w)h_f'}{\alpha_1 f_c b_w} \\
&= \frac{1221.3 \times 980 + 360 \times 565 - 19.1 \times 400 \times 75}{1.0 \times 19.1 \times 180} \\
&= 241\,(\text{mm}) > \xi_b h_0 = 0.52 \times 459 = 239\,(\text{mm})
\end{aligned}$$

混凝土受压合力作用点至受压边缘的距离按下式计算：

$$\begin{aligned}
y &= \frac{\alpha_1 f_c(b_f' - b_w)h_f'\dfrac{h_f'}{2} + \alpha_1 f_c b_w x_b \dfrac{x_b}{2}}{\alpha_1 f_c(b_f' - b_w)h_f' + \alpha_1 f_c b_w x_b} \\
&= \frac{1.0 \times 19.1 \times 400 \times 75 \times \dfrac{75}{2} + 1.0 \times 19.1 \times 180 \times 239 \times \dfrac{239}{2}}{1.0 \times 19.1 \times 400 \times 75 + 1.0 \times 19.1 \times 180 \times 239} \\
&= 86\,(\text{mm})
\end{aligned}$$

单元宽度板带的极限承载弯矩为

$$M = \left[\alpha_1 f_c (b'_f - b_w) h'_f + \alpha_1 f_c b_w x_b \right] (h_0 - y)$$
$$= (1.0 \times 19.1 \times 400 \times 75 + 1.0 \times 19.1 \times 180 \times 239) \times (459 - 86)$$
$$= 520.2 (\text{kN} \cdot \text{m})$$

跨中截面预加力合力点与界面中心的距离为

$$e_{pn} = \frac{\sigma_{pe} A_p y_{pn} - \sigma_{l5} A_s y_{sn}}{\sigma_{pe} A_p - \sigma_{l5} A_s} = \frac{1145.2 \times 980 \times 175 - 91.4 \times 565 \times 240}{1145.2 \times 980 - 91.4 \times 565} = 172 (\text{mm})$$

预应力反向荷载在顺孔方向产生的次弯矩为

$$M_r = 0.0868 \times 10.07 \times 21^2 \times 0.58 = 223.6 (\text{kN} \cdot \text{m})$$
$$M_1 = 1070.7 \times 0.172 = 184.2 (\text{kN} \cdot \text{m})$$
$$M_2 = M_r - M_1 = 223.6 - 184.2 = 39.4 (\text{kN} \cdot \text{m})$$
$$M > M_u + M_2 = 458.7 - 39.4 = 419.3 (\text{kN} \cdot \text{m})$$

因此，受弯承载力满足要求。

（2）横孔方向楼板的受弯承载力验算

受压区高度：

$$x = \frac{A_s f_y}{\alpha_1 f_c b'_f} = \frac{360 \times 1539}{1.0 \times 19.1 \times 1050} = 28 < 75 \ (\text{mm})$$

单元宽度板带的极限承载弯矩为

$$M = \alpha_1 f_c b'_f x \left(h_0 - \frac{x}{2} \right)$$
$$= 1.0 \times 19.1 \times 1050 \times 28 \times \left(355 - \frac{28}{2} \right)$$
$$= 180.3 (\text{kN} \cdot \text{m})$$

所有预应力反向荷载在长跨方向产生的综合弯矩即为次弯矩，则有

$$M_2 = M_r = 0.0259 \times 10.07 \times 21^2 \times 1.12 = 128.8 (\text{kN} \cdot \text{m})$$
$$M > M_u + M_2 = 264.3 - 128.8 = 135.5 (\text{kN} \cdot \text{m})$$

因此，受弯承载力满足要求。

10. 受剪承载力验算

斜截面抗剪承载力主要由肋梁的混凝土和箍筋提供，因此需要计算箍筋的用量。

（1）顺孔方向受剪承载力验算

顺孔方向单元宽度最大剪力设计值为

$$V = 20.66 \times \frac{21}{2} \times 0.58 = 125.8 (\text{kN})$$

受剪截面尺寸的限制如下：

$$0.25 \beta_c f_c b_w h_0 = 0.25 \times 1.0 \times 19.1 \times 180 \times 459 = 394.5 (\text{kN}) > V$$

跨中截面的最大抗剪承载力应满足（不考虑预应力的有利作用）如下条件：

$$V \leqslant 0.7 f_t b_w h_0 + f_{yv} \frac{A_{sv}}{s} h_0$$

即

$$\frac{A_{sv}}{s} \geqslant \frac{V-0.7f_t b_w h_0}{f_{yv} h_0} = \frac{125.8 \times 10^3 - 0.7 \times 1.71 \times 180 \times 459}{300 \times 459} = 0.20$$

实际取双肢箍 $\Phi 8@200$，满足抗剪要求。

最小箍筋配筋率验算为

$$\rho = \frac{101}{180 \times 200} = 0.0028 > 0.24 \times \frac{1.71}{300} = 0.0014$$

（2）横孔方向受剪承载力验算

横孔方向单元宽度最大剪力设计值为

$$V = 20.66 \times \frac{21}{2} \times 1.12 = 243.0 (kN)$$

受剪截面尺寸的限制如下：

$$0.25\beta_c f_c b_w h_0 = 0.25 \times 1.0 \times 19.1 \times 150 \times 505 = 361.7 (kN) > V$$

横孔方向单元宽度受剪承载力为

$$V_{cs,p1} = 0.5 \times 1.71 \times 580 \times (550-400) \times \frac{1120}{580} = 143.7 (kN)$$

$$\beta = \frac{550+400}{2 \times (400+180)} = 0.82$$

$$V_{cs,p2} = 0.5 \times 0.82 \times 1.71 \times 180 \times 580 \times \frac{1120}{580} = 141.4 (kN)$$

则

$$V_{cs,p} = 141.4 (kN)$$

跨中截面的最大抗剪承载力应满足（不考虑预应力的有利作用）如下条件：

$$V \leqslant V_{cs,p} + f_{yv} \frac{A_{sv}}{s} h_0$$

即

$$\frac{A_{sv}}{s} \geqslant \frac{V-V_{cs,p}}{f_{yv} h_0} = \frac{(243.0-141.4) \times 10^3}{300 \times 505} = 0.67$$

实际取双肢箍 $\Phi 10@200$，满足抗剪要求。

（3）暗梁受剪承载力验算

暗梁最大剪力设计值为

$$V = 20.66 \times \frac{21}{2} \times 0.8 = 173.5 (kN)$$

受剪截面尺寸的限制如下：

$$0.25\beta_c f_c b h_0 = 0.25 \times 1.0 \times 19.1 \times 800 \times 459 = 1753.4 (kN) > V$$

跨中截面的最大抗剪承载力为

$$0.7f_t b h_0 = 0.7 \times 1.71 \times 800 \times 459 = 439.5 (kN) \geqslant V$$

按构造配筋，则有

$$\rho = 0.24 \times \frac{1.71}{300} = 0.0014$$

实际取四肢箍 $\Phi 10@200$，满足构造要求。

预应力空心板的配筋图如图 12-40～图 12-43 所示。

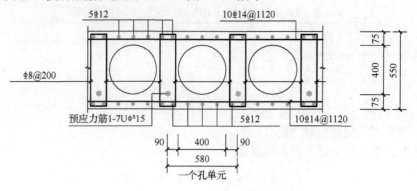

图 12-40　空心板顺孔方向截面配筋图

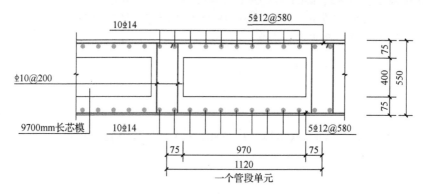

图 12-41　空心板横孔方向截面配筋图

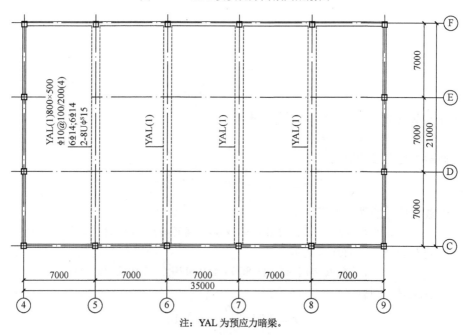

注：YAL 为预应力暗梁。

图 12-42　暗梁配筋图

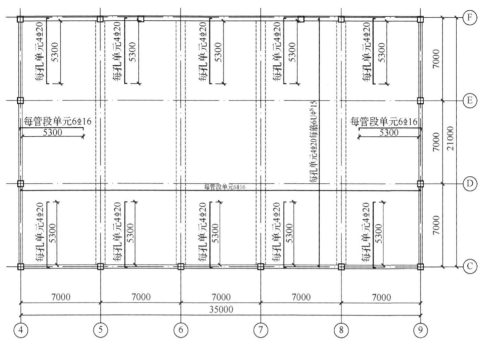

图 12-43　空心板配筋图

11. 抗裂验算

楼板裂缝控制等级为二级，不允许出现裂缝。因此应计算混凝土受拉边缘混凝土应力。

（1）顺孔方向抗裂验算

跨中截面混凝土受拉边缘处的法向预压应力为

$$\sigma_{pc}=\frac{N_p}{A_a}+\frac{N_p e_{pn}+M_2}{W_a}=\frac{1070.7\times10^3}{193400}+\frac{1070.7\times10^3\times172+36.2\times10^6}{2.47\times10^7}=14.5(\text{N/mm}^2)$$

在荷载效应标准组合下，产生的混凝土最大拉应力为

$$\sigma_{ck}=\frac{M_k}{W_a}=\frac{361.0\times10^6}{2.47\times10^7}=14.6(\text{N/mm}^2)$$

由 $\sigma_{ck}-\sigma_{pc}<f_{tk}$ 可知，抗裂验算满足要求。

（2）横孔方向抗裂验算

跨中截面混凝土受拉边缘处的法向预压应力为

$$\sigma_{pc}=\frac{M_2}{W_p}=\frac{128.8\times10^6}{4.03\times10^7}=3.2(\text{N/mm}^2)$$

在荷载效应标准组合下，产生的混凝土最大拉应力为

$$\sigma_{ck}=\frac{M_k}{W_p}=\frac{208.0\times10^6}{4.03\times10^7}=5.2(\text{N/mm}^2)$$

由 $\sigma_{ck}-\sigma_{pc}<f_{tk}$ 可知，抗裂验算满足要求。

12. 变形验算

预应力受弯构件的挠度计算应按荷载效应标准组合并考虑荷载长期作用影响的刚度 B 进行计算，求得的挠度计算值不应超过规范规定的限值。

单位宽度现浇混凝土空心楼板的短期刚度为

$$B_s = 0.85EI_a = 0.85 \times 3.25 \times 10^4 \times 6.79 \times 10^9 \times \frac{1000}{580} = 3.23 \times 10^{14}$$

现浇混凝土空心楼板的长期刚度为

$$B = \frac{M_k}{M_q(\theta-1)+M_k} B_s = \frac{622.4}{582.2 \times (2-1)+622.4} \times 3.23 \times 10^{14} = 1.67 \times 10^{14}$$

依据《混凝土结构设计规范（2015 年版）》（GB 50010—2010）[1]得 $v=0.00867$，外荷载产生的长期挠度为

$$f_1 = 0.00867 \times \frac{16.26 \times 21000^4}{1.67 \times 10^{14}} = 164(\text{mm})$$

预应力反拱计算时单位宽度现浇混凝土空心楼板的短期刚度为

$$B_s = EI_a = 3.25 \times 10^4 \times 6.79 \times 10^9 \times \frac{1000}{580} = 3.80 \times 10^{14}$$

预应力产生的短期挠度为

$$f_2 = 0.00867 \times \frac{10.07 \times 21000^4}{3.80 \times 10^{14}} = 45(\text{mm})$$

预应力产生的长期挠度为

$$f_2' = 2f_2 = 90(\text{mm})$$

楼盖的总挠度为

$$f = f_1 - f_2' = 74 \approx \frac{l}{300} = 70(\text{mm})$$

挠度满足要求。

12.7.3 小结

由前述计算结果，可得预应力空心板主要材料用量如表 12-5 所示。

表 12-5 主要材料用量

空心板尺寸	板厚/mm	C40 混凝土/m	空心率/%	空心填充块尺寸	空心填充物数量/个	HRB440钢/kg	预应力筋/kg	锚具及锚板/套
21m×35m	550	283.6	29.8	ϕ400mm×970mm	18×55	27026	9535	788

12.8 哈尔滨市某生产调度中心预应力空心板设计

12.8.1 工程概况

哈尔滨市某生产调度中心屋盖因需要大空间且不允许出现裂缝，需采用现浇混凝土预应力空心楼盖结构。楼盖跨度为 24.60m×19.20m，周边为刚性支承，混凝土强度等级

为 C40，非预应力筋采用 HRB400，预应力筋采用 $U\phi^S 15.2$ 低松弛钢绞线。屋盖板面层及装修荷载为 $3.5kN/m^2$，均布活荷载为 $0.5kN/m^2$，活荷载组合值系数为 0.7，准永久值系数为 0。

12.8.2　结构设计方案

试为楼板布置薄壁箱体内模和受力钢筋，并验算承载力、裂缝和挠度。

1. 选型

楼盖的长宽比为 24.60/19.20=1.28，属于双向板，现浇混凝土空心楼盖的厚度按跨度的 1/40 考虑，即 19200/40=480（mm），板厚为 500mm。

2. 薄壁箱体内模布置

采用底边尺寸为 500mm×500mm，高度为 350mm 的薄壁箱体内模，两个方向肋宽均取 150mm，板顶厚度、板底厚度均取 75mm，薄壁箱体内模布置图如图 12-44 所示。

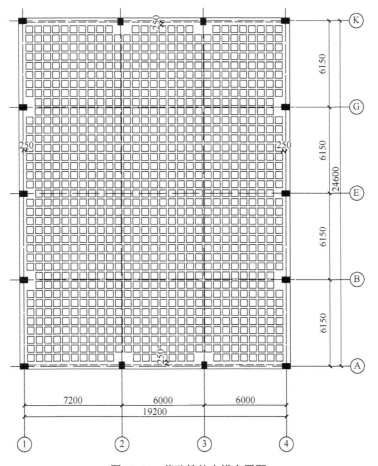

图 12-44　薄壁箱体内模布置图

3. 荷载计算

空心楼板按质量等效的折实厚度为

$$h_{con} = 500 - \frac{500 \times 500 \times 350 \times 29 \times 37}{24600 \times 19200} = 301 (mm)$$

板自重为

$$0.301 \times 25 = 7.53 (kN/m^2)$$

箱体内模自重为

$$0.825 \times 0.5 \times 0.5 \times 29 \times 37 \div 24.6 \div 19.2 = 0.47 (kN/m^2)$$

荷载设计值为

$$q_1 = 1.35 \times (7.53 + 0.47 + 3.50) + 1.4 \times 0.7 \times 0.50 = 16.02 (kN/m^2)$$

$$q_2 = 1.2 \times (7.53 + 0.47 + 3.50) + 1.4 \times 0.50 = 14.50 (kN/m^2)$$

荷载设计值取 $q_u = 16.02 kN/m^2$。

荷载标准值为

$$q_k = 7.53 + 0.47 + 3.50 + 0.50 = 12.00 (kN/m^2)$$

荷载准永久值为

$$q_q = 7.53 + 0.47 + 3.50 + 0 \times 0.50 = 11.50 (kN/m^2)$$

4. 内力计算

由于箱体内模对称布置，两个方向刚度相同，按正交各向同性板计算。楼盖按四边简支进行内力计算，l_x/l_y=0.78，考虑混凝土泊松比 $\upsilon_c = 0.2$，忽略薄膜效应，查得弹性板内力计算系数后，得到单位宽度板带截面弯矩如表 12-6 所示。

表 12-6 单位宽度板带截面弯矩

位置	弯矩计算系数	弯矩设计值/（kN·m²）	弯矩标准值/（kN·m²）	弯矩准永久值/（kN·m²）
短跨跨中	0.0661	390.4	292.4	280.2
长跨跨中	0.0446	263.4	197.3	189.1

（1）短跨方向内力计算

取两相邻肋中心线之间的范围作为一个计算单元，计算单元宽度为

$$b = 500 + 150 = 650 (mm)$$

荷载效应基本组合作用下单元宽度跨中弯矩为

$$M_u = 390.4 \times 0.65 = 253.8 (kN \cdot m)$$

荷载效应标准组合作用下单元宽度跨中弯矩为

$$M_k = 292.4 \times 0.65 = 190.1 (kN \cdot m)$$

荷载效应准永久组合作用下单元宽度跨中弯矩为

$$M_q = 280.2 \times 0.65 = 182.1 (kN \cdot m)$$

（2）长跨方向内力计算

取两相邻肋中心线之间的范围作为一个计算单元，计算单元宽度为

$$b = 500 + 150 = 650(\text{mm})$$

荷载效应基本组合作用下单元宽度跨中弯矩为

$$M_\text{u} = 263.4 \times 0.65 = 171.2(\text{kN} \cdot \text{m})$$

荷载效应标准组合作用下单元宽度跨中弯矩为

$$M_\text{k} = 197.3 \times 0.65 = 128.2(\text{kN} \cdot \text{m})$$

荷载效应准永久组合作用下单元宽度跨中弯矩为

$$M_\text{q} = 189.1 \times 0.65 = 122.9(\text{kN} \cdot \text{m})$$

5. 预应力筋线型

由于楼盖为双向板，预应力筋需双向布置，预应力筋布置在两个方向的肋内。预应力筋选择对称的四段抛物线型，反弯点位置取为 $0.15l$，两个方向预应力筋线型如图 12-45 和图 12-46 所示。点 A、点 E 距板顶面的距离为 85mm，点 C 距板底面的距离为 85mm，曲线的总矢高为 330mm。

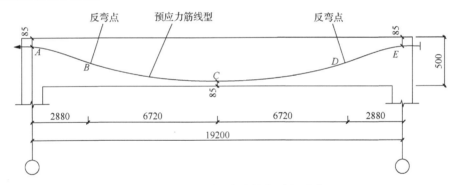

图 12-45　短跨预应力筋线型布置图

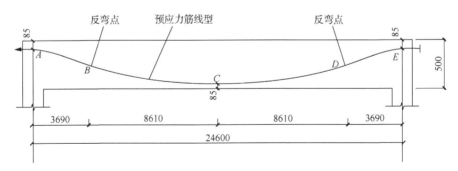

图 12-46　长跨预应力筋线型布置图

6. 几何参数计算

单元宽度板截面尺寸如图 12-47 所示，其几何参数计算如下：

$$A = 650 \times 500 - 350 \times 500 = 150000\left(mm^2\right)$$

$$A_0 = 650 \times 500 = 325000\left(mm^2\right)$$

$$I = \frac{650 \times 500^3}{12} - \frac{500 \times 350^3}{12} = 4.98 \times 10^9 \left(mm^4\right)$$

$$I_0 = \frac{650 \times 500^3}{12} = 6.77 \times 10^9 \left(mm^4\right)$$

$$W = \frac{I}{h/2} = \frac{4.98 \times 10^9}{250} = 1.99 \times 10^7 \left(mm^3\right)$$

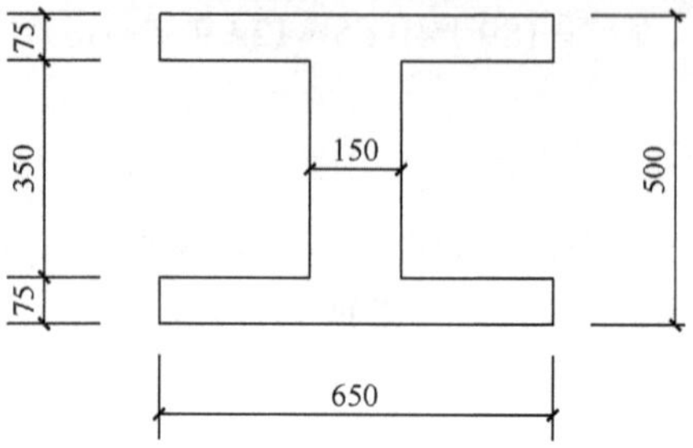

图 12-47 单元宽度截面尺寸图

7. 钢筋数量估算

短跨方向无粘结预应力筋截面面积试按照裂缝控制来估算，裂缝控制等级为二级，张拉控制应力取 $0.75 f_{ptk}$。长跨方向无粘结预应力筋截面面积试按照预应力钢筋承担 70% 左右的外荷载弯矩进行估算。

（1）短跨方向单元宽度无粘结预应力筋估算

无粘结预应力筋有效预应力值为

$$N_{pe} = \frac{\dfrac{\beta M_k}{W} - \left[\sigma_{ctk,lim}\right]}{\dfrac{1}{A} + \dfrac{e_p}{W}} = \frac{\dfrac{1.0 \times 190.1 \times 10^6}{1.99 \times 10^7} - 2.39}{\dfrac{1}{150000} + \dfrac{165}{1.99 \times 10^7}} = 478.9\,(kN)$$

无粘结预应力筋面积为

$$A_p = \frac{N_{pe}}{\sigma_{con} - \sigma_{l,tot}} = \frac{478.9 \times 10^3}{0.8 \times 0.75 \times 1860} = 429\,(mm^2)$$

实配 1-4Uϕ^S15.2，A_p=560mm^2。

（2）短跨方向单元宽度非预应力钢筋估算

取 h_0= 500-60=440（mm），判断 I 型截面类型，则有

$$\alpha_1 f_c' b_f' h_f' \left(h_0 - \frac{h_f'}{2}\right) = 1.0 \times 19.1 \times 650 \times 75 \times \left(440 - \frac{75}{2}\right) = 374.8\,(kN \cdot m) > M_u 3$$

属于第一类 I 型截面。

混凝土受压区高度为

$$x = h_0 - \sqrt{h_0^2 - \frac{2M_u}{\alpha_1 f_c b_f'}} = 440 - \sqrt{440^2 - \frac{2 \times 253.8 \times 10^6}{1.0 \times 19.1 \times 650}} = 49(\text{mm})$$

则有

$$A_s = \frac{\alpha_1 f_c b_f' x - f_{py} A_p}{f_y} = \frac{1.0 \times 19.1 \times 650 \times 49 - 1320 \times 560}{360} < 0$$

非预应力筋最小配筋率的要求如下：

$$A_s \geqslant 0.002 \frac{I}{I_0} A_0 = 0.002 \times \frac{4.98 \times 10^9}{6.77 \times 10^9} \times 325000 = 478(\text{mm}^2)$$

实配 5Φ12，A_s=565mm^2。

（3）长跨方向单元宽度预应力筋与非预应力筋估算

取 h_0=500-60=440（mm），判断 I 型截面类型，则有

$$\alpha_1 f_c b_f' h_f' \left(h_0 - \frac{h_f'}{2} \right) = 1.0 \times 19.1 \times 650 \times 75 \times \left(440 - \frac{75}{2} \right) = 374.8(\text{kN} \cdot \text{m}) > M_u$$

属于第一类 I 型截面。

混凝土受压区高度为

$$x = h_0 - \sqrt{h_0^2 - \frac{2M_u}{\alpha_1 f_c b_f'}} = 440 - \sqrt{440^2 - \frac{2 \times 171.2 \times 10^6}{1.0 \times 19.1 \times 650}} = 33(\text{mm})$$

则有

$$A_s = \frac{\alpha_1 f_c b_f' x}{f_y} = \frac{1.0 \times 19.1 \times 650 \times 33}{360} = 1138(\text{mm}^2)$$

无粘结预应力筋用量估算为

$$A_p = \frac{0.7 \times 1138 \times 360}{1320} = 217(\text{mm}^2)$$

实配 1-2UΦ^S15.2，A_p=280mm^2。

非预应力钢筋估算为

$$A_s = 0.3 \times 1138 = 341(\text{mm}^2)$$

非预应力筋最小配筋率的要求如下：

$$A_s \geqslant 0.002 \frac{I}{I_0} A_0 = 0.002 \times \frac{4.98 \times 10^9}{6.77 \times 10^9} \times 325000 = 478(\text{mm}^2)$$

实配 5Φ12，A_s=565mm^2。

8. 预应力损失计算

短跨方向预应力筋采用一端张拉，待混凝土达到 75% 强度时进行张拉，张拉控制应力为

$$\sigma_{con} = 0.75 \times 1860 = 1395(\text{N/mm}^2)$$

（1）孔道摩擦损失

采用金属波纹管，κ=0.004，μ=0.09。

每段曲线的转角为

$$\theta = \frac{4f}{L} = \frac{4 \times 330}{19200} = 0.069$$

各截面的 σ_{l2} 计算值如表 12-7 所示。

表 12-7 摩擦损失计算值

位置	x	θ	$\kappa x + \mu\theta$	$e^{\kappa x + \mu\theta}$	$\sigma_{l2} = \sigma_{con}\left(1 - \dfrac{1}{e^{\kappa x + \mu\theta}}\right)$
A	0	0	0	0	0 N/mm²
C	9.6	0.138	0.051	1.052	69.0N/mm²
E	19.2	0.276	0.102	1.107	134.8N/mm²

（2）锚具内缩损失

采用夹片锚具，内缩值 $a=6$mm。

$$\Delta\sigma_{\mathrm{d}} = \frac{\sigma_0 - \sigma_l}{l} = \frac{134.8}{19200} = 0.0070$$

$$l_{\mathrm{f}} = \sqrt{\frac{aE_{\mathrm{p}}}{\Delta\sigma_{\mathrm{d}}}} = \sqrt{\frac{6 \times 1.95 \times 10^5}{0.0070}} = 12928 < 19200(\mathrm{mm})$$

反摩擦对终点的影响过了跨中截面，但是未到锚固端。

$$\Delta\sigma = 2\Delta\sigma_{\mathrm{d}}l_{\mathrm{f}} = 2 \times 0.0070 \times 12928 = 181.0(\mathrm{N/mm^2})$$

$$\sigma_{l1,A} = \Delta\sigma = 181.0\mathrm{N/mm^2}$$

$$\sigma_{l1,C} = \Delta\sigma\frac{l_{\mathrm{f}} - x}{l_{\mathrm{f}}} = 181.0 \times \frac{12928 - 9600}{12928} = 46.6(\mathrm{N/mm^2})$$

$$\sigma_{l1,E} = 0\mathrm{N/mm^2}$$

第一阶段预应力损失如下：

$$\sigma_{I,A} = 0 + 181.0 = 181.0(\mathrm{N/mm^2})$$

$$\sigma_{I,C} = 69.0 + 46.6 = 115.6(\mathrm{N/mm^2})$$

$$\sigma_{I,E} = 134.8 + 0 = 134.8(\mathrm{N/mm^2})$$

（3）钢筋松弛损失

$$\sigma_{l4} = 0.2\left(\frac{\sigma_{con}}{f_{ptk}} - 0.575\right)\sigma_{con} = 0.2 \times (0.75 - 0.575) \times 1395 = 48.8(\mathrm{N/mm^2})$$

（4）混凝土收缩、徐变损失

板在自重作用下，短跨方向单元宽度跨中弯矩值为

$$M_{Gk} = 0.0661 \times (7.53 + 0.47) \times 19.2^2 \times 0.65 = 126.7(\mathrm{kN \cdot m})$$

各截面经过第一批预应力损失后的有效预加力为

$$N_{pI,A} = A_{\mathrm{p}}(\sigma_{con} - \sigma_{I,A}) = 560 \times (1395 - 181.0) = 679.8(\mathrm{kN})$$

$$N_{pI,C} = A_{\mathrm{p}}(\sigma_{con} - \sigma_{I,C}) = 560 \times (1395 - 115.6) = 716.5(\mathrm{kN})$$

$$N_{pI,E} = A_p(\sigma_{con} - \sigma_{lI,E}) = 560 \times (1395 - 134.8) = 705.7(\text{kN})$$

考虑结构自重影响后的各截面预应力筋合力点处的混凝土法向压应力为

$$\sigma_{pc,A} = \frac{N_{pI,A}}{A} + \frac{N_{pI,A}e_p - M_{Gk}}{I}e_p$$

$$= \frac{679.8 \times 10^3}{150000} + \frac{679.8 \times 10^3 \times 165}{4.98 \times 10^9} \times 165$$

$$= 8.2 \ (\text{N/mm}^2)$$

$$\sigma_{pc,C} = \frac{N_{pI,C}}{A} + \frac{N_{pI,C}e_p - M_{Gk}}{I}e_p$$

$$= \frac{716.5 \times 10^3}{150000} + \frac{716.5 \times 10^3 \times 165 - 126.7 \times 10^6}{4.98 \times 10^9} \times 165$$

$$= 4.5 \ (\text{N/mm}^2)$$

$$\sigma_{pc,E} = \frac{N_{pI,E}}{A} + \frac{N_{pI,E}e_p - M_{Gk}}{I}e_p$$

$$= \frac{705.7 \times 10^3}{150000} + \frac{705.7 \times 10^3 \times 165}{4.98 \times 10^9} \times 165$$

$$= 8.6 \ (\text{N/mm}^2)$$

配筋率为

$$\rho = \frac{565 + 560}{150000} = 0.008$$

各截面混凝土收缩、徐变的预应力损失为

$$\sigma_{l5,A} = \frac{55 + 300 \times \dfrac{\sigma_{pc,A}}{f'_{cu}}}{1 + 15\rho} = \frac{55 + 300 \times \dfrac{8.2}{40}}{1 + 15 \times 0.008} = 104.0(\text{N/mm}^2)$$

$$\sigma_{l5,C} = \frac{55 + 300 \times \dfrac{\sigma_{pc,C}}{f'_{cu}}}{1 + 15\rho} = \frac{55 + 300 \times \dfrac{4.5}{40}}{1 + 15 \times 0.008} = 79.2(\text{N/mm}^2)$$

$$\sigma_{l5,E} = \frac{55 + 300 \times \dfrac{\sigma_{pc,E}}{f'_{cu}}}{1 + 15\rho} = \frac{55 + 300 \times \dfrac{8.6}{40}}{1 + 15 \times 0.008} = 106.7(\text{N/mm}^2)$$

短跨方向各截面预应力总损失、有效预应力及混凝土有效预压合力如表 12-8 所示。

表 12-8　短跨方向各截面预应力总损失、有效预应力及混凝土有效预压合力

项目	位置 A	位置 C	位置 E
σ_l /（N/mm^2）	333.8	243.6	290.3
σ_{pe} /（N/mm^2）	1061.2	1151.4	1104.7
N_p /kN	535.5	600.0	558.3

同理可计算得到长跨方向预应力筋各截面预应力总损失、有效预应力及混凝土有效

预压合力如表 12-9 所示。

表 12-9 长跨方向各截面预应力总损失、有效预应力及混凝土有效预压合力

项目	位置 A	位置 C	位置 E
σ_l / (N/mm²)	299.9	207.2	285.9
σ_{pe} / (N/mm²)	1095.1	1187.8	1109.1
N_p /kN	261.8	297.8	264.2

长跨方向单根预应力筋的反向等效线荷载为

$$N_{pe} = \frac{1061.2+1151.4+1104.7}{3} \times 140 = 154.8(kN)$$

$$q_0 = \frac{8N_{pe}f(1-\alpha)}{L^2} = \frac{8 \times 154.8 \times 10^3 \times 330 \times 0.85}{19200^2} = 0.94(kN/m)$$

短跨方向单根预应力筋的反向等效线荷载为

$$N_{pe} = \frac{1095.1+1187.8+1109.1}{3} \times 140 = 158.3(kN)$$

$$q_0 = \frac{8N_{pe}f(1-\alpha)}{L^2} = \frac{8 \times 158.3 \times 10^3 \times 330 \times 0.85}{24600^2} = 0.59(kN/m)$$

长跨方向预应力筋产生的等效面荷载为

$$q = \frac{0.94 \times 19.2 \times 4 \times 36}{19.2 \times 24.6} = 5.50(kN/m^2)$$

短跨方向预应力筋产生的等效面荷载为

$$q = \frac{0.59 \times 24.6 \times 2 \times 28}{19.2 \times 24.6} = 1.72(kN/m^2)$$

9. 受弯承载力验算

（1）短跨方向楼板的受弯承载力验算

无粘结预应力受弯构件在进行正截面承载力计算时，无粘结预应力筋的应力设计值需做一定的调整。

综合配筋指标为

$$\xi_p = \frac{\sigma_{pe}A_p+f_yA_s}{f_cb_f'h_p} = \frac{1151.4 \times 560+360 \times 565}{19.1 \times 650 \times 415} = 0.165$$

无粘结预应力筋的应力增量为

$$\Delta\sigma_p = (240-335\xi_p)\left(0.45+5.5\frac{h}{l_0}\right)\frac{l_2}{l_1} = 140.4(N/mm^2)$$

无粘结预应力筋的应力设计值为

$$\sigma_{pu} = \sigma_{pe} + \Delta\sigma_p = 1151.4+140.4 = 1291.8(N/mm^2)$$

极限状态下截面有效高度为

$$h_0 = \frac{f_{py}A_p h_p + A_s f_y h_s}{f_{py}A_p + A_s f_y} = \frac{1291.8 \times 560 \times 415 + 360 \times 565 \times 470}{1291.8 \times 560 + 360 \times 565} = 427(\text{mm})$$

受压区高度为

$$x = \frac{f_{py}A_p + A_s f_y}{\alpha_1 f_c b_f'} = \frac{1291.8 \times 560 + 360 \times 565}{1.0 \times 19.1 \times 650} = 75(\text{mm}) \leqslant 75(\text{mm})$$

单元宽度板带的极限承载弯矩为

$$M = A_s f_y \left(h_s - \frac{x}{2}\right) + A_p \sigma_{pe} \left(h_p - e_p - \frac{x}{2}\right) + A_p (f_{py} - \sigma_{pe}) \left(h_p - \frac{x}{2}\right)$$

$$= 565 \times 360 \times \left(470 - \frac{75}{2}\right) + 560 \times 1151.4 \times \left(415 - 165 - \frac{75}{2}\right)$$

$$+ 560 \times (1291.8 - 1151.4) \times \left(415 - \frac{75}{2}\right)$$

$$= 254.7(\text{kN} \cdot \text{m})$$

预应力反向荷载在短跨方向产生的反向综合弯矩为

$$M_r = 0.0661 \times (5.50 + 1.72) \times 19.2^2 \times 0.65 = 114.4(\text{kN} \cdot \text{m})$$

$$M > M_u + M_r = 253.8 - 114.4 = 139.4(\text{kN} \cdot \text{m})$$

因此，受弯承载力满足要求。

（2）长跨方向楼板的受弯承载力验算

综合配筋指标为

$$\xi_p = \frac{\sigma_{pe}A_p + f_y A_s}{f_c b_f' h_p} = \frac{1187.8 \times 280 + 360 \times 565}{19.1 \times 650 \times 415} = 0.104$$

无粘结预应力筋的应力增量为

$$\Delta\sigma_p = (240 - 335\xi_p)\left(0.45 + 5.5\frac{h}{l_0}\right)\frac{l_2}{l_1} = 90.0(\text{N/mm}^2)$$

无粘结预应力筋的应力设计值为

$$\sigma_{pu} = \sigma_{pe} + \Delta\sigma_p = 1187.8 + 90.0 = 1277.8(\text{N/mm}^2)$$

极限状态下截面有效高度为

$$h_0 = \frac{f_{py}A_p h_p + A_s f_y h_s}{f_{py}A_p + A_s f_y} = \frac{1277.8 \times 280 \times 415 + 360 \times 565 \times 455}{1277.8 \times 280 + 360 \times 565} = 429(\text{mm})$$

受压区高度为

$$x = \frac{f_{py}A_p + A_s f_y}{\alpha_1 f_c b_f'} = \frac{1277.8 \times 280 + 360 \times 565}{1.0 \times 19.1 \times 650} = 45(\text{mm}) < 75(\text{mm})$$

单元宽度板带的极限承载弯矩为

$$M = A_s f_y \left(h_s - \frac{x}{2}\right) + A_p \sigma_{pe} \left(h_p - e_p - \frac{x}{2}\right) + A_p (f_{py} - \sigma_{pe}) \left(h_p - \frac{x}{2}\right)$$

$$= 565 \times 360 \times \left(455 - \frac{45}{2}\right) + 280 \times 1187.8 \times \left(415 - 165 - \frac{45}{2}\right)$$

$$+280\times(1277.8-1187.8)\times\left(415-\frac{45}{2}\right)$$

$$=173.5(\mathrm{kN\cdot m})$$

预应力反向荷载在长跨方向产生的反向综合弯矩为

$$M_\mathrm{r}=0.0446\times(5.50+1.72)\times19.2^2\times0.65=77.2(\mathrm{kN\cdot m})$$

$$M>M_\mathrm{u}+M_\mathrm{r}=171.2-77.2=94.0(\mathrm{kN\cdot m})$$

因此，受弯承载力满足要求。

10. 受剪承载力验算

斜截面抗剪承载力主要由肋梁的混凝土和箍筋提供，因此需要计算箍筋的用量。

单元宽度最大剪力设计值为

$$V=16.02\times\frac{19.2}{2}\times0.65=100.0(\mathrm{kN})$$

受剪截面尺寸的限制为

$$0.25\beta_\mathrm{c}f_\mathrm{c}b_\mathrm{w}h_0=0.25\times1.0\times19.1\times150\times427=305.8(\mathrm{kN})>V$$

跨中截面的最大抗剪承载力应满足（不考虑预应力的有利作用）如下条件：

$$V\leqslant0.7f_\mathrm{t}b_\mathrm{w}h_0+f_\mathrm{yv}\frac{A_\mathrm{sv}}{s}h_0$$

即

$$\frac{A_\mathrm{sv}}{s}\geqslant\frac{V-0.7f_\mathrm{t}b_\mathrm{w}h_0}{f_\mathrm{yv}h_0}=\frac{100.0\times10^3-0.7\times1.71\times150\times427}{300\times427}=0.18$$

实际取双肢箍 Φ8@200，满足抗剪要求。

最小箍筋配筋率验算为

$$\rho=\frac{50.3}{150\times200}=0.0017>0.24\times\frac{1.71}{300}=0.0014$$

预应力空心板配筋图如图 12-48～图 12-50 所示。

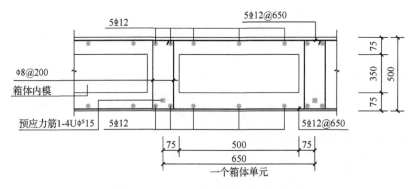

图 12-48　空心板短跨方向截面配筋图

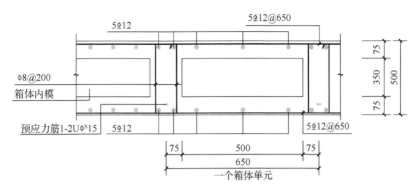

图 12-49 空心板长跨方向截面配筋图

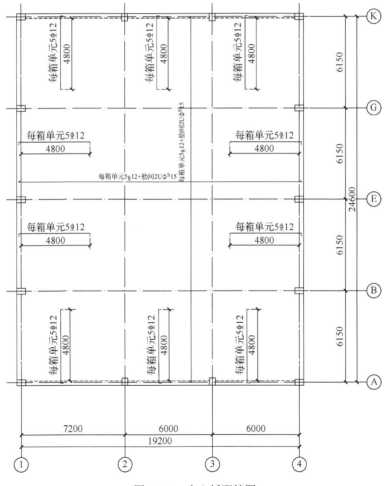

图 12-50 空心板配筋图

11. 抗裂验算

楼板裂缝控制等级为二级,不允许出现裂缝。因此应计算混凝土受拉边缘混凝土应力。

（1）短跨方向抗裂验算

跨中截面合力点与界面中心的距离为

$$e_{pn}=\frac{\sigma_{pe}A_py_{pn}-\sigma_{l5}A_sy_{sn}}{\sigma_{pe}A_p-\sigma_{l5}A_s}=\frac{1151.4\times560\times165-79.2\times565\times220}{1151.4\times560-79.2\times565}=161(mm)$$

预应力反向荷载在横孔方向产生的次弯矩为

$$M_1=600.0\times0.161=96.6(kN\cdot m)$$

$$M_2=M_r-M_1=114.4-96.6=17.8(kN\cdot m)$$

跨中截面混凝土受拉边缘处的法向预压应力为

$$\sigma_{pc}=\frac{N_p}{A}+\frac{N_pe_{pn}+M_2}{W}=\frac{600.0\times10^3}{150000}+\frac{600.0\times10^3\times161+17.8\times10^6}{1.99\times10^7}=9.7(N/mm^2)$$

在荷载效应标准组合下，产生的混凝土最大拉应力为

$$\sigma_{ck}=\frac{M_k}{W}=\frac{190.1\times10^6}{1.99\times10^7}=9.6(N/mm^2)$$

由 $\sigma_{ck}-\sigma_{pc}<f_{tk}$ 可知，抗裂验算满足要求。

（2）长跨方向抗裂验算

跨中截面合力点与界面中心的距离为

$$e_{pn}=\frac{\sigma_{pe}A_py_{pn}-\sigma_{l5}A_sy_{sn}}{\sigma_{pe}A_p-\sigma_{l5}A_s}=\frac{1187.8\times280\times165-61.5\times565\times205}{1187.8\times280-61.5\times565}=160(mm)$$

预应力反向荷载在长跨方向产生的次弯矩为

$$M_1=297.8\times0.160=47.6(kN\cdot m)$$

$$M_2=M_r-M_1=77.2-47.6=29.6(kN\cdot m)$$

跨中截面混凝土受拉边缘处的法向预压应力为

$$\sigma_{pc}=\frac{N_p}{A}+\frac{N_pe_{pn}+M_2}{W}=\frac{297.8\times10^3}{150000}+\frac{297.8\times10^3\times160+29.6\times10^6}{1.99\times10^7}=5.9(N/mm^2)$$

在荷载效应标准组合下，产生的混凝土最大拉应力为

$$\sigma_{ck}=\frac{M_k}{W_p}=\frac{128.2\times10^6}{1.99\times10^7}=6.4(N/mm^2)$$

由 $\sigma_{ck}-\sigma_{pc}<f_{tk}$ 可知，抗裂验算满足要求。

12. 变形验算

预应力受弯构件的挠度计算应按荷载效应标准组合并考虑荷载长期作用影响的刚度 B 进行计算，求得的挠度计算值不应超过规范规定的限值。

单位宽度现浇混凝土空心楼板的短期刚度为

$$B_s=0.85EI=0.85\times3.25\times10^4\times4.98\times10^9\times\frac{1000}{650}=2.12\times10^{14}(N\cdot mm^2)$$

现浇混凝土空心楼板的长期刚度为

$$B = \frac{M_k}{M_q(\theta-1)+M_k} B_s = \frac{292.4}{280.2\times(2-1)+292.4}\times 2.12\times10^{14} = 1.08\times10^{14}$$

依据《混凝土结构设计规范（2015 年版）》（GB 50010—2010）[1]得 $\nu=0.00627$，外荷载产生的长期挠度为

$$f_1 = 0.00627\times\frac{12.00\times19200^4}{1.08\times10^{14}} = 95(\mathrm{mm})$$

预应力反拱计算时单位宽度现浇混凝土空心楼板的短期刚度为

$$B_s=EI = 3.25\times10^4\times4.98\times10^9\times\frac{1000}{650} = 2.49\times10^{14}$$

预应力产生的短期挠度为

$$f_2 = 0.00627\times\frac{(5.50+1.72)\times19200^4}{2.49\times10^{14}} = 25(\mathrm{mm})$$

预应力产生的长期挠度为

$$f_2' = 2f_2 = 50(\mathrm{mm})$$

楼盖的总挠度为

$$f = f_1 - f_2' = 45 < \frac{l}{300} = 64(\mathrm{mm})$$

挠度满足要求。

12.8.3　小结

由前述结果，可得预应力空心板主要材料用量如表 12-10 所示。

表 12-10　主要材料用量

空心板尺寸	板厚/mm	C40 混凝土/m	空心率/%	空心填充块尺寸	空心填充物数量/个	HRB440 级钢/kg	预应力筋/kg	锚具及锚板/套
19.2m×24.6m	500	142.3	39.7	500mm×500mm×350mm	29×37	9187	5728	438

第 13 章　预应力框架结构实例

13.1　引　言

预应力框架结构在大跨度、大空间、重荷载等使用要求及室内正常或者潮湿等使用环境下有较强烈的需求，典型的工程结构包括体育馆或体育设施、商场等，可达到大空间的使用要求；设置于地下的游泳池等在需要相对较大跨度的同时，也需要承担较大的覆土荷载等，且结构常年处于潮湿环境中；狭长的使用场地下，需要采用大伸臂框架结构。本章针对 9 个典型预应力框架结构设计实例进行了详细介绍。

13.2　长春市体育馆预应力混凝土框架设计

长春市体育馆位于解放大路路北，采用跨度为 35m 的预应力混凝土框架结构，对框架结构材料选择、预应力工艺选择、预应力筋线型选择、荷载取值与内力计算、预应力效应考虑、框架大梁及顶层边柱预应力筋与非预应力筋选配、预应力混凝土边柱的张锚方案及梁柱预应力束的合理布置等问题进行了分析，提出了一般性的原则和方法，为设计建造本体育馆工程提供了理论依据，该工程的设计建造为建设同类工程提供了参考。

13.2.1　工程概况

长春市体育馆运动区结构平面布置及结构计算简图如图 13-1 所示。

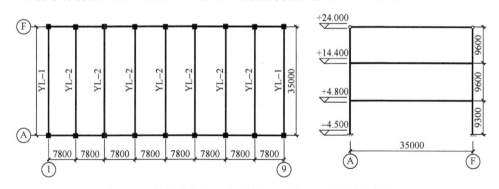

图 13-1　长春体育馆运动区结构平面布置及结构计算简图

运动区共 3 层，一层用于游泳训练与比赛，二、三层用于篮球训练与比赛，一、二层顶采用预应力混凝土梁板，三层顶采用网架。

13.2.2　结构设计方案

1. 材料、截面及预应力工艺选择

结构混凝土采用设计强度等级为 C40 的混凝土，预应力筋采用抗拉强度标准值为 $f_{ptk}=1860N/mm^2$ 的 ϕ^S15 钢绞线，非预应力筋采用 HRB335 钢，箍筋可视具体情况采用 HPB235、HRB335 钢，孔道通过内径为 65mm 的波纹管成型，采用 XM15-7、XM15-8 锚具及与其相配套的喇叭管，采用后张有粘结预应力工艺。根据轴压比及使用功能要求柱截面尺寸为 $b \times h=1300mm \times 1000mm$，预应力混凝土大梁截面尺寸为 $b \times h=700mm \times 1800mm$，为满足篮球场地的使用功能要求，板厚取为 $t=210mm$，按无粘结预应力混凝土连续板设计。

2. 荷载统计

经统计分析，结构所承担恒载（g_k、G_k）及活载（q_k、Q_k）如图 13-2 所示。

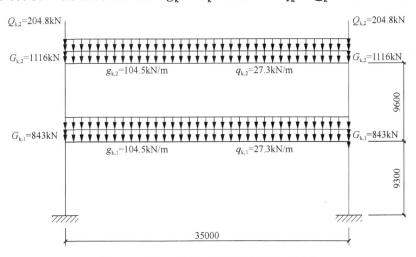

图 13-2　预应力框架结构所承担恒载及活载

3. 内力计算

由于梁柱节点区刚域的存在对结构内力分析有影响，按考虑刚域计算，在恒载（活载）标准值下框架结构弯矩图如图 13-3 所示。

在恒载（活载）标准值下框架结构梁柱控制截面剪力值（以绕杆件顺时针转动为正）如图 13-4 所示。

在恒载（活载）标准值下框架结构梁柱轴力值（以绕杆件受压为正）如图 13-5 所示。柱在恒载标准值作用下的轴力大小同时考虑了框架梁及外纵墙的重力。

6.443×10⁹
(1.704×10⁹)
6.443×10⁹
(1.704×10⁹)
5.657×10⁹
(1.496×10⁹)
9.359×10⁹
(2.476×10⁹)
5.657×10⁹
(1.496×10⁹)
8.299×10⁹
(2.195×10⁹)
8.299×10⁹
(2.195×10⁹)
5.172×10⁹
(1.368×10⁹)
5.172×10⁹
(1.368×10⁹)
2.800×10⁹
(0.74×10⁹)
7.502×10⁹
(1.985×10⁹)
2.800×10⁹
(0.74×10⁹)
1.564×10⁹
(0.414×10⁹)
1.564×10⁹
(0.414×10⁹)

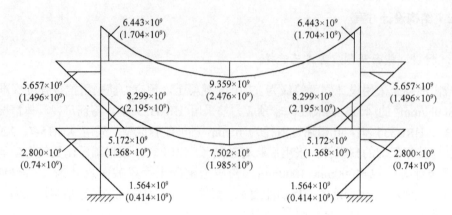

图 13-3　恒载（活载）标准值下框架结构弯矩图（单位：N·mm）

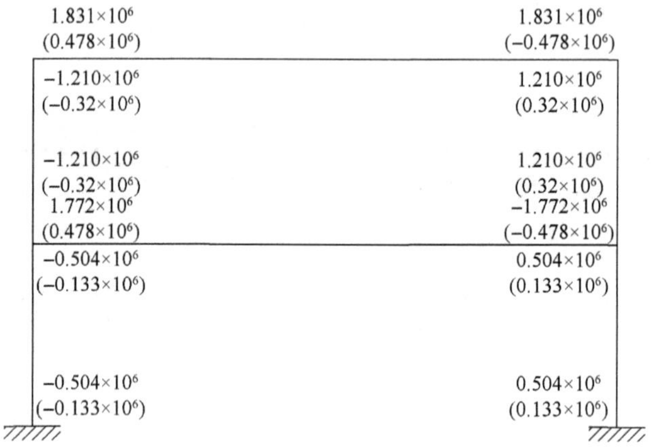

1.831×10⁶
(0.478×10⁶)
1.831×10⁶
(−0.478×10⁶)
−1.210×10⁶
(−0.32×10⁶)
1.210×10⁶
(0.32×10⁶)
−1.210×10⁶
(−0.32×10⁶)
1.210×10⁶
(0.32×10⁶)
1.772×10⁶
(0.478×10⁶)
−1.772×10⁶
(−0.478×10⁶)
−0.504×10⁶
(−0.133×10⁶)
0.504×10⁶
(0.133×10⁶)
−0.504×10⁶
(−0.133×10⁶)
0.504×10⁶
(0.133×10⁶)

图 13-4　在恒载（活载）标准值下框架结构梁柱控制截面剪力值（单位：N）

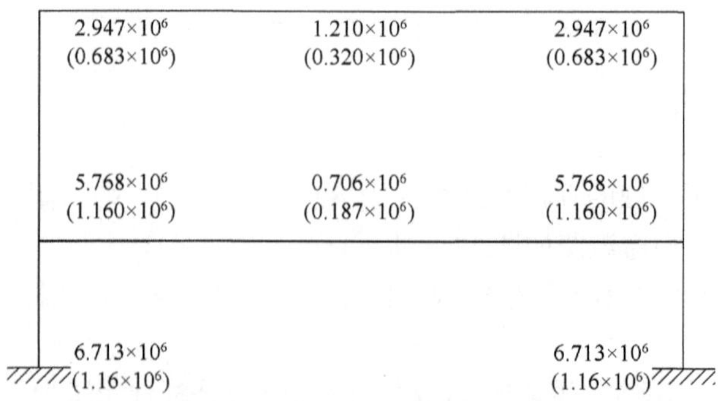

2.947×10⁶
(0.683×10⁶)
1.210×10⁶
(0.320×10⁶)
2.947×10⁶
(0.683×10⁶)
5.768×10⁶
(1.160×10⁶)
0.706×10⁶
(0.187×10⁶)
5.768×10⁶
(1.160×10⁶)
6.713×10⁶
(1.16×10⁶)
6.713×10⁶
(1.16×10⁶)

图 13-5　在恒载（活载）标准值下框架结构梁柱轴力值（单位：N）

4. 预应力筋合力作用线的选取

为了尽可能提高预应力筋垂幅，方便施工，同时考虑到喇叭管端部尺寸及防火要求，取用如图 13-6 所示的预应力筋合力作用线。

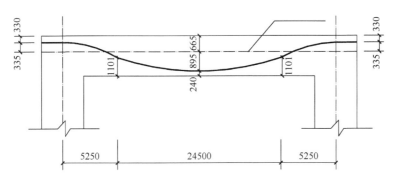

图 13-6　预应力框架结构预应力筋合力作用线

5. 张拉各层梁中单位面积预应力筋引起的端部预加力、跨内等效荷载及结构内力

据工程经验，单跨预应力框架大梁中预应力筋在各控制截面的有效预应力可近似取为 $\sigma_{pe}=950\text{N}$，可求得如图 13-7 所示的张拉各层梁中单位面积预应力筋引起的端部预加力及跨内等效荷载。

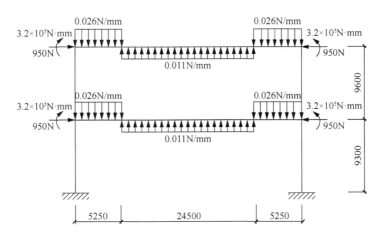

图 13-7　张拉各层梁中单位面积预应力筋引起的端部预加力及跨内等效荷载

在图 13-7 所示荷载作用下，框架结构的弯矩图如图 13-8 所示，框架结构梁柱控制截面剪力值（以绕杆件顺时针转动为正）如图 13-9 所示。

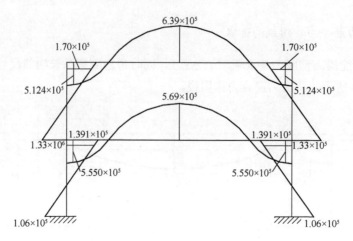

图 13-8　框架结构弯矩图（单位：N·mm）

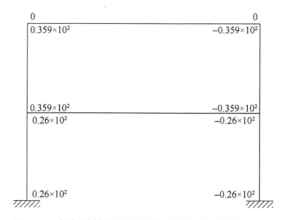

图 13-9　框架结构梁柱控制截面剪力值（单位：N）

经计算可知，在张拉过程中若采用逐层浇筑、逐层张拉，则一、二层侧限影响系数均大于 0.95，可不考虑侧限对预应力传递及设计计算结果的影响。

6. 预应力筋 A_p 及非预应力筋 A_s 的选配

该工程工作环境为室内一般环境，可按一类环境的裂缝控制方程计算确定预应力筋用量。

由 $A_p = \dfrac{\dfrac{M_k}{W} - 2.5 f_{tk}}{\dfrac{\sigma_{pe}}{A} - \dfrac{\bar{M}_p}{W}}$ 可知，一、二层预应力大梁预应力筋用量分别为 $A_{p1} = 7604 \text{mm}^2$，

$A_{p2} = 9371 \text{mm}^2$；由 $A_p = \dfrac{\dfrac{M_1}{W} - 0.8 \gamma f_{tk}}{\dfrac{\sigma_{pe}}{A} - \dfrac{\bar{M}_p}{W}}$ 可知，一、二层预应力大梁预应力筋用量分别为

$A'_{p1} = 7075 \text{mm}^2$，$A'_{p2} = 8643 \text{mm}^2$。取 $A_{p1} = \max(A_{p1}, A'_{p1}) = 7604 \text{mm}^2$，$A_{p2} = \max(A_{p2}, A'_{p2}) = 9371 \text{mm}^2$。

对一层顶预应力大梁取 $3 - 3 \times 7\phi^s 15 (A_{p1} = 8757 \text{mm}^2)$，对二层顶预应力大梁取 $3 - 3 \times 8\phi^s 15 (A_{p2} = 10008 \text{mm}^2)$。一、二层顶预应力大梁预应力筋线型如图 13-10 所示。

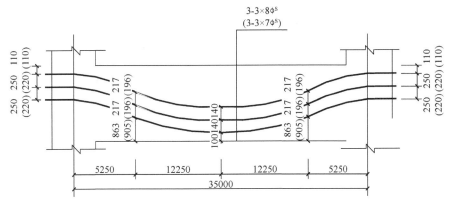

图 13-10　预应力筋线型图

在计算确定预应力筋用量 A_p 后，由正截面承载力计算公式和有关构造要求，对一、二层顶预应力大梁梁底均配置 16Φ25 非预应力筋，支座梁顶均配置 12Φ25（其中 10Φ25 为通长钢筋）非预应力筋。箍筋按 4Φ12@100/200 配置。

7. 柱的设计

如果柱采用普通钢筋混凝土柱，假设外荷载引起的柱端控制截面弯矩设计值为 M^c_{load}、剪力设计值为 V^c_{load}，张拉梁中预应力筋引起的柱端控制截面弯矩为 M^c_p、剪力为 V^c_p，则用（$M^c_{\text{load}} + M^c_p$）代替 M^c_{load}，由普通钢筋混凝土柱正截面承载力计算公式即可求得柱中纵筋用量（A_{sc} 和 A'_{sc}）；用（$V^c_{\text{load}} + V^c_p$）代替 V^c_{load}，由柱斜截面受剪承载力计算公式即可求得柱中箍筋用量。该工程一层柱采用了普通钢筋混凝土柱。

该工程二层柱（也可称为框架顶层边柱），由于所受弯矩较大，而轴力相对较小，需配置一定数量的预应力筋来满足承载力和裂缝控制要求。柱预应力筋合力作用线如图 13-11 所示，张拉柱中单位面积预应力筋引起的弯矩图如图 13-12 所示。

根据裂缝控制方程得 A^c_p，设置为 1-4$\times$5ϕ^s15，据正截面承载力计算公式和预应力筋两阶段工作原理同时考虑配筋构造要求可计算确定 $A_s = A'_s$，设置为 32Φ32。

二层预应力混凝土柱采用有粘结预应力工艺，但为了很好地将预应力筋锚固于一层框架大梁底皮以下，在一层大梁底皮 1500mm 以下须采用无粘结预应力工艺。每根预应力筋均采用挤压锚锚固，预应力筋在锚固端分 4 批均匀锚固，每批预应力筋锚固位置沿柱高方向相距 300mm，第一批预应力筋锚固位置距波纹管下端 500mm。一层大梁底皮 1500mm 以下的裸筋可通过涂置黄油后外套塑料管的方式形成无粘结筋。柱的固定端及张拉端构造如图 13-13 所示，以张拉端 XM15-7 锚具的中孔作沁水孔，灌浆及张锚工艺这里从略。为便于施工，梁中预应力束及二层柱中预应力束应按图 13-13 所示布置。为保证张拉过程中的安全，二层柱的张拉端应设置在二层顶以上 500mm，如图 13-13（b）、（c）所示。

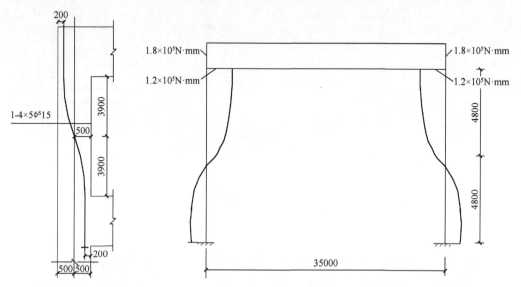

图 13-11　柱预应力筋合力
作用线

图 13-12　张拉柱中单位面积预应力筋引起的弯矩图

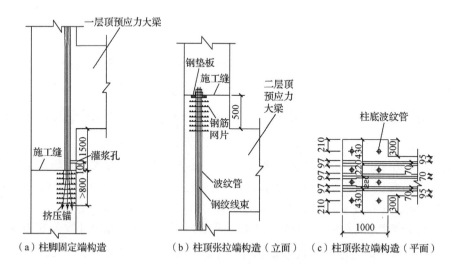

（a）柱脚固定端构造　　（b）柱顶张拉端构造（立面）　（c）柱顶张拉端构造（平面）

图 13-13　柱的固定端及张拉端构造

8. 局压设计、变形验算与施工方法

梁柱锚下局部受压承载力计算、锚固区域间接钢筋配置、预应力大梁变形验算及预应力筋的开盘、下料、布筋、张拉、灌浆、封锚等这里从略。

13.2.3　小结

结合长春市体育馆跨度为 35m 预应力混凝土框架结构的设计，对大跨预应力框架结构材料选择、预应力工艺选择、预应力线型选择、荷载取值与内力计算、预应力效应考虑、框架大梁及顶层边柱预应力与非预应力筋选配、预应力混凝土边柱的张锚及梁柱预应力束的合理布置等问题进行了分析，给出了一般性的原则和方法，为设计建造本体育馆工程提供了理论依据，为建设同类工程提供了参考。

13.3　哈尔滨体育学院冰球馆预应力框架梁设计

本节介绍了哈尔滨体育学院冰球馆工程概况，提出了同一轴线上不等跨、不等高且相邻跨预应力筋用量不同时的双跨预应力混凝土框架梁的预应力筋布置方案及张拉方法，给出了包括基于裂缝控制方程的预应力筋用量计算、基于抗力和构造要求的非预应力筋用量计算、变形验算等相关计算过程，可供同类工程设计建造时参考。

13.3.1　工程概况

哈尔滨体育学院冰球馆建筑剖面示意图如图 13-14 所示。一层的 1～10 轴与 Ⓑ～Ⓖ轴所辖区域为冰球比赛场；地下室的 ①～⑩ 轴与 Ⓑ～Ⓘ/Ⓔ 轴所辖区域为冰球训练场，比赛场与训练场的位置关系如图 13-14 所示。

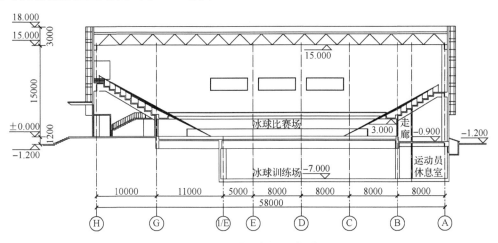

图 13-14　建筑剖面示意图

哈尔滨体育学院冰球馆除屋盖外为混凝土框架结构，屋盖为网架结构。哈尔滨地区抗震设防烈度为 6 度，并结合建筑物的高度及结构体系，可知该结构的抗震等级为三级。

训练场的大空间无柱建筑平面给地下室顶楼盖设计带来了一定的困难，为此可将地下室顶①～⑩轴与Ⓑ～Ⓖ轴所辖区楼盖的框架梁做成预应力梁，以达到设计规范所要求的设计目标。比赛场底结构平面布置如图 13-15 所示。在图 13-15 中，KL1(1)梁顶结构标高为-0.950m，其余梁的梁顶标高为-0.400m。

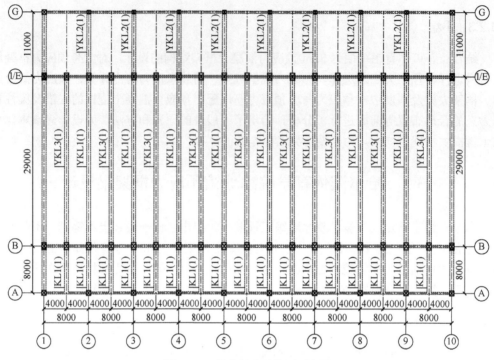

图 13-15　比赛场底结构平面布置

13.3.2　结构设计方案

1. 预应力工艺及截面选择

预应力梁采用设计强度等级为 C40 的混凝土，预应力筋采用抗拉强度标准值 $f_{ptk} = 1860\text{N}/\text{mm}^2$ 的 $\phi^s 15$ 低松弛钢绞线，非预应力筋采用 HRB400 钢筋，箍筋采用 HRB335 钢筋。预应力梁采用后张有粘结预应力工艺，孔道通过内径为 66mm 的波纹管成型，预应力筋为两端张拉工艺，并采用 XM15-5(XM15-6)锚具。

图 13-15 中 YKL1(1)、YKL3(1)的截面尺寸为 $b \times h = 700\text{mm} \times 1600\text{mm}$，YKL2(1)的截面尺寸为 $b \times h = 700\text{mm} \times 1000\text{mm}$，KL1(1)的截面尺寸为 $b \times h = 500\text{mm} \times 900\text{mm}$。过 Ⓑ 轴及 Ⓘ/Ⓔ 轴柱的截面尺寸为 $b \times h = 800\text{mm} \times 1200\text{mm}$，过 Ⓐ 轴及 Ⓖ 轴柱的截面尺寸 $b \times h$ 分别为 800mm×800mm 及 600mm×600mm。

2. 裂缝控制方法与预应力筋用量、非预应力筋用量的确定

（1）裂缝控制方法与相应的名义拉应力

该工程的工程环境为一类环境，在荷载标准组合下应满足 $w_{max} \leqslant 0.20\text{mm}$，在荷载准永久组合下应满足 $w_{max} \leqslant 0.05\text{mm}$。由表 13-1 可查得，对应 C40 混凝土在裂缝宽度为 0.05mm 和 0.20mm 时的混凝土允许名义拉应力建议值分别为 3.6N/mm² 和 5.1N/mm²。

表 13-1　混凝土允许名义拉应力建议值$[\sigma_{ct1}]$

裂缝宽度/mm	混凝土强度等级/（N/mm²）		
	C30	C40	C50
0.05	2.9	3.6	4.4
0.10	3.2	4.1	5.0
0.20	3.8	5.1	6.2

（2）非预应力筋用量、预应力筋用量计算公式

由式（13-1）和式（13-2）确定非预应力筋用量及预应力筋用量，并由式（13-3）来限定非预应力筋用量，即

$$A_s = \frac{(1-\lambda)A_p f_{py} h_p}{\lambda f_y h_s} \tag{13-1}$$

$$A_p = \frac{\dfrac{M_s}{W} - \beta[\sigma_{ct1}]}{\dfrac{(1-\lambda)f_{py}h_p + \lambda f_y h_s}{\lambda f_y h_s A}100\sigma_i + \dfrac{\overline{N_p}}{A} + \dfrac{\overline{M_p}}{W}} \tag{13-2}$$

$$A_s \leqslant \frac{\left\{0.25f_{cuk} - \beta[\sigma_{ct1}]\right\}(1-\lambda)f_{py}h_p A}{\left[(1-\lambda)f_{py}h_p + \lambda f_y h_s\right]100\sigma_i} \tag{13-3}$$

式中：$\overline{M_p}$ 及 $\overline{N_p}$ 分别为在张拉单位面积预应力筋引起的端部预加力及节间等效荷载作用下的控制截面的弯矩及轴力；M_s 为荷载标准组合下控制截面的弯矩（对于准永久组合，M_s 替换为荷载准永久组合下控制截面弯矩 M_l）；σ_i 为对后张法预应力结构取 4.0N/mm²，对先张法预应力结构取 3.0N/mm²；β 为截面高度对混凝土允许名义拉应力的修正系数，其取值如表 13-2 所示；λ 为预应力度，由式（13-4）计算得到，不同抗震等级预应力混凝土结构的预应力度 λ 上限值有具体规定。

表 13-2　截面高度对混凝土允许名义拉应力的修正系数 β

截面高度/mm	≤200	400	600	800	≥1000
修正系数 β	1.2（1.3）	1.15	1	0.9（0.85）	0.8（0.75）

注：当裂缝宽度为 0.2mm、0.25mm 时，取括号内值。

$$\lambda = \frac{f_{py}A_p h_p}{f_{py}A_p h_p + f_y A_s h_s} \tag{13-4}$$

（3）内力计算及张拉 1mm² 预应力筋时控制截面的弯矩和轴力计算

本节以过 5 轴的 YKL1(1)、YKL2(1)为例说明设计计算方法。经有限元程序分析，框架在永久荷载（可变荷载）标准值作用下控制截面的弯矩图如图 13-16 所示。

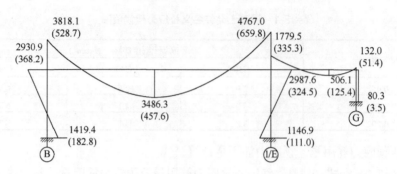

图 13-16 框架在永久荷载（可变荷载）标准值作用下控制截面的弯矩图（单位：kN·m）

经试算，过 5 轴的相邻两跨梁 YKL1(1)及 YKL2(1)所需的预应力筋用量相差悬殊，即 YKL1(1)需两排预应力筋，而 YKL2(1)只需一排预应力筋，因此选用如图 13-17 所示的预应力筋合力作用线。在图 13-17 中，将预应力筋合力作用线分成上、下两排，上排预应力筋在过柱边 800mm 后切断。

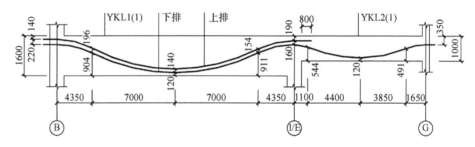

图 13-17 预应力筋合力作用线

经试算，梁中预应力筋在各控制截面的有效预应力暂近似取为

$$\sigma_{pe} = 0.75\sigma_{con} = 0.75 \times 0.75 \times 1860 = 1046.25(N/mm^2)$$

由图 13-17 可求得张拉上、下排单位面积（1mm²）预应力筋引起的端部预加力及跨内等效荷载，如图 13-18 所示。在图 13-18 所示荷载作用下框架结构的弯矩图如图 13-19 所示。该工程的侧限影响可以忽略。

（4）预应力筋用量、非预应力筋用量的计算

该工程预应力混凝土结构抗震等级为三级，取 $\lambda = 0.75$。

由图 13-19 可知，YKL2(1)因张拉上排预应力筋而产生的弯矩较小，可以忽略。故可由 YKL2(1)的内力来选配下排预应力筋用量，再由 YKL1(1)的内力及下排预应力筋用量选配上排预应力筋用量。

将 YKL2(1)的相关数据代入式（13-2）可以确定 $A_{p下} = 2361mm^2$，实配预应力筋 18ϕ^s15，其面积为 $A_{p下} = 2502mm^2$。由式（13-1）、式（13-3）及相关构造要求确定 YKL2(1) 的跨中及支座受拉纵筋的用量，各配置 10Φ25。

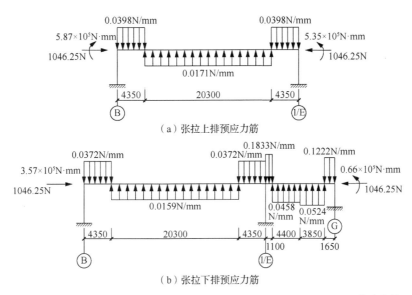

（a）张拉上排预应力筋

（b）张拉下排预应力筋

图 13-18　张拉上、下排单位面积预应力筋引起的端部预加力及跨内等效荷载

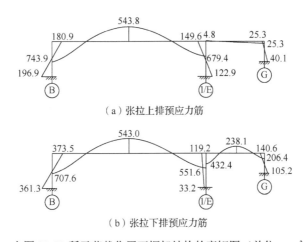

（a）张拉上排预应力筋

（b）张拉下排预应力筋

图 13-19　在图 13-18 所示荷载作用下框架结构的弯矩图（单位：$10^3 \mathrm{N} \cdot \mathrm{mm}$）

将 M_s 替换为 $M_\mathrm{s} - \overline{M_\mathrm{F}} A_\mathrm{p下}$，　$\beta[\sigma_\mathrm{ct1}]$ 替换为 $\beta[\sigma_\mathrm{ct1}] + A_\mathrm{p下}\sigma_\mathrm{pe}/A$，用式（13-1）～式（13-3）及相关构造要求确定 YKL1(1) 所需的上排预应力筋用量，为 15Φ$^\mathrm{s}$15，以及支座及跨中受拉纵筋的用量，各配 12Φ25。

经验算，YKL1(1)、YKL2(1) 所配预应力筋及普通钢筋均满足极限状态承载能力要求。

3. 梁端受压区高度的限制

经计算，YKL3(1) 需预应力筋 39Φ$^\mathrm{s}$15，支座及跨中受拉非预应力筋各配置为 13Φ25。按《混凝土结构设计规范（2015 年版）》（GB 50010—2010）[1] 对后张有粘结预应力混凝土框架梁的要求如下：二、三级抗震等级的预应力混凝土框架梁，其考虑受压钢筋的梁端受压区高度应满足 $x \leqslant 0.35h_0$。计算得预应力梁 YKL3(1) 考虑受压钢筋的梁端受压区高

度为 $x = 0.38h_0$，不满足要求，为此我们采用加大梁端受压钢筋面积的方法使 $x \leqslant 0.35h_0$ 得到满足。经计算，梁端受压钢筋需要配置 19Φ25。跨中受拉纵筋配 13Φ25、梁端受压钢筋 19Φ25 并不需要全部通长，有 6Φ25 在出柱边 1/4 净跨处截断。

4. 变形验算

对预应力混凝土受弯构件不仅须控制总变形值，还应控制反向变形值。控制总变形值即控制按荷载效应的标准组合，并考虑长期作用影响的挠度减去 2 倍张拉预应力筋引起的弹性反拱值不超过规定限制；反向变形值是指预应力混凝土受弯构件在结构自重及张拉预应力筋引起的等效荷载作用下的长期变形值。

根据梁的计算跨度可得总变形限制为 $l_0 / 300(l_0 / 400)$，施工阶段反向变形建议限制为 $l_0 / 700(\leqslant 500\text{mm})$。预应力梁 YKL1(1) 的总变形值为 $f = 74.59\text{mm}$，此时 $f / l_0 = 1 / 389$；反向变形值为 $f = 4.52\text{mm}$，此时 $f / l_0 = 1 / 6416$，无论是总变形值还是反向变形值都满足要求。经过计算，YKL2(1)、YKL3(1)也都满足要求。

5. 预应力筋张拉及后浇洞口的设置

经计算，施工阶段（只考虑结构自重）张拉所有预应力筋时，跨中梁顶皮受压，压应力为 0.87N/mm^2，故可以一批张拉预应力筋。

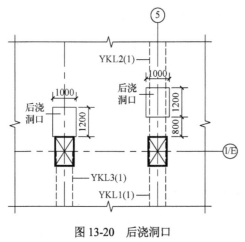

图 13-20　后浇洞口

所有预应力筋都为两端张拉，通过 KL1(1) 与 YKL1(1)、YKL3(1)之间的高差可以实现，在靠近Ⓑ轴的梁端张拉预应力筋，而在靠近①/Ⓔ轴的梁端是没有预应力筋张拉空间的，因此需留有后浇洞口，如图 13-20 所示。待后浇洞口两侧混凝土达到张拉所要求的混凝土强度之后，张拉并锚固预应力筋，同时用高于后浇洞口周围一个强度等级的微膨胀混凝土浇筑后浇洞口。待后浇洞口混凝土强度等级达到张拉预应力筋要求的强度之后，张拉并锚固 YKL2(1)中的预应力筋和 YKL1(1)中下排预应力筋。

13.3.3　小结

本节完成了基于裂缝控制方程的预应力筋用量计算、基于抗力和构造要求的非预应力筋用量计算，并进行了变形验算，对相关设计与施工问题的解决方法进行了论述。

13.4　设叠层游泳池的哈尔滨工业大学游泳馆结构设计

本节介绍了哈尔滨工业大学游泳馆工程概况，给出了承托该游泳馆比赛池的预应力框架的裂缝及变形控制标准，详细介绍了预应力框架梁、框架柱中预应力筋及非预应力筋的选配过程，着力解决了为避免框架梁和框架柱中受力筋"撞头顶牛"，同时确保局压及节点安全而采取的布筋方式及张锚措施。

13.4.1　工程概况

哈尔滨工业大学游泳馆建筑面积为 $11547m^2$，地上 4 层，局部设半地下室，建筑剖面图如图 13-21 所示，剖切位置及方向如图 13-22 所示。该游泳馆设有叠层游泳池，下池为教学池，建筑平面图如图 13-22 所示；上池为比赛池，建筑平面图如图 13-23 所示。比赛池水深在 1.3~2.0m 范围内变化，如图 13-24 所示。预应力梁梁顶的标高为结构标高，池壁顶的标高为建筑标高。哈尔滨工业大学游泳馆建筑效果图如图 13-25 所示。

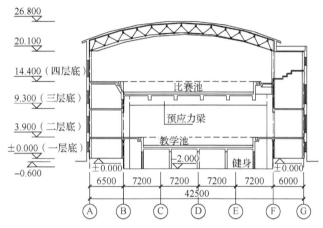

图 13-21　建筑剖面图（1—1 剖）

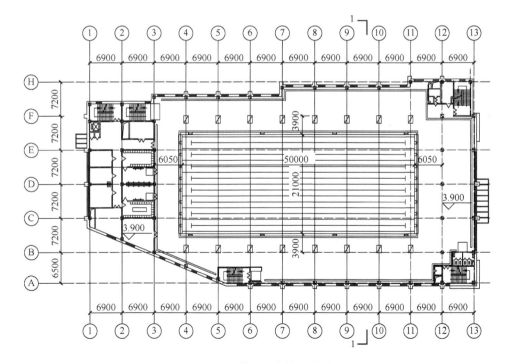

图 13-22　教学池建筑平面图

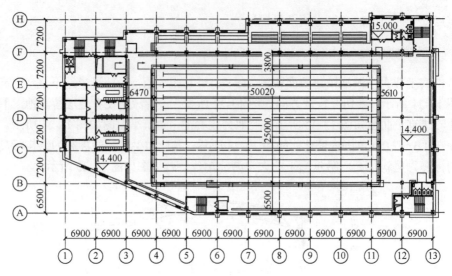

图 13-23　比赛池建筑平面图

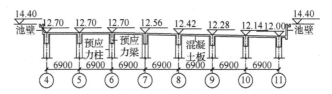

图 13-24　比赛池水深变化

图 13-25　建筑效果图

该游泳馆Ⓐ～Ⓕ轴与③～⑬轴所辖区的屋盖为网架结构，其余部分为混凝土框架结构。哈尔滨地区抗震设防烈度为 6 度，并结合建筑物的高度及结构体系可确定预应力框架结构的抗震等级为三级。

承托比赛池的局部结构平面布置如图 13-26 所示，图 13-26 中，过④～⑪轴的框架梁及框架柱内均设置一定数量的预应力筋。过④～⑪轴的框架梁截面尺寸为 $b \times h = 1000\text{mm} \times 2200\text{mm}$，框架柱截面尺寸为 $b \times h = 1200\text{mm} \times 1600\text{mm}$，L1 (7B) 及 KL1 (7B) 截面尺寸为 $b \times h = 500\text{mm} \times 1000\text{mm}$，L2 (7B) 截面尺寸为 $b \times h = 400\text{mm} \times 950\text{mm}$，板厚 300mm。过⑧轴的单榀结构如图 13-27 所示，预应力柱中心距过Ⓑ或Ⓕ轴的轴线 700mm，图中所示标高均为结构标高。

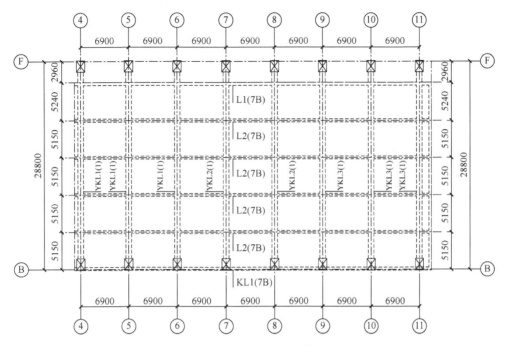

图 13-26 承托比赛池的局部结构平面布置

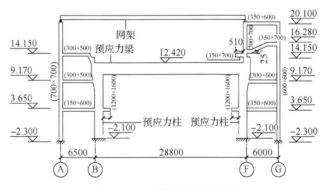

图 13-27 过⑧轴的单榀结构

13.4.2 结构设计方案

1. 梁的裂缝及变形控制标准

考虑到比赛池底上面设有防水层，建设单位会同设计单位及相关专家，经讨论确定预应力框架梁及框架柱在荷载标准组合下裂缝开展宽度不大于 0.1mm，即 $w_{cr} \leqslant 0.1mm$，在荷载准永久组合下处于消压状态。

使用如图 13-26 所示框架梁时，对挠度有较高要求，可将预应力梁的挠度限值定为 $l_0 / 400$ （ l_0 为梁的计算跨度），将预应力梁的挠度限值定为 $l_0 / 480$ 。但建设单位提出将预应力梁的挠度限值定位为 $l_0/500$ 的建议，综合考虑之后将预应力梁的挠度限值定为 $l_0/500$ 。

2. 梁及柱中预应力筋及非预应力纵筋的选配

预应力筋及非预应力筋的选配需考虑两种工况，工况 1 为水池满水的情况，工况 2 为施工阶段，即张拉完梁及柱中预应力筋并将梁及柱的模板拆除完毕的时刻。

以过⑧轴的单榀框架为例说明框架梁及框架柱中预应力筋及非预应力纵筋的选配原则。经计算，图 13-27 中预应力梁及预应力柱各控制截面在工况 1 的外荷载标准值作用下的内力值，如图 13-28 所示。图 13-28 中，杆件控制截面标示内力值一侧的纤维受拉，剪力以绕杆件顺时针转动为正，轴力以杆件受压力为正。

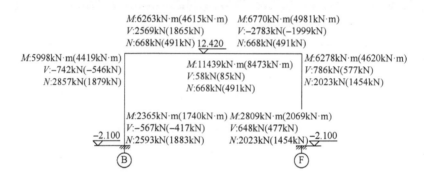

图 13-28　过⑧轴的预应力梁、预应力柱各控制截面在外荷载标准值作用下的内力值

（1）材料及预应力工艺

框架梁及框架柱所采用的混凝土设计强度等级为 C45，预应力筋采用抗拉强度标准值 $f_{ptk}=1860\text{N}/\text{mm}^2$ 的 ϕ^s15 低松弛钢绞线，非预应力筋采用 HRB335 钢筋，箍筋采用 HRB335 钢筋。框架梁及框架柱均采用后张有粘结预应力工艺，梁中和柱中预应力筋分别采用两端张拉和一端张拉工艺，孔道通过波纹管成型，预应力筋张拉端及锚固端均采用 XM 锚具。

（2）梁、柱局压影响区的特殊处理及预应力筋线型的选择

为了便于张拉柱中预应力筋，在框架柱上设置了牛腿。为了避免梁中及柱中预应力筋的锚具下喇叭管在同一空间交错布置，将牛腿顶面置于梁顶上方 1000mm 处，这样同时还可以避免因梁、柱局压影响区局压钢筋网片过于密集而影响混凝土浇筑质量。框架柱中预应力筋用两段抛物线与一段直线实现光滑过渡。综合考虑各方面的因素和要求后，该工程过⑧轴的框架所取用的预应力筋线型如图 13-29 所示。

（3）分别张拉梁中和柱中单位面积预应力筋所产生效应的计算

张拉控制应力为 $\sigma_{con}=0.75f_{ptk}$ 。在初选梁中及柱中预应力筋用量时，可将有效预应力值暂取为 $\sigma_{pe}=0.75\sigma_{con}=1046(\text{N}/\text{mm}^2)$ 。

由图 13-29 可求得分别张拉梁中和柱中单位面积（1mm²）预应力筋引起的端部预加力及跨内等效荷载，如图 13-30 所示。在图 13-30 所示荷载作用下框架结构各控制截面的内力值如图 13-31 所示，内力值的符号规定与图 13-28 中的规定相同。在图 13-31（a）中，M: 623kN·mm(306kN·mm)中符号的含义如下："623kN·mm"表示梁端弯矩，"306kN·mm"表示柱端弯矩，此图中其余类似的表示方法的含义与此相同。

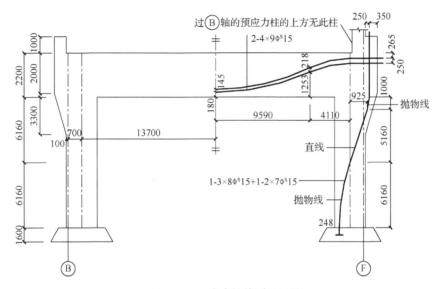

图 13-29　预应力筋线型及用量

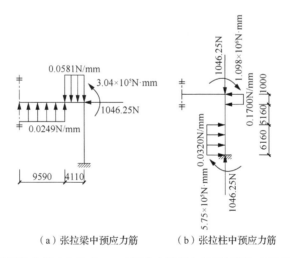

（a）张拉梁中预应力筋　　　（b）张拉柱中预应力筋

图 13-30　分别张拉梁中和柱中 1mm² 预应力筋引起的端部预加力及跨内等效荷载

由图 13-31 可以看出，张拉梁中预应力筋不仅可以使梁跨中及支座产生与外荷载内力方向相反的弯矩，同时还可以使柱头产生与外荷载内力方向相反的弯矩；张拉柱中预应力筋不仅可以使柱头产生与外荷载内力方向相反的弯矩，同时还可以使梁的跨中产生与外荷载内力方向相反的弯矩。

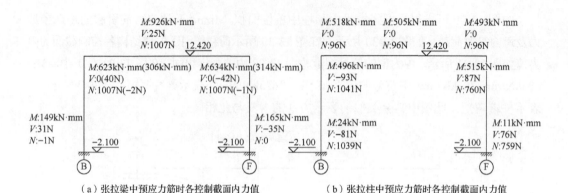

（a）张拉梁中预应力筋时各控制截面内力值　　　　　（b）张拉柱中预应力筋时各控制截面内力值

图 13-31　　在图 13-30 所示荷载作用下框架结构各控制截面内力值

（4）梁及柱中预应力筋及非预应力筋用量的确定

按工况 1 确定预应力筋及非预应力筋的用量。在工况 1 下进行抗力计算时，预应力效应对结构有利，将其效应乘以 0.9 的组合系数与外荷载效应组合进行计算；在进行裂缝及变形验算时，将预应力效应乘以 1.0 的组合系数与外荷载效应组合进行验算。

假定柱中预应力筋的用量，由图 13-31（b）可知柱中假定的预应力筋在梁的各控制截面产生的弯矩值，记为 M_{cb}。

基于假定的柱中预应力筋用量及由此算得的梁中预应力筋用量在柱的控制截面产生的预应力效应，并利用正截面受压承载力计算公式及柱的裂缝宽度（柱的裂缝控制标准与梁的裂缝控制标准相同）验算公式确定柱中非预应力纵向钢筋用量。根据建设单位提出的在柱中受拉及受压侧布置非预应力纵向钢筋不宜超过两排并且直径不宜过大的要求，校核选配的柱中非预应力纵向钢筋的布置情况是否满足该要求，若不满足则需重新假定柱中预应力筋用量，直至选配的柱中非预应力纵向钢筋的布置情况满足建设单位提出的要求。

经计算确定梁中所需预应力筋用量为 72ϕ^S15，梁顶非预应力筋用量为 24Φ28，梁底非预应力筋用量为 30Φ25，柱中所需预应力筋用量为 38ϕ^S15，柱的受压、拉两侧各配 20Φ32 的非预应力筋。

在工况 1 下，预应力梁的变形为 $l_0/660$，跨中控制截面在荷载标准组合作用下的裂缝宽度为 0.09mm，在荷载准永久组合下处于消压状态；预应力柱柱顶控制截面在荷载标准组合作用下的裂缝宽度为 0.04mm，在荷载准永久组合下处于消压状态。

3. 工况 2 下梁抗弯承载力、裂缝及反向变形验算及柱抗弯承载力、裂缝验算

当验算抗力时，若结构自重引起的效应对结构有利，将其效应乘以 0.9 的组合系数进行验算；若预应力效应对结构不利，将其效应乘以 1.2 的组合系数进行验算。当验算裂缝及反向变形时，预应力效应与外荷载效应直接叠加进行验算。

经验算，工况 2 下梁及柱的抗弯承载力验算均满足要求。为防止张拉预应力筋时梁顶出现裂缝，应对梁顶进行裂缝验算。经验算，梁顶受到 1.20N/mm² 的拉应力，约为 0.48f_{tk}，满足小于 0.85f_{tk} 的要求。在工程设计中，不仅要控制总变形值，即控制按荷载

效应的标准组合并考虑荷载长期作用影响的挠度减去两倍张拉预应力筋引起的弹性反拱值不超过规定限制，还要合理地控制反向变形，即预应力混凝土梁在结构自重（不考虑抹灰、垫层等荷载）及张拉预应力筋引起的等效荷载作用下的长期变形值。经验算，反向变形值为 $l_0/21746$，满足 $l_0/700(\leqslant 50\text{mm})$ 这一限值要求。工况 2 下柱顶控制截面裂缝宽度为 0.1mm，满足要求。

　　4. 梁、柱非预应力筋弯折锚固的实现及牛腿设计

　　按照国家标准确定牛腿高度的方法及预应力工艺的要求所确定的牛腿截面高度如图 13-32 所示，牛腿截面宽度与柱同宽。经计算，框架梁上部预应力筋及非预应力筋用量满足牛腿纵筋用量要求，可兼作牛腿受力纵筋。因梁顶及柱外侧非预应力筋难于实现弯折锚固，所以在梁端及牛腿顶设计整体锚垫板，用于锚固预应力筋及非预应力筋（图 13-32），非预应力筋与锚垫板采用塞焊构造。梁端及牛腿顶锚垫板构造分别如图 13-33 和图 13-34 所示。为避免柱与牛腿所交阴角处混凝土崩开，将柱外侧纵筋采用了如图 13-32 所示的搭接处理。

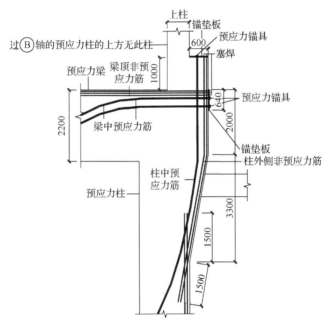

图 13-32　与牛腿相关的纵筋构造

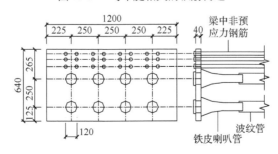

图 13-33　梁端锚垫板构造

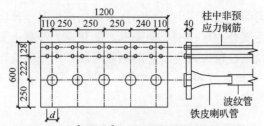

注：与波纹管内 7ϕ^s15、8ϕ^s15 相对应的 d 值为 95mm、105mm。

图 13-34　牛腿顶锚垫板构造

5. 节点附近梁柱预应力筋及非预应力筋的合理布置

为避免框架梁和框架柱中的受力筋"撞头顶牛"，工程中应采用图 13-35 和图 13-36 所示布置方式。

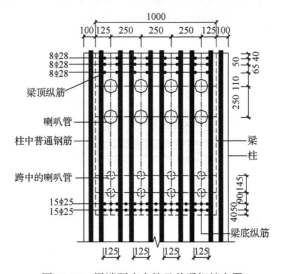

图 13-35　梁端预应力筋及普通钢筋布置

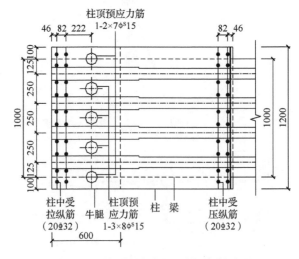

图 13-36　柱顶预应力筋及普通钢筋布置

13.5　某工厂预应力混凝土框架设计

13.5.1　工程概况

某工厂车间平面尺寸为 40m×18m，共 2 层。单跨 18m，柱距 4m，底层和顶层高分别为 7m 和 6.5m，采用部分预应混凝土现浇框架和现浇楼板结构体系。楼面和屋面板厚均为 100mm。楼面活荷载标准值为 10kN/m²。框架按 7 度抗震设防。梁、板、柱的混凝土强度设计为 C30。

该框架采用横向布置，柱距尺寸为 18m×4m，预应力混凝土框架楼面和屋面梁截面尺寸分别为 $b \times h = 300\text{mm} \times 1200\text{mm}$ 和 $b \times h = 250\text{mm} \times 1000\text{mm}$，柱的截面尺寸为 $b \times h = 500\text{mm} \times 800\text{mm}$。其建筑平面图如图 13-37 所示。

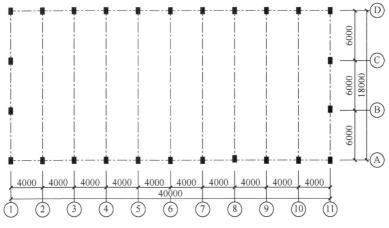

图 13-37　二层建筑平面图

该建筑采用横向布置，且横向框架比纵向框架多很多，因此可简化为平面框架进行结构计算。以下为轴线②～⑩之间任意一榀预应力混凝土框架的结构计算，计算简图如图 13-38 所示。

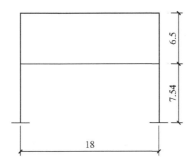

图 13-38　计算简图（单位：m）

13.5.2　结构设计方案

1. 设计荷载及内力计算

（1）梁柱截面的几何特征

梁柱截面的几何特征如表 13-3 所示。

表 13-3　梁柱截面的几何特征

梁柱	截面几何特征参数	截面几何特征值	截面形状
楼面梁	面积 A/cm^2	4800	
	形心位置 y_0/cm	73.35	
	惯性矩 I/cm^4	7042500	
屋面梁	面积 A/cm^2	3700	
	形心位置 y_0/cm	64.60	
	惯性矩 I/cm^4	3725225	
柱	面积 A/cm^2	4000	
	惯性矩 I/cm^4	2130000	

（2）设计荷载

楼面框架梁线荷载：恒载标准值为 21kN/m，活载标准值为 32kN/m；屋面框架梁线荷载：恒载标准值为 26kN/m，活载标准值为 2kN/m。

（3）内力计算

根据结构力学方法，计算所得的竖向荷载作用下框架弯矩图如图 13-39 所示。

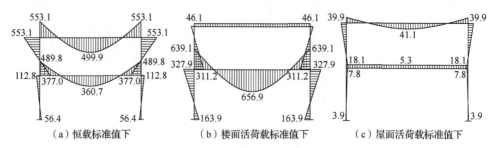

图 13-39　竖向荷载作用下框架弯矩图（单位：kN·m）

（4）水平荷载

水平荷载不起控制作用，计算略。

（5）内力组合

1）梁控制截面弯矩组合如表 13-4 所示。

表 13-4　梁控制截面弯矩组合　　　　　　　　　（单位：kN·m）

项目	截面	恒载标准值下	活载标准值下		恒载+活载
屋面梁	支座	−553.1	−46.1	−39.9	−639.1
	跨中	499.9	−46.1	41.1	534.2
楼面梁	支座	−489.8	−639.1	−5.3	−1134.2
	跨中	360.7	656.9	−5.3	1017.6

注：弯矩符号规定以使梁下部纤维受拉为正。

2）梁端最大剪力组合如表 13-5 所示。

表 13-5　梁端最大剪力组合　　　　　　　　　（单位：kN）

项目	恒载标准值下	活载标准值下	恒载+活载
屋面梁	234	18	252
楼面梁	189	288	477

3）柱控制截面内力组合如表 13-6 所示。

表 13-6　柱控制截面内力组合

项目	内力	恒载标准值下	活载标准值下	恒载+活载
顶层柱	$M_{max}/$（kN·m）	377.0	324.3	701.3
	N/kN	299	18	317
底层柱	$M_{max}/$（kN·m）	112.8	327.9	440.7
	N/kN	488	288	776

2. 梁中预应力筋估算

梁中预应力筋的数量根据正截面承载力与裂缝控制要求决定。为了设计的方便，先根据前面求得的弯矩由正截面承载力估算预应力筋的数量。该工程因跨中和支座截面弯矩相差较小，采用如图 13-40 所示的预应力筋布置形式。

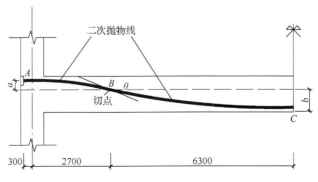

图 13-40　梁中预应力筋布置图

（1）楼面梁预应力筋估算

采用预应力钢绞线，$f_{pu} = 1500\text{N}/\text{mm}^2$，$f_{py} = 1200\text{N}/\text{mm}^2$。控制弯矩在支座处，按预应力筋承受外弯矩的 60% 考虑，即

$$1134.2 \times 0.6 = 680.52(\text{kN} \cdot \text{m})$$

$$A_0 = \frac{1.5 \times 680.52 \times 10^8}{22 \times 300 \times 1120^2} = 0.123(\text{mm}^2)$$

$$\xi = 0.123$$

$$A_p = 0.123 \times 300 \times 1120 \times \frac{22}{1200} = 813.12(\text{mm}^2)$$

（2）屋面梁预应力筋估算

采用预应力钢丝束，$f_{pu} = 1600\text{N}/\text{mm}^2$，$f_{py} = 1280\text{N}/\text{mm}^2$。

类同楼面梁，可得需配预应力筋

$$A_p = 522\text{mm}^2$$

根据现场材料和施工要求，做如下配置。

1）楼面梁：钢绞线束，$2\text{-}4\phi^S 15$，$A_p = 1120\text{mm}^2$。

2）屋面梁：钢丝束，$1\text{-}26\phi^P 5$，$A_p = 509.6\text{mm}^2$。

3. 预应力损失计算

（1）楼面梁（梁高 1200mm）

由图 13-40 可知，并根据几何关系，得 $a = 312\text{mm}$，$b = 728\text{mm}$，$\theta = 0.231\text{rad}$。考虑张拉情况，取每束张拉力不大于 600kN，故取张拉力 $p_{con} = 580\text{kN}$。因此有

$$\sigma_{con} = \frac{580000}{4 \times 143} = 1014(\text{N}/\text{mm}^2)$$

即

$$\frac{\sigma_{con}}{f_{pu}} = \frac{1014}{1500} = 0.676$$

1）孔道摩擦损失 σ_{l2}（采用一端张拉）。

$\kappa = 0.003$，$\mu = 0.3$，其他具体数据如表 13-7 所示。

表 13-7　预应力筋摩擦损失

线段	x/m	θ	$\kappa x + \mu\theta$	$e^{-(\kappa x + \mu\theta)}$	终点应力/（N/mm²）	$\sigma_{l2}/\sigma_{con}/\%$
AB	3.0	0.231	0.0783	0.9247	$0.9247 \times \sigma_{con} = 937.6$	7.53（B 点处）
BC	6.3	0.231	0.0882	0.9156	$0.9156 \times 937.6 = 858.5$	15.34（C 点处）
CB'	6.3	0.231	0.0882	0.9156	$0.9156 \times 858.5 = 783.4$	22.74（B' 点处）
$B'A'$	3.0	0.231	0.0783	0.9247	$0.9247 \times 783.4 = 724.4$	28.56（A' 点处）

注：B'、A' 分别为 B、A 的对称点。

2）锚具内缩损失 σ_{l1}。

对于采用钢绞线的楼面梁，弹性回缩值取为 6mm。根据相关建议公式，得

$$m_1 = \frac{1014\left(1 - \mathrm{e}^{-0.003\times27-0.3\times0.231}\right)}{2700} = 0.279(\mathrm{N}/\mathrm{mm})$$

$$m_2 = \frac{937.6\left(1 - \mathrm{e}^{-0.003\times6.3-0.3\times9.231}\right)}{6300} = 0.0126(\mathrm{N}/\mathrm{mm})$$

$$l_0 = \sqrt{\frac{6\times2\times10^5 - 0.0279\left(3000^2 - 300^2\right)}{0.0126} + 3000^2} = 9193 < 9300(\mathrm{mm})$$

则

$$\sigma_{l1} = 2\times0.0279\times2700 + 2\times0.0126(9193-3000) = 306.7(\mathrm{N}/\mathrm{mm}^2)$$

因此，预应力瞬时损失 $(\sigma_l)_{\mathrm{I}}$ 如下。

① 支座处：楼面梁配置 2 束预应力筋，每束采用一端张拉，并分别在两端同时张拉 2 束预应力筋，因此支座处预应力瞬时损失为

$$\left(\sigma_l\right)_{\mathrm{I}} = 306.7 / 2 + 0.2856\times1014 / 2 = 298.2(\mathrm{N}/\mathrm{mm}^2)$$

② 跨中处预应力瞬时损失为

$$\left(\sigma_l\right)_{\mathrm{I}} = 0.1534\times1014 = 155.5(\mathrm{N}/\mathrm{mm}^2)$$

3）预应力筋应力松弛损失 σ_{l4} 为

$$\sigma_{s4} = 0.07\times1014 = 71.0(\mathrm{N}/\mathrm{mm}^2)$$

4）混凝土收缩徐变引起的预应力损失 σ_{l5}（考虑自重的影响，近似取自重的全部）。

① 支座处：

$$N_{\mathrm{pe}} = (1014 - 298.2)\times1120 = 801696(\mathrm{N})$$

$$\sigma_{\mathrm{pc}} = \frac{801696}{480000} + \frac{\left[801696\times(462.5-80) - 48.98\times10^7\right]\times(462.5-80)}{7.0425\times10^{10}}$$

$$= 1.71 - 0.96 = 0.75(\mathrm{N}/\mathrm{mm}^2)$$

$$\frac{\sigma_{\mathrm{pc}}}{f'_{\mathrm{cu}}} = \frac{0.75}{30} = 0.025$$

因此

$$\sigma_{l5} = 40\mathrm{N}/\mathrm{mm}^2$$

② 跨中处：

$$N_{\mathrm{pe}} = (1014 - 155.5)\times1120 = 961520(\mathrm{N})$$

$$\sigma_{\mathrm{pc}} = \frac{961520}{480000} + \frac{\left[961520\times(737.50-80) - 36.07\times10^7\right]\times(737.50-80)}{7.0425\times10^{10}}$$

$$= 2.05 + 0.96 = 4.71(\mathrm{N}/\mathrm{mm}^2)$$

$$\frac{\sigma_{\mathrm{pc}}}{f'_{\mathrm{cu}}} = \frac{4.71}{30} = 0.157$$

因此

$$\sigma_{l5} = 51.4\text{N}/\text{mm}^2$$

总预应力损失 σ_l 及有效预加力 N_{pe} 如表 13-8 所示。

表 13-8　总预应力损失及有效预加力

截面	$\sigma_l / (\text{N}/\text{mm}^2)$	N_{pe} / kN
支座	298.2+71.0+40=409.2	(1014−409.2)×1144×10⁻³=691.9
跨中	155.5+71.0+51.4=277.9	(1014−277.9)×1144×10⁻³=842.1

（2）屋面梁（梁高 1000mm）

由图 13-40 并根据几何关系，解得 $a=252$mm，$b=588$mm，$\theta=0.187$rad。

因为 510×1600×0.7=571200（N），故取张拉控制力为 570kN，即

$$\sigma_{con} = 570000/510 = 1117.6(\text{N}/\text{mm}^2)$$

屋面梁采用钢丝束镦头锚固体系，锚具回缩值为 1mm，采用两端张拉。

类同楼面梁计算方法，可得屋面梁预应力损失 σ_l 及有效预加力 N_{pe} 如表 13-9 所示。

表 13-9　屋面梁预应力损失及有效预加力

截面	$\sigma_l / (\text{N}/\text{mm}^2)$	N_{pe} / kN
支座	143.4+78.2+40=261.6	(1117.6−261.6)×510×10⁻³=436.6
跨中	145.8+78.2+40=264.0	(1117.6−264.0)×510×10⁻³=435.3

4. 预应力引起的次弯矩和次剪力计算

（1）等效荷载计算

由于预应力值沿预应力束是不均匀的，要精确计算等效荷载是较复杂的。作为工程设计，可以按预应力值沿跨预应力束不变的情况进行计算，其精度完全能满足工程设计要求。

对于该工程，取支座和跨中截面有效预应力的平均值作为跨间的预应力值计算等效荷载。因此，楼面梁预加力值为 $N_{pe} = (691.9+842.1)/2 = 767(\text{kN})$；屋面梁预加力值为 $N_{pe} = (436.6+435.3)/2 = 463(\text{kN})$。

该工程有以下两种等效荷载：①端力矩，端部预加力对此截面偏心距的乘积；②曲线范围内的均布荷载，如图 13-41 所示，且 $q_1 = 8N_{pe}e/l^2$。

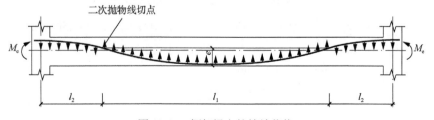

图 13-41　框架梁上的等效荷载

因此，该工程的等效荷载如下。

1）楼面梁：

$$M_e = 767 \times 0.3825 = 293.38(\text{kN} \cdot \text{m})$$

$$q_1 = \frac{8 \times 767 \times 0.728}{12.6^2} = 28.14(\text{kN}/\text{m})，\quad q_2 = \frac{8 \times 767 \times 0.312}{5.4^2} = 65.65(\text{kN}/\text{m})$$

2）屋面梁：

$$M_e = 436 \times 0.274 = 119.46(\text{kN} \cdot \text{m})$$

$$q_1 = \frac{8 \times 436 \times 0.588}{12.6^2} = 12.92(\text{kN}/\text{m})，\quad q_2 = \frac{8 \times 436 \times 0.252}{5.4^2} = 30.14(\text{kN}/\text{m})$$

荷载分布如图 13-42 所示。

（2）综合弯矩计算

根据结构力学方法，可求得该预应力混凝土框架受图 13-42 所示等效荷载作用下的综合弯矩，其结果如图 13-43 所示。

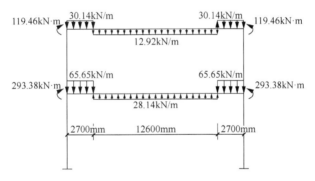

图 13-42　框架预应力等效荷载图

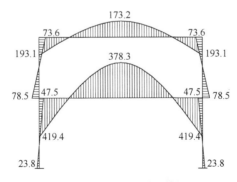

图 13-43　预应力综合弯矩图（单位：kN·m）

（3）次弯矩计算

次弯矩等于综合弯矩减去主弯矩，其中主弯矩为框架梁中的预应力值对截面的偏心距的乘积，具体如表 13-10 所示。

表 13-10　预应力综合弯矩与次弯矩　　　　　　　　（单位：kN·m）

项目	截面	综合弯矩	主弯矩	次弯矩 M_{sec}
楼面梁	支座	419.4	767×0.3825=293.4	126.0
	跨中	−378.3	−767×0.6575=−504.3	126.0
屋面梁	支座	193.2	436×0.274=119.5	73.7
	跨中	−173.1	−436×0.566=−246.8	73.7

注：正数为梁下边缘受拉值，负数为梁上边缘受拉值。

（4）次剪力计算

因任一梁中的次弯矩为常数，所以梁中的次剪力为零。

5. 正截面强度计算

（1）梁（混凝土为 C30，非预应力筋为 HRB335 钢筋）

1）楼面梁。

① 支座。

弯矩设计值为

$$M_{\text{load}} + M_{\text{sec}} = 1701.3 - 126 = 1575.3(\text{kN} \cdot \text{m})$$

则有

$$A_0 = \frac{1575.3 \times 10^6}{22 \times 300 \times 1120^2} = 0.19 \quad (\text{mm}^2)$$

$$r_0 = 0.894$$

除预应力筋外，所需非预应力筋的面积 A_s 为

$$A_s = \frac{1575.3 \times 10^6 - 1200 \times 0.893 \times 1120 \times 1120}{340 \times 0.893 \times 1160} = 656(\text{mm}^2)$$

② 跨中。

T 形截面，弯矩设计值为

$$M_{\text{load}} + M_{\text{sec}} = 1526.4 + 126 = 1625.4(\text{kN} \cdot \text{m})$$

因为 $0.1 \times 1.5 \times 22 \times 10^3 \times 1.07 = 3531(\text{kN} \cdot \text{m})$，大于 1625.4kN·m，所以其属第一类 T 形截面。因此，有

$$A_0 = \frac{1652.4 \times 10^6}{22 \times 1500 \times 1120^2} = 0.004 \quad (\text{mm}^2)$$

$$r_0 = 0.98$$

$$A_s = \frac{1652.4 \times 10^6 - 1200 \times 0.98 \times 1120 \times 1120}{340 \times 0.98 \times 1160} = 458(\text{mm}^2)$$

2）屋面梁。按楼面梁计算方法计算，除预应力筋外，可得支座和跨中所需非预应力筋的面积分别为 1193mm² 和 885mm² 。

（2）柱（混凝土 C30，采用 HRB335 钢筋，且对称配筋）

1）顶层柱。

柱截面设计内力为

$$\begin{cases} M_{\text{load}} + M_{\text{sec}} = 1087 - 78.5 = 1008.5\,(\text{kN} \cdot \text{m}) \\ N_{\text{load}} = 491.4\text{kN} \end{cases}$$

$$e_0 = 1008.5 / 491.4 = 2.052\,(\text{m})$$

设 $a_s = a_s' = 60\text{mm}$，则混凝土受压区高度为

$$x = 491.4 \times 10^3 / (22 \times 500) = 44.67\,(\text{mm}) < 2a_s'$$

故

$$e' = 2052 - 400 + 60 = 1712\,(\text{mm})$$

2）底层柱。

柱截面设计内力为

$$\begin{cases} M_{\text{load}} + M_{\text{sec}} = 683.1 - 47.5 = 635.6\,(\text{kN} \cdot \text{m}) \\ N_{\text{load}} = 1202.8\text{kN} \end{cases}$$

类同顶层柱计算方法，可得 $A_s = 981\text{mm}^2$。

6. 斜截面强度计算

斜截面强度计算时，应考虑预应力筋的有利作用，第一是预应力的竖向分量直接抵消截面剪力，第二是预应力筋对截面混凝土产生的有效预压应力可提高混凝土的抗剪强度。详细计算此处从略。

7. 使用阶段预应力梁挠度验算

使用阶段预应力梁挠度验算按现行混凝土结构设计规范进行，需分别计算使用荷载下的挠度及预应力引起的反拱，并验算短期及长期荷载下的挠度。限于篇幅，此处从略。

通过对大量预应力混凝土框架电算结果及已使用的几个预应力混凝土框架工程计算结果进行分析可知，只要预应力混凝土梁能满足裂缝控制要求，预应力梁的挠度通常能满足要求。

8. 施工阶段预应力混凝土梁正截面裂缝和梁端局部承压验算

（1）预应力梁正截面裂缝验算

对预应力混凝土梁进行施工阶段正截面裂缝验算时，应考虑荷载的最不利情况，即在张拉预应力筋时可能的最小自重荷载。下面以楼面梁为例进行具体介绍。

1）部分自重荷载作用下的弯矩。

自重线荷载为

$$q = (0.3 \times 1.1 + 0.1 \times 4) \times 25 = 18.25\,(\text{kN} / \text{m})$$

根据结构力学方法，计算得该荷载作用下的弯矩图如图 13-44 所示。

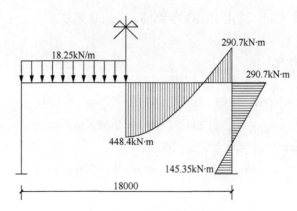

图 13-44　自重荷载和弯矩图

2）预应力综合弯矩。此时有效预应力取扣除第一批预应力损失后的预应力值，即

$$N_{\text{pe}} = (1014 - 226.9) \times 1120 = 881552(\text{N})$$

按类同前述计算综合弯矩的方法计算，得

$$M_{\text{e}} = 900.442 \times 0.3825 = 344.42(\text{kN} \cdot \text{m})$$

$$q_1 = \frac{8 \times 900.442 \times 0.728}{12.6^2} = 33.03(\text{kN}/\text{m}), \quad q_2 = \frac{8 \times 900.442 \times 0.312}{5.4^2} = 77.07(\text{kN}/\text{m})$$

预应力等效荷载和弯矩图如图 13-45 所示。

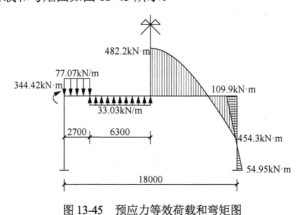

图 13-45　预应力等效荷载和弯矩图

3）验算跨中和支座截面上下边缘的混凝土法向应力，计算结果如表 13-11 所示。

表 13-11　跨中和支座截面上下边缘混凝土法向应力

计算公式	单位	支座截面		跨中截面	
		上边缘	下边缘	上边缘	下边缘
$\sigma = M_{\text{e}}/I$	N/mm^2	1.91	-3.05	-4.70	2.95
$\sigma_{\text{pc}} = N_{\text{pe}}/A + M_{\text{p}}y/I$	N/mm^2	-4.86	2.88	3.18	-5.04
$\sigma + \sigma_{\text{pc}}$	N/mm^2	-2.95	-0.17	-1.52	-2.09

注：负数为受压值。

由表 13-11 可知，施工阶段梁在跨中和支座截面上下边缘的混凝土中不产生拉应力，且所有的预应力均小于混凝土轴压强度 $f_c = 17.5\text{N}/\text{mm}^2$，满足设计要求。

预应力混凝土框架结构简图如图 13-46 所示。

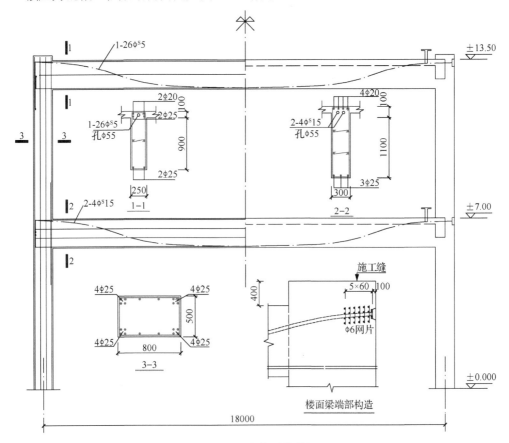

图 13-46　框架结构简图

（2）梁端局部承压验算

梁端局部承压验算按现行混凝土结构设计规范进行，此处从略。

13.6　珲春上城国际狭长场地单侧大伸臂预应力框架结构设计

珲春上城国际工程为 6 层建筑，负一层至三层为商场，四至六层为住宅。该工程平面尺寸长约 33m、宽约 23m，但房屋下近 1/2 宽度被右侧商场的地下室占据，而可利用来新建基础的场地只有约 12m 宽，呈现出狭长形状。为了向该场地右侧既有地下室上空要空间，房屋需向右侧整体悬挑约 13m。该工程通过钻孔灌注桩建立抗拔基础及相关措施，解决结构整体倾覆问题；通过预应力技术合理设计 13m 大悬挑梁，解决大悬挑梁安全问题。为解决单跨框架在地震作用下的安全冗余度低的问题，该工程提出了"竖向荷载下为单跨框架伸臂模型，地震作用下为两跨框架模型"的设计理念，通过在既有地下室柱上新接一排柱并设计成竖向荷载下不受力、地震作用下才受力，实现地震作用下结构受力形式由单跨框架向两跨框架的转变，且不影响既有地下室的结构安全。

13.6.1　工程概况

珲春上城国际工程项目位于吉林省珲春市，建筑高度 22.50m，长 32.65m，宽 23.30m，用地面积 918.9 m²，建筑面积 3325.49 m²，负一层、地上一至三层为商场，局部 6 层，四至六层为住宅，地下室层高 3.30m，一层 4.20m，二层和三层均为 3.60m，四至六层均为 3.30m。该工程二层建筑平面图如图 13-47 所示，建筑效果图如图 13-48 所示。

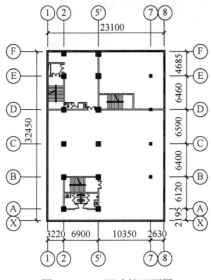

图 13-47　二层建筑平面图

图 13-48　建筑效果图

如图 13-49 所示，该工程拟建房屋总宽度约 23m，而拟建房屋场地右半部分地下存在既有地下室（所占范围约 11m），属于东边综合商场所有。按照规定该工程建设只可占用既有地下室板顶面以上空间，且不能对地下室内部有所损伤，因此该工程真正可用来

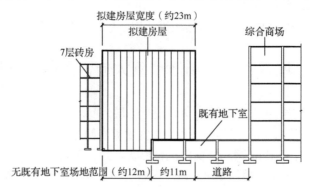

图 13-49　拟建房屋位置示意图

建造基础的场地宽度仅有约 12m，同时场地长度约 33m，故呈现出狭长形状。为了向东侧既有地下室的上空要空间，又不能对既有地下室的内部造成损伤，该工程结构方案历经多次研究讨论，设计施工过程运用多项措施，成功克服相关难点，使项目顺利建造并完工。本节将对该工程设计施工过程中的重点和难点进行详细阐述。

13.6.2　结构设计方案

前面的内容中已说明该工程场地特点（图 13-49），首先可新建基础的场地范围只有房屋总宽度的 1/2，其次既有地下室不可能进行大幅度的结构加固。

在此情况下，为了避免对既有地下室的大幅度结构加固，决定在可新建基础场地内建立抗拔基础，上部采用大悬挑框架结构向东侧既有地下室上空要空间（图 13-50）。但上述结构形式为单跨框架，而单跨框架在地震下安全冗余度低，历次震害中受损严重，故该工程又进而提出"竖向荷载下单跨框架模型，地震作用下两跨框架模型"的结构设计理念。该设计理念是设法在房屋右侧的既有地下室柱上起一排后置柱（图 13-51），该排柱设计成不受竖向力只受水平力，从而使结构能在地震作用下其结构受力模式由竖向荷载下的单跨框架大伸臂模式（图 13-52）转变成两跨框架模式（图 13-53），从而有效避免结构在地震作用下的不利受力模式，加强了结构遭遇地震时的安全冗余度。另外，后置柱竖向荷载下不受力，因此不会破坏既有地下室的基础。

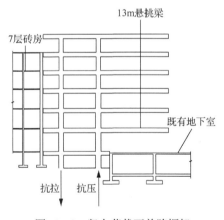

图 13-50　竖向荷载下单跨框架

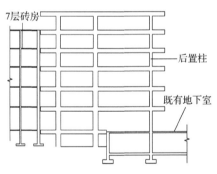

图 13-51　地震作用下两跨框架

基于上述理念，在结构设计过程中，对结构竖向荷载下和地震作用下采用各自对应的计算模型，并对计算结果进行不同条件下的效应组合，作为设计依据。

结构内力计算主要考虑恒荷载、活荷载和地震作用。经计算风荷载对该工程结构内力的影响不到竖向荷载对结构内力影响的 3%，下面的分析中不考虑其影响。经计算，施工阶段竖向荷载将超过使用阶段，但施工阶段属于短暂状况，故施工阶段通过合理设置临时支撑将此阶段结构内力降到使用阶段之下。

对于预应力而言，该工程中预应力张拉是安排在后置柱施工前，故预应力计算对应模型为单跨框架模型。不同工况对应模型如表 13-12 所示。

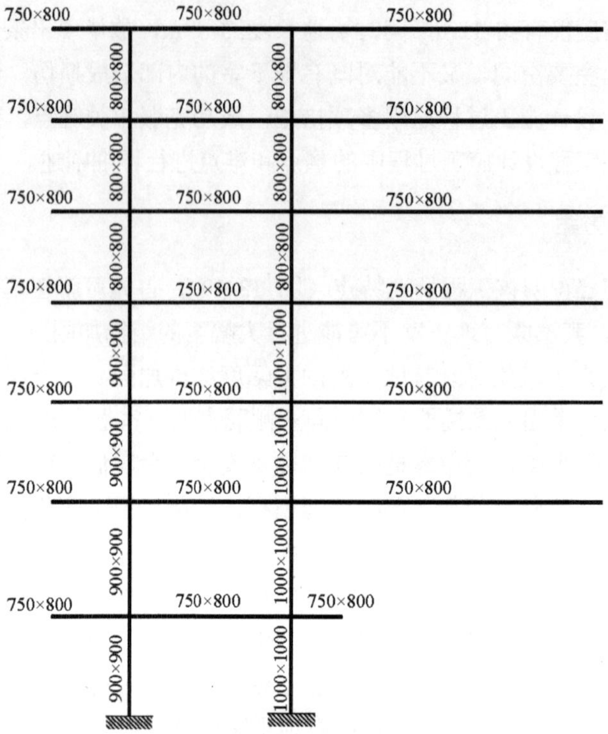

图 13-52　单跨框架大伸臂模式

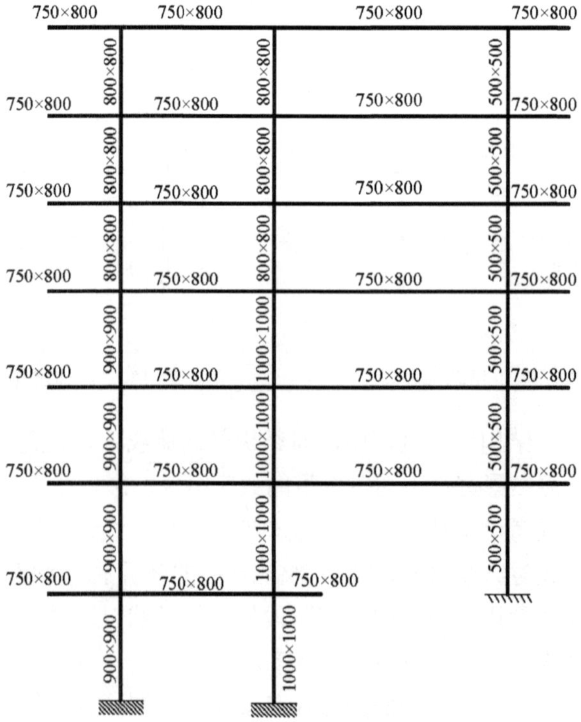

图 13-53　两跨框架模式

表 13-12　结构各工况计算模型

工况	模型
恒荷载	单跨框架大伸臂模型
活荷载	单跨框架大伸臂模型
预应力	单跨框架大伸臂模型
地震作用	两跨框架模型

方案的实施过程中，主要解决以下几个方面的问题：①单跨框架模型下整体倾覆问题；②单跨框架下 13m 大悬挑梁设计方法；③为实现两跨框架受力的后置柱处理措施；④其他相关的重要施工措施。

1. 单跨框架模型下整体倾覆问题

该工程抗拔桩基采用钻孔压浆灌注桩对大悬挑的实现提供了有力支持，同时采取新建地下室顶与既有地下室顶连接成整体、不同密度填充墙分区砌筑等其他措施，成功地解决该工程的整体倾覆问题。

（1）抗拔基础设计思路

首先考虑的抗拔基础方案为沉管灌注桩加锚索方案。沉管灌注桩加锚索方案的思路为满堂布置沉管灌注桩，而在抗拉一侧沉管灌注桩抗拔承载力不满足则通过设置预应力锚索补足抗拔力，将沉管灌注桩钢筋伸入筏板，预应力锚索锚固在筏板，形成可靠的整体受力体系，如图 13-54 所示。

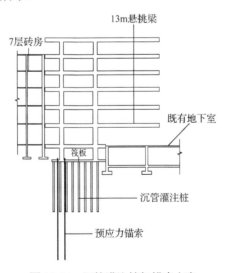

图 13-54　沉管灌注桩加锚索方案

沉管灌注桩加锚索方案中，沉管灌注桩及锚索的施工技术较为成熟，但由于锚索一旦受力，外裹混凝土或浆体容易开裂，开裂后其中预应力筋容易受到腐蚀，影响锚索耐久性。为保证抗拔基础的长期可靠，经再三权衡，基础方案决定采用更保险的钻孔压浆灌注桩方案。

钻孔压浆灌注桩方案是抗压及抗拉均由钻孔压浆灌注桩实现（图 13-55）。钻孔压浆灌注桩的桩径大、桩身长，同时还可扩底，因此抗压与抗拔的能力都很高，是实现大悬挑结构的保障。

1）桩基布置及计算。

该工程桩基础布置需注意避让左侧 7 层砖房基础和右侧既有地下室基础。综合考虑后，将抗拔桩布置在②轴线上（刚好避开 7 层砖房基础），然后沿抗拔桩布置一排柱，则该排柱西侧悬挑约 3.3m；将抗压桩布置在⑤轴线上（刚好避开既有地下室基础），然后沿抗压桩布置一排柱。桩基布置如图 13-56 所示。

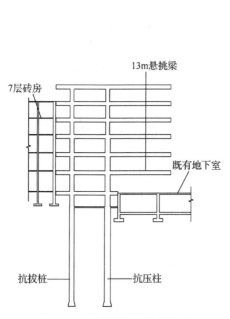

图 13-55　钻孔压浆灌注桩方案

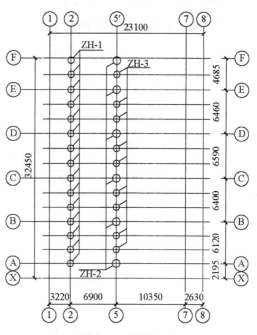

图 13-56　桩基布置

抗拔桩及抗压桩均采用扩底桩，其尺寸及承载力如表 13-13 所示。桩 1、桩 2 进入中风化泥岩层约 7m，桩 3 进入强风化泥岩约层 4m。其中，桩 3 根据承载力要求桩长设计为约 15m，比桩 2 短，经计算桩 3 对桩 2 的挤压力不会破坏桩 2。

表 13-13　桩尺寸及承载力

编号	类型	桩身直径/mm	扩底/mm	桩长/m	单桩抗拔极限承载力标准值/kN
桩 1	抗拔桩	1000	1500	约 26.0	6074.4
桩 2	抗压桩	1200	1800	约 26.0	14756
桩 3	抗压桩	1000	1500	约 15.0	7698

计算该工程整体倾覆力矩标准值应采用使用阶段竖向荷载的标准组合，同时应考虑

活荷载最不利布置，即⑤轴右侧活荷载满布而左侧不布。以过Ⓔ轴框架为例，说明整体抗倾覆计算，计算模型如图 13-57 所示，倾覆点（O 点）在抗压桩桩顶。经计算，过Ⓔ轴交②轴框架柱所受拉力标准值为 $R_1 = 1745.6\text{kN}$，因此对 O 点的倾覆力矩标准值为 $M_{qf} = R_1 \times 6.9\text{m} = 12044.8\text{kN} \cdot \text{m}$。根据实际布置的抗拔桩数，验算过Ⓔ轴框架的抗倾覆力矩标准值和倾覆力矩标准值的比值。过Ⓔ轴框架辖荷宽度为 5.573m，该宽度内有 2.5 个抗拔桩，于是可计算抗倾覆安全系数为，$\dfrac{M_{kqf}}{M_{qf}} = \dfrac{6074.4 \times 6.9 \times 2.5}{12044.8} = 8.70$，可见该榀框架的安全系数达到了 8.70，能够满足整体抗倾覆要求。

在进行抗压桩设计时，其计算模型与抗拔桩并不相同，抗压桩计算时应考虑活荷载满布，此时抗压桩受力最大，如图 13-58 所示。同样以过Ⓔ轴框架为例，经计算过Ⓔ轴框架抗压桩需提供的反力标准值为 $R_2 = 13198\text{kN}$。

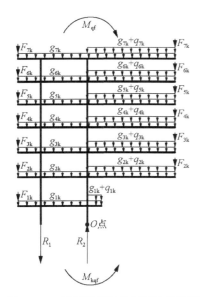

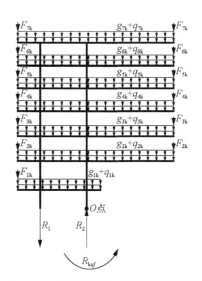

图 13-57　过Ⓔ轴框架抗倾覆计算模型　　　　图 13-58　过Ⓔ轴框架抗压桩计算模型

在⑤轴线布置的两种抗压桩，为桩 2（ZH-2）、桩 3（ZH-3）。对抗压桩安全系数取 2.0，由此确定抗压桩布置为在⑤轴线间隔布置桩 2 和桩 3，大致每隔 2m 一根。在这样的布置下，过Ⓔ框架所辖宽度内的抗压桩能提供的抗压极限承载力标准值为 $R_{uk} = 26303\text{kN}$，因此，$\dfrac{R_{uk}}{R_2} = \dfrac{26303}{13197.8} = 1.993 \approx 2$，能满足规范对桩基安全度的要求。

2）桩基协同受力措施。

为保证各单桩能形成协同受力的整体，在抗拔桩顶、抗压桩顶均设置通长的承台梁（图 13-59）。将②轴处承台梁（CTL2）设置为全地下室高，其原因及优点主要如下：梁刚度大，可保证抗拔桩协同受力；可兼作地下室挡土墙；梁体量较大，可进一步提高房屋整体抗倾覆能力。

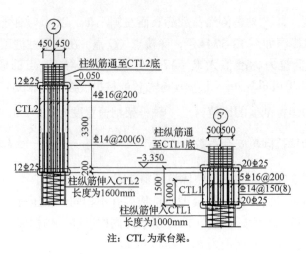

注：CTL 为承台梁。

图 13-59　承台梁设置图

由于②轴为抗拔一侧，为保证桩抗拔力的有效传递，将桩纵筋伸入承台梁 1.6m，将柱纵筋通至承台梁底。在⑤'轴一侧，由于既有地下室的存在，该工程地下室侧墙可直接利用既有地下室侧墙，⑤'轴的承台梁顶与地下室底板顶齐平，保证地下室地面平整（图 13-60）。

（2）新旧地下室顶板连接

基于倾覆问题的重要性，该工程中将地下室顶板与既有地下室顶板进行植筋连接（图 13-61），作为抗倾覆措施之一。

图 13-60　地下室施工现场

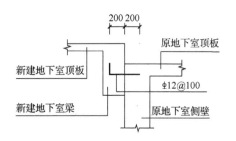

图 13-61　新旧地下室顶板连接示意图

如图 13-62 所示，新旧地下室顶板连接措施相当于对结构整体提供一定的侧向支撑，经计算在一般情况下此措施能一定程度上提高结构整体抗倾覆能力。另外，新旧地下室顶板植筋连接措施，将该工程地下室顶板与既有地下室顶板连成一体，可避免将来新旧混凝土结合面可能出现通长裂缝而影响使用功能（图 13-63）。

（3）填充墙分区砌筑

填充墙分区砌筑是通过合理布置填充墙砌体种类，来达到减少倾覆力矩的目的（图 13-64）。该工程砌体分区，按结构平面可分为两个区域，一个是⑤'轴以左区域，另一个是⑤'轴以右区域，增加⑤'轴以左区域荷载可提高结构的整体抗倾覆能力。将⑤'轴以左区域的填充墙设置为重砌块，而将⑤′轴右侧（包括⑤′轴）区域的填充墙设置为轻砌块，如图 13-64 所示。在该工程中，以过Ⓔ轴框架为例，经计算此项措施可减少倾覆力矩 435.0kN·m（与倾覆力矩比值约 0.07）。由此可知，填充墙分区砌筑措施对结构整体抗倾覆有一定作用。

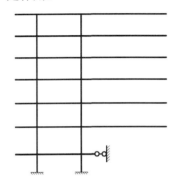

图 13-62　既有地下室的侧向支撑作用示意图

图 13-63　新旧地下室顶板连接成整体效果

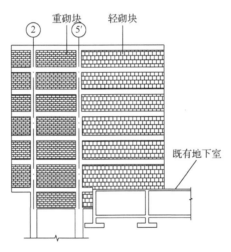

图 13-64　填充墙分区砌筑示意图

　　填充墙的砌筑时间应安排得当。⑤′轴线以右的填充墙须在楼封顶及拆除悬挑梁端部支撑之后，才可开始砌筑。各层墙砌筑时，留出构造柱空间，砌至与上层交接处可留约 300mm 高的空间作为上下层可能存在的变形差的预留量。在砌筑所在层外墙时，悬挑梁的继续变形有可能导致墙轻微外倾，可在砌筑时用砖间抹灰调整。砌筑完各层填充墙后，先将墙体与上层交接处的预留空间砌砖补满，然后浇筑构造柱，最后完成楼板、墙面等的抹灰。⑤′轴线以左及⑤′轴线上的填充墙，不受 13m 悬挑梁变形的影响，可随施工进度自行安排砌筑时间，但要保证在⑤′轴右侧墙砌筑前。

　　2. 单跨框架下 13m 大悬挑梁设计方法

　　为保证住宅及商场能有可正常使用的净高，梁高需限制在 800mm 以下。⑤′轴右侧的悬挑梁的梁高取 800mm 时，其高跨比将只有大约 1/16。当高跨比较小时，梁的配筋是由裂缝及挠度控制的，需仔细计算梁的裂缝和挠度。

（1）裂缝及挠度控制思路

为方便施工，将 13m 悬挑梁相应延伸的内跨梁和另一侧悬挑梁截面高度均采用 800mm。采用小间距梁格布置，以尽量减小每个悬挑梁的荷载，降低裂缝和挠度控制难度。

图 13-65 所示为二层顶梁梁格布置图。①轴与②轴的悬挑梁，其悬挑跨度约 3.3m，故沿各轴线布置一道，将来由 13m 悬挑梁计算控制的预应力筋连续布置进行延伸，便可保证其裂缝、挠度控制要求。⑤′、⑧轴的悬挑梁，其悬挑跨度达到约 13m，平均 2.16m 布置一道，同时在有楼梯部位为保证楼梯净宽的要求，将梁间距适当加大。在①轴、⑦轴、⑧轴分别设置通长联系梁，从而保证悬挑梁的协同工作，增强整体性能。

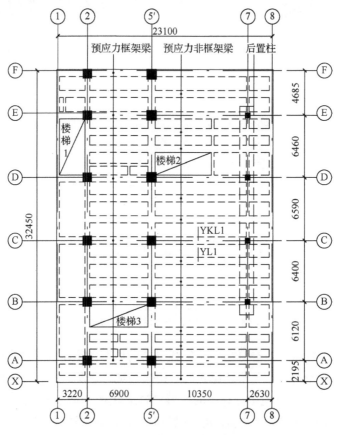

图 13-65　二层顶梁梁格布置图

13m 悬挑梁应按不开裂设计，原因如下：若⑦轴后置柱浇筑前悬挑梁梁根未开裂，⑦轴后置柱浇筑后悬挑梁开裂，则悬挑梁刚度突然降低，悬挑梁端部将向下变形，⑦轴后置柱阻止其变形，进而引起⑦轴后置柱竖向受力急剧增大，而⑦轴后置柱的基础并不具备足够的竖向承载力，导致既有地下室的基础破坏。

下面以过Ⓔ轴框架预应力悬挑梁的计算为例，说明预应力悬挑梁的设计过程。设计过程大致如下：首先以不开裂要求计算确定需要的预应力筋量，然后以该预应力筋量为基础计算悬挑梁挠度，最后提出挠度控制措施。

（2）预应力筋量的确定

以图 13-65 中二层 YKL1、YL1 为例。在进行裂缝控制计算时，可以将 13m 悬挑部分单独取出，考虑将其连接到固定端的悬挑梁。这种简化对 13m 悬挑梁的根部裂缝控制计算没有影响，但对梁端部的挠度计算并不适用，因为 13m 悬挑梁梁根存在转角变形。

对于 YKL1、YL1 的 13m 悬挑部分，该部分是静定结构，预应力不会产生次内力。经计算需配置钢绞线 44.3 根，最后为方便及统一实配钢绞线 48 根，分两排布置，每排 3 束，每束 6 根。由实配钢绞线量重新计算混凝土边缘法向拉应力符合不开裂要求。预应力筋采用抗拉强度标准值为 1860MPa、直径 15.2mm 的低松弛型钢绞线，张拉控制应力为 $0.75 f_{\text{ptk}}$。

（3）挠度计算及控制

接下来将分析前面由裂缝控制确定的预应力筋配置量对结构挠度的作用，并给出挠度控制的办法。挠度计算时，针对框架梁和非框架梁的模型是不同的，因此计算时将它们区分对待。为充分发挥预应力筋的挠度控制作用，在保证非预应力钢筋布置空间、锚具局压要求和锚具空间的前提下，应尽量将预应力筋布置得靠近梁上表面。

1）框架梁的挠度计算。

以过Ⓔ轴框架为例，裂缝控制计算已经得到预应力筋量。为保证施工的便捷及质量，该工程中所有预应力梁中预应力筋均通长布置，并且锚固端设置在①轴处梁端，张拉端设置在⑧轴处梁端，如图 13-66 所示。预应力筋布置两排，每排 3 束。

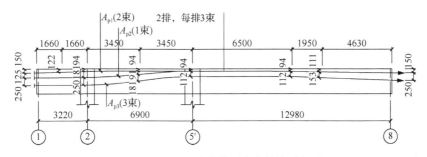

图 13-66　YKL1 中完整预应力筋线型布置

如图 13-66 所示，⑤′轴右侧线型分为三段，由左向右，第一段为直线，第二、三段为抛物线。预应力筋穿过⑤′轴（图 13-67）支座后上排预应力筋中的中间 1 束（记为 A_{p2}）与另外 2 束（A_{p1}）分开，其中 A_{p2} 下移，下排预应力筋 3 束（A_{p3}）均下移，反弯点均设置在跨中。②轴与⑤′轴之间，上排预应力筋保持两束在上部用以抵抗②轴（图 13-68）支座处的负弯矩。

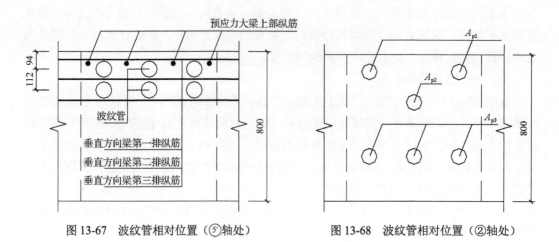

图 13-67 波纹管相对位置（⑤′轴处）　　　　图 13-68 波纹管相对位置（②轴处）

由预应力筋线型得到等效荷载，施加于结构计算模型，可得 YKL1 由预应力产生的变形，如表 13-14 所示。

表 13-14　YKL1、YL1 的 13m 悬挑端部变形　　　　　　　　（单位：mm）

梁号	恒活荷载作用下长期挠度	由预应力产生并考虑长期作用的反拱值	二者之差
YKL1	213	170	43
YL1	308	223	85

2）非框架梁的挠度计算。

非框架梁区别于框架梁的是，前者支座不是柱，该工程中的非框架梁是指以梁为支座的预应力梁。该工程中可将次梁连接于主梁当作铰支座，因此非框架梁的计算模型为静定结构，较框架梁受力简单，计算更方便。

以 YL1 为例，YL1 因为没有①轴与②轴之间的悬挑部分，所以锚固端设置在②轴处，其预应力筋线型需要做略微调整（图 13-69）。通过计算可得到 YL1 的变形，如表 13-14 所示。

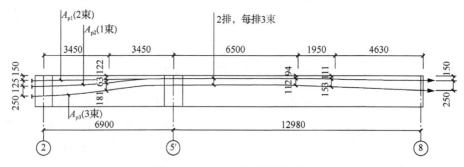

图 13-69　YL1 预应力筋线型图

通过对比可以看到，框架梁与非框架梁的最终挠度（恒活荷载作用下长期挠度-由预应力产生并考虑长期作用的反拱值）是有差别的，框架梁最终挠度普遍小于非框架梁。这是因为框架梁以支座为柱，而柱子对梁的约束作用很大，限制了悬挑梁的梁根转角。

在施工中，对悬挑梁进行支模及拆模后可将各类型梁在荷载组合作用下的挠度值及预应力产生的反拱值之差作为预设施工反拱值。预设反拱值的同时，在同一层梁端部均设置封边梁，在⑦轴设置一联系梁，可进一步提高同层悬挑梁工作的整体性，使变形均匀化，如图 13-70～图 13-73 所示。

图 13-70　13m 悬挑梁支模

图 13-71　13m 悬挑梁施工完成后梁底情况

图 13-72　13m 悬挑梁施工现场

图 13-73　一层 13m 悬挑梁张拉完成后情况

（4）非预应力筋配置

预应力混凝土结构中，非预应力筋的配置是根据承载力极限状态和构造要求确定的。承载力极限状态计算应考虑两种状况：一种是竖向荷载（恒荷载和活荷载）效应的基本组合，另一种是地震作用效应和竖向荷载效应的基本组合。

该工程中的预应力梁的非预应力筋配置的确定方法，按框架梁和非框架梁有所不同。

1）框架梁非预应力筋配置的确定方法。

在承载力极限状态计算中，框架梁属于超静定结构，应考虑次内力影响。经计算该工程中框架梁由裂缝控制确定的预应力筋量已能满足承载力极限状态的要求。为保证地震下框架梁端的变形耗能能力，需在受压区配置受压钢筋，以保证混凝土相对受压区高度满足不小于 0.35 的要求（三级抗震框架）。

2）非框架梁非预应力筋配置的确定方法。

在承载力极限状态计算中，非框架梁（支座为两个铰支座）属于静定结构，不存在次弯矩的影响。经计算，该工程中非框架梁由裂缝控制确定的预应力筋量已能满足承载力极限状态的要求，故按承载力极限状态计算受拉区已不需要再配置非预应力筋，于是按最小配筋率（0.3%）配置 4Φ25。

3. 为实现两跨框架受力的后置柱处理措施

单跨框架地震作用下安全冗余度低，其框架柱均为边柱或角柱，在地震下受力复杂且不利，因而容易出现倒塌。震害调查发现，单跨框架在地震中破坏严重，因此在抗震设防区应避免使用。为提高结构地震下安全冗余度，对该工程提出"竖向荷载下单跨框架模型，地震作用下两跨框架模型"的结构设计理念。在实际建造过程中，通过在既有地下室柱上起一排后置柱，该排柱设计成不受竖向力只受水平力，从而使结构能在地震作用下其结构受力模式由竖向荷载下的单跨框架模式转变成两跨框架模式，从而有效避免结构在地震下的不利受力模式。

此外，后置柱很好地改善了结构的整体受力性能。首先，⑦轴后置柱降低了该工程结构的扭转效应；其次，⑦轴后置柱可以认为是 13m 悬挑梁的竖向连系构件，实现各层协调受力，减少个别楼层超载而发生事故的概率。

（1）后置柱受力分析及浇筑时间

为保证后置柱不会受到竖向力，理论上后置柱浇筑时间应安排在恒荷载和活荷载施加后，且应在大悬挑梁梁端变形稳定后。其中，恒荷载主要包括结构自重、填充墙、抹灰、装修等，活荷载主要是使用荷载。竖向荷载完全施加需等到房屋施工完成并投入使用后，而此时大悬挑梁也已经基本变形稳定，因此后置柱的施工可以安排在房屋投入使用后。但考虑到投入使用后再浇筑后置柱，施工上较为不方便，因此退而求其次，将二至六层后置柱浇筑时间定在恒荷载施加之后，也就是装修完工后，将一层后置柱浇筑时间安排在房屋投入使用后，这样既方便施工又能保证既有地下室基础不破坏。

房屋投入使用后，以后长期的使用时间中大悬挑梁还存在一定的变形但这种变形已经很小，因为大悬挑梁拆模后，历经后续墙体砌筑、抹灰、装修等工序，可以认为变形已经基本稳定。大悬挑梁后期使用中还会产生一定变形，但这部分变形占总变形的比例很小，并不会产生很大的竖向力，而且这种竖向力经计算完全可以由既有地下室基础承载力的富余部分来抵抗。因此，这种设计不仅能保证房屋建成交付使用时的安全，还能保证房屋在长期使用过程中的安全。

后置柱的内力只由地震产生，经计算其轴力设计值很小（最大为 148.5kN），因此其配筋主要由弯矩决定。

（2）后置柱具体构造

根据地震下内力计算结果，后置柱截面尺寸为 500mm×500mm（与既有地下室柱同），每侧均配置 3Φ20（图 13-74）。一层后置柱纵筋需避开既有地下室纵筋，故应往内偏（其余各层无须内偏），将钢筋植入既有地下室柱中，如图 13-75 和图 13-76 所示。

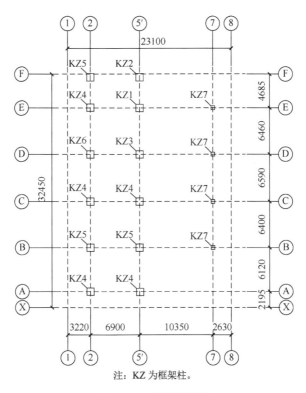

注：KZ 为框架柱。

图 13-74　柱网布置图

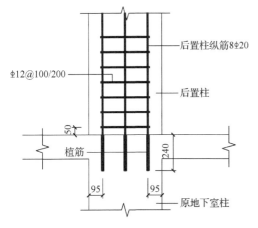

图 13-75　后置柱与既有地下室柱植筋连接

图 13-76　后置柱与既有地下室柱连接处植筋现场

　　其他楼层的后置柱纵筋应事先在梁中预留，并在将来后置柱浇筑时通过搭接连接起来（图 13-77），以避免预应力梁变形而导致钢筋压曲。同时，后置柱位于梁中箍筋也预埋入其中（图 13-78 和图 13-79）。通过上述构造，成功实现后置柱设计要求与施工方法的内在统一。

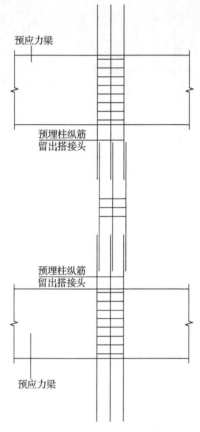

图 13-78　后置柱钢筋在梁下部预留现场

图 13-77　后置柱钢筋预留示意图

图 13-79　后置柱钢筋在梁上部预留现场

4. 其他相关的重要施工措施

（1）柱筋与波纹管相对位置

　　柱筋的配置需考虑到与波纹管的相对位置。该工程中预应力框架中的预应力筋配置较多，与其相连的框架柱筋也相对很密，假如在设计中不给出该节点钢筋与波纹管的相对位置，会在实际施工中造成钢筋排布混乱，混凝土不易在其中流通，导致混凝土不密实及钢筋锚固效果欠佳。

　　因此，在设计时应将柱纵筋、柱箍筋、预应力梁与柱的中心偏差、波纹管位置等因素综合考虑，在保证不损失柱承载力、满足构造要求的前提下，给出柱的配筋截面。图 13-80 所示为梁与柱中心线对齐的情况下的柱配筋截面，图 13-81 所示为外墙处梁边与柱边对齐的情况下的柱配筋截面。

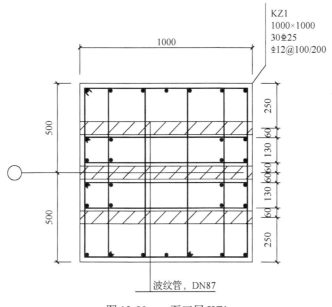

图 13-80　一至三层 KZ1

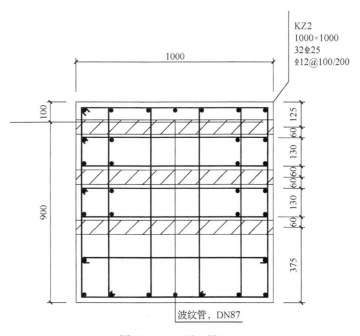

图 13-81　一至三层 KZ2

（2）施工阶段大悬挑梁根部防开裂措施

该工程中预应力梁格间距较小，结构自重较大，施工时后一层的模具支撑点在前一层上，这个施工荷载将超过使用阶段的荷载，假如大悬挑梁根部出现开裂，将永久性地影响结构的使用功能及安全性。因此，有必要制定一定的施工措施，防止施工阶段可能的大悬挑梁根部开裂现象。

　　具体措施如下：在施工层施工前（图 13-82），将前一层预应力筋进行张拉，张拉完毕即可拆模；然后在大悬挑梁端部设置支撑并顶紧（图 13-83），这样施工完毕的各层均实现各自承受各自荷载。在进行后一层施工时，后一层荷载将有部分传给设置在前一层大悬挑梁端部的支撑，支撑提供向上的力可以有效地减少前一层大悬挑梁根部的弯矩，防止开裂。端部支撑在施工层以下各层均设置，直达地下室顶板。

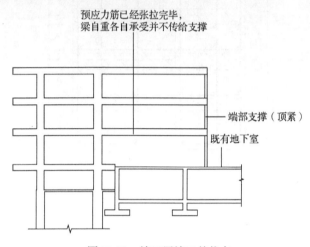

图 13-82　施工层施工前状态

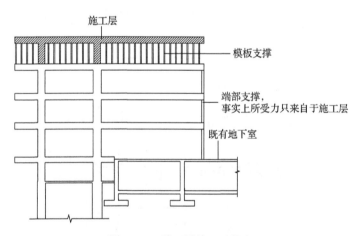

图 13-83　施工层施工时状态

　　为施工方便，直接取用现场的圆木支撑作为大悬挑梁端部。圆木支撑材料为松木，木材弹性模量较混凝土低，因此圆木支撑抗压刚度较低。计算模型中将圆木支撑考虑成弹性支撑。

　　基于前面的施工措施的思路可以这样认为，在施工层开始施工前，已施工完的各层大悬挑梁各自承受自重荷载（图 13-84 为计算六层大悬挑梁由结构自重产生内力的计算模型）；施工层开始施工后，施工层荷载通过端部支撑传递并分散至下面各层（图 13-85 为计算六层大悬挑梁由屋面层自重及施工荷载产生内力的计算模型）。通过力学分析可知，因为大悬挑梁梁端支承刚性串联，所以随着层数增加，刚性支承刚度越来越低，并且施工二层时端部支撑受力最大，施工屋面层时六层的大悬挑梁梁根弯矩是最大的，这是计算支承大小的依据。

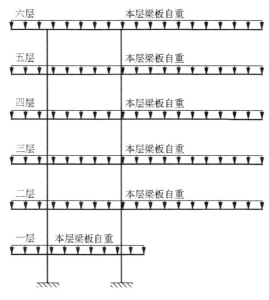

图 13-84　结构自重产生内力的计算模型

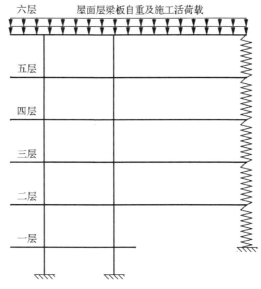

图 13-85　屋面层自重及施工荷载产生内力的计算模型

经计算，采用 4 个直径为 160mm 的圆木支撑可保证大悬挑梁根部在施工阶段的弯矩不超过使用阶段的弯矩。当屋面层梁张拉完后，便可开始从上往下依次拆除端部支撑，并继续后续施工（图 13-86）。端部支撑最下部是直接作用地下室顶板上的，经验算支撑不会破坏地下室顶板。

图 13-86　端部支撑现场设置情况

13.6.3　小结

珲春上城国际狭长场地情况特殊，本节提出了"竖向荷载下为单跨框架伸臂模型，地震作用下为两跨框架模型"的设计核心思想。该工程建造中，通过钻孔压浆灌注桩建立抗拔基础，并分析结构整体倾覆状态，同时采取一定合理构造措施，成功解决结构在单跨框架下的整体倾覆问题。上部结构设计中，通过科学设计 13m 大悬挑梁，避免各类破坏形式，成功实现 13m 大悬挑梁的建造。为解决地震作用下单跨框架安全冗余度低的问题，提出在既有地下室柱上新接一排柱，并通过合理构造措施，实现该排柱在地震作用竖向荷载下不受力的特殊形式，成功使结构在地震作用下受力状态转变为两跨框架，同时保证既有地下室的安全。另外，在设计建造过程中，本节提出了相关施工措施，保证结构使用安全、性能优良。该工程设计建造过程中提出的设计思想以及相应的措施，对于国内开展类似的狭长场地大伸臂结构设计及建造具有一定的理论意义和实践价值。

13.7　哈尔滨欧洲新城地下车库结构设计

哈尔滨欧洲新城地下车库周边是厚度为 250mm 的钢筋混凝土墙，车库总宽为 42m，通过设置直径为 800mm 的内柱形成跨度不等的两跨梁，一跨为 25.2m，另一跨为 16.8m。由于预应力大梁承受的荷载大，且两跨跨度不等，在外荷载作用下柱将承担其难以承受的过大弯矩。为了不增大柱截面尺寸，同时又使其受力合理，该工程提出了通过合理选择梁中预应力筋线型来减小柱端控制弯矩的设想，应用这一设想使设计取得了成功。本节的思路和方法可供同类工程设计时参考。

13.7.1　工程概况

哈尔滨欧洲新城地下车库长 58.8m，宽 42m，层高 6m，周边是厚度为 250mm 的钢筋混凝土墙，为单层全埋式，占地面积约为 2500m^2。宽度方向通过设置直径为 800mm 的内柱形成跨度不等的两跨梁，局部平面布置图如图 13-87 所示。车库上面为花园，为保证花草的茁壮成长，除找平层、保温层、隔气层和防水层外，设有厚度为 600mm 的花土。

由于预应力大梁承受的荷载大，且两跨跨度不等，在外荷载作用下，柱将承担其难以承受的过大弯矩。为了不增大柱截面尺寸，同时又使其受力合理，本节提出了通过合理选择梁中预应力筋线型来减小柱端控制弯矩的思想，应用这一思想使设计取得了成功。

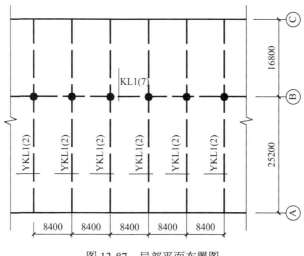

图 13-87　局部平面布置图

13.7.2　结构设计方案

1. 计算模型的选取

梁与两侧墙间可视为铰接，梁宽及其两侧各两倍墙厚范围内配筋应给予加强，本节重点讨论两跨梁及其内柱的设计，计算简图如图 13-88 所示。

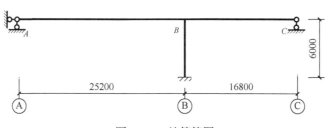

图 13-88　计算简图

2. 材料、截面及预应力工艺选择

梁、板、柱混凝土设计强度等级为 C40，预应力筋采用抗拉强度标准值 $f_{ptk}=1860N/mm^2$ 的 ϕ^s15 低松弛钢绞线，非预应力受力纵筋采用 HRB400 钢筋。

预应力梁 YKL1 截面尺寸取为 $b \times h = 750mm \times 1600mm$，现浇混凝土板厚取为 160mm。柱采用普通钢筋混凝土圆柱，直径取为 800mm。

YKL1 采用后张有粘结预应力工艺，两端张拉，张拉控制应力取为 $\sigma_{con}=0.75f_{ptk}=1395N/mm^2$。选用 XM 多孔夹片锚具及与其相配套的喇叭管。

3. 荷载统计与外荷载下内力计算

YKL1 承受的永久荷载标准值 g_k=194kN/m，承受的活荷载标准值 q_k=13kN/m，活荷载准永久值系数 φ_q=0.4。

考虑刚域影响的框架结构在外荷载作用下控制截面弯矩如表 13-15 所示。

表 13-15　外荷载下梁柱控制截面弯矩　　　　　　　（单位：kN·m）

荷载组合	AB 跨中	支座 B 左	支座 B 右	柱顶 B
基本组合	14341	15802	−14883	−1029
标准组合	10598	11678	−10999	−760
准永久组合	10196	11235	−10582	−732

注：支座处弯矩取顺时针为正，跨中弯矩取底部受拉为正。

4. 按常规线型布置预应力筋梁柱配筋计算

（1）常规预应力筋合力作用线的选取

按常规线型布置的预应力筋合力作用线如图 13-89 所示。

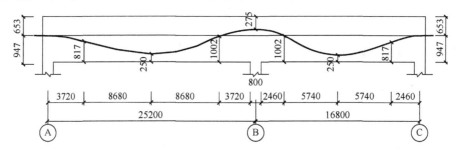

图 13-89　预应力筋合力作用线

（2）张拉单位面积预应力筋引起的等效荷载和结构内力

据工程经验，有效预应力预估值可暂取 $0.8\sigma_{con}$=1116N/mm²，张拉单位面积（这里单位面积指 1mm²）预应力筋引起的等效荷载如图 13-90 所示，在该等效荷载作用下的控制截面内力值如表 13-16 所示。

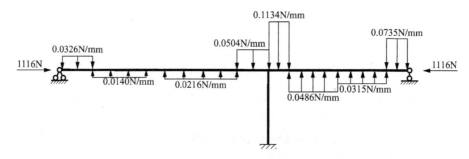

图 13-90　张拉 YKL1 中单位面积预应力筋引起的等效荷载

表 13-16　张拉单位面积预应力筋引起的等效荷载作用下控制截面的内力值

项目	AB 跨中	支座 B 左	支座 B 右	柱顶 B
综合弯矩 M_r /(kN·m)	−0.572	−0.829	0.820	0
次弯矩 M_2 /(kN·m)	0.172	−0.411	0.408	0
次轴力 N_2 / kN	—	—	—	−0.0415

注：支座处弯矩取顺时针为正，跨中弯矩取底部受拉为正，轴力取受压为正。

（3）预应力筋 A_p 及非预应力筋 A_s 的选配

本节按一类环境的裂缝控制要求选配预应力筋。

设 $\overline{M}_\mathrm{r}$ 为张拉 YKL1 中单位面积预应力筋引起的等效荷载作用下结构控制截面的弯矩。

对支座控制截面由 $A_\mathrm{p} = \dfrac{\dfrac{M_\mathrm{k}^{支}}{W_{支}} - 2.5 f_\mathrm{tk}}{\dfrac{\sigma_\mathrm{pe}}{A} - \dfrac{\overline{M}_\mathrm{r}^{支}}{W_{支}}}$ 可得满足裂缝控制要求的预应力筋用量下限为

6466mm^2；对跨中控制截面由 $A_\mathrm{p} = \dfrac{\dfrac{M_\mathrm{k}^{中}}{W_{中}} - 2.5 f_\mathrm{tk}}{\dfrac{\sigma_\mathrm{pe}}{A} - \dfrac{\overline{M}_\mathrm{r}^{中}}{W_{中}}}$ 可得满足裂缝控制要求的预应力筋用量下

限为 9380mm^2。需配置 $68\phi^\mathrm{s}15$（$A_\mathrm{p}=9452\mathrm{mm}^2$）。确定预应力筋用量 A_p 之后，可根据控制截面的弯矩基本组合值按预应力混凝土结构设计统一方法和有关构造要求计算确定非预应力筋的用量 A_s。为避免内支座控制截面出现超筋问题，适当增加了受压非预应力筋。

（4）内柱的设计

柱轴力设计值为 $N = N_\mathrm{load} + N_2 = 7350 - 392 = 6958\mathrm{kN}$，弯矩设计值 $M = M_\mathrm{load} + M_2 = -1029 + 0 = -1029\mathrm{kN·m}$，不考虑弯矩方向，取 $M = 1029\mathrm{kN·m}$。

柱混凝土保护层厚度取为 30mm，对纵筋取 36Φ25 进行柱承载力试算。

$$\alpha\alpha_1 f_\mathrm{c} A\left(1 - \frac{\sin 2\pi\alpha}{2\pi\alpha}\right) + (\alpha - \alpha_\mathrm{t}) f_\mathrm{y} A_\mathrm{s}$$

$$= 0.618 \times 1 \times 19.1 \times 502400 \times \left(\frac{1 - \sin(2 \times 0.618\pi)}{2 \times 0.618\pi}\right) + (0.618 - 0.014) \times 360 \times 17676$$

$$= 10803 > N = 6958(\mathrm{kN})$$

$$\frac{2}{3}\alpha_1 f_\mathrm{c} A r \frac{\sin^3 \pi\alpha}{\pi} + f_\mathrm{y} A_\mathrm{s} r_\mathrm{s} \frac{\sin \pi\alpha + \sin \pi\alpha_t}{\pi}$$

$$= \frac{2}{3} \times 1 \times 19.1 \times 502400 \times 400 \frac{\sin^3(0.618\pi)}{\pi} + 360 \times 17676 \times 357.5 \frac{\sin(0.618\pi) + \sin(0.014\pi)}{\pi}$$

$$= 1368 > N\eta e_i = 1363(\mathrm{kN·m})$$

式中：ηe_i 为考虑 p-δ 效应后的外荷载集中力偏心矩。

此时纵向钢筋净距为 38mm，不满足《混凝土结构设计规范（2015 年版）》（GB 50010—2010）[1] 中柱相邻纵筋净距不应小于 50mm 的规定。

5. 按本书思想布置预应力筋梁柱配筋计算

（1）预应力筋 A_p 及非预应力筋 A_s 的选配

当 AB 跨等效荷载比 BC 跨等效荷载在内柱产生的弯曲效应大的时候，会在内柱产生与外荷载效应相反的弯矩，减小了其实际承受的弯矩，同时考虑到构造要求，采用如图 13-91 所示的预应力筋线型及用量。

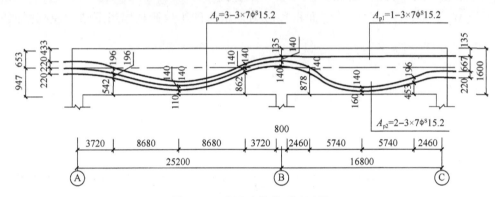

图 13-91 预应力筋线型及用量

图 13-91 中 YKL1 预应力筋线型经试算预应力筋有效预应力如表 13-17 所示。

表 13-17 预应力筋有效预应力 σ_{pe} （单位：N/mm²）

项目	支座 A	AB 跨中	支座 B	BC 跨中	支座 C
有效预应力	1118	1159	1101	1129	1100

计算跨内等效荷载时，取所考察跨 3 个控制截面有效预应力的平均值，配筋计算时取计算截面处预应力筋实际有效预应力值。

张拉实配预应力筋引起的等效荷载如图 13-92 所示。

考虑刚域影响的框架在如图 13-92 所示等效荷载作用下的控制截面内力值见表 13-18。

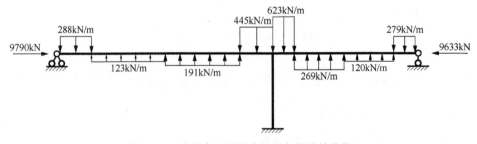

图 13-92 张拉实配预应力筋引起的等效荷载

表 13-18　等效荷载作用下的控制截面内力值

项目	AB 跨中	支座 B 左	支座 B 右	柱顶 B
综合弯矩 M_r /（kN·m）	−5534	−6147	5780	274
次弯矩 M_2 /（kN·m）	1060	−2522	2110	274
次轴力 N_2 / kN	—	—	—	−230

注：内力值符号同表 13-16。

AB 跨跨中对预应力筋配置起控制作用，其控制截面在荷载效应标准组合下受拉边缘的名义拉应力为

$$\sigma_{ct} = \frac{M_k^{中}}{W_{中}} - \left(\frac{N_p^{中}}{A} + \frac{M_r^{中}}{W_{中}} \right)$$

$$= 5.8 < 2.5 f_{tk} = 6.0 (\text{N} / \text{mm}^2)$$

跨中控制截面满足裂缝控制要求。

确定预应力筋用量 A_p 之后，可根据控制截面的弯矩基本组合值按预应力混凝土结构设计统一方法和有关构造要求计算确定非预应力筋的用量 A_s。为避免内支座控制截面出现超筋问题，适当增加了受压非预应力筋。

AB 跨跨中最大变形 $f = 79\text{mm}$，f/l 为 1/319<1/300，满足变形控制要求。

（2）内柱的设计

张拉如图 13-91 所示的 YKL1 中预应力筋可平衡掉部分外荷载在内柱产生的弯矩，使其承受的实际弯矩减小。柱轴力设计值为 $N = N_{load} + N_2 = 7350 - 230 = 7120 (\text{kN})$，弯矩设计值为 $M = M_{load} + M_2 = -1029 + 274 = -755 (\text{kN} \cdot \text{m})$，不考虑弯矩方向，取 $M = 755\text{kN} \cdot \text{m}$。

经计算实配纵筋 25Φ25，现验算其承载力。

$$\alpha \alpha_1 f_c A \left(1 - \frac{\sin 2\pi\alpha}{2\pi\alpha} \right) + (\alpha - \alpha_t) f_y A_s = 9879 > N = 7120 (\text{kN})$$

$$\frac{2}{3} \alpha_1 f_c A r \frac{\sin^3 \pi\alpha}{\pi} + f_y A_s r_s \frac{\sin \pi\alpha + \sin \pi\alpha_t}{\pi} = 1102 > N\eta e_i = 1093 (\text{kN} \cdot \text{m})$$

结果满足要求。斜截面承载力计算这里从略。

通过比较两种方案，可发现采用本节思想不但梁中预应力筋用量稍有减少，而且内柱纵筋由 36Φ25 减少到 25Φ25，节省纵筋 30%。由此可知，通过合理选择梁中预应力筋线型来减小柱端控制截面弯矩，从而实现设计合理的思想是可行的。

6. 张拉顺序

施工验算表明，YKL1 中的预应力筋可分两批张拉，当混凝土强度达到设计强度的75%时，一次性张拉各梁预应力筋总量的 2/3，首批预应力筋张拉完毕后即可拆除模板；在车库顶面的花土添置到 1/2 时，张拉剩余预应力筋，并将全部预应力筋进行灌浆和封锚保护。

13.7.3　小结

1）计算结果表明，通过合理选择不等跨梁的预应力筋线型，可有效减小内柱柱端控

制弯矩，从而达到减少柱中纵筋用量，简化施工的目的。

2）小区车库顶常设计成花园，由于结构及花土等荷载较大，预应力筋应在施工验算的基础上分批张拉。

13.8　哈尔滨某地下游泳馆预应力混凝土结构设计

哈尔滨某地下游泳馆采用预应力混凝土结构。考虑到游泳馆顶盖上广场绿化区和允许消防车通行的道路区荷载差异较大，分荷载区域对预应力混凝土框架进行了设计计算。考虑到由于留设了后浇带，结构在施工阶段和使用阶段的计算模型不同，本节对结构内力的计算方法进行了说明。本节结合该工程介绍了预应力混凝土梁及框架柱的计算方法，着重对实际工程在设计及施工中常遇的受压钢筋的确定、预应力混凝土梁变形的验算、两梁交叉处非预应力纵筋的布置方法、预应力工艺选择及灌浆处理、柱纵筋与预应力筋的位置关系、预应力筋张拉方案、后浇带处梁顶非预应力纵筋的布置及锚头构造等问题进行了论述，可供设计建造同类工程时参考。

13.8.1　工程概况

哈尔滨某地下游泳馆平面尺寸为 34.9m×45.0m，总建筑面积为 1619m²，结构层高为 9.95m。地下游泳馆与其相邻高层住宅地下室的相对位置关系如图 13-93 所示。在图 13-93 中，Ⓐ轴南侧和⑥轴东侧为高层住宅的地下室，与游泳馆连为一体且已先期施工结束。

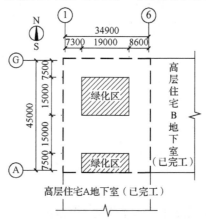

注：虚线范围内为地下游泳馆，绿化区为规划的中央广场花坛，其余区域为允许消防车通过的道路区。

图 13-93　地下游泳馆与其相邻高层住宅地下室的相对位置关系

由于宽度为 20m 的泳池要求空间开敞、中间不设柱，地下游泳馆宜采用预应力混凝土结构，其结构平面布置、梁截面尺寸及预应力混凝土梁配筋图如图 13-94 所示。其中，过字母轴的框架梁和两相邻字母轴之间的连续梁均为预应力混凝土梁（过Ⓐ、Ⓖ轴的框架梁除外），过数字轴的梁及过Ⓐ轴、Ⓖ轴的梁均为普通钢筋混凝土梁，柱为普通钢筋混凝土柱。该工程抗震等级为三级，其所用混凝土皆为设计强度等级为 C40 的混凝土，预应力筋采用抗拉强度标准值 $f_{ptk}=1860N/mm^2$ 的 ϕ^S15 低松弛钢绞线。非预应力纵筋采用 HRB335 钢筋，箍筋采用 HPB235 钢筋。

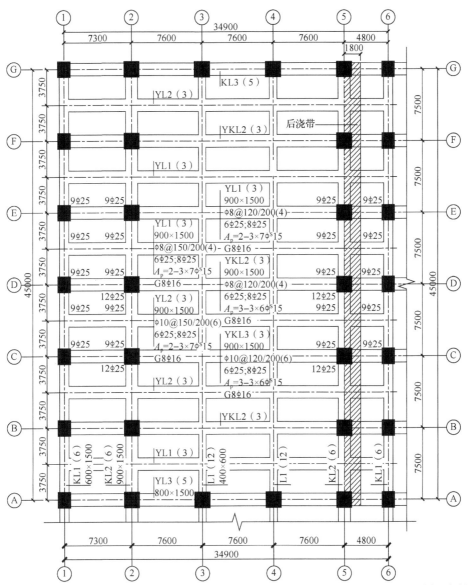

注：YKL1 为绿化区框架梁；YKL2 为过渡区框架梁；YKL3 为道路区框架梁；YL1 为绿化区连续梁；YL2 为道路区连续梁；YL3 为预应力梁；KL1 为框架梁 1；KL2 为框架梁 2；L1 为次梁 1。

图 13-94 游泳馆结构平面布置、梁截面尺寸及预应力混凝土梁配筋图

13.8.2 结构设计方案

1. 荷载统计与结构控制内力计算

游泳馆顶盖上有 1.4m 厚覆土，游泳馆顶盖上广场绿化区附加永久荷载标准值为 28kN/m²，可变荷载标准值为 3kN/m²；消防车通道附加永久荷载标准值也为 28kN/m²，可变荷载标准值为 21kN/m²；考虑施工过程的可变荷载标准值取为 1.5kN/m²。由于两区域

可变荷载差异较大，在结构计算时应合理考虑荷载的实际分布。

考虑到与地下游泳馆相连的高层住宅地下室已先期施工结束的状况，在⑤轴与⑥轴间的小跨梁上留设了张拉用后浇带，如图 13-94 所示。这样便使主受力结构在施工阶段为两跨，而在使用阶段为三跨。在结构控制内力计算时，应先按两跨计算模型进行施工阶段内力计算，再叠加三跨计算模型在使用阶段新增荷载作用下产生的内力值，以该结果作为结构设计计算的控制内力。以道路区连续梁 YKL3 为例，说明内力计算方法，道路区连续梁在永久荷载（可变荷载）标准值作用下两阶段的弯矩及剪力图如图 13-95 和图 13-96 所示。图 13-95 和图 13-96 中①道路区连续梁施工阶段的永久荷载为梁的自重，可变荷载为施工活荷载 $1.5kN/m^2$；②使用阶段新增的永久荷载为覆土重力 $28kN/m^2$，可变荷载为 $21kN/m^2$；③总内力为两个阶段内力的叠加。

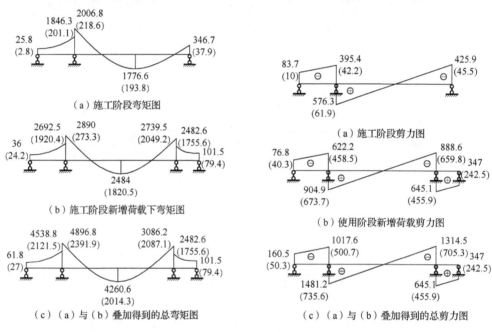

图 13-95　道路区连续梁两阶段弯矩分布图（单位：kN·m）

图 13-96　道路区连续梁两阶段剪力图（以绕所考虑截面顺时针转动为正，单位：kN）

2. 预应力混凝土梁及框架柱计算方法的说明

（1）预应力混凝土梁计算方法的说明

该工程整体处于地面以下，室内室外均将长期处于潮湿环境中，应把结构所处环境定为二 a 类环境，可按裂缝控制方程计算确定预应力筋用量 A_p。确定 A_p 后，可按预应力混凝土结构设计统一方法计算非预应力筋用量 A_s。

以绿化区连续梁为例进行说明，计算可得 A_p=5536.5mm²，实配 42φ^{S}15 预应力钢绞线，A_p=5838mm²。预应力筋分两排布置，每排 3 束，每束 7 根（2-3×7φ^{S}15），其线型图如图 13-97 所示。

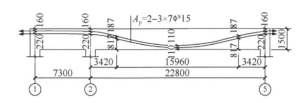

图 13-97　绿化区预应力混凝土连续梁线型图

经计算，非预应力筋按构造配置，支座处实配 9Φ25；跨中实配 8Φ25。各梁的具体配筋情况如图 13-94 所示。

（2）框架柱计算

框架柱采用普通钢筋混凝土柱，外荷载引起的柱控制截面弯矩设计值为 M_{load}、剪力设计值为 V_{load}，张拉梁中预应力筋引起的柱控制截面弯矩为 M_p、剪力为 V_p，用 $M_{load}+M_p$ 代替 M_{load}，由普通钢筋混凝土柱正截面承载力计算公式即可求得柱中纵筋用量；用 $V_{load}+V_p$ 代替 V_{load}，由柱斜截面受剪承载力计算公式即可求得柱中箍筋用量。

对该工程中位于Ⓒ轴与⑤轴交点处的柱，M_{load}=2884.2kN·m，M_p=1218.3kN·m，经计算并根据相关构造要求，每边实配 10Φ25。

3. 受压钢筋的确定

我国现行相关标准规定，对于二、三级抗震等级的预应力混凝土框架梁端截面相对受压区高度 x/h_0 不应大于 0.35，且纵向受拉钢筋按非预应力钢筋抗拉强度设计值换算的配筋率不应大于 3.0%。为满足这一要求，在保证梁截面尺寸不变的前提下，须在道路区框架梁端配置一定数量的受压钢筋。受压钢筋构造如图 13-98 所示。

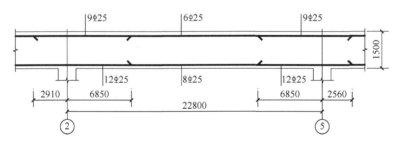

图 13-98　受压钢筋构造

4. 预应力混凝土梁的变形验算

变形验算包括总变形验算和反向变形验算，总变形是指按荷载效应的标准组合并考虑荷载长期作用影响的挠度减去两倍张拉预应力筋引起的弹性反拱值的变形值；反向变形是指预应力混凝土受弯构件在结构自重及张拉预应力筋引起的等效荷载共同作用下的长期变形值。相关文献给出了总变形的限值和反向变形的建议限值，如表 13-19 所示。

表 13-19　预应力混凝土受弯构件《规范》规定的挠度限值和施工阶段反向变形建议限值

构件类型		《规范》规定的挠度限值	施工阶段反向变形建议限值
吊车梁	手动吊车	$l_0/500$	$l_0/1200$
	电动吊车	$l_0/600$	$l_0/1500$
屋盖、楼盖及楼梯构件	当 $l_0<7m$ 时	$l_0/200(l_0/250)$	$l_0/450$
	当 $7m \leqslant l_0 \leqslant 9m$ 时	$l_0/250(l_0/300)$	$l_0/550$
	当 $l_0>9m$ 时	$l_0/300(l_0/400)$	$l_0/700$　（$\leqslant 50mm$）

注：1）《规范》指《混凝土结构设计规范（2015 年版）》（GB 50010—2010）[1]。

2）l_0 为构件的计算跨度。

3）括号内的数值适用于使用上对挠度有较高要求的构件。

对于绿化区连续梁，在自重及外荷载作用下跨中挠度为 88.4mm，反拱值为 30.5mm。故绿化区连续梁的总变形为 27.4mm < $l_0/400=57$mm ；反向变形为 30.5mm<l_0/700= 32.6mm，满足表 13-19 的要求。经计算，各预应力混凝土梁的总变形和反向变形均满足表 13-19 的要求。

5. 两梁交叉处非预应力纵筋的布置方法

两梁交叉处非预应力纵筋的布置应使其有效高度尽可能大且方便施工，具体布置方法如图 13-99 所示。

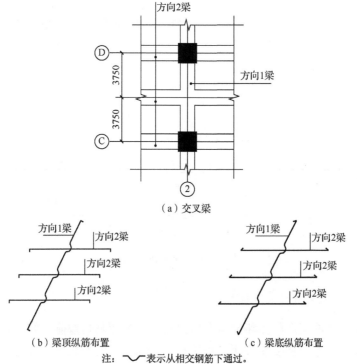

（a）交叉梁

（b）梁顶纵筋布置　　　　　　　　　（c）梁底纵筋布置

注：⌇表示从相交钢筋下通过。

图 13-99　两梁交叉处非预应力纵筋布置图

6. 预应力工艺选择及灌浆处理

预应力梁采用后张有粘结预应力工艺，两端张拉，孔道通过内径为 70mm 的金属波纹管成型，锚具采用 XM15-7 夹片锚。考虑到与地下游泳馆相连的高层住宅地下室已先期施工结束，在⑤轴与⑥轴间的小跨梁上留设了后浇带，以满足张拉预应力筋的施工要求。

在预应力混凝土梁两张拉端附近各设一泌水孔，跨中设一灌浆孔，泌水孔及灌浆孔的构造如图 13-100 所示。灌浆所用水泥为 R42.5 普通硅酸盐水泥，水灰比为 0.45，为保证灌浆密实，须加入水泥用量万分之一的铝粉。初次灌浆 1~2h 后进行二次灌浆，以确保灌浆饱满。

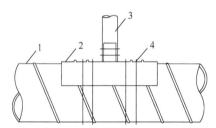

1—波纹管；2—带嘴的塑料弧形压板与海绵垫；3—塑料管；4—钢丝绑扎。

图 13-100　泌水孔及灌浆孔的构造

7. 柱纵筋与预应力筋的位置关系

柱纵筋的布置应为梁中预应力筋束在柱内通过预留合适的空间。以往的实际工程中，经常出现在柱端穿过预应力筋时，预应力筋和柱纵筋相互干扰的问题。这样，必须人为地错开纵筋，使预应力筋穿过，纵筋往往出现错位、弯曲等现象，存在一定的安全隐患。基于对上述问题的考虑，设计时给出了柱纵筋与预应力筋的位置关系，如图 13-101 所示。

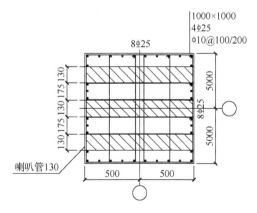

图 13-101　柱纵筋与预应力筋的位置关系

8. 预应力筋张拉方案的确定

确定张拉方案应遵循如下原则。

1）在（结构自重+施工荷载+预应力荷载）作用下梁受拉边缘的名义拉应力 σ_{ct} 应满足要求：$\sigma_{ct} \leqslant f'_{tk}$，这里 f'_{tk} 为张拉时混凝土抗拉强度标准值。

2）在（结构自重+施工荷载+预应力荷载）作用下梁受压边缘名义压应力 $\sigma_{cc} \leqslant 0.8f'_{ck}$ 应满足要求：$\sigma_{cc} \leqslant 0.8f'_{ck}$，这里 f'_{ck} 为张拉时混凝土抗压强度标准值。

施工时梁的混凝土强度按达到设计强度的 80% 考虑，此时 $f'_{tk} = 2.09\text{N}/\text{mm}^2$，$f'_{ck} = 20.8\text{N}/\text{mm}^2$。为了施工方便，张拉预应力筋时还应尽量减少张拉次数，在满足上述原则的同时以最少的张拉次数完成全部张拉任务。

验算表明，各梁中的预应力筋可不分批张拉，但应按图 13-102 所示①、②、③、④…的编号顺序对称张拉。

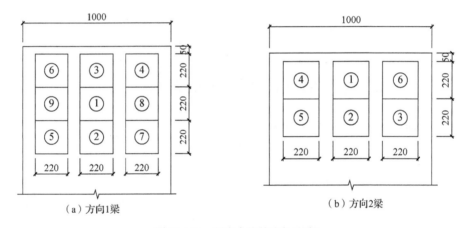

（a）方向1梁　　　　　　　　　　（b）方向2梁

图 13-102　预应力筋的张拉顺序

9. 后浇带处梁顶非预应力纵筋的布置及锚头构造

该工程中张拉预应力筋千斤顶可选取 YCW400 型号的千斤顶，其最小工作空间为 1500mm×600mm×600mm（长×高×宽）。留设了 1.8m 宽的后浇带，保证了千斤顶水平方向的工作距离，但后浇带处事先留设在外的梁顶非预应力纵筋必会影响千斤顶的摆放，使千斤顶不能在竖直方向对正预应力筋。施工时，应将梁顶非预应力纵筋向上弯起，待预应力筋张拉完毕后，再恢复原状，并与后浇带另一侧相对应梁顶非预应力纵筋焊接在一起。

该工程中预应力筋的两端，一端位于后浇带内，无须进行封锚处理；另一端位于结构外边缘，须进行封锚处理来保护锚具，采用外凸后封锚方案，其构造如图 13-103 所示，其锚垫板的布置图如图 13-104 所示。

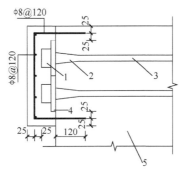

1—孔夹片锚具；2—喇叭管；3—波纹管；4—垫板；5—预应力混凝土梁。

图 13-103　锚头构造图

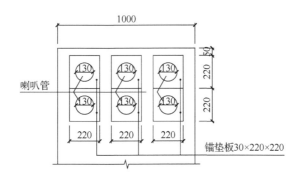

图 13-104　预应力筋锚垫板布置图

13.8.3　小结

结合实际工程，本节介绍了预应力混凝土梁及框架柱的计算方法，着重对实际工程在设计及施工中常遇的受压钢筋的确定、预应力混凝土梁变形的验算、两梁交叉处非预应力纵筋的布置方法、预应力工艺选择及灌浆处理、柱纵筋与预应力筋的位置关系、预应力筋张拉方案、后浇带处梁顶非预应力纵筋的布置及锚头构造等问题进行了论述，可供设计建造同类工程时参考。

13.9　哈尔滨市迎宾路地下车库预应力大梁设计

哈尔滨市迎宾路地下车库顶承受的常遇活荷载标准值为 $4kN/m^2$，承受的罕遇活荷载标准值为 $25kN/m^2$（当考虑消防车时）。为减少工程造价同时又确保地下车库的正常使用与安全，本节提出通过永久荷载与常遇活荷载组合下的裂缝与变形控制方程计算确定预应力筋用量，根据永久荷载与罕遇活荷载组合下的内力设计值及有关构造要求，计算确定非预应力纵筋用量的思路和方法。该工程的结构设计方案对比表明按本节的思路和方法进行设计其经济效益显著。

13.9.1　工程概况

哈尔滨市迎宾路地下车库顶盖结构平面布置图如图 13-105 所示。车库结构层高为 5.0m，根据使用功能要求基顶至梁底净高不宜小于 4.0m。车库顶盖结构层以上的附加永久荷载标准值为 15kN/m²。地下车库顶承受的常遇活荷载标准值为 4kN/m²，相应准永久值系数 φ_q=0.6，承受的罕遇活荷载标准值为 25kN/m²（当考虑消防车等时），相应准永久值系数 φ_q = 0.16。为减少工程造价同时又确保地下车库的正常使用与安全，本节提出了通过永久荷载与常遇活荷载组合下的裂缝与变形控制方程计算确定预应力筋用量，根据永久荷载与罕遇活荷载组合下的内力设计值及有关构造要求计算确定非预应力筋用量的思路和方法。结构设计方案对比表明，按本节的思路和方法进行设计其经济效益显著。

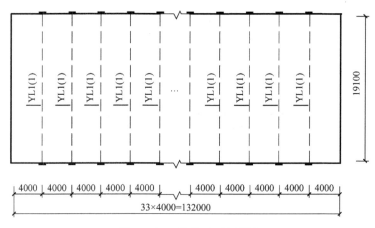

图 13-105　结构平面布置图

13.9.2　结构设计方案

1. 材料、截面及预应力工艺的选择

结构混凝土采用设计强度等级为 C40 的混凝土，预应力筋采用抗拉强度标准值 f_{ptk}=1860N/mm² 的 Φ^j15 低松弛钢绞线，非预应力纵筋采用 HRB335 钢筋，孔道通过内径为 65mm 的波纹管成型，选用 XM15-7 锚具及与其相配套的喇叭管。

经试算，YL1 截面尺寸取为 $b×h$=1000mm×900mm，现浇钢筋混凝土板厚度取为 250mm，周边钢筋混凝土墙体除梁下厚度为 500mm 外，其他部分厚度均为 250mm。

预应力大梁 YL1 采用后张有粘结预应力工艺，预应力筋张拉控制应力取为 σ_{con}=0.75f_{ptk}=1395N/mm²。

2. 计算简图的选取

根据美国钢筋混凝土房屋结构设计规范 ACI 318-14，可将柱两侧各两倍墙厚作为计算取用柱截面的一部分，同时遵照我国《混凝土结构设计规范（2015 年版）》（GB 50010—2010）[1]，将图 13-106 用于分析 YL1 内力的计算简图。

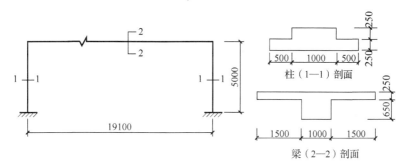

图 13-106　分析 YL1 内力的计算简图

3. 外荷载下的内力计算

按照前述思路，内力按组合Ⅰ（永久荷载与常遇活荷载组合）和组合Ⅱ（永久荷载与罕遇活荷载组合）分别进行计算，其部分内力计算结果如表 13-20 所示。

表 13-20　YL1 在外荷载下控制截面的弯矩值　　　　　　　（单位：kN·m）

控制截面	弯矩值	组合Ⅰ	组合Ⅱ
跨中	弯矩设计值	—	8025
	短期效应组合值	3875	6439
	长期效应组合值	3692	3692
支座	弯矩设计值	—	3967
	短期效应组合值	1916	3183
	长期效应组合值	1826	1826

4. 预应力筋线型选取

为了尽可能地提高预应力筋的垂幅，方便施工，同时考虑到端部构造及防火要求，取用如图 13-107 所示的预应力筋合力作用线。

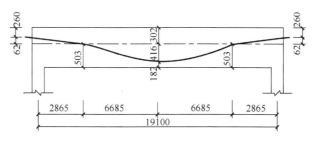

图 13-107　预应力筋合力作用线

5. 张拉单位面积预应力筋引起的等效荷载和结构内力

经试算，有效预应力预估值可暂取为 $\sigma_{pe} = 1000\text{N}/\text{mm}^2$，张拉单位面积（这里单位面积指 1mm^2）预应力筋引起的等效荷载和在该等效荷载作用下结构的弯矩图分别如图 13-108 和图 13-109 所示。

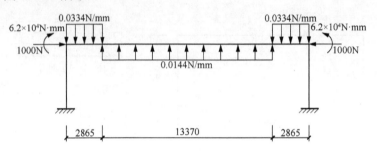

图 13-108　张拉单位面积预应力筋引起的等效荷载

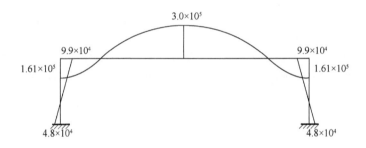

图 13-109　在图 13-108 等效荷载作用下结构的弯矩图（单位：N·mm）

6. 预应力筋 A_p 及非预应力筋 A_s 的选配

YL1 的预应力筋用量是根据组合 Ⅰ（永久荷载与常遇活荷载组合）下正常使用极限状态的要求计算进行的。该工程的工作环境为室内一般环境，可按一类环境的裂缝控制方程计算确定预应力筋用量。设 $\bar{M}_p$ 为张拉 YL1 中单位面积预应力筋引起的等效荷载作用下结构控制截面的弯矩。

由 $A_p = \dfrac{\dfrac{M_k}{W} - 2.5f_{tk}}{\dfrac{\sigma_{pe}}{A} - \dfrac{\bar{M}_p}{W}}$ 可得 YL1 满足荷载效应标准组合裂缝控制要求的预应力筋用量

为 $A_{p1}=6833\text{mm}^2$。由 $A_p = \dfrac{\dfrac{M_q}{W} - 0.8\gamma f_{tk}}{\dfrac{\sigma_{pe}}{A} - \dfrac{\bar{M}_p}{W}}$ 可得 YL1 满足荷载效应准永久组合裂缝控制要求

的预应力筋用量为 $A_{p2}=7963\text{mm}^2$。实配 2-4×7ϕ^s15（实配 2 排，每排 4 束，每束 7ϕ^s15

预应力筋，实配面积 A_p=7784mm²）。实际预应力筋线型如图 13-110 所示。

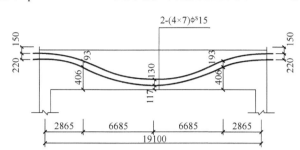

图 13-110　YL1 预应力筋线型图

确定预应力筋用量 A_p 后，可根据表 13-20 中 YL1 控制截面组合 II（永久荷载与罕遇活荷载组合）的弯矩设计值按预应力混凝土结构设计统一方法和有关构造要求计算确定非预应力筋的用量 A_s。梁底配置纵筋 17Φ28，梁顶配置纵筋 10Φ28（其中 6Φ28 通长），经计算箍筋实配 6Φ12@100/200。

需要指出的是，经验算 YL1 中预应力筋有效预应力计算值 σ_{pe}=1008N/mm，说明预估值按 σ_{pe}=1000N/mm 取用是可行的。

7. 按本节方法与按规范方法设计计算结果的比较

按照本节的思路和方法进行配筋，经验算在组合 I（永久荷载与常遇活荷载组合）下，跨中总变形 f=27mm，f/l=1/707<1/300，满足总变形控制要求。在组合 II（永久荷载与罕遇活荷载组合）下，跨中总变形 f=72mm，f/l=1/265>1/300；裂缝宽度最大值 w_{max}=0.43mm，裂缝开展宽度与总变形均超过限值。

若满足组合 II（永久荷载与罕遇活荷载组合）下的裂缝控制和总变形控制要求，预应力筋须配置 3-4×7ϕ^s15，预应力筋用量将增加 50%，梁底非预应力筋用量由构造要求决定，须配置 22Φ28。不但预应力筋和非预应力筋量明显增加，而且施工工作量明显加大。

按本节所提出的通过满足组合 I（永久荷载与常遇活荷载组合）下的正常使用极限状态要求计算确定预应力筋用量，依据组合 II（永久荷载与罕遇活荷载组合）下的内力设计值和有关构造要求计算确定非预应力筋用量的思路和方法进行设计，不但能保证通常情况下的裂缝与变形要求，而且能保证罕遇活荷载出现时结构的安全可靠，与人防工程设计的思想是一致的。

8. 柱的设计

柱采用普通钢筋混凝土柱，假设外荷载引起的柱端控制截面弯矩设计值为 M_{load}^c、剪力设计值为 V_{load}^c，张拉梁中预应力筋引起的柱端控制截面弯矩为 M_p^c、剪力为 V_p^c，则用（$M_{load}^c + M_p^c$）代替 M_{load}^c，由普通钢筋混凝土柱正截面承载力计算公式即可求得柱中纵筋用量（A_{sc} 和 A'_{sc}）；用（$V^c_{load} + V^c_p$）代替 V^c_{load}，由柱斜截面受剪承载力计算公式即可求得柱中箍筋用量。

9. 有关细部设计与说明

1）在 YL1 两端各设一个泌水孔，跨中设一个灌浆孔。泌水孔及灌浆孔的构造如图 13-111 所示。灌浆所用水泥为 R42.5 号普通硅酸盐水泥，水灰比为 0.45，铝粉掺量为水泥质量的万分之一。初次灌浆 1～2h 后进行二次灌浆，以确保灌浆饱满。

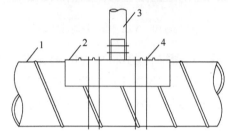

1—波纹管；2—带嘴的塑料弧形压板与海绵垫；3—塑料管；4—钢丝绑扎。

图 13-111　泌水孔及灌浆孔的构造

2）车库长 132m，为避免墙及顶盖施工过程中由混凝土收缩引起的开裂，每隔 40m 左右设一条后浇带，待混凝土收缩完成 50%以上后（约需 1 个月）再浇筑后浇带混凝土。为避免墙及顶盖在使用过程中由混凝土的后继收缩及温度变形引起的开裂，在墙及板内合理布置并张拉通过中和轴平直布置的 Uϕ^s15@500 无粘结预应力筋。

3）施工验算表明，YL1 中的预应力筋可不分批张拉，但应按图 13-112 所示 1、2、3、4、5、6、7、8 束的编号先后顺序对称张拉。

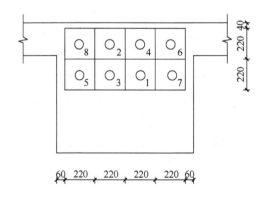

图 13-112　预应力筋张拉顺序

4）张锚端采用外凸后封锚方案，其构造如图 13-113 所示。

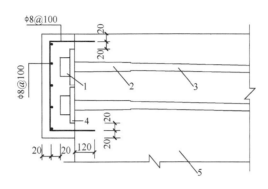

1—多孔夹片锚具；2—喇叭管；3—波纹管；4—垫板；5—预应力混凝土梁。

图 13-113　张锚端构造

13.9.3　小结

当罕遇活荷载较大且当罕遇活荷载远大于常遇活荷载时，可通过满足组合Ⅰ（永久荷载与常遇活荷载组合）下的正常使用极限状态要求计算确定预应筋用量，通过满足组合Ⅱ（永久荷载与罕遇活荷载组合）下的承载能力极限状态的计算和构造要求确定非预应力筋用量的思路和方法进行设计，不但能确保工程结构的安全、适用和耐久的要求，而且节省投资，简化施工。

13.10　鹤岗市某商服楼预应力结构设计

本节介绍鹤岗市某商服楼工程概况，提出进行该工程结构设计的计算简图。给出预应力框架梁预应力筋用量及非预应力筋用量的计算方法，以及框架柱的内力分析方法和配筋计算方法。

13.10.1　工程概况

鹤岗市某商服楼工程的主体为框架结构，地下 2 层，地上 2 层，屋顶为网架结构。结构平面布置图如图 13-114 所示，一到三层采用预应力混凝土框架梁，跨度均为 16m，分别为 YYL-1、YYL-2 和 YYL-3，梁顶标高分别为-3.050m、0.250m 和 3.550m。楼板均为现浇板，板厚 120mm。梁顶标高为 0.250m 的预应力梁上设有次梁，且楼板开洞。

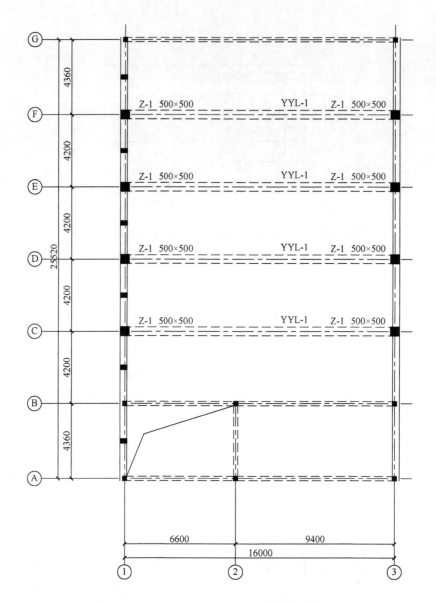

（a）-3.050m标高结构平面图

图 13-114　结构平面布置图

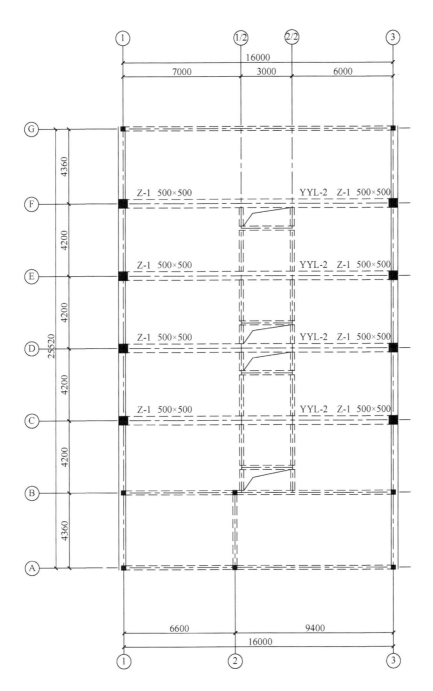

（b）0.250m标高结构平面图

图 13-114（续）

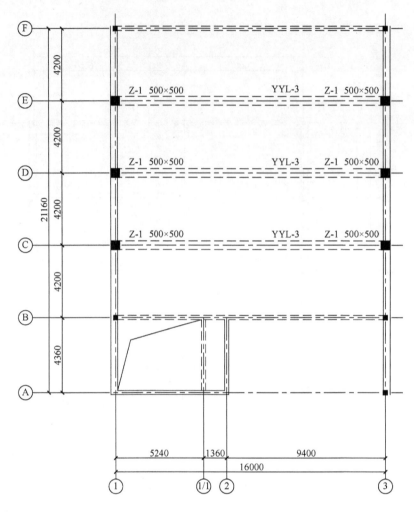

（c）3.550m标高结构平面图

图 13-114（续）

13.10.2 结构设计方案

鹤岗市某商服楼为框架结构，网架简支于框架柱上。在竖向荷载作用下可不用考虑网架的刚度，故可选取其中一榀框架进行设计分析。与梁顶标高为 0.250m 的预应力梁相连的现浇楼板有洞口削弱，故不用考虑翼缘对框架梁的惯性矩的增大作用。为简化设计，对 3 层预应力梁均不考虑翼缘对框架梁的惯性矩增大作用的影响。

1. 结构材料选择和截面选择

对于该工程，混凝土采用强度等级为 C40 的混凝土，预应力筋采用抗拉强度标准值为 f_{ptk}=1860N/mm² 的 UΦ^{S}15 钢绞线，非预应力筋采用 IHRB235 钢筋，箍筋采用 IHRB235 钢筋。采用后张无粘结预应力工艺，两端张拉。预应力梁截面尺寸为 500mm×800mm，柱截面尺寸为 500mm×500mm。

2. 荷载统计与内力计算

该工程处于抗震设防烈度为 6 度的地区，因此只进行竖向荷载作用下的内力分析。选取 ⒟ 轴框架分析，预应力梁所受恒载标准值 $g_k = 54kN/m$，活载标准值 $q_k = 15kN/m$。弯矩计算采用弯矩分配法和分层总和法。计算简图及恒载（活载）标准值和弯矩图如图 13-115 和图 13-116 所示。

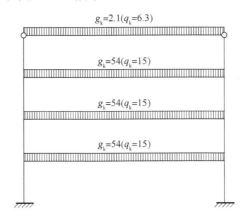

图 13-115　计算简图及恒载（活载）标准值（单位：kN/m）

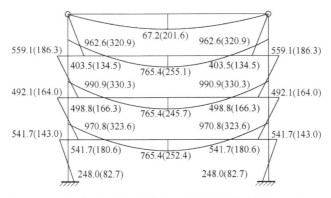

图 13-116　恒载（活载）标准值作用下弯矩图（单位：kN·m）

3. 预应力线型选取

为方便施工且提高预应力筋的垂幅，预应力筋合力作用线图如图 13-117 所示。

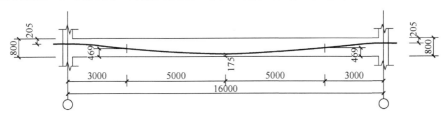

图 13-117　梁预应力筋合力作用线图

4. 张拉各层梁中单位面积预应力筋引起的等效荷载及结构内力

根据预应力筋的两阶段工作原理，在张拉预应力筋建立有效预应力的过程中，端部预加力及等效荷载作为外荷载看待。不考虑侧限的影响，计算结果如图 13-118 所示。

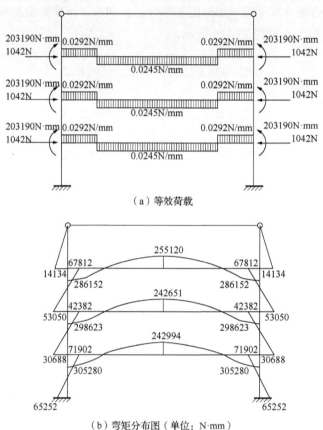

（a）等效荷载

（b）弯矩分布图（单位：N·mm）

图 13-118　张拉单位面积预应力筋引起的等效荷载及弯矩图

5. 预应力筋及非预应力筋的选配

理论计算时，由于该工程的工作环境为室内一般环境，一层框架预应力筋计算如下，二、三层框架梁预应力筋用量计算方法与一层框架的计算方法相同。

由 $A_p = \dfrac{M_s - 2.5 f_{tk}}{\dfrac{\sigma_{pe}}{A} - \dfrac{\bar{M}_p}{W}}$ 可得到短期荷载作用下满足裂缝控制要求的预应力筋用量为

$A_{p1} = 2506 \text{mm}^2$。

由 $A_p = \dfrac{M_l - 0.8\gamma f_{tk}}{\dfrac{\sigma_{pe}}{A} - \dfrac{\bar{M}_p}{W}}$ 可得到长期荷载作用下满足裂缝控制要求的预应力筋用量为

$A_{p2} = 2499 \text{mm}^2$。

取 $A_p = \max(A_{p1,} A_{p2}) = 2506 \text{mm}^2$。

对于一层预应力筋实配用量为 3-8Uϕ^S15，面积为 3336mm^2。其他层类似。

非预应力钢筋可以通过预应力筋确定，计算结果为梁底部配置 13Φ25（4/9），梁顶配置 10Φ25（6/4），6 根通长。

6. 框架柱配筋计算

以 $M_{load}^c + M_p^c = M_{load}^c + A_p \bar{M}_p^c$ 代替柱在外荷载作用下的设计弯矩 $\bar{M}_{load}^c$，按照普通钢筋混凝土柱的设计方法，即可确定柱纵向受力钢筋用量 A_s 和 A_s'。具体计算从略。

13.10.3　小结

本节提出了进行该工程结构设计的计算简图，给出了预应力框架梁预应力筋用量及非预应力筋用量的计算方法，以及框架柱的内力分析方法及配筋计算方法。

第 14 章 预应力板-柱结构实例

14.1 引 言

预应力平板-柱结构相对于常规结构楼盖可实现室内无梁大空间,相对于普通无梁楼盖,相同板格尺寸时平板厚度较小,相同板厚下板格尺寸更大,因此使用性能优异。对这种优异性能的预应力平板-柱结构设计,应采用合理的计算模式和设计方法,本章不但给出了后张法预应力平板-柱的详细设计实例,而且针对一典型工程结构设计进行了介绍。

14.2 某 3 层办公楼后张 PC 平板-柱结构计算

14.2.1 工程概况

某 3 层办公楼采用后张 PC 平板-柱结构建造,其平面布置图如图 14-1 所示。底层结构层高为 5.1m,其他各层为 3.6m。预应力筋采用 $f_{ptk} = 1570\text{N}/\text{mm}^2$ 的 Φ15 无粘结预应力钢绞线,混凝土设计强度等级为 C35($f_{cm} = 19\text{N}/\text{mm}^2$, $f_{tk} = 2.25\text{N}/\text{mm}^2$),张拉端采用单孔夹片锚,锚固端采用挤压锚。平板厚度取为 220mm,为使结构具有良好的受力性能,各层沿结构周边设置 300mm×650mm 的边梁,边梁与平板的位置如图 14-2 所示。各层附加恒载均按 3.0kN/m² 考虑,活载均按 2.0kN/m² 考虑。场地土为 II 类,抗震设防烈度为 7 度,试取结构短向内等代框架进行设计计算。

14.2.2 结构设计方案

1. 预应力筋的线型及布置

板中横向预应力筋均匀布置,纵向预应力筋在柱轴线附近集中带状布置,其中横向预应力筋线型图如图 14-3 所示。

2. 荷载统计

各层楼(屋)盖:板自重应力 0.22×25=5.5kN/m²;附加恒载 3.0kN/m²; $q_d = 8.5\text{kN}/\text{m}^2$, $q_l = 2.0\text{kN}/\text{m}^2$ 。

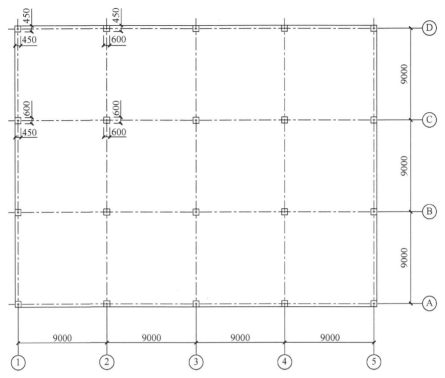

图 14-1　结构平面布置图

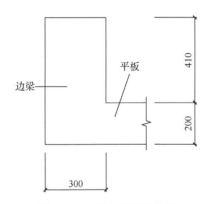

图 14-2　边梁与平板的位置

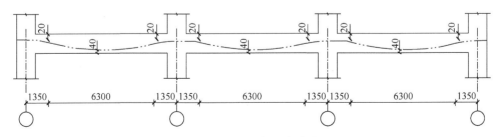

图 14-3　预应力筋线型图

3. 内力计算

（1）求结点分配系数

采用弯矩分配法求荷载引起的内力，书点编号及单元编号如图 14-4 所示。

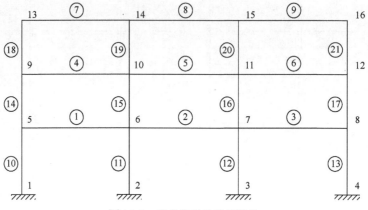

图 14-4　节点编号及单元编号

与节点 11 相关构件的刚度和分配系数如下。编号⑤、⑥的板梁为

$$k_s = \frac{4E_c I}{b} = \frac{4 \times 3.15 \times 10^4 \times \dfrac{9000 \times 220^3}{12}}{9000} = 1.118 \times 10^{11} (\text{N} \cdot \text{mm})$$

编号⑯、⑰内柱的基本刚度为

$$k_c = \frac{4E_c I}{b} = \frac{4 \times 3.15 \times 10^4 \times \dfrac{600^4}{12}}{3600} = 3.78 \times 10^{11} (\text{N} \cdot \text{mm})$$

与内柱相连板条的受扭构件刚度计算为

$$C = \left(1 - 0.63\frac{x}{y}\right)\frac{x^3 y}{3} = \left(1 - 0.63 \times \frac{220}{600}\right) \times \frac{220^3 \times 600}{3} = 1637662400 (\text{mm}^4)$$

$$k_t = \sum \frac{9E_c c}{l\left(1 - C_2 / l_2\right)^3} = \frac{2 \times 9 \times 3.15 \times 10^4 \times 1637662400}{9000 \times \left(1 - 600 / 9000\right)^3} = 1.269 \times 10^{11} (\text{N} \cdot \text{mm})$$

由此可得，等代内柱的刚度为

$$\begin{aligned}
\frac{1}{k_{ec}} &= \frac{1}{\sum k_c} + \frac{1}{k_t} = \frac{1}{2 \times 3.78 \times 10^{11}} + \frac{1}{1.269 \times 10^{11}} \\
&= 0.132275 \times 10^{-11} + 0.788 \times 10^{-11} \\
&= 9.20275 \times 10^{-11}
\end{aligned}$$

因此，有

$$k_{ec} = 1.0866 \times 10^{11} \text{N} \cdot \text{mm}$$

则等代框架柱刚度为

$$k_{11,15} = k_{11,7} = 0.5433 \times 10^{11} \text{N} \cdot \text{mm}$$

与结点 11 相关的左板梁及右板梁分配系数为

$$\mu_{11,10} = \mu_{11,12} = \frac{1.118 \times 10^{11}}{2 \times 1.118 \times 10^{11} + 1.0866 \times 10^{11}} = 0.336$$

与节点 11 相关的上、下柱分配系数为

$$\mu_{11,15} = \mu_{11,7} = (1 - 2 \times 0.336) \times \frac{0.5433 \times 10^{11}}{1.0866 \times 10^{11}} = 0.164$$

同理，可求出其他各点处弯矩分配系数，竖向荷载作用下等代框架各结点弯矩分配系数如图 14-5 所示。

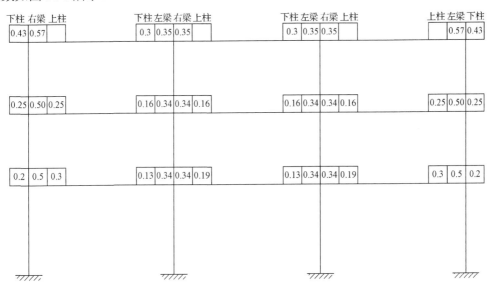

图 14-5　各节点弯矩分配系数

（2）恒载作用下内力计算

等代框架的恒载如图 14-6 所示。利用力矩分配法求得的恒载作用下等代框架梁和柱的弯矩图分别如图 14-7 和图 14-8 所示。恒载作用下等代框架柱的剪力图如图 14-9 所示。恒载作用下等代框架柱的轴力图如图 14-10 所示。

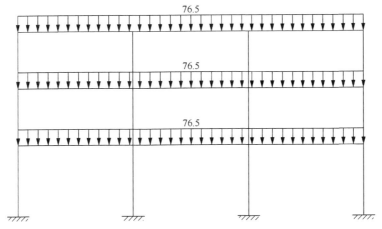

图 14-6　等代框架的恒载（单位：N/mm）

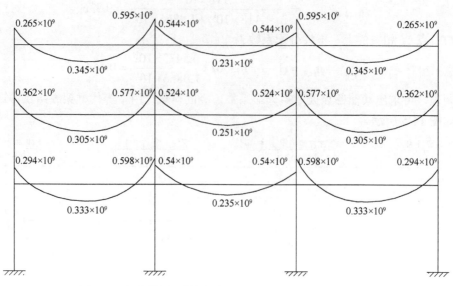

图 14-7　恒载作用下等代框架梁的弯矩图（单位：N·mm）

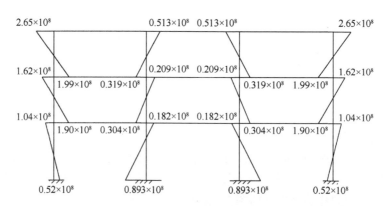

图 14-8　恒载作用下等代框架柱的弯矩图（单位：N·mm）

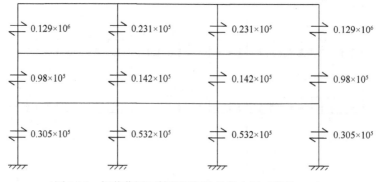

图 14-9　恒载作用下等代框架柱的剪力图（单位：N）

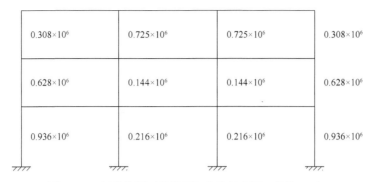

图 14-10　恒载作用下等代框架柱的轴力图（单位：N）

（3）活载作用下结构内力计算

等代框架所承受的活荷载如图 14-11 所示。利用力矩分配法求得的活载作用下等代框架梁和柱的弯矩图分别如图 14-12 和图 14-13 所示。活载作用下等代框架柱的剪力图如图 14-14 所示。活载作用下等代框架柱的轴力图如图 14-15 所示。

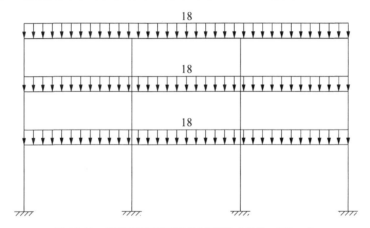

图 14-11　等代框架所承受的活荷载（单位：N/mm）

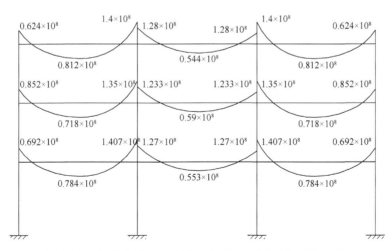

图 14-12　活载作用下等代框架梁的弯矩图（单位：N·mm）

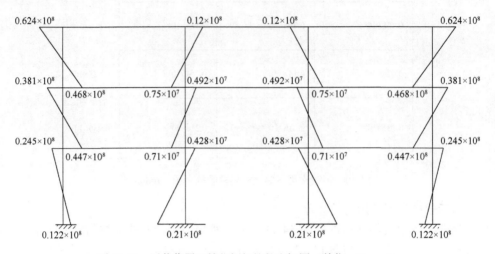

图 14-13　活载作用下等代框架柱的弯矩图（单位：N·mm）

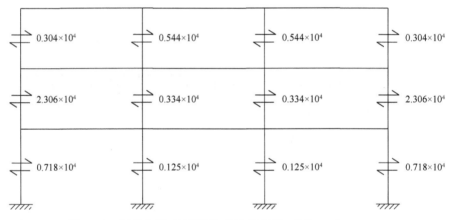

图 14-14　活载作用下等代框架柱的剪力图（单位：N）

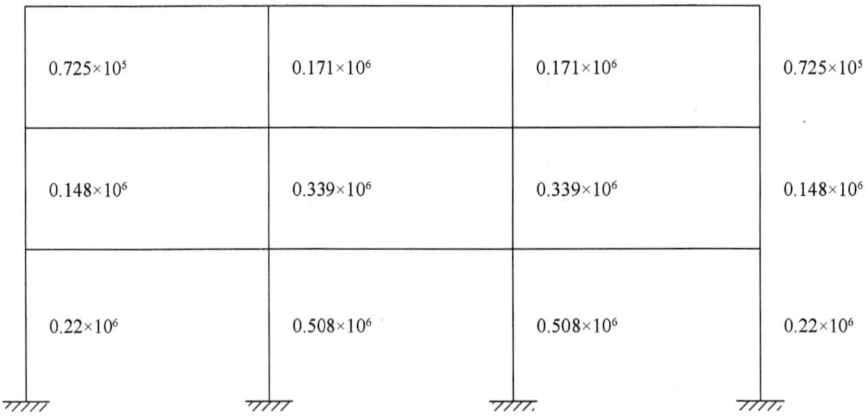

| 0.725×10⁵ | 0.171×10⁶ | 0.171×10⁶ | 0.725×10⁵ |

$$0.725 \times 10^5 \quad 0.171 \times 10^6 \quad 0.171 \times 10^6 \quad 0.725 \times 10^5$$

$$0.148 \times 10^6 \quad 0.339 \times 10^6 \quad 0.339 \times 10^6 \quad 0.148 \times 10^6$$

$$0.22 \times 10^6 \quad 0.508 \times 10^6 \quad 0.508 \times 10^6 \quad 0.22 \times 10^6$$

图 14-15　活载作用下等代框架柱的轴力图（单位：N）

（4）地震作用下结构内力计算

1）内等代框架梁、柱线刚度计算。

对于内等代框架，在水平力作用下，其等代框架梁的计算宽度为

$$b_y = \frac{1}{2} \times 9000 = 4500 \text{（mm）}$$

与水平力相对应的内等代框架梁的线刚度为

$$i_L = \frac{3.15 \times 10^4 \times \dfrac{4500 \times 220^3}{12}}{9000} = 1.4 \times 10^{10} \text{（N·mm）}$$

内等代框架二、三层中柱的线刚度为

$$i_z = \frac{3.15 \times 10^4 \times \dfrac{600^4}{12}}{3600} = 9.45 \times 10^{10} \text{（N·mm）}$$

内等代框架首层中柱的线刚度为

$$i_z = \frac{3.15 \times 10^4 \times \dfrac{600^4}{12}}{5100} = 6.67 \times 10^{10} \text{（N·mm）}$$

内等代框架二、三层边柱的线刚度为

$$i_z = \frac{3.15 \times 10^4 \times \dfrac{600 \times 450^3}{12}}{3600} = 3.99 \times 10^{10} \text{（N·mm）}$$

内等代框架首层边柱的线刚度为

$$i_z = \frac{3.15 \times 10^4 \times \dfrac{600 \times 450^3}{12}}{5100} = 2.81 \times 10^{10} \text{（N·mm）}$$

2）边等代框架梁、柱线刚度计算。

对于边等代框架，在水平力作用下，其等代框架梁的计算宽度为

$$b_y = \frac{1}{2} \times 4500 + \frac{1}{2} \times 450 = 2475 \text{（mm）}$$

与水平力相对应的边等代框架梁的线刚度为

$$i_1 = \frac{3.15 \times 10^4 \times \dfrac{2475 \times 220^3}{12}}{9000} = 0.77 \times 10^{10} \text{（N·mm）}$$

边等代框架二、三层中柱的线刚度为

$$i_z = \frac{3.15 \times 10^4 \times \dfrac{450 \times 600^3}{12}}{3600} = 7.09 \times 10^{10} \text{（N·mm）}$$

边等代框架首层中柱的线刚度为

$$i_z = \frac{3.15 \times 10^4 \times \dfrac{450 \times 600^3}{12}}{5100} = 5.0 \times 10^{10} \text{（N·mm）}$$

边等代框架二、三层边柱的线刚度为

$$i_z = \frac{3.15 \times 10^4 \times \dfrac{450^4}{12}}{3600} = 2.99 \times 10^{10} (\text{N} \cdot \text{mm})$$

边等代框架首层边柱的线刚度为

$$i_z = \frac{3.15 \times 10^4 \times \dfrac{450^4}{12}}{5100} = 2.11 \times 10^{10} (\text{N} \cdot \text{mm})$$

3）柱的抗侧刚度计算。

二、三层柱的抗侧刚度 D 值计算如表 14-1 所示。

表 14-1　二、三层柱的抗侧刚度 D 值计算

D	$\bar{k} = \dfrac{\sum i_i}{\sum i_c}$	$\alpha = \dfrac{\bar{k}}{2 + \bar{k}}$	$D = \alpha i_c \dfrac{12}{h^2} (\text{N}/\text{mm})$
内框架中柱（6 根）	$\dfrac{4 \times 1.4 \times 10^{10}}{2 \times 9.45 \times 10^{10}} = 0.296$	$\dfrac{0.296}{2 + 0.296} = 0.129$	$0.129 \times 9.45 \times 10^{10} \times \dfrac{12}{3600^2} = 11280.5$
内框架边柱（6 根）	$\dfrac{2 \times 1.4 \times 10^{10}}{2 \times 3.99 \times 10^{10}} = 0.351$	$\dfrac{0.351}{2 + 0.351} = 0.149$	$0.149 \times 3.99 \times 10^{10} \times \dfrac{12}{3600^2} = 5504.7$
边框架中柱（4 根）	$\dfrac{4 \times 0.77 \times 10^{10}}{2 \times 7.09 \times 10^{10}} = 0.217$	$\dfrac{0.217}{2 + 0.217} = 0.098$	$0.098 \times 7.09 \times 10^{10} \times \dfrac{12}{3600^2} = 6425.6$
边框架边柱（4 根）	$\dfrac{2 \times 0.77 \times 10^{10}}{2 \times 2.99 \times 10^{10}} = 0.257$	$\dfrac{0.257}{2 + 0.257} = 0.114$	$0.114 \times 2.99 \times 10^{10} \times \dfrac{12}{3600^2} = 3158.2$

$$\sum D = 11280.5 \times 6 + 5504.7 \times 6 + 6425.6 \times 4 + 3158.2 \times 4$$
$$= 139046.4 (\text{N}/\text{mm})$$

首层 D 值计算如表 14-2 所示。

表 14-2　首层 D 值计算

D	$\bar{k} = \dfrac{\sum i_i}{\sum i_c}$	$\alpha = \dfrac{0.5 + \bar{k}}{2 + \bar{k}}$	$D = \alpha i_c \dfrac{12}{h^2} (\text{N}/\text{mm})$
内框架中柱（6 根）	$\dfrac{2 \times 1.4 \times 10^{10}}{6.67 \times 10^{10}} = 0.42$	$\dfrac{0.5 + 0.4^2}{2 + 0.4^2} = 0.38$	$0.38 \times 6.67 \times 10^{10} \times \dfrac{12}{5100^2} = 11693.6$
内框架边柱（6 根）	$\dfrac{1.4 \times 10^{10}}{2.81 \times 10^{10}} = 0.498$	$\dfrac{0.5 + 0.498}{2 + 0.498} = 0.40$	$0.4 \times 2.81 \times 10^{10} \times \dfrac{12}{5100^2} = 5185.7$
边框架中柱（4 根）	$\dfrac{2 \times 1.4 \times 10^{10}}{5.0 \times 10^{10}} = 0.56$	$\dfrac{0.5 + 0.56}{2 + 0.56} = 0.414$	$0.414 \times 5.0 \times 10^{10} \times \dfrac{12}{5100^2} = 9550.1$
边框架边柱（4 根）	$\dfrac{1.4 \times 10^{10}}{2.11 \times 10^{10}} = 0.664$	$\dfrac{0.5 + 0.664}{2 + 0.664} = 0.44$	$0.44 \times 2.11 \times 10^{10} \times \dfrac{12}{5100^2} = 4283.3$

$$\sum D = 11693.6 \times 6 + 5185.7 \times 6 + 9550.1 \times 4 + 4283.3 \times 4$$
$$= 156609.4 (\text{N}/\text{mm})$$

4）建筑物总重力计算。

在计算建筑的重力荷载代表值时，恒载取全部，活载取 50%，则集中在各层楼（屋）盖处的重力荷载代表值均为 9505.25kN，因而有

$$G_e = 3 \times 9505.25 = 28515.75 (\text{kN})$$

5）结构自振周期计算。

① 顶点位移法。

$$T_1 = 1.7 \phi_T \sqrt{\mu_T} = 1.7 \times 0.6 \times \sqrt{387.3/1000} = 0.6345(\text{s})$$

式中：μ_T 值如表 14-3 所示。

表 14-3　μ_T 值

层数	G_i/N	Q_{Gi}/N	$\sum D/(\text{N/mm})$	$\delta_i = \dfrac{Q_{Gi}}{\sum D}/\text{mm}$	μ_T/mm
3	9.505×10^6	9.505×10^6	139046.4	68.4	387.3
2	9.505×10^6	19.01×10^6	139046.4	136.8	318.9
1	9.505×10^6	28.515×10^6	156609.4	182.1	182.1

② 《钢筋混凝土升板结构技术规范》（GBJ 130—90）方法。

板-柱结构总重力为

$$\begin{aligned} G_0 &= 5.5 \times 27.45 \times 36.45 + 25 \times 0.6 \times 0.6 \times (5.1 + 3.6 \times 2 - 0.22 \times 3) \times 6 \\ &\quad + 25 \times 0.6 \times 0.45 \times (5.1 + 3.6 \times 2 - 0.22 \times 3) \times 10 + 25 \times 0.45 \times 0.45 \\ &\quad \times (5.1 + 3.6 \times 2 - 0.22 \times 3) \times 4 \\ &= 7153(\text{kN}) \end{aligned}$$

计算自振周期所用建筑物总重力与板柱结构总重力之比为

$$\alpha_G = \frac{28515.75}{7153} = 3.9865$$

因而

$$T_1 = 0.11 \times 0.7 \times \sqrt{3.9865} \times \frac{12.3}{\sqrt[3]{27.45}} = 0.627(\text{s})$$

两种方法所得结构自振周期 T_1 计算值很相近，取 $T_1 = 0.63(\text{s})$。

（5）地震作用计算

结构等效重力荷载为

$$G_{eq} = 0.85 \times G_e = 0.85 \times 28515.75 = 24238.4(\text{kN})$$

Ⅱ类场地土在近震时的特征周期为

$$T_g = 0.30\text{s}$$

地震影响系数为

$$\alpha_1 = \left(\frac{T_g}{T_1}\right)^{0.9} \alpha_{\max} = \left(\frac{0.3}{0.63}\right)^{0.9} \times 0.08 = 0.041$$

因而地震作用大小为

$$F_{ek} = \alpha_1 G_{eq} = 0.041 \times 24238.4 = 994.5(\text{kN})$$

根据前述分析可知各楼层重力荷载代表值大致相等，因此作用于各楼层的地震作用大小为

$$F_1 = \frac{H_1}{H_1 + H_2 + H_3} F_{ek} = \frac{5.1}{5.1 + 8.7 + 12.3} \times 994.5 = 194.3(\text{kN})$$

$$F_2 = \frac{H_1}{H_1 + H_2 + H_3} F_{ek} = \frac{8.7}{5.1 + 8.7 + 12.3} \times 994.5 = 331.5(\text{kN})$$

$$F_3 = \frac{H_1}{H_1 + H_2 + H_3} F_{ek} = \frac{12.3}{5.1 + 8.7 + 12.3} \times 994.5 = 468.7(\text{kN})$$

各楼层承担的总剪力为

$$Q_1 = F_1 + F_2 + F_3 = 994.5\text{kN}$$

$$Q_2 = 703.4\text{kN}$$

$$Q_3 = 291\text{kN}$$

（6）地震作用下中间框架内力计算

按照 $V_{ij} = \dfrac{D_{ij}}{\sum D_j} Q_j$，可求得第 j 层第 i 号柱分担的剪力值，根据这一方法求得中等代框架各柱分担的剪力图，如图 14-16 所示。利用 D 值法，可求得地震作用引起中等代框架柱的弯矩图，如图 14-17 所示。地震作用引起等代框架梁的弯矩图，如图 14-18 所示。

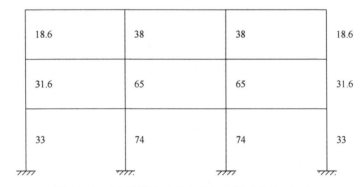

图 14-16　中间框架各柱分担的剪力图（单位：kN）

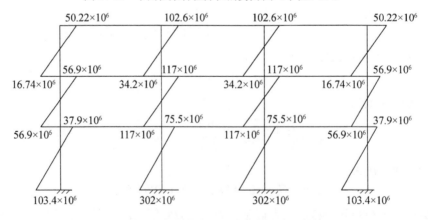

图 14-17　地震作用引起中等代框架柱的弯矩图（单位：N·mm）

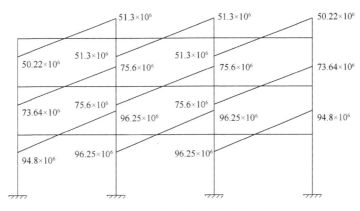

图 14-18　地震作用引起等代框架梁的弯矩图（单位：N·mm）

4. 预应力筋的选配及预应力效应计算

张拉单位面积（$\overline{A}_p = 1\text{mm}^2$）预应力筋引起的等效荷载图如图 14-19 所示。张拉单位面积（$\overline{A}_p = 1\text{mm}^2$）预应力筋引起结构的弯矩（$\overline{M}_p$）图如图 14-20 所示。张拉单位面积（$\overline{A}_p = 1\text{mm}^2$）预应力筋引起等代框架梁的弯矩（$\overline{M}_p^b$）图如图 14-21 所示。

由图 14-7、图 14-14 和图 14-22 可以看出，预应力筋用量控制截面在边跨内支座处。

将 $M_{sc,1}^b = 0.7387 \times 10^9 \text{N·mm}$，$f_{tk} = 2.25\text{N}/\text{mm}^2$，$\sigma_{pe} = 838.5\text{N}/\text{mm}^2$，$\overline{M}_p^b = 0.765 \times 10^4 \text{N·mm}$，$A_b = 1.98 \times 10^6 \text{mm}^2$，$W_b = 7.26 \times 10^7 \text{mm}^3$ 代入，得 $A_{p,1} = 5289\text{mm}^2$。

同理可求得，第 2 层等代框架梁内需配置的预应力筋用量为 $A_{p,2} = 4918\text{mm}^2$，第 3 层等代框架梁内需配置的预应力筋用量为 $A_{p,3} = 5110\text{mm}^2$。

计算结果表明，3 层板预应力筋用量计算值相差不大，故可统一取为 $\Phi^j 15@230$，即 $A_{p,1} = A_{p,2} = A_{p,3} = 5477.5\text{mm}^2$。

张拉实配预应力筋引起等代框架梁各控制截面的弯矩 $M_p^b = A_p \times \overline{M}_p$。

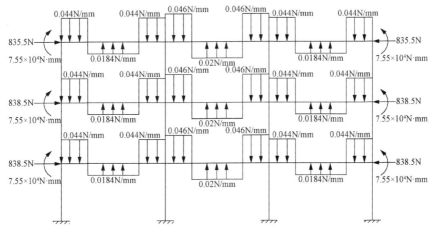

图 14-19　张拉单位面积（$\overline{A}_p = 1\text{mm}^2$）预应力筋引起的等效荷载图

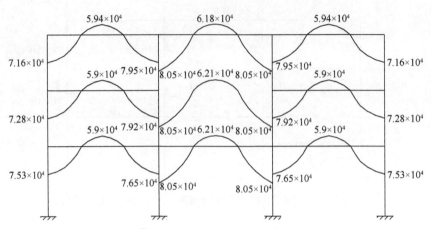

图 14-20　张拉单位面积（$\overline{A}_p = 1\mathrm{mm}^2$）预应力筋引起结构的弯矩图（单位：N·mm）

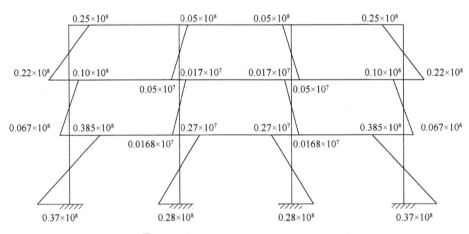

图 14-21　张拉单位面积（$\overline{A}_p = 1\mathrm{mm}^2$）预应力筋引起等代框架梁的弯矩图（单位：N·mm）

张拉等代框架梁中实配预应力筋引起等代框架柱的剪力（V_p^c）图，如图 14-22 所示。

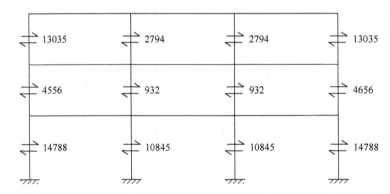

图 14-22　张拉等代框架梁中实配预应力筋引起等代框架柱的剪力图（单位：N）

5. 非预应力筋的选配

等代框架梁中预应力筋每跨均由三段抛物线组成，产生的向上等效荷载与向下等效荷载相互抵消，因此，张拉预应力筋引起等代框架梁控制截面内力的剪力 V_p^b 及柱的轴力 N_p^c 均为零，上角标 b 和 c 分别表示梁和柱，后同。

结构构件的地震作用效应和竖向荷载效应组合后的控制内力 M_{load}^b、V_{load}^c、M_{load}^c 与 N_{load}^c 分别如图 14-23～图 14-25 所示。

对于柱，有了控制截面的 M_{load}^c、N_{load}^c 及 M_p^c 后，便可以 $(M_{load}^c + M_p^c)$ 作为控制截面的设计弯矩，把 $(M_{load}^c + M_p^c)$ 和 N_{load}^c 按普通钢筋混凝土柱的配筋计算公式计算配筋，柱配筋应同时满足有关构造要求。

对于等代框架梁（平板），有了 M_{load}^b、M_p^b 及 A_p 后，便可求出板中非预应力筋用量。在求解时，应以无粘结筋受拉应力设计值 σ_p 代替 f_{py}。板中非预应力筋尚应满足有关构造要求。

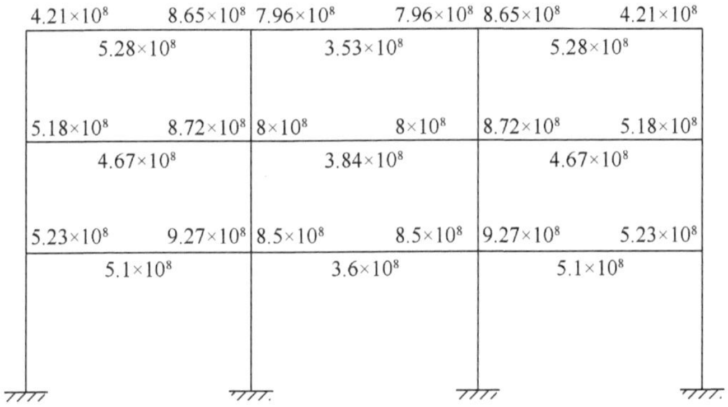

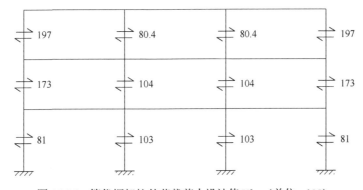

图 14-23　等代框架梁外荷载弯矩设计值 M_{load}^b（单位：N·mm）

图 14-24　等代框架柱外荷载剪力设计值 V_{load}^c（单位：kN）

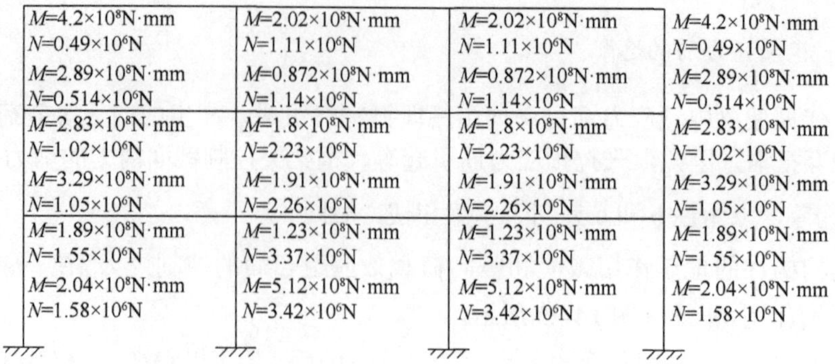

$M=4.2\times10^8\,\text{N·mm}$ $N=0.49\times10^6\,\text{N}$	$M=2.02\times10^8\,\text{N·mm}$ $N=1.11\times10^6\,\text{N}$	$M=2.02\times10^8\,\text{N·mm}$ $N=1.11\times10^6\,\text{N}$	$M=4.2\times10^8\,\text{N·mm}$ $N=0.49\times10^6\,\text{N}$
$M=2.89\times10^8\,\text{N·mm}$ $N=0.514\times10^6\,\text{N}$	$M=0.872\times10^8\,\text{N·mm}$ $N=1.14\times10^6\,\text{N}$	$M=0.872\times10^8\,\text{N·mm}$ $N=1.14\times10^6\,\text{N}$	$M=2.89\times10^8\,\text{N·mm}$ $N=0.514\times10^6\,\text{N}$
$M=2.83\times10^8\,\text{N·mm}$ $N=1.02\times10^6\,\text{N}$	$M=1.8\times10^8\,\text{N·mm}$ $N=2.23\times10^6\,\text{N}$	$M=1.8\times10^8\,\text{N·mm}$ $N=2.23\times10^6\,\text{N}$	$M=2.83\times10^8\,\text{N·mm}$ $N=1.02\times10^6\,\text{N}$
$M=3.29\times10^8\,\text{N·mm}$ $N=1.05\times10^6\,\text{N}$	$M=1.91\times10^8\,\text{N·mm}$ $N=2.26\times10^6\,\text{N}$	$M=1.91\times10^8\,\text{N·mm}$ $N=2.26\times10^6\,\text{N}$	$M=3.29\times10^8\,\text{N·mm}$ $N=1.05\times10^6\,\text{N}$
$M=1.89\times10^8\,\text{N·mm}$ $N=1.55\times10^6\,\text{N}$	$M=1.23\times10^8\,\text{N·mm}$ $N=3.37\times10^6\,\text{N}$	$M=1.23\times10^8\,\text{N·mm}$ $N=3.37\times10^6\,\text{N}$	$M=1.89\times10^8\,\text{N·mm}$ $N=1.55\times10^6\,\text{N}$
$M=2.04\times10^8\,\text{N·mm}$ $N=1.58\times10^6\,\text{N}$	$M=5.12\times10^8\,\text{N·mm}$ $N=3.42\times10^6\,\text{N}$	$M=5.12\times10^8\,\text{N·mm}$ $N=3.42\times10^6\,\text{N}$	$M=2.04\times10^8\,\text{N·mm}$ $N=1.58\times10^6\,\text{N}$

图 14-25　等代框架柱外荷载弯矩设计值 M_{load}^c 及轴力设计值 N_{load}^c

6. 冲切设计

因设置了边梁，边节点冲切承载力不成问题。为了满足中节点冲切承载力要求，可设边长为 2000mm、出板底面为 180mm 厚的托板。

14.2.3　小结

1）后张 PC 平板-柱结构中平板的挠度控制一般不成问题，对一般工程可不进行验算。

2）平板中无粘结预应力筋可按前述任何一种方案布置，但一方向集中布置，另一方向均匀布置可避免预应力筋编网工序，为简化施工，工程实践中多采用这种布筋方案。在具体设计和施工时，要特别注意预应力工种和非预应力工种的合理配合：设计时正确考虑预应力筋和非预应力筋的位置关系，以使预应力筋垂幅尽可能大；施工时预应力工种和非预应力工种要多沟通，以确保设计意图的实现。

3）在进行边等代框架设计时，除应按前述有关章节叙述的方法合理进行内力分析外，尚应合理考虑边等代框架梁的内力在梁和板上的正确分配及梁和板抗力的合理设计，同时还应满足挠度及裂缝控制要求。

4）最后还要特别强调指出，后张 PC 平板-柱结构内力分析及配筋计算应沿纵横两个方面分别单独进行。

14.3　绥芬河市新东方皮货城无粘结预应力混凝土平板-柱结构设计

14.3.1　工程概况

绥芬河市新东方皮货城为商用综合楼，地上 8 层为商场，地下 2 层为车库和设备用房。该工程采用了预应力混凝土平板-柱结构。为保证有效抵抗水平地震及风荷载作用，在⑥～⑩轴间办公区设置了钢筋混凝土框架及钢筋混凝土电梯井，平板周边均设置了钢筋混凝土边梁。楼盖结构平面布置图如图 14-26 所示。工程场地土为 II 类，抗震设防烈度为 6 度。由图 14-26 可知，楼盖柱网尺寸为 8.4m×8.1m，取水平方向内跨等代框架进行设计计算。

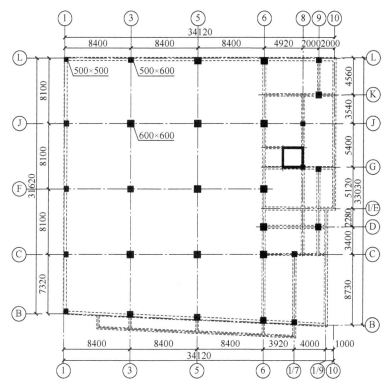

图 14-26　结构平面布置图

14.3.2　结构设计方案

1. 板厚、工艺与材料选择

按有关工程经验,该工程楼盖平板厚度取为 200mm,混凝土设计强度等级为 C40,预应力筋采用抗拉强度标准值 $f_{ptk}=1860\text{N/mm}^2$ 的 $U\phi^s15$ 无粘结钢绞线。张拉端采用单孔夹片锚,锚固端采用挤压锚。

2. 预应力筋布置

平板中沿短向布置的预应力筋采用均匀布置;沿长向布置的预应力筋分板带布置:65%的预应力筋布置在支座板带,35%的预应力筋布置在跨中板带。沿短向布置的预应力筋线型图如图 14-27 所示。

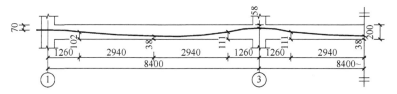

图 14-27　沿短向布置的预应力筋线型图

3. 竖向外荷载作用下等代框架内力计算

经统计，作用在板上的恒载标准值为 8.5kN/m²，活荷载标准值为 3.5kN/m²。采用弯矩分配法对竖向外荷载下过 Ⓙ 轴的等代框架进行内力计算。

（1）平板与等代柱刚度计算

1）平板基本刚度计算：

$$k_s = \frac{4E_cI}{b} = \frac{4 \times 3.25 \times 10^4 \times 8400 \times 200^3 / 12}{8100} = 8.988 \times 10^{10}(\text{N} \cdot \text{mm})$$

2）内柱及右边柱基本刚度计算：

$$k_{c1} = \frac{4E_cI}{H} = \frac{4 \times 3.25 \times 10^4 \times 600^4 / 12}{4200} = 3.343 \times 10^{11}(\text{N} \cdot \text{mm})$$

3）左边柱基本刚度计算：

$$k_{c2} = \frac{4E_cI}{H} = \frac{4 \times 3.25 \times 10^4 \times 500^4 / 12}{4200} = 1.612 \times 10^{11}(\text{N} \cdot \text{mm})$$

4）与内柱相连的板条受扭刚度计算：

$$C = \left(1 - 0.63\frac{x}{y}\right)\frac{x^3y}{3} = \left(1 - 0.63 \times \frac{200}{600}\right) \times \frac{200^3 \times 600}{3} = 1.264 \times 10^9(\text{mm}^4)$$

$$k_t = \sum \frac{9E_cC}{l_2\left(1 - c/l_2\right)^3} = \frac{2 \times 9 \times 3.25 \times 10^4 \times 1.264 \times 10^9}{8100 \times (1 - 600/8100)^3} = 1.15 \times 10^{11}(\text{N} \cdot \text{mm})$$

可按下式计算等代内柱的刚度：

$$\frac{1}{k_{ec}^i} = \frac{1}{\sum k_c} + \frac{1}{k_t} = \frac{1}{2 \times 3.343 \times 10^{11}} + \frac{1}{1.15 \times 10^{11}} = 1.02 \times 10^{-11}$$

则等代内柱的刚度为

$$k_{ec}^i = 9.8 \times 10^{10}\,\text{N} \cdot \text{mm}$$

各层等代框架内柱的刚度为

$$k_i = 4.9 \times 10^{10}\,\text{N} \cdot \text{mm}$$

5）与左边柱相连的板条受扭刚度计算：

$$C = \left(1 - 0.63\frac{x}{y}\right)\frac{x^3y}{3} = \left(1 - 0.63 \times \frac{200}{500}\right) \times \frac{200^3 \times 500}{3} = 0.997 \times 10^9(\text{mm}^4)$$

$$k_t = \sum \frac{9E_cC}{l_2\left(1 - c/l_2\right)^3} = \frac{9 \times 3.25 \times 10^4 \times 0.997 \times 10^9}{8100 \times (1 - 500/8100)^3} = 4.359 \times 10^{10}(\text{N} \cdot \text{mm})$$

可按下式计算等代左边柱的刚度：

$$\frac{1}{k_{ec}^{el}} = \frac{1}{\sum k_c} + \frac{1}{k_t} = \frac{1}{2 \times 1.612 \times 10^{11}} + \frac{1}{0.4359 \times 10^{11}} = 2.604 \times 10^{-11}$$

则等代内柱的刚度为

$$k_{ec}^{el} = 3.840 \times 10^{10}\,\text{N} \cdot \text{mm}$$

各层等代框架左边柱的刚度为

$$k_{e1} = 1.92 \times 10^{10}\,\text{N} \cdot \text{mm}$$

6）与右边柱相连的板条受扭刚度计算：

$$k_t = \sum \frac{9 E_c C}{l_2 \left(1 - c / l_2\right)^3} = \frac{9 \times 3.25 \times 10^4 \times 1.264 \times 10^9}{8100 \times \left(1 - 600 / 8100\right)^3} = 2.3 \times 10^{11}\,(\text{N} \cdot \text{mm})$$

可按下式计算等代右边柱的刚度：

$$\frac{1}{k_{ec}^{e2}} = \frac{1}{\sum k_c} + \frac{1}{k_t} = \frac{1}{2 \times 3.343 \times 10^{11}} + \frac{1}{2.3 \times 10^{11}} = 0.585 \times 10^{-11}$$

则等代右边柱的刚度为

$$k_{ec}^{e2} = 1.709 \times 10^{11}\,\text{N} \cdot \text{mm}$$

各层等代框架右边柱的刚度为

$$k_{e2} = 8.547 \times 10^{10}\,\text{N} \cdot \text{mm}$$

（2）等代框架弯矩计算

根据上述平板刚度、框架柱刚度计算结果，可确定竖向外荷载下等代框架各结点弯矩分配系数如图 14-28 所示。

经统计，可得作用在等代框架上的恒载标准值为 68.85kN/m，活荷载标准值为 28.35kN/m，采用弯矩分配法，可得竖向外荷载标准值下等代框架弯矩图如图 14-29 所示。

4. 张拉预应力筋引起的预应力效应的计算

张拉单位面积（$\overline{A}_p = 1\text{mm}^2$）预应力筋引起的等代框架预应力等效荷载如图 14-30 所示。同样采用图 14-28 所示的结点弯矩分配系数，按弯矩分配法，可得张拉单位面积（$\overline{A}_p = 1\text{mm}^2$）预应力筋引起的等代框架弯矩图如图 14-31 所示。

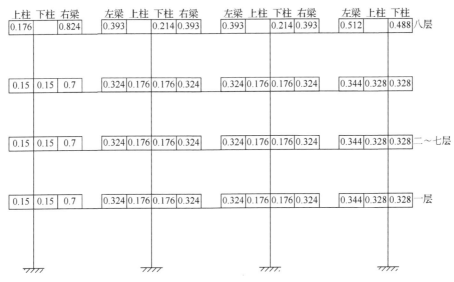

图 14-28　等代框架各结点弯矩分配系数

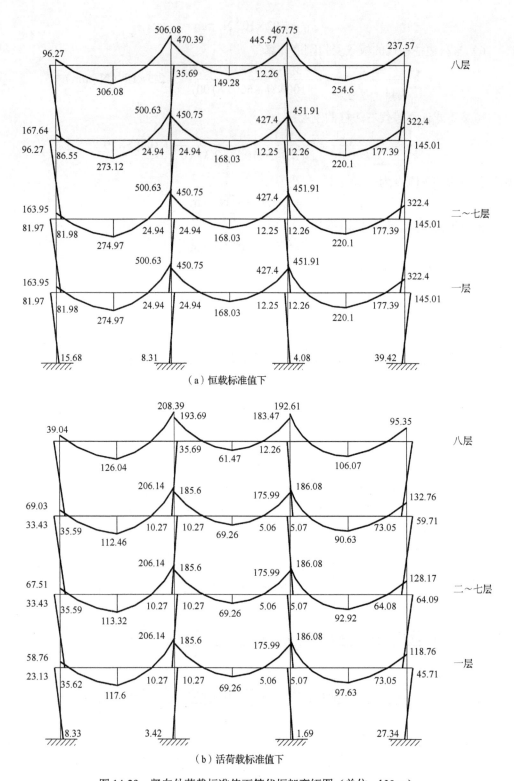

（a）恒载标准值下

（b）活荷载标准值下

图 14-29 竖向外荷载标准值下等代框架弯矩图（单位：kN·m）

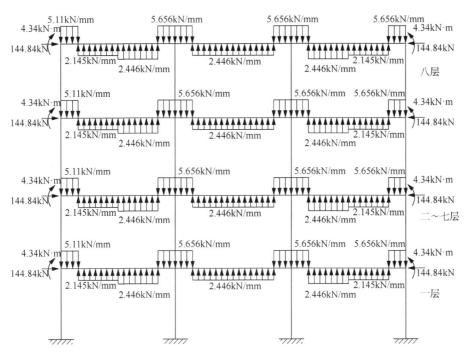

图 14-30　张拉单位面积（$\overline{A}_p = 1\text{mm}^2$）预应力筋引起的等代框架预应力等效荷载

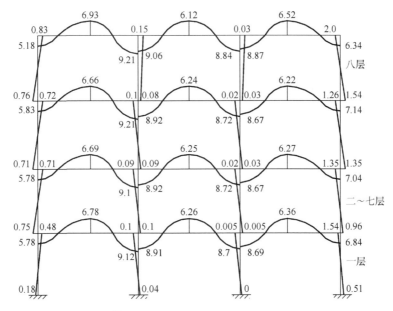

图 14-31　张拉单位面积（$\overline{A}_p = 1\text{mm}^2$）预应力筋引起的等代框架弯矩图（单位：kN·m）

5. 预应力筋用量的确定

　　预应力筋用量可根据裂缝控制方程确定，无粘结预应力混凝土平板-柱结构的裂缝控制方程可表达为

$$A_{p1} = \frac{(M_k/W) - 0.6\gamma f_{tk}}{(\sigma_{pe}/A) - (\bar{M}_p/W)}, \quad A_{p2} = \frac{(M_l/W) - 0.25 f_{tk}}{(\sigma_{pe}/A) - (\bar{M}_p/W)}, \quad A_p = \max(A_{p1}, A_{p2})$$

由图 14-30 和图 14-31 可知，顶层预应力筋用量控制截面在第一跨第二支座控制截面，将相关物理量值代入上式后，可得顶层等代框架梁需配置的预应力筋用量为 $A_p = 8938\text{mm}^2$。

6. 非预应力筋用量的确定

对于框架柱，由上述弯矩图可确定各控制截面的外荷载弯矩设计值 M_{load}^c、轴力设计值 N_{load}^c 以及张拉预应力筋引起的等效荷载作用下框架柱控制截面弯矩设计值 M_p^b，将 $(M_{load}^c + M_p^c)$ 和 N_{load}^c 作为外荷载设计值代入普通钢筋混凝土柱正截面承载力计算公式可确定框架柱的计算配筋，在满足相关构造要求后，确定框架柱的实际配筋。

对于等代框架梁，由上述弯矩图可确定各控制截面的外荷载弯矩设计值 M_{load}^b、张拉预应力筋引起的等效荷载作用下等代框架梁控制截面弯矩设计值 M_p^b 及预应力筋用量 A_p，应用第 8 章中无粘结预应力混凝土受弯构件正截面承载力计算公式可确定等代框架梁中非预应力筋计算值，在满足相关标准的构造要求后，可确定板中预应力筋实际用量。

7. 冲切设计

为保证抗冲切承载力要求，在中节点板内设置了型钢剪力架，如图 14-32 所示。型钢剪力架采用 Q235B 级热轧型钢[6.3 焊接而成。边节点由于设置边梁的缘故，冲切承载力满足相关标准要求，无须采取抗冲切措施。

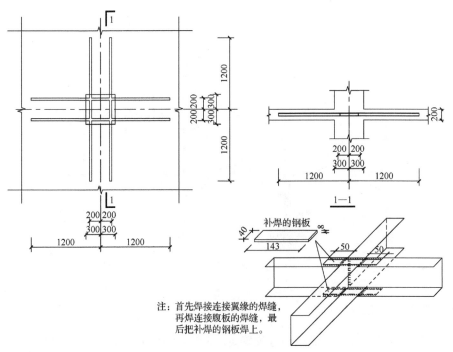

注：首先焊接连接翼缘的焊缝，
再焊连接腹板的焊缝，最
后把补焊的钢板焊上。

图 14-32　型钢剪力架及其制作

本节仅对一个方向等代框架进行了设计计算，但柱支撑板的内力分析及配筋计算应按两个方向分别单独进行，这是板-柱结构的特性所决定的，设计这类结构时必须注意这一点。

该工程位于抗震设防烈度为 6 度的地区，与预应力混凝土板-柱结构相连接的普通钢筋框架可承担全部的水平荷载作用。因此，对预应力混凝土平板的设计计算可仅考虑竖向荷载作用，只需按相关抗震构造要求确定等代框架柱及相关节点的构造。

14.3.3　小结

本节介绍了绥芬河市新东方皮货城预应力混凝土平板-柱结构内力计算、预应力筋选配、非预应力筋的选配等，可供相关工程设计计算参考。

第15章 预应力转换结构实例

15.1 引 言

转换结构可使上部小柱网或小空间分割与下部大柱网或大空间分割间合理过渡,是工程结构的关键结构构件。普通混凝土转换结构可实现的跨度有限,且截面尺寸大、变形与裂缝控制困难,采用预应力转换结构可使转换结构的受力性能更好,且在裂缝控制和变形控制方面不可替代。

15.2 黑龙江建筑职业技术学院主楼预应力叠层空腹桁架转换结构设计

本节介绍黑龙江建筑职业技术学院主楼叠层空腹桁架转换结构的选择与布置、截面和材料选择、内力分析、配件计算、构造设计及施工中应注意的问题。

15.2.1 工程概况

黑龙江建筑职业技术学院主楼是集教学、办公和实验于一体的综合性建筑。其地上12层,建筑高度54.7m,建筑面积22851.64m²。主出入口设置在二层,通过室外台阶可直接进入二层楼面。在二层⑪~⑫与Ⓐ~Ⓕ所辖区设置一中厅,其中⑪~⑫与Ⓐ~Ⓓ所辖区域为3层高通透大空间,贯穿三、四层楼面,其余部分为1层高。

中厅区域柱网及该区域上部楼层柱网布置分别如图15-1和图15-2所示。为实现底部大柱网与上部小柱网的过渡,须在四层顶局部设置水平转换结构,即在四层顶过Ⓐ轴、Ⓓ轴、Ⓕ轴、⑪轴及⑫轴设置转换结构。

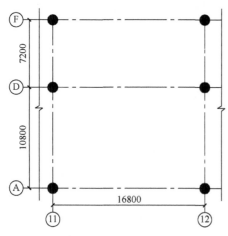

图 15-1 一至四层局部柱网布置

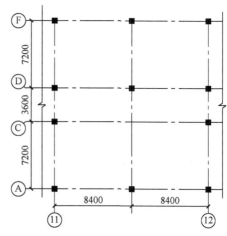

图 15-2 五至十二层局部柱网布置

经过方案比较，过Ⓐ轴、Ⓓ轴、Ⓕ轴、⑪轴及⑫轴的转换结构采用叠层空腹桁架，下弦顶与四层顶齐平，中弦顶与五层顶齐平，上弦顶与六层顶齐平，在叠层空腹桁架下弦配置一定数量的预应力筋，以有效控制裂缝开展。本节以过Ⓓ轴叠层空腹桁架为例，介绍了这类转换结构截面和材料选择、内力分析、配件计算、构造设计及施工技术措施等。

15.2.2　结构设计方案

1. 转换层结构设计方案的选择

为了实现底部大柱网与上部小柱网的过渡，该工程设计时考虑了两种待选转换方案，即梁式转换方案和叠层空腹桁架转换方案。

（1）梁式转换方案

梁式转换方案的特点是传力直接明确、结构形式简单、施工方便，但该工程转换梁需承托上部 8 层荷载，转换梁梁高相对较大，若不在梁腹开洞，将明显增大建筑物总高度，增大建设投资。

（2）叠层空腹桁架转换方案

叠层空腹桁架转换结构由上弦杆、中弦杆、下弦杆和直腹杆组成，其受力性质是以整体承受弯矩为主，各构件除承受弯矩外，还承受一定量值的剪力和轴力。上下弦杆的轴力形成力偶，平衡相当多的外荷载弯矩，因此桁架弦杆的弯矩比相同跨度的实腹转换梁小得多，杆件弯矩分布相对均匀，受力更加合理，材料能得到充分利用。同时，转换桁架也有利于管道等设备系统的布置，充分利用了该转换层的建筑空间。

（3）两种方案内力比较

采用 SATWE 有限元分析程序，将转换结构作为整体结构中的一个重要组成部分进行三维空间结构整体计算分析，即可得到转换构件在外荷载作用下的内力。下面以过Ⓓ轴转换构件为例，介绍两种转换方案内力差异。

过Ⓓ轴叠层空腹桁架立面截面尺寸及外荷载下内力图如图 15-3 所示。

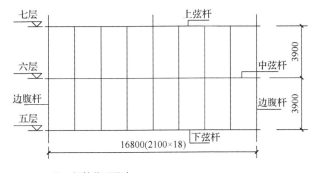

注：杆件截面尺寸：
　　上弦杆、中弦杆：700mm×1200mm；下弦杆：950mm×1600mm
　　边腹杆：800mm×800mm；其余腹杆：400mm×900mm。

（a）叠层空腹桁架立面示意图（单位：mm）

图 15-3　叠层空腹桁架立面截面尺寸及外荷载下内力图

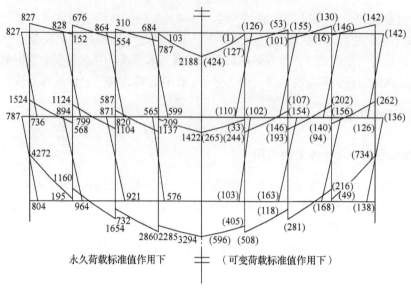

永久荷载标准值作用下 （可变荷载标准值作用下）

（b）弯矩图（单位：kN·m）

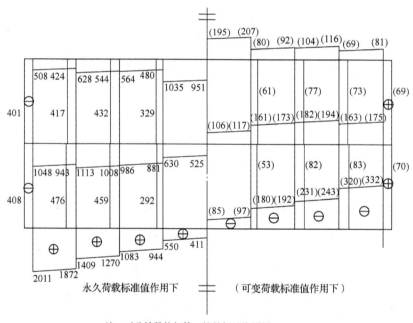

永久荷载标准值作用下 （可变荷载标准值作用下）

注：对称按数值相等、符号相反的原则。
符号规定，绕所考虑截面顺时针转动为正。

（c）剪力图（单位：kN）

图 15-3（续）

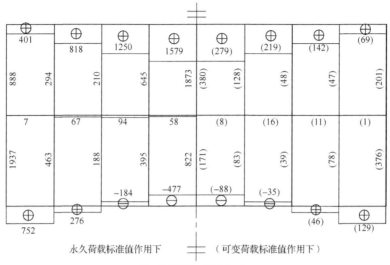

注：符号规定，压力为正。

（d）轴力图（单位：kN）

图 15-3（续）

采用梁式转换方案时，过⑩轴实腹转换大梁的截面尺寸取为 900mm×3500mm，其外荷载下内力如图 15-4 所示。

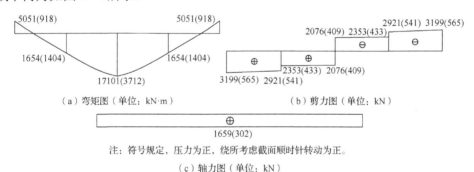

（a）弯矩图（单位：kN·m）　　　　　（b）剪力图（单位：kN）

注：符号规定，压力为正，绕所考虑截面顺时针转动为正。

（c）轴力图（单位：kN）

图 15-4　实腹转换大梁在永久（可变）荷载标准值作用下内力图

比较图 15-3 和图 15-4 可知，叠层空腹桁架的下弦杆峰值弯矩远小于转换大梁峰值弯矩，且前者弯矩分布较后者分布均匀。例如，在永久荷载标准值作用下，前者跨中弯矩值为后者的 19.3%；前者支座、跨中弯矩比值为 1∶0.77，后者相应比值为 1∶3.4。显然与梁式转换方案相比，叠层空腹桁架转换方案内力分布均匀，材料能得到充分利用。

需要指出的是，⑩轴与⑪轴所交柱和⑩轴与⑫轴所交柱在一至四层为圆柱，其直径为 1500mm，在五至十二层为边长等于 800mm 的方柱（在五、六两层即为过⑩轴叠层空腹桁架的边腹杆）。

（4）转换结构方案选择

为满足总建筑高度不超过报批限值，且使用功能不受影响，综合考虑两种转换方案的特点，以及外荷载下转换构件的内力大小及其分布，该工程采用了叠层空腹桁架转换方案。

2. 配筋计算与构造设计

（1）材料及预应力工艺选择

结合该工程转换结构的特点，上弦杆、中弦杆、下弦杆和腹杆中混凝土设计强度等级均为 C40，普通钢筋以采用 HRB400 钢筋为主，箍筋采用 HRB335 钢筋。下弦杆配置了一定数量的预应力筋，预应力筋采用抗拉强度标准值 $f_{ptk} = 1860 \text{N} / \text{mm}^2$ 的 $\Phi^s 15$ 低松弛钢绞线，张拉控制应力取 $0.75 f_{ptk}$。孔道通过内径为 70mm 的波纹管成型，预应力筋张拉端及锚固端均采用 XM 锚具。

（2）设计计算基本思路

当叠层空腹桁架截面及材料确定之后，应用 SATWE 有限元程序分析可得到转换结构在竖向荷载及风荷载作用下的内力分布。叠层空腹桁架应满足整体位移控制要求，其各杆件尚应满足裂缝控制及承载力的要求。所有腹杆、中弦杆及上弦杆均为非预应力构件，可按照其承受的弯矩设计值、剪力设计值和轴力设计值计算配筋，同时应对正常使用极限状态进行验算。由于下弦杆所受到的弯矩和拉力量值较大，需对其施加一定的预加应力。

（3）下弦杆预应力筋用量的确定

由于下弦杆是整个叠层空腹桁架的关键部位，经与建设单位协商，该工程决定在荷载标准组合下，要求下弦杆处于减压状态，按式（15-1）计算确定预应力筋用量。

$$A_p = \frac{\dfrac{M_k}{W} - \dfrac{N_k}{A}}{\dfrac{\bar{N}_{p1} + \bar{N}_{p2}}{A} - \dfrac{\bar{M}_p}{W}} \qquad (15\text{-}1)$$

式中：M_k 为按荷载效应的标准组合计算的弯矩值；N_k 为按荷载效应的标准组合计算的轴力值；$\bar{M}_p$ 为张拉单位面积（1mm^2）预应力筋所引起控制截面的弯矩值；$\bar{N}_{p1} = (\eta \sigma_{con} - \sigma_l)$，$\eta$ 为侧限影响系数，它是下弦杆考虑侧限影响与不考虑侧限影响轴力计算值的比值，由电算分析计算确定；$\bar{N}_{p2}$ 为张拉单位面积（1mm^2）预应力筋所引起的跨内等效荷载及端部集中力偶共同作用下控制截面轴力值，以受压为正。

经计算，过 ⑩ 轴叠层空腹桁架下弦杆预应力筋用量计算值为 $A_p = 13360 \text{mm}^2$。按 $3\text{-}4 \times 8\Phi^s 15$（即 3 排，每排 4 束，每束 $8\Phi^s 15$）配置，实配预应力筋面积为 $A_p = 13344 \text{mm}^2$，较计算值少 0.12%。

（4）下弦杆中非预应力钢筋用量的确定

在计算确定下弦杆预应力筋用量之后，按照下式计算承担负弯矩的非预应力钢筋（下弦杆上部非预应力钢筋）用量。

$$\begin{cases} M_{load} + M_p = A_s f_y \left(h_s - \dfrac{x}{2} \right) + A_p \left(\eta \sigma_{con} - \sigma_l \right) \left(h_p - e_p - \dfrac{x}{2} \right) + A_p \left(f_{py} - \sigma_{pe} \right) \left(h_p - \dfrac{x}{2} \right) \\ f_c bx = A_s f_y + A_p \left(\eta \sigma_{con} - \sigma_l \right) + A_p \left(f_{py} - \sigma_{pe} \right) \end{cases} \qquad (15\text{-}2)$$

计算承担正弯矩的非预应力钢筋（下弦杆下部非预应力筋）用量时，应考虑现浇板作为梁的受压翼缘的有效作用，按 T 形截面考虑。当截面中和轴在翼缘内时，仍按式（15-2）计算，但下弦杆宽度 b 以 b'_f 代替。当截面中和轴在腹板内时，按式（15-3）计算。

$$\begin{cases} M_{load} + M_p = \alpha_1 f_c bx\left(h_0 - \dfrac{x}{2}\right) + \alpha_1 f_c(b'_f - b)h'_f\left(h_0 - \dfrac{h'_f}{2}\right) - A_p(\eta\sigma_{con} - \sigma_l)e_p \\ \alpha_1 f_c\left[bx + (b'_f - b)h'_f\right] = A_s f_y + A_p(\eta\sigma_{con} - \sigma_l) + A_p(f_{py} - \sigma_{pe}) \end{cases} \tag{15-3}$$

式中：M_{load} 为外荷载作用下控制截面的弯矩设计值；M_p 为在端部预加力及预应力引起的跨内等效荷载作用下控制截面的弯矩值；b'_f 为 T 形截面的翼缘计算宽度，可按规范规定取用；h'_f 为 T 形截面的翼缘高度，取四层顶板厚度。

需要指出的是，下弦杆的非预应力钢筋用量除满足计算要求外，尚应满足有关构造要求。过 Ⓓ 轴叠层空腹桁架下弦杆负弯矩及正弯矩控制截面非预应力钢筋均为 20⌀32。

用上述方法可计算确定如图 15-5 所示该工程五榀叠层空腹桁架下弦杆预应力筋及非预应力钢筋的用量。

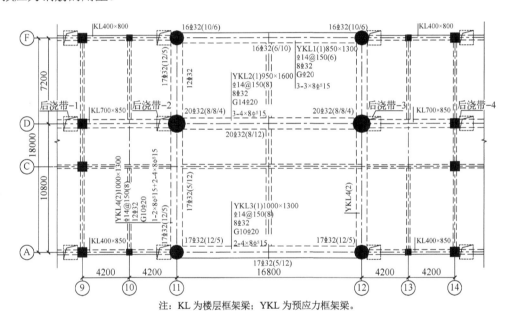

注：KL 为楼层框架梁；YKL 为预应力框架梁。

图 15-5　叠层空腹桁架下弦杆配筋图

经校核各榀叠层空腹桁架变形满足相关标准要求。

（5）下弦杆的构造设计

下弦杆中预应力筋用量较多，若将其全部在⑪轴和⑫轴两侧同一截面处截断并锚固，桁架下弦杆外侧普通混凝土梁配筋难以正常布置。因此，该工程 YKL1、YKL2 和 YKL3（图 15-5）采用分批次截断预应力筋的方案。

下面仅介绍过 Ⓓ 轴叠层空腹桁架下弦杆（YKL2）预应力筋的分批次截断，YKL1、YKL3 类同。

如图 15-6 所示，①号预应力筋（两侧两竖排共 6-8ϕ^s15）在 2—2 截面处截断并锚固；②号预应力筋（中间两竖排共 6-8ϕ^s15）在 1—1 截面处截断并锚固。

另外，该工程设计中规定了纵横向下弦杆相交处预应力筋上下相对位置，避免纵横梁相交处预应力筋"撞头顶牛"的现象。⑪轴、⑫轴与Ⓓ轴相交处预应力筋的上下相对位置如图 15-6 所示。

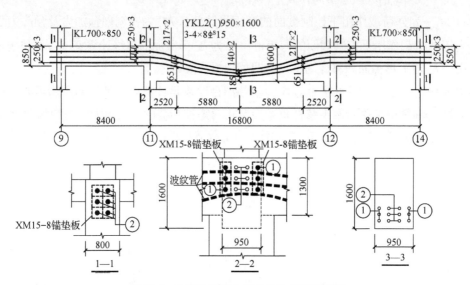

图 15-6　YKL2 预应力筋分批次截断示意图

15.2.3　小结

叠层空腹桁架共承担 8 层荷载，因荷载是随着施工的进展逐步施加到转换桁架上的，该工程施工时，为确保安全，应采取下列措施：

1）叠层空腹桁架是一个整体，在施工叠层空腹桁架时，一至六层的支撑要可靠且连续布置。

2）当六层顶混凝土强度达到其设计强度等级值的 70%，同时四层顶混凝土强度达到其设计强度等级值的 100%时，方可张拉叠层空腹桁架下弦杆的预应力筋。要本着"双向对称"的原则张拉预应力筋。各束预应力筋一次张拉到张拉控制应力，张拉预应力筋的数量要根据工程进度经施工验算确定。

3）只有在对下弦杆的全部预应力筋实施张拉并有可靠锚固之后，方可拆除用于支承叠层空腹桁架的支撑。

15.3　大兴安岭地税局综合楼转换结构

大兴安岭地区税务局（简称地税局）综合楼为底部框架砖房。应用预应力托梁转换技术满足了底部大空间的功能要求；通过合理设置一定数量的钢筋混凝土抗震横墙，避免了底层和其相邻层刚度相差过大的问题，为同类工程的设计提供了参考。

15.3.1　工程概况

大兴安岭地税局综合楼一层用于办公，因税务征收、会议室等功能要求，需按框架布置；二至五层为砖混结构住宅。一层建筑平面图如图 15-7 所示，二至五层建筑平面图如图 15-8 所示。为实现一层和二至五层两个不同功能区的转换，在一层顶设置若干预应力大梁，如图 15-9 所示。为避免底层和其相邻层刚度相差过大的问题，在一层设置了一定数量的钢筋混凝土抗震横墙，如图 15-7 所示。该建筑总建筑面积为 2500mm^2，一层结构层高为 5.1m，二至五层结构层高为 2.8m。外墙为 490mm 厚的砖墙，一层内墙除抗震墙外均为软隔断，二至五层内墙均为 240mm 厚的砖墙，各层楼盖均为 160mm 厚的钢筋混凝土现浇板，场地条件为Ⅱ类，抗震设防烈度为 6 度。

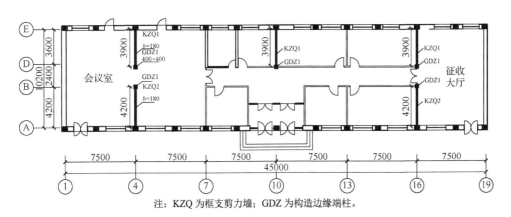

注：KZQ 为框支剪力墙；GDZ 为构造边缘端柱。

图 15-7　一层建筑平面图

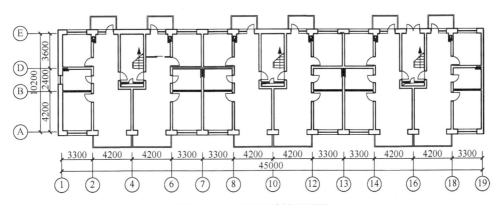

图 15-8　二至五层建筑平面图

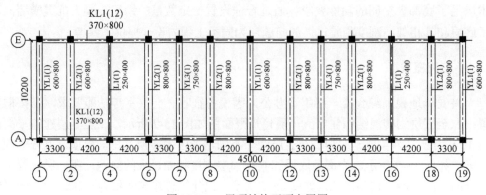

图 15-9　一层顶结构平面布置图

15.3.2　结构设计方案

1. 转换层的设计

（1）梁柱材料及截面选择

梁及柱中混凝土设计强度等级均为 C40，非预应力钢筋均为 HRB335 钢筋，箍筋均为 HPB235 钢筋，梁中预应力筋采用抗拉强度标准值 f_{ptk} 为 1860N/mm² 的 UΦ^{s}15 低松弛钢绞线，采用无粘结施工工艺，一端张拉，张拉控制应力为 $\sigma_{con} = 0.75f_{ptk}$。据使用功能及轴压比限值要求，取柱截面尺寸 $b \times h$=600mm×490mm；据梁上荷载及跨度大小并考虑预应力筋排放布置，取预应力梁 YL1(1)截面尺寸 $b \times h$=600mm×800mm；YL2(1)截面尺寸 $b \times h$=800mm×800mm；YL3(1)截面尺寸 $b \times h$=750mm×800mm，如图 15-9 所示。

（2）预应力梁及柱设计

1）梁荷载统计及内力计算。

以过⑦轴的 YL3(1)为例进行设计。设计中不考虑墙梁内拱卸载的有利影响，这样设计是偏于安全的。YL3(1)所承担的恒荷、活荷标准值及框架弯矩如图 15-10 所示。按荷载效应标准值组合计算的弯矩值（M_A），按准永久组合计算的弯矩值（M_B）、弯矩设计值（M_C）均标注于图 15-10（b）中。

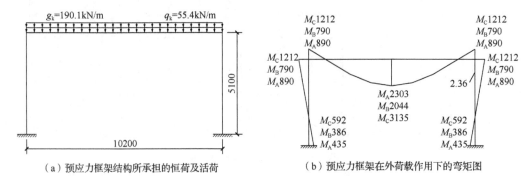

（a）预应力框架结构所承担的恒荷及活荷　　　（b）预应力框架在外荷载作用下的弯矩图

图 15-10　预应力框架所承担的恒荷、活荷标准值及框架弯矩图

2）预应力筋合力线的选取。

为尽可能提高预应力筋的垂幅，并考虑锚垫板的布置及防火要求，且预应力筋的布置应能保证梁斜截面抗弯承载力满足要求，取用如图 15-11 所示预应力筋合力作用线。

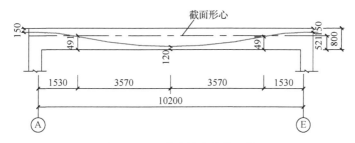

图 15-11　预应力筋合力作用线

3）张拉梁中单位面积预应力筋引起的端部预加力、等效荷载及结构内力。

经试算，预应力筋有效预应力为 $\sigma_{pe} = 1042$ N/mm^2，张拉按图 15-11 线型布置的单位面积（1mm^2）预应力筋所引起的结构等效荷载及弯矩如图 15-12 所示。

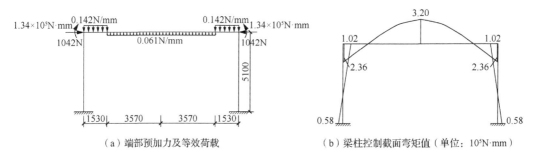

（a）端部预加力及等效荷载　　　　　（b）梁柱控制截面弯矩值（单位：10^5N·mm）

图 15-12　张拉梁中单位面积预应力筋所引起的结构等效荷载及弯矩

4）梁中预应力筋 A_p 及非预应力筋 A_s 的选配。

该工程的工作环境为室内一般环境，可按轻度侵蚀环境的裂缝控制方程计算确定预应力筋用量。对跨中控制截面，满足荷载效应标准值组合裂缝控制要求所需预应力筋用量为

$$A_{p1} = \frac{\dfrac{M_k}{W} - 2.5 f_{tk}}{\dfrac{\sigma_{pe}}{A} - \dfrac{\bar{M}_p}{W}} \tag{15-4}$$

满足荷载效应准永久值组合裂缝控制要求所需预应力筋用量为

$$A_{p2} = \frac{\dfrac{M_s}{W} - 0.8 \gamma f_{tk}}{\dfrac{\sigma_{pe}}{A} - \dfrac{\bar{M}_p}{W}} \tag{15-5}$$

由式（15-4）得

$$A_{p1} = 4080 \text{mm}^2$$

由式（15-5）得

$$A_{p2} = 3860 \text{mm}^2$$

因此，由裂缝控制方程计算确定预应力筋用量为 $A_p = \max(A_{p1}, A_{p2}) = 4080\text{mm}^2$，实配 $3 \times 10\text{U}\phi^s15$，$A_p = 4170\text{mm}^2$。

在计算确定预应力筋用量 A_p 后，通过正截面抗弯承载力计算公式和有关构造要求，计算确定非预应力筋用量 A_s。对预应力梁 YL3(1)梁底需配置 10ϕ25，梁顶支座截面虽不是弯矩控制截面，但考虑到墙梁内拱效应可能使整个预应力梁作为拱的拉杆受力，故梁上部的非预应力筋也通长配置 10ϕ25。梁的箍筋为 4ϕ12@100/200。

5）普通箍筋混凝土柱的设计。

不考虑柱间砖墙承载力的有利贡献。外荷载作用下柱控制截面弯矩设计值 $M_{load} = 1212\text{kN} \cdot \text{m}$，轴力设计值 $N_{load} = 1704\text{kN}$，剪力设计值 $V_{load} = 354\text{kN} \cdot \text{m}$，张拉梁中预应力筋引起柱控制截面的弯矩设计值 $M_p = -425\text{kN} \cdot \text{m}$，轴力设计值 $N_p = 0$，剪力设计值 $V_p = -130\text{kN}$。因此，柱控制截面的弯矩设计值 $M = M_{load} + M_p = 787\text{kN} \cdot \text{m}$，轴力设计值 $N = N_{load} + N_p = 1704\text{kN}$，剪力设计值 $V = V_{load} + V_p = 224\text{kN}$。计算确定柱纵向配筋为 20$\phi$25，箍筋为 4$\phi$8@100/200。

（3）钢筋混凝土抗震横墙的考虑

房屋的纵向抗侧刚度是均匀的；若不设置钢筋混凝土抗震横墙，在房屋横向，二层砌体与一层框架抗侧刚度的比值约为 40，不满足标准的要求。为保证房屋横向抗侧刚度均匀，需在房屋一层均匀对称设置 5 片钢筋混凝土抗震横墙，以提高结构一层的横向抗侧刚度。设置抗震横墙后，在结构横向二层与一层侧向刚度的比值约为 2.0，满足了标准规定的此类房屋在 6 度抗震设防时侧向刚度比值不大于 2.5 的要求。一层抗震横墙及边缘构造端柱布置如图 15-7 所示。抗震墙厚度 b=180mm，其配筋为双片钢筋网，每片为双向 ϕ12@200；两片钢筋网之间的拉结筋为 ϕ8@350；抗震墙边缘构造端柱截面尺寸 $b \times h$=400mm×400mm，其纵筋为 8ϕ20，箍筋为 2ϕ8@150。

2. 与常规做法比较

若按常规做法，为减少底层顶托梁的跨度，需在预应力梁所在轴线与 Ⓓ 轴线相交处设置一排内柱，严重影响了底层征收大厅、会议室等需要有较大空间的房间的使用功能。

若不设内柱，采用普通钢筋混凝土梁，其截面尺寸取为 $b \times h$=800mm×2000mm，与预应力转换托梁相比，不但增加结构造价，同时为满足净空要求需明显增加房屋的总体高度。

15.3.3　小结

大兴安岭地税局综合楼转换结构的设计，充分发挥了预应力混凝土结构的优点，利用预应力托梁转换技术，实现了房屋的底部大空间，满足了建筑使用功能的要求。该工程的设计思想、设计方法，可为同类工程的设计提供参考。

第 16 章 预应力超长结构实例

16.1 引　　言

过长、过大的工程结构需合理设置伸缩缝，将结构断开，以避免因温差、混凝土收缩等导致的非结构开裂、变形甚至破坏等问题。虽然可采取布置后浇带等施工措施或采用微膨胀混凝土等材料，使超长结构的温差收缩应力等得到一定的释放或补偿，但可主动施加预压力到混凝土，则是更为直接和有效的方法。

16.2　鞍山市奥达美健身休闲中心结构分析与设计

16.2.1　工程概况

鞍山市奥达美健身休闲中心是鞍山市高新区重点建设项目，由中央的水上娱乐大厅和其外围的 4 层环形附属用房组成，总建筑面积约为 4 万 m^2，效果图如图 16-1 所示。屋盖为网壳结构，环形附属用房为混凝土框架结构，其平面布置简图如图 16-2 所示。

环形混凝土结构外环周长为 500m 左右，若每隔 55m 设一道伸缩缝，则结构将被分割成 9 个区段，较为繁复，而且无法为上部网壳结构提供一个稳固的支撑。若不设伸缩缝，则长度超过了《混凝土结构设计规范（2015 年版）》（GB 50010—2010）[1]建议的伸缩缝间距限值。为此，首先对设与不设伸缩缝时的结构内力进行了计算与分析，然后对两种情况的内力值进行比较，最后采用不设伸缩缝的方案，并给出了解决不设伸缩缝时温度应力问题的措施。

图 16-1　休闲中心效果图

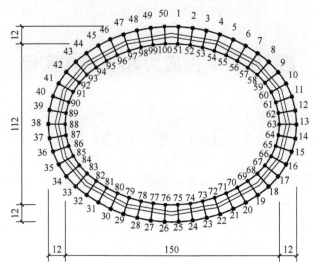

图 16-2　休闲中心结构平面布置简图（单位：m）

16.2.2　结构设计方案

1. 设伸缩缝时结构内力

（1）构件参数

梁板柱混凝土设计强度等级均为 C40。附属用房一层结构层高为 5.8m，二至四层结构层高为 4.8m。基础采用桩基础，外环柱截面尺寸为 900mm×900mm，内环柱截面尺寸为 850mm×850mm，连接内、外环柱的径向框架梁截面尺寸为 450mm×800mm，连接外环柱的外圈环向框架梁截面尺寸为 450mm×850mm，连接内环柱的内圈环向框架梁截面尺寸为 450mm×750mm，内、外圈环向框架梁间有两道环向次梁，其截面尺寸为 400mm×750mm，各层楼板厚度均为 130mm。

（2）结构内力

若结构按相关标准设置伸缩缝，可不考虑温度作用，此时用 ANSYS 软件计算的各类构件控制截面最大内力设计值如表 16-1 所示。

表 16-1　设伸缩缝时的构件最大内力设计值

构件类型	径向弯矩/（kN·m）	环向弯矩/（kN·m）	轴力/kN
环向框架梁	0	−1522	235
径向框架梁	−4613	0	1056
外环柱底	2897	1649	−7033
内环柱底	2484	1508	−2559

注：取轴力受拉为正，梁弯矩使梁下部受拉为正，框架柱径向弯矩使柱内侧受拉为正，框架柱环向弯矩为绝对值。

用 ANSYS 软件计算的网壳的一个支撑点对固定铰支座的水平推力设计值约为 1083kN，在网壳传来的水平荷载作用下各类构件控制截面最大内力设计值如表 16-2 所示。

表 16-2　设伸缩缝时网壳水平荷载作用下的构件最大内力设计值

构件类型	径向弯矩/（kN·m）	环向弯矩/（kN·m）	轴力/kN
环向框架梁	0	−1079	235
径向框架梁	−2465	0	1056
外环柱底	2675	978	−2063
内环柱底	2229	1070	1995

注：1）内力值符号的规定与表 16-1 的规定相同；

2）在网壳水平荷载标准值作用下结构的最大弹性位移（图 16-2 中第四层 1 号点）计算值为 88mm。

2. 不设伸缩缝时结构内力

构件参数与设伸缩缝时的相同。混凝土收缩和环境温度作用常常导致超长混凝土结构的开裂。该工程采用添加 FDN 膨胀剂和设置后浇带的措施来消除大部分混凝土收缩的影响，采用预应力技术来控制环境温度作用的影响。膨胀剂用量根据其引起的混凝土膨胀量与混凝土自身收缩量基本相等的原则通过试验确定；预应力筋用量根据预压应力平衡部分温度应力后结构不致产生温度裂缝的原则通过计算确定。

（1）环境温度工况

根据鞍山市气象局提供的气象资料，取鞍山市最热月平均气温为 27.9℃，最高气温为 36.9℃，冬季室外计算温度为-18.0℃，最低气温为-25.8℃。取最低施工温度平均值为 5.0℃。

环境温度工况分为施工阶段和使用阶段两部分，如表 16-3 所示。温度作用的荷载分项系数不利时取 1.2，有利时取 0.9。

表 16-3　环境温度工况

阶段	工况编号	温度取值	说明
施工阶段	工况 1	5℃→28℃	冬季施工进入夏季
	工况 2	28℃→-18℃	夏季施工进入冬季
使用阶段	工况 3	室内 25℃ 室外-26℃	冬季
	工况 4	室内 18℃ 室外 37℃	夏季

（2）热工参数

混凝土的线膨胀系数取 $\alpha_c = 1.0 \times 10^{-5}$/℃。

施工阶段，季节变换是一个长期的过程，应力松弛会使混凝土的实际温度应力值小于弹性温度应力计算值，二者之比为应力松弛系数，偏于安全地取应力松弛系数为 0.5。

使用阶段室内外大气温度并不等于混凝土构件表面的温度，因此在计算使用阶段构件的温度应力之前，须先根据室内外大气温度计算构件表面的温度。取室外对流换热系数为 23W/（m²·K）、室内对流换热系数为 8.7W/（m²·K）；混凝土、粉煤灰砌块、苯板的导热系数分别为 1.74W/（m²·K）、0.95W/（m²·K）、0.041W/（m²·K），密度分别为 2500kg/m³、

1700 kg/m³、37 kg/m³，比热容分别为 920 J/(kg·K)、1350 J/(kg·K)、1050 J/(kg·K)。

（3）有限元模型

对于该工程有限元模型的建立而言，ETABS 软件较 SAP2000 软件简便，但是 ETABS 只能进行构件整体升降温的分析，而 SAP2000 还可以进行温度沿构件截面线性变化的分析。ANSYS 软件对施工阶段和使用阶段的温度效应都可以进行分析。因此，对施工阶段的温度效应采用 ANSYS 和 ETABS 两种有限元软件分别建模分析，对使用阶段的温度效应采用 ANSYS 和 SAP2000 两种有限元软件分别建模分析，以相互验证。梁、柱用杆系单元模拟，楼板用壳单元模拟。单元模型示意图如图 16-3 所示，网壳与外环框架柱的柱顶用固定铰支座相连以传递水平力和竖向力（为使内环对网壳提供支撑，内环柱及内圈环向框架梁多设置在一层，其标高为 27.7m），与内圈环向框架梁用可动铰支座相连以传递竖向力。

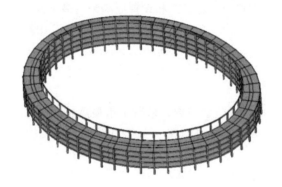

图 16-3　单元模型示意图

粉煤灰砌块外墙厚 370mm，柱外皮以外墙厚 250mm、梁外皮以外墙厚 370mm，墙外为 80mm 厚苯板，苯板外为铝合金挂板。根据传热学原理，利用 ANSYS 软件计算得温度工况 3 下外环框架柱外皮温度为 13.4℃、内皮温度为 22.9℃，外圈环向框架梁外皮温度为 18.8℃、内皮温度为 22.7℃；温度工况 4 下外环框架柱外皮温度为 22.2℃、内皮温度为 18.8℃，外圈环向框架梁外皮温度为 20.2℃、内皮温度为 18.8℃。

施工阶段施工完一层顶温度工况 1 下和使用阶段温度工况 3 下，不同软件计算的图 16-2 中的一层底柱 13 径向弯矩，以及一层顶柱 12、柱 13 间的外圈环向框架梁的控制截面轴力如表 16-4 所示。

表 16-4　不同软件计算结果的比较

温度工况	软件	一层底柱 13 径向弯矩/（kN·m）	一层顶柱 12、柱 13 间外圈环向框架梁 控制截面轴力/kN
工况 1	ANSYS	1682	549
	ETABS	1658	529
工况 3	ANSYS	−276	282
	SAP2000	−270	273

注：内力值符号的规定与表 16-1 的规定相同。

由表 16-4 可知，不同软件计算值间的差异小于 5%，以下的表格中仅列出 ANSYS 软件的计算结果。

（4）结构内力

1）施工阶段温度效应。从定性方面而言，约束越强，刚度越大；温差越大，温度引起的结构内力就越大。

本节分别计算了温度工况 1 和工况 2 下施工完一层顶、二层顶、三层顶、四层顶后结构的环境温度效应，计算结果表明：受约束强的一层结构构件温度引起的内力大，其他层结构构件的温度内力则小得多；季节变换时已施工层数超过 2 层后，随已施工层数的增多，构件温度内力变化不大，其中径向框架梁弯矩略有减小，其他构件的内力略有增加。若在施工完二层顶、三层顶、四层顶后分别变季节与施工完一层顶后变季节相比，一层外环柱柱底径向最大弯矩分别增大 6.5%、8.2% 和 8.5%，而一层顶径向框架梁最大弯矩则分别减小 16%、17% 和 17%。

施工完四层顶后工况 2 下各类构件控制截面最大内力设计值如表 16-5 所示，柱 1、柱 13、柱 51、柱 63 位置如图 16-2 所示。

表 16-5　工况 2 下构件最大内力设计值

位置	构件类型	径向弯矩/（kN·m）	环向弯矩/（kN·m）	轴力/kN
一层	外圈环向框架梁	49[*]	−285	1417
	内圈环向框架梁	0	−222	1363
	次环梁(两个环中较大值)	0	−22	1111
	径向框架梁	−704	0	428
	柱 1 底端	−2509	182	112
	柱 13 底端	−3460	0	167
	柱 51 底端	−1367	110	−133
	柱 63 底端	−2142	0	−133
二层	环梁	0	−102	201
	径向框架梁	−184	0	−90
	外环柱底	992	366	31
	内环柱底	583	304	−34
三层	梁	0	−15	−79
	柱底	−492	146	0
四层	梁	0	−25	−53
	柱底	87	51	0

注：1）内力值符号的规定与表 16-1 的规定相同；

2）施工阶段温度工况 2 标准值作用下结构最大弹性水平位移（图 16-2 中四层 13 号点）计算值为 20mm；

3）椭圆环长轴附近柱的径向弯矩相对较大，短轴附近的变形相对较大。

* 平面外弯矩绝对值，本节中梁平面外弯矩均为绝对值。

计算结果表明：当混凝土应力松弛系数取为 0.5 时，一层顶外圈环向框架梁拉应力计算值为 3.08N/mm^2，板中拉应力计算值为 3.95N/mm^2，均大于设计混凝土抗拉强度标准值 2.39N/mm^2，可见如不采取措施，环境温度作用将会使结构产生较多的裂缝。

2）使用阶段温度效应。温度工况 3 下各类构件控制截面最大内力设计值如表 16-6 所示。

表 16-6　工况 3 下构件最大内力设计值

构件类型	径向弯矩/（kN·m）	环向弯矩/（kN·m）	轴力/kN
环向框架梁	26*	0	314
径向框架梁	−38	0	−40
外环柱底	−274	0	0
内环柱底	−52	0	0

注：1）内力值符号的规定与表 16-1 的规定相同；

　　2）使用阶段工况 3 标准值作用下结构的最大弹性水平位移（图 16-2 中四层 13 号点）计算值为 0.5mm。

　　* 平面外弯矩。

4 种工况下计算结果的比较表明：环境温度作用是由施工阶段控制的。

3）网壳作用效应。在网壳传来的水平荷载作用下，构件的最大内力值出现在四层，其控制截面最大内力设计值如表 16-7 所示。

表 16-7　网壳水平荷载作用下四层构件最大内力设计值

构件类型	径向弯矩/（kN·m）	环向弯矩/（kN·m）	轴力/kN
外圈环向框架梁	265*	−84	3551
内圈环向框架梁	0	0	1041
径向框架梁	−249	0	213
外环柱底	308	65	0
内环柱底	265	46	0

注：1）内力值符号的规定与表 16-1 的规定相同；

　　2）四层顶外圈环向框架梁截面尺寸如图 16-5 所示；

　　3）网壳水平荷载标准值作用下结构的最大弹性位移计算值为 11mm；

　　4）网壳竖向荷载作用下，标高为 27.7m 的内圈环向框架梁支座控制截面最大（绝对值）弯矩值为−832kN·m，跨中控制截面最大弯矩值为 912 kN·m。

　　* 平面外弯矩。

4）径向等效荷载效应。采用预应力技术来控制梁板的温度裂缝。为便于施工仅在梁中设置预应力筋以抵抗梁中与板中的温度应力。

采用无粘结预应力工艺，无粘结筋采用抗拉强度标准值为 $f_{ptk}=1860$ N/mm^2 的 ϕ^s 15.2 低松弛钢绞线，两端张拉，张拉控制应力为 $\sigma_{con}=0.75f_{ptk}=1395$N/mm^2。

根据最不利的环境温度工况（工况 2）在梁板中产生的轴向拉力值初配预应力筋，内、外圈环向框架梁的预应力筋用量为 12ϕ^s15.2（四层顶外圈环向框架梁为 14ϕ^s15.2），次环梁的预应力筋用量为 10ϕ^s15.2。

12ϕ^s15.2 产生的轴力为−1668kN，根据外圈环向框架梁和其翼缘板的面积比，外圈环向框架梁分得的轴力为−967kN。因此与温度工况 2 下轴力标准值组合后的一层外圈环向框架梁的轴力为 214kN，相应拉应力为 0.56N/mm^2。该预应力在相应板中产生的压应力与工况 2 下一层顶板中应力标准值组合后的板中拉应力为 1.45N/mm^2，梁、板中拉应力均小于设计混凝土抗拉强度的标准值。按相同思路验算预应力与工况 2 组合下的其他梁板，裂缝控制也是满足要求的。

预应力与工况 1 的组合虽然使梁板中压力叠加，但是经计算得知此种组合对承载力不起控制作用。

四层顶外圈环向框架梁中预应力产生的轴力与网壳作用产生的轴力标准值组合后为 1975kN，相应的拉应力为 1.45N/mm^2。网壳作用下四层顶板中的拉应力较小，温度作用下四层顶梁、板的拉应力也较小。因此裂缝控制满足规范要求。

轴向拉力验算满足裂缝控制要求之后，进行弯矩参与组合的承载能力极限状态和正常使用极限状态验算。需要说明的是各荷载的效应，以环梁为例，施工阶段降温时的温度作用主要产生轴拉力，张拉曲线预应力筋产生轴压力和弯矩，其他荷载作用主要产生弯矩。在多种荷载效应组合下，经验算两种极限状态均满足规范要求。

综上所述，此预应力筋配筋量是可行的。

在张拉环向预应力筋引起的径向等效荷载作用下，构件的控制内力出现在一层，其控制截面的最大弯矩设计值如表 16-8 所示。径向预应力混凝土框架梁中配置的预应力筋为 12 ϕ^s 15.2。

表 16-8　径向等效荷载作用下构件最大弯矩设计值

位置	构件类型	径向弯矩/（kN·m）	环向弯矩/（kN·m）
一层	环向框架梁	41*	−86
	径向框架梁	−204	0
	外环柱	−845	383
	内环柱	−706	317

注：1）内力值符号的规定与表 16-1 的规定相同；

2）径向预应力等效荷载标准值作用下结构最大弹性位移（图 16-2 中四层 13 号点）计算值为 12mm。

* 平面外弯矩。

5）结构内力。荷载效应组合后各类构件控制截面最大内力设计值如表 16-9 所示。

表 16-9　不设伸缩缝时的构件最大内力设计值

构件类型	径向弯矩/（kN·m）	环向弯矩/（kN·m）	轴力/kN
环向框架梁	269	−2230	3551
径向框架梁	−2575	0	641
外环柱底	−4255	1679	−351
内环柱底	−2818	1318	−351

注：1）内力值符号的规定与表 16-1 的规定相同；

2）除环向框架梁的最大轴力出现在第四层外，其他项最大内力值均出现在一层。

3. 设与不设伸缩缝结构内力的比较

（1）设与不设伸缩缝时网壳作用效应的比较

在网壳传来的水平荷载作用下，设伸缩缝时柱的最大弯矩出现在一层，不设伸缩缝时柱的最大弯矩出现在四层，且仅为设伸缩缝时最大弯矩的 11%；设伸缩缝时结构的最大弹性变形计算值为不设伸缩缝时的 8 倍；设伸缩缝时环向框架梁基本没有平面外弯矩，不设伸缩缝时一些环向框架梁有平面外弯矩；设伸缩缝时径向框架梁轴向拉力较大，不设伸缩缝时环向框架梁轴向拉力较大。

（2）设与不设伸缩缝时荷载效应组合的比较

设与不设伸缩缝柱最大径向弯矩均出现在一层，不设伸缩缝时环境温度作用下一层柱底的最大径向弯矩是其他荷载效应组合的 8 倍；荷载效应组合后，不设伸缩缝时柱最大径向弯矩是设伸缩缝时的 1.5 倍；设伸缩缝时环向框架梁基本没有平面外弯矩，不设伸缩缝时一些环向框架梁有平面外弯矩；设伸缩缝时径向框架梁轴向拉力较大，其最大值是不设伸缩缝时最大值的 1.6 倍，不设伸缩缝时环向框架梁轴向拉力较大，其最大值是设伸缩缝时环向框架梁轴向拉力最大值的 15 倍，且为设伸缩缝时径向框架梁轴向拉力最大值的 3.4 倍；设伸缩缝时径向框架梁最大弯矩是不设伸缩缝时的 1.8 倍。

设伸缩缝后，环形混凝土结构将被分割成 9 个区段，每个伸缩缝处须设双梁双柱，较为繁复。而且在网壳水平荷载标准值作用下四层顶的最大弹性位移计算值为 88mm，无法为上部网壳结构提供一个稳固的支撑。因此该工程采用了不设伸缩缝的方案，采用施加环向预应力的方法来抵抗环境温度作用引起的拉应力，且为方便施工，将预应力筋全部设置在环梁内，然后给出了预应力筋的张拉方案；为承担外荷载、环境温度、预应力径向等效荷载等共同作用远高于外荷载单独作用引起的弯矩，在每根混凝土柱内配置纵向钢筋的同时，增设了 4 个大型角钢，梁内纵筋可从柱中角钢之间穿过，施工简便。从而有效地解决了考虑环境温度作用的工程设计与施工难题。

4. 不设伸缩缝时结构设计

（1）环梁预应力筋线型与预应力施工方案

沿环向设置 8 条后浇带，非后浇带的预应力筋按抛物线布置，以外圈环向框架梁为例的后浇带处预应力筋线型如图 16-4 所示。后浇带所在跨采取补偿预应力筋的做法，保证了预应力筋在后浇带处的环向连续。

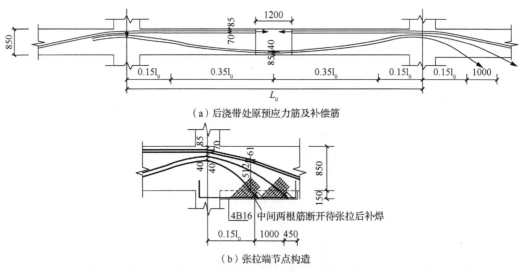

（a）后浇带处原预应力筋及补偿筋

（b）张拉端节点构造

图 16-4 环梁后浇带处预应力筋线型图

（2）四层顶外圈环向框架梁

网壳与四层顶外圈环向框架的连接均在梁柱节点处，如图 16-5 所示。该处非预应力筋如图 16-6 所示,非节点处钢筋按通常的受弯构件配置。

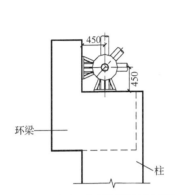

图 16-5　网壳与四层顶外圈环向框架
的连接示意图

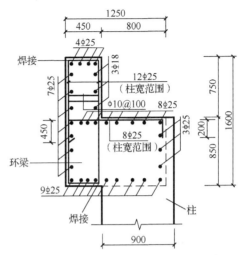

图 16-6　四层顶外圈环向框架梁柱节点
非预应力筋图

(3)框架柱

1)普通钢筋及劲性钢筋配置。考虑环境温度作用的一层柱控制截面弯矩设计值较大,所需钢筋较多,如柱 13 单侧计算纵筋为 28Φ28,钢筋布置过密。为解决此问题,一层和二层在每根混凝土柱内配置纵向钢筋的同时,增设了 4 个大角钢,角钢伸至三层半处截断,纵筋伸至柱顶,筋量不变,角钢抗拉(压)设计强度取 90%钢材强度设计值。梁柱节点处梁纵筋从柱的角钢之间穿过,施工简便。一层及二层柱 13 的角钢与纵筋配置如图 16-7 所示。

2)柱脚设计。将角钢换算成等效钢筋,按等效直径可得角钢的锚固长度应不小于2867mm。该工程对柱脚纵向角钢每侧加焊 5 排 ∟100×10 角钢以改善柱中纵向角钢在承台混凝土中的锚固,角钢柱脚构造如图 16-8 所示。桩进行二次浇注。

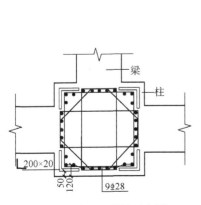

图 16-7　柱 13 配筋示意图

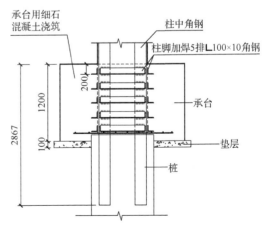

图 16-8　角钢柱脚构造图

16.2.3　小结

1）对比了设缝但不考虑温度作用和不设缝考虑温度作用两种情况的内力及变形分析结果，结果表明在网壳所提供水平力作用下，因不设缝柱顶水平位移仅为设缝时的12.5%，所以不设缝更能为网壳提供牢固的支撑。不设缝考虑温度作用时柱的最大径向弯矩是设缝但不考虑温度作用的 1.5 倍；梁中的拉应力不设缝时为 3.08N/mm^2，是设缝时的1.6 倍。

2）为避免附属用房的楼盖产生裂缝，在环梁内合理配置了一定数量的无粘结筋，并给出了无粘结筋的张锚方案。

3）为了使柱能抵抗较大的径向弯矩，在柱内配置了一定数量的纵向钢筋的同时，加设了大型角钢作为劲性钢筋，并妥善地解决了这类柱的生根问题。

第 17 章 预应力特种结构与特殊应用实例

17.1 引 言

水池等特种结构会面临水、气、液及散料等环向拉力，对裂缝控制要求严格，须保证这种特种结构满足裂缝宽度不致过大、拉应力不大于混凝土抗拉强度或在使用阶段处于预压状态等性能要求；特殊条件下，如大跨度圆形楼盖等对结构性能有特殊要求，预应力设备则可较好地满足上述特种结构与特殊条件的应用需求。

17.2 某圆形水池无粘结预应力混凝土池壁结构设计

17.2.1 工程概况

河南新乡某综合废水处理工程复合生物池为全现浇混凝土结构，水池顶盖、底板、环梁、池内立柱与导流墙均采用普通钢筋混凝土结构，池壁采用预应力混凝土结构，结构剖面图与平面图分别如图 17-1 和图 17-2 所示，抗震设防烈度为 8 度。

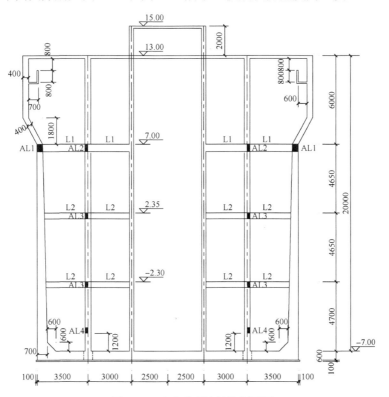

图 17-1 废水处理池结构剖面图

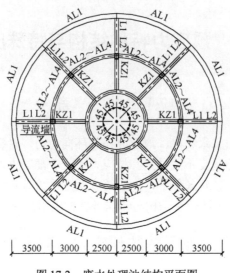

图 17-2　废水处理池结构平面图

17.2.2　结构设计方案

1．材料、截面与预应力工艺选择

池壁采用设计强度为 C40 的混凝土，预应力筋采用抗拉强度 $f_{ptk} = 1860 \mathrm{N/mm^2}$ 的 $\phi^s 15$ 钢绞线，非预应力筋采用 HRB335 钢筋。壁厚沿高度方向线性变化，底部厚度为 700mm，上部厚度为 400mm，如图 17-1 所示。预应力筋采用无粘结工艺；为锚固竖向预应力筋，在 7.00m 标高处设置了环梁 AL1；为锚固环向预应力筋，在池壁外侧每隔 120° 设置一个与池壁等高的扶壁柱，如图 17-3 和图 17-4 所示。

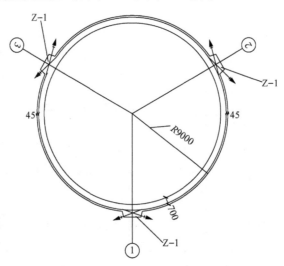

图 17-3　锚固环向预应力筋的扶壁柱平面布置图

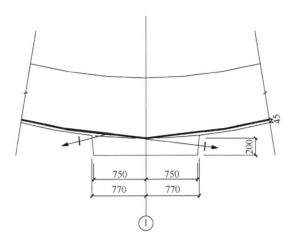

图 17-4　锚固环向预应力筋的扶壁柱细部构造

2. 荷载统计与内力计算

池壁承受的荷载包括池壁自重、池顶荷载引起的竖向压力、池内水压力、池外土压力及温度作用下的内力。

在进行池壁内力计算时，将水池简化为直径为 18m、高度为 20m、壁厚为 0.55m 的等直径等壁厚水池。

（1）池壁在水压力作用下的内力计算

在池内水压力作用下，池壁顶端视为自由端，底端视为固定端，内力计算简图如图 17-5 所示。

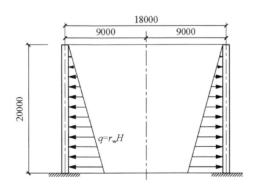

图 17-5　池壁在水压力作用下的计算简图

池壁在水压力标准值作用下的内力如表 17-1 所示。本节规定弯矩以外壁受拉为正，环向力以受拉为正；$0.0H$ 为池顶，$1.0H$ 为池底。

表 17-1　池壁在水压力作用下的内力

位置	0.0H	0.1H	0.2H	0.3H	0.4H
M_x / (kN·m)	0	0	0	0	0
M_θ / (kN·m)	0	0	0	0	0
N_θ /kN	0	180	360	540	718.2
位置	0.5H	0.6H	0.7H	0.75H	0.8H
M_x / (kN·m)	0	0	8	16	40
M_θ / (kN·m)	0	0	1.3	2.7	6.7
N_θ /kN	898.2	1096.2	1328.4	1425.6	1445.4
位置	0.85H	0.9H	0.95H	1.0H	—
M_x / (kN·m)	56	48	−32	−264	—
M_θ / (kN·m)	9.3	8.0	−5.3	−44	—
N_θ /kN	1306.8	930.6	367.2	0.0	—

（2）池壁在土压力作用下的内力计算

池壁在土压力作用下的内力计算与水压力作用下的内力计算方法相同（表 17-2），土压力按主动土压力计算，池壁顶端视为铰支，底端视为固支，计算简图如图 17-6 所示。

表 17-2　池壁在土压力作用下的内力

位置	0.0H	0.1H	0.2H	0.3H	0.4H
M_x / (kN·m)	0	0	0	0	0
M_θ / (kN·m)	0	0	0	0	0
N_θ /kN	0	−18.9	−37.8	−56.7	−75.4
位置	0.5H	0.6H	0.7H	0.75H	0.8H
M_x / (kN·m)	0	0	−0.84	−1.68	−4.2
M_θ / (kN·m)	0	0	−0.14	−0.28	−0.7
N_θ /kN	−94.3	−115.1	−139.5	−149.7	−151.8
位置	0.85H	0.9H	0.95H	1.0H	—
M_x / (kN·m)	−5.88	−5.04	3.36	27.72	—
M_θ / (kN·m)	−0.98	−0.84	0.56	4.62	—
N_θ /kN	−137.2	−97.7	−38.6	0	—

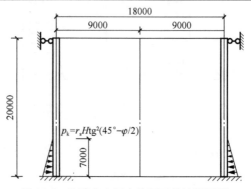

图 17-6　池壁在土压力作用下的计算简图

（3）池壁在温度作用下的内力计算

池壁在壁面温差作用下按顶端自由、底端固定计算，取池内水的计算温度为 30℃，壁板外侧的大气温度为-10℃。该工程池壁在壁面温差作用下的内力如表 17-3 所示。

表 17-3　池壁在壁面温差作用下的内力

位置	0.0H	0.1H	0.2H	0.3H	0.4H
M_x / (kN·m)	0	203	343	357	347
M_θ / (kN·m)	0	34	57	60	58
N_θ /kN	2137	-352	-291	-37	19.3
位置	0.5H	0.6H	0.7H	0.75H	0.8H
M_x / (kN·m)	344	344	344	344	344
M_θ / (kN·m)	57	57	57	57	57
N_θ /kN	8.1	0	0	0	0
位置	0.85H	0.9H	0.95H	1.0H	—
M_x / (kN·m)	344	344	344	344	—
M_θ / (kN·m)	57	57	57	57	—
N_θ /kN	0	0	0	0	—

（4）内力组合

经比较，"水压+自重"为池壁内力最不利组合。由表 17-3 可知，环向弯矩较小，环向力截面可近似按中心受拉计算；池壁自重对结构影响较小，竖向力截面可近似按纯弯计算。

3．预应力筋与非预应力筋选配

（1）环向配筋计算

环向截面视为中心受拉，计算时以预应力抵消由环向力标准值确定的拉应力，环向预应力筋、非预应力筋按式（17-1）确定，其中预应力筋有效预应力 σ_{pe} 取 1042MPa。

$$\begin{cases} \dfrac{N_\theta}{A} - \dfrac{A_p \sigma_{pe}}{A} \leqslant 0.7 f_{tk} \\ 1.4 N_\theta = A_s f_y + \dfrac{A_p \sigma_{pe}}{1.4} \end{cases} \tag{17-1}$$

由于环向力沿池壁竖向变化，按式（17-1）确定预应力筋与非预应力筋时分段选配，预应力筋、非预应力筋配置如图 17-7 所示。

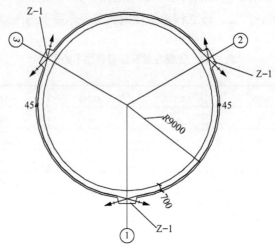

（a）环向预应力筋平面布置

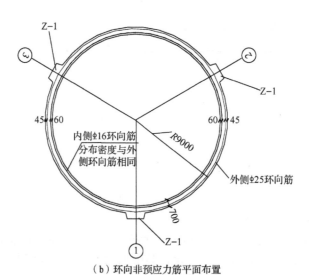

（b）环向非预应力筋平面布置

图 17-7　环向预应力筋及非预应力筋布置图

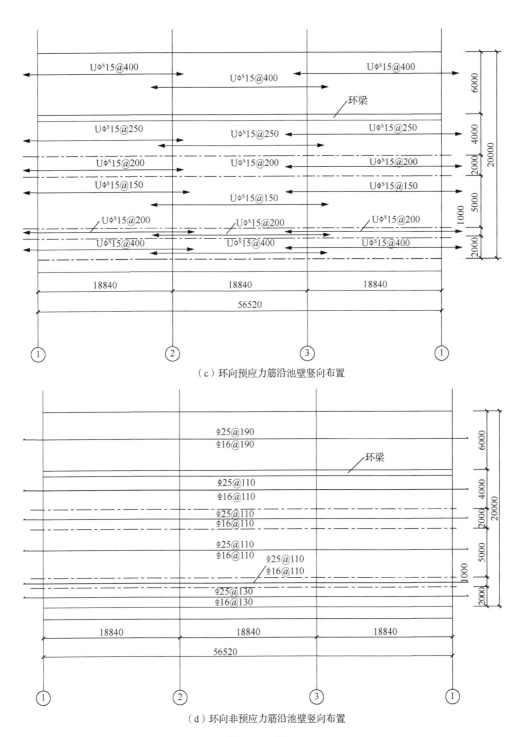

（c）环向预应力筋沿池壁竖向布置

（d）环向非预应力筋沿池壁竖向布置

图 17-7（续）

（2）竖向配筋计算

竖向按纯弯构件采用常规方法配筋，取池壁底端为最不利截面确定预应力筋、非预应力筋；预应力筋在环梁处锚固，非预应力筋通常布置，经验算，其他截面能满足要求，实际配筋如图 17-8 所示。

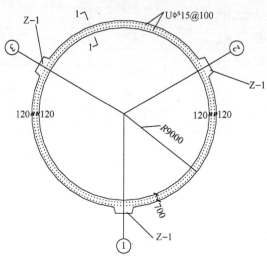

（a）竖向预应力筋平面布置

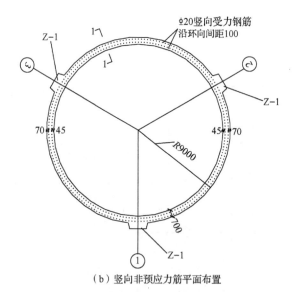

（b）竖向非预应力筋平面布置

图 17-8　竖向预应力筋及非预应力筋布置图

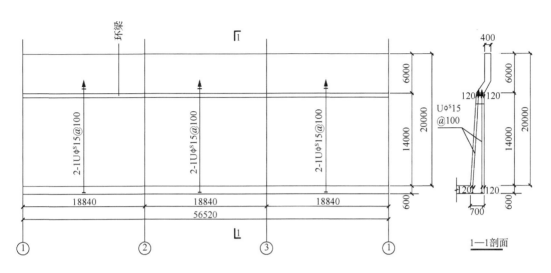

（c）竖向预应力筋沿池壁竖向布置

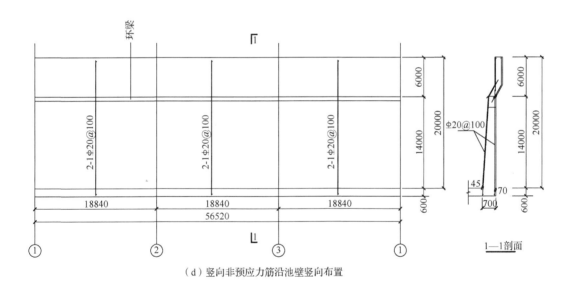

（d）竖向非预应力筋沿池壁竖向布置

图 17-8（续）

4．施工中应注意的问题

1）环向预应力筋张拉时应两端张拉，对称进行，张拉完一圈后，方可张拉下一圈；先在池壁上部张拉 3～5 圈，随后在下部张拉 3～5 圈，再在中部张拉 3～5 圈，如此反复，直至全部预应力筋张拉完毕。

2）应采用径向补张技术，以补足环向预应力筋分段切向张拉时的预应力损失。

3）张拉竖向预应力筋时也应对称进行，即先张拉 4～6 根预应力筋，再张拉对称位置的 4～6 根预应力筋，然后间隔 90° 张拉下一批预应力筋；以此类推，直至张拉完全部竖向预应力筋。

17.2.3　小结

本节介绍了采用无粘结预应力混凝土结构的圆形水池池壁的设计方法、局部构造，以及预应力施工时应注意的问题，可供同类工程设计时参考。

17.3　中现天城大酒店预应力混凝土环梁设计

本节介绍了中现天城大酒店的工程概况，给出了周长为 207m 的预应力混凝土环梁的预应力筋布置方案。在设计计算中，按照裂缝控制要求选取预应力筋，确定预应力筋后，再根据截面的拉力和压力的抗力控制要求选取非预应力筋。结合该工程实例，给出了预应力筋张拉端部的细部构造，从而完成预应力混凝土环梁设计的全过程。

17.3.1　工程概况

中现天城大酒店由中央的单层共享大厅和其外围的地上 8 层、半地下 1 层的环形裙房组成，总建筑面积约为 6 万 m^2，建筑立面图和顶层平面图分别如图 17-9 和图 17-10 所示。

屋盖为穹顶网壳结构，环形裙房为混凝土框架结构。屋面穹顶网壳结构对下部预应力混凝土环梁施加作用力，环梁支撑在 36 根柱子上。按照下部柱位置，每 10° 一个支座，其支座示意图如图 17-11 所示。

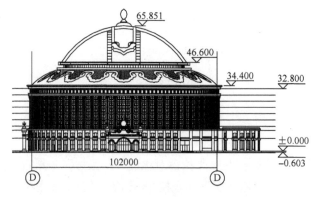

图 17-9　建筑立面图

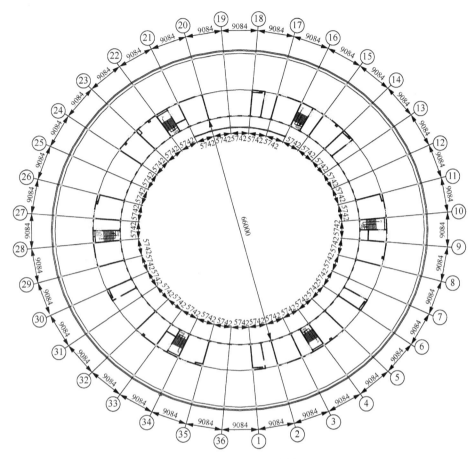

图 17-10　顶层平面图

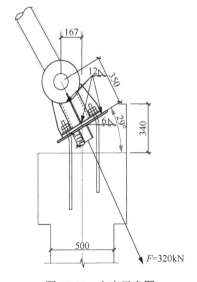

图 17-11　支座示意图

17.3.2 结构设计方案

1. 材料、预应力工艺及截面选择

预应力混凝土环梁的设计强度等级为 C40，预应力筋采用抗拉强度标准值 $f_{ptk} = 1860 \text{N}/\text{mm}^2$ 的 $\phi^s 15$ 低松弛钢绞线，非预应力筋采用 HRB335 钢筋。预应力混凝土环梁采用后张有粘结预应力工艺，孔道通过内径为 72mm 的波纹管成型，预应力筋为两端张拉工艺，并采用 XM15-9 锚具。

环梁的截面为不规则形状，其截面的具体几何尺寸如图 17-12 所示。

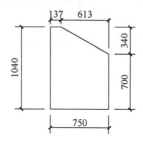

图 17-12　环梁截面尺寸

2. 荷载统计及内力计算

经计算可知，结构在恒载、活载、风荷载、温度荷载等外荷载作用下，使预应力混凝土环梁受到环向的轴力作用，其环向轴力标准值如表 17-4 所示。

表 17-4　外荷载作用下环梁环向轴力标准值　　　　　（单位：kN）

恒载	活载	风荷载		温度荷载	
		最小	最大	−30℃	30℃
295	131	−202	−34.5	−1112	1112

注：数据取值以受拉为正，受压为负。

对环梁环向轴力的荷载效应进行组合后，得到最大拉力为 1673kN，最大压力为 507kN。

3. 预应力筋 A_p 及非预应力筋 A_s 的选配

（1）预应力筋的有效预应力

经过试算，环梁中预应力筋在各控制截面的有效预应力可近似取为 900N/mm²。

（2）预应力筋的选取

对环梁按照严格要求不出现裂缝，并考虑环梁受拉时取与受弯时相一致的可靠水平，在荷载效应的标准组合下应该满足下式规定：

$$\sigma_{sk} - \sigma_{pc} \leq -0.5 f_{tk} \tag{17-2}$$

式中：σ_{sk} 为荷载效应的标准组合下环梁产生的最大拉应力；σ_{pc} 为扣除预应力损失后环梁截面产生的预压力；f_{tk} 为混凝土抗压强度的标准值。

为使混凝土在预压力的作用下，不因徐变过大而使有效预应力减小，还应满足下式的规定：

$$\sigma_{pc} \leqslant 0.4 f_c \tag{17-3}$$

式中：f_c 为混凝土的强度设计值。

通过式（17-2）和式（17-3）可以得到预应力筋的用量，预应力筋 A_p 选用 $18\Phi^S15$。

（3）非预应力筋的选取

在得到预应力筋的用量后，为了保证环梁在拉力、压力作用下的抗力要求，应满足式（17-4）和式（17-5）的要求：

$$A_s f_y + A_p f_{py} \geqslant N_{load}^t \tag{17-4}$$

$$A_s f_y' + A_c f_c \geqslant 1.2 A_p \sigma_{pe} + N_{load}^c \tag{17-5}$$

式中：f_y、f_y' 分别为预应力筋的抗拉、抗压强度设计值；N_{load}^t 为环梁所受拉力的设计值；N_{load}^c 为环梁所受压力的设计值；A_c 为环梁截面混凝土的面积。

通过式（17-4）和式（17-5）计算得到非预应力筋的用量，非预应力筋 A_s 选用 $24\Phi25$。

由于支座对环梁作用的侧向力产生了扭矩，需要对环梁进行抗扭计算，以确定箍筋的用量，箍筋选用 $\Phi14@100(4)$。

4. 预应力筋布筋及张拉方案的选取

预应力混凝土环梁周长约为 207m，共 36 跨，每跨长度为 5.76m。环向预应力筋分成 6 段进行张拉，每段为 6 跨，张拉端预应力筋在柱子上方沿圆环的切线方向引出，并且相邻两段的预应力筋在高度方向相差一个波纹管的外径来相互错开，张拉端节点图和具体的筋型布置图分别如图 17-13 和图 17-14 所示。

图 17-13 中表示的各截面的配筋情况分别如图 17-15～图 17-17 所示，锚板定位如图 17-18 所示。

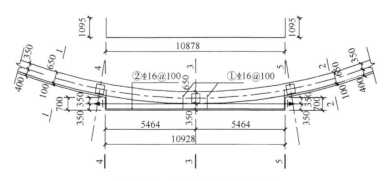

图 17-13　预应力张拉端节点图

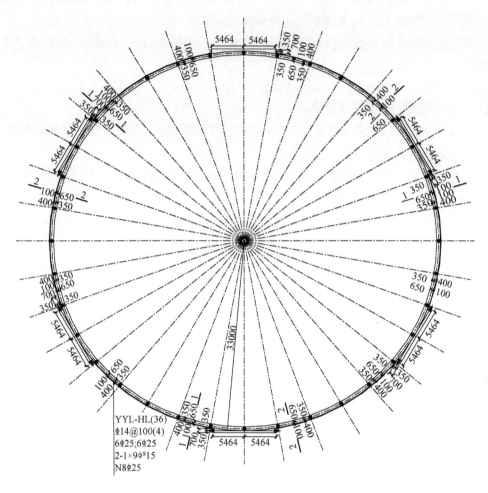

图 17-14　预应力环梁筋型布置图

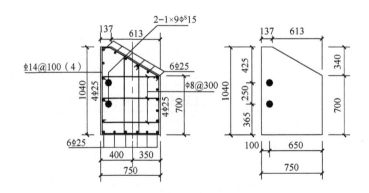

图 17-15　1—1 截面图及波纹管中心定位图

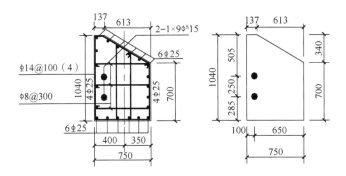

图 17-16　2—2 截面图及波纹管中心定位图

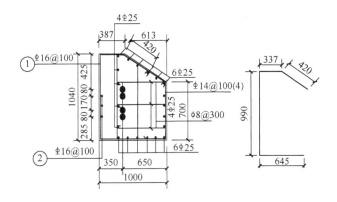

图 17-17　3—3 截面图

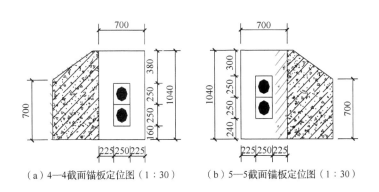

（a）4—4 截面锚板定位图（1：30）　　（b）5—5 截面锚板定位图（1：30）

图 17-18　锚板定位图

为了满足预应力筋端部的局部受压承载力要求，在预应力筋的端部应配置间接钢筋。间接钢筋采用钢筋网片，网片采用直径为 8mm 的 HPB235 钢筋，钢筋网片如图 17-19 所示。每个张拉端设置 11 片钢筋网片，第一片距锚垫板 50mm，其余相邻各片间距 100mm。

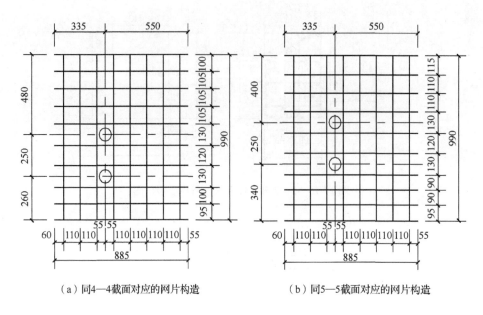

（a）同4—4截面对应的网片构造　　　　（b）同5—5截面对应的网片构造

图 17-19　预应力筋张拉端部钢筋网片

17.3.3　小结

为了防止在施工中张拉预应力筋引起环梁的梁侧开裂，预应力筋采用分多轮进行张拉，共分 5 轮，每轮依次施加 20%的张拉控制力。

17.4　哈尔滨市动力区景观园预应力曲梁景框设计

哈尔滨市动力区景观园景框梁采用了圆弧总长度为 33.6m 的预应力混凝土曲梁。对预应力曲梁的材料选择、预应力筋的线型选择、荷载取值与内力计算、预应力筋与非预应力筋的选配、曲梁裂缝及挠度控制等问题进行了分析，可供设计建造同类工程参考。

17.4.1　工程概况

哈尔滨市动力区景观园景框是该园的标志性景观之一，景框立面及其结构平面布置如图 17-20 所示。景框曲梁弧长为 33.6m，中间二柱所辖弧长为 25.4m。为使景框美观且与周围环境相协调，要求景框梁截面高度不超过 1.5m。

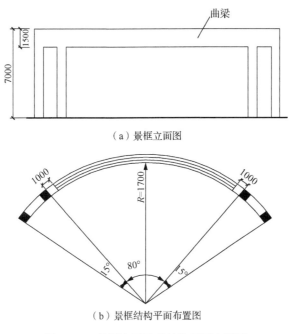

（a）景框立面图

（b）景框结构平面布置图

图 17-20　景框立面及其结构平面布置图

17.4.2　结构设计方案

1. 材料选择、截面选择及预应力工艺选择

预应力混凝土曲梁采用设计强度等级为 C40 的混凝土，预应力筋采用抗拉强度标准值为 $f_{ptk}=1860\text{N}/\text{mm}^2$ 的 $U\phi^s15$ 钢绞线，非预应力筋和箍筋均采用 HRB335 钢筋，锚具为 XM15-1 单孔夹片锚，预应力筋两端张拉，张拉控制应力为 $\sigma_{con}=0.75f_{ptk}$。预应力混凝土曲梁两端跨为实心矩形截面，截面尺寸为 $b \times h=1000\text{mm} \times 1500\text{mm}$，中间跨采用单箱箱形截面，截面外边缘尺寸为 $b \times h=1000\text{mm} \times 1500\text{mm}$，箱形梁腹板厚度为 300mm，底板和顶板厚度均为 200mm。

2. 预应力筋线型选择

因为布置无粘结预应力筋主要用于控制裂缝和变形，同时提高结构构件的承载力，该工程预应力筋仅布置于箱梁的顶板和底板，且平行于梁轴和梁顶及梁底面，并保持相同的线型布置通过两边跨。

3. 荷载统计及内力计算

经计算，结构承担的水平荷载较小，因此在计算中忽略水平荷载的影响，这一影响通过构造加强来考虑。经统计，预应力混凝土曲梁两端跨所承担的永久荷载标准值为 $g_{k1}=40.5\text{kN}/\text{m}$、可变荷载标准值为 $q_{k1}=0.5\text{kN}/\text{m}$，中间跨所承担的永久荷载标准值为 $g_{k2}=29.5\text{kN}/\text{m}$、可变荷载标准值为 $q_{k2}=0.5\text{kN}/\text{m}$。由于内力组合是由永久荷载效应控制的组合，永久荷载的分项系数应取为 $\gamma_G = 1.35$。采用 SAP2000 对预应力混凝土曲梁进行空间有限元分析，可得如图 17-21 所示按荷载效应标准组合计算的结构扭矩值、弯矩值及剪力值的分布。

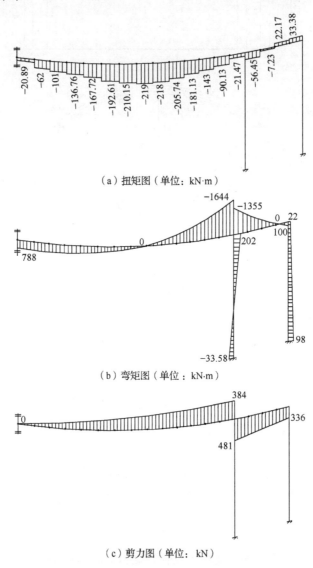

（a）扭矩图（单位：kN·m）

（b）弯矩图（单位：kN·m）

（c）剪力图（单位：kN）

图 17-21　在荷载效应标准组合作用下结构内力图

尽管从上图看节点内力代数和并不等于零，但各节点内力是符合内力矢量平衡的。

4. 预应力筋、非预应力筋及抗崩钢筋的选配

由有关裂缝控制方程，可知在箱梁顶板和底板中各配置 6ϕ^s15 钢绞线，可满足中等侵蚀环境的裂缝控制要求。

在计算确定预应力筋用量之后，由曲梁控制截面的正截面受弯承载力控制方程、剪

扭承载力控制方程及有关构造要求，可计算确定非预应力纵筋及箍筋的配置。

由于预应力筋在箱梁顶板及底板内平行于梁轴按圆弧布置，张拉预应力筋会产生曲梁内侧混凝土的崩裂趋势，为杜绝崩裂现象的发生：一是将预应力筋布置于箱梁顶板和底板的中间位置，保证预应力筋与曲梁内侧边缘有一定的混凝土厚度；二是在箱梁顶板和底板内设置 Φ12@100 的焊接封闭箍筋，用作抗崩钢筋。

曲梁预应力筋、非预应力筋、抗剪扭及抗崩钢筋的配置如图 17-22 所示。

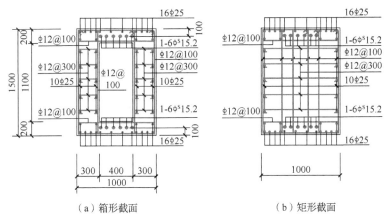

（a）箱形截面　　　　　　　　　　　（b）矩形截面

图 17-22　曲梁截面配筋图

5. 曲梁挠度的验算

曲梁挠度计算时忽略剪切变形的影响，仅计算弯曲和扭曲共同作用下的挠度。挠度可按下式计算：

$$f = \frac{1}{B}\left(\sum \int M_s \bar{M} ds + \lambda \sum \int T_s \bar{T} ds\right)$$

式中：M_s、T_s 分别为荷载效应标准组合作用下结构的弯矩值和扭矩值；$\bar{M}$、$\bar{T}$ 分别为变形控制截面在单位力作用下基本结构上的弯矩值和扭矩值；B 为按荷载效应标准组合并考虑荷载长期作用影响的抗弯刚度；λ 为构件抗弯刚度和抗扭刚度的比值。

对于曲梁，计算位移比较复杂，不仅因为异号弯矩（即正弯矩和负弯矩）引起梁各截面刚度不等，而且抗弯与抗扭刚度的比值 λ 也在变化。鉴于规范尚未提出曲梁抗扭刚度的计算方法，也未提出受弯、剪、扭构件转角和扭角的限制条件，因此，我们做了以下简化处理：取同号弯矩区域内最大弯矩截面的刚度 B 作为基本结构各杆件的刚度，λ 按弹性体取值。经计算，曲梁的挠度 $f = 28.7\text{mm}$，$\dfrac{f}{l} = \dfrac{28.7}{22000} = \dfrac{1}{766} < \dfrac{1}{400}$，符合要求。

17.4.3　小结

本节结合哈尔滨市动力区景观园预应力曲梁景框的设计，对预应力曲梁的材料选择、预应力筋的线型选择、荷载取值与内力计算、预应力筋与非预应力筋的选配、曲梁裂缝及挠度控制等问题进行了分析，可供设计建造同类工程参考。

17.5　黑龙江省铁力市第一中学图书馆圆形楼盖设计

本节介绍了黑龙江省铁力市第一中学图书馆圆形预应力井式梁板楼（屋）盖应用结构分析软件 SAP2000 及有关规范的设计过程。给出了该预应力井式梁板结构的材料选择、预应力工艺选择、预应力筋的线型选择、荷载取值与内力计算、预应力筋与非预应力筋的选配等设计计算的思路和方法，可供建造同类工程时参考。

17.5.1　工程概况

黑龙江省铁力市第一中学新建图书馆共 2 层，各层层高均为 5.1m，外观造型为圆形，楼（屋）盖采用直径为 19.8m 的圆形井式梁板结构，各层圈梁兼作过梁，其梁顶与井式梁板顶齐平，一层顶结构平面布置如图 17-23 所示。

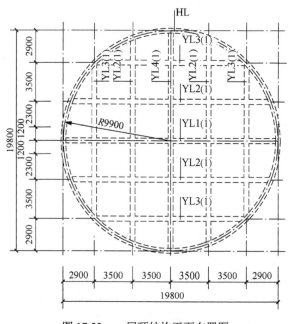

图 17-23　一层顶结构平面布置图

17.5.2　结构设计方案

1. 材料选择、截面选择及预应力工艺选择

预应力混凝土井式梁板结构采用设计强度等级为 C40 的混凝土，预应力筋采用抗拉强度标准值为 $f_{ptk}=1860\text{N/mm}^2$ 的 Uϕ^S15 钢绞线，非预应力筋和箍筋均采用 HRB335 钢筋，锚具为 XM15-1 单孔夹片锚，预应力筋采用两端张拉，张拉控制应力为 $\sigma_{con}=0.75f_{ptk}$。井式梁截面尺寸为 $b \times h = 500\text{mm} \times 800\text{m}$，板采用普通钢筋混凝土板，板厚为 100mm。

2. 荷载取值、计算简图及内力计算

结构计算简图如图 17-24 所示。

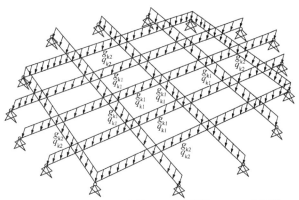

注：$g_{k1} = 12\text{kN/m}$，$q_{k1} = 11.4\text{kN/m}$，$g_{k2} = 10\text{kN/m}$，$q_{k2} = 9.4\text{kN/m}$。

图 17-24　结构计算简图

图 17-24 中所注荷载为荷载标准值，据各区段合力相等原则将梯形部分荷载折算成均布荷载。

采用 SAP2000 软件对预应力混凝土井式交叉梁进行了空间有限元计算分析，在恒载（活载）标准值作用下各预应力梁最大弯矩如图 17-25 所示。

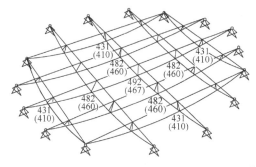

图 17-25　恒载（活载）标准值作用下各预应力梁最大弯矩（单位：kN·m）

3. 预应力筋线型选择

为了在满足耐久性、端部构造及防火要求的前提下，尽可能提高结构抗力，取用图 17-26 所示的预应力筋合力作用线。

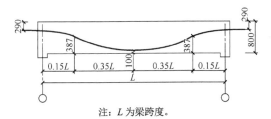

注：L 为梁跨度。

图 17-26　梁预应力筋合力作用线

4. 预应力筋 A_p 及非预应力筋 A_s 的选配

按强度比的预应力度法进行预应力筋的初步选配，取 $\lambda = \dfrac{A_\mathrm{p}\sigma_\mathrm{pe}h_{0\mathrm{p}}}{A_\mathrm{p}\sigma_\mathrm{pe}h_{0\mathrm{p}} + A_\mathrm{s}f_\mathrm{y}h_{0\mathrm{s}}} = 0.7$，则实配预应力筋如下：梁 YL1、梁 YL2 为 2-5 ϕ^s15（A_p=1400mm²），梁 YL3 为 2-4 ϕ^s15（A_p=1120mm²），梁 YL4 为 2-5 ϕ^s15（A_p=1400mm²）。张拉实配预应力筋引起井式梁控制截面弯矩值如图 17-27 所示。

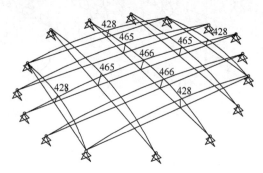

图 17-27 张拉实配预应力筋引起井式梁控制截面弯矩值（单位：kN·m）

由预应力混凝土结构设计统一方法可知，所配预应力筋及非预应力筋满足下式承载力要求。

$$M_\mathrm{load} + M_\mathrm{p} = A_\mathrm{s}f_\mathrm{y}\left(h_\mathrm{s} - \frac{x}{2}\right) + A_\mathrm{p}\sigma_\mathrm{pe}\left(h_\mathrm{p} - e_\mathrm{p} - \frac{x}{2}\right)$$
$$+ A_\mathrm{p}\left(f_\mathrm{py} - \sigma_\mathrm{pe}\right)\left(h_\mathrm{p} - \frac{x}{2}\right)$$
$$f_\mathrm{cm}bx = A_\mathrm{s}f_\mathrm{y} + A_\mathrm{p}\sigma_\mathrm{pe} + A_\mathrm{p}\left(f_\mathrm{py} - \sigma_\mathrm{pe}\right)$$

梁 YL1 底均配置 6$\oplus$25 非预应力筋，梁顶配置 4$\oplus$20 非预应力筋。经验算，梁 YL1 的变形与跨度之比为 1/688，小于 1/300，满足变形控制要求；裂缝开展宽度 $w = 0.1234$mm，小于规范规定限值。

梁 YL1 预应力筋线型如图 17-28 所示。

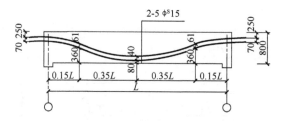

图 17-28 梁 YL1 预应力筋线型图

梁 YL2、梁 YL3、梁 YL4 的设计思路和方法可参照梁 YL1 设计的思路和方法进行。

17.5.3 小结

本节介绍了黑龙江省铁力市第一中学图书馆圆形预应力井式梁板楼（屋）盖应用 SAP2000 软件及有关规范的设计过程。给出了该预应力井式梁板结构的材料选择、预应力工艺选择、预应力筋的线型选择、荷载取值与内力计算、预应力筋与非预应力筋的选配等设计计算的思路和方法，可供建造同类工程时参考。

第18章 预应力双 T 板实例

18.1 引 言

大跨度先张法预应力构件，典型的如预应力双 T 板，在大型会议室、商业、工业、仓储等工程结构中有广泛应用。这种大型结构构件可实现不小于 12m 且以 3m 为模数递增，最大可达 30m，可为我国建筑工业化进程中所需的大型公共建筑建设提供必要的支撑。

18.2 中冶滨江半岛礼仪餐厅双 T 板结构设计

18.2.1 工程概况

中冶滨江半岛礼仪餐厅预应力双 T 板（非国标）跨度 $l = 24600\text{mm}$，宽度 2125mm，高度 900mm，如图 18-1 所示。预应力双 T 板的混凝土等级为 C55，$f_c = 25.3\text{N}/\text{mm}^2$，$E_c = 3.55 \times 10^4\,\text{N}/\text{mm}^2$。采用的预应力筋为 8 根 $f_{ptk} = 1860\text{N}/\text{mm}^2$ 的低松弛 $\phi^S15.2$ 钢绞线，张拉控制应力 $\sigma_{con} = 0.75 f_{ptk} = 0.75 \times 1860 = 1395\text{N}/\text{mm}^2$，采用先张法预应力工艺，当混凝土标准立方体抗压强度达到其设计强度等级值的 90%时，对预应力筋放张。非预应力受拉钢筋采用 $2\Phi25$，$f_y = f_y' = 360\text{N}/\text{mm}^2$，$E_s = 2.0 \times 10^5\,\text{N}/\text{mm}^2$。肋配筋如图 18-2 所示。

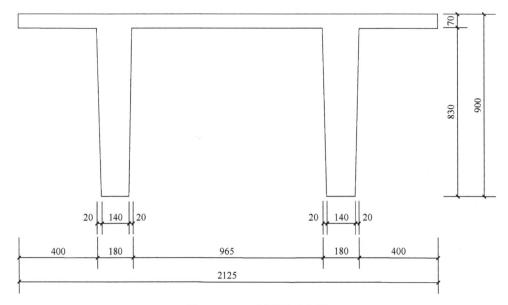

图 18-1 双 T 板截面示意图

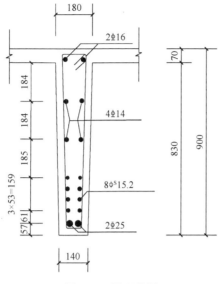

图 18-2 肋配筋图

1）楼层板荷载：楼面面层的荷载标准值为 $2.5kN/m^2$，50mm 后浇混凝土叠合层的荷载标准值为 $1.25kN/m^2$，轻钢龙骨石膏板吊顶荷载标准值为 $0.45kN/m^2$，板跨中大型吊灯集中荷载标准值为 10kN，楼面均布活荷载标准值为 $3.5kN/m^2$。

2）屋面板荷载：屋面面层的荷载标准值为 $4.5kN/m^2$，其他各项荷载标准值均同楼层板。

18.2.2 结构设计方案

1. 荷载统计

（1）均布恒荷载

1）楼面。

楼面面层荷载为

$$2.5 \times 2.125 = 5.31 (kN/m)$$

50mm 后浇混凝土叠合层荷载为

$$1.25 \times 2.125 = 2.66 (kN/m)$$

轻钢龙骨石膏板吊顶荷载为

$$0.45 \times 2.125 = 0.96 (kN/m)$$

双 T 板荷载为

$$25 \times 0.41435 = 10.36 (kN/m)$$

因此，楼面荷载合计为 19.29kN/m 。

2）屋面。

屋面面层荷载为

$$4.5 \times 2.125 = 9.56 (kN/m)$$

轻钢龙骨石膏板吊顶荷载为

$$0.45 \times 2.125 = 0.96(\text{kN}/\text{m})$$

双 T 板荷载为

$$25 \times 0.41435 = 10.36(\text{kN}/\text{m})$$

因此，屋面荷载合计为 20.88kN / m。

（2）均布活荷载

楼面和屋面均布活荷载为

$$3.50 \times 2.125 = 7.44(\text{kN}/\text{m})$$

（3）集中荷载

集中荷载（吊灯）标准值为

$$G_\text{k} = 10\text{kN}$$

2. 荷载效应及截面特性

（1）荷载效应

均布恒载产生的弯矩标准值为

$$M_\text{gk} = \frac{g_\text{k}l_0^2}{8} = \frac{20.88 \times 24.35^2}{8} = 1547.5(\text{kN} \cdot \text{m})$$

均布活载产生的弯矩标准值为

$$M_\text{qk} = \frac{q_\text{k}l_0^2}{8} = \frac{7.44 \times 24.35^2}{8} = 551.4(\text{kN} \cdot \text{m})$$

集中荷载产生的弯矩标准值为

$$M_\text{Gk} = \frac{G_\text{k}l_0}{4} = \frac{10 \times 24.35}{4} = 60.9(\text{kN} \cdot \text{m})$$

总弯矩标准组合值为

$$M_\text{k} = M_\text{gk} + M_\text{qk} + M_\text{Gk} = 1547.5+551.4+60.9=2159.8(\text{kN} \cdot \text{m})$$

总弯矩准永久组合值为

$$M_\text{q} = M_\text{gk} + M_\text{Gk} + 0.5M_\text{qk} = 1547.5+60.9+0.5 \times 551.4=1884.1(\text{kN} \cdot \text{m})$$

永久荷载效应控制的基本组合为

$$\begin{aligned} M^\text{d} &= 1.35 \times M_\text{gk} + 1.2 \times 0.7 \times M_\text{qk} + 1.35 \times M_\text{Gk} \\ &= 1.35 \times 1547.5 + 1.2 \times 0.7 \times 551.4 + 1.35 \times 60.9 \\ &= 2634.5(\text{kN} \cdot \text{m}) \end{aligned}$$

总剪力设计值为

$$\begin{aligned} V^\text{d} &= 1.35 \times \frac{g_\text{k}l_0}{2} + 1.35 \times \frac{G_\text{k}}{2} + 1.2 \times 0.7 \times \frac{q_\text{k}l_0}{2} \\ &= 1.35 \times \frac{20.88 \times 24.35}{2} + 1.35 \times \frac{10}{2} + 1.2 \times 0.7 \times \frac{7.44 \times 24.35}{2} \\ &= 426.02(\text{kN}) \end{aligned}$$

（2）截面特性

非预应力受拉钢筋面积 $A_\text{s} = 2 \times 2 \times 490.9 = 1963.6$（$\text{mm}^2$），预应力钢筋面积 $A_\text{p} = 2 \times$

$8 \times 140 = 2240 \left(\mathrm{mm}^2 \right)$。

梁截面面积为

$$A = 414350 \mathrm{mm}^2$$

$$A_\mathrm{n} = A + \alpha_\mathrm{Es} A_\mathrm{s} = 414350 + \frac{2 \times 10^5}{3.55 \times 10^4} \times 1963.6 = 425412.5 \left(\mathrm{mm}^2 \right)$$

$$A_0 = A_\mathrm{n} + \alpha_\mathrm{Ep} A_\mathrm{p} = 425412.5 + \frac{1.95 \times 10^5}{3.55 \times 10^4} \times 2240 = 437716.8 \left(\mathrm{mm}^2 \right)$$

惯性矩为

$$I = 3.512 \times 10^{10} \mathrm{mm}^2$$
$$y = 588 \mathrm{mm}$$

$$y_\mathrm{n} = \frac{bhy + \alpha_\mathrm{Es} A_\mathrm{s} a_\mathrm{s}}{bh + \alpha_\mathrm{Es} A_\mathrm{s}} = \frac{160 \times 900 \times 588 + 5.634 \times 490.9 \times 2 \times 57}{160 \times 900 + 5.634 \times 490.9 \times 2} = 568.4 \left(\mathrm{mm} \right)$$

$$I_\mathrm{n} = I + A(y - y_\mathrm{n})^2 + \alpha_\mathrm{Es} A_\mathrm{s} (y_\mathrm{n} - a_\mathrm{s})^2$$
$$= 3.512 \times 10^{10} + 414350 \times (588 - 568.4)^2 + 5.634 \times 2 \times 2 \times 490.9 \times (568.4 - 57)^2$$
$$= 3.817 \times 10^{10} \left(\mathrm{mm}^4 \right)$$

$$y_0 = \frac{bhy + \alpha_\mathrm{Es} A_\mathrm{s} a_\mathrm{s} + \alpha_\mathrm{Ep} A_\mathrm{p} a_\mathrm{p}}{bh + \alpha_\mathrm{Es} A_\mathrm{s} + \alpha_\mathrm{Ep} A_\mathrm{p}}$$
$$= \frac{160 \times 900 \times 588 + 5.634 \times 490.9 \times 2 \times 57 + 5.493 \times 8 \times 140 \times 197.5}{160 \times 900 + 5.634 \times 490.9 \times 2 + 5.493 \times 8 \times 140}$$
$$= 553.7 \left(\mathrm{mm} \right)$$

$$I_0 = I + A(y - y_0)^2 + \alpha_\mathrm{Es} A_\mathrm{s} (y_0 - a_\mathrm{s})^2 + \alpha_\mathrm{Ep} A_\mathrm{p} (y_0 - a_\mathrm{p})^2$$
$$= 3.512 \times 10^{10} + 414350 \times (588 - 553.7)^2 + 5.634 \times 2 \times 2 \times 490.9 \times (553.7 - 57)^2$$
$$+ 5.493 \times 2 \times 8 \times 140 \times (553.7 - 197.5)^2$$
$$= 3.994 \times 10^{10} \left(\mathrm{mm}^4 \right)$$

3. 承载力计算

（1）肋跨中正截面抗弯承载力计算

1）C55 混凝土。

$$f_\mathrm{c} = 25.3 \mathrm{N} / \mathrm{mm}^2, \quad f_\mathrm{t} = 1.96 \mathrm{N} / \mathrm{mm}^2, \quad E_\mathrm{c} = 3.55 \times 10^4 \mathrm{N} / \mathrm{mm}^2$$

2）普通钢筋（HRB400）。

$$f_\mathrm{y} = f_\mathrm{y}' = 360 \mathrm{N} / \mathrm{mm}^2, \quad E_\mathrm{s} = 2.0 \times 10^5 \mathrm{N} / \mathrm{mm}^2$$

3）预应力筋。

$f_\mathrm{ptk} = 1860 \mathrm{N} / \mathrm{mm}^2$ 的低松弛 $\phi^\mathrm{S} 15.2$ 钢绞线：

$$f_\mathrm{py} = 1320 \mathrm{N} / \mathrm{mm}^2$$

$$E_\mathrm{sp} = 1.95 \times 10^5 \mathrm{N} / \mathrm{mm}^2$$

$$\sigma_\mathrm{con} = 0.75 f_\mathrm{ptk} = 0.75 \times 1860 = 1395 \left(\mathrm{N} / \mathrm{mm}^2 \right)$$

4）计算跨度。

$$l_0 = 24.35 \mathrm{m}$$

5）计算受压区高度（仅计算受拉区钢筋），则有

$$\sum N = 0, \qquad \alpha_1 f_c bx = f_{py}A_p + f_y A_s - f_y'A_s'$$

$$x = \frac{f_{py}A_p + f_y A_s - f_y'A_s'}{\alpha_1 f_c b} = \frac{1320 \times 8 \times 140 + 360 \times 2 \times 490.9}{1.0 \times 25.3 \times 1062.5} = 68.1 \text{（mm）}$$

6）截面承载力。

$$M_u = f_y A_s \left(h_0 - \frac{x}{2} \right) + f_{py}A_p \left(h_0 - e - \frac{x}{2} \right)$$

$$= 360 \times 490.9 \times 2 \times \left(900 - 57 - \frac{68.1}{2} \right) + 1320 \times 140 \times 8 \times \left(900 - 57 - 61 - 53 - \frac{53}{2} \right)$$

$$= 1324.5 \geqslant \frac{M^d}{2} = \frac{2634.5}{2} = 1317.3 \text{（kN·m）}$$

因此，满足要求。

（2）肋斜截面抗剪承载力计算

1）剪力设计值。

$$V^d = 1.35 \times \frac{g_k l_0}{2} + 1.35 \times \frac{G_k}{2} + 1.2 \times 0.7 \times \frac{q_k l_0}{2} = 426.02 \text{（kN）}$$

$$V^d \leqslant 0.23 \beta_c f_c bh_0 = 0.23 \times 0.97 \times 25.3 \times 160 \times 843 = 761.3 \text{（kN）}$$

因此，满足截面控制要求。

当箍筋取直径为 8mm、间距为 200mm 的 HPB300 钢筋时，

$$V_{cs} = \alpha_{cv} f_t bh_0 + f_{yv}\frac{A_{sv}}{s}h_0 = 0.7 \times 1.96 \times 160 \times 843 + 270 \times \frac{50.3 \times 2}{200} \times 843 = 299.5 \geqslant \frac{1}{2}V^d$$

2）配箍率。

$$\rho = \frac{nA_{sv}}{bs} = \frac{2 \times 50.3}{160 \times 200} = 0.314\%$$

因此，肋斜截面抗剪承载力满足要求，且满足最小配箍率。

（3）400mm 悬臂板承载力计算

1）荷载标准值。

屋面面层建筑做法：

$$4.5 \times 1 = 4.5 \text{（kN / m）}$$

自重：

$$25 \times 0.070 \times 1 = 1.75 \text{（kN / m）}$$

$$g_k = 4.5 + 1.75 = 6.25 \text{（kN / m）}, \qquad q_k = 3.5 \times 1 = 3.5 \text{（kN / m）}$$

2）荷载设计值。

$$g + q = 1.35 \times 6.25 + 1.2 \times 0.7 \times 3.5 = 11.4 \text{（kN / m）}$$

计算跨度：

$$l_0 = 0.4 \text{m}$$

弯矩设计值：

$$M^d = \frac{1}{2}(g + q)l_0^2 = \frac{1}{2} \times 11.4 \times 0.4^2 = 0.912 \text{（kN·m）}$$

$$\alpha_{s} = \frac{M^{d}}{\alpha_{1}f_{c}bh_{0}^{2}} = \frac{0.912 \times 10^{6}}{1.0 \times 25.3 \times 1000 \times 55^{2}} = 0.0119$$

查得

$$\gamma_{s} = 0.994$$

则有

$$A_{s} = \frac{M^{d}}{f_{y}\gamma_{s}h_{0}} = \frac{0.912 \times 10^{6}}{270 \times 0.994 \times 55} = 61.8(mm^{2})$$

选配钢筋直径为 6mm、间距为 200mm 的 HPB300 钢筋，实配钢筋面积为 $A_{s} = 142mm^{2}$，满足要求。

（4）965mm 简支板计算

1）荷载标准值。

屋面面层建筑做法：

$$4.5 \times 1 = 4.5(kN/m)$$

自重：

$$25 \times 0.070 \times 1 = 1.75(kN/m)$$
$$g_{k} = 4.5 + 1.75 = 6.25(kN/m)$$
$$q_{k} = 3.5 \times 1 = 3.5(kN/m)$$

2）荷载设计值。

$$g+q = 1.35 \times 6.25 + 1.2 \times 0.7 \times 3.5 = 11.4(kN/m)$$

计算跨度：

$$l_{0} = 0.965m$$

弯矩设计值：

$$M^{d} = \frac{1}{8}(g+q)l_{0}^{2} = \frac{1}{8} \times 11.4 \times 0.965^{2} = 1.33(kN \cdot m)$$

$$\alpha_{s} = \frac{M^{d}}{\alpha_{1}f_{c}bh_{0}^{2}} = \frac{1.33 \times 10^{6}}{1.0 \times 25.3 \times 1000 \times 55^{2}} = 0.0174$$

查得

$$\gamma_{s} = 0.991$$

则有

$$A_{s} = \frac{M^{d}}{f_{y}\gamma_{s}h_{0}} = \frac{1.33 \times 10^{6}}{270 \times 0.991 \times 55} = 90.4(mm^{2})$$

选配钢筋直径 6mm、间距 200mm 的 HPB300 钢筋，实配钢筋面积 $A_{s} = 142mm^{2}$，满足要求。

4. 预应力损失计算

1）锚固损失 σ_{l1}。

$$\sigma_{l1} = \frac{\alpha}{l}E_{s} = \frac{5}{24600} \times 1.95 \times 10^{5} = 39.63(N/mm^{2})$$

2）松弛损失 σ_{l4}。

低松弛钢绞线，当 $0.7f_{ptk} < \sigma_{con} \le 0.8f_{ptk}$ 时，则有

$$\sigma_{l4} = 0.2\left(\frac{\sigma_{con}}{f_{ptk}} - 0.575\right)\sigma_{con} = 0.2 \times \left(\frac{1395}{1860} - 0.575\right) \times 1395 = 48.83(\text{N}/\text{mm}^2)$$

3）收缩徐变损失 σ_{l5}。

混凝土达到 90% 的设计强度时开始张拉预应力钢筋，$f'_{cu} = 0.9f_c = 22.77\text{N}/\text{mm}^2$。

① 配筋率为

$$\rho = \frac{A_s + A_p}{A_0} = \frac{490.9 \times 2 + 140 \times 8}{437716.8/2} = 0.0096$$

② 自重在跨中截面产生的弯矩标准值为

$$M_{G1k} = \frac{1}{8}g_{1k}l_0^2 = \frac{1}{8} \times 10.36 \times 24.35^2 = 767.86(\text{kN}\cdot\text{m})$$

③ 第一批损失为

$$\sigma_{l1} = 39.63\text{N}/\text{mm}^2$$

$$\sigma_{l4} = 48.83\text{N}/\text{mm}^2$$

$$N_{p1} = A_p(\sigma_{con} - \sigma_{l1} - \sigma_{l4}) = 2 \times 8 \times 140 \times (1395 - 39.63 - 48.83) = 2926.6\ (\text{kN})$$

再考虑梁自重影响，则受拉区预应力钢筋合力点处混凝土的法向压应力为

$$\sigma_{pc} = \frac{N_{p1}}{A_0} + \frac{N_{p1}(y_0 - a_p) - M_{G1k}}{I_0}y_0$$

$$= \frac{2926.6 \times 10^3}{437716.8} + \frac{2926.6 \times 10^3 \times (553.7 - 197.5) - 767.86 \times 10^6}{3.994 \times 10^{10}} \times 553.7$$

$$= 10.49\ (\text{N/mm}^2) \le 0.5f'_{cu}$$

故

$$\sigma_{l5} = \frac{60 + 340\dfrac{\sigma_{pc}}{f'_{cu}}}{1 + 15\rho} = \frac{60 + 340 \times \dfrac{10.49}{0.9 \times 25.3}}{1 + 15 \times 0.0096} = 196.92\ (\text{N}/\text{mm}^2)$$

4）跨中截面预应力总损失 σ_l 和混凝土有效预应力。

$$\sigma_l = \sigma_{l1} + \sigma_{l4} + \sigma_{l5} = 285.38\ (\text{N}/\text{mm}^2)$$

$$N_{p0} = A_p(\sigma_{con} - \sigma_l) - A_s\sigma_{l5} = 2240 \times (1395 - 285.38) - 1963.6 \times 196.92 = 2098.9(\text{kN})$$

$$e_{p0} = \frac{A_p(\sigma_{con} - \sigma_l)(y_0 - a_p) - A_s\sigma_{l5}(y_0 - a_s)}{N_{p0}}$$

$$= \frac{2240 \times (1395 - 285.38) \times (553.7 - 197.5) - 1963.6 \times 196.92 \times (553.7 - 57)}{2098.9 \times 10^3}$$

$$= 330.3(\text{mm})$$

5. 裂缝控制验算

受弯构件按荷载效应的标准组合并考虑长期作用影响的最大裂缝宽度可按下列公式

计算：

$$\omega_{\max} = \alpha_{\mathrm{cr}} \psi \frac{\sigma_{\mathrm{s}}}{E_{\mathrm{s}}} \left(1.9 c_{\mathrm{s}} + 0.08 \frac{d_{\mathrm{eq}}}{\rho_{\mathrm{te}}} \right)$$

式中：构件受力特征系数 $\alpha_{\mathrm{cr}} = 1.5$；按标准组合计算的预应力混凝土构件纵向受拉钢筋等效应力 $\sigma_{\mathrm{s}} = 52 \mathrm{N/mm^2}$；钢筋的弹性模量 $E_{\mathrm{s}} = 2.0 \times 10^5 \mathrm{N/mm^2}$；最外层纵向受拉钢筋外边缘至受拉区底边距离 $c_{\mathrm{s}} = 45 \mathrm{mm}$；受拉区纵向钢筋的等效直径 $d_{\mathrm{eq}} = 21.4 \mathrm{mm}$；按有效受拉混凝土截面面积计算的纵向钢筋配筋率 $\rho_{\mathrm{te}} = 0.0096$；裂缝间纵向受拉钢筋应变不均匀系数 $\psi = 1.1 - 0.65 \dfrac{f_{\mathrm{tk}}}{\rho_{\mathrm{te}} \sigma_{\mathrm{s}}} \leqslant 0$，取为 0.2。

故最大裂缝宽度为

$$\omega_{\max} = 1.5 \times 0.2 \times \frac{50}{2 \times 10^5} \left(1.9 \times 45 + 0.08 \times \frac{21.4}{0.0096} \right) = 0.020 \leqslant \omega_{\min} = 0.1 (\mathrm{mm})$$

因此，满足要求。

6. 变形验算

预应力混凝土受弯构件的短期刚度为

$$B_{\mathrm{s}} = \frac{0.85 E_{\mathrm{c}} I_0}{\kappa_{\mathrm{cr}} + (1 - \kappa_{\mathrm{cr}}) \omega}$$

$$\omega = \left(1.0 + \frac{0.21}{\alpha_E \rho} \right) (1 + 0.45 \gamma_{\mathrm{f}}) - 0.7$$

式中：预应力混凝土受弯构件正截面的开裂弯矩 M_{cr} 与弯矩 M_{k} 的比值为 $\kappa_{\mathrm{cr}} = \dfrac{M_{\mathrm{cr}}}{M_{\mathrm{k}}} = 0.60$；钢筋弹性模量与混凝土弹性模量的比值 $\alpha_E = \dfrac{E_{\mathrm{s}}}{E_{\mathrm{c}}} = 5.63$；纵向受拉钢筋配筋率 $\rho = 0.0096$；受拉翼缘截面面积与腹板有效截面面积的比值 $\gamma_{\mathrm{f}} = \dfrac{(b_{\mathrm{f}} - b) h_{\mathrm{f}}}{b h_0} = 0.375$。

故

$$\omega = \left(1.0 + \frac{0.21}{\alpha_E \rho} \right) (1 + 0.45 \gamma_{\mathrm{f}}) - 0.7 = \left(1.0 + \frac{0.21}{5.63 \times 0.0096} \right) (1 + 0.45 \times 0.375) - 0.7 = 5.01$$

$$B_{\mathrm{s}} = \frac{0.85 E_{\mathrm{c}} I_0}{\kappa_{\mathrm{cr}} + (1 - \kappa_{\mathrm{cr}}) \omega} = \frac{0.85 \times 3.55 \times 10^4 \times 3.994 \times 10^{10}}{0.60 + (1 - 0.60) \times 5.01} = 4.63 \times 10^8 (\mathrm{N \cdot m^2})$$

考虑荷载长期作用影响的刚度为

$$B = \frac{M_{\mathrm{k}}}{M_{\mathrm{q}} (\theta - 1) + M_{\mathrm{k}}} B_{\mathrm{s}} = \frac{2159.8}{1884.1 \times (2 - 1) + 2159.8} \times 4.63 \times 10^8 = 2.47 \times 10^8 (\mathrm{N \cdot m^2})$$

构件变形为

$$f_1 = \frac{5M_k l_0^2}{48B}$$

$$= \frac{5 \times 2159.8 \times 10^3 \times 24.35^2}{48 \times 2.47 \times 10^8}$$

$$= 0.540(\text{m})$$

预应力反拱值（预应力筋扣除全部预应力损失）为

$$f_2 = 2 \times \frac{M l_0^2}{8 \times 0.8 E_c I_0} = 2 \times \frac{2098.8 \times 10^3 \times 330.3 \times 24350^2}{8 \times 0.8 \times 3.55 \times 10^4 \times 3.994 \times 10^{10}} = 0.091(\text{m})$$

变形值为 $f = f_1 - f_2 = 0.540 - 0.091 = 0.449 > \frac{l_0}{300} = 0.081\text{m}$，故需预先起拱 0.40m。

7. 端部开裂验算

双 T 板的端部箍筋配置如图 18-3 所示。

（1）端面裂缝

$$T_2 = \left(0.26 - \frac{e}{h}\right) = \left(0.26 - \frac{197.5}{900}\right) \times 8 \times 140 \times 1320 = 59957.33(\text{N})$$

$$A_s = \frac{T_2}{f_y} = 166.55(\text{mm}^2)$$

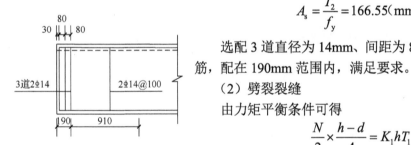

图 18-3　端部箍筋配置图

选配 3 道直径为 14mm、间距为 80mm 的 HRB400 钢筋，配在 190mm 范围内，满足要求。

（2）劈裂裂缝

由力矩平衡条件可得

$$\frac{N}{2} \times \frac{h-d}{4} = K_1 h T_1$$

可得劈裂拉力 T_1 为

$$T_1 = \frac{N}{8K_1}\left(1 - \frac{d}{h}\right)$$

端部开裂计算中 K_1 取 0.7，则在区域 $3e \sim 1.2h$ 内，即 $573 \sim 1080\text{mm}$ 范围内：

$$T_1 = 0.18\left(1 - \frac{d}{h}\right)N$$

$$= 0.18 \times \left(1 - \frac{160}{480}\right) \times 1.35 \times 0.75 \times 1860 \times 8 \times 140$$

$$= 253108.8(\text{N})$$

$$A_s = \frac{T_1}{f_y} = 703.08(\text{mm}^2)$$

因此，在 $190 \sim 1100\text{mm}$ 范围内，配直径为 14mm、间距为 100mm 的 HRB400 钢筋，满足要求。

顶板配筋及每个肋内箍筋配置如图 18-4 和图 18-5 所示。

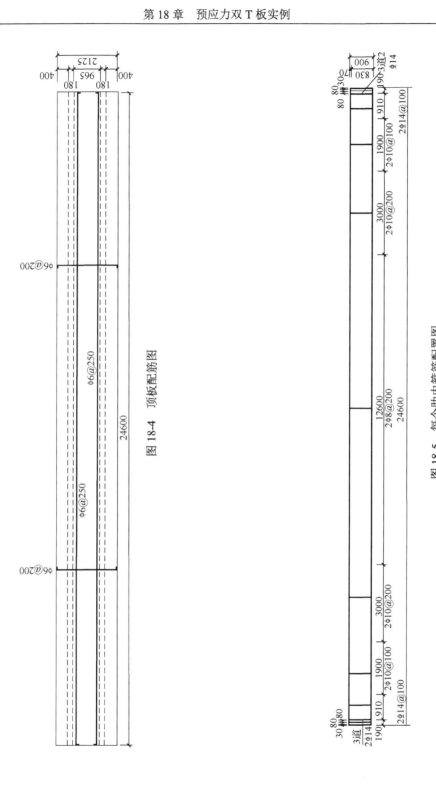

图 18-4 顶板配筋图

图 18-5 每个肋内箍筋配置图

第 19 章　预应力在结构改造中的应用实例

19.1　引　　言

房屋结构的空旷化改造，如实施抽柱等改造使小跨结构更新为大跨度，实现大空间，提升了使用功能。在空旷化改造、开洞改造、砌体结构扒墙换梁改造等过程中，需保证相关结构在施工及使用阶段的竖向变形得到有效控制，并保证改造后结构的安全性与适用性。

19.2　哈尔滨慧隆苑办公楼抽柱设计

19.2.1　工程概况

哈尔滨慧隆苑办公楼采用 18 层框架-剪力墙结构，由于功能要求，须对其十七和十八两层原结构进行抽柱修改设计。本节对与抽柱相关的梁的材料选择、截面选择、荷载取值与内力计算、预应力效应的考虑、预应力筋与非预应力筋的选配及抽柱后对其相邻柱子的验算与补强等问题进行了分析，可为同类工程的结构施工图抽柱设计提供参考。

哈尔滨慧隆苑办公楼采用 18 层框架-剪力墙结构，建设过程中，业主要求在十七层③～⑤轴与Ⓐ～Ⓒ轴所辖区域设置报告厅，并在原结构施工图中抽掉十七和十八两层的柱子 Z3。抽柱后，为降低层高，在抽柱相关区域设置了预应力梁 YKL1、YKL2 及 YKL3。抽柱前后十七层顶及十八层顶结构平面布置图如图 19-1～图 19-4 所示。十七层层高5.1m，十八层为设备层，层高 4.8m。在十七层顶与十八层顶之间设有钢结构造型，如图 19-5 所示，其与十七和十八两层层顶通过预埋件 M-1 和 M-2 连接，并在十七层顶过Ⓐ轴的⑴轴和⑤轴之间设置一道后浇混凝土连梁，如图 19-1 和图 19-3 所示。在十七层顶过Ⓑ轴的⑴轴和⑤轴之间设有 370mm 厚砖墙一道，十七层楼板厚 200mm，十八层楼板厚 120mm。

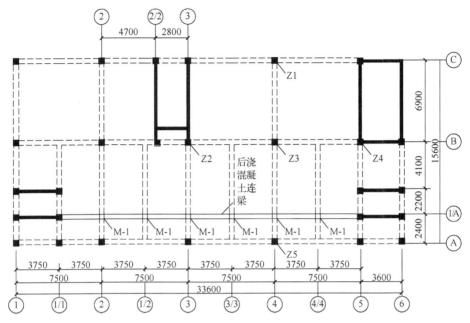

图 19-1　十七层顶抽柱前结构平面布置图

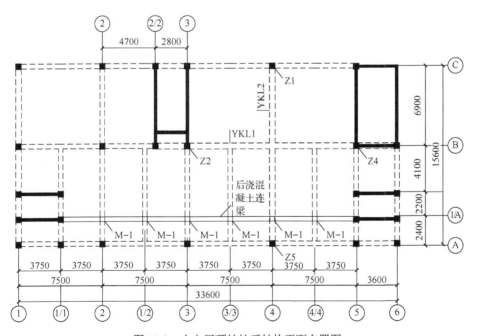

图 19-2　十七层顶抽柱后结构平面布置图

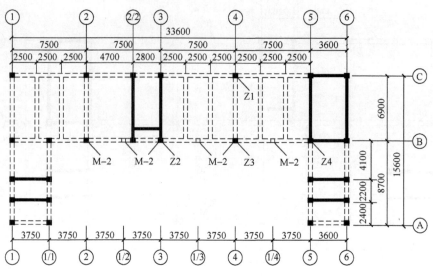

图 19-3 十八层顶抽柱前结构平面布置图

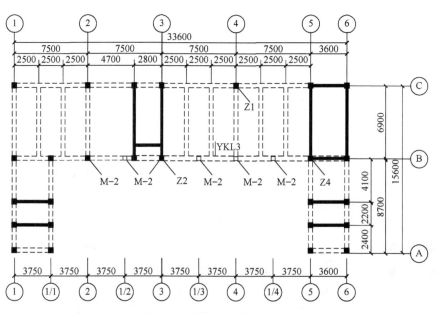

图 19-4 十八层顶抽柱后结构平面布置图

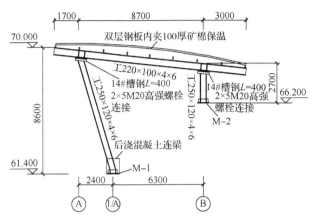

图 19-5　十七层顶与十八层顶之间钢结构造型截面图

19.2.2　结构设计方案

1. 材料、截面及预应力工艺选择

各预应力梁采用设计强度等级为 C40 的混凝土，预应力筋采用抗拉强度标准值为 $f_{ptk}=1860N/mm^2$ 的 $U\phi^s15$ 钢绞线，非预应力纵筋和箍筋采用 HRB335 级钢筋，选用 XM15-1 型锚具及其配套锚垫板，采用后张无粘结预应力工艺。各预应力梁的截面尺寸均为 $b \times h=500mm \times 900mm$。

2. 荷载统计

考虑十六层顶楼盖对十七层柱的嵌固作用及⑤、⑥轴间剪力墙的影响，各预应力梁所组成的框架如图 19-6 所示的计算简图。经统计，各预应力梁所承担的恒载（活载）标准值，如图 19-6 所示。

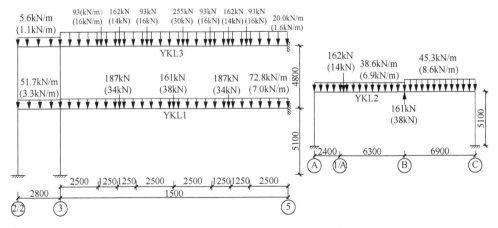

图 19-6　计算框架所承担的恒载（活载）标准值

需要指出的是，十七层顶③～⑤轴梁 YKL1 与Ⓐ～Ⓒ轴梁 YKL2 在跨中的相互作用力是通过空间分析得到的。

3. 内力计算

在恒载（活载）标准值作用下，计算框架的弯矩图和剪力图分别如图 19-7 和图 19-8 所示，图中以绕所考虑截面顺时针转动为正。

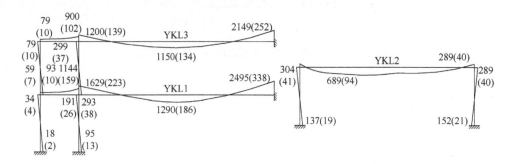

图 19-7　计算框架在恒载（活载）标准值作用下的弯矩图（单位：kN·m）

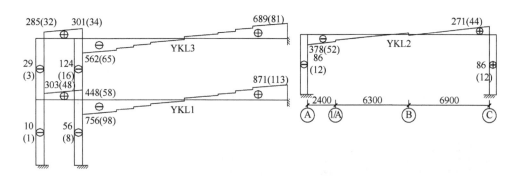

图 19-8　计算框架在恒载（活载）标准值作用下的剪力图（单位：kN）

4. 预应力筋合力作用线的选取

按照尽可能提高预应力筋垂幅、方便施工、考虑锚垫板尺寸及满足防火要求的布置原则，同时考虑抽柱后结构受力的合理性，对 YKL1 和 YKL3，预应力筋从②/②轴锚固、⑥轴张拉。主跨预应力筋采用三段抛物线布置，两侧小跨预应力筋采用直线布置；YKL2 采用三段抛物线布置。各预应力梁的预应力筋合力作用线如图 19-9 所示。

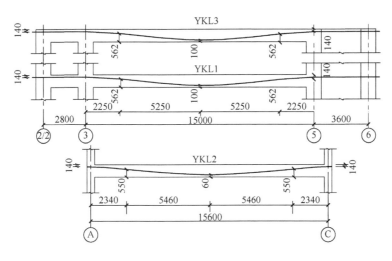

图 19-9　各预应力梁的预应力筋合力作用线示意图

5. 张拉单位面积预应力筋引起的端部预加力、跨内等效荷载及预应力梁控制截面内力

根据工程经验，预应力梁中各控制截面的有效预应力可近似取为 1042N/mm^2，由预应力筋的合力作用线，可以求出张拉各预应力梁单位面积（1mm^2）预应力筋引起的端部预加力及跨内等效荷载，继而求解其控制截面的内力，如图 19-10～图 19-12 所示，图中以绕所考虑截面顺时针转动为正。

由有限元程序分析可知，在张拉单位面积预应力筋引起的跨内等效荷载及端部预加力偶作用下框架梁承受的最大轴力为 46N（受拉），侧限影响系数 $\eta = 0.96 \approx 1$，故计算中没有考虑侧限的影响。

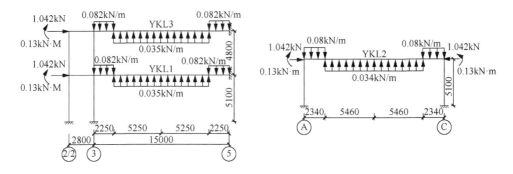

图 19-10　张拉单位面积（1mm^2）预应力筋引起的端部预加力及跨内等效荷载

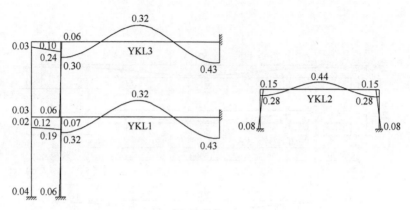

图 19-11　张拉单位面积（1mm²）预应力筋引起的弯矩图（单位：kN·m）

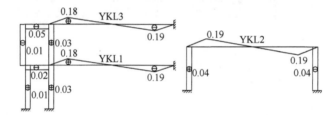

图 19-12　张拉单位面积（1mm²）预应力筋引起的剪力图（单位：kN）

6. 预应力筋 A_p 及非预应力筋 A_s 的选配

该工程工作环境为室内一般环境。根据有关资料，在荷载效应标准组合作用下，预应力构件的裂缝宽度应满足 $w_{cr} \leq 0.2\text{mm}$，可按 $\sigma_{sc} - \sigma_{pc} \leq 2.55\overline{\beta} f_{tk}$ 计算；在荷载效应准永久组合作用下，$w_{cr} \leq 0.05\text{mm}$，可按 $\sigma_{sc} - \sigma_{pc} \leq 0.8\gamma f_{tk}$ 计算。

从而可得出，满足荷载效应标准组合裂缝控制要求所需的预应力筋用量的计算公式为

$$A_{p,1} = \frac{\frac{M_k}{W} - 2.55\overline{\beta} f_{tk}}{\frac{\sigma_{pe}}{A} - \frac{\overline{M}_p}{W}} \tag{19-1}$$

满足荷载效应准永久组合裂缝控制要求所需的预应力筋用量的计算公式为

$$A'_{p,1} = \frac{\frac{M_q}{W} - 0.8\gamma f_{tk}}{\frac{\sigma_{pe}}{A} - \frac{\overline{M}_p}{W}} \tag{19-2}$$

式中：M_k 为按荷载效应的标准组合计算的弯矩值；M_q 为按荷载效应的准永久组合计算的弯矩值；$\overline{M}_p$ 为张拉单位面积预应力筋所引起控制截面的弯矩值。

对 YKL1 由式（19-1）得

$$A_{p,1} = 2489\text{mm}^2$$

由式（19-2）得

$$A'_{p,1} = 2850\text{mm}^2$$

取

$$A_{p,1} = \max(A_{p,1}, A'_{p,1}) = 2850\text{mm}^2$$

因此，对 YKL1 实配预应力筋为 $21U\phi^S15(A_{p1}=2919\text{mm}^2)$。同理，对 YKL2 实配预应力筋为 $6U\phi^S15(A_{p3}=834\text{mm}^2)$；对 YKL3 实配预应力筋为 $18U\phi^S15(A_{p3}=2502\text{mm}^2)$。

各预应力梁的预应力筋线型如图 19-13 所示。

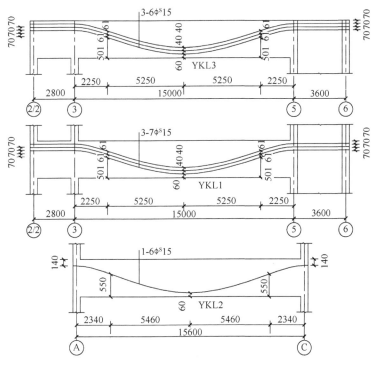

图 19-13　各预应力梁的预应力筋线型图

在计算确定预应力筋用量 A_p 后，由正截面承载力计算公式和有关构造要求，对 YKL1、YKL2 及 YKL3 的支座控制截面分别配置 $10\Phi25$、$6\Phi25$、$8\Phi25$ 的非预应力筋，跨中控制截面分别配置 $8\Phi25$、$6\Phi25$、$6\Phi25$ 的非预应力筋；各预应力梁箍筋采用 $\Phi12@100/200(4)$。

7. 与所抽柱相邻柱的验算与补强

假设外荷载引起的柱端控制截面弯矩设计值为 M_{load}^c，剪力设计值为 V_{load}^c，张拉梁中预应力筋引起的柱端控制截面弯矩为 M_p^c，剪力为 V_p^c，则用（$M_{\text{load}}^c + M_p^c$）代替 M_{load}^c，由普通钢筋混凝土柱正截面承载力计算公式即可求得柱中纵筋用量 A_{sc} 和 A'_{sc}；用

（$V_{load}^c + V_p^c$）代替 V_{load}^c，由柱斜截面受剪承载力计算公式即可求得柱中箍筋用量。经核算，原柱截面 500mm×500mm 及箍筋配置保持不变，但柱配筋应予以增大。抽柱后十七层柱 Z1、Z2 及十八层柱 Z2、Z4 每侧配筋 4Φ25，十七层柱 Z4 及十八层柱 Z1 每侧配筋 4Φ28，十七层柱 Z5 每侧配筋 7Φ28。抽柱对十七层以下柱的内力影响很小，故十七层以下可以按原结构施工图进行施工。

19.2.3　小结

本节结合哈尔滨慧隆苑办公楼抽柱修改设计，扼要地对与所抽柱相关梁的材料选择、截面选择、荷载取值与内力计算、预应力效应的考虑、预应力筋与非预应力筋的选配及抽柱后对其相邻柱子的验算与补强等问题进行了分析，可为同类工程的结构施工图抽柱修改设计提供参考。

第 20 章　工程事故处理实例

20.1　引　　言

由于施工、使用等原因，包括预应力结构在内的工程结构可能发生局部破损、开裂、变形过大甚至倒塌等工程事故。对这些事故的分析和处理，在避免相似工程在施工和使用过程中发生事故的同时，也将为结构性能评价与相关标准的制定提供技术资料。

20.2　某后张法预应力平板-柱工程平板塌陷分析与复位加固

某商场采用了后张法预应力混凝土平板-柱结构，该工程地下 2 层，地上 1 层，层高为 4.6m。在浇筑一层顶板混凝土的过程中，负一层顶板部分区域陆续出现不同程度的塌陷，在板柱节点处板相对于柱下沉最大达 100mm，板格中心相对于柱下沉最大达 220mm。本节分析了引起预应力混凝土平板塌陷的原因，提出了将板复位的方法，介绍了将板复位的过程，给出了该工程的加固补强方案，可供处理同类工程事故时参考。

20.2.1　工程概况

某商场地下 2 层，地上 1 层，层高为 4.6m，总建筑面积约 11000m^2，采用了后张法预应力混凝土平板-柱结构，其柱网布置如图 20-1 所示。各柱截面尺寸均为 500mm×500mm，各区格平板厚度均为 180mm，沿结构周边在地下室部分设置了 300mm 厚钢筋混凝土挡土墙，在一层顶设置了 $b \times h = 350\text{mm} \times 700\text{mm}$ 的边梁。通过设置型钢剪力架增强内板柱节点抗冲切承载力。预应力筋采用抗拉强度标准值为 f_{ptk}=1860N/mm^2 的 Uϕ^S15 钢绞线，采用 XM15-1 锚具，平板中预应力筋均为两端张拉，非预应力筋采用 HRB335 级钢。板混凝土设计强度等级为 C40，柱混凝土设计强度等级为 C30。

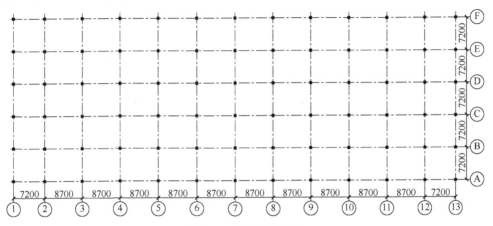

图 20-1　结构柱网布置

　　在浇筑一层顶板混凝土过程中，负一层顶板部分区域陆续出现不同程度的塌陷。图 20-2 为某柱近旁板上表面的破坏情况，图 20-3 为与图 20-2 相对应的板柱节点仰视图，图 20-4 为板格中心的下沉情况。由图 20-2 可知，该柱近旁板上表面混凝土出现了严重的碎裂，由图 20-3 中只见到板相对柱有垂直下沉，未见板底混凝土在柱根处有被压碎的现象，这说明柱附近板未发生局部弯曲破坏，而是发生了严重的板柱节点冲切破坏。经实测，在该板柱节点处板相对于柱下沉达 100mm，板格中心相对于柱下沉最大达 220mm，板的负弯矩筋因其混凝土保护层顶崩而暴露。现场观测未发现板底有裂缝出现。

图 20-2　柱近旁板上表面的破坏情况

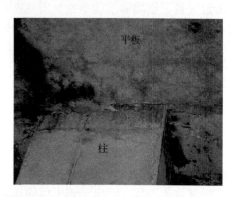
图 20-3　与图 20-2 相对应的板柱节点仰视图

图 20-4　板格中心的下沉情况

20.2.2　结构设计方案

1. 平板塌陷分析

（1）原结构设计概况

　　该工程负一层顶平板中预应力筋及非预应力筋的配置如图 20-5 所示，内板格 8.7m 跨方向和 7.2m 跨方向的预应力筋线型如图 20-6 所示。图 20-6 中括号内的数字适用于轴线两侧各 1/4 跨所辖预应力筋。

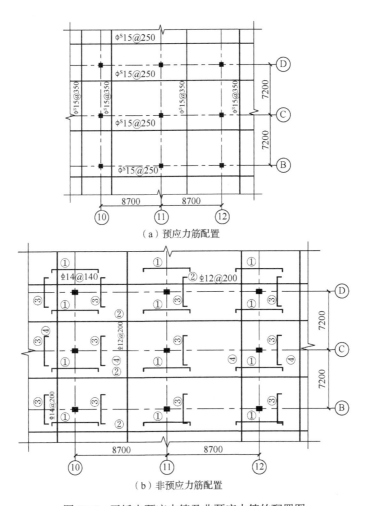

（a）预应力筋配置

（b）非预应力筋配置

图 20-5   平板中预应力筋及非预应力筋的配置图

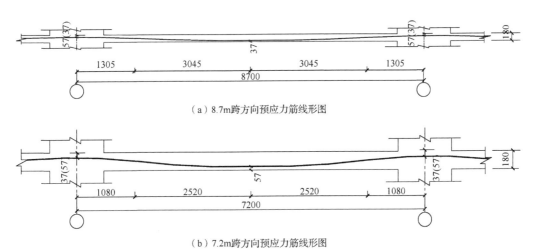

（a）8.7m跨方向预应力筋线形图

（b）7.2m跨方向预应力筋线形图

图 20-6   内板格预应力筋线型图

内节点通过设置型钢剪力架来增强板柱节点抗冲切承载力，型钢剪力架及其在节点的布置如图 20-7 所示。

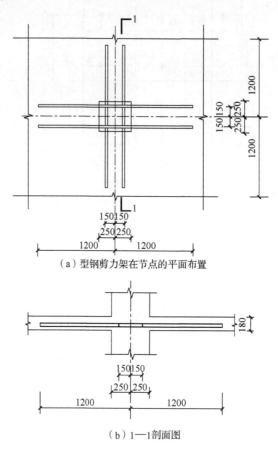

（a）型钢剪力架在节点的平面布置

（b）1—1剖面图

图 20-7　型钢剪力架及其在节点的布置图

（2）对原结构设计的核算

《无粘结预应力混凝土结构技术规程》（JGJ 92—2016）[4]对于在均布荷载作用下，现浇柱支承平板中的预应力筋推荐了两种布筋方式：①按划分柱上板带和跨中板带布置；②一方向集中布置，另一方向均匀布置。该工程预应力筋是按双向均匀布置的。通常情况下应优先选用按划分柱上板带和跨中板带布置预应力筋的布筋方案。因为采用此预应力筋布筋方案，不但有利于控制裂缝和变形，而且可更有效地避免柱附近区域板发生局部弯曲破坏。应指出的是，即使是按照图 20-5 双向均匀布置预应力筋，板的变形、裂缝开展及承载力也是满足设计标准要求的，板柱节点抗冲切承载力也是满足设计标准要求的。

依据《无粘结预应力混凝土结构技术规程》（JGJ 92—2016）[4]规定，沿板-柱结构两个方向，柱宽及柱两侧各 1.5 倍板厚范围内负弯矩区非预应力纵向钢筋的截面面积不应小于 $0.00075hl$，同时还不应小于 4 根直径为 16mm 的钢筋。该工程 8.7m 跨方向（$b+3h$）范围内非预应力负筋实配值为 1140mm²，略小于 $0.00075hl=0.00075×180×8700= 1174$mm²，相差 2.9%，但基本满足要求。

（3）施工方面的缺陷

1）实配混凝土存在缺陷。平板混凝土现场实测强度等级约为 C20，远小于平板混凝土设计强度等级 C40。由于混凝土存在离析现象，混凝土强度沿板厚分布也不均匀，板顶强度相对较低，板底强度相对较高。

2）施工程序存在严重失误。浇筑一层顶平板混凝土时，负一层顶将承担 2 层平板自重、一层模板（含支撑）荷载和一层施工荷载。假定张拉时平板混凝土立方体抗压强度等于设计混凝土强度等级值的 75%，经核算，支座控制截面单位板宽（1m 宽）的抵抗弯矩设计值 $M_u = 99.49 \text{kN} \cdot \text{m}$，而 $0.9(M_{load} + M_{sec}) = 115.7 \text{kN} \cdot \text{m}$。显然 $M_u < 0.9(M_{load} + M_{sec})$。这里 M_{load} 为施工阶段外荷载弯矩设计值，M_{sec} 为张拉预应力筋引起的次弯矩值。这就要求在浇筑一层顶板时，用于支顶一层楼盖的支撑必须保留，不得拆除。

当浇筑一层顶混凝土时，负一层顶 8.7m 跨方向的预应力筋尚未张拉，而此时用于支顶负一层顶的支撑已拆除。众所周知，柱支承板应双向承担全部外荷载，若一个方向的预应力筋不予张拉，该方向预应力筋提供的抗力将为零，而预应力筋提供的抗力占总抗力的 60% 以上，同时该方向弯曲变形将明显增大。8.7m 跨方向的预应力筋未予张拉，使该方向混凝土的平均预压应力为零，该方向混凝土预压应力对板柱节点抗冲切承载力的贡献项 $0.15\sigma_{pc}u_m h_0$ 为零，而原设计中该项占该方向总冲切抗力的 32%。

3）预应力筋实际线型严重偏离设计线型。为了探明工程负一层顶预应力筋实际线型是否与设计线型相符合，我们清除了柱附近一定区域板的混凝土，所考察区域用于抵抗负弯矩的预应力筋及非预应力筋的实际布置情况如图 20-8（a）所示。经实测，用于抵抗负弯矩的预应力筋及非预应力筋在柱附近板内的实际位置如图 20-8（b）所示，用于抵抗负弯矩的预应力筋基本上布置在板厚的中间部位，严重偏离了设计线型。可以认为，出现这一严重问题的原因如下：一是未按柱附近板中预应力筋应与同向非预应力筋同排布置的原则布筋，二是未按要求设置可发挥作用的架立预应力筋用的马登。

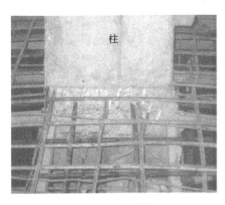
（a）实际布置情况

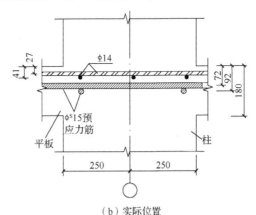
（b）实际位置

图 20-8　预应力筋及非预应力筋在柱附近板内的布置

4）型钢剪力架开焊且布置不合理。由图 20-9 可知，用于增强板柱节点抗冲切承载力的型钢剪力架出现肢臂开焊现象，且型钢剪力架肢臂布置太靠柱边。为了保证型钢剪力架能可靠发挥作用，建议按图 20-10 在两向型钢相贯处增设补焊钢板，最好采用整铸成型的型钢剪力架。型钢剪力架与柱截面重合部位应位于柱纵筋的内侧。

图 20-9　受损的型钢剪力架

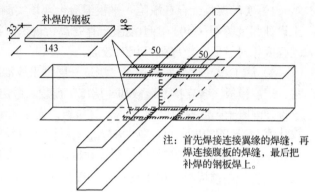

注：首先焊接连接翼缘的焊缝，再焊接连接腹板的焊缝，最后把补焊的钢板焊上。

图 20-10　型钢剪力架焊接施工图

5）板中实配非预应力筋小于设计用量。负一层顶 8.7m 跨方向板中支座实配非预应力负筋为 Φ14@200，小于该方向支座设计非预应力负筋用量 Φ14@140。

（4）事故结论

实配混凝土强度远小于设计混凝土强度，板中预应力筋实际线型在支座处严重偏离设计线型，浇筑一层顶板混凝土时负一层顶尚有一个方向的预应力筋未予张拉，致使节点抗冲切承载力明显降低，同时用于支顶负一层顶的支撑已拆除，从而发生板柱节点冲切破坏；实配混凝土强度远小于设计混凝土强度，预应力筋线型在支座处严重偏离设计线型，8.7m 跨方向的预应力筋未予张拉，致使两个方向板的抗弯刚度均有不同程度的明显降低，实际等效荷载远小于设计等效荷载，板在支座处的抗弯承载力远小于设计承载力，板格中心实际总变形远大于设计总变形。这是该工程发生事故的根本原因。

2. 板的复位与加固

（1）对负一层顶板卸荷

为确保负一层顶板复位的顺利进行，应对负一层顶卸荷。当一层顶板混凝土浇筑 3d 后，混凝土实测强度等级达到 C15，经计算，可先将一层顶板双向预应力筋均张拉至 $\sigma_{con} = 0.32 f_{ptk}$，随后拆除该层支撑。此时，在结构自重与张拉过程中的施工荷载共同作用下，一层顶板正截面承载力满足施工阶段验算要求，如 8.7m 跨方向支座控制截面单位板宽（1m 宽）弯矩设计值为 $M_{load} + M_{sec} = 48.69 \text{kN·m}$，小于相应抵抗弯矩设计值 $M_u = 59.95 \text{kN·m}$。由于屋顶需作广场，原设计一层顶后继附加恒载高达 5kN/m²，活荷载为 3.5kN/m²，而此时的荷载设计值仅为原结构荷载设计值的 30% 左右，不但正截面承载力满足施工验算要求，节点抗冲切承载力、裂缝控制及板格中心总变形控制也满足施工验算要求。

（2）板的复位

1）支撑的设置。负二层及负一层均设置"满堂红"钢管脚手架，脚手架所用钢管的外径为 51mm，壁厚为 3.0mm，钢管支撑的纵横间距均为 400mm，其顶端设置间距为 400mm、截面为 70mm×70mm 的木次楞，垂直于次楞方向设置间距为 800mm 的钢管主楞，主楞钢管与垂直支撑钢管用铸铁扣件连接成整体。负一层支撑布置如图 20-11 所示。

图 20-11　支撑布置

2）千斤顶及配套装置的布置。在负一、负二层合理设置支撑后，为使塌陷板格复位，沿塌陷板格对角线的三分点、沿塌陷板格四边的中分点各设 20t 手动千斤顶，如图 20-12（a）所示。各千斤顶通过支顶如图 20-12（b）所示的复位钢管来使塌陷板格复位。

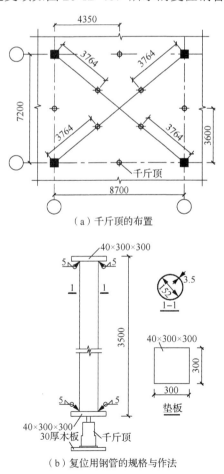

（a）千斤顶的布置

（b）复位用钢管的规格与作法

图 20-12　千斤顶及复位钢管的布置

3）平板复位过程。塌陷平板顶升复位步骤如下：①各顶升点每次同步顶升约 15mm，直至相应点复位为止；②每次顶升后须将负一层各支撑顶紧；③上述两个步骤反复进行，直至各顶升点均复位为止。顶升复位后的板格概貌如图 20-13 所示。

图 20-13　顶升复位后的板格概貌

需要指出的是，板顶已复位的标志是板底复位后已平齐，板顶有存水是该层板顶浇筑不平所致的。

（3）补强加固

由于支座控制截面的预应力筋线型严重偏离设计线型，且一个方向预应力筋未予张拉，平板在支座控制截面的抵抗弯矩及板柱节点抗冲切承载力均明显降低，张拉预应力筋引起的等效荷载明显减小，板格中心总变形明显增大。为了解决这些问题，该工程提出板的复位方案，并现场指导将板复位后，又提出了将柱支承板受力体系通过后置钢骨混凝土梁调整为各板格四边梁支承的梁板楼盖受力体系的加固方案。

1）柱加固。

为了给后置加固梁提供可靠支座，对各柱由基顶至屋顶按图 20-14 进行加固。加固柱用混凝土设计强度等级为 C40。

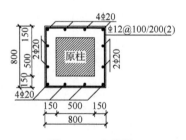

图 20-14　加固柱

2）在板底双向过轴线后置钢骨混凝土梁。

经试算，在板底双向过轴线按图 20-15 后置钢骨混凝土梁，后置梁所用混凝土强度等级为 C40。

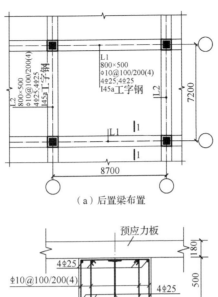

（a）后置梁布置

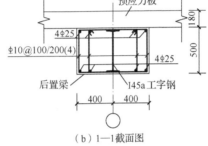

（b）1—1 截面图

注：L1 为 1 号梁；L2 为 2 号梁。

图 20-15　板底过轴线后置梁

后置梁的纵筋在加固柱的新增截面内贯通，如图 20-16 所示。

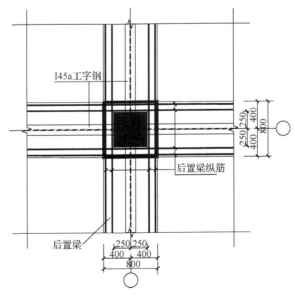

图 20-16　后置梁纵筋与柱的关系

后置梁内型钢与原柱通过 P1 板连接，连接方法如图 20-17 所示。

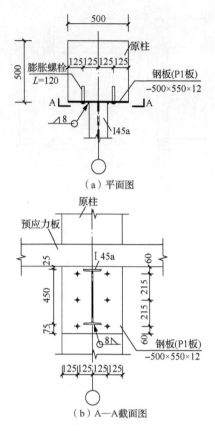

（a）平面图

（b）A—A截面图

图 20-17　后置梁内型钢与原柱的连接

　　若柱近旁板已受损，则将柱附近边长为 2200mm 区域的板的混凝土剔除，剔除混凝土后的节点如图 20-18 所示。在将相关型钢剪力架修复、板底后置梁钢筋就位并支模后，将掏空部位的板与后置梁的混凝土一体化浇筑，新浇筑混凝土设计强度等级为 C40。

图 20-18　剔除混凝土后的节点

　　由于柱加固后，其截面由 500mm×500mm 增至 800mm×800mm，为后置梁提供了可靠的支座。

3）加固后原板的抗力、裂缝及变形的核算。

原板的受力方式由柱支承板变为四边支承板，控制截面的内力明显减小，在相同的板面荷载作用下板格中心的变形明显减小。经核算，各板格各控制截面的抗力、裂缝开展及板格中心的总变形均满足现行设计标准的要求。

需要指出的是，由于原柱支承板跨中弯矩相对较小，跨中部位在施工过程中未出现裂缝，支座截面只有发生冲切破坏节点的柱附近 2m×2m 左右出现了裂缝，其他控制截面未出现裂缝，复位后柱附近区域板原混凝土被剔除，重新浇筑混凝土后原柱附近板裂缝影响不复存在。因此，增设后置梁改变受力体系后，可按现行标准对板的抗力、裂缝及变形进行核算。

4）加固施工顺序。

该工程加固施工顺序如下：①按图 20-17 指定位置和方法固定 P1 板和工字钢。②绑扎加固柱钢筋，支模并浇筑加固柱混凝土至 P1 板底沿。③绑扎后置梁钢筋，支模并浇筑后置梁及后置梁与加固柱节点。这里需要指出，为便于浇筑后置梁的混凝土，沿梁的跨度方向在梁宽范围内工字钢两侧每隔 1m 在原板上开设直径为 150mm 的圆洞。在浇筑过程中，用振捣棒除在洞口位置振捣外，尚应在梁上方板顶、梁底及梁侧部位振捣。④为了增强原板与后置梁的整体性，当后置梁的混凝土浇筑结束后，在平板上各混凝土浇筑洞口插入 3Φ22 的短钢筋，短钢筋长度为 680mm。⑤待后置梁和加固柱拆模后，张拉负一层顶 8.7m 跨方向板中预应力筋至张拉控制应力设计值。一层顶的预应力筋待该层混凝土达到张拉要求的强度值后，补拉至张拉控制应力设计值。

20.2.3　小结

1）介绍了某后张法预应力混凝土平板-柱工程平板塌陷事故的概况，对其平板塌陷的原因进行了分析，提出了满足相关设计标准的平板复位与工程加固方案。

2）按本复位加固方案加固后，尚须进行荷载试验，以检测未加固区域结构承载力、变形和裂缝是否满足相关设计标准的要求，如不满足，尚应继续采取加固补强措施。

参 考 文 献

[1] 中华人民共和国住房和城乡建设部. 混凝土结构设计规范：GB 50010—2010（2015 年版）[S]. 北京：中国建筑工业出版社，2015.

[2] 中华人民共和国住房和城乡建设部. 预应力混凝土结构抗震设计标准：JGJ 140—2019 [S]. 北京：中国建筑工业出版社，2019.

[3] 中华人民共和国住房和城乡建设部. 预应力混凝土结构设计规范：JGJ 369—2016[S]. 北京：中国建筑工业出版社，2016.

[4] 中华人民共和国住房和城乡建设部. 无粘结预应力混凝土结构技术规程：JGJ 92—2016[S]. 北京：中国建筑工业出版社，2016.

[5] 中华人民共和国住房和城乡建设部. 混凝土结构工程施工规范：GB 50666—2011[S]. 北京：中国建筑工业出版社，2011.

[6] 中华人民共和国住房和城乡建设部. 缓粘结预应力混凝土结构技术规程：JGJ 387—2017[S]. 北京：中国建筑工业出版社，2017.

[7] 中华人民共和国住房和城乡建设部. 混凝土结构工程施工质量验收规范：GB 50204—2015[S]. 北京：中国建筑工业出版社，2015.

[8] 中华人民共和国交通运输部. 公路钢筋混凝土及预应力混凝土桥涵设计规范：JTG 3362—2018[S]. 北京：人民交通出版社，2018.

[9] 国家铁路局. 铁路桥涵混凝土结构设计规范：TB 10092—2017[S]. 北京：中国铁道出版社，2017.

[10] 中华人民共和国建设部标准定额研究所. 预应力混凝土用金属波纹管：JG 225—2007[S]. 北京：中国建筑工业出版社，2007.

[11] 中华人民共和国住房和城乡建设部标准定额研究所. 预应力用电动油泵：JG/T 319—2011[S]. 北京：中国建筑工业出版社，2011.

[12] 中华人民共和国住房和城乡建设部标准定额研究所. 预应力用液压千斤顶：JG/T 321—2011[S]. 北京：中国建筑工业出版社，2011.

[13] 中华人民共和国住房和城乡建设部. 预应力筋用锚具、夹具和连接器：GB/T 14370—2015[S]. 北京：中国建筑工业出版社，2015.

[14] American Concrete Institute. Building code requirements for structural concrete and commentary: ACI 318-08 [S]. Farmington Hills, MI: ACI, 2008.

[15] Comité Euro-International du Béton. CEB-FIP model code 1990: design code[M]. London: Thomas Telford Publishing, 1993.

[16] ACI. Building code requirements for structural concrete and commentary: ACI 318-14 [S]. Farmington Hills, MI: ACI, 2014.

[17] British Standards Institution. Structural use of concrete–Part 1: code of practice for design and construction: BS 8110-1: 1997[S]. London: BSI, 1997.

[18] ACI Committee 318. Building code requirements for reinforced concrete: ACI 318-63[S]. Farmington Hills, MI: ACI, 1963.

[19] 林同炎，BURNS N H. 预应力混凝土结构设计[M]. 路湛沁，黄棠，马誉美，译. 3 版. 北京：中国铁道出版社，1983.

[20] 杨华雄. 整体预应力装配式板柱建筑的设计与施工[M]. 北京：中国计划出版社，1996.

[21] 蓝宗建，严欣春，夏保国，等. 无粘结部分预应力混凝土梁裂缝宽度的计算[J]. 东南大学学报（自然科学版），1991，21（4）：66-73.

[22] ACI. Building Code Requirements for Structural Concrete and Commentary: 318-02/318R-02 [S]. Farmington Hills, MI: ACI, 2002.

[23] BSI. Structural Use of Concrete – Part 2: code of practice for special circumstances: BS 8110-2: 1985 [S]. London: BSI, 1985.

[24] Canadian Standards Association. Design ofconcrete structures: CSA A23.3-94 [S].Rexdale, Ont: CSA, 1994.

[25] HARAJLI M H. Effect of span-depth ratio on the ultimate steel stress in unbonded prestressed concrete members[J]. Structural journal, 1990, 87(3): 305-312.

[26] 杜拱辰，陶学康. 部分预应力混凝土梁的无粘结筋极限应力的研究[J]. 建筑结构学报，1985，14（6）：2-13.

[27] 徐金声. 无粘结预应力筋的计算[J]. 电工技术学报，1989（3）：12-22.

[28] 陈晓宝，赵国藩. 无粘结部分预应力混凝土梁极限状态可靠性分析[J]. 大连理工大学学报，1993，33（5）：548-551.

[29] NAAMAN A E, ALKHAIRI F M. Stress at ultimate in unbonded post-tensioning tendons. Part 1. Evaluation of the state-of-the-art [J]. ACI structural journal, 1991, 88(5): 641-651.

[30] 吕志涛，赵羽习，金伟良. 无粘结筋的极限应力[J]. 浙江大学学报，2000，34（4）：393-397.

[31] 王逸，杜拱辰，刘永颐. 跨中集中荷载下部分预应力梁无粘结筋极限应力的研究[J]. 建筑结构学报，1991，12（6）：42-51.

[32] ABELES P W, 等. 预应力混凝土设计手册[M]. 赵广炎, 王博义, 徐日昶, 等译. 北京: 人民交通出版社, 1985.

[33] 陆惠民, 吕志涛. PPC 超静定结构弯矩调幅限值及方法的研究[J]. 东南大学学报（自然科学版）, 1999, 29（2）: 70-75.

[34] 白生翔. 《混凝土结构设计规范》中的承载能力极限状态设计方法（下）[J]. 建筑科学, 1989（2）: 48-55.

[35] 简斌, 王正霖, 白绍良. 预应力混凝土连续梁弯矩调幅建议[J]. 重庆建筑大学学报, 1999, 21（2）: 12-17.

[36] SINHA B P, COHN M Z. Discussion of "Limit Design of Reinforced Concrete Beams"[J]. Journal of the structural division, 1963, 89(2): 201-220.

[37] 赵光仪, 吴佩刚. 钢筋混凝土连续梁弯矩调幅限值的研究[J]. 建筑结构, 1982（4）: 37-42.

[38] 伋雨林, 周旺华, 槐萍. 钢筋砼迭合连续梁弯矩调幅限值的研究[J]. 建筑结构, 1989（4）: 2-7.

[39] 王正霖, 简斌. 两跨预应力混凝土连续梁的试验分析[J]. 土木工程学报, 1999, 32（2）: 22-27.

[40] 王正霖, 简斌, 黄音. 预应力混凝土连续梁极限承载能力试验研究[C]//第十届全国混凝土及预应力混凝土学术交流会论文集. 九江: 中国土木工程学会混凝土及预应力混凝土分会, 1998: 178-185.

[41] 王正霖, 刘宜丰, 黄音. 无粘结预应力混凝土连续梁的试验研究和模拟分析[C]//第五届后张预应力混凝土学术交流会论文集. 北京: 全国后张预应力混凝土委员会, 1997: 94-102.

[42] 石平府. 部分预应力混凝土超静定结构的内力重分布和弯矩调幅[D]. 南京: 东南大学, 1995.

[43] 王丰, 冯蕾, 杨杰, 等. 无粘结部分预应力混凝土次弯矩及塑性内力重分布的试验研究[C]//第三届中日建筑结构技术交流会. 大连: 中日建筑结构技术交流学术委员会, 1998: 840-848.

[44] IYENGAR K T S R, CHANDRASHEKHARA K. On the theory of the indentation test for the measurement of tensile strength of brittle materials[J]. British Journal of applied physics, 1962, 13(10): 501-507.

[45] NIYOGI S K. Bearing strength of concrete—geometric variations[J]. Journal of the structural division, 1973, 99(7): 1471-1490.

[46] STONE W C, BREEN J E. Behavior of post-tensioned girder anchorage zones[J]. PCI Journal, 1984, 29(1): 64-109.

[47] CHOI M C. Primary anchorage zones for FRP-prestressed concrete structures[D]. Bath: University of Bath, 2002.

[48] 蔡绍怀. 混凝土及配筋混凝土的局部承压强度[J]. 土木工程学报, 1963, 9（6）: 1-10.

[49] 曹声远, 杨熙坤, 钮长仁. 混凝土轴心局部承压变形的试验研究[J]. 哈尔滨建筑工程学院学报, 1980（1）: 74-84.

[50] 刘永颐, 关建光, 王传志. 混凝土局部承压强度及破坏机理[J]. 土木工程学报, 1985, 18（2）: 53-65.

[51] 过镇海, 王传志. 多轴应力下混凝土的强度和破坏准则研究[J]. 土木工程学报, 1991, 24（3）: 1-14.

[52] 杨幼华, 薛爱. 高强混凝土局部承压极限强度理论[J]. 四川建筑科学研究, 1995（4）: 42-46.

[53] 李子青, 李子春. 条形荷载下高强度混凝土局部承压试验研究[J]. 西安公路交通大学学报, 1998, 18（3）: 29-33.

[54] 张吉柱, 彭国庆, 郑文忠. 混凝土局部受压计算中 A_{cor} 的合理选择[J]. 低温建筑技术, 2003（4）: 38-40.

[55] 《部分预应力混凝土结构设计建议》编写组. 部分预应力混凝土结构设计建议[M]. 北京: 中国铁道出版社, 1985.

[56] 陶学康, 王逸, 杜拱辰. 无粘结部分预应力砼受弯构件的变形计算[J]. 建筑结构学报, 1989, 10（1）: 20-27.

[57] 肖建庄, 朱伯龙. 钢筋混凝土框架柱轴压比限值试验研究[J]. 建筑结构学报, 1998, 19（5）: 2-7.

[58] 张德锋, 茅振伟, 吕志涛. 预应力混凝土结构裂缝控制及其可靠性分析[J]. 工业建筑, 2003（4）: 28-31.